地表水环境影响评价数值模拟方法及应用

陈凯麒　江春波　主编

中国环境出版集团·北京

图书在版编目（CIP）数据

地表水环境影响评价数值模拟方法及应用/陈凯麒，江春波主编. —北京：中国环境出版集团，2018.4

ISBN 978-7-5111-3378-6

Ⅰ．①地…　Ⅱ．①陈…　②江…　Ⅲ．①地面水—水环境—环境影响—环境质量评价—数值模拟—研究　Ⅳ．①X824

中国版本图书馆 CIP 数据核字（2017）第 255429 号

出 版 人	武德凯
责任编辑	李兰兰
责任校对	任　丽
封面设计	宋　瑞　陈凯麒

 更多信息，请关注
中国环境出版集团
第一分社

出版发行	中国环境出版集团

（100062　北京市东城区广渠门内大街 16 号）

网　　　址：http://www.cesp.com.cn

电子邮箱：bjgl@cesp.com.cn

联系电话：010-67112765（编辑管理部）

010-67112735（第一分社）

发行热线：010-67125803，010-67113405（传真）

印　　刷	北京中科印刷有限公司
经　　销	各地新华书店
版　　次	2018 年 4 月第 1 版
印　　次	2018 年 4 月第 1 次印刷
开　　本	787×1092　1/16
印　　张	31.5
字　　数	730 千字
定　　价	188.00 元

【版权所有。未经许可，请勿翻印、转载，违者必究。】

如有缺页、破损、倒装等印装质量问题，请寄回本社更换

《地表水环境影响评价数值模拟方法及应用》

编委会

主　编　陈凯麒　江春波

副主编　王庆改　贾　鹏　韩龙喜　彭文启　李一平　李时蓓

编　委　金　生　潘存鸿　李克锋　罗小峰　周　刚　陈　文

　　　　辛文杰　叶清华　梁瑞峰　杜彦良　张　帝　赵懿珺

　　　　张贝贝　路川藤　曹晓红　赵晓宏　邱　利　祁昌军

　　　　陶　洁　卢绪川　章双双　王艳然　王海燕　李　飒

　　　　王亚娥　李　敏　曹　娜　葛德祥　吴玲玲

序

环境污染问题一直是困扰我国环境科学工作者和政府的一个难题。这些年来，水污染、大气污染、固体垃圾污染、土壤污染等损害群众健康的环境事件层出不穷。中央高度重视环境污染治理与保护工作，陆续提出生态文明建设、"两山论"、绿色发展等理念战略，试图从源头扭转我国资源约束趋紧、环境污染严重、生态系统退化的严峻形势。这些理念战略是非常好的，然而我们的环境要保护好，在实际行动中还必须配套以经济、科技、法制建设的支持。可以说，目前环境保护既处于大有作为的战略机遇期，又处于负重前行的关键期。

我国环境问题中，地表水环境问题一直很突出，水资源安全保障能力无法适应经济社会的可持续发展。要改变这种形势，必须以改善环境质量为核心，全面提高水环境影响评价有效性，充分发挥环评的源头预防作用。水环境影响评价工作中，水环境的模拟预测是核心内容，通过模拟污染物的迁移转化规律，预测建设项目的环境影响，为建设项目的环境影响评价及审批管理提供技术支持。

我国从20世纪70年代开展水环境质量评价工作，并于1993年正式颁布实施《环境影响评价技术导则　地面水环境》(HJ/T 2.3—93)，导则中推荐了适合河流、湖(库)、河口、海湾等不同水体类型的环境影响预测模型，用来指导地表水环境影响评价工作的开展。2018年即将发布修订后的地表水导则，在新修订的地表水导则中，更新了最新的预测模型和计算方法。但是基于标准规范制定的篇幅及内容限制，导则中仅给出了预测模型的计算公式和预测要求，缺少对模型理论和技术应用的指导。基于数值模型计算的复杂性，实际环评中，一般需要借助基于数值模型开发的计算软件，进行模拟计算。环评过程中，如何选择适用的数值模型软件？如何应用数值模型软件开展模拟计算？如何提高模型计算的精度？目前实际环评工作中，缺少相关方面的技术指导。

《地表水环境影响评价数值模拟方法及应用》一书紧扣上述问题，系统地开展了地表水环境影响评价数值模拟的核心数学理论、技术方法及应用研究，全面地向读者展示了数值模拟的发展历程、规范化建模过程和关键问题处理方法。该书的特点之一是从国内外分别选取5种常用数值模型软件，详细介绍了各种模型的基本原理、建模技术和运行特征，并通过实际案例（10个案例）应用，对每个模型如何应用进行了系统展示剖析；特点之二是系统收集、归纳总结了国际上经典的模型验证案例（3大类17个案例），可以作为今后模型规范化应用的验证算例，结合实际工作用来检验模型计算的精度和准确性。可以说，这是一本非常丰富的、有针对性的地表水环境数值模拟专业书籍，希望借助此书的出版，促进地表水环境影响评价数值模拟的精细化和模型的法规化研究，也希望通过我们的努力让人民生活在一片碧水蓝天之中。

中国工程院院士

刘鸿亮

2017 年 2 月

前　言

　　环境影响评价制度是从"源头"预防环境污染和生态破坏，实现经济社会可持续发展的重要制度保障。地表水环境影响评价是环境影响评价的重要内容之一，地表水环境影响评价工作开展的主要依据是《环境影响评价技术导则　地面水环境》（HJ 2.3），基于导则篇幅有限，导则中仅是列出了模型的预测方法、模型选择、参数率定和模型验证等要求，没有对模型的原理、理论及如何使用，给出具体的指导和应用介绍，特别是数值模型比较复杂，一般环评从业人员不容易掌握和应用。基于目前地表水环境影响评价数值模拟工作的实际需要和迫切需求，结合实际的地表水环境影响数值模拟实际应用案例，从理论到实践，编制本书，用来指导地表水环境影响评价的数值模拟工作，为全国的地表水环境影响评价数值模拟工作提供技术支持。

　　随着地表水环境数学模型理论、算法以及计算机技术的快速发展，地表水环境影响预测的数值模拟软件越来越多。到目前为止，针对不同地形情况、不同水域条件、不同空间和时间尺度开发的地表水环境影响预测的数值模拟软件有数百种之多。不同模型软件之间采用的计算理论和算法不尽相同，导致模型间的计算结果存在差别，且不能相互参考、比较，给环境管理决策带来了困难，同时也限制了地表水环境影响预测的数值模拟软件的实际应用。因此，比较不同模型的适用条件和精度，规范模型的建模过程及率定验证步骤，对于地表水环境影响预测来说显得尤为必要。本书回顾了地表水环境影响评价、水动力模型、水质模型及水生态模型的发展历程，对数值模型理论、数值模型建模程序、模型验证案例、国内外常用地表水环境数值模型软件及数值模拟发展前景等进行了梳理归纳，重点介绍了国内外 10 个常用数值模型软件的基本情况、模型架构、模型前处理及数据要求、模型输出及后处理、建模过程和具体应用案例等，为地表水环境影响评价预测提供了参考借鉴，帮助地表水环境影响预测工作人员快速合理地选择和应用模型。

　　全书共分为 8 章，第 1 章为绪论，主要介绍了环境影响评价制度、地表水环境影响评价、水动力学模型、水质模型、水生态模型的发展历程及国外常用数值模型软件等；第 2 章为地表水环境问题数值模型理论，主要介绍了数值模型的微分方程类型、边界条件、初始条件、数值求解方法等；第 3 章为地表水数值模型建模程序及方法，主要介绍了模拟对象识别、概念模型构建、模型选择、模型区域确定、边界条件与初始条件的确定、模型参数确定、模型率定验证、模拟方案制订及模拟结果展现等；第4章为生态水力学模型介绍及应用案例，主要介绍了生态水力学模型的发展、模型理论、案例等；第5章为模型验证案例，主要介绍了国内外解析解、室内试验和工程实验3大类17个验证案例；第6章为国外常用数值模型介绍及应用案例，主要介绍了国外5个常用数值模型软件的背景、模型架构、模型前后处理、案例应用等；第7章为国内常用数值模型介绍及应用案例，主要介绍了国内5个常用数值模型软件的背景、模型架构、模型前后处理、案例应用等；第8章为地表水环境影响评价数值模拟发展前景，从水文情势、石油类污染物迁移、水温、生态需水等方面系统概括了地表水环境影响评价数值模拟发展的现状、存在的问题、发展趋势和展望，提出了未来地表水环境影响评价数值模拟发展的方向及需要重点解决的问题。

本书主要撰写人员为：第1章陈凯麒、王庆改、彭文启、罗小峰、杜彦良；第2章江春波、张帝；第3章李一平、金生；第4章陈文；第5章周刚、贾鹏、赵懿珺、邱利；第6章贾鹏、韩龙喜、李一平（EFDC模型）、罗小峰（Delft3D模型）、叶清华（Delft3D模型）、陈文（MIKE模型）、李克锋（FLOW-3D模型、River2D模型）、梁瑞峰（FLOW-3D模型、River2D模型）；第7章王庆改、贾鹏、韩龙喜、罗小峰（CJK3D）、辛文杰（CJK3D）、路川藤（CJK3D）、金生（HYDROINFO）、潘存鸿（ZIHE-2DS模型）、李克锋（WWL模型）、陈凯麒（ACEE-HFMS）、梁瑞峰（WWL模型）、张贝贝（ACEE-HFMS）；第8章韩龙喜、陈凯麒。

本书旨在指导地表水环境影响评价数值模型的规范化应用，主要面向环境保护部门的工作人员、环境影响评价的从业人员，以及环境科学、环境工程、环境水利学、环境水文学以及环境生态学等相关专业的从业人员及学生等。

本书出版获得环保公益性行业科研专项（201309062）和国家重点研发计划资助项目（2016YFC0401504）的资助，在写作过程中得到环境保护部环境影响评价司及环境保护部环境工程评估中心领导和同事们的悉心指导和大力帮助；广泛听取了众多专家、学者和管理人员的宝贵建议。同时，中国环境出版社编辑们为本书的出版给予了很多细致的帮助，付出了辛勤劳动，在此一并表示衷心感谢！

由于时间及对该领域研究认识水平有限，书中可能存在一些不足、遗漏甚至错误之处，敬请广大读者批评指正。

编　者

2017年2月

目　录

1 绪 论

　　环境影响评价是对规划和建设项目实施后可能造成的环境影响进行分析、预测和评估，提出预防或者减轻不良环境影响的对策和措施，进行跟踪监测的方法与制度。环境影响评价制度是从"源头"预防环境污染和生态破坏，实现经济社会可持续发展的重要制度保障。环境影响评价对"两高一资"、产能过剩和低水平重复建设等项目严把准入关口，通过"上大压小""以新带老""污染物总量控制"等方式治理老污染，促进产业结构升级。根据对 2013 年审批的国家级建设项目统计数据进行分析，通过环境影响评价制度实施"以新带老"及"区域平衡替代"要求可削减化学需氧量 180 多万 t、氨氮 140 多万 t。2015年国家级环评审批建设项目 159 个，涉及总投资约 1.5 万亿元，因为环境问题，不予审批21 个，涉及总投资 1 170 多亿元。通过环境影响评价和总量控制、区域削减政策联合实施，实现了增产不增污、增产减污的环境保护目标，严格控制了"两高一资"、产能过剩和低水平重复建设的发生，遏制了环境污染和生态破坏进一步恶化的势头。环境影响评价工作促进了经济发展方式的转变，缓解了传统发展方式与资源环境压力的矛盾，控制了新污染，削减了老污染，推进实现节能减排，有效预防了环境污染和生态破坏。环境影响评价制度在参与国家宏观调控、优化产业结构、转变经济增长方式、推进节能减排、遏制环境违法行为等方面发挥了重大作用。

1.1　环境影响评价制度发展综述

　　环境影响评价最早是在 1964 年加拿大召开的一次国际环境质量评价的学术会议上提出，而作为一项正式的法律制度则首创于美国，1969 年美国率先颁布了《国家环境政策法》，并于 1970 年 1 月 1 日起正式实施。继美国建立环境影响评价制度后，先后已有 100 多个国家建立了环境影响评价制度，把环境影响评价作为政府管理中必须遵循的一项制度确立起来。我国于 1973 年 8 月，在北京召开的第一次全国环境保护会议上，通过了"全面规划、合理布局、综合利用、化害为利、依靠群众、大家动手、保护环境、造福人民"的环境保护工作方针，初步孕育了环境影响评价的思想。1979 年颁布了《中华人民共和国环境保护法（试行）》，其中规定新建、改建和扩建工程时，必须提出对环境影响的报告书，经环境保护部门和其他有关部门审查批准后才能进行设计。1981 年颁布了《基本建设项目环境保护管理办法》，要求建设单位及其主管部门，必须在基本建设项目可行性研究的基础上，编制基本建设项目环境影响报告书，并对环境影响评价的适用范围、评价内容、工作程序等都作了较为详细的规定。1986 年 3 月颁布了《建设项目环境保护管理办法》，进一步细化了环境影响评价的内容及管理的要求。1989 年 12 月颁布实施了《中华人民共和国环境保护法》，对建设项目环境影响评价的内容和审批程序作了解释。20 世纪 90 年代，环境影响评价工作发展更快。1990 年 6 月颁布了《建设项目环境保护管理程序》，确定了建设项目五个主要阶段的环境管理及程序，再一次明确了环境影响评价参与的阶段及报告书、报告表的不同要求，以及对环境影响评价文件编制单位的资格要求。1993 年《中国环境与发展十大对策》中明确要求"在项目建设中，必须严格按照法律规定——先评价、后建设"，同年发布了《环境影响评价技术导则　总纲》，规定了建设项目环境影响评价的一般性原则、方法、内容和要求。并于同年《环境影响评价技术导则　地面水环境》（HJ/T 2.3—93）颁布以后，国家开始对建设项目的环境影响进行分类管理，按评价要求分为编制环境影响报告书、编制环境影响报告表和填报环境影响登记表三类。1996 年 8 月 3 日发布的《国务院关于环境保护若干问题的决定》中对建设项目环境影响评价进行了较为详细的阐述。1998 年 11 月，国务院第 10 次常务会议通过了《建设项目环境保护管理条例》并发布实施，该条例对环境影响评价的分类、适用范围、程序、环境影响报告书的内容以及相应的法律责任等都做了明确规定。2002 年 10 月 28 日，第九届全国人大常委会通过了《中华人民共和国环境影响评价法》（以下简称《环评法》），自 2003 年 9 月 1 日起实施。《环评法》的实施是我国环境保护工作从末端治理走向源头控制的一个重大转变，是"预防为主"原则的最佳体现。《环评法》中首次提出了规划环境影响评价要求，从项目环境影响评价拓展到规划环境影响评价。《环评法》实施后，配套的法规、导则、标准等不断推出并及时更新。2003 年 8 月发布了《规划环境影响评价技术导则（试行）》（HJ/T 130—2003），2006 年发布了《环境影响评价公众参与暂行办法》，2008 年以后先后修订了大气环境、声环境、生态影响和总纲的环境影响评价技术导则，2009 年发布了《规划环境影响评价条例》，2011 年发布了《环境影响评价技术导则　地下水环境》（HJ 610—2011），并于 2016 年 1 月发布修订版的《环境影响评价技术导则　地下水环境》（HJ 610—2016），2014 年 6 月发布了《规划环境影响评价技术导则　总纲》。环境保护部于 2009 年年初组织开展了五大区域战略环评，随后相继开展了西部大开发战略环评、中部地区发展战略环评，以及长三角、珠三角、京津冀战略环评、长江经济带战略环评等，我国的环境影响评价又拓展到战略环境影响评价领域，标志着环境保护参与综合决策进入了新的阶段。2015 年新修订的《中华人民共和国环境保护法》正式实施，进一步明确了规划环境影响评价的法律地位，同时提出，经济和技术政策应当充分考虑对环境的影响，听取有关方面和专家的意见，政策环评雏形初现。从 1980—1981 年北京师范大学承担中国第一例环评项目"永平铜矿环境影响评价研究"以来，我国环境影响评价制度不断发展完善，对我国的环境保护事业甚至对整个社会的经济发展产生了深远影响。

1.2 地表水环境影响评价发展综述

在环境影响评价发展的各个阶段，地表水环境影响评价都是环境影响评价工作的重要内容之一。在环境影响评价领域，地表水定义为存在于陆地表面的各种河流（包括运河、渠道）、湖泊、水库、入海河口和近岸海域等水体。从环境影响评价工作开始，贯穿于整个环境影响评价发展的过程，地表水环境影响评价一直作为环境影响评价的重要内容之一纳入环境影响评价工作内容的范畴。1981 年颁布的《基本建设项目环境保护管理办法》明确规定，对建设项目的污染物排放量需要分析对周围水文、水环境的影响，并作为环境影响评价报告中的重要内容。1993 年发布并于 2011 年修订的《环境影响评价技术导则 总纲》中明确地表水环境影响现状调查、预测与评价是环境影响评价工作的重要内容。2002 年《中华人民共和国环境影响评价法》颁布后，地表水环境影响评价不仅是建设项目环境影响评价的重点，也是规划项目环境影响评价的重要内容。地表水环境影响评价的基本任务是对实施建设项目的地表水环境影响的范围与影响程度进行分析、预测和评价，提出相应的地表水环境污染防治措施和水环境监测计划。进行地表水环境影响评价的建设项目，对其外排污水的水质、水量控制应符合国家或者地方水污染排放标准，并满足受纳水体的水环境容量、区域排污总量控制。为了规范和指导地表水环境影响评价工作的开展，1993 年发布了《环境影响评价技术导则 地面水环境》（HJ/T 2.3—93），该导则一经发布，就成为指导地表水环境影响评价工作的指南，导则颁布距今已经有 20 多年的历史，在我国地表水环境影响评价方面发挥了重要作用。导则里详细明确了地表水环境影响评价需要开展的主要工作内容、技术方法等，地表水环境影响评价工作的主要内容包括评价工作等级的划分、环境现状的调查、环境现状的评价、环境水力学参数的选取、环境影响预测及环境影响的评价等，并对各项工作的内容进行了详细规定。

地表水环境影响预测是地表水环评导则的重要内容，也是地表水环境影响评价的重要内容，环境影响预测结果决定了水污染防治措施的选取和环保投资的大小，环境影响预测在整个环评过程中起着重要作用。《环境影响评价技术导则 地面水环境》（HJ/T 2.3—93）中给出了适合河流、湖（库）、河口、海湾等各类水体类型的环境影响预测模式，其中包括持久性污染物、非持久性污染物、酸碱污染物、废热预测的各类解析解稳态预测模型及部分数值模型。《环境影响评价技术导则 地面水环境》在 20 多年来的地表水环境影响评价中起着指南针和指挥棒的作用，指导着地表水环境影响评价预测中数学模型的选取及环境影响评价工作的开展。

2018 年即将发布新修订的《环境影响评价技术导则 地表水环境》，在新修订的地表水导则中，以改善环境质量为核心，提出了更严格的水环境预测计算要求。在地表水环境影响预测中，常用的数值模型软件有很多，国际上发展较为成熟且在我国应用比较广泛的数值模型软件有 EFDC、MIKE、Delft3D 等。国内在水环境数值模型软件开发应用方面也有了长足的发展，开发了比较成熟的数值模型软件，应用较多的有浙江省水利河口研究院开发的 ZIHE2DS、四川大学开发的立面二维水温预测模型 WWL、南京水利科学研究院开发的 CJK3D、大连理工大学开发的 Hydroinfo 等。

1.3 水动力学模型发展历程

水动力学是研究水体运动的科学。水动力学作为一门科学始于 18 世纪初，欧拉和丹尼尔·伯努利是这一领域中杰出的先驱者。水动力学模型作为描述水体运动方式的一种工具，在计算机大规模使用之前，主要是指基于相似率的物理模型，而现在所提到和使用的水动力学模型大多指数学模型。因此，本节只重点介绍水动力学数学模型的发展历程。水动力学物理模型的相关内容可以参考 H. 科巴斯（Helmut Kobus）主编的《水力模拟》、南京水利科学研究所及水利水电科学研究院编著的《水工模型试验》、左东启等编著的《模型试验的理论和方法》等文献。

在认识到流体的黏滞性之前，人们采用 Newton 第二定律建立了理想流体的运动方程，即流体运动与流体面积力与体积力的关系。在认识到流体的黏滞性后，法国工程师 Claude Navier 和爱尔兰数学家 George Stokes 分别于 1821 年和 1845 年推导出纳维-斯托克斯方程（Navier-Stokes equations），简称 N-S 方程，即描述黏性不可压缩流体动量守恒的运动方程，通过在理想流体的运动方程基础上增加流体黏滞应力，建立了实际流体的运动方程体系，从而奠定了流体力学的基础。1883 年 Reynolds 通过系统的实验，发现了流体有层流和紊流两种流态，1904 年 Prandtl 提出了边界层概念，标志着水动力学进入了现代水力学的发展阶段。人们在 N-S 方程基础上，添加变量和方程来描述紊流特性。这些方程均为非线性偏微分方程，求解十分困难和复杂。近一个世纪，紊流的数学求解是经典物理学中最为棘手和"臭名昭著"的问题之一。诺贝尔奖得主 R. Feynman 曾说"紊流为经典物理未解决的最重要的问题"。1932 年，物理学家 H. Lamb 生前在英国科学促进协会的报告上说，"我死后进入天堂，想从上帝那里得到对两个问题的启示：一是量子电动力学，二是紊流，第一个问题或许还有希望"。Lamb 未能预想到计算机和计算流体力学（Computational Fluid Dynamic，CFD）的发展让紊流的求解或逼近求解得以实现，并由此极大地推动了航天、环境等诸多领域的科技进步。

计算水动力学是 CFD 的重要组成部分，同时也伴随 CFD 的发展而不断发展。国际上一般认为，1910—1917 年英国气象学家 Richardson L. F. 在天气预报模型方面的探索性研究工作，标志着 CFD 的诞生。1965 年，Harlow 和 Welch 发表的《流体动力学的计算机实验》一文中，着重介绍和展望了计算机在流体力学中的巨大作用。从此，通常把 20 世纪 60 年代中期看成是 CFD 兴起的时间。受计算科学软硬件发展的驱动，CFD 取得了很大成就，1997 年 Moin 和 Kim 在《科学美国人》上发表《用超级计算机处理紊流》一文中称超级计算机（supercomputer）和 CFD 的结合是建立 N-S 方程以来最伟大的成就之一。有关计算空气动力学的计算方法、网格技术、湍流模型、大涡模拟等的系统综述，可以重点参考阎超等 2011 年在《力学进展》上发表的《CFD 模拟方法的发展成就与展望》。CFD 的迅速发展及取得的成就直接影响和推动了计算水动力学的发展，CFD 在计算方法、网格技术、湍流模型、大涡模拟等方面的新理论与新方法，在计算水动力学或水动力学数学模型领域中均对其有所借鉴或拓展。

1.3.1　一维水动力学模型进展

1.3.1.1　一维水动力学模型及其数值方法

1871 年法国科学家 Saint-Venant 提出一维水流运动的圣维南方程（Saint-Venant equations），由连续方程与动量方程组成，在数学上属于一阶拟线性双曲线型偏微分方程组，是计算一维河道及河网水流的基本方程。求解 Saint-Venant 方程组的历史较长，方法众多，按数值离散的基本原理可分为有限差分法（Finite Difference Method，FDM）、特征线法（Method of Characteristics，MOC）等。

Stokes（1953）首次将完整的 Saint-Venant 方程组用于 Ohio 河的洪水计算，之后 Liggett 和 Woolhiser（1967）、Martin 和 DeFazio（1969）、Strelkoff 等（1970）、Dronkers（1969）、Balloffet（1969）、Johnson（1974）及 Liggett 和 Cunge（1975）等给出了显式差分格式的表达式及分析结果。对于各种隐式差分格式的数值稳定性和精度问题，Cunge（1966）、Abbott 和 Ionescu（1967）、Dronkers（1969）、Gunaratnam 和 Perkins（1970）、Fread（1974）、Liggett 和 Cunge（1975）以及 Ponce 和 Simons（1977）都从线性化稳定性分析的角度进行过研究，得到隐式差分格式的稳定性与时间和空间步长无关的结论。然而，Chaudhry 和 Contractor（1973）、Fread（1973）以及 Crounge（1975）发现对于瞬间变化巨大的水流模拟，若时间步长过大，则会出现数值不稳定，对于有界面在纵向及垂向变化迅速而引起的非线性，也会出现数值不稳定。同时，时间步长受精度、波形、Courant 条件、空间步长及隐式差分格式类型的限制。

对 Saint-Venant 方程组的隐式差分格式，其线性方程组的求解技术极为重要。较为有效的是 Fread（1971）的关于五对角元的压缩存贮消元法及 Liggett 和 Cunge（1975）的双追赶法，这两种方法在目前的河网水力数值模拟中使用较为普遍。然而，这两种方法均存在绝对值较小的数作除数会引起计算中断或数值不稳定的隐患。在众多离散格式中，Preissmann（1961）加权四点隐式格式是使用较为普遍的一种，该格式具有空间步长非均匀、边界条件处理简单、无条件稳定、精度较高等优点。另外，还有如 DHI 的 MIKE11 一维河道计算所采用的六点格式，但六点格式存在等空间变长网格的限制，且处理边界条件时要比四点格式复杂。

特征线法（MOC）源自 Massau（1899）对浅水方程进行图解积分，在 x-t 平面上绘制特征线，在其交点上确定因变量来依次求解。20 世纪 50 年代初林秉南首次提出一维水流计算的特征线法，之后又出现了二维水流的特征线法。特征线法与有限差分法的主要区别为沿特征成立的特征方程的利用（又称相容关系），而不是普通空间坐标原始方程的利用。特征线法将时间离散和空间离散一起处理，其优点是能反映问题中信息传播特征，算法符合水流运动的物理机理，且稳定性好，计算精度高，较适于双曲线型和抛物线型问题。但由于特征线往往不在所需位置上相交，通常要在需要的位置上采用插值技术，给数值计算带来不少困难。为了避免特征线法的这些缺点，Hartree（1953）发展了特征有限差分法，该方法通过指定计算时段，反求相交于指定时段的特征线，来控制计算点的分布。特征线法求解格式复杂，尤其对高维问题更为烦琐。目前，特征线法较少用于数值计算，多作为了解其他数值方法的基础。

1.3.1.2 一维水动力学模型相关问题处理方法

一维河道水动力模型所模拟河道范围较大、河道断面形态多样、地形条件多变，计算中不仅要考虑区间降雨产流、人类活动的取用耗排、多河道交汇分流、冰冻融雪、地下水作用等对水量平衡的影响，同时需要考虑各种水工构筑物、桥梁等对动量和能量产生的影响。因此，一维河道水动力学模型在实际应用中对上述问题的处理方法也处于不断拓展之中。

天然河道断面形态通常包括主河槽与河滩两部分，当河流水位高于漫滩时，其水流运动常呈现二维特点，如果河道水流再简单按照单一河道进行计算，会存在较大偏差。对漫滩河道水流处理方法包括：一是简单地将河滩区域按照源汇项进行处理；二是将主槽与河滩进行分区，对不同分区水流分别建立一维水动力学模型进行模拟分析。赵克玉（2004）把按断面平均流速计算的水流动量，改变为将横断面划分成若干个子断面，动量方程中的动量项取各子断面动量之和，可以消除横向流速分布不均匀的影响。赖锡军等（2005）利用积分方法获得了漫滩河道全断面水流的积分方程组，建立了漫滩河道洪水演算的一维水动力学模型，以模拟计算露滩、漫滩和露滩、漫滩交替的 3 种水流运动。

河流中的大量过水设施，如水闸、堰、涵洞、桥梁等，对水流的影响往往较大，因此在一维河流动力学模型中需要予以模拟。在闸、堰、涵的计算中，一般根据设计的流量与水头损失的参数，在差分离散格式中进行修正，主要是依据设计的水位-流量（H-Q）关系进行设定。对于水流通过桥梁等模拟中，桥梁对水流的作用主要体现在两个方面：一是拱桥的形状在一定的水位条件下，影响过水能力，如 Biery 和 Delleur 提出自由表面水流过拱桥计算公式；二是桥墩的大小对水流的束窄作用以及不同形状对能量损失产生的作用，如 Nagler 和 Yarnell 提出不同形状的桥墩对水流能量损失的影响。河道上其他的涉水构筑物，如河堤整治工程中的丁坝、垛、渡口等，模型计算通常需要考虑以上两个方面，率定适合的河段阻力系数进行计算。

北方河流在寒冷的冬季常发生结冰现象，冰盖的出现和发展使得渠道的水流条件发生变化，因此需要应用水力学、冰水力学和传热学等理论，构建河道一维冰水动力学模型，合理处理冰盖河道（ice covered river）水流阻力系数及冰塞（ice jam）对水流的影响。

一维河道模型通常耦合其他模块实现研究需求，如水温、水质、泥沙输送、藻类等模块。除了很多学者自行开发的模型外，较为知名的模型还有 MIKE11、HEC-RAS 等。

1.3.1.3 河网模型进展

我国的很多江河蜿蜒纵横千里，支流众多，尤其是长江中下游、太湖流域和珠江三角洲等地区河道纵横交错，受潮汐、闸坝调度等影响，水流往复不定，河网水流的求解一直是众多学者关注和研究的热点之一。河网问题虽然只是一维问题，但由于其复杂性以及由此带来的方程组离散和求解上的困难，往往被单独提出来加以研究。

河网模型的求解方法可分为四大类：第一类为求解圣维南方程组的节点-河道模型；第二类为单元划分模型；第三类为综合了节点-河道法和单元划分法优点的混合模型；第四类为神经网络模型。

第一类求解圣维南方程组的节点-河道模型可分为直接解法和间接解法两种。在直接解法中，由于河网中各河道交叉衔接，在用差分方法离散方程时所形成的系数矩阵是一个不规则、不对称、存在大量零元素的稀疏矩阵，为了减少矩阵规模、节省计算机内存，通常从两个方面着手：一是消除稀疏矩阵中无效零元素所占的存储的方法（李岳生，1977）；二是改变矩阵结构，减少未知数数量，减小矩阵规模的方法。直接解法形成的方程组的系数矩阵是河网计算断面的 2 倍，对于单一河道或简单河网求解较为方便，而对于复杂大型河网的直接求解就十分困难。间接法一般称为分级解法（J. J. Dronker，1969），需求解一个与汉点数同阶的高阶方程组。河网中的汉点数一般远小于计算断面数。汉点分组解法能根据实际需要，灵活方便地将河网中的汉点分为很多组，使汉点方程组的系数矩阵压缩到与分组后每组汉点数相同的阶数。它可以大大压缩系数矩阵的计算量和存储量，而且具有较高的计算精度，是一种经济有效、值得进一步完善和发展的方法。分级解法按方程组的连接形式，又可以分为二级解法、三级解法（张二俊，1982）、四级解法（吴寿红，1985）和汉点分组解法（李义天，1997）。二级解法即求解所有边界条件和河段方程构成的二级连接方程组，在汉点上保留水位和流量两个未知数，可得到河道首末断面的水力要素，然后回代各微段方程，求出所有河段内部断面的未知量；三级解法是目前最常用的求解河网问题的方法，它是在二级解法的基础上，将参加计算的方程分为微段、河段、汉点三级，逐级处理，再联合运算，在汉点上仅保留水位或流量一个未知数，求得河网中各微段断面的水位、流量等值。四级解法是在三级解法的基础上提出来的，其实质是将三级连接方程组的直接消元反代求解，消去边界点上的未知数，仅保留河网内部汉点的未知数，称为四级解算法。汉点分组解法是在分级解法的基础上发展起来的，其特点是根据实际工程需要，灵活方便地将河网中的汉点分为任意多组。在计算中除了考虑连接本组汉点河段水力要素的变化对该组汉点的水位影响外，该组汉点水位还受与本组相连的河段的水力要素变化的影响，侯玉等学者在此基础上进一步发展，利用矩阵的分块计算技术将一般分级解法形成的原汉点水位关系应用于汉点分组，从而简化了递推过程。国内河网水动力计算模型大多采用此方法（李光炽等，1993；徐贵泉等，2000；徐小明，2001）。

平原河网地区地势平坦，区内无较大过流能力的天然河流，大多数河流坡降平缓，流量很小，农灌渠道、小湖泊、鱼塘等不计其数，再加上泵站、水闸、船闸等水利控制工程，使河网的水力学描述更加复杂，因而在建模工作中完全如实地模拟如此庞大复杂的水系几乎是不可能的，采用圣维南方程组的节点河道解法使得计算量巨大，模型结果的准确性和可靠性也受影响。法国学者 J. A. Counge（1975）首先提出单元划分法，并将此模型首先成功地应用于越南湄公河河网的水量计算。其基本思想是：针对河网地区的水力特性，将水力特性相似、水位变化不大的某一片水体概化为一个单元，取单元几何中心的水位为单元代表水位，给出水位与水面面积关系。将计算河网分解为一定数量的单元，再进行分组，然后确定各单元间的连接类型，国内有不少单元法应用实例（韩龙喜，1994）。单元划分模型使用了概化河网水系，明显简化了湖泊、池塘、水库众多的平原复杂河网计算。其缺点是：水位相近是单元划分的主要依据，忽略了主要河道、支流河道、湖泊其他水力特性的差别，忽略了 Saint-Venant 方程组的惯性项，仅适用于河道流速时空变化不大的情况，对于汛期洪水涨落比较急剧和沿海感潮河段，该模型不适用。

针对上述方法的优缺点，姚琪等（1991）基于运河水网的水文和水力特性，将圣维南方程组求解法和单元划分法与平原河网特性相适应的优点综合起来，并避免其不相适应的缺点，构成新的数学模型，即混合模型。建立混合模型的基本思想是：将平原河网的水域区分为骨干河道和成片水域两类，对骨干河道采用圣维南方程组求解法；对成片水域采用单元划分的方法将其划分为单元，再引入当量河宽的概念，把成片水域的调蓄作用概化为骨干河道的滩地，将其纳入圣维南方程组求解法一并计算。显然，能否合理地划分骨干河道和成片水域是混合模型成败的关键。混合模型综合了节点-河道模型和单元划分模型的优点，对平原复杂河网进行合理的概化，进而归入节点-河道模型一并计算，可以大大简化河网的计算。不足之处是河网前期概化工作量大，成片水域和骨干河道的划分需凭经验进行处理，不易掌握。

神经网络模型和水动力模型的有机结合避免了水动力模型计算量大、计算速度难以满足实时预报的要求等问题，同时可以利用水动力模型为神经网络模型提供学习样本，弥补了在重要河段和区域由于资料缺乏而使神经网络模型应用受到局限的缺陷。神经网络模型采用计算机来模拟生物神经网络的结构和功能，由大量神经元构成的并行分布式系统，是个"黑箱"模型，反映网络内部节点之间关系参数的物理意义较为模糊。就河网水动力模拟而言，它实际上反映的是河网各种因素（如河网结构、河道糙率、断面形状、调蓄容量、闸门操作等）的综合影响，因此模型的验证比较困难。同时神经网络模型要有足够长的学习样本，否则将影响计算结果的精度。李荣等（2000）、顾正华等（2013）仅就河网水量的数值模拟建立了神经网络模型，并未涉及河网水动力模型的另外一个重要参量——水位，神经网络模型在现阶段的应用上仍有一定的局限性。

有些区域河网，受河底地形、河床变动、丰枯水量的变化，部分河道在某些季节发生断流，如松滋平原的河网区。此类河道可采用窄缝法进行处理，即假设河底有条窄缝，能过极小的流量，保证圣维南方程组的有效性。

1.3.2 二维及三维水动力学模型进展

为得到宽广水域或更为精细的水流运动时空特性，可采用二维模型、准三维模型和三维模型。三维水动力学模型一般有静水压强和动水压强两种计算模式，其中采用 Boussinesq 近似及静水压力假定推导的控制方程，并进行分层计算的模型为准三维模型。采用垂向平均或侧向平均方法，形成平面二维水动力学模型及垂向二维水动力学模型。

在海岸、河口、湖泊、大型水库等广阔水域地区，水平尺度远大于垂向尺度，水力参数（如流速、水深等）在垂直方向的变化要小于水平方向的变化，其流场可用沿水深的平均流动量来表示，适合采用平面二维水动力数学模型。在窄深河流水域、深水湖泊及水库，宽深比小，水动力学参数的垂向变化比水平横向的变化大，可以采用立面二维水动力数学模型。

二维及三维水动力学模型的数值计算方法大致有：有限差分（FDM）、有限单元法（FEM）、边界单元法（BEM）、有限体积法（FVM）、有限分析法（FAM）、特征线法（MOC）等，这些方法在实际应用中各有其优缺点和适用范围。

将水流的多维问题转化为系列局部一维的法向数值通量进行求解是常用的方法，而法向数值通量的计算可通过求解一维 Riemann 问题而得到。求解 Riemann 问题得到数值通量的途径由 Godunov（1959）首先提出，即著名的 Godunov 一阶迎风格式，现已发展成一类通称为 Godunov 型格式的方法。Godunov 格式是非线性双曲线方程组一阶迎风格式的延伸，其核心是求解一个伴随的 Riemann 问题，所得到的解是方程组的精确解或是精确解的恰当逼近解。1979 年，Van Leer 提出了 MUSCL 方法，将 Godunov 格式等一阶格式通过单调插值推广到二阶精度。Godunov 格式有多种近似处理的方法，主要有矢通量分裂格式（Flux Vector Splitting, FVS）和通量差分分裂格式（Flux Difference Splitting, FDS）两种。FVS 格式中，对于适用于守恒型方程且要求动量 F 具有齐次性的，有 Steger-Warming 的 FVS 格式（1981）。对于有的双曲线方程的 F 不具有齐次性的，有 Chakravarthy 格式（1980）、Vijayasundaram 格式（1982）、Van Leer 的 FVS 格式（1982）等，有代表性的是 Van Leer 格式（1982）。FDS 格式中最典型的是 Roe 格式（1981）。Van Leer 和 Roe 格式具有激波间断分辨率，是实际应用中较为成功的上风格式。1981 年 Marshall 等将 Godunov 格式应用到浅水流动方程的求解中，在平底地形条件下得到了较好的结果，但在非平底地形的情况下，计算结果不具"和谐"（well-balanced）性。"和谐"性是指在初始条件和边界条件均为静水的条件下，计算结果始终能保持静水，即流速为零，水位为常数。为解决这一问题，许多学者做了大量努力。2001 年，Zhou 等解决了近 20 年困惑计算水力学界的底坡源项处理难题，建立了"和谐"数值模型。潘存鸿等自 2003 年基于准确 Riemann 解的 Godunov 格式建立了"和谐"数值模型，取得了许多成果（潘存鸿等，2003，2007，2009，2014）。

对于激波和涌浪的数值计算，因为数值耗散和色散问题得不到合理的处理，导致数值解的波形失真。20 世纪 80 年代以来，发展了众多高分辨的 Godunov 格式，克服了数值耗散引起的光滑效果和数值色散引起的寄生振荡问题。Harten 提出了 TVD（total variation diminishing）格式，后又出现了基于 TVD 格式的各种改进格式，如 TVB（total variation bounded）、ENO（essentially non-oscillatory）格式，时间离散的 TVD 格式，如 WENO（weighted essentially non-oscillatory）格式等。各格式在国内外溃坝、涌浪等水流模拟中均有应用。

在水流的二维和三维计算中，为适应物理域的复杂几何形状，空间离散有结构网格、无结构网格、正交及曲线贴体坐标变换等。按垂向坐标系划分，有垂向等平面的 Z 坐标、拟合水下地形 σ 坐标、等密度面坐标及混合坐标等；在时间积分上，有显式、隐式、半隐格式以及时间分步；在求解技术上，有交替方向隐式格式（ADI 法）、迭代法、多重网格法以及并行计算技术；在干湿、露滩动边界的处理上，有固定网格和动态网格技术等。以下介绍几种常用的比较有效的求解计算方法。

（1）分步法

分步法分时间分步法和空间分步法两类。时间分步法的基本思想是引入一个或多个中间变量，在每一个时间步内把对时间的积分分解成两个或多个子时间过程。著名的 ADI（alternating direction implicit）差分格式、预测-校正格式以及高阶 Runge-Kutta 法即采用时间分步法。常用的空间分步法可分为基于空间概念上的分步和基于物理概念上的分步，按照坐标轴方向对控制方程进行的分步是空间概念上的分步法，广泛使用的局部一维化处理方法即为空间概念分步法；根据方程中各项的物理意义进行的分步则属于物理概念上的分步法。空间分步的优点是计算的简化和省时、省内存。

ADI 格式的交替方向隐式求解，不能合理考虑不同方向流动之间的相互作用，数值解存在流速向量向某坐标轴方向偏斜的一维化趋势，即所谓的 ADI 效应。Casulli（1992）提出了一种求解三维浅水方程的半隐差分格式，既解决了显式离散的稳定性条件受表面重力波波速和垂向扩散项限制的问题，又克服了隐式离散需要求解大型稀疏矩阵方程的困难，并较之 Euler 法具有较高的离散精度。稳定性分析及计算实例表明该格式较之传统的全显、全隐差分格式有显著的效率优势，在其进行 San Francisco 湾三维潮流计算中，最大库朗（Courant）数超过了 50，平均 Courant 数为 20。此后，此半隐差分格式被进一步应用于密度分层和非静压的三维自由表面流的计算中。Stansby 将该半隐思想应用于 σ 坐标和有限体积法中。

（2）模式分裂技术

自由表面浅水流动在物理上表现为快速传播的表面重力波和缓行的内重力波，基于这一特点，可以将模型方程相应地分裂为内模式和外模式两部分。内模式方程为原始的三维方程，主要代表动量的垂向交换过程，外模式方程通过将内模式方程沿水深积分获得，内外模式耦合计算。求解外模式要求较小的时间步长，而由于不受表面重力波波速的限制，内模式的三维计算可以使用较大的时间步长，从而获得较高的计算效率，这也是进行模式分裂的目的和结果。几个著名的模型，如 EFDC 模型、POM 模型、ECOM 模型、CH3D

系列模型即采用了该技术；此外，很多浅水流动和输运模型也使用了该技术。需要注意的是，在进行模式分裂计算时，必须确保内外模式各物理量及底部切应力的相容性，否则可能导致数值计算的发散。

天然水体的自由水面涨落使得干湿边界会发生一定的交替变动，几乎每个水动力模型都会遇到干湿边界（wetting and drying）或动边界（moving boundary）的处理问题，该问题能直接影响计算的精度和稳定性。通常采用的方法是设定临界水深值，当网格水深小于临界水深时，则判定为干网格，否则为湿网格，湿网格水体的流动状态由水动力方程组进行求解。考虑到方程的物质和动量守恒性，很多学者针对不同的算法格式在干湿界面的数值处理上做了大量研究，归结为干湿界面上的源项处理。代表性的工作有 Bradford（2002）对于有限体积法、Bunya（2009）针对有限元算法、Chen（2008）对于 FVCOM 模型、Ji（2001）对于 EFDC 模型、Castro（2005）对于 ROE 格式等开展的研究，此外有 Bates（1999）、Xie（2004）等的研究。Medeiros（2013）总结了模型中 4 类干湿边界的处理办法：第一类为薄膜法，即所有计算域都有一层薄水覆盖。POM 和 FVCOM 模型采用此方法，需在水位计算后进行校正以保证物质的守恒性，并产生较为光滑和真实的湿界面。第二类为消除单元法，采用常规方法判定网格的干湿性，将干网格移出计算区域。TELEMAC-2D、EFDC、Delft3D、MIKE21 等模型采用此方法。在守恒性方面，各模型有所不同，对于水面的推进模拟优于退水模拟。第三类为水深外延法，用湿网格水位推算干湿界面的运动，在 BreZo 模型中使用，守恒性基本可靠，对水位变幅大的情况效果不错。第四类为负水深法，即允许干网格上水深为负，在 RMA2 模型中使用。在干湿边界移动缓慢的情况下，计算的守恒性较好，干湿模拟效果较好。

在模型计算中，其他的一些方法也不断被提出，并在实际工程中得到应用。这些方法各有优势，但也各有不足。数学模型能否正确地描述所研究的物理现象，计算结果是否可靠合理，除了与其物理模式有关之外，在很大程度上还与模型采用的数值格式及计算方法有密切关系。鉴于各方法的自身特点和适应性，在实际计算时应根据具体情况选择适宜的数值方法。

1.3.2.1 湖库水动力学模型

湖库水流运动主要包括风生流、吞吐流，在深水湖库还因水温分层存在密度流。常见的湖流数学模型可分为三大类，即整层积分的二维模型、准三维或多层模型（multi-layer model 或 multi-level model）、三维模型。

Hesen（1956）最早提出浅水平面二维水动力学模型，但是对湖泊水动力进行完整模拟的是 Simons（1971），其对安大略湖建立了 4 层的准三维水动力学模型用以讨论湖泊流场的冬季环流模式。三维的湖库模型模拟最初为 Cheng（1970）对伊利湖建立的水动力学模型，并得出了其风生环流模式。其后，Ramming（1979）对北美伊利湖（Erie）和安大略湖（Ontario），Onnish（1975）、Endon（1986）等对日本琵琶湖开展了三维水动力流场模拟等。湖库的三维模型的水动力模拟，成果众多，通过模型研究湖库的环流、分层及波动等特性已经成为研究湖库的必要手段。

我国对于湖泊水动力学的研究已取得了大量成果，在太湖（胡维平，1998；秦伯强，2000）、鄱阳湖（杜彦良，2011）、滇池（张萍峰，2002）、洱海（彭文启，2000）等湖泊、三峡水库（任华堂，2008）、于桥水库（刘晓波，2008）、玄武湖、西湖等，均构建了适用的湖库水动力学模型。

通常的湖库水动力模型根据研究的不同需求，通常也耦合其他模块，如水温、水质、泥沙、水龄以及其他生态模块等。国内外较为知名的模型有 MIKE、EFDC、Delft3D、TELEMAC、ELCOM、GLM 等。

1.3.2.2　滨海及海洋水动力学模型

洋流的流动大致分三种，受盛行风影响的风海流，海水的流动带动周边水域的补偿流和由于密度差异形成的密度流。目前国际上模拟洋流运动基本为三维模型，知名的有 POM、ECOM、BCOM、MOM、HAMSOM、HYCOM、ROM、FVCOM 等。模型中按垂向坐标系划分，有取 Z 坐标的 MOM、HAMSOM、MITgcm 等，取等密度面坐标的 MICOM、HIM 等，取能拟合海底地形 σ 坐标的 ECOM、POM、FVCOM 等，还有取混合坐标的 HYCOM。一般来说，洋流的水动力模块和其他计算模块如气象、风浪、泥沙、生态等，相互耦合，各有特色。

洋流模型中历史较为悠久的是 POM，即普林斯顿海洋模型，几乎世界上各海域都有应用。在我国应用较多的为 POM 和 ECOM 模型。POM 是一个垂向采用 σ 坐标的三维斜压陆架浅海模式，基于原始方程组之上的海洋模型，包含一个二阶湍闭合子模式，能给出随流速变化的紊流涡动系数。20 世纪 70 年代由 Blumberg 和 Mellor 发展起来，并在许多学者的共同努力下不断完善，应用于河口、沿岸区域和开阔海洋。

POM 的主要特征有：①采用三维原始控制方程和 Boussinesq 近似，并考虑热力学因素。②水平方向上采用 Aiakawa-C 网格，即结构性曲线正交或直交网格，水平差分格式为显式，受 CFL（Courant-Friedrichs-Lewy 柯朗数）条件限制；垂向采用 σ 坐标，垂向差分格式为隐式，允许细化分层。在垂直方向，紊流能量方程、垂直扩散交换系数和垂直速度 ω 与温度、盐度和海流场交错设置。水平坐标系统可任选，既可为曲线正交坐标，也可为经纬度坐标。③模式采用内外模态分离技术，外模受表面波速及 CFL 条件限制，采用较短时间步长，内模受内波波速和 CFL 条件限制，采用长时间步长。模态方程由原始方程垂向积分所得，对连续方程和动量方程垂直积分，可以得到二维方程组，由此求解水位，再由三维方程组求解三维流场和温盐场。该方法能节省计算时间和增加模式的计算稳定性。④基于二阶紊流闭合模型（TKE）计算垂直涡动黏性系数，垂直差分为隐式，消除时间对垂直坐标的限制，可使海洋上、下边界层的分辨率提高而保持计算稳定。水平扩散系数由 Smagorinsky 参数化公式推出。

ECOM 是在 POM 的基础上发展而成，放弃了 POM 分裂算子和时间滤波方法，时间上采用 Euler 前差格式，并用隐式格式计算水位方程，消除了 CFL 判据的限制，2.5 阶紊流闭合模型求解垂向紊流黏滞和扩散系数。

FVCOM 是由美国麻省理工学院陈长胜研究团队等开发的一个基于非结构化网格、有限体积算法的自由表面三维海洋模型（Chen et al.，2003；Chen et al.，2006a，2006b；Chen et al.，2007；Chen et al.，2009）。物理和数学方程在水平混合上采用 Smagorinsky 湍流闭合模型，在垂向混合上使用 Mellor-Yamada 2.5 阶湍流闭合模型。为了解决求解自由表面时受 CFL 规则限制的时间步长问题，潮流模型采用类似 POM 模式的二维外模与三维内模分离的数值离散方法，在正压方程里使用较短时间步长，而在斜压方程里使用较长的时间步长。水平方向使用非结构化三角形网格对水平计算区域进行空间离散，垂向采用 σ 坐标对不规则底部地形进行分层变换。FVCOM 模型不仅在岸线拟合上具有优势，而且拥有完备的应用模块，该模型已被广泛应用于河口、陆架海域等具有复杂岸线和底形的海域，进行包括海洋环流、锋面水交换、潮不对称、台风以及陆架波（Chen et al.，2007，2009；Ding et al.，2011，2012a，2012b；Xu et al.，2013；Zheng et al.，2003）等方面的研究。

在大洋和海岸中，除了洋流的运动，波浪也是海洋中最常见的水力现象之一，波浪所携带的能量不仅能改变局部的洋流方向，同时能传播到深水区域，对泥沙输运、密度分层、水质等产生影响。因此，在通常的海岸及洋流模型中，大多有波浪计算的模块，同时考虑波浪和水流的相互作用，如由波浪产生的底部切应力发生变化，一般采用 Grant-Madsen 模型（Grant and Madsen，1979）来计算波流交互作用对底部糙率系数的影响，由此对水流及物质的输运产生影响等。上述模型对水动力学计算中也可耦合波浪模型，其他还有 EFDC、MIKE、TELEMAC、COAST2D（Du，2010）等。

1.3.3 紊流模型的发展概况

水流的紊动是一种非常普遍的自然现象。1883 年，Reynolds 发现了层流和紊流的区别，紊流对于许多的重大科技问题极其重要，而数值模拟是现代研究紊流的主要手段。当流动的 Reynolds 数很大时，紊流结构变得十分复杂，但其仍然遵循连续介质的一般动力学规律，紊流各物理量的瞬时值也应该服从一般的 N-S 方程。紊流的数值模拟不仅是紊流理论研究的工具，也是工程及尖端科技应用中必不可少的手段。国内外有许多紊流研究中心，如美国斯坦福大学的 CTR（Center for Turbulence Research）、NASA 等。现有的紊流数值模拟的方法有三种：直接数值模拟（DNS）、Reynolds 平均模型（RANS）和大涡模拟（LES）。德国 W. Rodi（1993）在紊流数值模拟方面做了大量工作，包括 k-ε 模型与大涡模拟。

1.3.3.1 直接数值模拟（DNS）

直接模拟（DNS）是通过直接数值求解纳维-斯托克斯方程（N-S 方程），得到流动的瞬时流场，即各种尺度的随机运动，从而获得流动的全部信息。最早的 DNS 源于美国气象研究中心（NCAR），Orszag 和 Patterson（1972）尝试进行了各向同性均匀紊流的直接数值模拟，他们的开创性工作证实了用谱方法进行紊流直接模拟的可能性。Kim 等（1987）首先实现了充分发展槽道紊流的直接数值模拟，得到了槽道紊流的平均速度、脉动速度的均方根、脉动速度的偏斜与平坦因子、剪切应力、两点相关量和能谱等统计量。Gilvert 和 Kleiser（1990）采用时间发展法，首次精确模拟了槽道内从层流向紊流转换的全过程。Rai 等（1991）首次实现了用差分法对充分发展的槽道紊流进行直接数值模拟并取得了较好的效果。与谱方法相比，差分法具有格式简单、计算量小、边界条件处理灵活等优点。

紊流的直接模拟方法用足够高的空间、时间分辨精度来直接求解 N-S 方程，可以获得所求解的紊流问题的一个完整描述，包括所有的流动细致结构及其演化过程，是目前最准确的紊流计算方法。由于紊流脉动从积分尺度到最小耗散尺度所涵盖的尺度范围很大，紊流直接模拟要求非常大的计算量。假设问题的积分尺度为 L，相应的 Reynolds 数为 ReL，工程实际中遇到的问题通常 $ReL > 1.0 \times 10^6$，要求的网格点数应满足 $Ng > 1.0 \times 10^{13}$。例如，Lesieur（2005）提到商业飞机边界层流动的直接数值模拟要求 $Ng > 1.0 \times 10^{15}$，而当时最好的商用计算机所能处理的直接数值模拟问题的网格数通常限制在 2×10^7 以下，两者相差好几个数量级。Moin（1997）估算模拟一架机身机翼长约 50 m 的飞机巡航状态一秒钟的计算量，用万亿次计算机（每秒 1.0×10^{12} 次浮点运算）需要数千年。尽管计算机技术发展非常迅速，在未来几十年里，DNS 方法对几乎所有的工程问题仍将无能为力。此外，在绝大多数实际问题中，人们往往只关心那些具有工程意义的量（如平均流场和一些较低阶的统计矩）是否达到一定精度，而不特别在意所有流动细节的完整描述，直接数值模拟所产生的海量数据不仅难以处理，且大多并不必要。

1.3.3.2 Reynolds 平均模型（RANS）

Reynolds 平均模型（RANS）基本原理就是对黏性流体服从的 N-S 方程进行时均化，得到 Reynolds 时均方程，与定常的 N-S 方程相比，不同之处是在该式右边多了 9 项与脉动量有关的项，脉动量乘积的平均值与密度的乘积是紊流中的一种应力，称为紊流应力或 Reynolds 应力。其中，法向 Reynolds 应力和切向 Reynolds 应力各有三个。紊流问题就是在给定的边界条件下求解 Reynolds 方程。RANS 方法着重于流场的平均量，对计算机的要求比较低，目前在工程实际中得到广泛应用。

由于 Reynolds 平均方程中未知数个数大大多于方程个数而产生了方程不封闭的问题，这就需要依据各种半经验理论提出相应的补充方程式，即各种紊流模型。就数值模拟发展看，紊流模型主要分为紊流黏性系数法和 Reynolds 应力方程法。

（1）紊流黏性系数法

Boussinesq 在 1877 年提出紊流黏性的概念，是模拟 Reynolds 应力最古老的建议，也是目前流行的大多数紊流模型的重要基石。引入 Boussinesq 假设以后，计算紊流流动的关键就在于如何确定紊流黏性系数，所谓紊流模型也就是把紊流黏性系数与紊流时均参数联系起来的关系式。根据确定紊流黏性系数方法的不同，可以将紊流模型区分为所谓的零方程模型、一方程模型及双方程模型。

最初和最简单的紊流模型只考虑了一阶紊流计算统计量的动力学微分方程，即平均方程，没有引进高阶统计量的微分方程，因而称为一阶封闭模式或零方程模型。零方程模型又称为代数模型，它们在开始都只被用来计算紊流边界层，后逐渐发展而可用于计算 N-S 方程。当前应用最广泛的代数模型是基于 Cebeci 和 Smith（1974）基础上的两层模型，即把紊流边界层分为两层，不同的层以半经验取不同的紊流黏性系数。根据内外层的紊流黏性系数取法的不同，代数模型又可以分成以下两种：①Cebeci-Smith 模型（1974）；②Baldwin-Lomax 模型（1978）。

为克服零方程模型的缺陷，在连续方程和 Reynolds 时均方程之外，又建立了一个紊流特征量的微分方程，构成所谓的一方程模型。常用的一方程模型为 Johnson 和 King（1985）提出的 J-K 模型。

考虑 Reynolds 应力各分量的不同发展，正确计算复杂水流中 Reynolds 应力的输运，紊流模型采用 Reynolds 应力各个分量及 Reynolds 传热、Reynolds 传质通量各分量的输运方程，称其为二阶封闭格式。为进一步改善紊流模型，出现了考虑所有二阶关联量的 Reynolds 应力模型，在此模型的框架下，首先写出 Reynolds 应力的动力学微分方程，然后对方程中出现的紊流扩散项、分子扩散、生成、耗散、压力-变形等诸项数值求解就得到了 Reynolds 应力模型。但求解完整的 Reynolds 应力模型，难度较大，由此人们从 Reynolds 应力的输运方程出发，重新选取尺度因子建立了众多的双方程紊流模型。例如，最初由 Jones 和 Launder（1972）提出 k-ε 模型，以及 Wilcox 提出 k-ω 模型等，它们都需要求解两个输运方程。Menter 通过混合函数将这两种模型结合起来，既保留了 k-ω 模型在近壁面区域、k-ε 模型在自由剪切层中各自的优良特性，又克服了 k-ω 模型对自由来流的 ω 值的敏感性。

（2）Reynolds 应力方程法

紊流黏性系数法模型中都采用了各向同性的紊流黏性来计算紊流应力，这些模型难以考虑旋转流动方向表面曲面变化的影响。我国著名科学家周培源早在 20 世纪 40 年代就导出世界上第一个计算紊流应力的模型，直接对紊流脉动应力 $u_i'u_j'$ 进行计算。但限于当时计算资源的影响，并未得到广泛应用。就目前而言，Reynolds 应力模型已开始用于工程数值计算的是二阶矩模型以及在此基础上经简化而得出的代数应力模型（ASM），不少研究者认为这是目前最有发展前途的紊流模型。

1.3.3.3　大涡模拟（LES）

大涡模拟（Large Eddy Simulation，LES），是介于 RANS 和 DNS 之间的紊流数值计算方法。其基本思想是对于受边界条件影响较大的大尺度运动，采用数值计算直接模拟；而对于具有较多普适性的小尺度紊流运动，则通过构造模型来模拟其对大尺度运动的影响。LES 能够捕捉到 RANS 方法无能为力的许多非稳态、非平衡过程中出现的大尺度效应和拟序结构，同时又克服了直接数值模拟由于需要求解所有紊流尺度而带来的巨大计算开销的问题，因而被认为是最具有潜力的紊流数值模拟发展方向。

LES 最初由美国国家大气研究中心 J. Smagorinsky（1963）提出，Deardorff（1970）做了大量原创性的工作。美国国家大气研究中心的气象学家们在 20 世纪 60—70 年代的一系列工作为紊流数值模拟方法奠定了基础。1973 年起，由美国斯坦福大学紊流研究中心（CTR）和 NASA Ames 研究中心联合组成的研究小组对大涡模拟方法进行了深入系统的研究，他们的卓越工作极大地促进了大涡模拟的发展。

LES 通常采用低通滤波运算，将紊流尺度划分为亚滤波尺度（Sub Filter Scale，SFS）和滤波可分辨尺度（Resolved Filtered Scale，RFS）两个尺度范围。对可分辨尺度量直接用数值方法求解，而亚滤波尺度量的贡献则通过构造模型来模拟。由于对小尺度量采用亚滤波尺度模型，大涡模拟的计算量比直接模拟方法要少得多。按照 Kolmogorov A. N. 的相似性假设，惯性子区的小尺度脉动的统计性质是局部各向同性的，与边界条件无关，并且仅由能量从大尺度运动向小尺度运动传递的平均速率（平衡紊流中等于动能耗散率）决定。另外，小尺度脉动对扰动的响应也比大尺度脉动快，能够更快地恢复到平衡状态。小尺度运动的这些性质，使得构造亚滤波尺度模型的困难比 Reynolds 应力模型显著降低，并且使构造与流动无关的普适性模型成为可能。LES 能够准确、有效地处理自由紊流，因而像剪切层混合、自由射流、尾迹分离区等，Reynolds 平均方法难以准确计算的自由剪切紊流问题恰恰是大涡模拟计算的强项。因此，大涡模拟的研究将极大地改善计算流体力学对燃烧、飞行器大攻角、非定常分离流动、钝体绕流（如汽车）等问题的模拟精度。同时，由于大涡模拟提供了流场的大尺度脉动信息，因而成为研究流动噪声、流固耦合等问题的新手段。这些问题往往都是工程实际中亟待解决，同时 Reynolds 平均方法难以处理的。

由于计算耗费依然很大，目前大涡模拟还无法在工程上大范围广泛应用，但是大涡模拟技术针对研究许多流动机理问题提供了更为可靠的手段，可为流动控制提供理论基础，并可为工程上广泛应用的 RANS 方法改进提供指导。

总体来说，现有的紊流计算方法主要基于涡黏性假设，涡黏性概念将紊流封闭问题转化为如何确定涡黏性在流场中的分布问题。有多种平均模型方法可用于计算涡黏性。譬如，若对基本方程进行 Reynolds 时均，可采用任何一种紊流模型；若对基本方程进行空间平均或滤波处理，可采用亚格子尺度模型（sub-grid scale model）。然而，对于某一具体问题，选用何种程度的紊流封闭模型尚无统一的标准。以紊动输运项在基本方程中的相对重要性作为选择的物理依据，且综合考虑精度、效率及复杂性等实际因素的做法是合理的。

大量模型研究证明，建立普适的紊流模型目前并不现实，重要的是如何在模型精度和计算量上较好地取得折中；也有学者从更高层次研究紊流模型问题，由紊流流动中速度不可微分，怀疑 N-S 方程的有效性，进而提出以积分方程为基础的数学模型。

1.3.4 网格生成技术

数值模型计算区域的空间离散均通过网格实现，网格设计的合理性不仅影响计算结果，也制约计算效率，即使在 CFD 高度发展的国家，网格生成仍占整个计算任务全部时间的 70%～80%。网格生成的先驱者之一 Steger（1991）指出"网格生成仍然是 CFD 走向大部分应用领域的一个关键步骤""复杂外形网格生成的工作需要专职队伍的投入"。因此，高质量、高效的网格生成以及提高网格对复杂构型的适应能力和灵活性等对于 CFD 的应用具有十分重要的意义。NASA 在 1992 年为此成立了一个专门的指导委员会（NASA Surface Modeling and Grid Generation Steering Committee），相继召开了六届国际网格生成会议。

计算网格按节点之间的邻接关系可分为结构网格（structured grids）、非结构网格（unstructured grids）和杂交网格（hybrid grids）三大类。

1.3.4.1 结构网格

结构网格是指网格区域内所有的内部点都具有相同的毗邻单元。通常的结构网格在水平面上分直角矩形网格和针对河流弯曲的形状产生的边界拟合曲线网格。结构网格是人们最早使用和发展的网格。结构网格的优点：①网格构造简单，在同样的物理空间里，需要的网格点数比非结构网格要少，能保证生成的网格具有较好的正交性，网格质量较好，可以节约大量的内存；②大部分已有的求解算法都适用于这一网格，并且执行效率很高，结构网格在进行计算时具有省时、节约内存的特点。

结构网格也有明显的缺点，即对于边界形状复杂水域，直接在物理空间上生成此类网格有时是比较困难的，为此人们引入了贴体坐标的概念，通过它来实现从不规则的物理空间到规则计算空间的转换。

基于贴体坐标构建的结构网格所覆盖的计算域一般要求在拓扑结构上与一矩形域等价，通过坐标变换，将在拓扑上与矩形域等价的区域变换为真正的矩形区域，控制方程也做相应的变换，然后在变换后的矩形区域内作计算。目前生成结构贴体网格的常用方法有：①TTM 法（采用求解椭圆型方程生成流场的空间网格分布）；②通过求解双曲线型方程或抛物线型方程生成空间网格；③用代数方法生成结构网格。

采用结构网格在进行水流的速度-压力耦合计算中，会引起物理上非真实压力波动场，为解决这一问题，通常采用交错网格的方法，分别将流速变量和压力等变量交错布置于不同的网格点，此方法在结构网格计算中有十分广泛的应用。1983 年，Rhie 和 Chow 最初提出了动量插值的计算方法，成功地避免了数值压力的波动，实现压力和速度在同一网格的耦合，之后很多学者进一步发展了这类方法。

随着所需解决问题的外形越来越复杂，需要有效地处理复杂的物面边界，生成高质量的计算网格。而结构网格的结构性、有序性限制了其对复杂几何构型的适应能力，其网格生成较困难，网格生成的工作量比非结构网格要多，网格质量也较难得到保证。

采用结构网格进行数值模拟的模型有 MIKE21、MIKE3、POM、ECOM、EFDC、Delft3D、FLOW3D、CE-QUAL-W2、COAST2D，以及国内的 WWL 等。

1.3.4.2 非结构网格

20 世纪 80 年代以来，非结构网格在计算水动力学领域结合有限体积法得到了迅速的发展和应用。非结构网格的基本思想是：三角形和四面体分别是二维和三维域中最简单的形状，任意区域均可以被其充满。非结构网格点之间的邻接是无序的、不规则的。每个网格点可以有不同的邻接网格数，单元有二维的三角形、四边形以及三维的四面体、六面体、三棱柱和金字塔等多种形状。非结构网格生成技术主要形成了三种基本方法：阵面推进方法、Delauny 方法和四/八叉树法等。

非结构网格的空间离散方法主要基于有限体积法，对于一阶精度格式的构造，非结构网格和结构网格的方法几乎没有任何区别，然而在向高阶格式的扩展中，非结构网格却遇到较大困难。非结构网格界面没有严格的左右之分，这是非结构网格和结构网格最大的不同，也是非结构网格空间格式构造的难点问题。对此，非结构网格有限体积法在空间离散方面最早采用的是中心格式，为了消除"奇偶失联"现象，提高捕捉强间断的能力，在格式中引入人工黏性。但是，由于人工黏性给格式的推广应用带来较大的不便，Batina（1990）、Barth（1991）和 Frink（1991）等相继开展了迎风格式在非结构网格中的应用，然而以四面体为基本单元的非结构网格技术又给迎风格式下无黏通量的高阶重构带来了问题。为此，Barth 等提出了一种非结构网格的 k 阶重构方法，并由 Mitchell 和 Walters 进一步改善；而 Frink 等（1991）也提出了一种针对四面体网格更为简单的二阶重构方法，该法在今天仍被广泛应用。除此以外，利用添加人工耗散项以取得二阶精度的方法，也有了一定的发展。这种方法以 Laplacian 算子的差分替换重构变量的差分而得到的矩阵耗散格式，使得空间离散达到二阶精度。矩阵耗散格式的优势在于它无须梯度重构，因此避免了由于重构阶段带来的所有问题。尽管矩阵耗散格式在高速流动中不能很好地近似黎曼通量函数，但是对于跨音速而言，矩阵耗散方法相比目前的迎风重构法，稳健性和精度都高。

采用非结构网格进行数值模拟的模型有 MIKE21、MIKE3、FVCOM、TELEMAC，以及国内的 CJK3D、HYDROINFO、ZIHE-2DS 等。

1.3.4.3 其他网格

20 世纪 90 年代开始，基于结构网格和非结构网格的各自优缺点，出现了混合网格技术，包括非结构混合网格、结构/非结构混合网格。混合网格的基本思想是：充分利用结构网格 CFD 计算的高精度、高效率、高稳定性的特点，充分利用非结构网格生成简单、灵活、几何适应能力强的特点，在物体表面等流动梯度大的区域使用简单结构网格，再利用非结构网格的几何灵活性，将这些相对简单的结构网格区域通过非结构网格填充从而连接起来，严格保证结构网格、非结构网格交界面的通量守恒，避免插值误差。

由于结构网格在空间拓扑上的离散能力差，在多目标设计优化时或者进行多体相对运动计算时，需要重新生成网格，因此希望能降低网格生成的难度，同时使网格生成过程达到自动化的程度。Benek 和 Steger 等在 1982 年提出"重叠网格"（chimera grids）的概念，将复杂的流动区域分成多个几何边界比较简单的子区域，各子区域中的计算网格独立生成，彼此存在着重叠、嵌套或覆盖关系，流场信息通过插值在重叠区边界进行匹配和耦合。国内对重叠网格的研究还比较少，基本应用于航天领域中。

1.4 水质模型发展历程

水质数学模型（简称水质模型）是根据物质守恒原理，用数学的语言和方法描述各种污染物质在水体中发生的物理、化学、生物化学和生态学诸方面的变化，即污染物在水体中发生的混合和输运、在时间和空间上的迁移转化规律以及各影响因素相互关系的数学方程。污染物进入水体后，随水流而迁移，迁移过程中受水力学、水文、物理、化学、生物、气候等因素的作用，产生物理、化学、生物等多方面演变，从而引起污染物质的稀释、降解及转化。建立水质模型的目的就是力图确定这些相互制约因素的定量关系，在实际研究中，主要针对水体中的溶解氧、生化需氧量、总氮、总磷、氨氮、亚硝酸盐氮、硝酸盐氮、重金属、水温、叶绿素等主要水质要素，分别建立相对独立又相互关联的数学模型。水质模型对预测未来水质和制订水污染预防控制对策具有十分重要的意义，是地表水环境污染治理规划决策分析的重要工具和有效手段，水质模型在地表水质预测、水环境容量研究中起着重要作用。

1.4.1 水质模型进展

从 1925 年斯特里特（H. W. Streeter）和费尔普斯（E. B. Phelps）研究建立了第一个水质模型（S-P 模型），水质模型的发展经历了 80 多年的发展历程，从单项水质因子发展到多项水质因子、从稳态模型发展到动态模型、从点源模型发展到点源和面源耦合的模型，从零维完全混合模型发展到一维、二维、三维模型。到目前为止，国内外水质模型已有上百种。对于水质模型的发展阶段，不同的学者有不同的划分方法：傅国伟 1987 年提出了四个阶段的划分：①1925—1965 年：发展了比较简单的 BOD-DO 双线性系统模型；②1965—1970 年：发展了水质模型六个线性系统；③1970—1975 年：研究发展了相互作用的非线性系统的作用模型；④1975 年以后：发展了多种相互作用系统，涉及与有毒物质的相互作用。叶常明 1993 年提出了三个阶段的划分：①1925—1980 年：简单的氧平衡模型；②1980—1985 年：形态模型；③1985 年以后：多介质环境综合生态模型。谢永明 1996年提出了五个阶段的划分：①1925—1960 年：提出了 S-P 水质模型；②1960—1965 年：引进了空间变量、物理和动力学系数；③1965—1970 年：不连续一维模型扩展到其他输入源和漏源；④1970—1975 年：发展成相互作用的线性化体系；⑤1975 年至今：转移到改善模型的可靠性和评价能力的研究上，水质模型研究由单一组分模型向较综合的模型发展。徐祖信 2003 年提出了三个阶段的划分：①1925—1980 年：研究对象为水体水质本身，主要研究受点源污染严重的河流系统，面源污染仅作为背景负荷；②1980—1995 年：水质组分数量有所增长，水动力模型被纳入多维模型系统，面污染源被连入初始输入；③1995 年至今：增加了大气污染模型，能对来自流域的负荷进行评估，对将边界条件连接到水体外部负荷的工作列入研究范围。王莉 2006 年将地表水水质模型的发展分为 3 个阶段：①第一阶段，20 世纪 20 年代中期至 70 年代初期，特点：a. 主要集中于对氧平衡的研究，强调点源污染（徐祖信，2003）；b. 属于一维稳态模型（罗定贵，2005）。代表模型：1925 年 Streeter 和 Phelps 提出了第一个水质模型 S-P 模型，即河流 BOD-DO 模型。该阶段可称为考虑水质因子不多的一维稳态模型阶段。其后，许多学者对 S-P 模型提出了修正型，常见的有托马斯（Thomas）模型、多宾斯-凯普（Dobbins-Camp）模型和奥康纳（O'Connor）模型等。②第二阶段，20 世纪 70 年代初期至 80 年代中期，是水质模型的迅速发展阶段，主要集中于相互作用的非线性系统模型的研究。特点：a. 开始出现了多维模拟、形态模拟、多介质模拟、动态模拟等特征的多种模型研究。涉及营养物质磷、氮的循环系统，浮游植物和浮游动物系统，以及生物生长率同这些营养物质、阳光、温度的关系，浮游植物与浮游动物生长率之间的关系，这些相互关系都是非线性的，有限差分法、有限元计算被应用于水质模型的计算（廖招泉，2005）；b. 由一维、二维模型扩展到三维模型的研究（李玉梁，2002）。代表模型：湖泊水库一维动态模型及三维模型；河流水质模型如 WASP（DiToro，1983）模型，能进行三维动态水质模拟。③第三阶段，20 世纪 80 年代中期至今，是水质模型研究的深化、完善与广泛应用阶段，主要特点：a. 水质模型中状态变量及组分数量大增，特别是针对重金属、有毒化合物的研究；b. 纳入水动力模型（李继选，2006）；c. 考虑水质模型与面源模型的对接（徐祖信，2003）；d. 多种新技术方法，如随机数学、灰色系统理论、人工神经网络、"3S"技术等引入水质模型研究（李如忠，2006）。代表河流模型：一维稳态 QUAL 模型（QUAL2E，1985；QUAL2K，2002）；代表湖泊模型：一维动态模型 CE-QUAL-R1；二维动态模型 CE-QUAL-W2 等。形态模型代表：美国国家环保局阿森斯实验室开发的地球化学热力学平衡模型（MINTEQAI，1987；MINTEQA2，1990），主要用于计算天然水体重金属分布形态。李光炽 2009 年将水质模型的发展过程分为以下三个阶段：①20 世纪 20 年代中期至 70 年代初期，该阶段是水质模型发展的初级阶段。此阶段主要是对于氧平衡模型的研究，开发并发展了比较简单的生化需氧量（BOD）和溶解氧（DO）的耦合模型，也是一个简单的氧平衡模型，可用于河流等区域的一维稳态水质模拟；②20 世纪 70 年代初期至 80 年代中期，该阶段属于水质模型的迅速发展阶段。此阶段出现了对多维模拟、多介质模拟、动态模拟等的多种模型研究，继续研究 S-P 模型的多维参数估值问题，由线性系统研究发展到相互作用的非线性系统水质模型，涉及生物生长率与阳光、营养物质等因素之间的关系，并开发出了一维、二维水质模型的数值解法；

③20 世纪 80 年代中期以后，该阶段属于水质模型的广泛应用阶段，相比于上个阶段水质模型的发展状况，模型的精确度和可靠性都有很大的提升，水质模型的空间维度也由一维、二维发展到三维。该阶段水质模型的复杂性大大提高，水中重金属污染物、有毒有机物在水体中的迁移、转化和生物体内的积累机理在深入研究，但实际模拟还有些难度。对于地表水质模型还综合考虑到大气、地下水等对地表水质的影响，开发出了综合水质模型。将地理信息系统技术、计算机技术、BP 技术等技术同水质模型相结合，增强水质模型的功能和应用范围。谢新宇 2010 年将水质模型的发展过程分为以下四个阶段：①1925—1965 年：开发了适合于河流、河口等地区的一维水质模型，该模型是较为简单的 BOD-DO 的双线性系统的耦合模型，即 S-P 模型；②1965—1970 年：随着计算机软件、硬件的更新换代和 BOD 的耗氧过程的研究深入，继续研究 S-P 模型的多维参数估值问题，一维、二维海湾和湖泊的水质模拟，水质模型也发展为六个线性系统（生化需氧量 BOD、溶解氧 DO、有机氮、氨氮、亚硝酸盐氮、硝酸盐氮）；③1970—1975 年：模型由线性系统发展到非线性系统，包括 N、P 等营养物质在自然界的循环机理、浮游生物系统、营养物质、阳光、温度与生物生长的作用关系式。发展出可用于一维、二维的水质模型（可用于河流、河口、湖泊、水库）的数值解法；④1975 年至今：水质模型发展了多种相互作用系统，如水体中污染物质与底泥等底质中的污染物质相互交互系统，水中悬浮物质吸附和释放 BOD 等水相与固相的交互系统，水生生态系统中的生物与水中有毒物质的交互系统。空间维数发展到三维，应用范围由河流、水库、湖泊等单一水体向流域性综合水域发展。张质明 2013 年也提出了 3 个阶段的划分：①1925—1980 年：这一阶段模型研究对象是针对水体的水质本身，水质模型所反映的规律只包括水体自身的各组分的相互作用，而其他因素，如污染源、底泥、边界的作用，都是作为外部输入；②1980—1995 年：这一阶段在第一阶段的基础上，主要是对模拟的范围进行了扩大，主要发展有：a. 在状态变量（即浮游植物、氨氮等水质组分）数量上的增长；b. 纳入了针对多维模型的水动力模型；c. 在模型中考虑了底泥等作用，而不再作为外部输入；d. 模型开始向着流域方面扩展，与流域非点源模型进行连接以纳入面源污染负荷；③1995 年至今：随着发达国家对面污染源控制认识的增强，模型模拟对象又纳入了大气中污染物质沉降的输入，包括有机化合物、重金属和氮化合物等对河流水质的影响。

综上所述，从 1925 年到现在的 90 余年中，地表水水质模型的发展大体可分为三个阶段，发展历程如下：

（1）第一阶段（1925—1965 年）为简单的氧平衡模型阶段，是地表水水质模型发展的初级阶段，主要集中在对氧平衡的研究，也涉及一些非耗氧物质的研究。这一研究阶段的起点是 1925 年 Streeter 和 Phelps 提出的 BOD-DO 耦合方程（S-P 模型），此后几十年间，对 S-P 模型不断提出了修正。1937 年，Thomas 在 S-P 模型的基础上，增加了因悬浮物沉降作用对 BOD 去除的影响。1939 年，Dobbins-Camp 考虑了底泥释放或沿程地表径流加入的 BOD，又考虑了藻类光合作用增氧，呼吸作用好氧，以及地表径流引起的溶解氧速率变化，对 S-P 模型进行了进一步修正。Thomas 1948 年提出 BOD 随泥沙的沉降和絮凝作用而减少且不消耗溶解氧，并认为其减少速率正比于存留的 BOD 数量，在稳态的 S-P 生化需氧量方程中引入了絮凝系数。1961 年 O'Connor 认为应将 BOD 分为碳化阶段的 CBOD 和硝化阶段的 NBOD 两部分，溶解氧的减少也是这两部分之和，于是在 S-P 模型基础上，考虑硝化过程对溶解氧变化的影响后，对模型进行了修正。

（2）第二阶段（1965—1985 年）是水质模型的迅速发展阶段。随着对污染物水环境影响的深入研究，传统的氧平衡模型已经不能满足实际工作的需要，开始考虑其他污染物、污染物的不同形态对环境的影响。这一阶段，主要以研究 S-P 模型的多维参数估值问题为主，同时出现了多维模拟、形态模拟、多介质模拟、动态模拟等特征的多种模型研究，由线性系统研究发展到相互作用的非线性系统水质模型，涉及营养物质磷、氮的循环系统，浮游植物和浮游动物系统，以及生物生长率与阳光、营养物质、温度等因素之间的关系，浮游植物与浮游动物生长率之间的关系，并开发出了一维、二维、三维水质模型的数值解法，包括有限差分法、有限元计算等。美国在 20 世纪 70 年代初就开始着手综合水质模型这方面的研究，美国国家环保局、美国地质调查局等研发机构于 1970 年开始陆续推出了QUAL-Ⅰ、WASP 等综合水质数学模型软件，这些模型模拟的水质成分只包括水体自身的各水质组分的相互作用，其他如污染源、底泥、边界等的作用和影响都是外部输入。1972年美国水资源工程公司（WRE）和美国国家环保局（EPA）合作发展成了第一个版本的QUAL-Ⅱ，1985 年推出了较为广泛应用的 QUAL2E 版本，2000 年对模型进行了进一步的细化和升级，推出了 QUAL2K 版本，此版本以宏的形式可加载到 Excel 中，模型界面十分友善。QUAL 模型体系的基本方程是一维平流扩散物质迁移方程，该方程考虑了平流扩散、稀释、水质组分自身反应、水质组分间的相互作用以及组分的外部源和汇对组分浓度的影响。目前的 QUAL2K 版本，可依用户的需求组合模拟 15 种水质组分，包括溶解氧（DO）、生化需氧量、温度、作为叶绿素 a 的藻类、有机氮、氨氮、亚硝酸盐、硝酸盐、有机磷、溶解磷、大肠杆菌、任意非守恒物质和 3 种守恒物质。QUAL 模型体系在全世界不同地区得到了广泛的应用，是目前应用最广泛的地表水水质综合模型之一，QUAL2E 已经被集成到美国国家环保局的 BASINS 系统中。WASP 也是一个应用非常广泛的水质模型，WASP 最原始的版本是 1983 年发布的，之后 WASP 模型经过多次修订，目前最新的版本为 WASP 7.5，该版本程序运行系统为 Windows 操作系统，具备前期数据处理和后期绘图等功能，成为美国国家环保局开发的最为成熟的水质模型之一。一些欧洲国家也分别开发了比较有效的水质模型，其中最著名的有丹麦水利研究所开发的 MIKE 模型、德国的 SIMUCIV 模型及英国 Wallingford 软件公司的 ISIS 模型，这 3 种模型皆属于综合性水质数学模型。

（3）第三阶段为 20 世纪 80 年代中期至今，这一时期是地表水水质模型研究的深化、完善与广泛应用阶段。在传统模型不断改进的同时，研究人员也开发了具有良好用户界面、模型前后处理器以及其他便于模型参数输入及模型结果直观演示的模型系统。如丹麦水利研究所推出的 MIKE 模型系统、美国国家环保局开发的 BASINS 模型系统以及荷兰 Delft

水利研究所开发的 Delft3D 模型等。这些模型系统普遍集成了各种优秀的水动力、水质模型、模型网格生成器以及有利于模型前后处理的各种工具。其中 BASINS 模型是以 GIS 为交互平台，最初采用 HSPF 作为水动力和水质模型，现已集成了 QUAL-Ⅱ 等模型。目前欧美等发达国家建立了多种水质模型并已经广泛地在环境规划及治理中应用。在该阶段，增加了大气污染模型，能够对沉降到水体中的大气污染负荷以及来自流域的负荷进行评估，此阶段模型的可靠性和精确性有极大提高，研究的空间尺度发展到了三维。该阶段地表水水质模型研究主要有以下特点：①随着面源污染问题的日益重视，开始考虑地表水水质模型与面源污染模型的对接；②加强了对模型的可靠性和评价能力的研究，开始重视模型的不确定性研究；③将许多现代数学方法引入水质模型研究，如随机数学、模糊数学、人工神经网络、遗传算法、专家系统等；④由于计算机技术的发展，将"3S"（GIS、RS、GPS）技术和虚拟现实（VR）技术引入水质模型研究。

1.4.2　水质模型分类

水质模型根据不同的标准有不同分类，有如下分类：

（1）按照水质组分的空间分布特性，分为零维、一维、二维、三维水质模型。零维水质模型又称为均匀混合水质模型，将整个环境单元看作处于完全均匀的混合状态，不涉及任何有关水动力学方面的信息，模型中不存在空间环境质量上的差异，此类模型主要用于对湖泊、水库等水体的简化水质模拟计算；一维水质模型是假设污染物排放河流中，会在横向和垂向立刻混合均匀，污染物浓度只会随着纵向变化，适用于河流长度远远大于宽度和深度的情况，主要适用于中小河流的水质模拟计算；二维水质模型分为横向二维模型和垂向二维模型，考虑污染物随着纵向与横向或纵向与垂向的变化，其中横向二维适用于宽浅型江河水域，垂向二维适用于较为深的湖泊和水库；三维水质模型考虑污染物的横向、纵向、垂向的三维变化，适用于河口、海湾和感潮河段等较为复杂的区域。

（2）按照模型变量的多少，可分为单变量水质模型、多变量水质模型和水生生态模型。简单的水质模拟一般采用单一变量或是少数变量，随着变量的增加，模拟难度也会相应增加。模型变量及其数目的选择，主要取决于模型应用的目的以及对于实际资料和实测数据的拥有程度等。

（3）按反映动力学的性质分类，分为纯输移模型、纯反应模型、输移和反应模型、生态模型。纯输移模型只考虑污染物在水体中发生的迁移、扩散规律，而不考虑其随时间的衰减规律；纯反应模型只考虑污染物发生的化学、生物化学等反应，而不考虑污染物的迁移、扩散规律；输移和反应模型则是将纯输移模型和纯反应模型结合起来，既考虑污染物随水流的迁移、扩散规律，又考虑污染物所发生的衰减反应；生态模型综合描述污染物在水体中发生的生物过程、输移过程和水质要素变化过程。

（4）按照水质组分的时间变化特性，可分为稳态水质模型和动态水质模型。水质组分不随时间变化的是稳态水质模型，反之则是动态水质模型。当水流运动为恒定状态时，水质组分可能不随时间变化，也可能随时间变化；而当水流运动为非恒定状态时，水质组分是随着时间而变化的。在实际应用过程中，稳态水质模型常应用于水污染控制规划，而动态水质模型则常应用于分析污染事故、预测水质变化。

（5）根据研究对象是固定的流场还是流场中连续运动的质点，可以分为欧拉模型和拉格朗日模型。

水质模型能够模拟的过程包括对流、扩散、稀释和各种反应过程，描述这些过程的微分方程被称为对流扩散方程。在欧拉模型中，对空间固定的控制体应用质量守恒定律，而对流项的存在使得微分方程复杂化，对流项是导致难以求得方程精确的数值解的主要原因。但是欧拉模型计算便利，它能够简便地表达系统要素，并且其计算结果还自动包括特定位置的按照时间变化的各种污染物指标，与现场监测的记录方式相适应。因此，欧拉法在水质模拟中应用的比较广泛，如 WASP 水质模型。

大多数物理过程与随流动的特定的局部水团相关。因此，对特定的水团应用质量守恒定律是一个更加自然的表达方式，这样建立起的模型被称为拉格朗日模型，如 DISCUS 模型。拉格朗日模型的微分方程在数学表达上更简单，更有利于透彻地理解概念本质。然而，虽然拉格朗日形式的对流扩散方程的数值解比欧拉形式的方程更精确，但是它的求解很不方便，因为它是建立在位置连续变化的流体上。

（6）根据模型的性质分为黑箱模型、白箱模型、灰箱模型。白箱模型是对污染物质的迁移、转化，即水体中各组分的物理、化学、生物作用机理，完全透彻地了解，并在其基础上建立的模型，也称为机理模型；黑箱模型对污染物质的迁移、转化等机理不清楚，由经验和数理统计所建立起来的参数和变量数学关系式，也称为经验模型或统计模型；灰箱模型介于黑箱模型与白箱模型之间，大多数水质模型都在此列。

（7）从使用管理的角度，水质模型可分为河流模型、河口模型、湖泊或水库模型、海湾模型等。一般河流、河口的模型相对于湖泊、海洋模型较为成熟。

（8）按变量的特点，可以分为确定性模型和随机性模型。确定性模型是给定一组输入参数、变量和条件，就会计算出一个确定的解；随机性模型中输入的变量、参数和各个条件都具有随机性，计算出的解不稳定，也不是唯一的解。

1.5　水生态模型发展历程

水生态模型是用来描述水体生态系统的模型，主要研究水生生态系统中生物个体或种群间的内在变化机制及其与水文、水质、气象等因素之间的相互影响和关系，主要应用于定量研究水体富营养化及重金属等有毒物质对水生生态系统的影响过程。水生态模型中考虑了影响水生生态系统变化的各种影响因素及其结果，水生生态系统是由水生生物群落与水环境共同构成的具有特定结构和功能的动态平衡系统，水生生态系统组成包括浮游植物（藻类群体）、消费者（浮游动物、鱼类）、腐质（死亡的藻类和消费者遗体）、二氧化碳、有机碳、无机氮、无机磷、有机氮、有机磷等九个因素及太阳能。各因素之间具有 10 种作用过程：①外界输入；②光合作用；③原生呼吸；④内源呼吸；⑤生物分解；⑥排泄；⑦死亡；⑧游动；⑨平衡；⑩沉淀。各影响因素按其作用过程写成定量的模型，构成整个水生态模型。水生态模型多用于水体富营养化研究，研究水体富营养化形成的机理，提出富营养化解决的方法。水体富营养化是指在人类活动的影响下，为生物所需的氮、磷等营养物质大量进入湖泊、水库、河流或海湾等缓流水体，引起藻类及其他水生生物迅速繁殖，致使水体溶解氧下降，水质恶化，水体发腥发臭，鱼类及其他生物大量死亡的现象。由于浮游生物大量繁殖，水面往往根据占优势的浮游生物的颜色而呈蓝色、红色、棕色或乳白色等颜色，这种现象在内陆水体中称为"水华"，在海域水体叫"赤潮"，水华、赤潮暴发是水体生态系统对富营养化的响应。水体富营养化破坏了水体原有的生态系统的平衡，以致水体失去原有的自然生态系统结构，使该系统处于恶性循环中。随着我国工业化和城市化的发展，大量含有氮、磷等营养物质的工业废水和生活污水排放到附近的湖泊、河流、水库或海域，增加了这些水体的营养物质的负荷量。同时，由于农业生产提高农作物产量的需要，化肥和农药施用量逐年增加，大量未被农作物吸收的营养物质经过雨水冲刷和渗透，最终流失而被输送到水体中。畜牧业中的牲畜粪便以及水产养殖业中投放的饵料也是水体接纳氮、磷等营养物质的主要渠道。随着工业化的快速发展，产生大量的工业毒物，排入湖泊生态系统中会产生严重的负面影响，引起在生物体内的累积。应用水生态模型不仅能够研究水体的富营养化现象，也可以模拟工业毒物、重金属等污染物对水体生态系统的影响，是水环境管理和研究的重要工具。

内陆水域的湖泊、水库发生富营养化较多，内陆水域的水生态模型多用于研究湖泊、水库的富营养化研究。内陆水生态模型研究起步于 20 世纪 60 年代，从开展富营养化研究至今，取得了飞速的发展，从 Vollenweider（1975）提出的简单总磷模型，到包含几十个生态变量的生态动力学模型，经历了从单层、单室、单成分、零维的简单模型到多层、多室、多成分、三维复杂模型的发展历程。根据模型的复杂特征及发展过程，将水生态模型分为三种类型，划分为三个发展阶段：单一营养盐模型、浮游植物生态模型和复杂的生态水动力学综合模型。

随着沿海地区人口的日益增长，以及工业和海水养殖业的迅速发展，沿海生态环境已受到较为严重的破坏。水质恶化导致赤潮的频繁出现、鱼病突发与人工养殖鱼虾的大面积死亡，建立评估海洋水体生态环境状况和预测海洋生态平衡及演变的水生态数学模型已成为沿海各国寻求经济发展的科研战略之一。海洋水生态模型始于 20 世纪 40 年代，侧重于海洋水体富营养化及海洋水环境影响研究，经历了从简单的包含营养盐、浮游植物和浮游动物三个状态变量的模型发展到现在侧重于动力学研究的海洋生态动力学模型。

1.5.1　水生态模型

1.5.1.1　单一营养物质负荷（营养盐）模型

引起富营养化的物质主要是碳、氮、磷，在正常条件下，淡水环境中存在的碳、氮、磷的比率为 106∶16∶1，根据李比希（Liebig）的最小生长定律可以认为氮、磷是富营养化形成的限制物质，其中磷是绝大多数湖泊和水库富营养化形成的限制因子。早在 1968年，加拿大著名湖沼学家 Vollenweider 就提出了反映夏季蓝藻、绿藻与磷负荷之间的关系模型。1975 年，他又提出了运用单一营养物质磷来评价预测水体营养状况的模型，即著名的 Vollenweide 模型。20 世纪 70 年代后期，经济合作与发展组织（OECD）为了防止湖泊富营养化，组织和协调了湖泊富营养化的合作研究，通过对世界上近 200 个湖泊广泛而严密的监测研究，结果表明：湖水中总磷、总氮受湖外负荷很大程度的支配，并呈明显的正相关关系；湖水中总磷浓度与藻类生物量的代表性参数叶绿素 a 之间存在明显的正相关关系；湖水中总磷的年平均浓度与透明度之间存在明显的负相关关系。基于湖水总磷浓度与各水质参数之间存在的相关关系，OECD 提出了湖水总磷浓度的计算模型，它计算总磷浓度的方法是根据 Vollenweider 1975 年提出的湖水中总磷浓度的模型方程进行计算的，Larsen 和 Welch 等（1986）对 Vollenweide 公式进行了修改，使其包括了一个恒定的底质磷释放速率，该模型可以预测湖泊恢复健康的初始时间，但用于长期模拟时，它明显具有一定的局限性，原因是随着时间的改变，底质释放磷的速率会减小。为了更加直接地表述底质动态变化对湖泊磷负荷的影响，一些学者在模型里增加了一个底质模块单元，Lorenzen 等构建了一个底质—水相互作用的二单元总磷模型，尽管该模型能较好地模拟底质对湖泊磷浓度的反馈效应，但它还有几个难以克服的缺点：第一，未构建估算模型参数的清晰程序；第二，磷的加速反馈机制是否与厌氧湖泊底部水体有关仍不明确；第三，假设底质—水相互作用发生在整个湖泊底部是不正确的。为了克服 Lorenzen 模型的不足，Kamp 等对 Lorenzen 模型做了一些改进，构建了一些更具机理性的模型，这些模型通常参数较少，一般可以通过实验测定来获得；Lung 等也对 Lorenzen 模型作了一些改进，他把沉积作用描述为一个多层次系统，这些改进都增加了 Lorenzen 模型的复杂性。为了使模型简单些，Steven 等构建了一个更简单的模型，该模型由两部分组成：总磷计算模型和均温层氧气模型，可以预测一个湖泊对于磷负荷改变的长期反应，也可用来计算湖水的总磷浓度和均温层中氧气的含量，同时考虑了底质与水之间的相互作用。其后，研究人员又在此模型的基础上提出了许多类似的营养物平衡模型，对磷的沉降、存在形态和磷的输入与输出之间的相互关系进行改进。单一营养盐模型得到了很大的发展，从单一的总磷浓度发展到模拟系统中整个磷元素（包括颗粒磷、溶解的无机磷和浮游生物中的磷）的循环；从简单的水体完全混合模型发展到多层模型；从单纯考虑水体本身的营养盐循环发展到考虑底泥和水体界面的营养盐交换过程等。目前，单一营养盐模型很多，它具有简单、使用方便和易于理解等优点。但它也有自身难以克服的缺点，如把磷视为限制性营养元素是不科学的，通常在湖泊生态系统中多种养分是湖泊水生生物生长的限制性元素；同时它还不能反映水体中多种营养盐的相互影响及其对生态系统的综合影响；不能反映湖泊生态系统的动态发展过程等。该时期湖泊富营养化模型有三个重要的发展，一是结合了湖泊热分层以及湖泊上下层之间的营养物交换；二是建立了湖泊中水和底泥间的磷交换关系；三是用米氏动力学代替一级动力学描述营养物和生物量浓度作为时间和深度的连续函数。由于这类模型在建模过程中通常只考虑长时间尺度的一两层结构中的一个支配营养物，而没有考虑短期的水质、水动力及生态系统的变化；同时，假设污染物在湖内或湖泊各层之间是均匀混合的，因此，这些模型只能对水体的富营养化状态进行粗略预测和模拟。

1.5.1.2 浮游植物与营养盐相关模型

浮游植物大量繁殖是水体富营养化的主要表现形式，浮游植物靠吸收水体中营养盐而生长，模拟浮游植物的繁殖和营养盐之间的关系，对于预测水体的富营养化具有重要意义。组成浮游植物的元素主要包括碳、氧、氢、氮、磷等，李比希的最小因子定律表明，任何有机体的生长量都是由最缺乏的养分因子决定的，然而在实际环境中，浮游植物的生长可能受到不止一种元素的限制。已有学者证实浮游植物群落处于一种非平衡状态，即在同一限制性营养物质浓度水平下，浮游植物中并不是所有藻类种群都表现出对这种营养物质的缺乏。国外学者 Jaya Naithani 和 Louise Bruce 分别建立了浮游动植物与营养盐之间的相关模型。Monod 建立了表达稳态条件下一种限制性营养元素与浮游植物生长的关系模型。Dahl Madesen 认为在浮游植物生长过程中，氮、磷和碳都可能是限制浮游植物生长的元素，建立了三种限制性营养元素与浮游植物生长之间关系的模型。Droop 将藻类生长速率与细胞内部营养库大小联系起来，建立了 Droop 模型。Chen 等考虑了四种外界因子氮、磷、太阳辐射和温度与藻类生长的关系，利用米氏方程建立了模型。Nyholom 考虑了内部因子与浮游植物光合作用的关系，认为磷是光合作用的主要限制因子，建立了浮游植物光合生产量预测模型。Pattern、Larsen、Jansson、Anderson 等都建立了不同的浮游植物光合作用计算模型。目前，浮游植物与营养盐相关模型主要有 3 种：一是藻类生物量与磷负荷量之间的相关经验模型；二是使用限制因子假定来模拟浮游植物的生长；三是根据光合作用的相关因素来估算浮游植物的初级生产力。然而，浮游植物的动态变化，是其内部生理特征和外部因素综合作用的结果，除了其自身生理因素，光、温度、营养盐、水流、风、浮游植物自身浓度、捕食等都是影响因素。因此，单一的浮游植物与营养盐相关模型不可能全面模拟浮游植物的动态变化，浮游植物模型还需进一步完善，特别是对于一些空间上跨度很大的湖泊，通过把多级浮游植物、养分负荷模型与水动力学模型整合在一起，才能有效地预测养分负荷的改变对浮游植物组成及其优势种的影响。模拟湖泊对养分负荷的响应也必须考虑悬浮底质和沉水植被，它们在富营养化湖泊养分循环中起着重要作用，所以生态动力学模型才是湖泊富营养化模拟模型研究的主流。

1.5.1.3 生态动力学模型

在富营养化模型发展的高级阶段就出现了生态动力学模型，与前几种生态模型相比，生态动力学模型能够更详细准确地模拟水体的富营养化。生态动力学模型是以水动力学为理论依据，以对流—扩散方程为基础建立的模型，同时对生态系统进行结构分析，研究生态系统内子系统间相互作用过程，综合考虑系统外部环境驱动变量，建立微分方程组，运用数值求解方法，研究生态系统状态变量的变化。与前几种生态模型相比，生态动力学模型能够更详细准确地模拟水体的富营养化。生态动力学模型与磷负荷模型一样，也是为了研究湖泊富营养化发生的机理，并对其发展趋势做出预测，但它与磷负荷模型具有本质的区别，它的主要特点是：①考虑了生态系统中营养物随时间和空间的变化；②详细地描述了湖泊中生物的和化学的变化过程；③与磷负荷模型相比，它考虑了更多种因素变化的影响。在生态动力学模型中，空间的变化通常用水动力学公式来描述；而生态—地球化学过程由生物的和化学的过程描述；影响因素包括碳、氮、磷、硅、硫、氧、光照等。生态动力学模型一般包括三个营养级（浮游植物、浮游动物和鱼）与各元素（如碳、磷、氮）有关物理、化学与生物变化过程，在一般情况下，这一变化过程可用磷循环子模型、氮循环子模型和碳循环子模型等来描述。

生态动力学模型的研究始于 1975 年 Chen、Ditoro 开发的简单水质动力模型。1976 年，Jørgensen 为丹麦 Glumsø 湖建立了一个非常典型的严重富营养化的浅湖生态模型——Glumsø 生态动力学模型，该模型以 C、N、P 为营养物质的循环变量，按生物链层次建立了以浮游植物、浮游动物为中心变量的生态模型，还考虑了水和沉积物之间的营养交换，并且区分了交换性和非交换性营养元素（对于浅水湖泊来说，估算出沉积物中营养物质的数量也是十分重要的）。Glumsø 模型有 17 个状态变量，描述了整个食物链内的营养物（磷、氮、碳、硅）循环，同时还考虑了藻类细胞内的营养物。模型有两个典型特征：①考虑了水藻生长过程的两个阶段，能更好地描述系统在营养物富集的过程中对季节变化的响应；②使用了一个较为复杂的子模型来描述沉积物和水之间营养物的交换，以此区别交换磷和不可交换磷，将磷的释放描述为一个三步过程：可交换磷＞空隙水磷＞水相中的磷。Scacia 等 1976 年建立了"清洁器"（Cleaner）模型，包含 4 种营养物，分层分室考虑了 40 个状态变量；该模型有很多应用实例，包括 Sarasota 湖（美国佛罗里达州）、Leven 湖（苏格兰）以及一些意大利、匈牙利和捷克的湖泊。Nyholm 1978 年建立了用于浅水湖泊的 Lavsoe 生态模型，对水藻生长、透明度和两种营养物（磷和氮）循环进行季节描述，模型考虑了细胞内营养物的内部变化，并将特定的生长速率描述为细胞间营养物水平的函数。Virtanen 等 1986 年建立了 3DWFGAS 模型，该模型是一个三维模型，用空气和土壤模块决定来自这些圈层的强制函数的输入和输出。该模型包含许多状态变量：5 种营养物、氧气、木质硫磺酸、油、有机氯化合物、杀虫剂、pH、12 种金属、4 种浮游植物、3 组浮游动物、5 种鱼类和底栖动物等。Cerco（1993，1995）等在研究 Chesapeake 湾富营养化时提出了

CE-QUAL-ICM 三维动态富营养化模型，该模型包括 22 个状态变量，涉及湖泊物理特征、多种藻类、碳、氮、磷、硅和溶解氧等。

国内从 20 世纪 80 年代开始，生态动力学模型研究得到了迅速发展，特别是在一些富营养化较为严重的湖泊，如巢湖、滇池、淀山湖、东湖、太湖、隔河岩水库等。阮景荣等 1998 年建立武汉东湖的磷—浮游植物动态模型，用来描述东湖藻类的生长和磷循环，其状态变量包括浮游植物磷、藻类生物量、正磷酸盐、碎屑磷和沉积物磷。刘玉生等 1991 年在研究了滇池碳、氮、磷时空分布，藻类动力学，浮游植物动力学及沉积与营养释放的基础上，建立了生态动力学模型，并与箱模型耦合，建立了生态动力学箱模型，模拟了总磷、总氮和化学需氧量的水环境容量和消减量。郑丙辉等 1994 年改进了滇池生态动力学模型，从滇池浮游植物的优势种出发，根据各种藻类的生长特性，分别给予不同的温度限制因子，以此推求其增殖速率，并根据不同时期、不同地点优势藻种的构成比，加权出该时段浮游植物总的生长率；这一改进克服了以往模拟计算中把参数取为常数的缺陷，较好地模拟了浮游植物的生长过程和 TN、TP 等水质指标的年内变化情况。宋永昌等 1991 年以淀山湖生态系统为研究对象，建立了富营养化生态模型，为淀山湖科学管理和富营养化治理提供了依据。陈凯麒等 1998 年建立电厂温排水对岱海湖泊富营养化影响的生态模型，模型主要关注叶绿素 a、藻类、总氮及总磷，并用于模拟流体力学问题和生态动力学问题。Xu 等 1999 年建立了巢湖生态模型，包括 6 个子模型，即营养物子模型、浮游植物子模型、浮游动物子模型、鱼类子模型、碎屑子模型及沉积物子模型，共有 11 个状态变量；该模型被用来模拟和预测巢湖生态系统健康变化。朱永春和蔡启铭 1997 年探讨了水动力作用下太湖蓝藻水华的迁移、聚集规律和垂直分布特性；胡维平等 1998 年建立了风声流和风涌增减水的三维数值模型，模拟了湖泊的流动特性对湖泊生态系统的影响。朱永春、蔡启明 1998 年分别建立了太湖梅梁湾三维水动力模型和三维营养盐浓度扩散模型，模拟了梅梁湾的水平和垂直湖流的分布，以及在三维湖流的作用下，营养盐随风场的扩散情况。Hu 等 1998 年建立了模拟凤眼莲对太湖生物—物理工程实验区水质影响的水质—生态模型，模型包含 12 个状态变量，很好地描述了浮游植物和凤眼莲的生长，以及营养盐在食物链中的循环。逄勇 1995 年建立了考虑时变风场压力的太湖藻类动态模拟模型，但水动力模块的简化求解限制了该模型进一步拓展。2006 年李一平在逄勇等研究基础上，建立了一个三维风生流模型、水质模型和富营养化模型相耦合的数学模型，该模型不仅可对太湖风生湖流、总磷、总氮等水质要素进行模拟，还可模拟藻类生长和消亡情况以及其随风生湖流迁移规律。李大勇等 2011 年应用生态动力学模型 CAEDYM 与三维水动力模型相耦合，结合太湖自身特点，以藻类生长过程及其生长代谢相关的营养盐变化过程为核心建立生态模型，并充分考虑各种形态氮、磷的内源释放、输移与转化过程，该模型对于藻类及各营养盐动态变化、富营养化发生和消亡过程模拟效果良好。

总的来说，生态动力学模型在其发展过程中正经历如下变化：状况变量逐步增加，由最初的几个发展到现在十几个乃至几十个；从一维逐步向多维动态模型过渡，如 3DWFGAS

是一个三维生态动力学模型；包括的物理、化学和生物过程更加全面。目前应用十分广泛的生态动力学模型有 WASP、CE-QUAL-ICM、AQUATOX、PAMOLARE、CAEDYM 等，主要用来对物质流动和生态系统结构变化进行模拟。生态动力学模型是一个非常复杂的问题，虽然在过去几十年间，这方面的研究已经取得了丰硕的成果，但仍然存在着许多问题有待进一步研究。生态动力学模型都包含了很多参数，且这些参数的率定十分困难，尽管一些生态模型利用一些特殊年份的实测资料，进行了模型的率定与验证工作，但由于富营养化模型中类似藻类的生长速率等参数对于不同的藻类，在不同季节，甚至不同时段内都是不一样的，给模型参数的率定带来了很大的困难，也限制了模型的应用。同时在模型的算法、边界条件的处理、入湖污染物的核算方面都有待进一步优化。目前生态水力学研究热点前沿包括关键生物物种产卵的生态水力学条件、水力学条件变化与关键生物种群数量的响应关系、生命体在水体中的输移与消长规律及其流场控制机理，受损水体的生态水力学条件修复，钉螺的生态水力学特性，钉螺在水中的迁移及扩散规律等。

1.5.2　海洋生态动力学模型

海洋生态动力学模型也是生态动力学研究的重要内容之一，国外始于 20 世纪 40 年代，Riley 等在 1949 年建立了第一代生态动力学模型——一个垂向一维模型，描述欧洲北海浮游生物的季节变化，标志着海洋生态学进入了定量模拟的时代。1958 年，另外一位海洋生态模型的先驱 John Steele，首次同时用营养盐，浮游植物及浮游动物的方程来研究海洋生态系统短暂的动力学过程，但他认为用该模型去研究浮游生物种群只是"勉强成功"的，该模型不够完善的地方在于"对模型中各状态变量之间的具体关系尚不清楚"。此后 20 多年，海洋生态动力学模型发展很快，被认为是除了观测和实验之外研究海洋生态系统的一种有效方法（Jorgensen，1994，2002）。但是在 20 世纪 80 年代之前，海洋生态系统动力学模型并没有质的飞跃，被视为是 Riley 模型的延续（王海黎和洪华生，1996）。20 世纪 80 年代中期以后，日本和美国的科学家开始了三维海洋生态系统动力学模型的研究工作。进入 20 世纪 90 年代，海洋生态系统研究异常活跃，并进入了强调"动力学"研究的时期，在传统的海洋水体生态系统的后面加上了"动力学"，旨在强调"动态"和"动力机制"的研究，强调物理与生物过程相互作用研究，强调浮游动物在海洋水体生态系统中的作用。在这一时期，围绕大西洋北海和地中海生态研究以及美国乔治亚海和日本若干海湾的生态研究中，提出了几十个不同营养层次和类型的海洋生态动力学模型。欧洲海域海洋生态系统动力学模型研究开展最早，目前成果较多，主要模型包括比利时的 MIRO&CO-3D、法国的 ECO_MARS3D、德国的 ECOHAM4、荷兰的 Delft3D-GEM、英国的 Cefas、GETM-BFM 及 POL、POLCOMS-ERSEM 等。Chesapeake Bay 是美国生产力最高的河口海湾之一，在"Chesapeake Bay Program"的资助下，对该海域开展了广泛研究。其中，Xu 等（2006）建立了一个三维水动力—生态耦合模型，对于 Chesapeake Bay 的生态系统基本过程进行了研究。同时，美国海洋动力学模型研究实力深厚，开发了一系列贴体坐标系动力学模型如

POM、ROMS/TOMS、非结构化网格模型如 QUODDY 和有限体积法求解的模型如 FVCOM，这些模型为生态模型的耦合研究提供了多种平台。日本在 20 世纪 80 年代就较成功地开发了预测赤潮发生的生态动力学模型。Yamane 等（1997）用三维初级生态模型对 Osaka 湾 1964—1985 年的水质进行了长期模拟。澳大利亚的 Port Phillip 湾也是一个典型的半封闭海洋生态系统，Murray 等（1999）对该海域建立了一个模拟氮磷硅营养盐、底栖生物、沉积物等变量的生态模型，并以物理模型作为生态过程的驱动，模型考虑了外海水交换和陆源输入，以及沉积物的影响。此外，澳大利亚水研究中心开发的 ELCOM-CADYEM，由模拟湖泊水生态环境的模型演变而来，目前也逐渐被改进和应用于近岸海域水生态环境的研究。

我国对海洋生态系统动力学模型的研究起步较晚，近些年来我国学者针对不同海域，在生态系统模型和生态水动力学模型研究方面也取得了诸多成果，国内对海洋生态模型的研究主要在胶州湾、渤海、黄海、南海、长江口、珠江口、厦门湾、台湾海峡等海域。崔茂常等（1997）为研究我国东海碳循环变化过程，建立了一个以浮游植物、浮游动物、细菌、营养盐和溶解有机碳（DOC）为变量的生态系统简单模型；高会旺等（1998）采用 NPZD 箱式生态模型对渤海初级生产力年循环进行了分析与模拟；余光耀等（1999）建立了胶州湾的生态系统箱式模型，包括浮游植物、浮游动物、无机氮和磷、溶解态与悬浮态有机物及溶解氧等 7 个状态变量。张书文等（2002）采用简单物理与生物耦合模式模拟了黄海冷水域叶绿素和营养盐的年变化；李清雪等（2001）对渤海湾浮游生态系统进行了调查实验，建立了一个以氮营养盐、浮游植物、浮游动物、悬浮碎屑为变量的生态系统模型，并耦合二维水动力学模型对渤海湾的氮循环进行了研究。在此基础上，该模型历经了一系列改进：宋文篪（2002）考虑了磷循环；赵海萍（2005，2006）和高庆春等（2007）对渤海湾的浮游细菌进行了生态研究，增加了细菌碳循环过程；穆迪等（2006）考虑了氧循环。近年来，随着国内外研究合作的加强，出现了大量基于国际主流水动力学模型如 HAMSOM、POM、ECOM 和 ROMS 的生态动力学模型，这些模型在我国一些近岸海域浮游植物生长、碳氮磷循环、污染物输运、物理条件的生态影响等方面的研究中起到重要作用，但这些模型的生态系统模块相对简单，生态系统模型的发展需要长期的监测调查和机理研究。

海洋生态系统动力学模型的应用范围很广，包括利用模型对海洋生态系统一些现象机理的探索、利用模型进行时空插补了解生态系统宏观变化特性、预测环境条件变化下生态系统的演变等。海洋生态模型发展过程也是从简单的包含营养盐、浮游植物和浮游动物三个状态变量的模型发展到包含几十个状态变量的复杂生态动力模型的过程。

1.6　国外常用数值模型软件

20 世纪 70 年代水环境数值模型得到了快速发展，从早期的一维模型，发展到二维、三维数学模型，并且能够模拟泥沙、盐度、污染物等在水流作用下的物质输运过程。进入

20 世纪 90 年代以后，在计算机技术支持下，多媒体技术、大型关系数据库技术、图像处理技术、"3S"技术等发展迅速，为数学模型提供了更加广阔的发展空间。国外很多科研机构投入了大量的研究人员进行数值模型软件的开发工作，先后涌现出很多价值和性能很高的水环境数值模型软件。

1.6.1 国外常用水环境模型特征

评价数值模型软件的指标较多，表 1-1 主要按照模型名称、基本特征及其运行特征进行统计。

表 1-1 模型名称、基本特征、运行特征

模型名称	模型基本特征					模型运行特征							
	水动力模型	水体水质模型	流域模型	统计模型	过程模型	共享程度	友好性	经验需求	时间需求	数据需求	技术支持	软件化	费用
AGNPS	—	—	●	—	●	●	—	◎	◎	◎	◎	◎	●
AnnAGNPS	—	—	●	—	●	●	—	◎	◎	◎	◎	◎	●
AQUATOX	—	●	—	—	●	●	●	◎		◎	◎	●	●
BASINS	●	—	●	—	●	●	●	○	○	○	●	●	●
CAEDYM	—	●	—	—	●	◎	◎	●		◎	◎	◎	◎
CCHE1D	●	—	—	—	●	●	◎	—	○	○	●	◎	●
CE-QUAL-ICM/TOXI	—	●	—	—	●	●	●			○	◎	●	●
CE-QUAL-R1	●	●	—	—	●	◎	○	●	●	●	○	○	◎
CE-QUAL-RIV1	●	●	—	—	●	◎	○	—	○	◎	○	○	◎
CE-QUAL-W2	●	●	—	—	●	◎		—	—	○	—	◎	◎
CH3D-IMS	●	●	—	—	●	◎	○	—	—	●	○	●	●
CH3D-SED	●	●	—	—	●	◎	○	—	—	●	○	○	●
Delft3D	●	●	—	—	●	—	●	—	—	○	◎	◎	—
DIAS/IDLMAS	—	—	●	—	●	●	—	◎	●	◎	●	●	◎
DRAINMOD	—	—	●	●	●	●	—	◎	◎	◎	◎	●	○
DWSM	—	●	●	—	●	○	—	◎	●	◎	●	●	●
ECOMSED	●	—	—	—	●	—	—	—	—	—	○	—	—
EFDC	●●	—	—	—	●	—	—	—	—	—	○	—	—
EPIC	—	—	●	●	●	●	—	◎	◎	○	◎	◎	●
GISPLM	—	●	●	—	●	●	—	◎	●	●	●	●	●
GLEAMS	—	●	●	—	●	—	—	●	●	●	○	●	●
GLLVHT	●	●	—	—	●	—	—	—	—	○	◎	◎	◎
GSSHA	—	—	●	—	●	—	—	—	—	◎	●	●	●
GWLF	—	●	●	—	●	●	—	—	●	●	○	○	●
HEC-6	●	—	—	—	●	●	●	◎	◎	○	◎	●	●
HEC-6T	●	●	—	—	●	○	●	◎	◎	○	◎	●	○
HEC-HMS	—	—	●	—	●	●	—	◎	◎	◎	●	●	●

模型名称	模型基本特征					模型运行特征							
	水动力模型	水体水质模型	流域模型	统计模型	过程模型	共享程度	友好性	经验需求	时间需求	数据需求	技术支持	软件化	费用
HEC-RAS	●	—	—	—	●	●	●	◎	◎	○	◎	●	●
HSCTM-2D	●	●	—	—	●	●	○	—	—	○	○	○	●
HSPF	—	●	●	—	●	●	●	—	—	○	●	●	●
KINEROS2	—	—	●	—	●	●	●	○	◎	◎	○	●	●
LSPC	—	●	●	—	●	●	●	●	○	●	◎	●	●
MCM	●	●	—	—	●	◎	◎	○	●	◎	◎	◎	◎
Mercury Loading Model	—	—	●	—	●	●	—	●	●	◎	○	◎	●
MIKE 11	●	●	—	—	●	●	●	—	—	○	●	●	—
MIKE 21	●	●	—	—	●	●	—	—	—	○	●	●	—
MIKE SHE	●	—	●	—	●	●	●	—	—	○	●	●	—
MINTEQA2	—	●	—	—	●	●	○	◎	●	◎	○	○	●
MUSIC	—	—	●	—	●	●	—	◎	◎	◎	●	●	○
P8-UCM	—	—	●	—	●	●	●	●	●	●	○	○	●
PCSWMM	—	●	●	—	●	●	●	—	○	●	◎	●	●
PGC–BMP	—	—	●	—	●	●	●	◎	●	○	○	●	◎
QUAL2E	—	●	—	—	●	●	○	◎	●	◎	◎	○	●
QUAL2K	—	●	—	—	●	◎	◎	●	●	◎	◎	◎	●
REMM	—	—	●	—	●	●	—	○	◎	●	○	—	●
RMA-11	●	●	—	—	●	—	◎	—	●	○	◎	◎	●
SED2D	●	●	—	—	●	●	◎	—	●	○	◎	◎	●
SED3D	●	●	—	—	●	●	◎	—	●	○	◎	◎	●
SHETRAN	●	●	●	—	●	◎	●	—	●	○	●	●	◎
SLAMM	—	—	●	●	—	●	●	○	◎	◎	◎	◎	○
SPARROW	—	—	●	●	●	●	—	◎	◎	●	●	◎	●
STORM	—	—	●	●	●	●	●	○	●	◎	○	—	●
SWAT	—	●	●	—	●	●	●	○	◎	◎	◎	●	●
SWMM	—	●	●	—	●	●	○	●	●	●	◎	●	●
Toolbox	●	●	●	—	●	●	●	●	●	●	●	●	●
TOPMODEL	—	●	●	—	●	●	—	◎	◎	●	●	◎	●
WAMView	—	●	●	—	●	◎	●	●	●	●	○	●	◎
WARMF	—	●	●	—	●	—	◎	○	○	◎	◎	◎	—
WASP	●	●	—	—	●	●	○	—	—	○	○	○	●
WEPP	—	●	●	—	●	●	—	◎	●	●	○	○	●
WinHSPF	—	●	●	—	●	●	—	—	○	○	●	●	●
WMS	●	●	●	—	●	—	●	●	○	○	●	◎	—
XP-SWMM	—	—	●	—	●	●	●	●	○	○	◎	●	—

注：—表示无；○表示简单；◎表示一般；●表示高级。

33

1.6.2 国外常用地表水环境模型

1.6.2.1 AQUATOX

AQUATOX 是美国国家环保局开发的水生态系统模型，主要进行淡水生态系统的模拟，可以预测各种污染物（如氮、磷和有毒有机物）的变化及其对水生生态系统（包括鱼类、无脊椎动物和水生植物）的影响。

1.6.2.2 CE-QUAL-R1

CE-QUAL-R1 由美国陆军工程兵团的水道试验站（Waterways Experiment Station，WES）开发，是垂向一维非恒定水质模型，可以应用于垂向分层现象明显的湖泊和水库的模拟分析。模型把水体在垂向上进行分层，模拟密度和风导致的垂向混合现象。水质模拟的指标主要包括水温、DO、氮、磷、藻类、可溶性有机质、泥沙等。

1.6.2.3 CE-QUAL-RIV1

CE-QUAL-RIV1 由美国陆军工程兵团的水道试验站开发，是一维非恒定水流、水质模型。水质模型的模拟指标主要包括 DO、CBOD、氮（多种形态）、磷（多种形态）、藻类、可溶性金属、大肠杆菌等。

1.6.2.4 CE-QUAL-W2

CE-QUAL-W2 由美国陆军工程兵团的水道试验站开发，是立面二维非恒定模型，适合进行水库、湖泊、河流等水体纵向和垂向水流和水质的模拟。水质模拟的指标主要包括水温、DO、BOD、氮、磷、藻类、浮游动物、可溶性有机质、泥沙等。

1.6.2.5 CH3D-WES

CH3D 由美国陆军工程兵团的水道试验站及海岸和水利研究室开发，可以进行水流、盐度和水温的三维模拟，能够模拟影响大型水域的流动与垂向混合的主要物理过程。模型在水平和垂向都采用了贴体网格，其中横向是非正交曲线网格，垂向网格是 Sigma 拉伸网格。

1.6.2.6 CORMIX

CORMIX（cornell mixing zone expert system）最初由美国康奈尔大学开发，主要基于射流理论进行排污混合水域的水流和水质模拟分析，能够进行水面和水下排放、单个及多个排污口的计算，适用于河流、湖泊、水库、海洋等水域。

1.6.2.7　Delft 3D

Delft 3D 由荷兰三角洲研究院开发，适用于三维自由表面流动的模拟，能进行大尺度水动力、波浪、泥沙、水质和生态过程的计算。系统实现了与 GIS 的无缝链接，有前后处理功能。系统的水质和生态模块包括了主要水质指标和营养物、藻类、水生生物等，描述了这些因子相互作用的过程。

1.6.2.8　EFDC

EFDC（the environmental fluid dynamics code）是威廉玛丽大学（Virginia Institute of Marine Science at the College of William and Mary）John Hamrick 开发的三维地表水模型，可用于河流、湖泊、水库、湿地系统、河口和海洋等水体的水动力学和水质模拟，是一个多参数有限差分模型。EFDC 模型在水平曲线正交网格、垂向 Sigma 拉伸网格上求解静水力学、湍流时均方程。模型采用 Mellor-Yamada 2.5 阶紊流闭合方程。同时模型可进行干湿交替模拟。

1.6.2.9　MIKE

MIKE 系列软件由丹麦水力学研究所开发，在地表水环境模拟方面，主要包括 MIKE 11、MIKE 21 和 MIKE 3，三个模型之间具有很好的兼容性，可以结合起来运用，并且系统实现了与 GIS 的充分结合。

MIKE 11 可以进行一维河流及渠道水流、泥沙、污染物和生态过程的模拟，水动力模块是模型的核心，各个模块之间实现了充分的联接。主要模拟的水质因子包括 DO、BOD、氮、磷、重金属、大肠杆菌、藻类等，用户还可以自定义模拟指标。

MIKE 21 可以进行二维自由表面流动的模拟，适用于可以忽略分层作用的湖泊、水库、湿地、河口、海洋等区域。水质模块可以模拟保守物质、一阶衰减物质和富营养化过程，主要的水质因子包括盐度、DO、BOD、氮、磷、重金属、大肠杆菌、藻类、浮游生物等，用户还可以自定义模拟指标。

MIKE 3 是用于三维自由表面流的专业工程软件包，用于河流、湖泊、河口、近岸海域、海岸地区、海域及其他水体的水力学、水质和泥沙传输等模拟。对于自由表面计算和紊流计算，MIKE 3 都提供了多种处理方法供用户选择。模型水质和生态过程模拟因子与 MIKE 21 类似。

1.6.2.10　QUAL2K

QUAL2K 是美国国家环保局开发的一维模型，包括恒定的水流模型和动态的水质模型。水质模型的模拟指标主要包括水温、DO、BOD、氮、磷、藻类、病原体微生物等。

1.6.2.11 SMS

SMS（surface water modeling system）由 Brigham Young University 和 Waterway Experiment Station 共同开发，是综合的地表水模拟水力学软件。可进行一维、二维、三维模拟，具有强大的前后处理和设计功能，包括二维有限元、二维有限差分、三维有限元模拟工具。同时具有良好的用户界面，保证同其他模块具有较好的交互功能。SMS 的主要应用内容包括：稳态和非稳态条件下，河流水位以及浅水流动问题中的流速、污染物迁移转化、盐分入侵、泥沙传输（河床变形）、波能传播和波的其他属性（包括方向、波高、波幅）等。

SMS 中包括了一系列基于水力学理论的数学模型，这些模型可以脱离 SMS 单独运行，然后采用 SMS 进行结果显示，也可以在 SMS 中运行，运行过程中 SMS 实时显示计算结果。主要模型有：

> FESWMS 河流水力学模型
> ADCIRC 平面二维长波水力学模型
> RMA2 平面二维水力学模型
> M2D 平面二维有限差分水力学模型
> RMA4 平面二维水质数学模型
> SED2D 平面二维泥沙数学模型
> CGWAVE 波浪数学模型
> HIVEL2D 二维高速流数学模型
> HEC-RAS 一维恒定水力学模型
> BRI-STARS 一维水力学、泥沙数学模型

1.6.2.12 WASP

WASP（water quality analysis simulation program modeling system）是由美国国家环保局开发的用于地表水水质模拟的模型。WASP 可以进行一维、二维和三维的模拟，反映对流、弥散、点源负荷与非点源负荷以及边界的交换等随时间变化的过程。WASP 模型研究的问题包括五日化学需氧量、溶解氧、营养物/富营养化、有毒化学成分迁移转化等。

1.6.3 国外常用非点源模型

1.6.3.1 AGNPS

AGNPS（agriculture nonpoint source pollution model）是一种基于场次的分布式流域模型，主要用于估算流域的侵蚀速率、土壤流失量，以及从流域流失的营养量，包括氮、磷、COD 等。模型中，侵蚀速率和侵蚀量的计算采用了改进后 USLE 中的计算方法，径流计算主要采用 SCS 曲线法，化学营养元素的运移计算则与 CREAMS 模型中计算方法相同。

模型的最大优点是采用了分布参数模拟方法。模型在进行模拟时，把流域栅格化为多个小单元，对于任一单元，所模拟过程的参数分布应该相同。模型中，每个小单元应包含 21 个参数，有些参数可通过专业数据库查取，有些可利用模型提供的参数表获得。模拟结果可通过这个流域检验，也可在用户定义的地块中进行。模型可模拟的流域大小在 200～9 300 hm^2。在流域景观特征、水文过程和土地利用规划等研究领域，模型均具有良好的适应性。

1.6.3.2 ANSWERS

ANSWERS（area nonpoint source watershed environmental response simulation）属于分布式模型，可以对水文过程、土壤侵蚀和污染物流失进行模拟。水文模型考虑降雨初损、入渗、坡面流和蒸发，侵蚀模型考虑了溅蚀、冲蚀和沉积等过程，污染物模型可以对氮、磷和农药进行模拟，考虑了比较复杂的污染物平衡过程。

1.6.3.3 BASINS

BASINS（better assessment science integrating point & nonpoint sources）是美国国家环保局用于流域环境管理与规划的模型系统，可对多种尺度不同污染物的点源和非点源进行综合分析。系统包括一系列进行流域环境分析的相关组件，主要有数据提取、评价工具、流域特征分析和模型等，系统中集成了 HSPF、SWAT、QUAL2E、PLOAD 等模型。

1.6.3.4 CREAMS

CREAMS（chemicals，runoff，and erosion from agriculture management systems）模型属于集总式物理模型，主要用于估算农田对地表径流和耕作层以下土壤水的污染。因为泥沙也是一种污染物，并且还是污染物的主要载体，因此，模型中包含侵蚀模块。模型适用的流域范围在 40～400 hm^2。模型由 3 个功能模块组成：水文模块、侵蚀或泥沙模块和化学污染物模块。水文模块可以估算日径流量和洪峰流量、渗透、蒸发散和土壤饱和含水量。在进行径流计算时，CREAMS 采用两种方法：SCS 曲线法和 Green-Ampt 入渗方程。前者适用日降雨资料，后者适用极点降雨资料。侵蚀模块用以计算不同场次降雨的土壤流失量，主要包括地上水流、沟道水流和泥沙沉积。模型在计算泥沙沉积和运移过程中，引用了与USLE 相同的侵蚀性和可蚀指标。在非点源污染研究中，CREAMS 广泛应用于计算农田污染物的流失，其中的水文模块也可以单独应用于暴雨过程中径流计算，如利用地上水流序列计算片蚀和细沟侵蚀，利用沟道水流序列计算沟蚀和沟口沉积等。模型也考虑了不同覆被条件下的水道问题。但由于模型的参数比较单一，而且没有考虑流域土壤、地形和土地利用状况的差异性，所以它只能用作粗略的计算和预测预报。

1.6.3.5 HSPF

HSPF（hydrological simulation program-FORTRAN）为美国国家环保局与 Hydrocomp Inc 共同开发的非点源模型，综合考虑了水文和水质过程，进行非点源污染传输过程的模拟。HSPF 以降雨、温度、日照强度、土地利用、土壤特性和农业耕作方式作为基本输入资料，可预测径流量、泥沙、氮、磷、杀虫剂、毒性物质和其他水质指标的浓度。

1.6.3.6 SWAT

SWAT（soil and water assessment tool）是为了预测流域管理措施对水质、泥沙和化学物质的作用而开发的一种分散连续性的物理模型，主要用于大型流域。模型可以模拟流域中一般的水文过程，水文计算方法基本与 CREAMS 相同。模型还具有一个气象资料生成模块，可对日降雨和温度等进行模拟。另外，模型增加了一个模块用以模拟侧向水流和地下径流，还可以模拟水池、水库、河道以及沟道中的泥沙、化学物质的泥沙损失量等。

1.6.4 数值模拟软件发展趋势

早期计算机的能力十分有限，受计算费用和计算机储存能力的限制，数值模拟软件大多是一维或二维的，只能计算特定问题。随着计算机高速发展，开始研制和发展更多的三维计算程序。

进入 20 世纪 90 年代以后，在计算机技术支持下，多媒体技术、大型关系数据库技术、图像处理技术、"3S" 技术等发展迅速，它们与新的计算技术相结合，为数学模型提供了更加广阔的发展空间。国内外很多科研机构投入了大量的研究人员进行水动力应用软件的开发工作，先后涌现出很多价值和性能很高的商用软件。

国外数值模拟系统中具有代表性的有美国 DSI 公司基于开源的 EFDC 模型，丹麦水利研究所的 MIKE 系统，荷兰三角洲研究院的 Delft3D，美国杨百翰大学（Brigham Young University）等单位联合推出的 SMS，另外，英国 Wallinford HR 水力研究所、美国陆军工程兵团水道试验站等也推出了各自的数值模拟软件。这些数值模拟软件各有特色，共同点是将建模、计算和演示集成为一个有机的系统。

国内水动力数值模拟虽然起步较晚，但进展较快，一些研究成果已经成功应用于重要水利水运工程。近年来，在数值模拟集成系统方面，主要研究方法集中在高级语言编程、组件技术、GIS 集成等，但开发具有我国特色并能与国外同类型软件竞争的商业性集成软件还任重道远。较为成功的模型有大连理工大学开发的 Hydroinfo 水利信息系统、南京水利科学研究院开发的 CJK3D 水环境数值模拟系统、浙江河口院开发的 ZIHE-2DS 水动力数值模拟系统和天津水运工程科学研究所的 TK-2D 河口海岸多功能数学模型软件包、四川大学的 WWL 立面二维水温模拟系统等。

1.7　小结

　　本章首先系统总结了国内外环境影响评价发展的历史及我国地表水环境影响评价发展的历程，阐明了数值模型在环境影响评价中的重要作用。然后重点介绍了地表水环境数学模型的发展历程，从水动力学模型、水质模型到水生态模型，逐层展开，详细描述了地表水环境数学模型的发展历史及研究成果。最后，重点对数值模型软件的发展趋势、国内外常用数值模型软件及其特征进行了总结分析，并对常用的数值模型软件功能特征进行了介绍。

参考文献

[1]　安莉娜. 2005. 城市浅水湖泊二维水量、水质耦合模型应用研究[D]. 南京：河海大学.

[2]　蔡奇铭. 1998. 太湖环境生态研究（一）[M]. 北京：气象出版社.

[3]　陈求稳，欧阳志云. 2005. 生态水力学耦合模型及其应用[J]. 水利学报，36（11）：4-10.

[4]　陈凯麒，李平衡，密小斌. 1999. 温排水对湖泊、水库富营养化影响的数值模拟[J]. 水利学报，（1）：23-27.

[5]　陈云峰，殷福才，陆根法. 2006. 水华爆发的突变模型[J]. 生态学报，6（3）：878-883.

[6]　陈无歧. 2012. 基于 AQUATOX 模型的洱海富营养化控制应用研究[D]. 上海：华东师范大学.

[7]　董哲仁，孙东亚，王俊娜，等. 2009. 河流生态学相关交叉学科进展[J]. 水利水电技术，40（8）：36-43.

[8]　杜彦良，周怀东，毛战坡，等. 2011. 鄱阳湖水利枢纽工程对水质环境影响研究[J]. 中国水利水电科学研究院学报，9（4）：249-256.

[9]　冯民权. 2003. 大型湖泊水库平面及垂向二维流场与水质数值模拟[D]. 西安：西安理工大学.

[10]　顾丁锡，舒金华. 1988. 湖水总磷浓度的数学模拟[J]. 海洋与湖沼，19（5）：447-453.

[11]　顾正华，徐晓东，曹晓萌，等. 2013. 感潮河网区水量调控的调水总量计算[J]. 人民长江，44（11）：23-26，71.

[12]　韩菲，陈永灿，刘昭伟. 2003. 湖泊及水库富营养化模型研究综述[J]. 水科学进展，14（6）：785-791.

[13]　韩龙喜，张书农，金忠青. 1994. 复杂河网非恒定流计算模型——单元划分法[J]. 水利学报，（2）：53-56.

[14]　胡广鑫. 2012. 二维水动力-水质耦合模型对东昌湖生态补水的研究与应用[D]. 青岛：中国海洋大学.

[15]　胡四一. 1993. 《浅水动力学——二维浅水方程组的数学理论与数值解》专著出版[J]. 水科学进展，4（3）：243.

[16]　胡维平，濮培民，秦伯强. 1998. 太湖水动力学三维数值试验研究——1. 风生流和风涌增减水的三维数值模拟[J]. 湖泊科学，10（4）：17-25.

[17]　胡维平，濮培民，秦伯强. 1998. 太湖水动力学三维数值试验研究——2. 典型风场风生流的数值计

算[J]. 湖泊科学，10（4）：26-34.

[18]　胡维平，秦伯强，濮培民. 2000. 太湖水动力学三维数值试验研究——3. 马山围垦对太湖风声流的影响[J]. 湖泊科学，12（4）：335-342.

[19]　环境保护部环境工程评估中心. 2012. 《环境影响评价法》颁布十周年文集[M]. 北京：中国环境科学出版社.

[20]　金相灿，屠清瑛. 1990. 湖泊富营养化调查规范[M]. 2 版. 北京：中国环境科学出版社：303-316.

[21]　金忠青. 1989. N-S 方程的数值解紊流模型[M]. 南京：河海大学出版社.

[22]　J J 德朗克，韩曾萃，周潮生. 1973. 河流、近海区和外海的潮汐计算[J]. 水利水运科技情报，（S5）：24-67.

[23]　科巴斯 H（Helmut Kobus）. 1988. 水力模拟[M]. 清华大学水利系泥沙教研室，译. 北京：清华大学出版社.

[24]　赖锡军，姜加虎，黄群. 2005. 漫滩河道洪水演算的水动力学模型[J]. 水利水运工程学报，（4）：29-35.

[25]　李典谟，马祖飞. 2002. 生态模型当前的热点与发展方向[J]. 生态学报，22（10）：1788-1791.

[26]　李光炽，王船海. 1995. 大型河网水流模拟的矩阵标识法[J]. 河海大学学报，23（1）：36-43.

[27]　李晓燕. 2013. 海洋生态系统动力学模型中控制参数时空分布的反演研究[D]. 青岛：中国海洋大学.

[28]　李荣，李义天，曹志芳. 2000. 河网水情预报的神经网络模型及应用[J]. 应用基础与工程科学学报，8（2）：179-186.

[29]　李义天. 1997. 河网非恒定流隐式方程组的汊点分组解法[J]. 水利学报，（3）：49-57.

[30]　李友荣. 2011. 直接数值模拟的现状[C]. 第十四届全国计算流体力学会议论文集.

[31]　梁婕，曾光明，郭生练，等. 2006. 湖泊富营养化模型的研究进展[J]. 环境污染治理技术与设备，7（6）：24-30.

[32]　刘美萍. 2008. 紊流模型理论的发展与现状[J]. 山西水利科技，4：56-57.

[33]　刘学海. 2009. 南黄海及养殖功能海域生态动力学模型研究[D]. 青岛：中国海洋大学.

[34]　刘玉生，唐宗武，韩梅，等. 1991. 滇池富营养化生态动力学模型及其应用[J]. 环境科学研究，4（6）：1-8.

[35]　卢小燕，徐福留，詹巍，等. 2003. 湖泊富营养化模型的研究现状与发展趋势[J]. 水科学进展，14（6）：792-798.

[36]　鲁杰，王丽燕. 2008. 湖泊富营养化模型研究现状及其发展趋势[J]. 中国水利，（22）：18-21.

[37]　穆迪. 2011. 渤海湾营养盐对浮游生态动力学特性影响研究[D]. 天津：天津大学.

[38]　穆祥鹏，陈文学，崔巍，等. 2011. 南水北调中线工程冰期输水特性研究[J]. 水利学报，42（11）：1295-1301，1307.

[39]　南京水利科学研究所. 1959. 水工模型试验[M]. 北京：水利电力出版社.

[40]　牛志广，王秀俊，陈彦熹. 2013. 湖泊的水生态模型[J]. 生态学杂志，32（1）：217-225.

[41]　潘存鸿，林炳尧，毛献忠. 2003. 求解二维浅水流动方程的 Godunov 格式[J]. 水动力学研究与进展：A 辑，18（1）：16-23.

[42] 潘存鸿. 2007. 三角形网格下求解二维浅水方程的和谐 Godunov 格式[J]. 水科学进展，18（2）：204-209.

[43] 潘存鸿，鲁海燕，于普兵. 2009. 基于三角形网格的二维浅水间断流动泥沙数值模拟[J]. 水动力学研究与进展：A 辑，24（6）：778-785.

[44] 潘存鸿，张舒羽，史英标，等. 2014. 涌潮对钱塘江河口盐水入侵影响研究[J]. 水利学报，45（11）：1301-1309.

[45] 彭虹，郭生练. 2002. 汉江下游河段水质生态模型及数值模拟[J]. 长江流域资源与环境，11（4）：363-369.

[46] 彭士涛. 2010. 天津近岸海域浮游生态系统生物物理模型研究[D]. 天津：南开大学.

[47] 彭文启. 2005. 洱海水质预测模型研究[C]//第七届全国水动力学学术会议暨第十九届全国水动力学研讨会.

[48] 钱炜祺，符松. 2001. 反映流动曲率影响的非线性湍流模式[J]. 空气动力学学报，19（2）：203-209.

[49] 秦伯强，胡维平，陈伟民，等. 2000. 太湖梅梁湾水动力及相关过程的研究[J]. 湖泊科学，12（4）：327-334，385.

[50] 全为民. 2002. 千岛湖富营养化评价及其模型应用研究[D]. 杭州：浙江大学.

[51] 饶群. 2002. 大型水体富营养化数学模拟的研究[D]. 南京：南京大学.

[52] 任华堂，陈永灿，刘昭伟. 2008. 三峡水库水温预测研究[J]. 水动力学研究与进展：A 辑，23（2）：141-148.

[53] 施奇. 2008. 几种主要紊流模型的应用特性比较[J]. 治淮，（7）：17-19.

[54] 宋永昌，王云，戚仁海. 1991. 淀山湖富营养化及其防治研究[M]. 上海：华东师范大学出版社：157-180.

[55] 孙雪峰，于莲. 2007. 水生态系统的突变模型[J]. 水科学与工程技术，（1）：39-41.

[56] 孙颖，陈肇和，范晓娜，等. 2001. 河流及水库水质模型与通用软件综述[J]. 水资源保护，（2）：7-11，59.

[57] 谭维炎. 1998. 计算浅水动力学——有限体积法的应用[M]. 北京：清华大学出版社.

[58] 田勇. 2012. 湖泊三维水动力水质模型研究与应用[D]. 武汉：华中科技大学.

[59] 王春晖. 2013. 海洋生态系统动力学模型伴随同化研究及应用[D]. 青岛：中国海洋大学.

[60] 王佳. 2013. 平原区大型浅水湖泊生态动力学模拟技术研究——以太湖湖区为例[D]. 上海：东华大学.

[61] 王旭东. 2008. 白洋淀富营养化评价与数值模拟研究[D]. 大连：大连理工大学.

[62] 忻孝康，刘儒勋，蒋伯诚. 1989. 计算流体动力学[M]. 长沙：国防科技大学出版社.

[63] 徐贵泉，褚君达，吴祖扬，等. 2000. 感潮河网水环境容量数值计算[J]. 环境科学学报，20（3）：263-268.

[64] 吴建强，黄沈发，王敏，等. 2008. 水环境生态模型国内外研究进展[J]. 水资源保护，24（增1）：1-4.

[65] 吴寿红. 1985. 河网非恒定流四级解法[J]. 水利学报，（8）：42-50.

[66] 姚琪，丁训静，郑孝宇. 1991. 运河水网水量数学模型的研究和应用[J]. 河海大学学报，19（4）：9-17.

41

[67] 杨漪帆. 2008. 淀山湖生态模型与富营养化控制研究[D]. 上海：东华大学.

[68] 阎超，于剑，徐晶磊，等. 2011. CFD 模拟方法的发展成就与展望[J]. 力学进展，41（5）：562-589.

[69] 叶常明. 1993. 水环境数学模型的研究进展[J]. 环境科学进展，1（1）：74-81.

[70] 院景荣，蔡庆华，刘建康. 1988. 武汉东湖的磷-浮游植物动态模型[J]. 水生生物学报，12（4）：289-307.

[71] 赵棣华，李褆来，陆家驹. 2003. 长江江苏段二维水流-水质模拟[J]. 水利学报，（6）：72-77.

[72] 赵克玉. 2004. 天然河道一维非恒定流数学模型[J]. 水资源与水工程学报，15（1）：38-41.

[73] 赵亮. 2002. 渤海浮游植物生态动力学模型研究[D]. 青岛：中国海洋大学.

[74] 张二骏，张东生，李挺. 1982. 河网非恒定流的三级联合解法[J]. 华东水利学院学报，（1）：1-13.

[75] 张永泽，刘玉生，郑丙辉. 1997.（Exergy）在湖泊生态系统建模中的应用[J]. 湖泊科学，9（1）：75-81.

[76] 张萍峰，景韶光，黄凤岗. 2002. 滇池二维浅水湖泊风生流模型研究及结果显示[J]. 系统仿真学报，14（5）：554-556.

[77] 朱自强，等. 1998. 应用计算流体力学[M]. 北京：北京航空航天大学出版社.

[78] 左东启，等. 1984. 模型试验的理论和方法[M]. 北京：水利电力出版社.

[79] Babovic V. 1996. Some experiences with individual-based approaches to ecological modelling[C]//Proceedings of the Ecological Summit，Copenhagen，Denmark，August 1996.

[80] Babovic V. 1997. Intelligent Agent Based Models as Answer to Challenges of Ecological Modelling[C]. 27th JAHR Congress，San Francisco，Calif.，USA，10-15 August 1997.

[81] Baldwin B S，Lomax H. 1978. Thin Layer Approximation and Algebraic Model for Separated Turbulent Flows，AIAA Paper，78-257.

[82] Banerjee P K，Butterfield R. 1981. Boundary element methods in engineering science[M]. London：McGraw-Hill.

[83] Batina J T. 1990. Three-dimensional flux-split Euler schemes involving unstructured dynamic meshes. AIAA，1990-1649.

[84] Barth T J. 1991. A 3-D upwind Euler solver for unstructured meshes. AIAA paper，1991-1548.

[85] Barth T J，Frederickson P O. 1990. Higher order solution of the Euler equations on unstructured grids using quadratic reconstruction. AIAA paper，1990-0013.

[86] Bault J M. 1998. A model of phytoplankton development in the Lot river[France]：simulation of scenaries[J]. Water Research，33（4）：1065-1079.

[87] Benek J A，Steger J，Dougherty F. 1983. A flexible grid embedding technique with applications to the Euler equations. AIAA paper，1983-1944.

[88] Bijvelds M D J P，Kranenburg C，Stelling G S. 1999. 3D numerical simulation of turbulent shallow water flow in square harbor[J]. J. Hydr. Engrg.，ASCE，125（1）：26-31.

[89] Boussinesq. 1877. Théorie de l'É coulement Tourbillant，Mem. Présentés par Divers Savants Acad. Sci. Inst. Fr.，23：46-50.

[90] Casulli V，Cheng R T. 1992. Semi-implicit finite difference methods for three-dimensional shallow water

flow[J]. International Journal for Numerical Methods in Fluids，15（6）：629-648.

[91] Casulli V，Cattani E. 1994. Stability，accuracy and efficiency of a semi-implicit method for three-dimensional shallow water flow[J]. Comput. Math. Appl. ，27（4）：99-112.

[92] Casulli V. 2015. A semi‐implicit finite difference method for non-hydrostatic，free-surface flows[J]. International Journal for Numerical Methods in Fluids，30（4）：425-440.

[93] Cebeci T，Smith A M O. 1974. Analysis of turbulent boundary layers[M]. New York：Academic Press.

[94] Cerco F C，Cole T. 1993. Three-dimensional Eutrophication model of Chesapeake Bay[J]. J Envir Engin，119（6）：1006-1025.

[95] Cerco F C. 1995. Simulation of Long-term Trends in Chesapeake Bay Eutrophication[J]. J Envir Engin，121（4）：298-310.

[96] Cheng R T，Turin C. 1970. Wind Driven Lake Circulation by thr Fem，Proc 13th Conference Great Lake.

[97] Chen C W，Orlob C T. 1975. Ecological Simulation for aquatic environments[A]//Pattern B C. System Analysis and Simulation in Ecology[C]. New York：Academic press.

[98] Deardorff，James. 1970. A numerical study of three-dimensional turbulent channel flow at large Reynolds numbers[J]. Journal of Fluid Mechanics，41（2）：453-480.

[99] DHI Software. 2007. A Modeling System for Rivers and Channels.

[100] Dillon P J，Rigler F H. 1974. The phosphorus-chlorophyⅡ relationship in lakes Liminology and Ocenaography，19（5）：767-773.

[101] Ditoro D M，O'Connor D J，Thomann R V，et al. 1975. Phytoplankton-zooplankton-nutrient interaction model for western Lake Erie [A]//Patten B C. Systems Analysis and Simulation in Ecology[C]. New York：Academic Press：423-474.

[102] Ditoro D. 1980. Application of cdllular equililbrium and Monod theory to phytoplankton growth kinetics [J]. Ecol Modeling，（8）：201-218.

[103] Droop M R. 1968. Vitamin B12 and Marine Ecology. IV. The Kinetics of Uptake，Growth and Inhibition in，MonochrysisLutheri[J]. Journal of the Marine Biological Association of the United Kingdom，48（3）：689-733.

[104] Endon. 1986. Diagnostic study on the vertical circulation and the maintenance mechanisms of the cyclonic pyre in the lake Biwa[J]. Journal of Geophysical Research，9（C1）：869-876.

[105] Farhanieh B，Davidson L，Sundén B. 2010. Employment of second-moment closure for calculation of turbulent recirculating flows in complex geometries with collocated variable arrangement[J]. International Journal for Numerical Methods in Fluids，16（6）：525-544.

[106] Fread D L. 1971. Discussion of Implicit flood routing in natural channels[J]. ASCE Journal of the Hydraulics Division，97（7）：1156-1159.

[107] Fread D L. 1973. Techniques for implicit dynamic routing in rivers with major tributaries[J]. Water Resource Research，9（4）：918-926.

[108] Fread D L. 1976. Theoretical Development of an Implicit Dynamic Routing Model，Hydrologic Research Laboratory，Office of Hydrology，U. S. Department of Commerce，NOAA，NWS，Silver Spring，MD. ，presented at Dynamic Routing Seminar，Lower Mississippi River Forecast Center，Slidell，LA. ，13-17.

[109] Frink N T，Parikh P，Pirzadeh S. 1991. A fast upwind solver for the Euler equations on three dimensional unstructuredmeshes. AIAA，1991-0102.

[110] Girmaji S S. 1996. A Galilean invariant explicit algebraic Reynolds stress model for curved flows . ICASE-96-38.

[111] Gilbert N，Kleiser L. 1990. Near-wall phenomena in transition to turbulence[A]//S J Kline，N H Afgen. Near-wall turbulence：1988 Zoran Zaric Men. Conf：7-27. Washington，DC.

[112] Godunov S K. 1959. A difference method for numerical calculation of discontinuous solutions of the equations of hydrodynamics. （Russian）Mat. Sb. （N. S.），47（89）：271-306.

[113] Grant W D，Madsen O S. 1979. Combined wave and current interaction with a rough bottom[J]. J Geophys Res，84（C4）：1791-1808.

[114] Havens K E，Fukushima T，Xie P，et al. 2001. Nutrient dynamics and the eutrophication of shallow lakes Kasumigaura（Japan），Donghu（PR China），and Okeechobee（USA）[J]. Environmental Pollution，111（2）：263-272.

[115] Harlow F H，Welch J E. 1965. Numerical calculation of time-depend viscous incompressible flow of fluid with free surface[J]. Phys. Fluids，8（112）：2182-2189.

[116] Harten A. 1983. High resolution schemes of hyperbolic conservation laws[J]. J Comput Phys，49.

[117] Harten A，Engquist B，Osher S，et al. 1987. Unifomrly high order accurate essentially non-oscillatory schemes III[J]. Journal of Computational Physics，71（2）：231-303.

[118] Janse J H. 1992. A mathematical model of the phosphorus cycle in lake Loosdrecht and simulation of additional measures[J]. Hydrobiologia，133（1）：119-136.

[119] Johnson D A，King L S. 1985. A mathematical simple turbulence closure model for attached and separated turbulent boundary layers. AIAA，84-175.

[120] Jones W P，Launder B E. 1972. The prediction of laminarization with a two-equation model of turbulence[J]. International Journal of Heat & Mass Transfer，15（2）：301-314.

[121] Jones W P，Launder B E. 1973. The calculation of low-Reynolds-number phenomena with a two-equation model of turbulence[J]. International Journal of Heat & Mass Transfer，16（6）：1119-1130.

[122] Jorgensen S E. 1976. A eutrophication model model for a lake[M]. Ecol. Model.，2（6）：147-165.

[123] Jorgensen S E. 1983. Application of Ecological Modeling in Environmental Management，partA[M]. New York：Elsevier Scientific Publishing Company：227-279.

[124] Kamp N L. 1978. Modeling the temporal variation in sediment phosphorus fractions[A]//Golterman H L. Interactions Between Sediments and Fresh Water. The Hague：277-285.

[125] Kim J，Moin P，Moser R. 1987. Turbulence statistics in fully developed channel flow at low Reynolds

number[J]. Journal of Fluid Mechanics，177（177）：133-166.

[126] Lesieur M，Metais O，Comte P. 2005. Larg-Eddy Simulations of Turbulence[M]. Cambridge University Press.

[127] Liggett J A，Woolhiser D A. 1967. Difference solutions of the shallow-water equation[J]. J Engng. Mech. Div.，ASCE，95（EM2）：39-71.

[128] Liu X D，Osher S，Chan T. 1994. Weighted essentially non-oscillatory schemes[J]. Journal of Computational Physics，115（1）：200-212.

[129] Liu Xiao-bo，Peng Wen-qi，HeGuo-jian，et al. 2008. A coupled model of hydrodynamics and water quality for Yuqiao Reservoir in Haihe River Basin[J]. Journal of Hydrodynamics，Ser.B，20（5）：574-582.

[130] Luo J，Lakshminarayana B. 1997. Prediction of strongly curved turbulent duct flows with Reynolds stress model[J]. AIAA Journal，35（1）：91-98 .

[131] Martin C S，DeFazio F G. 1969. Open Channel surge simulation by digital computer[J]. J Hydraulics Div.，ASCE，95（HY6），2049-2070.

[132] Massau J. 1899. Mémoiresurl'intégrationgraphique des équations aux derivéespartielles，F. Mayer-van Loo，Ghent.

[133] Mellor G L，Yamada T. 1982. Development of a turbulence closure model for geophysical fluid problems[J]. Reviews of Geophysics，20（4）：851-875.

[134] Menter F R. 2012. Two-equation eddy-viscosity turbulence models for engineering applications[J]. Aiaa Journal，32（8）：1598-1605.

[135] Moin P，Kim J. 1997. Tackling Turbulence with Supercomputers[J]. Scientific American，276（1）：62-68.

[136] Monod J. 1942. Recherches Sur La Croissance Des Cultures Bacteriennes[M]. Paris：Hermann.

[137] Mitchell C R，Walters R W. 1993. K-Exact reconstruction for the Navier-Stokes equations on arbitrary grids. AIAA.

[138] Monson D J，et al. 1990. Comparison of experiment with calculations using curvature-corrected zero and two equation turbulence models for a two-dimensional U-duct . AIAA-90-1484.

[139] M G Anderson，T P Burt. 1985. Hydrological Forecasting[M]. England：John Wiley Sons Ltd.

[140] Nestler M，Goodwin，Smith，et al. 2008. A mathematical and conceptual framework for ecohydraulics [A]// Wood P J，Hannah D M，Sadler J P，et al. Hydroecology and ecohydrology：past，present and future [C]. England：JohnWiley&Sons，Ltd.

[141] Nyholm N A. 1978. Simulation model for phytoplankton growth and nutrient cycling in eutrophic shallow lakes[J]. Ecol Model，4（3）：279-310.

[142] OECD. 1982. Eutrophication of water monitoring assessment and control.

[143] Orszag S A，Patterson G S. 1972. Numerical Simulation of Three-Dimensional Homogeneous Isotropic Turbulence[J]. Physical Review Letters，28（2）：76-79.

[144] Peric M，Kessier R，Scheuerer G. 1988. Comparison of finite-volume numerical methods with staggered and colocated grids[J]. Comput Fluids，16（4）：389-403.

[145] Piomelli U，Scotti A，Balaras E. 2001. Large eddy simulation of turbulent flows，from desktop to supercomputer：invited talk[C]. Proceedings of In Veetor and Parallel proceedings VECPAR2000. Springer-Verlag，BerlinHeidelberg.

[146] Preissmann A. 1961. Propagation of translatory waves in channel and rivers[C]//Proc. ，First Congress of French Assoc. for Computation，Grenoble，France：433-422.

[147] Ramming H G. 1979. The Dynamics of Shallow lakes subject to wind an Application to lake Neusiedl，Austria[J]. Developments in Water Science，（11）：65-75.

[148] Man M R，Moin P. 1993. Direct Numerical Simulation of Transition and Turbulence in a Spatially Evolving Boundary Layer[J]. Journal of Computational Physics，109（2）：169-192.

[149] Rhie C M，Chow W L. 1983. Numerical study of the turbulent flow past an airfoil with trailing edge separation[J]. AIAAJ，21（11）：1525-1532.

[150] And R S R，Moin P. 1984. Numerical Simulation of Turbulent Flows[J]. Annual Review of Fluid Mechanics，16（1）：99-137.

[151] Rod W I，Constantinescu G，Stoesser T. 2013. Large-Eddy Simulation in Hydraulics[M]. CRC Press，Taylor & Francis Group.

[152] Romero J R，Hipsey M R，Antenucci J P. 2004. Computational Aquatic Ecosystem Dynamics Model. US：Science Manual：16-46.

[153] Rodi W. 1993. Turbulence Models and Their application in hydraulics：A state-of-the -art review，A. A Balkema. Netherlands.

[154] Roe P L. 1997. Approximate Riemann Solvers，Parameter Vectors，and Difference Schemes[M]. Academic Press Professional Inc.，135（2）：357-372.

[155] Rumsey C L，Gatski T B，Morrison J H. 1999. Turbulence model predictions of extra-strain rate effects in strongly-curved flows. AIAA 99-0157.

[156] Saint -Venant，B De. 1871. Theory of unsteady water flower with application to River floods and propagationof tides in river channels. Computes Rendus Acad. Sci Paris，73，148-153，227-240. （Translated into English by US Crops of Engineering.）

[157] Scavia D，Park R A. 1976. Documentation of selected constructs and parameter values in the aquatic model CLEANER[J]. Ecological Modelling，2（1）：33-58.

[158] Shu C W. 1987. TVB uniformly high-order schemes for conservation laws[J]. Mathematics of Computation，49（179）：105-121.

[159] Smagorinsy J. 1963. General circulation experiments with the primitive equations[J]. Mon. Weath. Rev. ，91（3）：99-164.

[160] Simons T J. 1971. Development of Numerical Models of Lake Ontario[J]. Proc confer. Great lakes Res，

14（2）：1-10.

[161] Stoker J J. 1957. Water Waves[M]. New York：Interscience：452-455.

[162] Steger J L，Warming R F. 1981. Flux vector splitting of the inviscid gas-dynamics equations with application to finite difference methods[J]. Journal of Computational Physics，40（2）：263-293.

[163] Stansby P K，Lloyd P M. 2010. A semi-implicit lagrangian scheme for 3D shallow water flow with a two-layer turbulence model[J]. International Journal for Numerical Methods in Fluids，20（2）：115-133.

[164] Peter K. Stansby. 1997. Semi-implicit finite volume shallow-water flow and solute transport solver with Peter K. Stansby. k-ε turbulence model [J]. International Journal for Numerical Methods in Fluids，25（3）：285-313.

[165] Steven C C. 1991. Long-term phenomenological model of phosphorus and oxygen for stratified lakes[J]. Water Research，25（6）：707-715.

[166] Thomas J R，Victor J B. 1995. A preliminary modeling analysis of water quality in lake OKEECHOBEE，Florida：calibration results[J]. Water Research，29（12）：2755-2766.

[167] Bram van Leer. 1997. Towards the ultimate conservative difference scheme. V-A second-order sequel to Godunov's method[J]. Journal of Computational Physics，32（1）：101-136.

[168] Van Leer B. 1982. Flux vector splitting for Euler equations[C]//Eighth International Conference on Numerical Methods in Fluid Dynamics. Lecture Notes in Physics，170. Berlin.

[169] Versteeg H，Malalasekera W. 1995. An Introduction to Computational Fluid Dynamics：The Finite Volume Method. Pearson.

[170] Virtanen M，Koponen J，Dahlbo K. 1986. Three-dimensional water quality-transport model compared with field observations[J]. Ecol Model，31（2）：185-199.

[171] Vollenweider R A. 1968. Scientific fundamentals of Lake and stream eutrophication，with particular reference of phosphorus and nitrogen as eutrophication factors. OECD.

[172] Vollenweider R A. 1975. Input-output models with special reference to the phosphorus loading concept in limnology[J]. Hydrol. 37（1）：53-84.

[173] Weare T J. 1979. Errors arising from irregular boundaries in ADI solutions of the shallow-water equations[J]. International Journal for Numerical Methods in Engineering，14（6）：921-931.

[174] Welch E B，Spyridakis D E，Shuster J I. 1986. Declining lake sediments phosphorus release and oxygen diversion[J]. Journal of Water Pollution Control Federation，58（1）：92-86.

[175] Wilcox D C. 1988. Reassessment of the scale-determining equation for advanced turbulence model[J]. AIAA J，36（11）：1299-1310.

[176] Imasato N，Kanari S，Kunishi H. 1975. Study on the currents in Lake Biwa（I）[J]. Journal of the Oceanographical Society of Japan，31（1）：15-24.

[177] Zhang Y Z，Yu H. 1999. Structural ecodynamic model for lakes and reservoirs[J]. Acta Ecol Sin，19（6）：902-907.

 **地表水环境问题数值模型理论**

地表水环境问题中流体流动的控制方程，如三维纳维埃-斯托克斯方程（N-S 方程）、二维浅水方程及水体中污染物对流扩散方程，都是复杂的偏微分方程。这些方程目前在一般情况下还很难找到解析解或精确解。为了分析流体运动情况，经常利用数值离散方法，将控制流体运动的微分方程转化为关于离散点上变量的代数方程，通过计算机运算获得流动的压力和流速分布。在数值计算时，应首先针对模型方程，分析所采用的计算方法的一些基本特征，如方法的精度、收敛性、稳定性以及数值解的误差特征等。通过对模型方程的试算结果与其精确解进行比较，验证计算方法的可靠性，用于进一步改进计算方法。最后，再将该计算方法用于求解水环境的基本方程。

本章根据求解水环境问题的微分方程的类型，讨论数值求解模型的边界条件和初始条件的确定原则，然后介绍常用的关于偏微分方程的数值求解方法，如有限差分、有限体积和有限元方法。最后从空间维数出发，分别介绍一维模型、二维模型和三维模型。

2.1 水流运动及污染物迁移扩散方程特征及分类

水体运动及污染物输移规律可以通过偏微分方程来描述，如不可压缩流动的 N-S 方程和污染物质在水中输移的对流扩散方程。这些微分方程在一般情况下不存在解析解，采用数值解法是水环境问题研究的一个重要手段。计算流体力学及水环境问题中采用的数值方法与数学模型的特性有紧密联系。本章首先介绍在水环境问题中常用的偏微分方程的分类，主要有椭圆型方程、抛物线型方程、双曲线型方程和混合型方程。

2.1.1 控制方程的类型

在数学物理方程中的初边值问题，一般都是以椭圆、抛物线或双曲线型偏微分方程的形式出现。二阶线性偏微分方程的一般形式可写为：

$$a\frac{\partial^2 u}{\partial x^2} + b\frac{\partial^2 u}{\partial x \partial y} + c\frac{\partial^2 u}{\partial y^2} + d\frac{\partial u}{\partial x} + e\frac{\partial u}{\partial y} + fu + g = 0 \tag{2-1}$$

式中，u 为待求未知量，系数 a、b、c、d、e、f、g 可以是 x、y 的函数。与二次曲线方程

$$ax^2 + bxy + cy^2 + dx + ey + f = 0 \tag{2-2}$$

的分类方法相似。偏微分方程（参考《偏微分方程》，南京大学数学系编写，1979 年）可以划分为如下三类方程：

如 $b^2 - 4ac < 0$，则方程为椭圆型；

若 $b^2 - 4ac = 0$，则方程为抛物线型；

若 $b^2 - 4ac > 0$，则方程为双曲线型。

例如：拉普拉斯方程：

$$\nabla^2 u = 0 \tag{2-3}$$

扩散方程：

$$\nabla^2 u = \frac{1}{\alpha}\frac{\partial u}{\partial t} \tag{2-4}$$

波动方程：

$$\nabla^2 u = \frac{1}{\beta^2}\cdot\frac{\partial^2 u}{\partial t^2} \tag{2-5}$$

式（2-3）至式（2-5）分别是椭圆型、抛物线型和双曲线型的偏微分方程；式中 α、β 均为常数。以热传导问题为例，稳态的热传导方程：$\nabla^2 T = 0$，是椭圆型的偏微分方程；而非稳态的导热方程：$\frac{\partial T}{\partial t} - \alpha\cdot\nabla^2 T = 0$，是抛物线型的偏微分方程。

为了介绍水环境数学模型，先从一维非恒定对流扩散方程的守恒形式出发：

$$\frac{\partial \Phi}{\partial t} + \frac{\partial(u\Phi)}{\partial x} = \beta\frac{\partial^2 \Phi}{\partial x^2} \tag{2-6}$$

这里 Φ 为待求的因变量，u 为流速，β 为大于零的常扩散系数。根据一维流体运动的连续条件，可以将式（2-6）改写为如式（2-7）的非守恒形式：

$$\frac{\partial \Phi}{\partial t} + u\frac{\partial \Phi}{\partial x} = \beta\frac{\partial^2 \Phi}{\partial x^2} \tag{2-7}$$

将该式中 Φ 改为流速 u，则得到一维博格斯（Burgers）方程，即

$$\frac{\partial u}{\partial t} + u\frac{\partial u}{\partial x} = \beta\frac{\partial^2 u}{\partial x^2} \tag{2-8}$$

该模型方程的形式与一维 N-S 方程仅仅相差一个压力梯度项，等号左边分别为时变项、对流项，等式右边称为黏性耗散项（或扩散项）。一维博格斯方程经过不同的简化处理，可得到各种更简单的模型方程。若略去黏性耗散项，式（2-8）简化为一维非线性对流方程：

$$\frac{\partial u}{\partial t} + u\frac{\partial u}{\partial x} = 0 \tag{2-9}$$

方程（2-9）是一维 N-S 方程的惯性力部分，适用于无黏性流体运动。若将博格斯方程（2-8）的非线性的对流项作线性化处理，即将 u 当作常数 α，则得：

$$\frac{\partial u}{\partial t} + \alpha \frac{\partial u}{\partial x} = \beta \frac{\partial^2 u}{\partial x^2} \qquad (2\text{-}10)$$

得到的是一维线性对流扩散方程，该方程适合于污染物质在流体中的运动，包括对流与扩散两个物理过程。若再进一步简化，忽略掉扩散项（二阶导数项），式（2-10）中 $\alpha \neq 0$、$\beta = 0$，则得一维纯对流方程：

$$\frac{\partial u}{\partial t} + \alpha \frac{\partial u}{\partial x} = 0 \qquad (2\text{-}11)$$

式（2-11）为线性方程，表示物质的浓度 u 的时空变化主要受流体运动的速度 α 支配。若当流动速度较小，对流项可以忽略时，式（2-10）中 $\alpha = 0$、$\beta \neq 0$，则得一维扩散方程：

$$\frac{\partial u}{\partial t} = \beta \frac{\partial^2 u}{\partial x^2} \qquad (2\text{-}12)$$

式（2-12）能够确定标志物质的浓度在静止流体中的扩散规律，温度在固体或静止液体中传播也可由式（2-12）确定。对于恒定不可压缩势流问题，流速满足：

$$u = \frac{\partial \phi}{\partial x}, \ v = \frac{\partial \phi}{\partial y}, \ w = \frac{\partial \phi}{\partial z} \qquad (2\text{-}13)$$

则流速势函数满足：

$$\nabla^2 \varphi = \frac{\partial^2 \varphi}{\partial x^2} + \frac{\partial^2 \varphi}{\partial y^2} + \frac{\partial^2 \varphi}{\partial z^2} = 0 \qquad (2\text{-}14)$$

式（2-14）称为拉普拉斯（Laplace）方程。

式（2-11）、式（2-12）、式（2-14）分属于双曲线型、抛物线型和椭圆型微分方程。通过这三类方程作为模型方程讨论其定解条件。

2.1.2　椭圆型方程

椭圆型方程的标准形式为：

$$\nabla^2 \varphi = 0 \quad 或 \quad \nabla^2 \psi = f \qquad (2\text{-}15)$$

式（2-15）中第二个方程为泊松（Poisson）方程，式（2-15）中 φ 和 ψ 分别为恒定势流中的势函数和流函数。椭圆型方程不仅用来描述恒定不可压势流问题，在恒定渗流问题、浅水环流问题、波浪问题及其 N-S 方程的求解（根据连续方程和运动方程导出的压力泊松方程）中也常遇到这类方程。由于方程中只存在空间坐标的二阶导数项，属椭圆型问题，也称为边值问题。域上任一点的解仅取决于边界上每一点的边界条件，方程在封闭域上求解。其定解条件是在封闭边界上给定边界条件，而无须初始条件。

边界条件有三种形式：

第一类边界条件，在边界 $\varGamma$ 上给定函数 φ 值，即

$$\varphi \big|_\varGamma = f_1(x, y, z) \qquad (2\text{-}16)$$

称之为本质边界条件或狄立克里（Dirichlet）条件，$f_1(x,y,z)$ 为已知函数。

第二类边界条件，在边界 Γ 上给定函数 φ 的法向导数值，即

$$\left.\frac{\partial \varphi}{\partial n}\right|_\Gamma = f_2(x,y,z) \qquad (2\text{-}17)$$

称之为自然边界条件或诺曼（Neumann）条件，$f_2(x,y,z)$ 为已知函数。

第三类边界条件，在边界上用第一类和第二类边界条件的组合式表示为

$$\left(a\frac{\partial \varphi}{\partial n} + b\varphi\right) = f_3(x,y,z) \qquad (2\text{-}18)$$

式中，$a \geqslant 0$，$b \geqslant 0$，$f_3(x,y,z)$ 是已知函数。

在给定边界条件时，可在封闭域上全部给定第一类边界条件，也可全部给定第三类边界条件，但不能在封闭域上全部给定第二类边界条件即全部给定函数导数值，否则它将使最终求解的代数方程组无法得到唯一的解。

例如，均匀来流为 u_0 的理想恒定不可压缩圆柱绕流问题，其基本方程为

$$\nabla^2 \varphi = 0 \qquad (2\text{-}19)$$

由于流动具有对称性，因而求流场时仅取 1/4 区域进行分析（见图 2-1），其定解条件为：

$$cd:\frac{\partial \varphi}{\partial x}=u_0, \quad ab:\varphi=0, \quad bc、ed:\frac{\partial \varphi}{\partial y}=0, \quad ae:\frac{\partial \varphi}{\partial n}=0 \qquad (2\text{-}20)$$

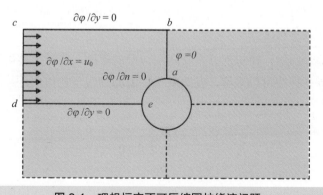

图 2-1　理想恒定不可压缩圆柱绕流问题

2.1.3　抛物线型方程

描述标志物质在静止液体中的扩散过程的方程大多为抛物线型方程，其最简单的形式为一维扩散方程式（2-12），它在时间坐标中是抛物线型，在空间坐标中是椭圆型，通常也称为抛物线型问题。这类问题在实际计算中常称为初值问题（也称混合问题），其定解条件是必须同时给定边界条件和初始条件。初始条件即在全域上给定初始时刻的函数值，边界条件因含有椭圆算子，故和椭圆型方程一样，在封闭域上给定。边界条件有三种形式，

它的给定方法也与椭圆型方程相同。例如，一维非恒定热传导问题（见图 2-2）。

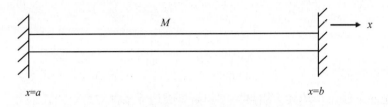

图 2-2　一维非恒定热传导问题

基本方程为：

$$\left.\begin{aligned}
&\frac{\partial T}{\partial t} = \beta \frac{\partial^2 T}{\partial x^2} \ (\beta > 0, a \leqslant x \leqslant b, t > 0) \\
&\text{初始条件：} T(x,0) = F(x) \ (a \leqslant x \leqslant b) \\
&\text{边界条件：} T(a,t) = f_1(t) \ (t > 0) \\
&\qquad\qquad T(b,t) = f_2(t) \ (t > 0)
\end{aligned}\right\} \qquad (2\text{-}21)$$

式中，$F(x)$、$f_1(t)$、$f_2(t)$ 为给定的已知函数。这样域内任意点 M 的 $T(x,t)$ 才能有定解。

在计算方法上，对每一个给定时刻必须算出一个温度场。但是，由于时间坐标是单程坐标，给定时刻的温度场不受以后温度场的影响，故可将非恒定问题简化为一个基本步骤的多次重复，即给出时刻 t 的温度场，求出时刻 $t + \Delta$ 的温度场。这种沿某个单程坐标轴逐步推进的计算方法称为步进法。

对于一维无限长问题，模拟部分不受两端边壁的限制，这时一维抛物线型方程只给初始条件而不给边界条件即可以求解，在数学上称为抛物线型初值问题或柯西（Cauchy）问题，其一维形式为

$$\left.\begin{aligned}
&\frac{\partial C}{\partial t} = \beta \frac{\partial^2 C}{\partial x^2} \left(\begin{aligned}&-\infty < x < \infty, t > 0 \\ &\beta > 0\end{aligned}\right) \\
&C(x,0) = F(x)
\end{aligned}\right\} \qquad (2\text{-}22)$$

该方程可描述污染物质在静止流体中的扩散，表示其浓度 C 在时间和空间上的变化规律。可用分离变量法求得其解析解为

$$C(x,t) = \frac{1}{\sqrt{4\pi\beta t}} \int_\infty^\infty \exp\left[-\frac{(x-\eta)^2}{4\beta t}\right] F(\eta)\mathrm{d}\eta \quad (-\infty < x < \infty, \ t > 0) \qquad (2\text{-}23)$$

式（2-23）表明浓度分布按指数规律急剧衰减，设初始浓度分布为一个尖峰波，它随时间的演变过程见图 2-3，即波峰将随时间而消失，波形趋于平缓，说明浓度分布与初始分布 $F(x)$、扩散系数 β 及时间 t 有关。

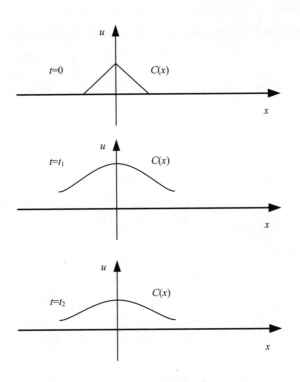

图 2-3　浓度分布随时间的演变过程

2.1.4　双曲线型方程

双曲线型方程的一阶形式，如一维纯对流方程式（2-11）。如果将该方程两端对时间求导数，并将等式右端的时间导数项以空间导数替代，可以得到二阶形式波动方程：

$$\frac{\partial^2 u}{\partial t^2} = \alpha^2 \frac{\partial^2 u}{\partial x^2} \tag{2-24}$$

一阶方程组可以化为二阶偏微分方程来定型。如有压管道中水击的运动方程与连续方程可简化为：

$$\left.\begin{array}{l} \dfrac{\partial h}{\partial x} = \dfrac{1}{g} \dfrac{\partial u}{\partial t} \\[3mm] \dfrac{\partial h}{\partial t} = \dfrac{\alpha^2}{g} \dfrac{\partial u}{\partial x} \end{array}\right\} \tag{2-25}$$

这里 u 为断面平均流速，α 指水击传播的波速，h 为管道中的压力。对第一方程作 $\partial / \partial t$，对第二方程作 $\partial / \partial x$，然后两式相减则得

$$\frac{\partial^2 u}{\partial t^2} = \alpha^2 \frac{\partial^2 u}{\partial x^2} \tag{2-26}$$

二阶波动方程也能化为两个独立方程组成的一阶方程组。

双曲线型方程常在管道非恒定流即水击问题、明渠一维非恒定流及洪水演进、河口二维潮流等计算中遇到。实际计算中常为初边值（初始值和边界值混合）问题。其定解条件分别叙述如下。

首先讨论一阶线性的纯对流方程，其初值问题定解表达式为：

$$\left.\begin{array}{l} \dfrac{\partial u}{\partial t}+\alpha\dfrac{\partial u}{\partial x}=0 \quad -\infty<x<\infty, t>0 \\[2mm] \text{初始条件：}\ u(x,0)=F(x) \end{array}\right\} \qquad (2\text{-}27)$$

设 $\alpha>0$ 的情况，因 $\dfrac{\mathrm{d}u}{\mathrm{d}t}=\dfrac{\partial u}{\partial t}+\dfrac{\partial u}{\partial x}\dfrac{\mathrm{d}x}{\mathrm{d}t}$，当 $\alpha=\dfrac{\mathrm{d}x}{\mathrm{d}t}$ 时，$\dfrac{\mathrm{d}u}{\mathrm{d}t}=0$，说明存在一簇特征线（当 α 为常数时，为一条直线），即

$$\dfrac{\mathrm{d}x}{\mathrm{d}t}=\alpha\ \text{或}\ x-\alpha t=\xi\ \text{（}\xi\text{ 为常数）} \qquad (2\text{-}28)$$

在这样的特征线上满足特征关系：

$$\dfrac{\mathrm{d}u}{\mathrm{d}t}=0\ \text{ 或 }\ u(x,t)=\text{const}\ \text{（常数）} \qquad (2\text{-}29)$$

若需确定以初始条件代入，可得其解析解为：

$$u(x,t)=u(\xi,0)=F(\xi)=F(x-\alpha t) \qquad (2\text{-}30)$$

该式说明，$x\text{-}t$ 平面上任一点 (x,t) 上的 $u(x,t)$ 值，只要过 (x,t) 点作特征线 $x-\alpha t=\xi$，它与初值线（$t=0$）上的交点为 $(\xi,0)$，初始函数 $F(x)$ 在该交点的值就是待求点的 u 值（见图 2-4）。特征线的方向，则代表初始扰动传播的方向，因为 $\alpha>0$，它表示向右传播的扰动波，若初始扰动 $F(x)$ 呈一尖峰波形，则该波形以速度 α 向右移动，在 t 时刻移动了 αt 距离，而波形不变。称初值线（$t=0$）上的点 $(\xi,0)$ 为该点 (x,t) 解的依赖区，而直线 $x-\alpha t=\xi$ 称为初值点 $(\xi,0)$ 的影响区。

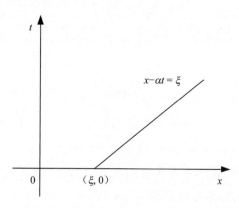

图 2-4　一维线性纯对流方程的特征线示意

2.1.5　混合型方程

一维对流扩散方程初边值问题的定解式为：

$$\left.\begin{array}{l}\dfrac{\partial u}{\partial t}+\alpha\dfrac{\partial u}{\partial x}=\beta\dfrac{\partial^2 u}{\partial x^2}\\[2mm]u(x,0)=F(x)\end{array}\right\}\quad(\alpha>0,\ \beta>0,\ -\infty<x<\infty,\ t>0)\quad(2\text{-}31)$$

该问题的解析解为：

$$u(x,t)=\dfrac{1}{\sqrt{4\pi\beta t}}\int_{-\infty}^{\infty}\exp\left[-\dfrac{(x-\eta-\alpha t)}{4\beta t}\right]F(\eta)\mathrm{d}\eta\quad(-\infty<x<\infty,\ t>0)\quad(2\text{-}32)$$

上式说明，在既有对流又有扩散的情况下，初始扰动 $F(x)$ 以速度 α 向右传播，同时又有衰减使波峰消失，波形趋于平缓。比较一维扩散方程、一维对流方程、一维对流扩散方程，可以看出对流项和扩散项的作用，对流项中 α 的正负代表扰动是向右还是向左传播，α 绝对值的大小反映扰动流速大小，扩散项中 β 总是大于零，其值反映扰动波的衰减程度。

对流扩散方程为最简单的混合型方程之一，其具有抛物线型方程和双曲线型偏微分方程的混合特性，如对流部分具有双曲线型方程的特点，扩散部分具有抛物线型方程的特点。因此，求解对流扩散方程既要给定边界条件，又要给定初始条件。

2.1.6　小结

本节主要介绍了水流运动及污染物迁移扩散方程的特征及分类，主要分为椭圆型方程、抛物线型方程、双曲线型方程和混合型方程。对于椭圆型偏微分方程，如拉普拉斯方程和泊松方程，其定解条件主要为边界条件，常称为边值问题。边界条件主要分强制边界条件、自然边界条件及混合边界条件。对于抛物线型偏微分方程，求解时既要给定边界条件（同椭圆型微分方程），又要给定初始条件。双曲线型偏微分方程属于波动方程，方程存在特征线，在特征线上待求函数值满足一定的关系。对于一维二阶波动方程，存在两条特征线，过区域内任意一点可以作两条特征线，可以通过特征线方法对波动方程解进行求解。

N-S 方程、一维圣维南方程、二维浅水方程都具有双曲线型方程的特征，属于非线性双曲线型方程，数值求解格式及边界条件确定需要考虑双曲线型方程的特点。污染物在水中输移的对流扩散方程具有抛物线型方程和双曲线型偏微分方程的特性，如对流部分具有双曲线型方程的特点，扩散部分具有抛物线型方程的特点。因此，求解对流扩散方程既要给定边界条件，又要给定初始条件。

2.2　数值离散格式

偏微分方程一般含有多个导数项，如在前述 2.1 节中讨论的对流扩散方程中，非定常项为关于时间的一阶导数项，对流项为空间一阶导数项，扩散项为空间二阶导数项。针对复杂的非线性偏微分方程组，目前在一般情况下还很难找到解析解或精确解。为了分析流体运动情况，经常利用数值离散方法，将控制流体运动的微分方程转化为关于离散点上变量的代数方程，通过计算机运算获得流动的压力和流速分布。常用的空间离散化方法包括有限差分法（Finite Difference Method，FDM）、有限体积法（Finite Volume Method，FVM）、有限单元法（Finite Element Method，FEM）等。常用的时间离散格式包括一阶欧拉显式离散（explicit Euler method）、一阶欧拉隐式离散（implicit Euler method）、二阶 C-N 时间离散（Crank-Nicolson method）等。

随着计算机和计算技术的飞速发展，在过去的数十年间，国内外学者对偏微分方程组的离散方法（时间和空间上）进行了大量研究。上述所提及的各种离散技术均不断取得了进步和越来越广泛的应用。本书内容主要面向求解水环境问题的实际工程专业人员，讲解力求简单明了，因此对上述各种离散技术只陈述其最核心的思路和最广泛使用的代表性算法。

2.2.1　有限差分法

有限差分法是数值计算中比较经典的方法，其计算格式直观且简便，被广泛应用在水环境问题数值模拟中。有限差分法首先将求解区域划分为差分网格，变量信息存储在网格节点上，然后将偏微分方程的导数用差商代替，代入微分方程的边界条件，推导出关于网格节点变量的代数方程组。通过求解代数方程组，获得偏微分方程的近似解。偏微分方程组被包含离散点未知量的代数方程组所替代，这个代数方程组能够求解出离散节点处储存的各个变量，即原先的偏微分方程组在空间上被离散化了，这种离散方法叫作有限差分法。

2.2.1.1　有限差分网格

由于有限差分法求解的是网格节点上的未知量值，因此首先介绍有限差分网格，图 2-5 是 x-y 平面上的矩形差分网格示意。在 x 轴方向的网格间距为 Δx，在 y 轴方向的网格间距为 Δy，网格的交点称为节点，计算变量定义在网格节点上。称 Δx 和 Δy 为空间步长，Δx 一般不等于 Δy，并且 Δx 和 Δy 也可以不是常数。取各方向等距离的网格，可以大大简化数学模型推导过程。本章假设沿坐标轴的各个方向网格间距分别是相等的，但是并不要求各方向的网格间距一致。例如，假设 Δx 和 Δy 是定值，但是不要求 Δx 等于 Δy。

在图 2-5 中，网格节点在 x 方向用 i 表示，在 y 方向用 j 表示。因此，假如 (i, j) 是点 P 在图 2-5 中的坐标，那么，点 P 右边的第一个点就可以用 $(i+1, j)$ 表示；点 P 左边的第一个点就可以用 $(i-1, j)$ 表示；点 P 上边的第一个点就可以用 $(i, j+1)$ 表示；点 P 下边的第一个点就可以用 $(i, j-1)$ 表示。

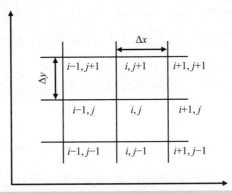

图 2-5 有限差分离散网格示意

2.2.1.2 常见数值差分格式

将微分方程化为有限差分方程时，最普遍的有限差分形式是基于泰勒级数展开得到的。如图 2-6 所示，假如 $u_{i,j}$ 表示点 (i,j) 的待求量，那么，点 $(i+1,j)$ 的未知量 $u_{i+1,j}$ 就可以用基于点 (i,j) 的泰勒展开表示：

$$u_{i+1,j} = u_{i,j} + \left(\frac{\partial u}{\partial x}\right)_{i,j} \Delta x + \left(\frac{\partial^2 u}{\partial x^2}\right)_{i,j} \frac{(\Delta x)^2}{2} + \left(\frac{\partial^3 u}{\partial x^3}\right)_{i,j} \frac{(\Delta x)^3}{6} + \cdots \tag{2-33}$$

式（2-33）是 $u_{i+1,j}$ 的比较准确的数学表达式（假如数值是有限的而且系列是收敛的，并且 Δx 趋近于零）。

通过下面的例子来进一步说明泰勒展开及其计算精度。考虑关于自变量 x 的连续方程 $f(x)$，其中所有的微分都针对 x，如在点 x 处的函数值 $f(x)$ 已知，那么，$f(x+\Delta x)$ 值可以通过泰勒展开从 x 处的信息得知，即

$$f(x + \Delta x) = f(x) + \frac{\partial f}{\partial x} \Delta x + \frac{\partial^2 f}{\partial x^2} \frac{(\Delta x)^2}{2} + \cdots \frac{\partial^n f}{\partial x^n} \frac{(\Delta x)^n}{n!} + \cdots \tag{2-34}$$

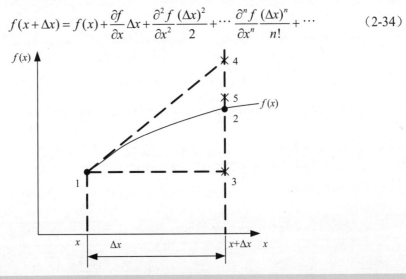

图 2-6 泰勒展开的前三项

式（2-34）的意义如图 2-6 所示，即假设知道 f 在 x（图 2-6 中的点 1）处的值，想利用等式（2-34）求解 f 在 $x+\Delta x$（图 2-6 中的点 2）处的值。检查式（2-34）的右侧，可以看见第一项 $f(x)$ 不能作为对 $f(x+\Delta x)$ 的良好近似，除非函数 $f(x)$ 为常数。一个重要的精度改进是利用点 1 处的曲线斜率，这就是式（2-34）的第二项 $\frac{\partial f}{\partial x}\Delta x$ 的作用。为了取得 $f(x+\Delta x)$ 处的更好的近似，加入了第三项 $\frac{\partial^2 f}{\partial x^2}\frac{(\Delta x)^2}{2}$，这是点 1 和点 2 之间的曲线曲率。一般来说，为了取得更高的精度，必须加入更高的项。实际上，当式（2-34）右端有无穷多项高阶项时，它就变成了 $f(x+\Delta x)$ 的精确表示。

（1）一阶前差分

下面结合式（2-33）讨论有限差分的形式，解等式（2-33）的 $\left(\frac{\partial u}{\partial x}\right)_{i,j}$，可得到：

$$\left(\frac{\partial u}{\partial x}\right)_{i,j} = \frac{u_{i+1,j}-u_{i,j}}{\Delta x} - \left(\frac{\partial^2 u}{\partial x^2}\right)_{i,j}\frac{\Delta x}{2} - \left(\frac{\partial^3 u}{\partial x^3}\right)_{i,j}\frac{(\Delta x)^2}{6} + \cdots \tag{2-35}$$

等式（2-35）中，等式左端的微分项是在点 (i,j) 处取值，右端的第一项，即 $\frac{u_{i+1,j}-u_{i,j}}{\Delta x}$ 是微分项的有限差分形式，右端剩下的部分是截断误差。所以，式（2-35）可近似写为

$$\left(\frac{\partial u}{\partial x}\right)_{i,j} \approx \frac{u_{i+1,j}-u_{i,j}}{\Delta x} \tag{2-36}$$

与等式（2-35）对比，可以看出等式（2-36）具有截断误差，并且截断误差的最低阶是 Δx 的一次方。因此，等式（2-36）的有限差分形式被称作一阶精度。可以将等式（2-36）更加精确地表示为：

$$\left(\frac{\partial u}{\partial x}\right)_{i,j} = \frac{u_{i+1,j}-u_{i,j}}{\Delta x} + O(\Delta x) \tag{2-37}$$

等式（2-37）中，符号 O（Δx）是表示截断误差，代表 Δx 的阶。等式（2-37）中的有限差分格式使用到了点 (i,j) 右边的信息，即用到了 $u_{i,j}$ 和 $u_{i+1,j}$；没有用到点 (i,j) 左边的信息，所以等式（2-37）中的有限差分格式叫作前差分。因此，定义等式（2-37）中 $\left(\frac{\partial u}{\partial x}\right)_{i,j}$ 的一阶有限差分形式为一阶前差分。图 2-7（a）将 x 方向一阶前差分用到的节点称为差分模块，节点周围标明加号或减号是与公式相对应的。

（2）一阶后差分

现在写出用 $u_{i,j}$ 表示 $u_{i-1,j}$ 的泰勒展开形式：

$$u_{i-1,j} = u_{i,j} - \left(\frac{\partial u}{\partial x}\right)_{i,j}\Delta x + \left(\frac{\partial^2 u}{\partial x^2}\right)_{i,j}\frac{(\Delta x)^2}{2} - \left(\frac{\partial^3 u}{\partial x^3}\right)_{i,j}\frac{(\Delta x)^3}{6} + \cdots \tag{2-38}$$

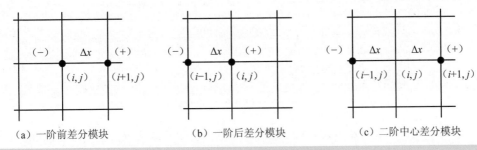

（a）一阶前差分模块　　　　　　（b）一阶后差分模块　　　　　　（c）二阶中心差分模块

图 2-7　x 方向一阶导数差分模块示意

对于 $\left(\dfrac{\partial u}{\partial x}\right)_{i,j}$，可以得到：

$$\left(\frac{\partial u}{\partial x}\right)_{i,j} = \frac{u_{i,j} - u_{i-1,j}}{\Delta x} + O(\Delta x) \tag{2-39}$$

组成等式（2-39）的有限差分的信息来自于点（i, j）左边；也就是说，用到了 $u_{i,j}$ 和 $u_{i-1,j}$，没有用到点（i, j）右边的信息，所以等式（2-39）中的有限差分格式叫作后差分。而且截断误差中 Δx 的最低阶数是一阶。因此，等式（2-39）中的有限差分格式叫作一阶后差分。相应的差分模块如图 2-7（b）所示。

（3）二阶中心差分

在实际数值计算应用中，差分格式仅仅为一阶精度是不够的。为了建立二阶的有限差分格式，可以用等式（2-33）减去等式（2-38）：

$$u_{i+1,j} - u_{i-1,j} = 2\left(\frac{\partial u}{\partial x}\right)_{i,j} \Delta x + 2\left(\frac{\partial^3 u}{\partial x^3}\right)_{i,j} \frac{(\Delta x)^3}{6} + \cdots \tag{2-40}$$

等式（2-40）可以写作：

$$\left(\frac{\partial u}{\partial x}\right)_{i,j} = \frac{u_{i+1,j} - u_{i-1,j}}{2\Delta x} + O(\Delta x)^2 \tag{2-41}$$

组成等式（2-41）的有限差分的信息来自于点（i, j）的左右两边，也就是说，用到了 $u_{i+1,j}$、$u_{i,j}$ 和 $u_{i-1,j}$，点（i, j）在两个相邻的格点之间。而且等式（2-40）中的截断误差中 Δx 的最低阶数是 $(\Delta x)^2$，即二阶。因此，等式（2-41）的有限差分叫作二阶中心差分。

同理，y 方向的差分的获得用的是与上述完全相同的方法，如图 2-8 所示，结果也和上述 x 方向的等式相似，即

$$\left(\frac{\partial u}{\partial y}\right)_{i,j} = \begin{cases} \dfrac{u_{i,j+1}-u_{i,j}}{\Delta y}+\mathrm{O}(\Delta y) & \text{前差分} \\[3mm] \dfrac{u_{i,j}-u_{i,j-1}}{\Delta y}+\mathrm{O}(\Delta y) & \text{后差分} \\[3mm] \dfrac{u_{i,j+1}-u_{i,j-1}}{2\Delta y}+\mathrm{O}(\Delta y)^2 & \text{中心差分} \end{cases} \tag{2-42}$$

等式（2-37）、等式（2-39）、等式（2-41）和等式（2-42）都是对一阶导数项的有限差分形式。

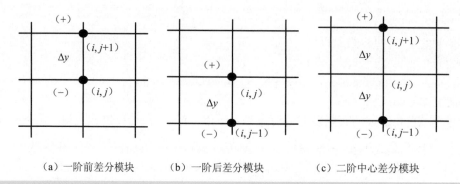

（a）一阶前差分模块　　　（b）一阶后差分模块　　　（c）二阶中心差分模块

图 2-8　y 方向一阶导数差分模块示意

（4）二阶导数的中心差分

在水环境问题基本方程中，扩散项或黏性项中存在关于变量的二阶导数。采用下面的泰勒展开方式可以获得二阶导数的差分形式。

将等式（2-33）和等式（2-38）相加，可以得到：

$$u_{i+1,j}+u_{i-1,j}=2u_{i,j}+\left(\frac{\partial^2 u}{\partial x^2}\right)_{i,j}(\Delta x)^2+\left(\frac{\partial^4 u}{\partial x^4}\right)_{i,j}\frac{(\Delta x)^4}{12}+\cdots \tag{2-43}$$

$\left(\dfrac{\partial^2 u}{\partial x^2}\right)_{i,j}$ 可以表示为：

$$\left(\frac{\partial^2 u}{\partial x^2}\right)_{i,j}=\frac{u_{i+1,j}-2u_{i,j}+u_{i-1,j}}{(\Delta x)^2}+\mathrm{O}(\Delta x)^2 \tag{2-44}$$

在等式（2-44）中，右边的第一项是点（i, j）在 x 方向二阶微分形式的中心差分，从剩下的项中可以看到中心差分是二阶精度的。x 方向二阶导数的二阶中心差分模块如图 2-9 所示。

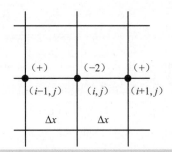

图 2-9　x 方向二阶导数的二阶中心差分模块示意

y 方向二阶微分形式可以类似地得出，如图 2-10 所示。

$$\left(\frac{\partial^2 u}{\partial y^2}\right)_{i,j} = \frac{u_{i+1,j} - 2u_{i,j} + u_{i-1,j}}{(\Delta y)^2} + O(\Delta y)^2 \qquad （2-45）$$

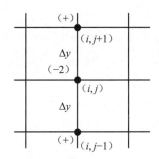

图 2-10　y 方向二阶导数的二阶中心差分模块示意

（5）高阶精度的差分

前面介绍的有限差分形式仅仅是最基本的情况。许多其他的差分形式可以用与上面相似的方法表示出来，尤其是可以获得更加精确的三阶精度、四阶精度，甚至更高阶精度的有限差分形式。这些高阶精度的有限差分形式涉及的点比上面所提到的形式涉及的点多。

例如，四阶精度的关于 $\frac{\partial^2 u}{\partial x^2}$ 的中心差分形式是：

$$\left(\frac{\partial^2 u}{\partial x^2}\right)_{i,j} = \frac{-u_{i+2,j} + 16u_{i+1,j} - 30u_{i,j} + 16u_{i-1,j} - u_{i-2,j}}{12(\Delta x)^2} + O(\Delta x)^4 \qquad （2-46）$$

四阶精度的中心差分形式涉及 5 个点，而在等式（2-44）中，$\left(\frac{\partial^2 u}{\partial x^2}\right)_{i,j}$ 用到了 3 个点的

信息，仅具有二阶精度。等式（2-46）可由重复使用关于点（$i+1,j$）、（i,j）、（$i-1,j$）的泰勒展开得到。在水环境问题数值模拟中，应根据问题的特点决定选取的差分格式的精度，一般情况下二阶精度即可满足需求。

2.2.2 有限体积法

有限体积法（Finite Volume Method，FVM），又称为控制体积法（Control Volume Method，CVM）。有限体积法的特点是计算效率高，数值格式具有明显的守恒特性，在水环境数值模拟领域得到了广泛应用，是一种发展迅速的数值计算方法。

有限体积法首先将计算区域划分为互不重复的控制体积，每个控制体中包含一个节点，待求变量储存在节点上；然后将微分方程对每一个控制体积分，得出一组离散方程，其中的未知数是节点上的因变量。为了定义变量在控制体界面上的信息，需要假定变量值在节点之间的变化规律。从积分区域的选取方法来看，有限体积法属于加权余量法中的子域法；从未知解的近似方法看来，有限体积法属于采用局部近似的离散方法。有限体积法的基本思想易于理解，并能得出直接的物理解释，离散方程的物理意义就是因变量在有限大小的控制体积中的守恒原理。

有限体积法要求因变量的积分守恒，对任意一个控制体积都得到满足，对整个计算区域，自然也得到满足。就离散方法而言，有限体积法可视作有限元法和有限差分法的过渡。有限元法必须假定因变量在节点间的变化规律，用插值函数将节点间离散变量转化为连续函数，并将其作为微分方程近似解。有限差分法将变量在相邻节点之间的变化按泰勒展开，用差分运算逼近微分运算，求出节点上因变量的数值。有限体积法只求因变量的节点值，这与有限差分法类似；但有限体积法在寻求控制体积分时，必须假定因变量在节点之间的分布，以便计算通过相邻控制体之间的对流和扩散通量，这又与有限单元法的插值函数类似，关于有限元与有限体积方法之间的比较可参考相关文献。

2.2.2.1 有限体积法的计算网格

（1）一维有限体积网格

有限体积的空间离散过程如下：把所计算的区域划分成多个互不重叠的子区域，然后确定每个子区域中的节点位置及该节点所代表的控制体积。图 2-11 是一维有限体积网格示意。网格尺度的定义为：

$$\Delta x_w = (x_i - x_{i-1}) \qquad \Delta x_e = (x_{i+1} - x_i) \qquad \Delta x_i = (\Delta x_w + \Delta x_e) / 2 \qquad （2-47）$$

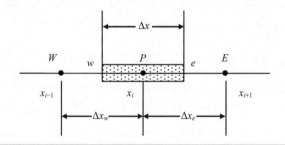

图 2-11 一维有限体积网格示意

对于一维流动，如河道或者管道流动，往往具有断面面积，为此定义在控制体两端界面的面积分别为 A_e、A_w，控制体的体积为：

$$\Delta V = \Delta x (A_e + A_w) / 2 \qquad (2\text{-}48)$$

（2）二维有限体积网格

对于二维问题，网格分为结构化网格（structured grid）和非结构化网格（unstructured grid）。图 2-12（a）为结构化网格，节点 P 的控制体如图中阴影所示，在 x 方向与节点 P 相邻的节点为 W、E，在 y 方向与节点 P 相邻的节点为 S、N，控制体的界面分别用小写字母标出。结构化网格节点的排序与有限差分网格十分相近，即当给出了一个节点的编号后，随即可以得出其相邻节点的编号。结构化网格是一种传统的网格形式，网格自身利用了控制体的规则形状。

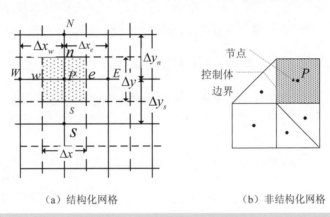

（a）结构化网格　　　　　　　　（b）非结构化网格

图 2-12　二维有限体积网格示意

非结构化网格与有限元网格相似，如图 2-12（b）所示，网格可以是三角形、四边形，甚至是多边形。图 2-12（b）中阴影所示为一个四边形控制体，节点 P 取在控制体中心，控制体界面与相邻控制体界面重合，各个节点间排列没有规则。非结构化网格适合于求解区域不规则的流动问题，对于边界形状适应性较强。

2.2.2.2　常见数值离散格式

从前文有限差分法一节可知，关于对流项的空间离散有中心差分、前差分和后差分格式（又称为迎风格式），在有限体积方法中也同样有中心格式和迎风格式。

（1）中心格式

一维有限体积网格如图 2-11 所示，节点 P 的控制体用阴影部分表示，与 P 相邻的节点分别为 E 和 W。控制体的两个边界用小写的 e 和 w 表示，其间的距离为 Δx，节点 P 与节点 E 之间的距离用 Δx_e 表示，节点 P 与节点 W 之间的距离用 Δx_w 表示。

对于定常问题，不考虑时间变化项。一维问题的控制体的界面为线段上的两个端点，边界的单位外法线分量分别为"−1"（左端）和"＋1"（右端）。将源项线性化，改写成

$S = S_C + S_P\varphi$ 的形式。因此对流扩散方程可以表示为：

$$\left[(u\varphi A)_w - \left(kA\frac{\partial \varphi}{\partial x}\right)_w\right] - \left[(u\varphi A)_e - \left(kA\frac{\partial \varphi}{\partial x}\right)_e\right] + (S_C + S_P\varphi_P)\Delta V = 0 \qquad (2\text{-}49)$$

上式中通量的表达具有明显的物理意义：左边界面 w 流入控制体的通量为正号，由对流和扩散两项组成；右边界面 e 流出控制体的通量为负号。这样的表达形式，便于后面讨论自然边界条件的提法。从式（2-49）中可以看出，问题转化为求控制体边界未知量及未知量的一阶导数。由于变量是定义在控制体中心的，因此在控制体界面上的信息需要通过插值来确定。

假设变量在空间上为线性分布，在均匀网格情况下，扩散系数可以表示成

$$k_e = \frac{1}{2}(k_P + k_E), \quad k_w = \frac{1}{2}(k_P + k_W) \qquad (2\text{-}50)$$

对流通量采用中心格式，即将界面 e 和界面 w 处的变量值用相邻节点的平均值代替：

$$(u\varphi A)_e = u_e A_e \frac{\varphi_P + \varphi_E}{2}, (u\varphi A)_w = u_w A_w \frac{\varphi_P + \varphi_W}{2} \qquad (2\text{-}51)$$

扩散通量采用中心差分计算，可以表示成：

$$(kA\,\partial\varphi/\partial x)_e = k_e A_e \frac{\varphi_E - \varphi_P}{\Delta x_e}, (kA\,\partial\varphi/\partial x)_w = k_w A_w \frac{\varphi_P - \varphi_W}{\Delta x_w} \qquad (2\text{-}52)$$

将式（2-51）和式（2-52）代入式（2-49），得到：

$$\left[(uA)_w \frac{\varphi_W + \varphi_P}{2} - \left(kA_w \frac{\varphi_P - \varphi_W}{\Delta x_w}\right)\right] - \left[(uA)_e \frac{\varphi_E + \varphi_P}{2} - \left(kA_e \frac{\varphi_E - \varphi_P}{\Delta x_e}\right)\right]$$
$$+ (S_C + S_P\varphi_P)\Delta V = 0 \qquad (2\text{-}53)$$

为了对上式进行简化，定义如下参数：

$$F = uA \qquad (2\text{-}54)$$

$$D = kA / \Delta x \qquad (2\text{-}55)$$

将上述两项的比值定义为网格 Peclet 数，简称 Pe 数：

$$Pe = F / D = u\Delta x / k \qquad (2\text{-}56)$$

通过式（2-56）所定义的控制体积上的 Pe 数具有明显的物理意义，它是对流通量与扩散通量的比值，Pe 数大表明对流作用强于扩散作用。将式（2-54）和式（2-55）代入式（2-53）中，得到

$$(D_e + F_e / 2 + D_w - F_w / 2 - S_P\Delta V)\varphi_P = (D_w + F_w / 2)\varphi_W + (D_e - F_e / 2)\varphi_E + S_C\Delta V \qquad (2\text{-}57)$$

改写成

$$a_P \varphi_P = a_W \varphi_W + a_E \varphi_E + b \qquad (2\text{-}58)$$

其中，

$$a_W = D_w + F_w / 2 \qquad (2\text{-}59)$$

$$a_E = D_e - F_e / 2 \qquad (2\text{-}60)$$

$$a_P = a_E + a_W + (F_e - F_w) - S_P \Delta V \qquad (2\text{-}61)$$

$$b = S_C \Delta V \qquad (2\text{-}62)$$

式（2-58）即为一维定常对流扩散方程的离散形式，是一个关于节点未知量的线性代数方程组，线性方程组的系数矩阵为三对角形式，可以利用追赶法或高斯消元法求解。

（2）一阶迎风格式

在中心格式中，界面 w 处物理量 φ 的值总是同时受到 φ_P 和 φ_W 的共同影响，界面 e 处的物理量也是同时受到该界面上游和下游节点的影响。在一个对流占据主导地位的由左向右的流动中，上述处理方式明显是不合适的，这是由于 w 界面应该受到来自于节点 W 比来自于节点 P 更强烈的影响。因此，当网格 Pe 数大于 2 时，计算不稳定。

迎风格式在确定界面的物理量时则考虑了流动方向。在一阶迎风格式中，计算对流通量时界面上的 φ 值等于上游节点（即迎风侧节点）的 φ 值。

当流动沿着正方向，即 $u_w>0$，$u_e>0$（$F_w>0$，$F_e>0$）时，存在：

$$\varphi_w = \varphi_W, \quad \varphi_e = \varphi_P \qquad (2\text{-}63)$$

此时，离散方程（2-53）变为：

$$F_e \varphi_P - F_w \varphi_W = D_e (\varphi_E - \varphi_P) - D_w (\varphi_P - \varphi_W) + (S_C + S_P \varphi_P) \Delta V \qquad (2\text{-}64)$$

引入不可压缩流动的连续方程的离散形式（$F_e = F_w$），式（2-64）化成：

$$\left[(D_w + F_w) + D_e + (F_e - F_w) - S_P \Delta V \right] \varphi_P = (D_w + F_w) \varphi_W + D_e \varphi_E + S_C \Delta V \qquad (2\text{-}65)$$

当流动沿着负方向，即 $u_w<0$，$u_e<0$（$F_w<0$，$F_e<0$）时，在计算界面对流通量时取

$$\varphi_w = \varphi_P, \quad \varphi_e = \varphi_E \qquad (2\text{-}66)$$

此时，离散方程（2-53）化为：

$$\left[(D_e - F_e) + D_w + (F_e - F_w) - S_P \Delta V \right] \varphi_P = (D_e - F_e) \varphi_E + D_w \varphi_W + S_C \Delta V \qquad (2\text{-}67)$$

综合式（2-65）和式（2-67），将式中 φ_P、φ_W 和 φ_E 前的系数分别用 a_P、a_W 和 a_E 表示，得到一阶迎风格式的对流-扩散方程的离散方程：

$$a_P \varphi_P = a_W \varphi_W + a_E \varphi_E + b \qquad (2\text{-}68)$$

式中，

$$
\left.
\begin{aligned}
a_P &= a_E + a_W + \left(F_e - F_w\right) - S_P \Delta V \\
a_W &= D_w + \max\left(F_w, 0\right) \\
a_E &= D_e + \max\left(0, -F_e\right) \\
b &= S_C \Delta V
\end{aligned}
\right\}
\qquad (2\text{-}69)
$$

对于迎风格式，界面上未知量根据流速方向取上游节点或下游节点的数值；而对于中心差分格式，界面上未知量则取上游、下游节点的算术平均值。由于这种迎风格式具有一阶截断误差，因而称作一阶迎风格式。

（3）混合格式

混合格式（hybrid scheme）综合了中心差分和迎风作用两方面的因素，规定：当$|Pe|>2$时，使用具有二阶精度的中心差分格式；当$|Pe|\geqslant 2$时，采用具有一阶精度但考虑流动方向的一阶迎风格式。综合式（2-57）至式（2-62）、式（2-68）和式（2-69），得到在混合格式下，一维定常对流扩散方程对应的离散格式为：

$$
a_P \varphi_P = a_W \varphi_W + a_E \varphi_E + b
\qquad (2\text{-}70)
$$

式中，

$$
\left.
\begin{aligned}
a_P &= a_E + a_W + \left(F_e - F_w\right) - S_P \Delta V \\
a_W &= \max\left[F_w, \left(D_w + \frac{F_w}{2}\right), 0\right] \\
a_E &= \max\left[-F_e, \left(D_e - \frac{F_e}{2}\right), 0\right] \\
b &= S_C \Delta V
\end{aligned}
\right\}
\qquad (2\text{-}71)
$$

混合格式根据流体流动的 Pe 数切换中心差分格式和迎风格式，该格式兼顾了中心差分格式和迎风格式的共同优点。因其离散代数方程的系数总是正的，因此是无条件稳定的。与后面将要介绍的高阶离散格式相比，混合格式计算效率高，总能产生物理上比较真实的解，且具有良好的稳定性。混合格式目前在水环境问题数值模拟中经常被采纳，是非常实用的离散格式。该格式缺点是在空间上只具有一阶精度。

（4）二阶迎风格式

二阶迎风格式与一阶迎风格式的相同点在于，二者都通过上游单元节点的物理量来确定控制体积界面物理量，并且扩散项仍采用中心差分格式进行离散。但二阶迎风格式不仅要用到上游最近一个节点值，还要用到另一个上游节点的值。

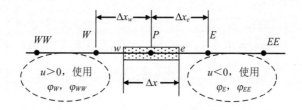

图 2-13 二阶迎风格式示意

如图 2-13 所示的均匀网格，图中阴影部分为计算节点 P 处的控制体积，二阶迎风格式规定，当流动沿着正方向，即 $u_w>0$，$u_e>0$（$F_w>0$，$F_e>0$）时，按照下式计算界面处物理量：

$$\varphi_w = 1.5\varphi_W - 0.5\varphi_{WW}, \quad \varphi_e = 1.5\varphi_P - 0.5\varphi_W \tag{2-72}$$

此时，一维恒定对流扩散问题的离散方程可以写成：

$$\begin{aligned} F_e\left(1.5\varphi_P - 0.5\varphi_W\right) - F_w\left(1.5\varphi_W - 0.5\varphi_{WW}\right) \\ = D_e\left(\varphi_E - \varphi_P\right) - D_w\left(\varphi_P - \varphi_W\right) + (S_C + S_P\varphi_P)\Delta V \end{aligned} \tag{2-73}$$

整理后得：

$$\left(\frac{3}{2}F_e + D_e + D_w\right)\varphi_P = \left(\frac{3}{2}F_w + \frac{1}{2}F_e + D_w\right)\varphi_w + D_e\varphi_E - \frac{1}{2}F_w\varphi_{WW} + (S_C + S_P\varphi_P)\Delta V \tag{2-74}$$

当流动沿着负方向，即 $u_w<0$，$u_e<0$（$F_w<0$，$F_e<0$）时，二阶迎风格式规定：

$$\varphi_w = 1.5\varphi_P - 0.5\varphi_E, \quad \varphi_e = 1.5\varphi_E - 0.5\varphi_{EE} \tag{2-75}$$

此时，一维恒定对流扩散问题的离散方程变为：

$$\begin{aligned} F_e\left(1.5\varphi_E - 0.5\varphi_{EE}\right) - F_w\left(1.5\varphi_P - 0.5\varphi_E\right) \\ = D_e\left(\varphi_E - \varphi_P\right) - D_w\left(\varphi_P - \varphi_W\right) + (S_C + S_P\varphi_P)\Delta V \end{aligned} \tag{2-76}$$

整理后得：

$$\begin{aligned} \left(D_e - \frac{3}{2}F_w + D_w\right)\varphi_P \\ = D_w\varphi_W + \left(D_e - \frac{3}{2}F_e - \frac{1}{2}F_w\right)\varphi_E + \frac{1}{2}F_e\varphi_{EE} + (S_C + S_P\varphi_P)\Delta V \end{aligned} \tag{2-77}$$

综合式（2-74）和式（2-77），将式中 φ_P、φ_W、φ_{WW}、φ_E、φ_{EE} 前的系数分别用 a_P、a_W、a_{WW}、a_E、a_{EE} 表示，得到二阶迎风格式的对流扩散方程的离散方程：

$$a_P\varphi_P = a_W\varphi_W + a_{WW}\varphi_{WW} + a_E\varphi_E + a_{EE}\varphi_{EE} + b \tag{2-78}$$

式中,

$$
\left.
\begin{aligned}
& a_P = a_E + a_W + a_{EE} + a_{WW} + \left(F_e - F_w\right) - S_P \Delta V \\
& a_W = \left(D_w + \frac{3}{2}\alpha F_w + \frac{1}{2}\alpha F_e\right) \\
& a_E = \left(D_e - \frac{3}{2}\left(1-\alpha\right)F_e - \frac{1}{2}\left(1-\alpha\right)F_w\right) \\
& a_{WW} = -\frac{1}{2}\alpha F_w \\
& a_{EE} = \frac{1}{2}\left(1-\alpha\right)F_e \\
& b = S_C \Delta V
\end{aligned}
\right\}
\tag{2-79}
$$

其中,当流动沿着正方向,即 $F_w>0$ 及 $F_e>0$ 时,$\alpha=1$;当流动沿着负方向,即 $F_w<0$ 及 $F_e<0$ 时,$\alpha=0$。二阶迎风格式可以看作是在一阶迎风格式的基础上,考虑了物理量在节点间分布曲线的曲率影响。在二阶迎风格式中,实际上只是对流项采用了二阶迎风格式,而扩散仍采用中心差分格式。可证明,二阶迎风格式的离散方程具有二阶精度的截断误差。此外,二阶迎风格式的一个显著特点是单个方程不仅包含有相邻节点的未知量,还包括相邻节点旁边的其他节点的物理量,从而使离散方程组不再是原来的三对角方程组。

2.2.3 有限单元法

自然界中的很多物理现象常常可以用微分方程来描述,如热量在空气或水中的传播遵循对流扩散方程、弦的振动可以用双曲线型方程来描述、恒定渗流问题可以用椭圆型方程来表达。同一物理现象既可以用微分方程来描述,又可以通过变分原理来描述,有时变分原理比微分方程更加优越。在本章中,我们将阐述学习有限元法所必需的一些数学预备知识。伽辽金加权余量法由于在选择试探函数时要在全区域内满足边界条件,这是比较困难的,尤其是对几何形状和边界条件较复杂的问题。有限元法将整体区域分解成若干个小区域,这些小区域称为单元,并在单元上选取试探函数,近似解的基函数的系数为单元节点上未知量的数值,使得试探函数的选取变得简单,并且容易满足边界条件。有限单元法先将计算区域剖分为很多个微小单元,计算单元系数矩阵,再合成全区域上的整体方程,使问题得到解决。

2.2.3.1 加权余量法

以 $L(u)$ 表示微分算子,考虑下列形式的微分方程:

$$
L(u)=f \qquad x \in \Omega \tag{2-80}
$$

式中,右端项 f 为常数,Ω 代表求解域。

边界条件：

$$B(u) = g \qquad x \in \Gamma \text{（域 } \Omega \text{ 的边界）} \tag{2-81}$$

式中，$B(u)$ 是定义在边界上的函数，Γ 代表区域边界，g 是已知函数。取近似函数 $\hat{u}$：

$$\hat{u} = \sum_{i=1}^{n} c_i \varphi_i \tag{2-82}$$

式中，c_i 是待定系数，φ_i 是代表线性独立函数序列 $\{\varphi_n\}$，它们满足本质边界条件。由于函数（2-82）是近似的，把它代入微分方程（2-80）中，将不能使方程（2-80）得到准确满足，从而使方程（2-80）产生误差 ε：

$$L(\hat{u}) - f = \varepsilon \tag{2-83}$$

式中，ε 称为剩余（residual）。

现在引入权函数 $W_i (i = 1, 2, \cdots, n)$；构造余量 ε 与权函数 W_i 的内积，并令内积为零（即剩余 ε 与权函数 W_i 正交）：

$$<\varepsilon, W_i> = 0 \quad \text{即} \quad \int \varepsilon\, W_i \mathrm{d}\Omega = 0 \quad (i = 1, 2, \cdots, n) \tag{2-84}$$

故加权法就是把域内每一点的残余 ε 乘某一权函数 W_i，然后求和，要求这个和为零。式（2-84）相当于（等价于）强制使近似的微分方程的误差，在平均的含义上为零。式（2-84）中，权函数 W_i 共有 i 个，$i = n$。故上式是代表了有 n 个方程，这样就可用以确定近似函数（2-82）式中的 n 个待定未知量 c_i，这就是加权余量法。

权函数 W_i 的选择有不同的方法，下面介绍伽辽金法。

伽辽金（Galerkin）加权余量法是把试探函数 φ_i 本身就作为权函数，即有：

$$<\varepsilon, \varphi_i> = 0 \quad (i = 1, 2, \cdots, n) \tag{2-85}$$

或

$$\int [L(\hat{u}) - f] \cdot \varphi_i\, \mathrm{d}\Omega = 0 \tag{2-86}$$

（1）伽辽金方程的缩写形式

考虑如下的微分方程

$$L(u) - f = 0 \quad (u \in \Omega) \tag{2-87}$$

设 φ_i 为形函数，近似解 $\hat{u}$ 可以表示成：

$$\hat{u} = \alpha_i \varphi_i \quad \text{（注意对 } i = 1 \text{ 到 } n \text{ 求和，} n \text{ 为自由度数）} \tag{2-88}$$

伽辽金方程可以写成：

$$\int_{\Omega} [L(\hat{u}) - f] \varphi_i \mathrm{d}\Omega = 0 \tag{2-89}$$

式（2-89）中 $i = 1, 2, \cdots, n$，代表 n 个方程组，引入变量 u 的增量，

$$\delta u = \varphi_1 \delta \alpha_1 + \varphi_2 \delta \alpha_2 + \cdots + \varphi_n \delta \alpha_n \tag{2-90}$$

式中 $\delta \alpha_i$ 是待定参数的任意增量，将式（2-89）中每个方程分别乘上系数 $\delta \alpha_i$：

$$\begin{cases} \int_\Omega [L(\hat{u}) - f] \varphi_1 \delta \alpha_1 \mathrm{d}\Omega = 0 \\ \int_\Omega [L(\hat{u}) - f] \varphi_2 \delta \alpha_2 \mathrm{d}\Omega = 0 \\ \int_\Omega [L(\hat{u}) - f] \varphi_3 \delta \alpha_3 \mathrm{d}\Omega = 0 \\ \quad\quad \cdots\cdots \\ \int_\Omega [L(\hat{u}) - f] \varphi_n \delta \alpha_n \mathrm{d}\Omega = 0 \end{cases} \tag{2-91}$$

将式（2-91）中 n 个方程相加，可得：

$$\int_\Omega [L(\hat{u}) - f] \delta u \mathrm{d}\Omega = 0 \tag{2-92}$$

式（2-92）即为伽辽金方程的缩写形式，代表 n 个方程。$L(u)-f$ 为残差。δu 为待求函数的微小扰动，在水环境中称为虚速度，在结构力学中称为虚位移。

（2）伽辽金方程的强形式

以二维椭圆型方程为例，

$$\frac{\partial^2 u}{\partial x^2} + \frac{\partial^2 u}{\partial y^2} = 0 \quad (u \in \Omega) \tag{2-93}$$

$$u|\Gamma_1 = \bar{f}, \frac{\partial u}{\partial n}\Big|\Gamma_2 = q \tag{2-94}$$

其中，Γ_1 为强制边界，在其上变量值由 $\bar{f}(x, y)$ 函数确定。Γ_2 为自然边界，在其上变量的法向导数值由函数 $q(x, y)$ 确定。Ω 代表求解域。式（2-93）、式（2-94）对应的伽辽金方程强形式为：

$$\begin{cases} \iint_\Omega \left(\frac{\partial^2 u}{\partial x^2} + \frac{\partial^2 u}{\partial y^2} \right) \delta u \mathrm{d}\Omega = 0 \\ u|\Gamma_1 = \bar{f}, \frac{\partial u}{\partial n}\Big|\Gamma_2 = q \end{cases} \tag{2-95}$$

（3）伽辽金方程的弱形式

利用分部积分公式，式（2-95）可以改写成：

$$\iint_\Omega \left[\frac{\partial}{\partial x}\left(\delta u \frac{\partial u}{\partial x} \right) + \frac{\partial}{\partial y}\left(\delta u \frac{\partial u}{\partial y} \right) \right] \mathrm{d}\Omega = \iint_\Omega \left(\frac{\partial \delta u}{\partial x} \frac{\partial u}{\partial x} + \frac{\partial \delta u}{\partial y} \frac{\partial u}{\partial y} \right) \mathrm{d}\Omega + \iint_\Omega \left(\frac{\partial^2 u}{\partial x^2} + \frac{\partial^2 u}{\partial y^2} \right) \mathrm{d}\Omega \tag{2-96}$$

利用格林公式，并利用在 Γ_1 上的边界条件 $\delta u = 0$，可得：

$$\iint_\Omega \left(\frac{\partial \delta u}{\partial x}\frac{\partial u}{\partial x} + \frac{\partial \delta u}{\partial y}\frac{\partial u}{\partial y} \right)\mathrm{d}\Omega = \oint_\Gamma \delta u\frac{\partial u}{\partial n}\mathrm{d}\Gamma = \oint_{\Gamma_2} \delta u\frac{\partial u}{\partial n}\mathrm{d}\Gamma \tag{2-97}$$

将边界条件 $\left.\frac{\partial u}{\partial n}\right|_{\Gamma_2}=q$ 代入上式，可得：

$$\begin{cases} \iint_\Omega \left(\frac{\partial \delta u}{\partial x}\frac{\partial u}{\partial x} + \frac{\partial \delta u}{\partial y}\frac{\partial u}{\partial y} \right)\mathrm{d}\Omega = \oint_{\Gamma_1} \delta uq\,\mathrm{d}\Gamma \\ u|_{\Gamma_1}=\overline{f} \end{cases} \tag{2-98}$$

式（2-98）就是伽辽金方程的弱形式。弱形式的特点是，首先将微分方程降了一阶，原来为二阶的微分方程在式（2-98）中降为一阶微分形式，因此对未知量的连续性要求减弱；同时自然边界条件在弱形式中得到满足，因此对自然边界条件的满足比较容易。而其他方法，如有限差分法，对于自然边界条件的处理比较麻烦。

伽辽金加权余量法由于在选择试探函数时要在全区域内满足边界条件，这是比较困难的，尤其是对几何形状和边界条件较复杂的问题。有限元法将整体区域分解成若干个小区域，称为单元，在单元上选取试探函数，近似解的基函数的系数为单元节点上未知量的数值，使得试探函数的选取变得简单，并且容易满足边界条件。

2.2.3.2　有限单元法的基本步骤

伽辽金有限单元法，先将计算区域剖分为很多个微小单元，在单元上采用基函数为试探函数，先计算单元系数矩阵，再合成全区域上的整体方程，得到关于节点未知量的代数方程组，使问题得到解决。基于以上思想，将有限元法求解问题的基本步骤归纳为：

①把所讨论问题的域划分成若干微小单元；

②选取基函数或称为插值函数，通过插值函数将节点离散变量转化为连续型变量；

③选取基函数作为权函数，在单元上计算残差权函数的内积；

④计算单元系数矩阵，计算单元方程的右端项并注意引入自然边界条件；

⑤形成代数方程组，即将单元系数矩阵合成整体系数矩阵，并同时将右端项合成整体形式的右向量；

⑥引入强制边界条件，修改代数方程组；

⑦求解代数方程组，得到各节点上离散变量的数值解。

目前工程上运用得最为广泛的是有限体积法和有限单元法，再加上有限单元法的构造理论与求解方法相对前述有限差分法和有限体积法而言更为复杂，由于篇幅的限制，这里不再详述，感兴趣的学者可参考相关参考文献。

2.2.3.3　有限单元法案例

以椭圆型方程为例，介绍有限元法数值离散步骤。讨论平面域 Ω 上的泊松（Poisson）方程：

$$\frac{\partial^2 u}{\partial x_i \partial x_i} + f = 0 \quad (i=1,2 \ 求和) \tag{2-99}$$

在边界条件：

$$\begin{cases} \Gamma_1: \ u = u_0 \\ \Gamma_2: \ \dfrac{\partial u}{\partial n} = g \end{cases} \tag{2-100}$$

下的有限元解。为了书写简洁，将 $\partial u / \partial x_i$ 写成 $u_{,i}$，将 $\partial^2 u / (\partial x_i \partial x_i)$ 写成 $u_{,ii}$，则泊松方程可表示成：

$$u_{,ii} + f = 0 \quad (i \ 表示坐标 \ x, y \ 方向) \tag{2-101}$$

边界条件表示为：

$$\begin{cases} \Gamma_1: u = u_0 \\ \Gamma_2: u_{,i} n_i = \partial u / \partial n = g(x, y) \end{cases} \tag{2-102}$$

式中，n_i 为垂直于边界的法向向量的分量。在把域 Ω 进行剖分后，对单元 Ω_e 可写出插值函数式：

$$u^{(e)} = u_N^{(e)} \ \varphi_N^{(e)} \tag{2-103}$$

代入微分方程后，产生残量 $\varepsilon^{(e)} = u_{,ii}^{(e)} + f$，构作内积，并令此内积为零：

$$< \varepsilon^{(e)}, \varphi_N^{(e)} > = \iint_{\Omega_e} \left(u_{,ii} + f \right) \varphi_N^{(e)} \ \mathrm{d}\Omega = 0 \tag{2-104}$$

分部积分后，得：

$$\iint_{\Omega_e} \left(u_{,i} \varphi_{N,i}^{(e)} - f \varphi_N^{(e)} \right) \mathrm{d}\Omega_e = \int_{\Gamma_e} u_{,i} n_i \overset{*}{\varphi}_N \mathrm{d}\Gamma_e \tag{2-105}$$

式中，$\overset{*}{\varphi}_N$ 是表示对（$u_{,i} n_i$）沿边界 Γ_e 上的插值函数。在二维问题中，域 Ω_e 的边界是一曲线 Γ_e，即沿边界线 Γ_e 上，（$u_{,i} \ n_i$）值给定。而在边界上，二点之间的线性插值是按

$$\overset{*}{\varphi}_1 = 1 - s / l, \qquad \overset{*}{\varphi}_2 = s / l \tag{2-106}$$

确定的。式（2-106）中，l 表示单元的边界线的长度；s 表示沿边界线的距离。等式右边的边界积分项，对于单元的边界在域内的线段不必计算，只有单元的边与求解域的边界重合部分才计算。单元的有限元方程：

$$A_{NM}^{(e)} \ u_M^{(e)} = F_N^{(e)} + G_N^{(e)} \tag{2-107}$$

式中，

$$
\begin{cases}
A_{NM}^{(e)} = \iint_{\Omega_e} \varphi_{M,i}{}^{(e)} \varphi_{N,i}{}^{(e)}\, \mathrm{d}\Omega_e = \iint_{\Omega_e} \left(\dfrac{\partial \varphi_M{}^{(e)}}{\partial x} \dfrac{\partial \varphi_N{}^{(e)}}{\partial x} + \dfrac{\partial \varphi_M{}^{(e)}}{\partial y} \dfrac{\partial \varphi_N{}^{(e)}}{\partial y} \right) \mathrm{d}x\mathrm{d}y \\[3mm]
F_N^{(e)} = \iint_{\Omega_e} f\,\varphi_N{}^{(e)}\ \mathrm{d}\Omega_e \\[3mm]
G_N^{(e)} = \int_{\Gamma_e} u_{,i}\, n_i\, \overset{*}{\varphi}_N \mathrm{d}\Gamma_e = \int_{\Gamma_e} g\, \overset{*}{\varphi}_N \mathrm{d}\Gamma_e
\end{cases}
\tag{2-108}
$$

在单元系数矩阵分析的基础上，就可进行整体系数矩阵的合成。

关于基函数或插值函数的选取，对于二维问题，可选三角形单元或四边形单元。下面仅就三角形单元的插值函数进行介绍。

在二维的有限元问题中，单元形状主要有三角形单元和四边形单元。对所研究流动问题的任意域 Ω，首先用适当的折线围成的多边形去逼近曲线形边界，再把这个多边形域划分成众多的三角形单元或四边形单元（见图 2-14），这些三角形或四边形单元不一定要相等。一般来讲，在物理量变化剧烈的位置，单元应划分得密些；物理量变化缓慢的区域，单元可划分得稀些。在域的几何形状变化剧烈或不规则之处，单元划分得也要密些。在域内若有间断的点或线，则这些间断的点或线应尽量落在单元的节点上或单元的边界上。因此，单元的划分应考虑与所研究问题的物理量变化特性相协调。

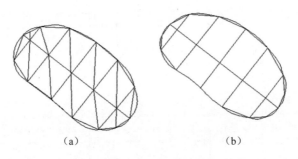

（a）　　　　　　　　　　　　（b）

图 2-14　二维域的有限元离散

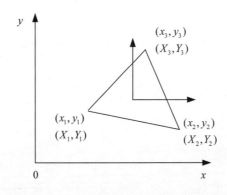

图 2-15　直角坐标系的三角形单元

先介绍最简单的线性插值（见图 2-15）。在线性插值下，所研究问题的变量 u 在单元内可线性表示为：

$$u^{(e)} = \alpha_0 + \alpha_1 \cdot x + \alpha_2 \cdot y \tag{2-109}$$

或可写成：$u^{(e)} = \begin{bmatrix} 1 & x & y \end{bmatrix} \begin{bmatrix} \alpha_0, \alpha_1, \alpha_2 \end{bmatrix}^T$，为了确定式（2-109）中的三个待定系数 α_0、α_1 及 α_2，分别对三角形单元的三个顶点按式（2-109）写出：

$$\begin{aligned} u_1^{(e)} &= \alpha_0 + \alpha_1 \cdot x_1 + \alpha_2 y_1 \\ u_2^{(e)} &= \alpha_0 + \alpha_1 \cdot x_2 + \alpha_2 y_2 \\ u_3^{(e)} &= \alpha_0 + \alpha_1 \cdot x_3 + \alpha_2 y_3 \end{aligned} \tag{2-110}$$

或表示成：

$$\begin{bmatrix} u_1^e \\ u_2^e \\ u_3^e \end{bmatrix} = \begin{bmatrix} 1 & x_1 & y_1 \\ 1 & x_2 & y_2 \\ 1 & x_3 & y_3 \end{bmatrix} \begin{bmatrix} \alpha_0 \\ \alpha_1 \\ \alpha_2 \end{bmatrix} \tag{2-111}$$

把式（2-111）的矩阵求逆，以求出待定系数 α_0、α_1、α_2：

$$\begin{bmatrix} \alpha_0 \\ \alpha_1 \\ \alpha_2 \end{bmatrix} = \begin{bmatrix} 1 & x_1 & y_1 \\ 1 & x_2 & y_2 \\ 1 & x_3 & y_3 \end{bmatrix}^{-1} \begin{bmatrix} u_1^{(e)} \\ u_2^{(e)} \\ u_3^{(e)} \end{bmatrix} \tag{2-112}$$

把上式写成：

$$\begin{bmatrix} \alpha_0 \\ \alpha_1 \\ \alpha_2 \end{bmatrix} = \begin{bmatrix} a_1 & a_2 & a_3 \\ b_1 & b_2 & b_3 \\ c_1 & c_2 & c_3 \end{bmatrix} \begin{bmatrix} u_1^{(e)} \\ u_2^{(e)} \\ u_3^{(e)} \end{bmatrix} \tag{2-113}$$

式中，

$$a_1 = \frac{1}{|D|}(x_2 y_3 - x_3 y_2), \quad b_1 = \frac{1}{|D|}(y_2 - y_3), \quad c_1 = \frac{1}{|D|}(x_3 - x_2)$$

$$a_2 = \frac{1}{|D|}(x_3 y_1 - x_1 y_3), \quad b_2 = \frac{1}{|D|}(y_3 - y_1), \quad c_2 = \frac{1}{|D|}(x_1 - x_3) \tag{2-114}$$

$$a_3 = \frac{1}{|D|}(x_1 y_2 - x_2 y_1), \quad b_3 = \frac{1}{|D|}(y_1 - y_2), \quad c_3 = \frac{1}{|D|}(x_2 - x_1)$$

$$|D| = \begin{vmatrix} 1 & x_1 & y_1 \\ 1 & x_2 & y_2 \\ 1 & x_3 & y_3 \end{vmatrix} = 2A \quad (A \text{ 是三角形单元的面积}) \tag{2-115}$$

即行列式值 $|D|$ 等于三角形单元的面积 A 的 2 倍。为使由式（2-115）算出的 $|D|$ 为正值，单元的三个顶点的编号 1、2、3（以及 i、j、k）应按逆时针方向。式（2-114）可概括表示为：

$$\begin{cases} a_i = \left(x_j y_k - x_k y_j\right)/|D| \\ b_i = \left(y_j - y_k\right)/|D| \\ c_i = \left(x_k - x_j\right)/|D| \end{cases} \tag{2-116}$$

可以看出，系数 a_i、b_i、c_i 的大小均仅仅取决于单元的几何形状，即由三角形单元的三个顶点的坐标来计算。把式（2-114）及其求得的 α_0、α_1、α_2 代入式（2-109）：

$$\begin{aligned} u^{(e)} &= \begin{bmatrix} 1 & x & y \end{bmatrix} \begin{bmatrix} a_1 & a_2 & a_3 \\ b_1 & b_2 & b_3 \\ c_1 & c_2 & c_3 \end{bmatrix} \begin{bmatrix} u_1^{(e)} \\ u_2^{(e)} \\ u_3^{(e)} \end{bmatrix} \\ &= \left(a_1 + b_1 x + c_1 y\right)u_1 + \left(a_2 + b_2 x + c_2 y\right)u_2 + \left(a_3 + b_3 x + c_3 y\right)u_3 \\ &= \varphi_1^{(e)} \cdot u_1 + \varphi_2^{(e)} \cdot u_2 + \varphi_3^{(e)} \cdot u_3 \end{aligned} \tag{2-117}$$

即可写为：

$$u^{(e)} = \varphi_N^{(e)} \cdot u_N^{(e)} \quad (N = 1,\ 2,\ 3) \tag{2-118}$$

其中，单元的局部插值函数 $\varphi_N^{(e)}$ 为：

$$\begin{aligned} \varphi_1^{(e)} &= a_1 + b_1 x + c_1 y \\ \varphi_2^{(e)} &= a_2 + b_2 x + c_2 y \\ \varphi_3^{(e)} &= a_3 + b_3 x + c_3 y \end{aligned} \tag{2-119}$$

这些线性插值的插值函数 $\varphi_N^{(e)}$ 具有下列性质：

（1）插值函数在单元节点处的取值为：

$$\varphi_N^{(e)}\left(x_M, y_M\right) = \delta_{NM} = \begin{cases} 1.0 & \text{若} N = M \\ 0 & \text{若} N \neq M \end{cases} \tag{2-120}$$

而在单元节点之间 $\varphi_N^{(e)}(x,y)$ 呈线性变化。

$$0 \leqslant \varphi_N^{(e)}(x,y) \leqslant 1.0 \tag{2-121}$$

$$\sum_1^3 \varphi_N^{(e)}(x,y) = 1.0 \tag{2-122}$$

（2）自然坐标下的三角形单元

三角形线性单元的插值函数也可以用自然坐标的形式表示。

现讨论一个三角形单元，P 为三角形单元中的任一点（见图 2-16），连接 P 点与三角形的三个顶点，形成三个小三角形，其面积分别以 A_1、A_2、A_3 表示，三角形单元的总面积则以 A 表示。

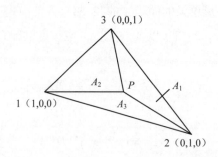

图 2-16　自然坐标系的三角形单元（线性插值）

引入无因次的面积坐标：

$$\xi_1 = \frac{A_1}{A}, \quad \xi_2 = \frac{A_2}{A}, \quad \xi_3 = \frac{A_3}{A} \tag{2-123}$$

显然，对顶点 1，其坐标应为（1，0，0），即该点的坐标为 $\xi_1 = 1.0$，$\xi_2 = 0$，$\xi_3 = 0$。同理可知，顶点 2 的坐标为（0，1，0）；顶点 3 的坐标为（0，0，1），而顶点 1 所对的边上必应处处为 $\xi_1 = 0$，顶点 i 所对的边上必处处为 $\xi_i = 0$。

由于

$$A_1 + A_2 + A_3 = A \tag{2-124}$$

故可得：

$$\xi_1 + \xi_2 + \xi_3 = 1.0 \tag{2-125}$$

即面积坐标（ξ_1, ξ_2, ξ_3）中，只有其中的两个是独立的。由上述讨论可见，引入面积坐标，实际就是做一个坐标变换，把 x-y 平面上的任意三角形变为 ξ_1-ξ_2 平面上的一个标准三角形（见图 2-16）。

面积坐标与直角坐标二者之间的关系。单元中任一点 $P(x,y)$ 的 $\xi_1 = A_1 / A$，若

$$2A_1 = \begin{vmatrix} 1 & x & y \\ 1 & x_2 & y_2 \\ 1 & x_3 & y_3 \end{vmatrix} \tag{2-126}$$

则可把无因次坐标表示为：

$$\xi_1 = \frac{1}{2A} \begin{vmatrix} 1 & x & y \\ 1 & x_2 & y_2 \\ 1 & x_3 & y_3 \end{vmatrix} = a_1 + b_1 x + c_1 y \tag{2-127}$$

式中的 a_1、b_1 及 c_1 确定见式（2-116）。同理，可推导出：

$$\xi_2 = a_2 + b_2 x + c_2 y, \quad \xi_3 = a_3 + b_3 x + c_3 y \tag{2-128}$$

或其一般式表示为：

$$\xi_i = a_i + b_i x + c_i y \tag{2-129}$$

其中 a_i、b_1 及 c_i 就是式（2-116）所示的；式（2-129）就是面积坐标与直角坐标之间的关系。与式（2-119）相比，可以看出：

$$\varphi_1^e = \xi_1, \quad \varphi_2^e = \xi_2, \quad \varphi_3^e = \xi_3 \tag{2-130}$$

或

$$\varphi_N^e = \xi_N \tag{2-131}$$

即对于三角形单元，在一次插值的情况下，存在 $\xi_N = \varphi_N^{(e)}$ 的关系。因此，对面积坐标也可写出如下的式子：

$$u^{(e)} = u_1^{(e)} \cdot \xi_1 + u_2^{(e)} \cdot \xi_2 + u_3^{(e)} \cdot \xi_3 \tag{2-132}$$

或

$$\begin{cases} x = x_1^{(e)} \cdot \xi_1 + x_2^{(e)} \cdot \xi_2 + x_3^{(e)} \cdot \xi_3 \\ y = y_1^{(e)} \cdot \xi_1 + y_2^{(e)} \cdot \xi_2 + y_3^{(e)} \cdot \xi_3 \end{cases} \tag{2-133}$$

值得指出的是，式（2-130）的关系仅限于在线性插值情况下成立。

采用三角形线性单元进行离散，经常会遇到关于插值函数的积分，可以证明

$$\iint_{\Omega_e} \xi_1^i \xi_2^j \xi_3^k \, \mathrm{d}\Omega = \frac{i! \ j! \ k!}{(i+j+k+2)!} \ (2A) \tag{2-134}$$

式中，A 为三角形单元的面积。

为了提高精度并避免单元剖分过细，在三角形单元中可以采用二次插值函数。限于篇幅的限制，二维平面四边形单元的插值函数在这里不作介绍。感兴趣的读者可以参考相关的有限元书籍。

2.2.4 时间离散格式

时间离散方法分为显式离散格式和隐式离散格式两大类。常用的时间离散格式包括一阶欧拉显式离散（explicit Euler method）、一阶欧拉隐式离散（implicit Euler method）、二阶 C-N 时间离散（Crank-Nicolson method）、多步龙格库塔离散格式（multi-level Runge-Kutta methods）等。本节只在有限差分法的背景下简单介绍显示离散方法和隐式离散方法的基本构造原理。

2.2.4.1 显式离散格式

结合一维热传导方程式进行讨论：

$$\frac{\partial T}{\partial t} = \alpha \frac{\partial^2 T}{\partial x^2} \tag{2-135}$$

将方程（2-135）作为本节讨论中的模型方程，用这个模型方程就可得到与显式差分方

法和隐式差分方法有关的所有必要点。如果用前差分来离散$\dfrac{\partial T}{\partial t}$，用中心差分来离散$\dfrac{\partial^2 T}{\partial x^2}$，从而得到微分方程的特殊形式，方程如下：

$$\frac{T_i^{n+1} - T_i^n}{\Delta t} = \frac{\alpha(T_{i+1}^n - 2T_i^n + T_{i-1}^n)}{(\Delta x)^2} \tag{2-136}$$

整理后方程可写成：

$$T_i^{n+1} = T_i^n + \alpha \frac{\Delta t}{(\Delta x)^2}(T_{i+1}^n - 2T_i^n + T_{i-1}^n) \tag{2-137}$$

在显式方法中，每个不同的方程都只含有一个未知数，因此可以很轻易地直接求出这个未知数（见图 2-17）。这种显式方法在图 2-18 中用带有虚线框的有限差分模型进一步描述。在这里，模型在$n+1$时层上仅含有一个未知量。

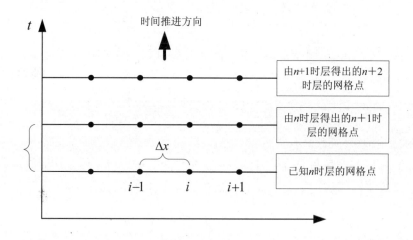

图 2-17　时间推进示意

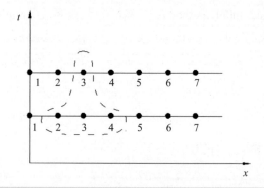

图 2-18　显式差分时间推进示意

如图 2-18 所示，求抛物线型偏微分方程的推进解要求给定相应的边界约束条件，这表示 T 在左右边界处的值 T_1 和 T_7 根据预先给定的边界条件在每一时层上均为已知值。

2.2.4.2 隐式离散格式

方程（2-136）并不是唯一可描述方程（2-135）的差分方程。它只是最初的偏微分方程的差分表达中的一种。作为以上关于显式方法讨论的一个反例，这次将方程的空间差分按照时层 n 和时层 $n+1$ 之间的平均特性的顺序写在方程右边。也就是说，将方程表达为如下形式：

$$\frac{T_i^{n+1} - T_i^n}{\Delta t} = \alpha \frac{\frac{1}{2}(T_{i+1}^{n+1} + T_{i+1}^n) + \frac{1}{2}(-2T_i^{n+1} - 2T_i^n) + \frac{1}{2}(T_{i-1}^{n+1} + T_{i-1}^n)}{(\Delta x)^2} \qquad (2\text{-}138)$$

方程（2-138）使用的空间差分格式称为 Crank-Nicolson 格式（C-N 格式）。C-N 差分格式被广泛使用于求解控制方程为双曲线型方程的问题中。在水环境问题中，C-N 格式或它的修正形式被频繁地使用。仔细观察方程（2-138），未知量 T_i^{n+1} 不仅根据 n 时层的未知量来表达，即 T_{i+1}^n、T_i^n、T_{i-1}^n，也根据其他时层 $n+1$ 的未知量 T_{i+1}^{n+1}、T_{i-1}^{n+1} 来表达，方程（2-138）代表了一个有三个未知量的方程，有 T_{i+1}^{n+1}、T_i^{n+1}、T_{i-1}^{n+1}，因此，在给定格点 i 处的方程并不是独立的，只通过该方程本身无法求解 T_i^{n+1} 的结果。方程（2-107）必须在所有内部格点都列出来，最后可以得到一个代数方程组，从而联立解出 i 取所有值时未知量 T_i^{n+1} 的值。这是一个隐式方法的实例。

根据定义，隐式方法是指在给定时间层对于所有格点都列出微分方程联立求出所有未知量的解的方法。因为需要求解大型的代数联立方程组，所以隐式方法通常需要对大型矩阵进行处理。显然，隐式方法将会涉及比先前讨论的显式方法更为复杂的运算。与图 2-18 所示的简单显式有限差分模型相比，图 2-19 画出了方程（2-137）的隐式模型的示意图，清晰地描绘了时层 $n+1$ 中三个未知量间的关系。

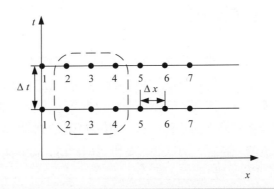

图 2-19　隐式有限差分格式

2.2.5　现代高阶离散格式

在求解水环境问题中流体运动基本控制方程及污染物迁移扩散方程时，对流项的离散格式是影响数值求解精度的关键因素之一。众所周知，一方面，经典的低阶离散格式（Low Order，LO），如一阶迎风格式（UDS）、混合格式（HYBRID）以及幂函数格式（POWER-LAW）等算法，会导致过渡的数值扩散，从而极大地降低实际问题的数值求解精度；另一方面，经典的高阶数值离散格式（HO），如二阶中心格式（CDS）、二阶迎风格式（SOU）、二阶Fromm 格式以及三阶 QUICK 格式等算法，尽管能够大大地提高空间数值离散精度，但其稳定性差，且容易在物理变量梯度较大处导致数值震荡、产生非物理解，甚至出现不收敛的问题。

为解决上述难题，在过去数十年间，在国内外学者的共同努力下，目前最为流行的解决办法是建立在有界性（boundedness）与高阶格式（High Order，HO）基础之上的高精度（High Resolution，HR）离散格式，如通量修正系列格式（Flux Corrected Transport，FCT）、总参差减少系列格式（Total Variation Diminishing，TVD）、NVD 系列格式（Normalized Variable Diagram）、WENO 系列格式（Weighted Essentially Non-oscillatory）等现代算法。上述高精度算法既拥有很好的稳定性，也能够避免引入过渡的数值扩散效应，是现代高精度系列数值算法的杰出代表。由于篇幅的限制，本节不再详细介绍上述高精度算法。

2.2.6　小结

本节详细地介绍了求解水环境问题中流体运动基本控制方程及污染物迁移扩散方程时用到的经典空间离散方法和时间离散格式：空间离散化方法主要包括有限差分法（FDM）、有限体积法（FVM）、有限单元法（FEM）等，常见的时间离散格式有一阶欧拉显式离散、一阶欧拉隐式离散、二阶 C-N 时间离散等；并分析了相应离散格式的基本构造原理，以及其精度、有界性、收敛性等方面的数值特性。

2.3　地表水环境一维模型概述

一维河道水流及水质数值模型是定义在断面上的变量平均值，其在理论及实践上都比较成熟，基本上能够满足实际工程的需要，且模型计算成本低，可快速方便地进行长河段、长时间的洪水和河床演变预报。因此，它是至今使用较为广泛的一种模型。但是，一维数学模型不能给出各物理量在断面上的具体分布，因而在模拟河口和港湾等水域的流动和冲淤、存在植物的河道水流紊流特征、河床底部变形等问题时，需要采用更为复杂的二维甚至三维数学模型。

一维明槽非恒定流的控制方程称为圣维南方程，圣维南方程是具有两个独立自变量（位置和时间）和两个从属变量（水深和流速）的一阶拟线性双曲线型微分方程。这类方程目前在数学上尚无精确的解析解法，因而实践中常用数值解法。目前采用的数值方法主要有差分法和特征线解法。

2.3.1 一维水动力控制方程

在假定压力按静水压力分布，流速在断面上均匀分布的情况下，河道水流一维非恒定流方程为：

$$\left.\begin{array}{l} \dfrac{\partial A}{\partial t}+\dfrac{\partial Q}{\partial s}=q_L \\[3mm] \dfrac{1}{gA}\dfrac{\partial Q}{\partial t}+\dfrac{1}{gA}\dfrac{\partial}{\partial s}\left(\dfrac{Q^2}{A}\right)+\cos\theta\dfrac{\partial h}{\partial s}-(i-J_f)=0 \end{array}\right\} \tag{2-139}$$

式（2-139）称为圣维南方程，其中第一式为连续方程，第二式为动量方程。式中，A 为过流面积；Q 为流量；q_L 为侧向入流量；g 为重力加速度；θ 为渠底和水平面的夹角；i 为槽底坡度（$i=\sin\theta$）；J_f 为摩阻坡度 $J_f=\dfrac{n^2Q^2}{A^2R^{4/3}}$，其中 n 为曼宁粗糙系数，R 为水力半径。在不考虑侧向流入流出，渠底倾角 θ 比较小（$\cos\theta\approx1$）的情况下，圣维南方程可写作如下形式：

$$\left.\begin{array}{l} \dfrac{\partial A}{\partial t}+\dfrac{\partial Q}{\partial s}=0 \\[3mm] \dfrac{\partial v}{\partial t}+v\dfrac{\partial v}{\partial s}+g\dfrac{\partial h}{\partial s}=g(i-J_f) \end{array}\right\} \tag{2-140}$$

圣维南方程组还可以用其他的因变量组合来表示。以 h、Q 为因变量可以写为：

$$\left.\begin{array}{l} B\dfrac{\partial h}{\partial t}+\dfrac{\partial Q}{\partial s}=0 \\[3mm] \dfrac{1}{gA}\dfrac{\partial Q}{\partial t}+\dfrac{2Q}{gA^2}\dfrac{\partial Q}{\partial s}+\left(1-\dfrac{BQ^2}{gA^3}\right)\dfrac{\partial h}{\partial s}-i-\dfrac{Q^2}{gA^3}\dfrac{\partial A}{\partial s}\bigg|_h+\dfrac{Q^2}{K^2}=0 \end{array}\right\} \tag{2-141}$$

式中，$B(=\partial A/\partial h)$ 为水面宽度；K 为流量模数（$K=AC\sqrt{R}$）；C 为谢才系数；R 为水力半径；$\partial A/\partial s\big|_h$ 为水深固定时断面的沿程变化项，对于棱柱形明槽，$\partial A/\partial s\big|_h=0$。

以 z、Q 为因变量时，圣维南方程可写为：

$$\left.\begin{array}{l} B\dfrac{\partial z}{\partial t}+\dfrac{\partial Q}{\partial s}=0 \\[3mm] \dfrac{\partial Q}{\partial t}+2\dfrac{Q}{A}\dfrac{\partial Q}{\partial s}+\left[gA-B\left(\dfrac{Q}{A}\right)^2\right]\dfrac{\partial z}{\partial s}-\left(\dfrac{Q}{A}\right)^2\dfrac{\partial A}{\partial s}\bigg|_z+g\dfrac{Q^2}{AC^2R}=0 \end{array}\right\} \tag{2-142}$$

以 h、v 为因变量时圣维南方程可写为：

$$\left.\begin{array}{l}\dfrac{\partial h}{\partial t}+v\dfrac{\partial h}{\partial s}+\dfrac{A}{B}\dfrac{\partial v}{\partial s}+\dfrac{1}{B}v\dfrac{\partial A}{\partial s}\bigg|_h=0\\[3mm]\dfrac{\partial v}{\partial t}+v\dfrac{\partial v}{\partial s}+g\dfrac{\partial h}{\partial s}=g(i-J_f)\end{array}\right\}\qquad(2\text{-}143)$$

2.3.2 求解圣维南方程的差分格式

求解一维圣维南方程时，常用四点偏心格式又称 Preissmann 格式，该格式是隐式差分法的一种。对基本方程中系数和非导数项采取下面的近似：

$$f(x,t)=\dfrac{\alpha}{2}(f_{m+1}^{n+1}+f_m^{n+1})+\dfrac{1-\alpha}{2}(f_{m+1}^n+f_m^n)\qquad(2\text{-}144)$$

导数项近似如下：

$$\dfrac{\partial f}{\partial t}=\dfrac{f_{m+1}^{n+1}-f_{m+1}^n}{2\Delta t}+\dfrac{f_m^{n+1}-f_m^n}{2\Delta t}\qquad(2\text{-}145)$$

$$\dfrac{\partial f}{\partial s}=\alpha\dfrac{f_{m+1}^{n+1}-f_m^{n+1}}{\Delta s}+(1-\alpha)\dfrac{f_{m+1}^n-f_m^n}{\Delta s}\qquad(2\text{-}146)$$

其中，α 为加权系数，稳定性要求 $0.5\leqslant\alpha\leqslant1$，$\alpha$ 越大，精度越差；α 越小，稳定性越差。将上述关系式代入一维圣维南方程，可得其离散形式。

2.3.3 特征线法

特征线法首先将非恒定流运动的微分方程转化为常微分方程，称为特征方程。然后用差商取代常微分方程的微商，建立差分方程，再结合水流的初始条件及边界条件求方程组的近似解。由于特征线法将双曲线型方程转化为常微分方程，具有算法简捷、格式稳定等优点。差分法就是把圣维南方程组离散化，用偏差商代替偏微分。同时由于微分方程在离散化过程中采用的具体做法不一样，又把差分格式分为显式差分和隐式差分两种。在确定计算格式的基础上给出水流的初始条件及边界条件，再求指定变量域内各节点的函数值。

圣维南方程为双曲线型拟线性偏微分方程，方程中的对流项常常会引起数值不稳定，因此用常规的数值解法求解圣维南方程具有一定困难。用特征线法求解圣维南方程，先将偏微分方程转化为沿特征线成立的常微分方程，数值求解常微分方程比较简单。同时根据特征线的特点，容易确定边界条件。

对于棱柱形明槽，方程组（2-143）可化为如下形式：

$$\dfrac{\partial}{\partial t}\begin{pmatrix}1&0\\0&1\end{pmatrix}\begin{pmatrix}h\\v\end{pmatrix}+\dfrac{\partial}{\partial s}\begin{pmatrix}v&A/B\\g&v\end{pmatrix}\begin{pmatrix}h\\v\end{pmatrix}=\begin{pmatrix}0\\g(i-J_f)\end{pmatrix}\qquad(2\text{-}147)$$

方程（2-146）是含有两个未知量的双曲线型偏微分方程组，两个变量联立并且方程非线性。可通过数学变换将该方程转化为较为简单的形式，使得数值求解变得容易。注意式（2-147）的第一个方程为连续方程，式中各项具有速度量纲，式（2-146）的第二个方程为运动方程，式中各项具有加速度量纲，以某个量纲为 $1/t$ 的量 φ 与连续方程式相乘后再与运动方程式相加，得到：

$$\frac{\partial v}{\partial t}+v\frac{\partial v}{\partial s}+g\frac{\partial h}{\partial s}+\varphi\left(\frac{\partial h}{\partial t}+\frac{A}{B}\frac{\partial v}{\partial s}+v\frac{\partial h}{\partial s}\right)=g(i-J_f) \tag{2-148}$$

经过整理可得：

$$\frac{\partial v}{\partial t}+\left(v+\varphi\frac{A}{B}\right)\frac{\partial v}{\partial s}+\varphi\left[\frac{\partial h}{\partial t}+\left(v+\frac{g}{\varphi}\right)\frac{\partial h}{\partial s}\right]=g(i-J_f) \tag{2-149}$$

利用全微分的概念，如果令

$$\left.\begin{array}{l}\mathrm{d}s/\mathrm{d}t=(v+\varphi A/B)\\ \mathrm{d}s/\mathrm{d}t=(v+g/\varphi)\end{array}\right\} \tag{2-150}$$

可得：

$$\frac{\partial v}{\partial t}+\left(v+\varphi\frac{A}{B}\right)\frac{\partial v}{\partial s}=\frac{\mathrm{d}v}{\mathrm{d}t}\ ,\ \frac{\partial h}{\partial t}+\left(v+\frac{g}{\varphi}\right)\frac{\partial h}{\partial s}=\frac{\mathrm{d}h}{\mathrm{d}t} \tag{2-151}$$

就将式（2-149）化为如下的常微分方程

$$\mathrm{d}v/\mathrm{d}t+\varphi\,\mathrm{d}h/\mathrm{d}t=g(i-J_f) \tag{2-152}$$

根据式（2-150）可得：

$$\varphi=\pm\,g/c \tag{2-153}$$

式中，$c=\sqrt{gA/B}$，为微波波速。

将 φ 代回式（2-150）得到两个特征线方程

$$\mathrm{d}s/\mathrm{d}t=\lambda^{\pm}=v\pm c \tag{2-154}$$

式（2-154）表明，在明槽非恒定流动自变量域 s-t 平面上的任一点（s，t），可以得到两个 $\mathrm{d}s/\mathrm{d}t$ 的值：λ^+ 称为正特征线，线上每一点的斜率为（$v+c$）；λ^- 称为逆特征线。在两条特征线上，基本方程式（2-147）相应化为两个特征方程：

$$\frac{\mathrm{d}v}{\mathrm{d}t}\pm\frac{g}{c}\frac{\mathrm{d}h}{\mathrm{d}t}=g(i-J_f) \tag{2-155}$$

方程（2-155）表明沿这两条特征线上 v 与 h 的变化规律，这样就把原来一对偏微分方程化为了两组常微分方程。

沿 λ^+ 方向：

$$\begin{cases}\mathrm{d}s/\mathrm{d}t=v+c=\lambda^+\\ \mathrm{d}v+\dfrac{g}{c}\mathrm{d}h=g(i-J_f)\mathrm{d}t\end{cases} \tag{2-156}$$

沿 λ^- 方向：

$$\begin{cases} ds/dt = v - c = \lambda^+ \\ dv - \dfrac{g}{c}dh = g(i - J_f)dt \end{cases}$$　　（2-157）

在缓流中，$F_r = v/c < 1$，即 $v < c$，λ^+ 具有正值，随时间推移，顺特征线指向下游，即在 $s\text{-}t$ 平面上具有正的斜率；而 λ^- 具有负值，故特征线方向指向上游，即在 $s\text{-}t$ 平面具有负的斜率。

在急流中，因 $F_r = v/c > 1$，即 $v > c$，$\lambda^{\pm} > 0$，故通过任一点的两条特征线随时间的推移都指向下游，在 $s\text{-}t$ 平面上具有正的斜率（见图 2-20）。

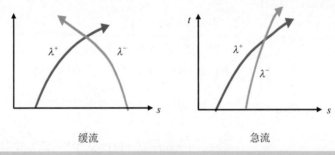

缓流　　　　　　　　　急流

图 2-20　缓流和急流中的特征线示意

利用特征线的概念，可以对圣维南方程进行离散，如固定网格法等，详细步骤可参考文献（《工程流体力学》下册，2007 年，清华大学出版社）。

2.3.4　定解条件

特征线理论可以用于确定数值求解一维圣维南方程的边界条件。

对于缓流情况，两条特征线中，一条特征线的斜率为正，一条特征线的斜率为负，因此需要在上游边界和下游边界各给定一个边界条件。如上游给定流量随时间变化的边界条件，下游给定水位随流量变化的边界条件。

对于急流情况，两条特征线的斜率都为正，扰动只能向下游传播，因此需要在上游边界处给定两个条件，如流量和水位同时给定。对于急流情况，下游不需要给定边界条件。

2.3.5　一维水质控制方程

纵向一维水质数学模型的基本方程为：

$$\frac{\partial(AC)}{\partial t} + \frac{\partial(uAC)}{\partial x} = \frac{\partial}{\partial x}\left(AD_x\frac{\partial C}{\partial x}\right) + Af(C) + AS(C)$$　　（2-158）

式中：C —— 污染物的断面平均浓度，mg/L；

$\quad\quad A$ —— 断面面积，m^2；

$\quad\quad D_x$ —— 污染物纵向离散系数；

$\quad\quad f(C)$ —— 生化反应项；

$\quad\quad S(C)$ —— 污染物排放源项。

同理，纵向一维水温数学模型的基本方程为：

$$\frac{\partial(AT)}{\partial t} + \frac{\partial(uAT)}{\partial x} = \frac{\partial}{\partial x}\left(AD_{tx}\frac{\partial T}{\partial x}\right) + AS(T) \tag{2-159}$$

式中：T —— 水温，℃；

$\quad\quad D_{tx}$ —— 水温纵向离散系数；

$\quad\quad S(T)$ —— 温度源项；

$\quad\quad$其余符号说明同式（2-158）。

2.3.6　小结

本节介绍了河道一维水环境模型，详细地描述了数值求解一维控制方程组时被广泛使用的特征线解法的基本原理、具体步骤以及相应的定解条件。然而，由于一维数学模型不能给出各物理量在断面上的具体分布，因而在模拟河口和港湾等水域的流动和冲淤、存在植物的河道水流紊流特征、河床底部变形等问题时，需要采用更为复杂的二维甚至三维数学模型。

2.4　地表水环境二维模型概述

随着研究领域的不断扩大和深入，河道水流数值模拟技术从原来的一维模拟发展到二维、三维模拟，模拟对象也从原来的单一河道发展到针对河网、流域的整体模拟。

2.4.1　二维模型简介

实际河道的水流运动及污染物在空间上多是呈三维分布，描述三维水流运动的数学方程是 N-S 方程。一般情况下，直接求解 N-S 方程比较困难，在有些情况下甚至是不可能的。为了满足实际工程应用的需求，人们通常会将三维 N-S 方程简化为相对简单的二维模型，再进行数值求解。

河道水环境的二维模型分为平面二维模型和垂向二维模型两种。对于海岸、河口、湖泊、大型水库、内河等水域，其水平尺度远大于垂向尺度，各水力参数在垂直方向的变化，可用沿水深方向的平均量表示，因而可采用基于垂向平均的平面二维数学模型进行模拟。平面二维水流数学模型能够克服一维数学模型无法反映水流速度、水沙含量等物理量沿河宽方向变化特征这一不足之处，目前在工程中得到了较为广泛的应用，且已逐步走向成熟。

2.4.2 二维水流运动控制方程

对于水深远小于平面几何尺寸的流动，可通过二维浅水方程进行求解，该二维浅水方程可通过三维 N-S 方程沿水深积分获得。如图 2-21 所示右手直角坐标系，其中 x、y 坐标是水平的，z 坐标是铅直向上，h 为水深，z_b 为相对基准面（虚线）的底部高程。

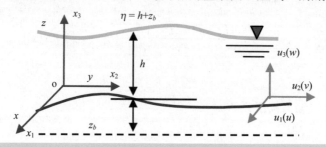

图 2-21　浅水流动坐标系

根据浅水环流的具体特点，可以提出一些假定以简化数学物理模型。基本假定如下：

①水体是不可压缩的；

②水深远小于研究域的平面尺寸，水流沿水深平均化，在 z 方向上各主要物理量和 x、y 方向的相比是小量，于是 z 方向动量方程中所有加速度项和应力项可以略去不计，通过 z 方向的动量方程可得到如下的静水压力方程。

$$p = \rho g(\zeta - z) + p_a \tag{2-160}$$

式中，p_a 为水面上的大气压强。

③设水面波是长波，波长远大于水深，自由水面波动相对水深为小量。

根据以上假定，对 x、y 方向的动量方程沿水深方向积分，进行平均化处理后，可以建立浅水方程。

浅水方程：

$$
\left.
\begin{aligned}
&\frac{\partial h}{\partial t} + \frac{\partial q_x}{\partial x} + \frac{\partial q_y}{\partial y} = 0 \\[2mm]
&\frac{\partial q_x}{\partial t} + \frac{\partial}{\partial x}(u q_x) + \frac{\partial}{\partial y}(u q_y) - f q_y - gh\left(\frac{\partial h}{\partial x} + \frac{\partial z_b}{\partial x}\right) \\[2mm]
&\quad - \left(\frac{\partial T_{xx}}{\partial x} + \frac{\partial T_{yx}}{\partial y}\right) - \frac{1}{\rho}(\tau_x^s - \tau_x^b) = 0 \\[2mm]
&\frac{\partial q_y}{\partial t} + \frac{\partial}{\partial x}(v q_x) + \frac{\partial}{\partial y}(v q_y) - f q_x - gh\left(\frac{\partial h}{\partial y} + \frac{\partial z_b}{\partial y}\right) \\[2mm]
&\quad - \left(\frac{\partial T_{yy}}{\partial y} + \frac{\partial T_{xy}}{\partial x}\right) - \frac{1}{\rho}(\tau_y^s - \tau_y^b) = 0
\end{aligned}
\right\} \tag{2-161}
$$

式中，$q_x = u_x h$，$q_y = u_y h$；τ_x^s、τ_y^s 为水面风应力；τ_i^b 为河道底部阻力；T_{ij} 为水体总应力，包含水体黏性应力、紊动应力和离散应力。

利用浅水方程（2-161）可求解 h、q_x 和 q_y 三个变量。自由表面的风应力由水流和大气的耦合条件决定，在工程中可近似地应用下列经验公式计算：

$$\left.\begin{aligned}\tau_x^s &= C_o \rho_a U^2 \cos\beta \\ \tau_y^s &= C_o \rho_a U^2 \sin\beta\end{aligned}\right\} \tag{2-162}$$

式中，C_o 为无因次风应力系数；ρ_a 为大气密度；U 为风速，一般取水面上方 10 m 高处的风速值；β 为风向与 x 坐标的夹角。在计算潮流时，可不考虑风力对水流的摩擦力，令 $\tau_i^s = 0$。

底部摩擦力与速度的平方成正比，可用下面的公式进行计算：

$$\tau_i^b = C_f \rho q_i \sqrt{q_x^2 + q_y^2} \tag{2-163}$$

式中，摩擦系数 C_f 由水深和海底条件选定，可取 $C_f = g/C^2$，则式（2-163）可写为：

$$\tau_i^b = \rho g q_i \sqrt{q_x^2 + q_y^2} / C^2 \tag{2-164}$$

式中，C 为 Chezy 系数。

类似于二维层流的黏性流动，可建立水体总应力的近似关系为：

$$T_{ij} = \varepsilon \left(\frac{\partial q_i}{\partial x_j} + \frac{\partial q_j}{\partial x_i} \right) \tag{2-165}$$

式中，ε 为广义涡动黏性系数，它与流体的物理性质和流动状态有关。

2.4.3 二维水质控制方程

平面二维水温数学模型的基本方程为：

$$\frac{\partial(hT)}{\partial t} + \frac{\partial(uhT)}{\partial x} + \frac{\partial(vhT)}{\partial y} = \frac{\partial}{\partial x}\left(D_{tx}h\frac{\partial T}{\partial x}\right) + \frac{\partial}{\partial y}\left(D_{ty}h\frac{\partial T}{\partial y}\right) + hS(T) \tag{2-166}$$

式中：T —— 水温，℃；

h —— 水深，m；

u —— 对应于 x 轴的平均流速分量，m/s；

v —— 对应于 y 轴的平均流速分量，m/s；

D_{tx} —— 横向的水温紊动扩散系数；

D_{ty} —— 纵向的水温紊动扩散系数；

$S(T)$ —— 温度源项。

同理，平面二维水质数学模型的基本方程为：

$$\frac{\partial(hC)}{\partial t}+\frac{\partial(uhC)}{\partial x}+\frac{\partial(vhC)}{\partial y}=\frac{\partial}{\partial x}\left(D_x h\frac{\partial C}{\partial x}\right)+\frac{\partial}{\partial y}\left(D_y h\frac{\partial C}{\partial y}\right)+hS(C)+hf(C) \quad （2-167）$$

式中： C —— 污染物浓度，mg/L；

$\quad D_x$ —— 纵向污染物紊动扩散系数；

$\quad D_y$ —— 横向污染物紊动扩散系数；

$\quad S(C)$ —— 污染物源（汇）项强度；

$\quad f(C)$ —— 污染物生化反应项；

其余符号说明同式（2-166）。

类似地，立面二维水温数学模型的基本方程为：

$$\frac{\partial(BT)}{\partial t}+\frac{\partial}{\partial x}(BuT)+\frac{\partial}{\partial z}(BwT)=\frac{\partial}{\partial x}\left(BD_{tx}\frac{\partial T}{\partial x}\right)+\frac{\partial}{\partial z}\left(BD_{tz}\frac{\partial T}{\partial z}\right)+BS(T)+\frac{1}{\rho C_p}\frac{\partial(B\varphi)}{\partial z} \quad （2-168）$$

式中： T —— 水温，℃；

$\quad B$ —— 宽度，m；

$\quad u$ —— 水平方向的流速分量，m/s；

$\quad w$ —— 垂直方向的流速分量，m/s；

$\quad D_{tx}$ —— 横向的水温紊动扩散系数；

$\quad D_{tz}$ —— 垂向的水温紊动扩散系数；

$\quad \varphi$ —— 太阳热辐射通量，J/（m²·s）；

$\quad \rho$ —— 水体密度，kg/m³；

$\quad C_p$ —— 水的定压比热容，J/（kg·℃）；

$\quad S(T)$ —— 温度源项。

同理，立面二维水质数学模型的基本方程为：

$$\frac{\partial(BC)}{\partial t}+\frac{\partial}{\partial x}(BuC)+\frac{\partial}{\partial z}(BwC)=\frac{\partial}{\partial x}\left(BD_x\frac{\partial C}{\partial x}\right)+\frac{\partial}{\partial z}\left(BD_z\frac{\partial C}{\partial z}\right)+BS(C)+Bf(C) \quad （2-169）$$

式中： C —— 污染物浓度，mg/L；

$\quad D_x$ —— 横向污染物紊动扩散系数；

$\quad D_z$ —— 垂向污染物紊动扩散系数；

$\quad S(C)$ —— 污染物源（汇）项；

$\quad f(C)$ —— 污染物反应项；

其余符号说明同式（2-168）。

对于式（2-161）、式（2-166）至式（2-169）中出现的紊动黏性系数、紊动扩散系数等参数值，根据需要可以采用紊流模型来确定。

2.4.4 二维浅水方程定解条件

求解二维浅水问题的初始条件，是指时间 $t=0$ 时，给定各函数变量的初始值。如求解方程组（2-161），应给定初始条件：

$$
\left.
\begin{aligned}
H(x,y,0) &= H^0 \\
q_x(x,y,0) &= q_x^0 \\
q_y(x,y,0) &= q_y^0
\end{aligned}
\right\}
\tag{2-170}
$$

这里 H^0、q_x^0、q_y^0 是初始时刻的水深及单位宽度流量在 x 和 y 方向的分量。对于污染物的对流扩散方程，还应该给出污染物浓度的初始值 c^0。

边界条件，是指在求解区域的边界上给定相应的流速值、水深值及其污染物浓度值，详细可参照后续二维模型应用章节。

2.4.5 动边界处理

对于许多岸边界问题，由于岸边坡度较陡，一般可不考虑岸边流动，固定边界的模型比较适用。但是对于岸边地形较为平缓的水流、潮流、低地以及河口三角洲等区域，由于它们具有潮间或河漫带，是风暴潮或洪水侵袭最严重的地方，也是具有特殊性质的海洋或河流生态环境。在这种情况下，岸边流场特别是漫水位置成为关注的焦点之一，此时如果再采用固定岸边界模式，则是不合适的，需要采用具有运动边界功能的模型。

1968 年 Reid 等在显式有限差分数值模型中首次引入动边界技术，1970 年 Leendertse 将动边界模拟技术应用到 ADI 隐式差分数值模型中。之后，国内外许多学者提出了不同的动边界处理方法，如开挖法、冻结法、切削法、干湿法、人工渗透法、窄缝法、线边界法、网格变换法、淹没节点法以及数值格式处理方法等，常用的有冻结法、切削法、干湿法和窄缝法。

当计算域中动边界范围不大，水流为连续流情况下，常用的动边界处理方法大多能满足工程精度要求。但在模拟溃坝波、涌潮以及波浪在浅滩上的传播变形时，干底占整个计算域的比例较高，同时波前峰到达时水位、流速变化梯度极大，缓流、急流同时存在并相互转化，波前峰间断处也是动边界发生之处，常用的大多数动边界处理方法往往不能准确模拟上述复杂的水流现象，甚至会出现计算失稳。这里重点介绍基于干底 Riemann 解的动边界处理方法（潘存鸿等，2009）。

基于 Riemann 解的动边界法引进局部坐标系，设两个相邻单元共边处为坐标原点，坐标轴用 x 表示。对于右边单元干底情况，界面通量计算使用右边为干底计算公式，确定 Riemann 问题的初值公式；对于左边单元干底情况，界面通量计算使用左边为干底计算公式，确定 Riemann 问题的初值公式；对于中间干底情况，相关文献也给出了具体算法。

由于控制方程采用有限体积法离散，动边界情况下通量计算更关注单元界面的干湿，而不仅仅是单元的干湿。具体处理过程如下：设 h_L、h_R 分别为左、右单元的水深；h_c 为判别干湿底的临界水深。单元界面底高程定义为 $b_{LR} = \max(b_L, b_R)$，水位用 z 表示，$z=h+b$。

动边界处理分三种情况：

①$h_L<h_c$ 和 $h_R<h_c$ 同时满足，认为单元边界为干边界，界面通量为零。本情况还包含如下两种情形：

$h_L<h_c$，$z_L>z_R$，界面通量为零；

$h_R<h_c$，$z_R>z_L$，界面通量为零。

②$h_L>h_c$ 和 $h_R<h_c$ 时，界面通量计算使用右边为干底计算公式。

③$h_L<h_c$ 和 $h_R>h_c$ 时，界面通量计算使用左边为干底计算公式。

与湿单元计算相同，动边界模拟时仍需满足动量方程中左边压力项与右边底坡源项的"和谐"。当流速为零时满足，水面坡降为零，或水深变化与底坡变化满足一定关系。

$$gh\frac{\partial z}{\partial x} = \frac{\partial}{\partial x}\left(\frac{1}{2}gh^2\right) + gh\frac{\partial b}{\partial x} = 0 \quad (2\text{-}171)$$

$$gh\frac{\partial z}{\partial y} = \frac{\partial}{\partial y}\left(\frac{1}{2}gh^2\right) + gh\frac{\partial z_b}{\partial y} = 0 \quad (2\text{-}172)$$

水量守恒是动边界计算过程中的关键点之一。具体计算时，定义干底单元的水深为零，这不同于常规动边界处理方法中需要加富裕水深的做法。若所有单元界面没有水量流入，则水深仍然为零；若有水量流入，即使单元水深小于干湿底临界水深，也仍求解控制方程求得单元水深。这样，所提出的动边界处理方法达到了水量守恒。

2.4.6 小结

对于海岸、河口、湖泊、大型水库等水域，其水平尺度远大于垂向尺度，此时可以通过平面二维数学模型进行模拟，即平面二维浅水方程模型和平面二维水质模型。本节介绍了地表水环境二维数值模型的水动力学控制方程和水质控制方程，并进一步介绍了工程实际中求解该模型时的数值求解方法、具体实施步骤、相应的定解条件等相关内容。特别地，还介绍了适用于岸边地形较为平缓的水流、潮流、低地以及河口三角洲等区域的模型动边界技术。

2.5 地表水环境三维模型概述

在宽阔且较深的海岸河口地区，研究潮流运动、海岸演变及泥沙运动时，通常的二维数值模型不能满足要求。针对河道中的疏浚抛泥、油膜运动、水质污染扩散等一些专门课题，需要采用三维数值模拟技术。另外，实际工程中的水流泥沙运动都具有三维性，只有建立三维水沙数学模型才能很好地满足要求。目前，常用的三维水流数值模拟软件包括FLEUNT、FIDAP、CFX、PHOENICS、Star-CD、ECOMSED 等。这些软件分析功能全面、适用性强、稳定性高，且具有一定的二次开发功能，被广泛地应用于与流体运动相关的各领域。

相对于一维、二维数值模型，三维数值模型与实际水流运动原理更接近，能够对局部河段水流运动情况做更精细的模拟，对植被水流、水沙运动、河床冲淤变化等问题进行全面精确的分析，从而更好地满足工程需求。但是，三维数学模型的发展至今仍然缓慢，尤其是三维泥沙输送模型和河道具有植被时的三维水流运动数学模型，其主要原因有：①在具有泥沙、植被等情况下，水流的运动呈现多相流特征，人们对其运动规律的认识仍不够成熟，特别是水流、泥沙、植被间的相互作用过程，有许多问题有待进一步研究。②三维水流数学模型的节点多，结构复杂，计算工作量大，不易开展应用和研究。③一维、二维数学模型的研究相对比较成熟，在工程实际中也得到了较好的应用，基本能够解决在工程实际中所遇到的大多数问题。

2.5.1　三维水动力控制方程

（1）全三维水动力控制方程

对于不可压缩黏性流体的三维流动，如果不考虑流场中的温度变化，可通过下列基本方程描述：

连续方程：

$$\frac{\partial u_i}{\partial x_i} = 0 \qquad\qquad （2\text{-}173）$$

动量方程：

$$\rho\left(\frac{\partial u_i}{\partial t} + u_j\frac{\partial u_i}{\partial x_j}\right) = \rho f_i + \frac{\partial p_{ij}}{\partial x_j} \qquad\qquad （2\text{-}174）$$

本构方程：

$$p_{ij} = -p\delta_{ij} + \mu\left(\frac{\partial u_i}{\partial x_j} + \frac{\partial u_j}{\partial x_i}\right) \qquad\qquad （2\text{-}175）$$

式中，下标 i=1,2,3；j 为求和指标，j=1,2,3；u_i 分别为 i=1,2,3（在直角坐标系 xyz 中为 x、y、z）方向上的速度分量；p_{ij} 为应力分量，即面积力（surface force）分量，由动水压强和黏性应力张量所组成，第一个下标 i 表示作用面的法线方向，第二个下标 j 表示应力分量的作用方向；μ 为动力黏性系数；ρf_i 为单位体积力分量；δ_{ij} 为单位张量（Kronecker Delta），当 i=j 时，δ_{ij}=1，当 $i\neq j$ 时，δ_{ij}=0；下标 i=1,2,3，分别表示 x、y、z 三个方向；p 为动水压强（在各个方向上大小相等）。

把式（2-175）代入式（2-174）得到

$$\frac{\partial u_i}{\partial t} + u_j \frac{\partial u_i}{\partial x_j} = f_i - \frac{1}{\rho}\frac{\partial p}{\partial x_i} + v\frac{\partial^2 u_i}{\partial x_j^2} \qquad (2\text{-}176)$$

连续方程（2-173）和运动方程（2-176）写成矢量形式，则为

$$\text{div } v = 0 \qquad (2\text{-}177)$$

$$\frac{\partial v}{\partial t} + v \cdot \nabla v = f - \frac{1}{\rho}\text{grad } p + v\nabla^2 v \qquad (2\text{-}178)$$

式中，v 为速度矢量，$v = u_1 i + u_2 j + u_3 k$；$i$、$j$、$k$ 分别为 x、y、z 方向的单位矢量（对于 x、y、z 直角坐标系）；$\nabla = (\partial / \partial x)i + (\partial / \partial y)j + (\partial / \partial z)k$；$v = \mu / \rho$ 为运动黏性系数。式（2-178）反映作用于单位质量流体各项力的平衡关系。等式第一项称质量力项，第二项称为压力梯度项，第三项为黏性力项，惯性力项则由恒定项及对流项组成。边界条件可根据具体问题相应具体给出，在边界上给出速度或压力的边界条件。

（2）分层三维水动力控制方程

由于计算机速度和存储量的限制，早期应用于工程的三维模型基本是基于三维雷诺方程的静压模型，即三维浅水模型。三维浅水模型便于数值离散、编程实现，且拥有计算量小的优点，已广泛应用于河口、海岸及近岸水流的模拟中。然而，在求解较大地形起伏、微幅自由表面波动、大密度梯度和短波运动等因素影响的水体流动时，由于水流的垂向运动与水平运动相比不可忽略，此时静压假设不再适用，这时需要引入更加精细的、能够考虑非静水压力影响的三维非静水压力流动模型。

借助 Boussinesq 近似，且认为流体是不可压缩的（密度 ρ 为常量），则描述流体运动的水动力方程如下：

连续性方程：

$$\frac{\partial u}{\partial x} + \frac{\partial v}{\partial y} + \frac{\partial w}{\partial z} = 0 \qquad (2\text{-}179)$$

动量方程：

$$\frac{\partial u}{\partial t} + \frac{\partial u^2}{\partial x} + \frac{\partial uv}{\partial y} + \frac{\partial uw}{\partial z} = fv - \frac{\partial p}{\partial x} + \frac{\partial}{\partial x}\left(\mu_h \frac{\partial u}{\partial x}\right) + \frac{\partial}{\partial y}\left(\mu_h \frac{\partial u}{\partial y}\right) + \frac{\partial}{\partial z}\left(\mu_v \frac{\partial u}{\partial z}\right) \quad (2\text{-}180)$$

$$\frac{\partial v}{\partial t} + \frac{\partial uv}{\partial x} + \frac{\partial v^2}{\partial y} + \frac{\partial vw}{\partial z} = -fu - \frac{\partial p}{\partial y} + \frac{\partial}{\partial x}\left(\mu_h \frac{\partial v}{\partial x}\right) + \frac{\partial}{\partial y}\left(\mu_h \frac{\partial v}{\partial y}\right) + \frac{\partial}{\partial z}\left(\mu_v \frac{\partial v}{\partial z}\right) \quad (2\text{-}181)$$

$$\frac{\partial w}{\partial t} + \frac{\partial uw}{\partial x} + \frac{\partial vw}{\partial y} + \frac{\partial w^2}{\partial z} = -\frac{\partial p}{\partial z} + \frac{\partial}{\partial x}\left(\mu_h \frac{\partial w}{\partial x}\right) + \frac{\partial}{\partial y}\left(\mu_h \frac{\partial w}{\partial y}\right) + \frac{\partial}{\partial z}\left(\mu_v \frac{\partial w}{\partial z}\right) - \rho g \quad (2\text{-}182)$$

式中，$u(x,y,z,t)$、$v(x,y,z,t)$ 和 $w(x,y,z,t)$ 分别表示水平向 x，y 和垂向 z 方向的速度分量；t 为时间；p 为压力；g 为重力加速度；ρ 为水的密度；f 为柯氏力系数，$f = 2\Omega \sin\varphi$，Ω 表示地转角速度，φ 表示当地纬度；μ_h 和 μ_v 分别为流体水平向和垂向的涡黏系数，m^2/s。

分层三维模型采用水位函数方法捕捉自由水面，对于自由水面和底部边界条件分别有：
①自由表面处的运动边界条件：

$$w\big|_{z=\eta} = \frac{\partial \eta}{\partial t} + u\frac{\partial \eta}{\partial x} + v\frac{\partial \eta}{\partial y} \tag{2-183}$$

②河床的运动边界条件：

$$w\big|_{z=-h} = -u\frac{\partial h}{\partial x} - v\frac{\partial h}{\partial y} \tag{2-184}$$

对连续性方程式（2-179）沿水深积分，运用 Leibniz 法则并代入运动边界条件式（2-183）和式（2-184）：

$$\int_{-h}^{\eta}(\frac{\partial u}{\partial x} + \frac{\partial v}{\partial y} + \frac{\partial w}{\partial z})\mathrm{d}z$$

$$= \frac{\partial}{\partial x}\int_{-h}^{\eta}u\mathrm{d}z - u\frac{\partial z}{\partial x}\bigg|_{\eta} + u\frac{\partial z}{\partial x}\bigg|_{-h} + \frac{\partial}{\partial y}\int_{-h}^{\eta}v\mathrm{d}z - v\frac{\partial z}{\partial y}\bigg|_{\eta} + v\frac{\partial z}{\partial y}\bigg|_{-h} + w\big|_{\eta} - w\big|_{-h} \tag{2-185}$$

$$= \frac{\partial \eta}{\partial t} + \frac{\partial}{\partial x}\int_{-h}^{\eta}u\mathrm{d}z + \frac{\partial}{\partial y}\int_{-h}^{\eta}v\mathrm{d}z = 0$$

得到水位演化方程：

$$\frac{\partial \eta}{\partial t} + \frac{\partial}{\partial x}\int_{-h}^{\eta}u\mathrm{d}z + \frac{\partial}{\partial y}\int_{-h}^{\eta}v\mathrm{d}z = 0 \tag{2-186}$$

式中，$h(x,y)$ 为静水深，表示从河床到静止水面的距离；$\eta(x,y,t)$ 为自由水面高程；$H(x,y,t) = h(x,y) + \eta(x,y,t)$ 为总水深，如图 2-22 所示。

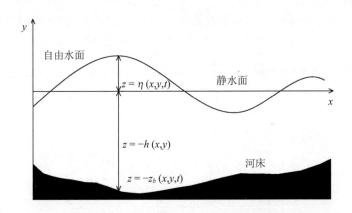

图 2-22 自由水面、静水面与河床关系

式（2-180）至式（2-182）中的压力 $p(x,y,z,t)$ 可分解为静水压力和非静水压力之和，即

$$p(x,y,z,t) = \underbrace{p_a(x,y,t)}_{\text{大气压力项}} + \underbrace{\rho g[\eta(x,y,t)-z]}_{\text{正压项}} + \underbrace{g\int_z^\eta \frac{\rho-\rho_0}{\rho_0}d\zeta}_{\text{斜压项}} + \underbrace{q(x,y,z,t)}_{\text{非静压项}} \quad (2\text{-}187)$$

$$\underbrace{\hspace{5cm}}_{\text{静压项}}$$

式中，p_a 为大气压；ρ_0 为常数参考密度；$q(x,y,z,t)$ 为非静压项。

将式（2-187）代入式（2-180）、式（2-181）和式（2-182），并且取 $p_a=0$，则动量方程可表示为：

$$\frac{\mathrm{d}u}{\mathrm{d}t} = fv - g\frac{\partial\eta}{\partial x} - g\frac{\partial}{\partial x}\left[\int_z^\eta \frac{\rho-\rho_0}{\rho_0}\mathrm{d}\zeta\right] - \frac{\partial q}{\partial x}$$
$$+ \frac{\partial}{\partial x}\left(\mu_h\frac{\partial u}{\partial x}\right) + \frac{\partial}{\partial y}\left(\mu_h\frac{\partial u}{\partial y}\right) + \frac{\partial}{\partial z}\left(\mu_v\frac{\partial u}{\partial z}\right) \quad (2\text{-}188)$$

$$\frac{\mathrm{d}v}{\mathrm{d}t} = -fu - g\frac{\partial\eta}{\partial y} - g\frac{\partial}{\partial y}\left[\int_z^\eta \frac{\rho-\rho_0}{\rho_0}\mathrm{d}\zeta\right] - \frac{\partial q}{\partial y}$$
$$+ \frac{\partial}{\partial x}\left(\mu_h\frac{\partial v}{\partial x}\right) + \frac{\partial}{\partial y}\left(\mu_h\frac{\partial v}{\partial y}\right) + \frac{\partial}{\partial z}\left(\mu_v\frac{\partial v}{\partial z}\right) \quad (2\text{-}189)$$

$$\frac{\mathrm{d}w}{\mathrm{d}t} = -\frac{\partial q}{\partial z} + \frac{\partial}{\partial x}\left(\mu_h\frac{\partial w}{\partial x}\right) + \frac{\partial}{\partial y}\left(\mu_h\frac{\partial w}{\partial y}\right) + \frac{\partial}{\partial z}\left(\mu_v\frac{\partial w}{\partial z}\right) \quad (2\text{-}190)$$

式（2-188）至式（2-190）、式（2-186）即构成表示完全三维非静压流动的控制方程。

（3）控制方程的 σ 坐标变换

常用的笛卡尔坐标系统在遇到河口海岸等不规则地形时，会有很多不利之处。如实际的天然水体都具有变化的自由水面，某些区域水深变化剧烈等诸多原因都给水流的三维数值模拟带来困难。在这里引进一组新的独立变量，能将表面和底部变换成为标准坐标平面，即 σ 变换，图 2-23 为 σ 坐标变换示意。控制方程的坐标系统由（x，y，z，t）变换为（x^*，y^*，σ，t^*）坐标：

$$x^* = x, y^* = y, \sigma = \frac{z-\eta}{H+\eta}, t^* = t \quad (2\text{-}191)$$

假设 $D=H+\eta$，应用链式法则，可得：

$$\frac{\partial G}{\partial x} = \frac{\partial G}{\partial x^*} - \frac{\partial G}{\partial\sigma}\left(\frac{\sigma}{D}\frac{\partial D}{\partial x^*} + \frac{1}{D}\frac{\partial\eta}{\partial x^*}\right) \quad (2\text{-}192)$$

$$\frac{\partial G}{\partial y} = \frac{\partial G}{\partial y^*} - \frac{\partial G}{\partial\sigma}\left(\frac{\sigma}{D}\frac{\partial D}{\partial y^*} + \frac{1}{D}\frac{\partial\eta}{\partial y^*}\right) \quad (2\text{-}193)$$

$$\frac{\partial G}{\partial z} = \frac{1}{D}\frac{\partial G}{\partial \sigma}$$
（2-194）

$$\frac{\partial G}{\partial t} = \frac{\partial G}{\partial t^*} - \frac{\partial G}{\partial \sigma}\left(\frac{\sigma}{D}\frac{\partial D}{\partial t^*} + \frac{1}{D}\frac{\partial \eta}{\partial t^*}\right)$$
（2-195）

式中，G 是任意场变量，σ 变化范围是：$z=\eta$ 时，$\sigma=0$；$z=-H$ 时，$\sigma=-1$。

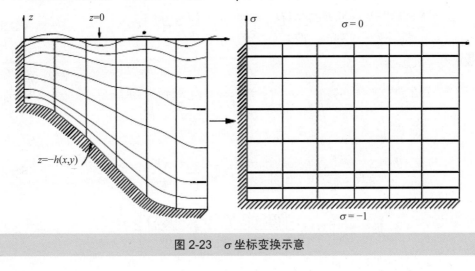

图 2-23 σ 坐标变换示意

边界条件转换为：

$$\omega\left(x^*, y^*, 0, t^*\right) = 0$$
（2-196）

$$\omega\left(x^*, y^*, -1, t^*\right) = 0$$
（2-197）

对于任意变量 G，垂向积分转换为：

$$\overline{G} = \int_{-1}^{0} G\,\mathrm{d}\sigma$$
（2-198）

在 σ 坐标下控制方程可写为：

$$\frac{\partial \eta}{\partial t} + \frac{\partial UD}{\partial x} + \frac{\partial VD}{\partial y} + \frac{\partial \omega}{\partial \sigma} = 0$$
（2-199）

$$\frac{\partial UD}{\partial t} + \frac{\partial U^2 D}{\partial x} + \frac{\partial UVD}{\partial y} + \frac{\partial U\omega}{\partial \sigma} - fVD + gD\frac{\partial \eta}{\partial x}$$
$$= \frac{\partial}{\partial \sigma}\left(\frac{K_M}{D}\frac{\partial U}{\partial \sigma}\right)\frac{gD^2}{\rho_0}\frac{\partial}{\partial x}\int_{\sigma}^{0}\rho\,d\sigma + \frac{gD}{\rho_0}\frac{\partial D}{\partial x}\int_{\sigma}^{0}\sigma\frac{\partial \rho}{\partial \sigma}\,\mathrm{d}\sigma + F_x$$
（2-200）

$$\frac{\partial VD}{\partial t} + \frac{\partial UVD}{\partial x} + \frac{\partial V^2 D}{\partial y} + \frac{\partial V\omega}{\partial \sigma} + fUD + gD\frac{\partial \eta}{\partial y}$$

$$= \frac{\partial}{\partial \sigma}\left(\frac{K_M}{D}\frac{\partial V}{\partial \sigma}\right)\frac{gD^2}{\rho_0}\frac{\partial}{\partial y}\int_\sigma^0 \rho d\sigma + \frac{gD}{\rho_0}\frac{\partial D}{\partial y}\int_\sigma^0 \sigma \frac{\partial \rho}{\partial \sigma}\mathrm{d}\sigma + F_y \tag{2-201}$$

$$\frac{\partial \theta D}{\partial t} + \frac{\partial \theta DU}{\partial x} + \frac{\partial \theta DV}{\partial y} + \frac{\partial \theta W}{\partial \sigma} = \frac{\partial}{\partial \sigma}\left(\frac{K_H}{D}\frac{\partial \theta}{\partial \sigma}\right) + F_\theta \tag{2-202}$$

$$\frac{\partial SD}{\partial t} + \frac{\partial SUD}{\partial x} + \frac{\partial SVD}{\partial y} + \frac{\partial S\omega}{\partial \sigma} = \frac{\partial}{\partial \sigma}\left(\frac{K_H}{D}\frac{\partial S}{\partial \sigma}\right) + F_S \tag{2-203}$$

其中：

$$F_x = \frac{\partial}{\partial x}\left[2DA_M\frac{\partial U}{\partial x}\right] + \frac{\partial}{\partial y}\left[DA_M\left(\frac{\partial U}{\partial y} + \frac{\partial V}{\partial x}\right)\right] \tag{2-204}$$

$$F_y = \frac{\partial}{\partial y}\left[2DA_M\frac{\partial V}{\partial y}\right] + \frac{\partial}{\partial x}\left[DA_M\left(\frac{\partial U}{\partial y} + \frac{\partial V}{\partial x}\right)\right] \tag{2-205}$$

$$F_{\theta,s} = \frac{\partial}{\partial x}\left[2DA_M\frac{\partial(\theta,S)}{\partial x}\right] + \frac{\partial}{\partial y}\left[DA_H\frac{\partial(\theta,S)}{\partial y}\right] \tag{2-206}$$

（4）控制方程的曲线坐标变换

连续方程：

$$h_1 h_2\frac{\partial \varsigma}{\partial t} + \frac{\partial}{\partial \xi}(h_2 uD) + \frac{\partial}{\partial \eta}(h_1 vD) + h_1 h_2\frac{\partial w}{\partial \sigma} = 0 \tag{2-207}$$

动量方程：

$$\frac{\partial h_1 h_2 Du}{\partial t} + \frac{\partial h_2 Du^2}{\partial \xi} + \frac{\partial h_1 Duv}{\partial \eta} + h_1 h_2\frac{\partial wu}{\partial \sigma} + Dv\left(-v\frac{\partial h_2}{\partial \xi} + u\frac{\partial h_1}{\partial \eta} - h_1 h_2 f\right)$$

$$= gDh_2\frac{\partial \varsigma}{\partial \xi} - \frac{gD^2 h_2}{\rho_0}\int_\sigma^0\left(\frac{\partial \rho}{\partial \xi} - \frac{\sigma}{D}\frac{\partial D}{\partial \xi}\frac{\partial \rho}{\partial \sigma}\right)\mathrm{d}\sigma - \frac{Dh_2}{\rho_0}\frac{\partial P}{\partial \xi} + \tag{2-208}$$

$$\frac{h_1 h_2}{D}\frac{\partial}{\partial \sigma}\left(K_M\frac{\partial u}{\partial \sigma}\right) + \frac{\partial}{\partial \xi}\left(2A_M\frac{h_2}{h_1}D\frac{\partial u}{\partial \xi}\right) + \frac{\partial}{\partial \eta}\left(A_M\frac{h_1}{h_2}D\frac{\partial u}{\partial \eta}\right) + \frac{\partial}{\partial \eta}\left(A_M D\frac{\partial v}{\partial \xi}\right)$$

$$\frac{\partial h_1 h_2 Dv}{\partial t} + \frac{\partial h_2 Duv}{\partial \xi} + \frac{\partial h_1 Dv^2}{\partial \eta} + h_1 h_2\frac{\partial wv}{\partial \sigma} + Du\left(-v\frac{\partial h_2}{\partial \xi} + u\frac{\partial h_1}{\partial \eta} - h_1 h_2 f\right)$$

$$= gDh_1\frac{\partial \varsigma}{\partial \eta} - \frac{gD^2 h_1}{\rho_0}\int_\sigma^0\left(\frac{\partial \rho}{\partial \eta} - \frac{\sigma}{D}\frac{\partial D}{\partial \eta}\frac{\partial \rho}{\partial \sigma}\right)\mathrm{d}\sigma - \frac{Dh_1}{\rho_0}\frac{\partial P}{\partial \eta} + \tag{2-209}$$

$$\frac{h_1 h_2}{D}\frac{\partial}{\partial \sigma}\left(K_M\frac{\partial v}{\partial \sigma}\right) + \frac{\partial}{\partial \eta}\left(2A_M\frac{h_1}{h_2}D\frac{\partial v}{\partial \xi}\right) + \frac{\partial}{\partial \xi}\left(A_M\frac{h_2}{h_1}D\frac{\partial v}{\partial \eta}\right) + \frac{\partial}{\partial \xi}\left(A_M D\frac{\partial u}{\partial \eta}\right)$$

温度方程：

$$\frac{\partial h_1 h_2 D\theta}{\partial t} + \frac{\partial h_2 Du\theta}{\partial \xi} + \frac{\partial h_1 Dv\theta}{\partial \eta} + h_1 h_2 \frac{\partial w\theta}{\partial \sigma} = \frac{\partial}{\partial \xi}\left(A_M \frac{h_2}{h_1} D \frac{\partial \theta}{\partial \xi} \right) +$$

$$\frac{\partial}{\partial \eta}\left(A_M \frac{h_1}{h_2} D \frac{\partial \theta}{\partial \eta} \right) + \frac{h_1 h_2}{D} \frac{\partial}{\partial \sigma}\left(K_H \frac{\partial \theta}{\partial \sigma} \right) \qquad (2\text{-}210)$$

$$\frac{\partial h_1 h_2 Ds}{\partial t} + \frac{\partial h_2 Dus}{\partial \xi} + \frac{\partial h_1 Dvs}{\partial \eta} + h_1 h_2 \frac{\partial ws}{\partial \sigma} = \frac{\partial}{\partial \xi}\left(A_M \frac{h_2}{h_1} D \frac{\partial s}{\partial \xi} \right) +$$

$$\frac{\partial}{\partial \eta}\left(A_M \frac{h_1}{h_2} D \frac{\partial s}{\partial \eta} \right) + \frac{h_1 h_2}{D} \frac{\partial}{\partial \sigma}\left(K_H \frac{\partial s}{\partial \sigma} \right) \qquad (2\text{-}211)$$

式中，h_1、h_2 为（ξ，η）水平曲线正交坐标系与平面直角坐标的变换系数；ς 为水位；u、v、w 分别为 ξ、η、σ 方向的流速；D 为水深；ρ 为密度；g 为重力加速度；P 为压强；A_M 为水平紊动涡黏系数；K_M 为垂向紊动涡黏系数；K_H 为热力垂向涡动扩散系数；f 为科氏力；θ 为温度；s 为盐度。

悬移质泥沙运动的基本方程：

$$\frac{\partial h_1 h_2 DC}{\partial t} + \frac{\partial h_2 DuC}{\partial \xi} + \frac{\partial h_1 DvC}{\partial \eta} + h_1 h_2 \frac{\partial (w-w_s)C}{\partial \sigma} =$$

$$\frac{\partial}{\partial \xi}\left(A_M \frac{h_2}{h_1} D \frac{\partial C}{\partial \xi} \right) + \frac{\partial}{\partial \eta}\left(A_M \frac{h_1}{h_2} D \frac{\partial C}{\partial \eta} \right) + \frac{h_1 h_2}{D} \frac{\partial}{\partial \sigma}\left(K_H \frac{\partial C}{\partial \sigma} \right) \qquad (2\text{-}212)$$

式中，w_s 为泥沙沉速；C 为水体含沙浓度。

模型对水平紊动涡黏系数 A_M 和垂向紊动涡黏系数 K_M 采用不同的处理方法，水平方向采用大涡模拟，垂向上采用 Mellor 和 Yamada 提出的 2.5 阶紊流闭合模式 $k\text{-}kl$ 模型求解。模型的求解基于欧拉格式，对动量方程采用分步法求解。第一步在时间层上显式积分水平涡黏项、非线性项、密度梯度力项、科氏力项和坐标变换曲率项，第二步对垂向涡黏项隐式求解，第三步隐式求解外重力波产生的水位梯度力。

2.5.2　三维水质控制方程

三维水温数学模型的基本方程为：

$$\frac{\partial T}{\partial t} + \frac{\partial (uT)}{\partial x} + \frac{\partial (vT)}{\partial y} + \frac{\partial (wT)}{\partial z} = \frac{\partial}{\partial x}\left(D_{tx} \frac{\partial T}{\partial x} \right) + \frac{\partial}{\partial y}\left(D_{ty} \frac{\partial T}{\partial y} \right) + \frac{\partial}{\partial z}\left(D_{tz} \frac{\partial T}{\partial z} \right) + S(T) + \frac{\varphi}{\rho C_p}$$

$$(2\text{-}213)$$

式中：T —— 水温，℃；

D_{tx} —— x 方向上的水温紊动扩散系数；

D_{yt} —— y 方向上的水温紊动扩散系数；

D_{zt} —— z 方向上的水温紊动扩散系数；

u —— x 方向上的速度分量，m/s；

v —— y 方向上的速度分量，m/s；

w —— z 方向上的速度分量，m/s；

φ —— 热交换反应式，J/（m$^2\cdot$s）；

ρ —— 水体密度，kg/m^3；

C_p —— 水的定压比热容，J/（kg·℃）；

$S(T)$ —— 温度源（汇）项。

同理，三维水质数学模型的基本方程为：

$$\frac{\partial C}{\partial t}+\frac{\partial(uC)}{\partial x}+\frac{\partial(vC)}{\partial y}+\frac{\partial(wC)}{\partial z}=\frac{\partial}{\partial x}\left(D_x\frac{\partial C}{\partial x}\right)+\frac{\partial}{\partial y}\left(D_y\frac{\partial C}{\partial y}\right)+\frac{\partial}{\partial z}\left(D_z\frac{\partial C}{\partial z}\right)+S(C) \quad（2\text{-}214）$$

式中：C —— 污染物浓度，mg/L；

D_x —— x 方向上的污染物紊动扩散系数；

D_y —— y 方向上的污染物紊动扩散系数；

D_z —— z 方向上的污染物紊动扩散系数；

$S(C)$ —— 污染物源（汇）项；

其余符号说明同式（2-212）。

对于式（2-199）至式（2-203）中出现的紊动黏性系数、紊动扩散系数等参数的确定，根据需要可以采用紊流模型来确定。如涡黏性紊流模型、$k\text{-}\varepsilon$ 双方程紊流模型、雷诺应力紊流模型和代数应力紊流模型等。

对于形如式（2-214）的对流扩散方程的数值解法，可以利用破开算子法把对流项和扩散项分开求解。对于含有对流项的部分，属于双曲线型微分方程，可以利用适合求解双曲线型方程的数值方法进行求解，如拉格朗日算法或基于台劳展开的高精度格式，取得稳定并且精度适合的结果。对于扩散部分，采用一般中心格式就可以获得精度合理的稳定解。

2.5.3 边界条件

为了获得唯一解，Navier-Stokes 方程在研究域的边界上还要给出具体的边界条件。在流动区域边界上，给出速度或压力的边界值，按具体问题一般有以下三种情况：

（1）固体壁面边界

流体质点黏附在固体壁面上，满足无滑移条件：

$$u_i=u_{wi} \quad （2\text{-}215）$$

式中，u_{wi} 为固壁的运动速度。若固壁在流场中处于静止状态，则有 $u_i=0$。

（2）流体的入口或出口的断面边界

根据具体问题，对于给定速度的边界，边界上的速度分量是给定的已知值，如：

$$u_n = \overline{u}_n , \quad u_s = \overline{u}_s \tag{2-216}$$

式中，u_n 和 u_s 分别为边界上的法向速度和切向速度；$\overline{u}_n$ 和 $\overline{u}_s$ 为给定的已知值，或给出速度的分量值：

$$u_1 = \overline{u}_1 , \quad u_2 = \overline{u}_2 \tag{2-217}$$

或者在断面边界上给出压力值，如：

$$p_n = -p + 2\mu \frac{\partial u_n}{\partial n} = \overline{p}_n , \quad p_s = \mu \left(\frac{\partial u_s}{\partial n} + \frac{\partial u_n}{\partial s} \right) = \overline{p}_s \tag{2-218}$$

式中，$\overline{p}_n$、$\overline{p}_s$ 为断面边界上给定的法向应力和切应力。

（3）不同流体分界面边界

和大气交界的液体自由面上，一般给出压力条件：

$$p_{nj} = \overline{p}_{nj} \tag{2-219}$$

式中，$\overline{p}_{nj}$ 是法向为 n 的自由面上给定的外界大气作用于液体的应力，一般由风应力决定。当外界大气处于静止常压时，可认为 $p_{nj} = 0$。

2.5.4　小结

本节推导出了河道水流运动及污染物迁移扩散的三维数值模型的控制方程，即三维水动力控制方程和三维水质控制方程，且详细地分析了在工程实际中求解该控制方程组时所使用的数值方法、边界条件处理等相关内容。

参考文献

[1]　艾海峰. 2006. 三维水流数值模拟及其在水利工程中的应用[D]. 天津：天津大学.

[2]　陈汉平. 1995. 计算流体力学[M]. 北京：水利电力出版社.

[3]　陈正兵，江春波，张帝，等. 2012. 圆形植被群的水流与阻力研究[J]. 四川大学学报：工程科学版，44（S2）：233-236.

[4]　董壮. 2002. 三维水流数值模拟研究进展[J]. 水利水运工程学报，2（3）：66-73.

[5]　傅德薰，马延文. 2002. 计算流体力学[M]. 北京：高等教育出版社.

[6]　李玉柱，江春波. 2007. 工程水环境（下册）[M]. 北京：清华大学出版社.

[7]　关治，陈景良. 1990. 数值计算方法[M]. 北京：清华大学出版社.

[8]　何晓晖，王建平，李峰，等. 2006. 基于流体体积法的溢流堰黏性流场数值模拟[J]. 解放军理工大学学报，7（2）：161-165.

[9]　胡德超. 2009. 三维水沙运动及河床变形数学模型研究[D]. 北京：清华大学.

[10]　江春波，张永良，丁则平. 2007. 计算流体力学[M]. 北京：中国电力出版社.

[11]　江春波. 2000. 二维扩散输移问题的一种新的有限体积算法[J]. 水科学进展，11（4）：351-356.

[12]　金忠青，干玲玲. 2005. N-S 方程的数值解及紊流模型[M]. 南京：河海大学出版社.

[13]　康苏海. 2011. 三维水动力数值模拟及可视化研究[D]. 大连：大连理工大学.

[14]　陆金甫，关治. 1987. 偏微分方程的数值解法[M]. 北京：清华大学出版社.

[15]　陆金甫，顾丽珍，陈景良. 1988. 偏微分方程差分方法[M]. 北京：高等教育出版社.

[16]　欧维义. 1991. 数学物理方法[M]. 长春：吉林大学出版社.

[17]　南京大学数学系计算数学专业. 1979. 偏微分方程[M]. 北京：科学出版社.

[18]　潘存鸿，于普兵，鲁海燕. 2009. 浅水动边界的干底 Riemann 解模拟[J]. 水动力学研究与进展，24（3）：305-312.

[19]　任玉新，陈海昕. 2006. 计算流体力学基础[M]. 北京：清华大学出版社.

[20]　清华大学水力学教研组. 1996. 水力学（下册）[M]. 北京：高等教育出版社.

[21]　陶文铨. 2001. 数值传热学[M]. 2 版. 西安：西安交通大学出版社.

[22]　陶建峰，张长宽. 2007. 河口海岸三维水流数值模型中几种垂向坐标模式研究述评[J]. 海洋工程，25（1）：133-142.

[23]　王立辉，胡四一，龚春生. 2006. 二维浅水方程的非结构网格数值解[J]. 水利水运工程学报，1（1）：8-13.

[24]　邢岩. 2014. 弯道冲淤与河口盐度输运三维数值模拟研究及应用[D]. 大连：大连理工大学.

[25]　尹则高. 2005. 输水工程复杂边界条件下二、三维水流数值模拟[D]. 杭州：浙江大学.

[26]　张帝. 2015. 高精度有限体积格式及新型 VOF 自由界面捕捉算法[D]. 北京：清华大学.

[27]　张大伟. 2008. 堤坝溃决水流数学模型及其应用研究[D]. 北京：清华大学.

[28]　张涤明，蔡崇喜，章克本，等. 1991. 计算流体力学[M]. 广州：中山大学出版社.

[29]　张廷芳. 1992. 计算流体力学[M]. 大连：大连理工大学出版社.

[30]　周雪漪. 1995. 计算水力学[M]. 北京：清华大学出版社.

[31]　S V Patankar. 1984. 传热与流体流动的数值计算[M]. 张政，译. 北京：科学出版社.

[32]　Bathe K J. 1982. Finite Element Procedure in Engineering Analysis [M]. Englewood Cliffs：Prentice-Hall，Inc：44-51.

[33]　Casulli V，Zanolli P. 2002. Semi-implicit numerical modeling of nonhydrostatic free-surface flows for environmental problems[J]. Mathematical & Computer Modelling，36（9）：1131-1149.

[34]　Christie I，Griffiths D F，Mitchell A R，et al. 1976. Finite Element Methods for Second Order Differential Equations with Significant First Derivatives[J]. International Journal for Numerical Methods in Engineering，10（6）：1389-1396.

[35]　D. B Spalding. 1972. A novel finite difference formulation for differential expressions involving both first and second derivatives[J]. International Journal for Numerical Methods in Engineering，4（4）：551-559.

[36]　Gottlieb S，Shu C W. 1998. Total variation diminishing Runge-Kutta schemes[J]. Mathematics of

Computation of the American Mathematical Society，67（221）：73-85.

[37]　Heinrich J C，Huyakorn P S，Zienkiewicz O C，et al. 1977. An upwind finite element scheme for two-dimensional convective transport equation[J]. International Journal for Numerical Methods in Engineering，11（1）：131-143.

[38]　Hirt C W，Nichols B D. 1981. Volume of fluid（VOF） method for the dynamics of free boundaries[J]. Journal of Computational Physics，39（1）：201-225.

[39]　Hughes T J R. 2010. A simple scheme for developing "upwind" finite elements[J]. International Journal for Numerical Methods in Engineering，12（9）：1359-1365.

[40]　John D Anderson，J R. 1995. Computational Fluid Dynamics-The Basic with Applications. McGraw-Hill Companies.

[41]　JIANG Chun Bo，DU Li Hui，Liang Dongfang. 2003. Study of Concentration Fields in Turbulent Wake Regions[J]. Journal of Hydraulic Research，41（3）：311-318.

[42]　Zhang D，Cheng L，An H，et al. Direct numerical simulation of flow around a surface-mounted finite square cylinder at low Reynolds numbers[J]. Physics of Fluids，2017，29（4）：453-490.

[43]　Jiang C，Kai L I，Ning L，et al. 2005. Implicit Parallel FEM Analysis of Shallow Water Equations[J]. Tsinghua Science and Technology，10（3）：364-371.

[44]　Leonard B P，Drummond J E. 1995. Why you should not use "Hybrid"，"Power-Law" or related exponential schemes for convective modelling—there are much better alternatives[J]. International Journal for Numerical Methods in Fluids，20（6）：421-442.

[45]　Wei S. 1985. A study of finite difference approximations to steady-state，convection-dominated flow problems[J]. Journal of Computational Physics，57（3）：415-438.

[46]　Sweby P K. 1984. High Resolution Schemes Using Flux Limiters for Hyperbolic Conservation Laws[J]. Siam Journal on Numerical Analysis，21（5）：995-1011.

[47]　Tsui Y Y，Lin S W，Cheng T T，et al. 2009. Flux-blending schemes for interface capture in two-fluid flows[J]. International Journal of Heat & Mass Transfer，52（23-24）：5547-5556.

[48]　Ubbink O，Issa R I. 1999. A Method for Capturing Sharp Fluid Interfaces on Arbitrary Meshes[J]. Journal of Computational Physics，153（1）：26-50.

[49]　Leer B V. 1977. Towards the ultimate conservative difference scheme. IV. A new approach to numerical convection[J]. Journal of Computational Physics，23（3）：276-299.

[50]　Watersona N P，Deconinckb H. 2007. Design principles for bounded higher-order convection schemes – a unified approach[J]. Journal of Computational Physics，224（1）：182-207.

[51]　Yee H C. 1987. Construction of explicit and implicit symmetric TVD schemes and their applications[J]. Journal of Computational Physics，68（1）：151-179.

[52]　Yongs D L. 1982. Time-dependent multi-material flow with large fluid distortion[A]//Morton K W，Baines M J. Numerical Methods for Fluid Dynamics[M]. New York：273-285.

[53]   Zhang Di，Jiang Chunbo, Liang Dongfang, et al. 2014. A refined volume-of-fluid algorithm for capturing sharp fluid interfaces on arbitrary meshes[J]. Journal of Computational Physics，274（1）：709-736.

[54]   Zhang Di，Jiang Chunbo, et al. 2014. Assessment of different reconstruction techniques for implementing the NVSF schemes on unstructured meshes[J]. International Journal for Numerical Methods in Fluids，74（3）：189-221.

[55]   Zhang D，Jiang C，Cheng L，et al. 2016. A refined r‑factor algorithm for TVD schemes on arbitrary unstructured meshes[J]. International Journal for Numerical Methods in Fluids，80（2）：105-139.

[56]   Zhang D，Jiang C，Liang D，et al. 2015. A review on TVD schemes and a refined flux-limiter for steady-state calculations[J]. Journal of Computational Physics，302（C）：114-154.

 地表水数值模型建模程序及方法

地表水环境数学模型建模程序主要包括模拟对象识别、概念模型构建、模型选择、模型区域确定、边界条件与初始条件的确定、模型参数不确定性和敏感性分析、模型率定验证、模拟方案制定、模拟结果展现及统计分析等步骤。本章梳理了各计算步骤中问题识别和建模的关键技术与方法，以期为模型工作者构建地表水环境数学模型、开展项目环境影响评价与预测提供有用参考和借鉴。

3.1 研究对象及其环境特点

地表水生态系统是一个具有水力特征（如水深和流速等）、化学特征和与水生及底栖生物相关特征的交互系统。对地表水生态系统的模拟研究，根据地表水体特征的不同可分为河流、河网、湖泊、水库和近岸海域；根据模拟过程和模拟物质组分的不同，可分为水动力、水质、富营养化、泥沙、重金属等。当前我国地表水体面临着严峻的环境污染问题，呈现出面广、复杂等特征。在构建地表水环境数学模型之初，需要对研究对象（包含水体和物质组分）及其环境特点进行深入了解。下面分别按水体类型及其环境特点和按模拟过程和物质组分进行分述。

3.1.1 按水体类型及其环境特点分类

3.1.1.1 河流的流动特点及环境特征

河流最明显的特征是它自然地从上游向下游流动，这点与湖泊和河口不同。一般上游河段落差大、水流急、水侵蚀力强，河底底质多为岩石或砾石，悬浮物和有机质含量低。因此水流清澈，水中溶解氧含量高。河水中的营养物质主要来自河岸和流域，多为粗颗粒物质。中下游河段的落差和流速均较上游平缓，河槽趋于稳定，藻类和其他水生植物也相应增多。下游河段河底坡降平缓，水面开阔，流速减缓，水中悬浮物增多，阳光入射深度减小，水流较混浊，河流复氧能力下降。与湖泊相比，河流的流速通常要大得多。由于其相对较大的流速，河流，特别是浅且窄的河流，通常被视为空间一维进行处理。大多数河流的横剖面有两个主要部分：主河道与漫滩。在河流模型中，水流通常在主河道中运输。

漫滩的季节性淹没可以通过干湿边界的变化来模拟。

河网形态是指河流网络中每一条干流及支流的组合形式，由于受地质构造和自然环境影响，河网形态在平面上表现为有规律的排列并在不同尺度上具有一定的自相似性。平原河网地区地势平坦，大多数河流坡降平缓、流量很小。泵站、水闸等水利控制工程使得河网的水力学描述比较复杂。

3.1.1.2 湖泊和水库的流动特点及环境特征

湖泊根据湖流形成的动力机理，通常分为风生流、吞吐流（倾斜流）及密度流。风生流是由于湖面上的风力所引起的湖水运动，是一种最常见的湖流运动形式；吞吐流则是由与湖泊相连的各个河道的出流、入流所引起的水流运动；密度流是由于水体受水温分层等因素作用，水体密度不均匀所引起的水体流动。水温、光照强度和营养物质是湖泊最重要的环境要素。由于水流缓慢，大多数湖泊存在水温分层的现象，特别是在夏季呈现表层水温明显高于底层水温的特点。与河流及河口相比，湖泊具有以下特征：①相对缓慢的流速；②相对较低的入流量和出流量；③垂向分层；④作为来自点源和非点源的营养物质、沉积物、有毒物质以及其他物质的汇。相比河流的较大流速，受湖泊形状、垂向分层、水动力、气象条件的影响，湖泊有更为复杂的环流形式和混合过程。水体长时间的停留使得湖水及沉积床的内部化学生物过程显著，但是这些过程在流速较快的河流中可以忽略。

水库是人们按照一定的目的，在河道上建坝或堤堰创造蓄水条件而形成的人工湖泊。对水库而言，根据其形态特征可被分为河道型和湖泊型两种。其中，河道型水库的水动力学特征介于湖泊与河流之间，河道型水库具有明显的纵向梯度变化规律，坝前库首区水深较大，库尾以及支流回水区水深较浅；湖泊型水库的水流缓慢，水体运动及各种物理化学的运动过程与天然湖泊基本相似，但是，水库多设有底孔、溢洪道、给水管道等泄水建筑物，使相当部分水流沿一定方向流动。

水库的分层结构和大坝的泄流方式会对水库的营养物质产生一定影响。水库中的污染物主要来自于入库污染物及库底，水体中营养物质浓度一般呈现表层低于底层的特点。故水库如果采用表层泄流方式，营养物质则容易在水库内聚集，营养物质逐渐升高；而如果采用底层泄流方式，更多营养物质则流出水库，库内的营养物质会逐渐减少。

3.1.1.3 近岸海域和入海河口水动力及环境特征

近岸海域和入海河口会受到潮汐作用的影响，这是与内陆水体的重要区别。在月球及太阳的引力作用下，海面发生周期性升降和海水往复运动的现象称为潮汐作用。潮汐水流具有双向性及脉动性。潮汐引起海面水位的垂直升降称潮位，引起海水的水平移动称潮流。潮位的升降扩大了波浪对海岸作用的宽度和范围，形成潮间带沉积环境；而潮流对海底沉积物的改造、搬运、堆积起着重要作用，尤以近岸浅海地区最为显著。总体而言，近岸海域和入海河口在水动力、化学及生物学方面与河流、湖泊不同，其特征为：潮汐是主要的驱动力,盐度及其变化通常在水动力及水质过程中起重要作用,表层水流向外海和底层水流向陆地两个定向径流通常控制污染物的长期输送。

3.1.2 按模拟过程和物质组分分类

根据模拟过程和模拟物质组分的不同,可将地表水生态系统的研究对象分为水动力、水质、富营养化、泥沙、重金属等。下面着重对水动力、水质和富营养化等过程进行描述。

3.1.2.1 水动力过程

水动力过程是地表水生态系统的重要组成部分,不同尺度和不同类型的水动力过程不仅影响温度场、营养物质和溶解氧的分布,而且也影响泥沙、污染物和藻类的聚集与分散。

水动力过程主要包括以下过程:①对流;②扩散;③垂向混合和对流。水体中的物质迁移是由上述一种或多种过程同时完成。对于地形复杂的水体,物质迁移通常是三维的,应该考虑水平方向和垂向的物质传输过程。

对流是指随水体流动产生的物质迁移,而不产生混合和稀释。在河流和河口,对流通常发生在纵向,横向对流较弱。图 3-1 为明渠的速度平面分布,最大对流输运发生在明渠中央,近岸处的对流输运最小,而形成的横向流速差会产生横向扩散。除了水平对流,水体和污染物也存在垂向对流。相对水平对流,河流、湖泊、河口和近海的垂向对流较弱。

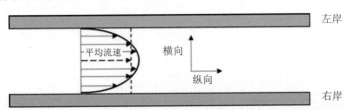

图 3-1 明渠的速度平面分布

扩散是由湍流混合和分子扩散引起的水体混合。扩散降低了物质浓度梯度,这个过程不仅涉及水体的交换,还包括其中的溶解态物质的交换,如盐度、溶解态污染物等。因此,除了水动力变量(温度和盐度)外,扩散过程对泥沙、有毒物质和营养物质的分布也很重要。平行于流速方向的扩散叫作纵向离散,垂直于流速方向的扩散叫作横向扩散。纵向离散通常远大于横向扩散。

在河流、湖泊和河口等水体中,湍流混合通常占主导地位,其扩散速度远大于分子扩散。湍流混合是湍流态水体动量交换的结果。按水体流动特点,生化物质组分的扩散过程有方向选择。分子扩散是微观水平上的输运过程,分子运动的无方向性导致扩散总是从高浓度向低浓度区域进行,形成浓度梯度。如在一瓶水里滴下一滴染色剂,染色剂将向各个方向扩散,最后达到混合一致。染色剂呈现从浓度高的区域向浓度低的区域扩散的趋势,就像热传导总是从温度高的地方往低温度传输。分子的扩散运动很慢,只在小尺度内起作用，如湖泊底层。

3.1.2.2 水质及富营养化过程

水体的营养状态主要受来自点源和非点源的营养物质负荷、气象条件（如日照、气温、降水、入流量）和水体形状（如水深、体积、表面积）控制。营养物质主要来源于生活污水、工业废水、农业灌溉和城市排污。由于地理和气象条件的不同，对于河、湖和河口的水质状况没有通用的量化标准，不同的区域会有不同的营养物质背景和大气降水量。通常情况下代表营养状态的变量为：总磷、总氮、叶绿素和透明度（或者其他表征浊度的参数）。

水体富营养化主要是由过多的氮、磷，或者是两者的化合物产生的，总氮和总磷经常作为因变量，叶绿素和透明度作为初始响应变量，其他变量，如溶解氧在描述水体富营养化状态时也是有用的。当富营养化发生时，会导致一系列的环境问题，包括：①低溶解氧，特别是接近水体的底层；②高浓度的悬浮固体通常包含丰富的有机物；③高营养物质浓度；④高藻类浓度；⑤低透光性和透明度；⑥来自藻类或厌氧物质的臭味；⑦物种组成的变化。

藻类的分解过程消耗溶解氧。营养物质富集会导致藻类水华，而这些藻类最终又会死亡和分解。它们的分解会消耗水中的氧。在夏季，当水温比较高，垂直层结比较大时，溶解氧的浓度通常是最低的；当分解速率比较高时，溶解氧的浓度减少，以致影响其他需氧生物的生存，如导致鱼类死亡。过量生长的植物的光合和呼吸作用，以及微生物降解死亡植物都会使溶解氧的水平发生很大的波动。人们经常通过浮游植物浓度的增加来判别水质的退化程度，因为它们产生的影响比较容易判断，如鱼类的死亡和强烈的臭味。藻类水华会阻止光到达需要进行光合作用的沉水植物。当可耐受富营养化的物种代替了消亡于富营养化的物种时，生态系统便会发生剧烈的变化。

影响水体富营养化过程的重要因素有：①水体的几何形状：水深、宽度、表面积和体积；②流速和湍流混合；③水温和太阳辐射；④总固体悬浮颗粒物；⑤藻类；⑥营养物质：磷、氮和硅；⑦溶解氧。

水质和富营养化模型主要考虑三个要素：水动力输运、外源输入、系统内的化学和生物反应。对于水质模型，需要考虑温度、氧气、营养物质和藻类过程及它们之间的相互作用，还要涉及底床的泥沙通量和营养盐释放通量。水质模型依赖于水动力学来描述水体运动和混合，利用化学动力学和生物化学来测定溶解和颗粒营养物质的迁移。当指定外部负荷和大气—水界面交换条件时，还需要用到水文、气象和大气物理的相关理论。水动力模型为水质模型提供的基本信息包括平流、扩散、垂直混合、温度和盐度。水质模型可以直接或间接连接到水动力模型。当直接连接时，水动力运输和水质过程的模拟同时进行，即水动力和水质公式包含在同一计算代码中并同时运行、实时耦合。当不直接连接时，水动力模拟单独运行，其运算结果作为水质模型的输入条件。

3.2 数学模型组成及概念性模型构建

3.2.1 数学模型组成

数学模型是将实际问题简单化来解决问题的手段。模型的主要用途是对所研究的问题进行分析。在对某一过程的模型建立以后，可以通过有计划地变动模型的输入量，来模拟施加于该过程的外界扰动或人为控制条件，以考察该过程的响应情况；也可以通过改变模型的结构或参数，来模拟过程设施结构或过程参数的变化，以考察过程输出的相应变化。

一个水环境数学模型的数学公式有 5 个组成部分：

①强制函数或外部变量。它们是影响系统状态的外部变量或函数。模型可用来预测强制函数随时间改变过程中系统所发生的变化。在外部控制下的强制函数也称为控制函数。

②状态变量是描述生态系统状态的变量。状态变量的选择对于模型结构极为重要，但这种选择常常还是比较明显的。如在湖泊富营养化模型中，状态变量则是营养物质的浓度和浮游植物的数量。模型包括强制函数和状态变量之间的关系，当运用模型来管理时，通过改变强制函数预测出的状态变量的值可被认为是模型的结果。

③数学方程用来表示化学和物理过程。它们表示强制函数和状态变量之间的关系。在很多不同的模型中也可以用相同的方程，因为不同的环境背景下可能发生同样的过程。

④参数是过程的数学表达式的系数。对于一个特定的系统的某一部分，参数可以看作常数。在因果模型中，参数具有科学的定义。在新一代的模型中，尽量根据系统原理而使用变化的参数。

⑤通用常数。如物质的相对分子质量，大部分模型经常要用到这些常数。模型可以用数学的术语对一个问题的基本成分进行规范表达。

3.2.2 概念模型构建

概念模型是建模过程中的早期步骤之一。概念模型不仅可以看作是状态变量和强制函数的一张目录表，而且它还表明这些组分是如何通过过程联系的。它是一种对模拟系统中真实性的抽象化，并描绘出最符合模型目标的组织层次。

建模时，一般利用概念框图来使建模者的概念具体化。建模者在建模过程中的这一阶段通常要考虑建立具有不同复杂性的各种模型，做出第一步假设，选择初始模型或替换模型的复杂性，需要直觉地抽出所涉及的生态系统和问题中有关知识的可应用部分。因此，要给出如何构建概念框图的一般路线是不可能的，但在此阶段用稍微复杂的模型要比简单的模型好。在建模的后期阶段，有可能排除一些多余的成分和过程。另外，如果在建模初始阶段使用了一个过于复杂的模型，就会使建模过于麻烦。

一般来说，对系统和问题了解得越清楚，就越有利于概念化步骤，并可确定正确的原始模型。通常需要回答以下几个问题：

①真实系统中哪些成分和过程对于模型和问题是必要的？

②为什么？

③怎么样？

在此过程中，要在简约性和真实细节之间找到适当的平衡。模型组织层次的识别和复杂性的选择是重要的问题。通常，选择关键层级（产生问题的层级或者关键成分所在的层级）并不困难。关键层级的下一级通常与对过程的好的描述有关。常见的概念模型包括语言模型、图形模型、箱式模型、输入/输出模型、矩阵概念化、反馈动态框图、计算机流程图、正负有向图模型及能量电路图等。

3.3 数学模型选择

3.3.1 模型选择的一般要求

即便有很多种模式可用于流体力学和水质的研究，选择一个最适合研究需求的模式仍然是一个复杂的任务。模式选择的目的是使选择的模式能够满足所有（或大多数）的研究目标。从定义上说，所有的模式都是对实际过程的再现。各种假设用于简化实际系统，但同时也限制了模式的应用。因此，在选择模式前必须要熟悉模式的前提假设。选择一个合适的模式需要考虑：①研究目的；②所需时间，包括可用的数据、专业特长和项目成本。

选择适当的模式应该基于研究目的、水体特点、可获取的数据、模式特点、文献资料以及在该地区的前期经验。模式选择也应在各种需求之间取得平衡。在某种程度上，由于时间和资源永远都是有限的，选择的目标应当是从模式中选出最有用的，确保可以应对所有影响水体的重要过程。选择一个过于简单的模式会导致缺乏决策所需的精确性和确定性，而选择过于复杂的模式可能会导致资源分配不当、延误研究、增加成本。

在模式选择过程中，很重要的是要考虑一个模式的性能、熟悉程度、资料质量、技术支撑以及专业认可和可接受的程度。没有一个单一的模式能解决所有的水动力和水质问题。每个模式都有其固有的假设和相应的限制，必须在模式选择、应用与对结果的解释中将其考虑进去。筛选阶段的模式模拟要设计得尽量简单，只有少数几个状态变量和有限的几个关键过程。这些模式是可提供水质条件的初步估计。因为每一个水体都是独一无二的，使用前就可能需要修改模式。对水体特征的了解和明确的研究目标对模式修正至关重要。最重要的是使用最有利于研究的模式，而并不一定是研究者最熟悉的模式。熟悉的模式在模式选择时是重要的，但是不能因此将更好的模式排除在外。在选择模式前先弄清下列问题是很有用的：

①有哪些主要的流体动力学过程？

②最关心的水质问题是什么？

③解决这些问题最合适的时空尺度是什么样的？

④如何应用模式以支持管理决策？

人们也许会期望选择一个简单的模式以用于某一特定的研究，并且认为它们实施方便，只需要很少的数据就能提供有效的决策依据。然而实际运作起来，综合模式往往由于各种原因而比简单模式更受欢迎，特别是在模拟大型复杂系统时。综合模式的典型特征包括：①三维的时间动态；②湍流垂直混合结构；③考虑了水动力学、热力学、泥沙、有毒化合物和富营养化过程。一般来说，综合的模式应该（并不总是）比简单的模式在数学、物理、化学及生物相互作用方面对水系统有更好的表现能力。综合模式可以应用于不同程度的细节。在许多情况下，采用一个具有更多细节的模式以解决应付各种科学和工程应用问题是更为有利的做法，而不是在研究项目的不同阶段或项目之间更换模式。

河流中的运输由平流和扩散过程决定。已经发展成一维、二维和三维的模型用于描述这些过程。研究目标、河流特征与数据有效性是决定模型适用性的主要因素。对于大多数小而浅的河流，一维模型通常足够模拟水动力与水质过程。关于流速和流向的具体分析需要河流二维，有时候甚至是三维的描述。当横向变化（或者垂直层化）是河流的重要特征时，需要具有二维变化的模型进行模拟。对于大河流，特别是对于直接流入河口的河流，可能就需要用三维模型。河网虽然具有单一河流的特征，但是又交错复杂，时常出现往复流等，需对河网进行概化，一般采用一维河网模型来描述其水动力特征。

湖泊和水库的模拟在很多方面与河流和河口的模拟不同。由于水体具有较长的停留时间，因而湖泊和水库一般对水体富营养化敏感度比河流和河口大得多。对湖泊和水库的研究一般注重藻类的生长和营养物质。湖泊模型通常需要用多个垂向分层来分辨温度、藻类、溶氧量和营养物质的垂向分布特征。

不同于河流和湖泊，河口潮流因受到潮汐、淡水入流、风及密度梯度（与温度、盐度及泥沙密度相联系）的驱动而具有复杂、三维、湍流、不定常等特点。除了极浅的河口，其他河口的潮流、温度、盐度和泥沙含量有很大的垂向变化。河口及沿岸模型的另外一个重要特点是需要设定联系水体与海洋的开边界条件。

3.3.2　数学模型选择与应用

3.3.2.1　数学模型选择基本要求

根据建设项目污染源特征、受影响水域类型、水流状态和水环境特点选用数学模型，按照工作要求确定模型求解的方法，并列出选用数学模型的表达式、边界条件和初始条件。水质边界条件，可根据现状监测和历史数据综合分析，应采用与设计水文条件相近状态下的水质资料，不得使用一次瞬时值。数学模型参数率定可采用实验室测定、现场实测、物理模型试验、经验公式计算、模型计算、参考相关成果等方法；率定得到的参数应通过所选用的数学模型验证，计算结果与实测资料的符合程度应该满足模型计算精度的要求，模型验证与参数率定不能采用相同的数据资料。

3.3.2.2 不同水体数学模型选择推荐

（1）河流水体数学模型选择

污染物在断面上均匀混合的河段，可采用纵向一维数学模型。多条河道相互连通，使得水流运动和污染物交换相互影响的河网地区，宜采用一维河网数学模型。污染物在断面上混合不均匀的河段，宜采用平面二维数学模型。污染物出现较明显分层现象的河段，宜采用立面二维或三维数学模型。

（2）湖泊、水库数学模型选择

对于水流交换作用比较充分、污染物质分布基本均匀的湖泊和水库，可采用零维数学模型或者统计相关模型。污染物在断面上均匀混合的河道型水库，可采用纵向一维数学模型。浅水湖泊、水库，可采用平面二维数学模型；深水湖泊、水库水质预测可采用立面二维数学模型或三维模型，水温预测可采用垂向一维、立面二维或三维数学模型。

（3）入海河口、感潮河段数学模型选择

污染物在断面上均匀混合的感潮河段、入海河口，可采用纵向一维非恒定数学模型，感潮河网区宜采用一维河网数学模型。浅水感潮河段和入海河口宜采用平面二维非恒定数学模型。如感潮河段、入海河口的下边界条件难以确定，宜采用一维、二维联接数学模型。如果评价河口的水流和水质分布在垂向上存在较大的差异，如排污口附近水域，可以根据需要采用三维数学模型。

（4）近岸海域数学模型选择

近岸海域宜采用平面二维非恒定模型。如果评价海域的水流和水质分布在垂向上存在较大的差异，如排污口附近水域，可以根据需要采用三维数学模型。

3.4 模型区域确定及网格划分

3.4.1 模型区域确定

理论上，全球海洋、沿岸海域和河口是相互联系的，都是整个体系中的一部分。然而，当研究局部河口或沿岸海域时，模拟整个体系是不切实际的（也没有必要）。常规方法是人为划定研究区域，然后在限定的领域内进行模拟研究。当限定区域的边界条件不是被陆地所限定时，需要进行说明。限定区域与外部的相互作用必须作为边界条件反映在模型中。理论上，边界条件必须能精确地反映边界的响应，不管它们是来自于模型区域内部还是外部的过程。实际上，设定边界条件本身是个复杂问题。例如，沿岸海域的模型中，准确地解释近海岸、上游及下游开边界的海表高度空间变化是一个难题。

一般来说，模型区域的选择常常是出于成本考虑取小范围和出于真实性考虑取大范围的折中，但应包括对周围地面水环境影响较为显著的区域，能全面说明与地面水环境相联系的环境基本状况。模型范围的选择还取决于项目环境影响评价的工作等级、工程和环境的特性，一般情况下模型研究范围等于或略小于现状调查的范围。在划定模型区域时，边界应设在离研究对象足够远的地方，这样边界条件误差就不足以影响内部区域的结果，尽量避免靠近边界条件的模拟结果不符合真实情况的现象产生。因此，对水位季节性波动比较大的区域，需要采用动边界对研究区域边界进行相关处理；近岸海域等研究区域，需要选择合适的开边界区域，以尽量消除由边界选取带来的误差。

在地表水环境影响评价中，地表水环境预测的范围一般不大于地表水环境现状调查的范围。近岸海域的预测范围应满足消除边界误差对现状评价海域影响的要求。应重点关注现状监测点、水环境敏感点、水质水量突然变化处的水质影响预测。当需要预测混合区的水质分布时，应在该区域中选择若干预测点。排放口附近常有局部超标区，如有必要可在适当水域加密预测点，以便确定超标水域的范围。

3.4.2 网格划分类型

目前，几乎所有复杂流场的模拟均需要进行网格的划分。一维模型需进行断面地形的剖分，二维、三维模型需建立网格，三维模型网格是以平面二维网格为基础再进行垂向网格的划分（一般为分层），一维断面剖分也可以看作是平面二维网格的简化。计算网格可以分为平面网格及垂向网格。最常见的平面网格有贴体正交曲线网格、矩形网格、三角形网格及混合网格；垂向坐标一般分为等平面（z）坐标、等密度（ρ）坐标和地形拟合（σ）坐标，不同的坐标系对应不同的网格。网格划分对岸线数据和水下地形精度等有一定要求。在实际工程应用中，应根据具体的情况选择合适的网格。目前常用的网格划分软件有：Delft RGFGrid、Grid 95、SEAGRID、GEFDC、CH3D、ECOMSED、CVLGrid 等，同时一些综合型模型软件也集成了自身的网格剖分，比较成熟也是应用较广的有美国 Aquaveo 公司的 SMS 水环境模拟软件。

3.4.2.1 平面网格划分

下面对常见的矩形网格、贴体正交曲线网格和三角形网格进行介绍（见图 3-2）。

矩形网格便于组织数据结构，程序设计简单，计算效率较高。但由于计算域不一定是矩形区域，计算中把计算域概化成齿形边界。在比较复杂的岸线边界和地形条件下，计算时有可能会出现虚假水流流动的现象，边界附近解的误差较大，且采用矩形网格不容易控制网格密度，对计算网格不容易进行修改。

贴体正交曲线网格通过正交变化，可以大大改善矩形网格对不规则边界的适应性，但是对于过于复杂的边界，网格处理工作量大而且效果难以达到。

三角形网格的优点是边界和地形与网格结合比较好，利于复杂地形和边界问题的研究，且计算网格的节点个数是不固定的，在计算中易于修改和控制网格密度，但由于三角

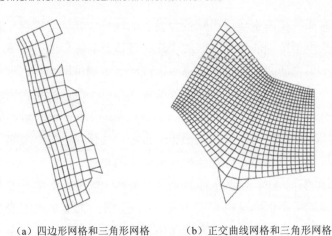

（a）四边形网格和三角形网格　　（b）正交曲线网格和三角形网格

图 3-2　网格类型

形网格排列不规则，计算中需要建立数据结构与记忆计算单元之间的关系，需要较大的内存空间；且在三角形网格计算中，计算单元随机性增加的寻址时间、网格的非方向性也导致梯度项计算量大大增加，计算速度和矩形网格及正交贴体网格相比大大降低。

　　鉴于三种网格各自的优缺点，目前在计算中常混合使用，即在边界和地形较复杂的位置采用三角形网格，在计算域内部和地形变化不大的地方采用四边形网格或者正交贴体网格计算。

3.4.2.2　垂向网格划分

　　三维水流模式的垂向坐标一般分为等平面（z）坐标、等密度（ρ）坐标、地形拟合（σ）坐标、混合坐标等。图 3-3 给出了三种垂向坐标的示意。

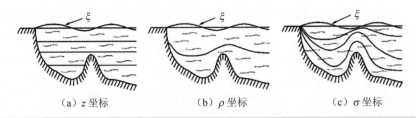

（a）z 坐标　　　　　　（b）ρ 坐标　　　　　　（c）σ 坐标

图 3-3　三维水流模型垂向分层示意

　　（1）等平面（z）坐标模式

　　z 坐标模式，又称多平面模式（或绝对分层模式），这是在平面二维模式的基础上发展起来的。z 坐标模式在垂向上分层按同一水平面（等 z 面）来布置。图 3-4 为一理想化的水底地形，图 3-4 为该地形在 z 坐标模式下的计算域。采用 z 坐标的三维水流模式很多，如国际上流行的 MOM 模式和 HAMSOM 模式。z 坐标具有很多优点：z 坐标模式方程简单，易于数值离散，符合具有准水平运动特点的水体，如海水运动；海水运动水平速度远大于垂直速度，z 坐标符合海水运动规律；海水温度在水平的分布比较均匀，垂直方向的变化较大，等温面几乎是水平的，z 坐标在一定程度上符合温度的分布规律；对于 Boussinesq（近似）流体来说，水平压强梯度力很容易求得，并不会引入截断误差。但 z 坐标也有不足的地方：由于等 z 面和水底相交，在水底地形变化剧烈的区域，网格离散时出现许多空洞，水底边界处理不方便；在浅水区域，由于采用绝对分层，很难满足必要的垂直分辨率；浅水区潮差比较大时，必须考虑自由面的变化，某些计算层出现露出和淹没的情况，很容易造成能量和物质的伪消失和伪增加；z 坐标系下，水体内部，沿着倾斜密度面的物质对流扩散过程比较难反映，也不能很好地反映底部边界层；如图 3-4 所示，由于将实际地形概化为台阶形式，并不能很好地拟合水底地形，反而在计算中增加了很多不参与计算的网格单元，浪费计算机内存；而且，由于这样的网格布置，需要在处理底部边界条件时，同时要考虑侧边界条件，这给数值的算法实现上带来了很大困难；另外，由于将地形概化为台阶形式，在模拟风生环流、温密度流和盐密度流时，将有较大误差，并带有较大的假频混合现象；例如，仅当缓慢变化水平网格分辨率的时候，才能使正压模式的解趋于收敛。

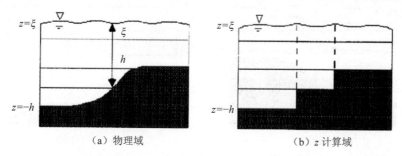

（a）物理域　　　　　　　　　　（b）z 计算域

图 3-4　三维水流 z 坐标模式垂向分层示意

（2）等密度（ρ）坐标模式

几乎在 z 坐标模式发展的同时，一些学者在垂向上沿等密度线分层并在每层对 z 进行积分，得到了一个层平均流速和层厚相互依赖的等密度坐标（ρ 坐标）模式。由于等密度线随着流体的流动而改变，因此，等密度模型其实也是一个准 Lagrangian 模型。由于等密度模式在垂向上沿着等密度线分层，在每一层中认为密度是相同的，因此，这类模型将每一层的层厚也考虑为一个预报变量来处理。国际上用这种模式的并不多，比较流行的是 MICOM 和 HIM（C 语言版）。

由于海洋内部海水几乎平行于等密度面运动，等密度坐标海洋模型对密度流有很高的数值精度，能较好地刻画海洋中的锋面和层结。由于通过分段线性形式来拟合地形，解决了等密度面露出及其与地形相交引起的一些技术困难，这样也避免了像 z 坐标一样将底部地形和侧边界分离考虑的缺点。就绝热流来说，ρ 模型也很方便地计算水平压强梯度力，并且可以保证质量守恒。

但等密度面模型也受到一些限制：由于密度面坐标在混合层、非层化水体内和底部边界层的分辨率较低，因而在这些区域对水体物理过程的表达较差；另外，由于坐标变换，非线性状态方程变得烦琐。尽管现在也出现了结合 z 坐标和 ρ 坐标混合的 HYCOM 模型，提高非层化水体的分辨率，但用于各种垂向结构的水团并存的海域，等密度模式仍不是很方便。除此之外，等密度面模式并不拟合地形，因此在模拟水流的底部过程时，很难得到较高精度的模拟结果。

（3）地形拟合（σ）坐标模式

地形拟合坐标（即 σ 坐标）最早由 Phillips 在大气模型中提出，而后被引入海洋模型，至今已被应用到较多的水环境模型中。该模式引入 σ 伸缩变换，定义 $\sigma = (z-N)/(h+N)$，实现垂向上相对分层，使全域的垂向坐标在 [-1, 0] 之间变化。这种方法在垂向上具有相同的网格数，可随意分层，并且自动适应等深线，可以保证在浅水部分也具有较高的垂向分辨率。通过引进坐标变换，在水体表面，$\sigma=0$；在水底，$\sigma=-1$。如图 3-5 所示，图 3-5（a）为一理想化的地形，图 3-5（b）为 σ 坐标模式下的计算域。

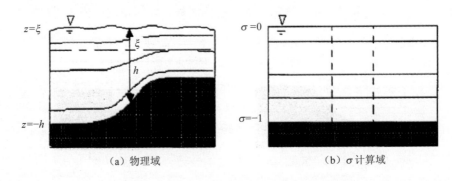

（a）物理域 （b）σ 计算域

图 3-5　三维水流 σ 坐标模式垂向分层示意

以海洋为例，实际水下地形从近岸的几米变到大洋中的几千米，其中还有诸多潮滩、岛屿和海山。尤其是在河口、近岸海域，水下地形变化剧烈，潮差较大，z 坐标模型即使提高分辨率也不能很好地拟合地形和自由面。地形拟合坐标避免了采用非连续性（即阶梯方式）划分海底地形和自由面所带来的寄生效应，很好地拟合了地形起伏和水面波动。通过地形拟合坐标变换，将计算域转换为矩形计算域，并且所有网格点都参与计算。在 σ 坐标系中，计算域中各个计算单元的垂向层数相同，层数与水深无关，在浅水区也有较高的网格分辨率。σ 坐标各计算层随水面起伏而变化，浅水区域不会有计算层露出和淹没情况。水底和等 σ 平面重合，可以很好地反映底部地形，底部边界层处理方便，也能很好地给出状态方程的形式。

与 z 坐标系相比，σ 坐标系统能很好地改变垂向分辨率欠缺的问题，但是并不能很好地反映表面混合层。这是因为在深水区水平相邻网格点之间的垂向网格间距相差较大，相比较 z 坐标而言，其分辨率并不高。当然，这个缺陷可以通过改变 σ 分层进行改进。这样，即使远离海岸的海域，其表面混合层也可以保证一定的分辨率。由于方程经过坐标变换，沿着倾斜密度面的对流项和扩散项变得更加烦琐，在地形变化剧烈的地方，计算水平压强梯度力时，精度往往很难保证。因为等σ面一般不是水平面，而水平压强梯度力垂直于重力方向，这样水平压强梯度力在R等值面就会有一个投影。在大陆架海域，σ面坡度达到1/100～1/10，在这样的坡度下，σ坐标变换下的斜压梯度力会有较大截断误差，这样的伪压力会引起不可忽视的非物质流。

由于σ坐标是对水下地形的贴体坐标，能完全拟合地形，因此，建立在σ坐标系下的三维水流模式可能是最多的，如国际上流行的 EFDC、POM/ECOM、FVCOM、SCRUM/ROMS、TOMS 和 GHER 模式等。不过，不同模型引入的σ坐标变换表达式并不一致。

（4）混合坐标模式

最近几年，出现了一种混合坐标水流模型。这类模型最常见的是$\sigma\text{-}z$混合坐标模型（见图 3-6）。已有的$\sigma\text{-}z$混合坐标，上部水体采用z坐标，下部水体采用σ坐标，有利于提高上层水体、温跃层附近的分辨率，而又使水底与等σ面重合，这种坐标用于局部深水区有显著优势。但是，对于河口、近岸海域，水深变化较大，采用这种混合坐标，水深较浅的区域实际上享受不到σ坐标分层的优势，仍是纯粹的z坐标分层，z坐标的缺点并未消除。而下层水体，如果全部在温跃层以下，σ坐标的缺点不是很显著，但是如果包含温跃层，则并未克服σ坐标的缺点。另外，在潮差较大的近岸海域，上层的z坐标也不能很好地拟合自由面的变化。

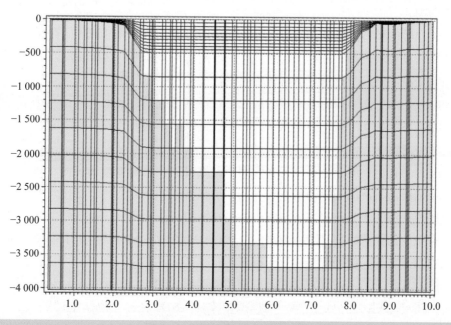

图 3-6　混合坐标模式网格示意

对于局部深水区域，一个合适的垂向坐标是在混合层内采用z坐标，在密度跃层内采用密度坐标，中间水体采用地形拟合坐标。但在河口、近岸海域，水深相对较浅，而且滩槽相间，河口地区径流和海水混合，近岸海域由于沿海城市的工业尾水排放等，都造成了这一特定海域水体的垂向结构非常复杂，这种坐标仍是不方便的，并且这种坐标下的数值算法实现起来也较为困难。

3.4.3 空间分辨率和时间分辨率选取

空间和时间分辨率是数值模式的重要指标。它们彼此互相关联，也影响着模型网格的设计与构建。如果空间分辨率发生变化，时间分辨率（模式时间步长）也应作相应调整，以实现计算的稳定性、准确性和高效性。

空间分辨率的选择，需要良好的判断和经验。其中的两个关键因素是：①空间梯度的变化范围；②从管理的角度讲，这些梯度变化需要在多大程度上予以考虑。必须在相互矛盾的因素如精密性和研究成本之间取得平衡。水动力与水质过程模拟所需的空间和时间分辨率有很大的不同，这取决于所研究的水系统与所涉及的过程。下面给出一些经验性的规则：

①精细的分辨率能降低模式数值错误，但如果分辨率太细的话，在改善模拟结果的同时会增加不必要的研究成本，而模式结果的改善达到一定程度之后会随投入增加而逐渐递减。

②较低的分辨率可以降低研究成本，但如果分辨率太过粗糙的话，就会使模式精度和结果大打折扣。

③在建立数值模型对研究区域进行网格划分时，若存在部分区域（如存在源强）对模型输出结果精度要求较高，可对该区域进行局部网格加密处理，这样既保证了拟合计算的合理性，又减少了网格节点数，节省计算时间。

即使真正的水生态系统总是三维的，也可以根据系统的特点由一维、二维或三维模式来描述。如果系统在某个维度的变化不大，或者可以用平均值代表，那么这个空间维度就可以从模式中忽略掉。作为一个基本的过滤手段，平均总是不可避免地会导致某些信息的丢失。关键是要有足够的分辨率，使水的空间梯度可以在模拟中得到实现。例如，一维河流模式只是描述沿着河流的纵向的变化，忽略掉横截面和垂向变化。这种一维模式，能很好地表现狭窄的浅河流。在河口研究中，除了在纵向层面的变化，那些沿垂直方向的变化往往也具有重要的模拟意义，因为咸水和淡水往往会导致垂向分层。对于在横截面上也有显著变化的河口来说，就需要采用三维模式。

当合适的空间分辨率被确定之后，就需要确定模式的时间分辨率了。选择时间分辨率没有确定的指导原则。非恒定流模式的模拟持续时间相差很大，通常从几周到几年不等，这取决于以下因素：①研究区域的大小；②流动状况和水的输送特点；③拟研究的水质过程；④可用的测量数据；⑤决策的需要。

一个基本的要求是，模拟的时间应该足够长以使模拟结果不受初始条件的影响，即模拟要达到一个稳定状态，以确保在初始条件中的错误不会明显影响模拟结果。水体的流动时间则是另一个确定最低模拟时限的参考量。如果考虑日照、温度或其他外部条件的季节与年际变化的话，对水质模拟的时间范围可能会从季节到年。通常水动力过程也控制着模式时间步长的选择。为确保计算的稳定性和收敛性，模式的时间步长应该足够小，通常必须要把时间步长减少到几分钟或几秒钟的量级上。水动力过程的模拟要求如此之小的时间步长，因此，模式的时间分辨率差不多足够用来重现水体中的其他过程，如泥沙的输送与其他水质动力学。

3.5　边界条件、初始条件及关键预测条件确定

3.5.1　边界条件确定

地表水生态系统的描述与模拟通常需要认识和辨别系统的外部驱动力。地表水驱动力存在较大的时间变化尺度，其时间变化范围可以小到时刻，大到季节。初始条件和边界条件是求解水动力和水质方程必须要考虑的事项。模型不可能也没必要研究整个区域，通常人们感兴趣的是某一个区域，它由特定的边界所包围。数学模型的方程描述了水体的物理、化学和生物过程。为了对这些方程采用数值方法来求解，初始条件和边界条件的选择是非常重要的。初始条件和边界条件的数量和类型主要取决于水体的自然特点、研究问题和模型使用的类型。

边界条件是其他信息的基础，其值不能由方程获得，但是必须作为求解方程的条件。边界条件是模型运行的驱动力。地表水水环境数学模型边界条件主要包括垂向边界条件和水平边界条件。垂向边界条件包括自由面和水底边界条件，水平边界条件包括固壁边界条件和开边界条件。模型本身是不能计算自己的边界条件的，但受其影响。例如，大气温度和风速作为模型垂向边界条件，是不能被模型本身模拟的，但它们影响了潮流、混合和热传输等水动力过程，不同的边界条件可能导致完全不同的模型结果。不适合的边界条件可能引起模型结果的明显误差，而适当的边界条件可以避免这些误差。

地表水水环境数学模型水动力模块，需要考虑的外力驱动边界主要有：①大气边界；②出入水体流量边界；③开边界的作用力；④水工构筑物；⑤取水退水边界。地表水水环境数学模型水质模块边界在水动力模块的基础上，还需考虑：①点源类［出入水体水质边界（包括多种水质变量，如温度、盐度、氮、磷、碳等）］；②非点源类（大气干湿沉降、农田面源污染、内源释放、地下水等）。从模拟的观点来看，当外源在研究中不能直接被模拟时，进入受纳水体的排放物都可以认为是点源，如支流对于河，溪流对于湖，河流对于河口。这样点源与非点源就可以以一种相似的模式被整合入一个数值模式中。

3.5.1.1　大气边界

大气驱动主要包括：①风速和风向；②大气气温；③太阳辐射；④降雨；⑤蒸发；

⑥云层；⑦湿度；⑧气压。理论上讲，模拟水体的逐日或逐月变化，气象数据应该逐时或更短。例如，水库水体的混合主要由风应力和水气界面的热交换驱动。风速做日均后，其值较时均的风速值可能小很多，导致实际风力带入能量少很多。温度值做日均后，也会消除白天和黑夜的温度变化，抑制了水库的温差。气象数据一般来源于气象站。当气象站距离研究区域较远时，气象取值将面临困难。解决的办法可以选用其他站点的数据、取附近几个站点数据做平均或将研究区域分区，分别用各自最近的站点数据。

在湖泊、沿海和河口等一些大面积的水体，风是主要驱动力。风应力驱动水面产生风生流，并驱动漂浮物运动。科氏力（Coriolis）的作用将使其运动轨迹发生偏离。风生流是驱动漂浮物运动和影响其分布的主要动力，如泄漏的油污。如果风力强劲，而且持久，那么风生流可以达到风速的 2%～4%。但是，对于大多数河流、湖泊和河口等开边界水体，风生流远小于这个尺度。譬如潮汐在狭长河口区域，其影响力远大于风力，占主导地位。相反，河口开阔时，风生流的影响就很明显了。在某些时候，风力能改变环流成为水流循环的主要驱动力。但从长期来看，风力并不是影响水流循环的决定因素。

风力变化有一定的时间尺度，包括日变化尺度（海陆风）、气象时间尺度（几天时间）和季风变化尺度等。海陆风是由于大水体（如海洋和大湖）与陆地的热容差异导致的受热不均而形成的一种日变化的风系。水体能在相同时间尺度内响应其变化。风力驱动产生波浪和风暴潮。在特定区域水体，季风可能产生长期的环流类型。

大气温度通过水、气之间的热传导和蒸发交换对地表水产生影响。水、气之间的温度差影响了大气和水体之间的热传导和大气湿度。太阳辐射通常是水体最重要的热通量，常作为加热水体的热源。而降雨通常是一个重要的淡水来源。对面积较小的亚热带湖，直接降雨是主要来源。对面积较小的水体而言，如河流，与支流输入和径流相比，直接降雨的作用可能并不明显。蒸发可能是最终的水量流失，特别是面积大、地处亚热带地区的湖泊。此外，大气湿度、云层和大气压也能通过水气界面的蒸发和热传导影响地表水生态系统。

3.5.1.2　出入水体流量边界

模型研究往往期望有准确的入流和出流信息，尤其对那些驻留时间较短或者换水频率较高的水体。它包括上游边界的所有支流、地下水或者径流的侧流、分水口等。如果污水排放量在流量中占明显比例，那么也应该考虑。明显的出流如电厂取用的冷却水，也应该考虑。

3.5.1.3　开边界的作用力

开边界主要在模拟河口和沿岸海域等水体时需要重点考虑。开边界条件在数学模型中通常被分为 3 个方面：①与开阔海洋相邻的近海开边界条件；②上游区的开边界条件；③下游区的开边界条件。

河口及沿岸海域在多种尺度下的水动力和水质相互作用现象很普遍。通常情况下，水表面高度确定了开边界条件。边界处的盐度、温度、潮流及水质变量也是必要条件。理想的开边界条件对产生在模型区域的湍流来说是可通过的。开边界条件使产生在研究区域的现象在通过边界时不会严重失真并且不影响内部效果。这个观点使开边界对设定的背景低频驱动的内生运动（如潮汐、平均潮流）是透明的。开边界条件的主要目标是：①允许产生在模型区域的波浪及湍流，如海平面或速度，自由地离开区域；②允许产生在模型区域外部的波浪及湍流（尤其是低频驱动力）自由地进入区域。

为了使开边界条件产生的误差影响最小化，通常是开边界条件距离研究区域越远，开边界条件误差对模型结果影响越小。因此，在划定模型区域时，开边界应设在离内部足够远的地方，这样开边界条件误差就不影响内部区域的结果。总的来说，开边界条件应该大于评估排水量的影响范围，并且应该设在流量、潮汐和（或）水质水量能很好被监测的地方。只要有可能，潮汐测量仪器应该放在模型边界作为监测项目的一部分。河口模型的上游边界最好设在河坝或标准站，下游边界应该设在河口，甚至延伸至海洋。

由于确定开边界条件没有统一的标准，为获得边界条件必须运用外推法、近似法及（或）假设法。文献（Palma and Matano，1998，2000）中提出了多种开边界条件，有些以线性化的动量方程为基础，另一些是在特定区域内使模型变量恢复到参考态的张弛方案。目前水动力及水质应用中没有确定开边界条件的统一方法。在模拟研究中，应当准确说明所有物理或数值边界条件，以显示对开边界的精确处理。

3.5.1.4 水工构筑物及取水/退水边界条件

水工构筑物在水库以及河道中较为常见。一般主要通过水工构筑物流量与水位的关系进行设置。比如，上游水深标定流量曲线（水位流量关系曲线）；水流由不同的高程或压力来决定；水流加速流过潮汐通道。取水/退水边界条件主要在电厂的冷却水的抽取或者排放时需考虑。

3.5.1.5 点源类（出入水体水质边界）

对某一个研究区域来说，在一个模式网格建立后，有的点源与非点源都被假定为网格单元。例如，在模拟一条河流时，一条支流可以被认为是一个点源并被假定为一个有入流的特殊网格。水质变量一般包括藻类，无机、有机营养物质（氮、磷、碳）和溶解氧。

3.5.1.6 非点源类（大气干湿沉降、农田面源污染、内源释放、地下水等）

非点源主要包含了大气干湿沉降、农田面源污染、底泥内源释放、地下水等。当大气中的污染物与地面发生碰撞并停留到地面（或水面）时，就是所谓的大气沉降。大气中的污染物沉降包括干沉降和湿沉降，大气中的污染物被雨雪带到地面（或水面）的情形称为湿沉降。当沉降与降水无关时则称为干沉降，即部分物质在重力作用下的"沉降"。湿沉降的营养物质一般是可溶的，而干沉降部分一般是不可溶的。

农田面源污染一般在模型中被分解为许多小的入流，并被假定为许多沿着岸线的网格单元，从而被离散为小的点源。底泥内源释放在模型中一般赋值于水体底层边界或是与沉积物模块耦合。

地下水在总体的水平衡方面作用甚小，其渗透作用通常也很难测量。在大多数应用中，地下水的流失及损失被假定为可以忽略，然而这种假设很可能是有问题的。从营养物质交换的观点来看，地下水输送可能是很重要的，特别是在封闭和半封闭的地表水体中（如湖泊）。当处理地下水污染时，地下水向地表水体的渗透是一个重点关注的问题。地下水模式可以用于模拟从地下进入地表水的污染物通量。

3.5.2　不同水体边界条件确定

河流、河网、湖泊水库、河口与沿岸海域有着截然不同的水动力特征。根据模拟水体的不同特征，需要着重考虑不同的边界条件。

3.5.2.1　河流模型的边界条件

大多数河流的横剖面有两个主要部分：主河道与漫滩。在河流模型中，水流通常在主河道中运输。漫滩的季节性淹没可以通过干湿边界的变化来模拟。河流模型的边界条件通常由如下边界的流量时间序列或者分段时间序列来指定：

①上游边界条件：提供河流的入流条件，通常用流量或者水位来指定；

②下游边界：通常设定水位或者水位流量关系曲线；

③侧边界：侧向的入流可能来自沿着河岸有测量或者没有测量的区域。

上游边界条件或者下游边界条件通常指定在有水流水质测量数据或者有水坝的地方，这样使得入流和边界条件容易确定。当河流中的一段没有监测数据时，可通过流域模型，用流域模型来估算入流条件。对于有逆流的水流，感潮河流可能有更为复杂的边界条件。

3.5.2.2　河网模型的边界条件

河网不仅具有单一河流的特征，而且各条河流之间交错复杂，时常出现往复流等，需对河网形状进行概化，也需考虑河流中水工建筑物和水文观测站的位置。此外，与单一河流一样，也需考虑所有河道和滩区的地形。通常采用一维河网模型来描述其水动力特征。边界条件最好设在有实测水文测量数据处，如果没有就必须估算边界条件。

由于河网本身的复杂性，边界条件可分为外部边界条件和内部边界条件。外部边界条件是指模型中那些不与其他河段相连的河段端点（即自由端点）物质流出此处，即意味着流出模型区域，流入也必然是从模型外部流入，这些地方必须给定某种水文条件（如流量、水位值），否则模型无法计算。所谓内部边界，是指从模型内部河段某点或某段河长流入或流出模拟河段的地方，典型的例子包括降雨径流的入流、工厂排水、自来水厂取水，内部边界条件应根据实际情况设定，是否设定这些边界条件通常不会影响模型的运行，但显然会影响模拟结果的可靠性。

3.5.2.3 湖泊和水库的边界条件

相比河流的较大流速，受湖泊形状、垂向分层、水动力、气象条件的影响，湖泊有更为复杂的环流形式和混合过程。湖泊和水库易于季节性及年际性蓄水。水体长时间的停留使得湖水及沉积床的内部化学生物过程显著，但是这些过程在流速较快的河流中可以忽略。湖泊模型边界条件一般考虑：

①大气边界：浅水湖泊，需特别注意主要风场驱动下风生浪、风生流等特征；深水湖泊或水库特别需要注意辐射、气温、云层等边界条件引起的热通量的交换和热力驱动；

②出入湖支流流量和水质边界：对于深水湖泊或水库，在夏季必须考虑入流的层次以及湖水的分层；

③取/退水边界：发电、灌溉或其他用途引起湖水水位的快速升降（特别是湖岸边区域），需考虑取水/退水边界；

④点源与非点源的水质边界。

3.5.2.4 入海河口和沿岸海域的边界条件

入海河口在水动力、化学及生物学方面与河流、湖泊不同。与河流、湖泊相比，河口特征包括以下 4 个方面：①潮汐是主要的驱动力；②盐度及其变化通常在水动力及水质过程中起重要作用；③两个定向径流（表层水流向外海和底层水流向陆地），通常控制污染物的长期输送；④数值模拟中需要开边界条件。

入海河口及沿岸海域受多种尺度的水动力和水质相互作用现象很普遍。通常情况下，水表面高度确定了开边界条件。边界处的盐度、温度、潮流及水质变量也是必要条件。开边界条件的主要目标：①允许产生在模型区域的波浪及湍流，如海平面或速度，自由地离开区域；②允许产生在模型区域外部的波浪及湍流自由进入区域。

入海河口处控制输送过程主要的因素是潮汐和淡水入流。风应力对大型河口也有重要影响。大多数河口是狭长的，类似于河渠。河流是河口淡水的主要来源，河口处流入淡水随着潮位的涨落与盐水发生混合。典型的河口大部分淡水来自河口的上游，且河口和沿岸海域之间有一个过渡带。淡水向海洋的输送被环绕的岛屿、半岛或礁岛阻断。感潮河段尽管有逆流产生，海水仍然不能穿过这个区域，潮水仍然是淡水（或者是咸淡水）。河口有逆流和盐水。

3.5.3 初始条件设置

初始条件指定了水体的初始状态。初始条件仅仅在与时间相关的模拟中才需要。对于一个稳定态模型，初始条件是不需要的。在任何与时间相关的模拟中，初始条件用于设定模型的初始值。系统将从初始值开始运行。初始条件应该能反映水体的真实情况，至少简化到可以接受的状况。

起转时间是模型达到统计平衡态的时间。冷启动时，模型从初始态运行，需要起转过程，冷启动初始条件主要来自气象数据、实测数据分析、其他模型的结果或者上述的综合。热启动是模型的再启动，启动条件来自以前模拟的输出结果，可用于消除或减少模型起转时间。

一般而言，初始条件是很重要的，尤其是当模拟周期较短，初始状态的值还没有来得及被"冲走"时。例如，一个很深的湖，湖底水体的初始态温度很难发生变化，在湖面的风应力和热传输作用下来改变它之前，其值将持续几个月甚至一年。如果起转时间或模拟周期太短，初始温度将影响模型结果。例如，Tenkiller 湖就可以保持 1～2 年时间（Ji et al.，2004a）。那么初始条件的误差将可能影响模型的结果。

数值模型中，流速变化的时间相对较短，为方便起见，在模拟开始时通常设定为 0。初始水位也是相当关键的，它有较长时间影响力。比如湖泊或者水库，它决定了系统的初始水量，这将持续影响水动力和水质过程。对于大而深的水体，如水库或海湾，为了减少初始水温和盐度的影响，模型通常需要很长的起转时间。

如同真实水体，模型也有对传输、混合和边界力等过程进行"记忆"功能。如果模拟时间足够长，那么将来时间的模型变量将对现有条件的依赖微乎其微。如果模型时间太短，不能消除初始条件的影响，那么模型结果的可靠性就值得怀疑。一个克服初始条件影响的有效办法就是有足够的模型起转时间。适当的边界条件和引入研究区域外部干预，也能帮助消除初始状态的不适应性。

对于恢复力强的系统，初始条件对模型的影响将大打折扣。如流速较大的河流，初始状态将迅速被"冲出"系统，模型将很快"忘掉"这些初始值。山区河流的水位与流动状态和河床坡降直接相关。设置真实的初始水位是很困难的。可以先人为设置一个相对合理的值，水位通过模型自动调节，然后在河流方向很快形成真实的坡降线。

一般来说，初始条件设置初始水深、初始流速、初始水体和床体温度，初始水深基于模拟对象的地形数据。这些初始条件的设置和水体类型（河流、湖泊、海洋）、模型维数、预测因子等相关，应根据不同对象要求确定，与目标吻合。

3.5.4 设计水文条件确定

3.5.4.1 河渠、湖库设计水文条件

按照水文计算规范来确定水环境影响预测的设计水文条件。河渠不利枯水条件宜采用 90%保证率最枯月流量或近 10 年最枯月平均流量；流向不定的水网地区和潮汐河段，宜采用 90%保证率流速为零时的低水位相应水量作为不利枯水水量；湖库不利枯水条件应采用近 10 年最低月平均水位或 90%保证率最枯月平均水位相应的蓄水量，水库也可采用死库容相应的蓄水量。其他水期的设计水量则应根据水环境影响预测需求确定。受人工调控的河段，可根据运行调度方案合理选择设计流量，如选择最小下泄流量作为设计流量等。根据设计流量，采用水力学、水文学等方法确定水位、流速、河宽、水深等其他水文数据。

3.5.4.2 入海河口、近岸海域设计水文条件

入海河口及感潮河段的上游水文边界条件参照河渠设计水文条件的要求确定，下游水位边界的确定，应选择对应时段潮周期作为基本水文条件进行计算，可取用保证率为 10%、50%和 90%潮差，或上游计算流量条件下相应的实测且偏保守的潮位过程。

近岸海域的潮位边界条件界定，应选择一个潮周期作为基本水文条件，选用历史实测潮位过程或人工构造潮型作为设计水文条件。

3.6 模型参数估算方法及其不确定性和敏感性分析

3.6.1 模型参数估算方法

水环境数学模型的参数值来源一般有：①直接测量；②从其他测量值得到的估计值；③文献资料；④模型校准。在确定重要参数时，模型校准非常必要。实测数据，特别是站点观测值对参数设置非常关键。模型校准过程中，调整模型参数，可以优化模型结果，使之尽量与实测数据相匹配。模型参数的调整过程包括水动力参数和水质参数，是一个回归过程。可以先根据参考文献和（或）以前模型的研究结果，预估一个比较合理的参数，然后再调整该参数，使模型运行结果与实测数据相比较，尽量吻合，比较方法可以通过作图或统计方法实现。理论上，参数值的范围是由实验室观测或实际测量得到的。事实上，通过实测来获得参数很难，一般都是依靠以前研究结果或经验得到。

3.6.1.1 水环境数学模型水动力模块参数

水环境数学模型水动力模块参数有数十个，但许多都不需要调整，例如 Mellor-Yamada

湍流模型（Mellor and Yamada，1982）。通常需要调整的水动力参数包括：①确定水底摩擦的参数，如底部粗糙高度；②水平动量耗散系数。比如，底部粗糙高度可能是第一个需要调整的参数。它代表了河床的粗糙程度，一般在 0.01～0.1 m，通常设为 0.02 m。水平动量扩散系数（AH），表示了水平湍流混合，其合理的取值与下列因素有关：①模型的空间维数；②模型的网格分辨率；③模型的数值格式；以上因素都影响了数值扩散过程。对同一个水体，1D、2D 和 3D 的模型可能有不同的 AH 值。模型网格分辨率越高，需要 AH 越小；数值格式的耗散较高也会增加模型的扩散项，使模型仅需要小的 AH 值。

3.6.1.2　水环境数学模型水质模块参数

相对水动力模块测试而言，水质模块参数更为复杂。一些复杂的水质模块可能涉及成百的参数，包含了沉积物成岩、藻类、有机碳、磷、氮和氧的循环过程相关的参数，这些参数的确定是水质模型校准的重要一步。

众多的水质参数所造成的主要后果是需要大量的精力来调试参数和校准水质模型。例如，净藻类生产量，取决于藻类生长、新陈代谢、捕食、沉降和外源。获取水质参数的实际测量值是有重要意义的。然而实际上许多参数的确定通常是通过模型校准，这也是有必要的，因为参数随环境条件而变，如温度、光照和营养物质浓度，所有这些都随时间连续变化。由于水质过程是相关联的，一个参数的调整可能影响多个过程，所包含过程之间相互作用的复杂性需要具有足够的专业知识才能调整水质模型中的参数。为了很好地模拟一个系统，理解模拟的过程及系统控制因素至关重要。

水质参数的确定是一个反复的过程。文献值用于建立合理的参数范围。通常参数的初始值设置来源于文献，随后进行修改以便提高模型结果和实测数据的一致性。最终选择使模型结果和实测数据一致性达到最优的参数。理想情况下，可用值的范围由测量数据来确定。然而一些没有可用的观测值的参数，其参数范围只能由类似模型所采用的参数值或模拟者判断来定。

水质模型之间的主要区别包括：所考虑的藻类和营养物质群组数量及每一项（过程）所采用的特定经验公式。由于这些差异，当选择模型参数，从一个模型中提取参数值用于另外一个模型和/或比较模型结果和观测数据时，理解特定模型的假设条件非常关键。关于水质模型参数的详细讨论可以参考其他文献。

当对一个特定水体进行模拟研究时，关于水质参数的更多信息通常来源于：①关于模型参数的技术报告和文章。这些文档提供参数值及其范围的一般性讨论。②研究中所用模型的手册与报告。这些文档通常给出与特定模型有关和可用的参数值。③关于水体的研究技术报告和论文。这些文档通常提供适用于该研究地点的参数值。

在水环境影响评价中，一级评价应首先采用现场实测、实验室测定、物理模型试验、经验公式计算法确定模型参数的初步取值，再通过模型率定法确定模型参数取值；二级评价一般采用现场实测、实验室测定、经验公式计算法确定模型参数取值，必要时通过模型率定法确定模型参数取值；三级评价可采用现场实测、经验公式计算法，或参考相关成果分析确定模型参数取值。

3.6.2 常用参数的公式估算方法

常用的参数包括综合衰减系数、横向扩散系数、纵向离散系数等。下面介绍这些参数的具体公式估算方法。

3.6.2.1 综合衰减系数 K

综合衰减系数可采用分析借用法、实测法、经验公式法等来确定。

（1）分析借用法

将计算水域以往工作和研究中的有关资料，经过分析检验后可以采用。无计算水域的资料时，可采用水力特性、污染状况及地理、气象条件相似的邻近河流的资料。

（2）实测法

用实测法测定综合衰减系数，应监测多组数据取其平均值。具体方法为：选取一个顺直、水流稳定、无支流汇入、无入河排污口的河段、分别在其上游（A 点）和下游（B 点）布设采样点，监测污染物浓度值和水流流速，按式（3-1）计算 K 值：

$$K = \frac{u}{\Delta X} \ln \frac{c_A}{c_B} \tag{3-1}$$

式中，K 为综合衰减系数，d^{-1}；u 为河流平均流速，m/s；ΔX 为上下段面之间距离，m；C_A 为污染物浓度，mg/L；C_B 为污染物浓度，mg/L。

对于湖（库），选取一个入河排污口，在距入河排污口一定距离处分别布设 2 个采样点（近距离处：A 点，远距离处：B 点），监测污水排放流量和污染物浓度值。按式（3-2）计算 K 值：

$$K = \frac{2Q_p}{\phi H (r_B^2 - r_A^2)} \ln \frac{c_A}{c_B} \tag{3-2}$$

式中，Q_p 为废水排放量，m^3/s；湖心排放时 ϕ 取 2π 弧度，平直岸边排放时取 π 弧度；H 为断面平均水深，m；r_A、r_B 分别为远近两测点距排放点的距离，m；其余符号意义同前。

（3）经验公式法

可采用怀特经验公式，按式（3-3）或式（3-4）计算：

$$K = 10.3 Q^{-0.49} \tag{3-3}$$

或

$$K = 39.6P - 0.34 \tag{3-4}$$

式中，Q 为河段流量，m^3/s；P 为河床湿周，m；其余符号意义同前。

各地还可根据实际情况采用其他方法拟定综合衰减系数。

3.6.2.2 横向扩散系数 E_y

可采用现场示踪实验估值法和经验公式估算法。

（1）现场示踪实验估值法

应按以下步骤进行：

①示踪物质的选择。常用罗丹明-B 或氯化物。

②示踪物质的投放。可用瞬时投放或连续投放。

③示踪物质的浓度测定。至少在投放点下游设两个以上断面，在时间和空间上同步监测。

④计算扩散系数。可采用拟合曲线法。

（2）经验公式估算法

可按下列公式进行：

①费休公式。按式（3-5）和式（3-6）计算：

顺直河段：

$$E_y = (0.1 \sim 0.2)H\sqrt{gHJ} \tag{3-5}$$

弯曲河段：

$$E_y = (0.4 \sim 0.8)H\sqrt{gHJ} \tag{3-6}$$

式中，E_y 为水流的横向扩散系数，m^2/s；H 为河道断面平均水深，m；g 为重力加速度，m/s^2；J 为河流水力比降。

②泰勒公式，适合于宽深比 $B/H \leqslant 100$ 的河流，按式（3-7）计算：

$$E_y = (0.058H + 0.065B)H\sqrt{gHJ} \tag{3-7}$$

式中，B 为河流平均宽度，m；其余符号意义同前。

3.6.2.3 纵向离散系数 E_x

可采用水力因素法和经验公式估值法估算。

（1）水力因素法

通过实测断面流速分布，按式（3-8）计算：

$$E_x = -\frac{1}{A}\sum_0^B q_i\Delta Z \left[\sum_0^z \frac{\Delta Z}{E_z h_i}(\sum_0^z q_i\Delta Z) \right] \tag{3-8}$$

式中，ΔZ 为分带宽度，可分成等宽，m；h_i 为分带 i 平均水深，m；q_i 为分带 i 偏差流量，$q_i = h_i \cdot \Delta Z \cdot u_i$，$m^3/s$；$u_i$ 为分带 i 偏差流速，$\overline{u}_i = u_i - u$，m/s；$\overline{u}_i$ 为分带 i 的平均流速，m/s；

其余符号意义同前。

（2）经验公式估值法

可按下列公式计算：

①爱尔德公式（适用河流）

$$E_x = 5.93H\sqrt{gHJ} \tag{3-9}$$

②费休公式（适用河流）

$$E_x = 0.011u^2B^2 / (H\sqrt{gHJ}) \tag{3-10}$$

③鲍登公式（适用河口）

$$E_x = 0.295uH \tag{3-11}$$

④迪奇逊公式（适用河口）

$$E_x = 1.23U_{\max}^2 \tag{3-12}$$

式中，$U_{\max}$ 为河口最大潮速，m/s；其余符号意义同前。

垂向紊动黏滞系数一般可通过 Mellor 和 Yamada（1982）提出的二阶矩紊动闭合模型求得：

$$A_v = \phi_A A_0 ql \tag{3-13}$$

$$\phi_A = \frac{(1 + R_1^{-1}R_q)}{(1 + R_2^{-1}R_q)(1 + R_3^{-1}R_q)} \tag{3-14}$$

$$A_0 = A_1(1 - 3C_1 - \frac{6A_1}{B_1}) = \frac{1}{R_1^{1/2}} \tag{3-15}$$

$$R_1^{-1} = 3A_2 \frac{(B_2 - 3A_2)(1 - \frac{6A_1}{B_1}) - 3C_1(B_2 + 6A_1)}{(1 - 3C_1 - \frac{6A_1}{B_1})} \tag{3-16}$$

$$R_2^{-1} = 9A_1A_2 \tag{3-17}$$

$$R_3^{-1} = 3A_2(6A_1 + B_2) \tag{3-18}$$

动量方程的垂向边界层考虑了水表面的风拖曳力和湖底的摩擦力，即河床剪切应力 τ_{xz} 和 τ_{yz} 取决于速度分量，可以根据二次阻力公式求得，具体方程为：

$$(\tau_{xz}, \tau_{yz}) = (\tau_{sx}, \tau_{sy}) = c_s\sqrt{U_w^2 + V_w^2}(U_w, V_w) \tag{3-19}$$

其中，U_w、V_w是x、y方向在水表面 10 m 高处的风速。风拖曳系数求法如下：

$$C_s = 0.001 \frac{\rho_a}{\rho_w}(0.8 + 0.065\sqrt{U_w^2 + V_w^2}) \qquad (3-20)$$

式中，ρ_a和ρ_w分别是空气和水的密度。

底部摩擦力的计算方法为：

$$(\tau_{xz}, \tau_{yz}) = (\tau_{bx}, \tau_{by}) = c_b\sqrt{u_1^2 + v_1^2}(u_1, u_1) \qquad (3-21)$$

其中，下标 1 指底部的对应流速。底摩擦系数求取方程为：

$$c_b = \left(\frac{\kappa}{\ln(\Delta l / 2z_0)}\right) \qquad (3-22)$$

式中，κ为卡门常数，Δl 为底层的量纲为 1 的厚度，$z_o=z_o*/H$ 量纲为 1 的糙率高度，一般取值在 0.002~0.01。

3.6.3 模型参数不确定性和敏感性分析

模式对参数变化的敏感性是模式的一个重要特征。灵敏度分析用于研究当参数改变时模拟结果的变化情况，并确定对模拟结果精度有最大影响的参数。自然水域内在的复杂性、随机性与非线性过程不能由数学方程准确地反映。模式的参数配置是现实水体与数字化近似之间的折中妥协。模式的输出精度受到来自观测数据、模式设定以及模式参数等多个不确定性因素的影响。灵敏度分析是阐明参数值和模式结果之间不确定性关系的有用工具，是地表水模式中不可或缺的组成部分。

灵敏度分析能定量地确定在模式参数变化时输出结果变化的大小。通常情况下，灵敏度分析是通过一次只改变一个模式参数并评估该变化对模拟结果的影响。参数和输入数据逐个变化以分别确定哪个参数或初始条件以及边界条件会在改变时引起模拟结果最大程度的改变。对于只有几个参数的简单模式，敏感性分析一般也较为简单。然而，对于复杂的模式，因为可能涉及非线性相互作用，敏感性分析会很复杂。如果某个模式参数的变化引起了结果很大的变化，模式就被视为对该参数敏感。

敏感性分析说明了模式参数变化对结果变化的相对贡献大小。它能帮助我们确认是否需要进行额外的数据收集来改进某些负荷物、初始条件或反应速率的估计。举例来说，通过确认底泥需氧量（SOD）、外源负荷、有机物（碳）、光合作用以及硝化作用和复氧作用就可以得出并确认低溶解氧浓度的原因。在这种情况下，对它们进行排名可以得出哪些对结果精度有更大的影响。举例来说，如果溶解氧浓度对 SOD 敏感，那么模式中使用的 SOD 数据就应给予特别对待，并针对观测数据进行仔细的调整和验证，使得模式中由 SOD 造成的误差减小到最低程度。

模型参数不确定性和敏感性分析可以有效地估计参数对模型结果的影响。目前主流的估计方法众多，可根据项目、所建立的模型需求选择合适的评价方法，为提高模型精度、减少模型误差至合理范围打下基础。下面就主要的一些分析方法进行简单介绍，具体分析方法可参见相关文献。模型参数不确定性分析方法主要有以下几类：①敏感性分析；②采样法；③分析法和计算机代数法。其中，第三类方法在环境系统模型中应用较少。敏感性分析主要有一次一个变量法（One Factor at a Time，OAT）、标准回归系数法（Standardised Regression Coefficient，SRC）、Sobol 敏感度指标法（Sobol sensitivity indices）等。采样法主要有蒙特卡罗法（Monte Carlo）、拉丁超立方取样（Latin Hypercube Sampling，LHS）、傅里叶法（Fourier Amplitude Sensitivity Test，FAST）、一阶和二阶可靠性方法（First and Second-order Reliability Methods，FORM&SORM）、响应面法（Response Surface Method，RSM）、贝叶斯法（Bayesian method）等。

3.7 模型率定验证

3.7.1 数据选取及要求

将模拟结果与测量数据进行对比是必不可少的模型评估步骤，而测量数据一般来自实验室数据和野外观测，一些经典的解析解数据也可以用来与模拟结果进行对比。我们的目标是以测量数据来率定模型，方法是利用和测量数据一致的参数或在一般范围内所取的参数值，通过比较模型与测量数据，使模型得到率定和验证。模型的率定验证过程见图 3-7。

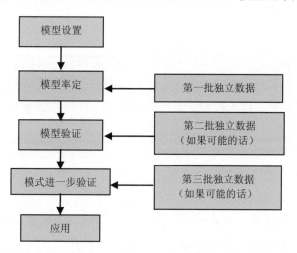

图 3-7 模型率定验证过程

水动力模型要求有足够的数据用于建模、率定和验证。模型需要的数据应当尽量准确，模型使用的数据较少，那么运行的结果可能就不确定。模型需要的数据应当事先设计好，每一个水体有其独特性，也有特定的数据要求，这是由水体系统的特点、水动力过程、时间和空间尺度决定的。数据的质量和数量在很大程度上决定了模型应用的质量。

假如建模和率定验证使用的数据不可靠，模型结果自然不可靠，而无论该模型在其他地方用得多好。模型使用者应当尽量熟悉数据测量、使用的仪器类型、数据获得的条件和原始数据的处理。

建立水动力模型需要下列数据：水下地形和水体岸线坐标，流入和流出流量，气象条件以及开边界数据。精准的水下地形和形态岸线坐标数据是首先需要的数据，它们用于建立网格和确定模型区域。模型网格需要足够的水平和垂向分辨率。常用于模型率定验证的状态参量包括水位、流速、温度和盐度。基于获得的模型区域内或开边界处的数据，需要确定作为率定的时间段和验证的时间段，理想的时间段是：开边界的连续观测数据；模型区域内的好的观测数据，可以用作与模型值比较；不同的环境条件以及完整的气象数据。

由于水质模型其本质是基于经验主义的数学公式，因此充足的数据是模型建立、率定和验证的关键。模型结果的可靠性，很大程度上是通过比较模拟和观测数据的一致性来判定的。可靠的初始和时间变化边界条件对于水质模型是非常重要的，如果对营养物质外负荷的描述不充分，水质模型就不能精确地再现富营养化过程，这些点源和非点源通常由观测数据、流域模型或回归分析来确定。水质数据需求的类型、数量和质量取决于一些因素，在决定数据需求时应考虑水体研究的物理、化学和生物特征。一个通常要考虑的实际问题是该研究的资金量，另外一个需要考虑的是营养物质负荷和水体响应之间的本质关系。

3.7.2 模型率定

模型率定就是先假定一组参数，代入模型得到计算结果，然后把计算结果与实测数据进行比较，若计算值与实测值相差不大，则把此时的参数作为模型的参数；若计算值与实测值相差较大，则调整参数代入模型重新计算，再进行比较，直到计算值与实测值的误差满足一定的范围。

对于半经验性质的水动力和水质模型来说，率定是很有必要的。这些模型普遍适用于不同的水体，因为它们通常都建立在基本的规律之上。然而一些关键过程，如水动力模型描写的水体底部摩擦和模型中的水质动力学，都是经验公式性质的。这些经验公式中的参数或者无法直接测量，或者在某个特定的水体研究中缺乏必要的观测数据。模型率定的其中一步是，调整模型参数到合理的范围，以使模型再现观测数据（在可接受的精度范围）。

模型率定的第一阶段是用专门的、不作为模型设置的观测数据进行模型调整。模型率定也是设定模型参数的过程，当有相应的观测数据时，模型参数也可以使用曲线拟合的办法估计，也可以由一系列的测试运行得出。通过比较模拟结果与实测数据的图形和统计结果，以此进行性能评估，并进行反复试验、调整误差来选择合适的参数值，使其达到可以接受的程度。这个过程不断持续，直到模型能合理地描述观测数据或没有进一步改善为止。

除非有具体的数据或资料显示了其他的可能性，模型参数应该在时间和空间上保持一致。物理、化学与生物过程，也都应该在空间和时间上保持一致。

水质模型的率定通常更加花费时间。涉及藻类生长和营养元素循环的参数，即使不是不可能，也是很难由观测数据来确定的。确定它们的实际过程还要依靠文献值、模型率定和敏感性分析。也就是说，要从文献中选取参数，最好是根据以往的相类似的研究来设置，随后运行模型进行参数微调，以使模型结果符合观测数据。

如果模型不能率定到可以接受的精确性，那么可能的原因有：模型被滥用了或模型没有正确设置；模型本身不足以应付这种类型的应用；没有描述水体的足够数据；测量数据不可靠。

3.7.3　模型验证及精度要求

模型验证是指在对模型参数率定后，对预测的结果进行验证，通常是利用另一组或几组独立的输入、输出数据，试验已率定过的模型，验证该模型预测的结果精确度是否符合要求。对模型进行不确定性和敏感性分析，对模型结果误差产生的原因进行合理性探讨与分析，尽量将模型结果误差控制在合理可接受的范围之内。

模型率定后并不意味着具备了相应的预测能力。单独的率定并不足以确定一个模型模拟水体的能力。如果再用一批独立的数据将模型率定到可以接受的精度范围，模型的结果会更加可靠。模型验证就是确认率定后的模型在更大范围的水体条件仍然是有用的。

模型率定后的参数值在模型验证该阶段不作调整，并使用与模型率定相同的方法对模拟结果进行图形和统计学评估，只是用不同的观测数据进行而已。一个可接受的验证结果应该是，模型在各种不同的外部条件下能很好地模拟水体。经过验证的模型仍然会受到限制，这是由率定和验证时所用的观测数据所涉及的外部条件决定的。不在这些条件范围内的模型预测仍然是不确定的，为了提高模型的稳定性，如果可能的话，应该再用第三批独立的数据来验证模型。

严格地说，模型验证意味着用率定后的参数，通过再次运行模型，将输出结果与第二批独立的数据相对比。然而，在某种情况下，参数值可能需要细微的调整，以使模型计算结果与验证所用的实测数据保持一致。例如，有些水质参数是通过冬季的条件率定获得的（或在干旱年份），就需要在验证时在夏季条件（或在丰水年）进行再次率定。在这种情况下，参数的变化要一致、合理、有科学依据。如果模型参数在验证阶段更改，那么更改后的参数就应该返回到上次率定时所用的数据再率定一次。

参考《水电水利工程溃坝洪水模拟技术规程》（DL/T 5360—2006）、《海洋工程环境影响评价技术导则》（GB/T 19485—2014）、《海岸与河口潮流泥沙模拟技术规程》（JTS/T 231-2—2010），以及国际上现有的一些数学模型成果要求，来确定地表水水动力、水质数学模型验证应满足的精度要求。

3.8 预测内容及模型结果展现

3.8.1 水污染预测分析内容

水污染预测分析内容包括污染源组成及其负荷、不同水文条件下的水质状况及变化趋势等内容，具体包括点源及非点源等的排放量与入河（湖或海）污染物量、水文条件（典型年、水期）选择、水质预测因子选择、水质浓度及变化、水污染影响程度与范围等。在湖泊、水库及半封闭海湾等滞留水体，还需关注富营养化状况与水华等。

3.8.2 水文情势和水动力条件预测分析内容

河流、湖泊及水库的水文情势预测分析内容主要包括水域形态、径流条件、水力条件以及冲淤变化等内容，具体包括水面面积、流量、径流过程、水位、流速、河宽、水深、冲淤变化、底质组成等，湖泊和水库需要重点关注湖库容积及水力停留时间等因子。

入海河口、感潮河段及近岸海域水动力条件预测分析内容主要包括流量、潮流、潮区界、潮流界、纳潮量、水位、流速、河宽、水深、冲淤变化因子等。

3.8.3 模型结果展现形式及统计分析

3.8.3.1 模型模拟结果展现形式

模拟结果通过图或表的格式展现，其中图形包含曲线图、折线图、柱状图、点位图、动态图、二维或三维的空间分布图等。图表数据应包含空间展现序列和时间展现序列，序列可分为单项目序列、多项目序列或同项目对比序列。其中，空间展现序列为同一时刻不同位置的某个（些）数据类型在地理空间上的分布，时间展现序列为同一位置不同时刻的某个（些）数据类型在时间上的分布，空间和时间跨度可以均匀分布或不等距具体设定点位。

对于常用的模型率定验证状态参量水位、流速、浓度等一般采用时间序列点位曲线图。将实测数据作为点位图、模拟结果作曲线图对比，可分析模型模拟结果变化趋势与实测数据是否一致。而对于温度、盐度等在水体垂向方向存在变化的状态量，模型率定验证时可采用空间序列图。此外，有时根据项目需要，分析流场、水质浓度等最大包络图，并以表格形式进行统计分析。

在环境影响评价报告中，通常需要绘制率定、验证点位典型时段的流速、水位图表，水温、水质变量或泥沙等浓度计算值和实测值比较的图表，根据需要设定两个或多个参数时间序列的比较图表，模型的参数和误差评价表；另外，根据项目需要，还需要给出流速场（流矢量、等值线）、水位场、浓度场；跟水质标准结合的浓度最大包络场（图）；最大包络统计表（面积）等。

3.8.3.2 模拟结果统计分析

（1）用于评估模式性能的统计量

为了得到正确的结论，在进行系统分析、预测和辅助决策时，必须保证模型能够准确地反映实际系统并能在计算机上正确运行，因此必须对模型的有效性进行评估。模型是否有效是相对于研究目的以及用户需求而言的。在某些情况下，模型达到60%的可信度即可满足要求；而在某些情况下，模型达到99%都可能是不满足要求的。

模拟结果合理性分析通常采用误差分析来表征。模型误差分析中运用的一些统计变量，可以在模拟与实测结果对比以及模型率定和验证中有很大帮助。下面是模型误差分析中经常运用的统计变量：

平均误差（AE）是观测值与预测值之差的平均：

$$AE = \frac{\sum_{i=1}^{N}(O_i - X_i)}{N}$$ （3-23）

式中，AE为平均误差统计；O为观测值；X为在空间和时间上对应的模型值；N为有效的数据/模型配对的数目。

理想状况下，AE=0，一个非零值表明模型的结果可能高于或低于观测的值。正值表明，平均而言该模型预测值小于观测值，模型可能低估了观测值；而负值表明，平均而言该模型的预测高于观测数值，模型可能过高地预报了观测值。

仅使用平均误差作为模型的性能衡量，可能会造成虚假的理想零值（或接近零），并产生误导，因为如果正的平均误差约等于负的平均误差，它们就会互相抵消，使计算结果等于零。由于这种可能，仅靠这一个统计量来衡量模型性能不是一个好的办法，因此还需要其他统计量：

平均绝对误差（AAE）：

$$AAE = \frac{\sum_{i=1}^{N}|O_i - X_i|}{N}$$ （3-24）

虽然平均绝对误差（AAE）不能显示预测值是高于还是低于观测值，但是它消除了正负误差之间的抵消效应，可以作为观测值与预报结果之间是否符合的一个更明确标准。与平均误差（AE）不同，平均绝对误差（AAE）不会给出误导性的零值。AAE=0意味着预测值与观测值完美地吻合在一起。

均方根误差（RMS），也称为标准差，是观测值与预测值差的平方和求平均后再开根号：

$$RMS = \sqrt{\frac{\sum_{i=1}^{N}(O_i - X_i)^2}{N}}$$ （3-25）

均方根误差（RMS）广泛用于评估模型的性能。理想情况下均方根误差应为零。均方根误差 RMS 可以代替平均绝对误差（AAE）（通常 RMS 比 AAE 要大），是对一个模型性能更严格的一个衡量标准。它相当于一个加权后的 AAE，如果模型预报值与观测值相差较大，那么它给出的结果也更大。

上述 3 个统计量，即平均误差、平均绝对误差和均方根误差，都给出了观测值与预测值之间差异的具体大小。但是，在水动力和水质模型中，还使用百分比来表示这种衡量模型性能的差异。相对误差（RE）被定义为平均绝对误差（AAE）与观测平均值的百分比，表示为：

$$RE = \frac{\sum_{i=1}^{N} |O_i - X_i|}{\sum_{i=1}^{N} O_i} \times 100 \qquad (3\text{-}26)$$

相对误差给出了平均的预测值在多大程度上与平均的观测值一致。但是在地表水模拟中，有些状态变量可能会有非常大的平均值，以至于相对误差很小，这就造成了模型预测结果是准确的错误假象，即使预测误差可能不可接受。例如，如果平均水温 31℃，平均绝对误差（AAE）是 3℃，则相对误差仅为 9.7%，看起来是可以接受的。而实际上，在大多数水动力与水质模拟中，3℃的平均绝对误差（AAE）是不可接受的。

为了克服这一缺点，在水动力和水质模型中还经常使用相对均方根误差（RRMS）：

$$RRMS = \frac{\sqrt{\dfrac{\sum_{i=1}^{N}(O_i - X_i)^2}{N}}}{O_{max} - O_{min}} \times 100 \qquad (3\text{-}27)$$

RRMS 在模拟河流、湖泊和河口时是一个很有用的衡量标准。

此外，在模型应用工况设计时，需要考虑水文条件设定的合理性，比如水文重现期、保证率等；工程实施前后水体水文特征发生变化，是否会对边界条件设定等带来影响。

（2）相关分析与回归分析

研究中往往需要知道两个变量之间的关系，如汇入一个湖泊的支流其水量与泥沙含量之间的关系。相关分析与回归分析就是在统计学意义上表明了这种关系。回归分析采用最适合的方式来建立两个变量之间的数学关系。在地表水的研究中，回归分析经常用来建立两组测量数据之间的简单的回归关系式。根据该表达式，由一个变量的值可以计算出另一个的值。比如一条河流的流量与营养物质负荷与其支流之间的关系，这两个变量之间是正相关的。建立回归方程后发现，流量通常可以用来预测营养物质负荷。

如何衡量表示两个变量之间关系的回归方程，需要计算给出的 y 值与观测值之间的相关指数。相关指数的平方，即 r^2，经常被用来做线性回归关系契合程度的一个指标。相关指数用来定量表达两个变量之间的关系，定义为：

$$r = \frac{\sum_{i=1}^{N}(O_i - \bar{O})(P_i - \bar{P})}{\sqrt{\dfrac{1}{N}\sum_{i=1}^{N}(O_i - \bar{O})^2}\sqrt{\dfrac{1}{N}\sum_{i=1}^{N}(P_i - \bar{P})^2}} \qquad (3\text{-}28)$$

式中，r 为相关指数，量纲一；其中平均预测值 $\bar{P}$ 表达式为：

$$\bar{P} = \frac{1}{N}\sum_{i=1}^{N}P_i \qquad (3\text{-}29)$$

在模拟结果与实测数据比较时，相关指数是预测值能在多大程度上切合观测值的一个衡量标准。相关指数 0（完全的随机关系）至 1（完美的线性关系）或–1（完美的负线性关系）。如果预测结果与观测值没有关系，相关指数就为 0 或很小。随着预测值与观测值之间相关性的增加，相关指数的绝对值越来越接近 1。

（3）谱分析与经验正交函数分析

地表水常常有周期现象，如水温与溶解氧浓度的昼夜与年际变化。河口的潮汐运动和湖面波动在时间上也是周期性的。谱分析是一个研究时空周期变化的有用工具。一个变量的时间序列，如温度和水面高度，可以看作不同频率周期性成分的合成。通过分析这些成分对时间序列的贡献率，主要的频率（或周期）就可以被识别出来，这在了解水体的特点时很有帮助。一个时间序列可以分解成含有长期趋势的周期部分和随机波动。谱分析的关键是从长期趋势和随机振荡中分离出周期性的组分，并确定与之相关的能量。傅里叶分析是一种常用的谱分析方法。

3.9　小结

本章主要针对如何就一个研究问题开展模型研究的全部过程进行了简要的介绍。模型建模步骤主要分为研究对象和研究目标制定、概念性模式构建、模型选择、网格划分、边界条件的设置、初始条件的设置、模型参数估算及模型参数不确定性和敏感性分析、模型率定验证、模型结果展示及合理性分析等几大步骤。本章分别对模型各建模步骤进行了具体介绍，列举出了模型建模过程中各步骤应注意的事项，并对模型参数估算方法及模拟结果统计分析方法进行了介绍。

参考文献

[1] 季振刚. 2012. 水动力学和水质——河流、湖泊及河口数值模拟[M]. 北京：海洋出版社.

[2] 陶剑锋，张长宽. 2007. 河口海岸三维水流数值模型中几种垂向坐标模式研究述评[J]. 海洋工程，25（1）：134-141.

[3] Sven Erik Jorgensen，Giuseppe Bendoricchio. 2008. 生态模型基础[M]. 何文珊，陆健健，张修峰，译.

北京：高等教育出版社.

[4] Bleck R. 2000. An Oceanic general circulation model framed in hybrid isopycnic-Cartesian coordinates[J]. Ocean Modelling，4（1）：55-88.

[5] Bleck R，Rooth C，Hu D，et al. 1992. Salinity-driven Thermocline Transients in a Wind- and Thermohaline-forced Isopycnic Coordinate Model of the North Atlantic[J]. Journal of Physical Oceanography，22（12）：1486-1505.

[6] Ezer T，Mellor G L. 2004. Ageneralized coordinate ocean model and a comparison of the bottom boundary layerdynamics in terrain-following and in z-level grids[J]. Ocean Modelling，6（3-4）：379-403.

[7] Hallberg R. 2002. Time Integration of Diapycnal Diffusion and Richardson Number Dependent Mixing in Isopycnal Coordinate Ocean Models[J]. Monthly Weather Review，128（5）：1402-1419.

[8] Ji Z-G，Morton M R，Hamrick J M. 2004a. Three – dimensional hydrodynamic and water quality modeling in a reservoir[C]//Spaulding M L. Estuarine and Coastal Modeling：Proceeding of the 8th International Conference，Monterey，CA：608-627.

[9] Mellor G L，Hakkinen S，Ezer T. 2000. A generalization of a sigma coordinate ocean model and an intercomparison of model vertical grids[A]//Pinardi，N. Ocean Forecasting：Theory and Practice[Z]. New York：Springer.

[10] Mellor G L，Yamada T. 1982. Development of a turbulence closure model for geophysical fluid problems[J]. Reviews of Geophysics，20（4）：851-875.

[11] Mellor G L，Hakkinen S，Ezer T，et al. 2002. Ageneralization of a sigma coordinates ocean model and an intercomparison of model vertical grids[A]//Pinardi N，Woods J D. Ocean Forecasting：Conceptual Basis and Application[Z]. NewYork：Springer：55-77.

[12] Palma E D，Matano R P. 1998. On the implementation of passive open boundary conditions for a general circulation model：The barotropic mode[J]. Journal of Geophysical Research Oceans，103（C1）：1319-1341.

[13] Palma E D，Matano R P. 1998. On the implementation of passive open boundary conditions for a general circulation model：The barotropic mode[J]. Journal of Geophysical Research Oceans，103（C1）：1319-1341.

[14] Palma E D，Matano R P. 2000. On the implementation of open boundary conditions for a general circulation model：The three-dimensional case[J]. Journal of Geophysical Research Oceans，105（C4）：8605-8627.

[15] Song Y，Haidvogel D. 1994. A Semi-implicit Ocean Circulation Model Using a Generalized Topography-Following Coordinate System[J]. Journal of Computational Physics，115（1）：228-244.

生态水力学模型介绍及应用案例

生态水力学是近年发展起来的新兴、学科交叉型研究领域，主要研究水中生命体的扩散、输移规律及其流场控制技术，以及水域生态系统在人类干扰条件下，其内在变化机理和规律，它们对环境改变的敏感性、选择性和适应性，寻求水域生态系统的恢复、重建和保护对策。

4.1 生态水力学模型的发展

随着过去几个世纪内人类活动的加剧，地球资源的脆弱性引起了前所未有的环境保护方面的关注。从 20 世纪 90 年代起，一些重要地球资源的衰减、保护、管理和恢复就已经成为研究人员、决策者以及教育工作者的挑战。为了解决这些问题，加强先进的环境监测、开发评估和仿真模拟模型系统是有效的科技手段。

20 世纪 60 年代末，水力学领域取得了重大突破，流体的非线性守恒方程可以通过使用数字技术和计算机来进行求解。随着计算机性能的提高和数值模拟技术的不断发展，流体力学和传输扩散方程的数值求解已经成为水生态数值模拟的标准解决方案，这被称为环境水力学。环境水力学主要研究物质在水体的迁移和转化以及其浓度对生物生命的影响，但对生物及生态动力学过程较少涉及。而以前存在的一些水生态模型基本上都局限在水生生物的生理特征研究和生境评价上，很少涉及动力学部分，属于静态模型。近年的研究发现，如果不结合水文和水力学过程，很多生态问题很难解释，如水华。由此而产生的生态水力学是一门新的交叉学科，主要研究水动力学和水生态系统动力学之间的相互动态关系。国际水力学研究协会（International Association for Hydraulic Research，IAHR）于 1994年在挪威召开了第一届国际栖息地水力学（生态水力学）研讨会，成为生态水力学发展为一门独立学科的标志。

Nestler（2008）认为，"生态水力学的目标是将水力学和生物学结合起来，改善和加强对水域物理化学变化的生态响应的分析和预测能力，支持水资源管理"。

众所周知，生物生活史特征与水力学条件之间存在着适宜性关系。也就是说，生物不同生活史特征对于栖息地需求可根据水力条件变量进行衡量；对于一定类型水力条件的偏好能够用适宜性指标进行表述；生物物种在生活史的不同阶段通过选择水力条件变量更适宜的区域来应对环境变化而做出响应。所谓水力学条件包括水流特征量（流速、流速梯度、流量、含沙量）、河道特征量（水深、底质类型和湿周）、量纲为一的量（弗汝德数、雷诺数）和复杂流态特征量。所谓生物生活史特征指的是生物年龄、生长、繁殖等发育阶段及其历时所反映的生物生活特点。

水力学条件各变量指标对生物生活史特征产生综合影响。在急流中，水中含氧量几近饱和，喜氧的狭氧性鱼类通常喜欢急流流态，而流速缓慢或静水池塘等水域中的鱼类往往是广氧性鱼类。河流也提供不同流态以符合鱼类溯游行为模式。对于不同的流态，比如从急流区到缓流区，鱼类的种类组成、体型和食性类型都有明显变化。水流还具有传播鱼卵和幼体的功能。同时，水生生物反过来也对水动力产生影响。例如，河流—河漫滩—湿地系统存在着不同类型的植被组合，这些植被通过茎、叶的阻挡作用加大了岸滩的糙率，降低了行洪能力，也导致污染物运移、泥沙沉积和河床演变规律发生变化。

综上所述，生态水力学的任务是，在一定尺度上建立起生物生活史特征与水力学条件的关系，研究水力学条件发生变化情况下的生态响应，预测水生态系统的演替趋势，提出加强和改善栖息地的相关对策。

在传统的生物学模型研究中，通常会选择水动力模型作为出发点，然后针对某一现象进行研究，并试图找到该现象的一种数学描述。可是，在当下水生态领域的很多研究当中，良好而准确的水动力条件虽然是水生态研究中必要的载体和平台，但已经不是关注的重点。例如，在最常用到的水生态模型 Lotka-Volterra 模型中，整个生态系统的描述就被简化为不同生物种类生物量之间的特征变化。如今，不同类型的 Lotka-Volterra 水生态动力学模型通常是与水动力模型和对流扩散模型进行耦合计算，并通过同步提取水动力模型的流速水深和对流扩散模型的各种物质组分等计算结果来同时计算不同生物种群之间的交互。由于大多数低位营养级的生物（如浮游生物）在时空分布上存在较好的规律性，这种模拟方法在对很多低位营养级生物的研究中都取得了较为满意的结果。然而，在描述高位营养级的生物时这种模拟方法通常无法令人满意（Baretta et al.，1995）。

为此，在不同的生态动力学研究中逐渐发展出了一些智能生物体的模拟方法，用于模拟自然界的空间异质性和许多生物过程如繁殖、捕食的非连续性，如细胞自动化机器模式、基于个体模型、盒式模型等。其中，基于个体模型（Individual-Based Model，IBM）在过去的十多年中发展迅速，被认为是目前研究生态系统中智能生物体种群属性变化的最合理的手段，并越来越多地用于解决生态动力学的问题。

自 DeAngelis 等第一个提出基于个体模型在鱼类研究中应用后，20 世纪 80 年代末期 Bartsch 等开发了第一个鱼类物理生物耦合模型，将个体作为基本的研究单元，重点考虑了环境对个体的影响。传统的种群动力学模型是在一个种群内，综合个体作为状态变量来代表种群规模，忽略了两个基本生物问题，即每个个体都是不同的和个体会在局部发生相互作用，实际上每个个体在空间和时间上都存在差异，都有一个独特的产卵地和运动轨迹，基于个体模型能够克服传统种群模型不能解决此类问题的缺点，这也是促进其快速发展的原因之一。基于个体模型的发展在很大程度上也得益于近年来计算机硬件和软件系统具有很强的处理能力和运算速度，从而允许充分模拟更多个体和属性。

历史上人类大规模的治河工程和开发，包括河流渠道化、疏浚和采砂等，改变了河流蜿蜒性等特征，也改变了水流的边界条件，使水力学条件发生重大变化，可能导致栖息地减少或退化。例如，水坝不但切断了洄游鱼类通道，而且造成水库水体的温度分层现象。很多鱼类对水温变化敏感，一些鱼类随着水温的升高其产量增加，一些则下降。另外，高坝泄水时，高速水流与空气掺混，出现气体过饱和现象，导致水坝下游长距离河道的某些鱼类患有气泡病。最后，进行电站日调节的水库，下泄流量的日变幅和小时变化率都较大，有时在减水时段，会因水位下降过快造成鱼类的搁浅。另外，随着海洋工程技术的发展，现代海洋开发活动的日益频繁，大规模开发海底石油、天然气和其他固体矿藏，开始建立风力、潮汐发电站和海水淡化厂，从单纯的捕捞海洋生物向增养殖方向发展，利用海洋空间兴建海上机场、海底隧道、海上工厂、海底军事基地等，形成了一些新兴的海洋开发产业。这些新兴的海洋工程在建设过程中和建成后运营时所产生的流场变化、噪声以及悬浮物增加等环境变化因素都对鱼类等生物种群将产生不同程度的影响。

生态水力学的研究范围包括生态流量、鱼道、水质、富营养化与水华、洪泛区、湿地、水生态栖息地和水域生态修复等。对于河流，流态的改变影响河床地貌的变迁和沉积物的分布，从而影响河床岸坡植被的生长和生物多样性；与此同时，河床植被的变化改变了河流糙率和河床稳定性，从而影响流态。这是一个双向的动态过程，其研究对湿地的利用和保护、洪泛区修复和流域系统管理有重要指导意义。同样的，对于湖泊，湖流和波浪影响营养物的输送和底质的沉积与再悬浮，水力调节湖水位影响水体稳定性和光照条件，这些对湖泊中藻类和沉水植物之间的竞争性生长有重要影响；而沉水植物的生长对稳定底质、净化水体和湖泊修复有重要功能。因此，研究湖泊水力条件、水生植物、藻类以及鱼类之间的动力关系是湖泊生态工程恢复首先需要解决的问题。另外，在过去的十几年中，基于个体模型在早期生活史上的应用发展很快，尤其在鱼类种群动态研究中，已成为研究鱼类补充量和种群运动的一个必要工具，用以加深对鱼类行为的理解和掌握。

从环境影响评价工作的角度出发，近年来越来越多地遇到需要考虑工程建设对水生物种的生态影响。基于个体模型已经在国外的一些近海渔业、围海工程等工程建设环境影响评价中逐步被采用并取得了较好的效果。

4.2 基于个体模型的理论

在对生态系统中的生物群体进行数学模拟时，计算与观测结果之间的差异在绝大多数情况下都被认为是由于对高营养级生物复杂行为过程的认识不足所造成的。然而，这些物种群体也绝对不是由完全一致的个体所组成的。每一个个体所表现出来的行为变化往往与年龄结构、基因诱导变化有关，并呈现出明显的差异性，从而也对整个物种群体的行为产生影响。也就是说，描述高营养级生物智能行为的要点就在于要把它们作为智能个体（intelligent agent）来对待。

当把智能个体作为计算对象进行描述时，就需要模拟它的"精神状态"，也就是说它将接收到其他个体发出来的某些信号并做出反应，做出某些行动（或者规避某些行动）和向其他个体发送自身行动的信号。当把智能个体作为计算对象进行描述时，就需要模拟它的"心理过程"。这样一个智能体就能从其他模拟状态变量或其他智能体处获得某些特定的信息，对这些信息做出反应，采取（或规避）某种行动，并进一步把所采取（或规避）行为的信息发送给其他状态变量或智能体，这样的过程也可能轮流反复地出现。一个由这样一些信息传递智能个体所构成的计算机模拟程序通常被称为多主体间的信息传递架构（multi-agent，message-passing architecture）。

因此，在生态模型的智能体理论中被倡导的基础概念就是，应当注重描述个体的定义，而回避直接对种群特性进行直接的描述；种群的特性应当被认为是众多智能个体互动所引起的突发性行为。也就是说，每个智能个体都将展示自身的行为，而物种群体的特性是在众多的个体行为局部相互作用下所呈现出来的一种习性。

理论上，当以个体为研究对象，用一套参数化的方程来模拟一个特定生态系统的种群动力学时，这就是基于个体的生态模型。基于个体的生态模型主要是通过参数化描述个体足够多的过程，如年龄、生长、移动、捕食和逃避等，以求提高模型的可预报能力，而不是去追求在生态过程模拟上的深入。

目前，建立基于个体模型有两种基本方法：个体状态分布（i-state distribution）和个体状态结构（i-state configuration）方法。个体状态分布方法是将个体作为集体看待，所有个体都经历相同的环境，所有具有相同状态的个体都会有相同的动力学。个体状态结构方法是将每一个个体作为独特的实体看待，个体遭遇不相同的环境，使用这种方法的基于个体模型可以包含许多不同的状态变量，在不同时间和空间尺度上捕捉种群动态，探索更加复杂的过程。最近大多基于个体模型的都使用个体状态结构这种方法。

本章将以 DHI 开发的基于智能体的模型（Agent Based Model，ABM）为主，介绍这种水生态系统中以个体本位为中心的个体行为模拟方法的基础原则，并简略地阐述该方法的优缺点，与传统的水环境模拟方法的不同以及基于个体模型在该领域的技术发展和实例。

4.3 基于个体模型的主要内容

Grimm 和 Railsback 曾指出，"经典的理论生态学通常忽略个体以及它们适应环境的行为"。人们习惯用基于发展过程的视角去观察生态系统，主要关注生态系统中的物质质量及浓度的变化结果。这种基于过程的模拟是通过描述水流中的不同组分及相关过程得以实现的。这种方法目前已发展得较为完善，且已得到广泛运用，若想模拟可溶性物质如

DO、BOD 值、污染物浓度或浮游动植物的宏观分布情况，这种方法往往是第一选择。

然而，基于过程的模型在模拟许多现象时并不能让人非常满意。例如，众所周知浮游生物会受到水流的影响从而发生被动运动，在日间或夜间发生显著的沿水体垂向运动。在海洋里，这种垂向运动的范围可能会达到数百米。由于浮游生物在水体表面获得食物，在深水区排泄，这将对有机物向深水区的输运造成影响。如果整个水体中的水流流态在各处均不相同，也将影响各个种群的分布模式。

因此，在最新的生态模拟技术中已经形成了一种共识，将水动力、对流扩散和富营养化模型都耦合到一个以智能个体为导向的上层结构（agent-oriented superstructure）中。ABM 是模型技术的一个新发展。通过重现个体（介质）的实际运动情况及其对整个生态系统带来的变化，ABM 模型可被用于描述及研究上述水生态现象。

DHI 系列软件中的 ECOLab ABM 模块将拉格朗日粒子运动模型与常用的基于过程的 ECOLab 框架进行了结合，可使用户在 MIKE 21&3 软件体系的水环境动力学非结构模型系列中轻松搭建基于智能个体的模型。

如图 4-1 所示，ABM 模型的结构通常由水动力学模型、对流扩散水质模型、模拟物质和浮游植物等浓度的经典水生态模型和模拟高营养级智能个体的 ABM 模型组成。经典的生态模型所建立的水生态系统是基于水动力模型的欧拉水质模型，用于描述水动力模型中每个计算节点上生物和化学变量的平均浓度。这样的模型特别适合浓度的变化，如溶解氧、营养物质和藻类等。而 ABM 模型是利用拉格朗日粒子运动模型进行计算，适用于模拟智能个体的实际行为与个体间的相互作用，例如，部分或完全不依赖水流的智能个体的移动、集群或其他突发现象。

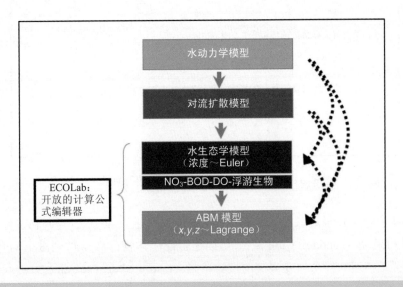

图 4-1　ABM 模型结构

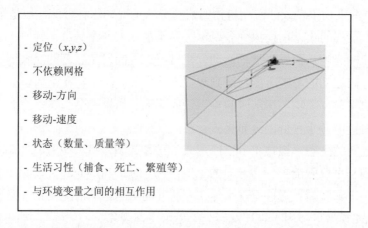

图 4-2 ABM 模型中拉格朗日粒子运动描述

ABM 模型可以用来定义智能个体（如浮游幼虫、鱼类和哺乳动物等），并通过定义描述移动速度和方向的规则及算法来定义它们的运动行为。一个智能个体本身所执行的运动行为是根据每个智能个体的周边环境来计算的。如图 4-3 所示，智能个体移动的方向和速度是根据当前网格内各种环境状态变量的计算结果、一定搜索范围内的各种环境状态变量的计算结果和其他智能个体的位置与移动等情况来综合决定的。也就是说，这个智能个体会先评价各种邻近环境后，根据食物丰度、其他个体的移动（集群效应）和回避威胁（低氧、天敌等）等条件来选择移动的方向和速度。

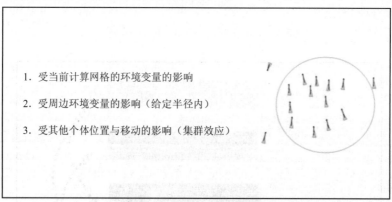

图 4-3 智能个体运动方向与速度的判断条件

如图 4-4 所示，在描述智能个体的运动方式上，一般可以分为三种模式：一是描述智能个体的随机运动（random walk）；二是描述智能个体受外界条件刺激下的有意识运动（kinesis）；三是描述智能个体受限制的搜索范围（restricted area search）。

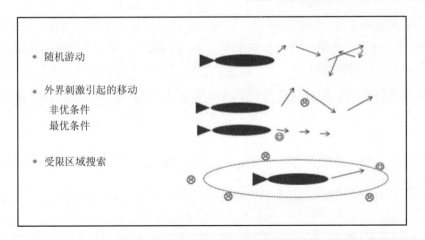

图4-4 智能个体的运动模式

同时，ABM 模型也可以对智能个体自身的一系列状态进行定义，如体重、身长、年龄、脂肪含量以及体内富集的外源性化合物（重金属含量、难分解性高分子化合物等）等。每种状态都可以根据水动力模型、欧拉水质模型所计算出来的状态变量或者该智能个体所定义的其他状态变量来描述。

4.4 生态水力学模型案例介绍

在国外，ABM 模型已经广泛地应用在各种水生生物的栖息地研究、水产养殖研究以及各种水利工程、海洋工程的水生态环境影响评价中，并取得了良好的效果。例如，如图 4-5 所示，DHI 开发了一个 ABM 模型用于研究丹麦卡特加特海峡海底工程所产生的水下噪声对海湾鼠海豚的影响；如图 4-6 所示，在新加坡一个 ABM 模型被用于评估海域工程对珊瑚虫生存以及产卵的影响；如图 4-7 所示，在澳大利亚黄金海岸 Tallebudgera 河河口区域公牛鲨幼鱼的栖息地研究中 ABM 模型也成功模拟了实际观察中公牛鲨幼鱼的行为习惯。

4.4.1 丹麦尖吻白鲑栖息地研究

本节中将以丹麦尖吻白鲑的栖息地研究为例对 ABM 模型的实际应用进行说明。

尖吻白鲑是丹麦最濒危的珍贵鱼类之一，属于鲑科洄游性鱼类。成年白鲑生活在海洋中，但成熟时返回孵化地的陆地河流处产卵，而白鲑幼鱼在头几个月的时间里必须生存在淡水中，直到长大到一定程度后才能入海。另外，刚刚孵化的白鲑幼鱼的运动能力非常有限，只能生活在水流较为缓慢的水域，如河漫滩处是公认的尖吻白鲑幼鱼主要栖息地。

　　由于 20 世纪的工业化和堤防建设，尖吻白鲑已经在德国和荷兰消失了，现存的尖吻白鲑主要生活在瓦尔登海域的丹麦海区和部分丹麦河流中。为了保护濒临灭绝的尖吻白鲑，丹麦自然署与当地政府共同承担了欧盟出资的尖吻白鲑保护项目。作为指定湿地恢复项目中的重要组成，DHI 受委托对两种不同的河道及河漫滩改善方案（见图 4-8）进行评估，利用二维水动力模型（MIKE 21 FM）与 ABM 模型的耦合计算分析遴选出对白鲑幼鱼最有力的保护措施。

　　通过日常对尖吻白鲑的长期观察与研究，在 ABM 模型中对白鲑幼鱼的主要行为特征做了如下描述。

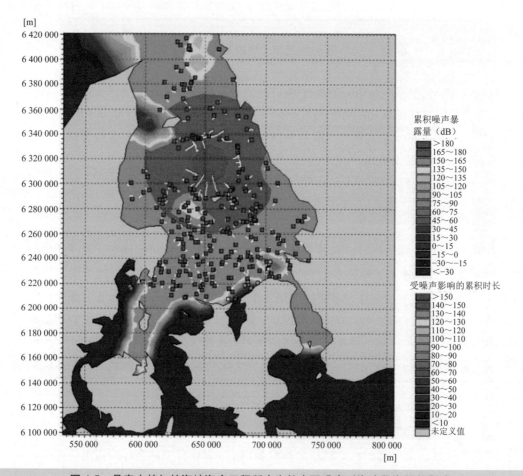

图 4-5　丹麦卡特加特海峡海底工程所产生的水下噪声对海湾鼠海豚的影响

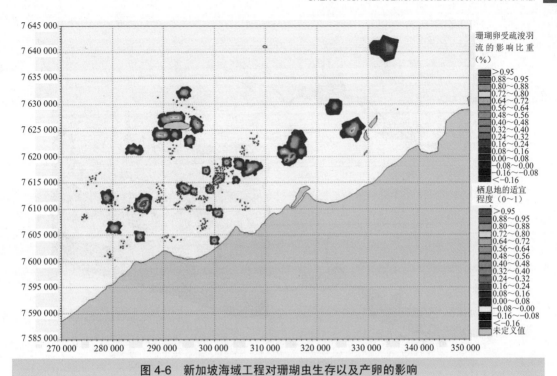

图 4-6　新加坡海域工程对珊瑚虫生存以及产卵的影响

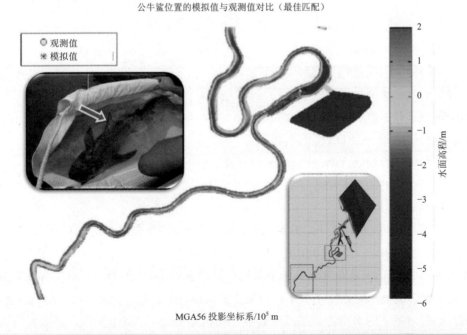

图 4-7　澳大利亚黄金海岸 Tallebudgera 河河口区域公牛鲨幼鱼的栖息地研究

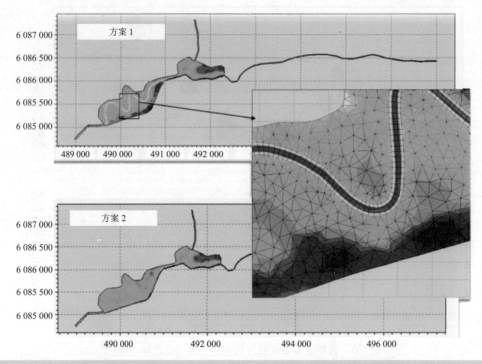

图 4-8　两种河道修复方案（方案 1 为弯河道，方案 2 为直河道）

- 鱼卵的孵化期为 14 天；
- 体重随年龄呈指数型增长；
- 最大的游泳速度是体长的一个函数；
- 最初的死亡比例为每天 5%；
- 幼鱼会选择水流缓慢和有植物的水域；
- 幼鱼会选择最小 35 cm 深的水域；
- 一旦幼鱼体长超过 5 cm 就会向下游迁徙。

　　另外，用幼鱼的随机运动来描述鱼群的正常分布，MIKE 21 FM 模型模拟了水深和其他的当前状态变量。

　　结果如图 4-9 和图 4-10 所示，图 4-9 所展示的是一条幼鱼在模拟期内某一时间位于目标河漫滩区域的运动轨迹；图 4-10 所展示的是某一时间点模拟区域内幼鱼鱼群的空间分布。

　　如图 4-11 所示，河道修复方案 1 下尖吻白鲑幼鱼离开研究区域下游时的体长明显好于河道修复方案 2。这也就证明了方案 1 比方案 2 更加有利于创造一个尖吻白鲑幼鱼的栖息地。

　　虽然两种方案下的水动力模型结果显示，相比方案 2，方案 1 实施后水流更明显地减缓，但是这无法直接证明第一种方案能大大地延长尖吻白鲑幼鱼在研究水域内的停留时间。只有通过了解尖吻白鲑幼鱼行为研究的现有知识，耦合经典水动力、水质模型和 ABM 模型才能在如此高度动态的水力环境下对幼鱼的行为做出准确的判断。

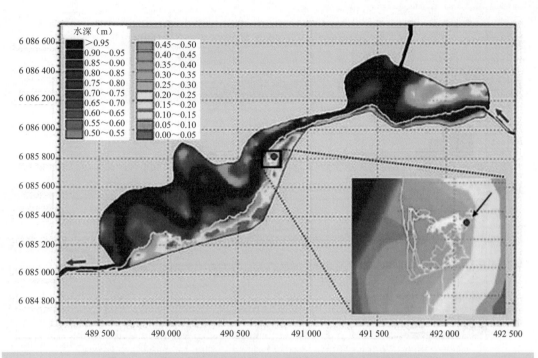

图4-9　一条幼鱼在目标区域的移动轨迹（颜色代表不同水深）

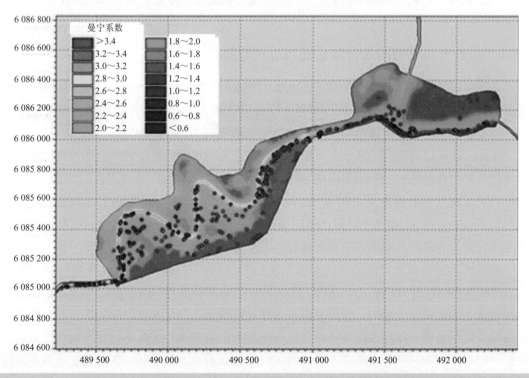

图4-10　幼鱼鱼群在某一时间点的空间分布（颜色代表不同曼宁系数）

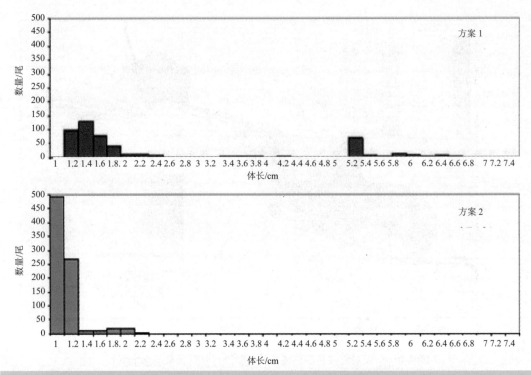

图 4-11　两种不同河道修复方案下尖吻白鲑幼鱼游出研究区域下游时的体长分布

4.4.2　基于个体模型的东海鲐鱼渔场形成机制研究

在国内，基于个体模型的应用还比较少，陈求稳等应用基于个体模型做了鱼类对上游水库运行的生态响应分析，李向心对基于个体发育的黄渤海鳀鱼种群动态模型开展了研究，李曰嵩等应用基于个体模型对东海鲐鱼渔场形成机制进行了研究。

在此，以李曰嵩等的"基于个体模型对东海鲐鱼渔场形成机制的研究"为例，对基于个体模型在渔业资源研究中的实际应用进行说明。

我国近海鲐鱼资源丰富。20 世纪 80 年代以来，由于我国近海底层传统经济鱼类资源的衰退，鲐鱼在 90 年代中后期已经成为我国近海主要的经济鱼种之一，年产量维持在 30 万 t 左右，在海洋渔业中占有重要地位，其中东海、黄海的产量约占全国产量的 78%。

鲐鱼渔场的形成受海洋环境因子时空变换的制约，并且环境对其补充量的影响也很大。苗振清通过统计分析认为，东海北部鲐鲹中心渔场分布与温度、盐度和饵料条件等海洋环境因子的关系极为密切，台湾暖流水舌锋位置的变动以及温度、盐度跃层对渔场位置和范围有直接影响。海洋物理环境的变化与渔场中鱼类密度的关系有时并不是线性的，而是在一定范围内形成渔场，两者之间的内在机理存在着很大的不确定性，无法用确定的回归函数关系来表达。基于个体模型可有效解决鱼类个体对水环境因子不同响应而导致的个体行为差异。李曰嵩等构建了基于个体的东海鲐鱼早期生活史生态动力学模型，模拟鲐鱼鱼卵仔幼鱼从产卵场到育肥场的输运过程，研究发现物理环境控制着东海鲐鱼鱼卵仔鱼的输运分布和补充量。然后又在已构建好的物理生物耦合模型的基础上，增加成鱼游泳行为能力，根据鲐鱼对不同水环境条件变化响应的差异，研究台湾东北部对马暖流种群成年鲐鱼的集群和渔场形成机制的动力学因素，为深入研究气候变化与鲐鱼资源量之间的关系奠定基础。

　　耦合模型中包含了个体和物理环境。个体状态属性在生物模型中定义，包括年龄、位置（经度、纬度和深度）、体长、游泳速度和状态（活或死亡）。物理环境来源于物理模型FVCOM，包括流速、水温、盐度等，物理模型的计算区域覆盖了东海、黄海、渤海以及日本海，包括了长江和黑潮。共有网格数 249 294 个，水平分辨率为 0.1～15 km。垂向上分了 40 层，在水深超过 80 m 海域采用了 s 坐标分层，保证在近表层的分层深度不超过 2 m 的较高分辨率，能在表层更加准确模拟与水深有关的如加热、风等过程的影响。采用三维、10 km 分辨率的月平均初始温盐场，用风场、热力场和开边界上 8 个主要分潮来驱动。分别使用 6 s 和 60 s 外内模的时间步长，模拟 3 月到 7 月东海物理环境，并每小时输出即时三维物理场。物理生物耦合模型从鲐鱼开始产卵的 3 月中旬模拟到 7 月末，每隔 12 h 输出个体的状态变量以及所处的环境变量。

　　物理和生物两模型之间是通过鲐鱼和环境之间的响应关系规则进行耦合，模型中假设物理模型输出的物理环境场影响鲐鱼在海洋中的游泳速度和方向，在洄游过程中鲐鱼根据周围所处的海洋物理环境进行生长发育，个体的生长与年龄、食物和水温相关，死亡与体长和生长速度相关，游泳速度与体长相关。以三维物理模型 FVCOM 的计算结果作为鲐鱼模型的输入物理环境，选择温度、盐度、温度梯度、盐度梯度、上升流、距离和鱼群密度等 7 个因子建立了鲐鱼对水环境因子的响应关系。模型中根据鲐鱼形成渔场的环境条件，设定适宜水温为 20℃，适宜盐度为 33.75，越接近适宜温盐、温盐梯度越大的锋面处，鲐鱼越喜欢在此聚集；上升流间接地代表食物的富集程度，即上升流大的地方，就有很高的食物富集，鲐鱼越喜欢聚集；适宜环境距鲐鱼所在位置越近，鱼群密度越小，鲐鱼越喜欢向该处洄游。

　　作为初始条件，模拟从 3 月中旬鲐鱼产卵开始，产卵场位于东海东南部最强流的黑潮和次强流的台湾暖流之间的流速较弱、流向偏东北的弱流区海域内（见图 4-12），此处正位于台湾岛东北部东海大陆架斜坡涌升涡流区，黑潮表层水与大陆沿岸水、黄海水、台湾暖流水在该海域形成潮境锋面，该处地形地貌起伏变化很大，因地形自陆棚外缘 2 000 m 深的冲绳海槽沿大陆斜坡陡升至 200 m 水深以浅的东海大陆架的原因，在 80～90 m 以深的广阔大陆架坡地上形成了众多岛状隆起和沟壑地形，涌升进入的黑潮水体受其影响，形成明显的中小尺度涡状环流，将深层黑潮水所含营养盐送达真光层，为生殖洄游的鲐鱼鱼群集聚提供了丰富的营养物质和饵料生物环境条件。研究将产卵场按照该海域的洋流划分为两部分，偏东北部分（A）和偏西南部分（B）（见图 4-12）。

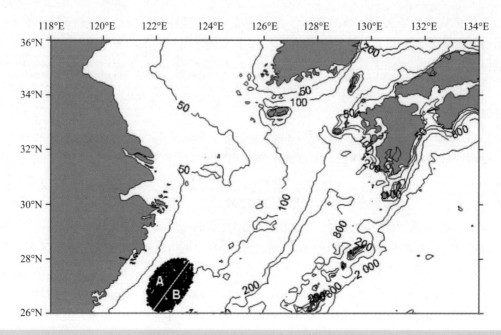

图 4-12　鲐鱼产卵场位置以及子区域的划分

　　本书中进行两个数值试验，一个产卵位置设定在位于东海东南部黑潮和台湾暖流之间弱流区海域（见图 4-12 和图 4-13b），称为正常产卵位置，研究通常情况下鲐鱼的集群分布规律；另一个数值试验将产卵场位置在正常产卵位置基础上分别向西和向东各偏移 60 km，使部分产卵场区域进入了台湾暖流区（见图 4-13a），称为偏西产卵位置，使部分产卵场区域与黑潮区域相交汇（见图 4-13c），称为偏东产卵位置，与正常产卵位置对比，讨论产卵位置变动对鲐鱼集群分布产生的影响。以上的数值试验都是在相同的物理场驱动下进行模拟，并将模拟的鲐鱼洄游分布与该海域的鲐鱼灯光围网捕捞生产数据（1998—2006 年）进行了对比。

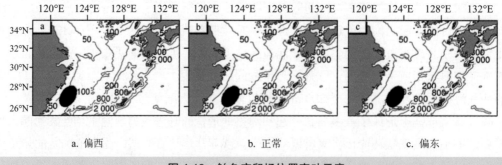

图 4-13　鲐鱼产卵场位置变动示意

　　如图 4-14 所示，4 月份鲐鱼陆续产卵完毕，开始离开产卵场向适宜的环境中洄游，在温盐梯度比较大的锋面、靠近暖水的地方逐渐开始聚集。产卵场偏东北 A 部分鲐鱼，小部分开始向浙闽沿岸水与台湾暖流水交汇处偏暖水一侧进行洄游，大部分 A 部分鲐鱼和偏西南 B 部分鲐鱼还在产卵场内索饵洄游，这种集群分布和捕捞数据比较吻合，4 月份的捕捞渔场和高的捕捞产量就出现在鲐鱼的产卵场内。在 5 月份，鲐鱼分别受台湾暖流和黑潮影响，开始向更适宜的环境移动，产卵场内捕捞产量没有 4 月份高，产卵场中 A 部分鲐鱼受台湾暖流水控制明显，鱼群开始呈带状向台湾暖流水舌锋内侧附近集群并滞留，并且有大量鲐鱼已经洄游到台湾暖流水舌的前端，在此处初步形成渔场，捕捞数据表明，在该海域有较高的捕捞产量。产卵场 B 部分鲐鱼受黑潮影响较大，鲐鱼开始向东海暖水与黑潮表层水交汇偏暖水一侧进行集群并形成渔场，捕捞数据表明，该处也有一定的捕捞产量。6 月份，渔场基本形成，捕捞产量又开始增加，A 部分鲐鱼继续在台湾暖流水舌锋和长江冲淡水交汇区高盐内侧附近集群，在台湾暖流水舌锋前端模拟结果中有很高的聚集分布，应当是很好的捕捞渔场，但在该海域并没有捕捞产量。B 部分鲐鱼大都在东海暖水与黑潮表层水交汇集结处集群，捕捞数据也表明该处有一定的捕捞产量。7 月份这种洄游和集群更加明显，捕捞产量达到最高，形成位于台湾暖流锋面、仔幼鱼输运路径和黑潮锋面 3 个条带状聚集区，同样在高聚集的台湾暖流前端没有捕捞数据，但在黑潮锋面的高聚集区的彭佳屿海域有很高的产量，说明该处形成渔场。

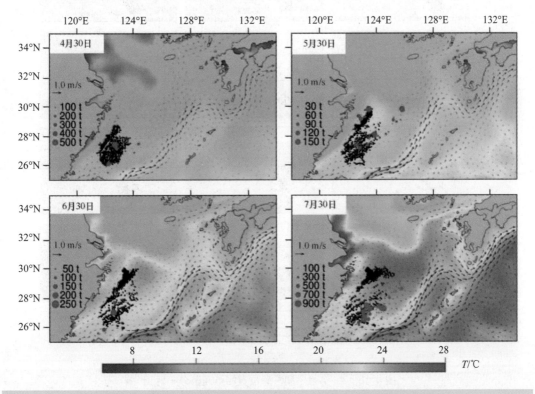

图 4-14　4—7 月鲐鱼洄游分布（黑点）和捕捞产量（红点）关系

由图 4-15 可以看出,虽然产卵位置有所变动,但和捕捞产量基本上还是可以吻合的。4 月份,鲐鱼开始逐渐离开产卵场,偏西产卵位置因更加靠近台湾暖流,所以大部分鲐鱼向台湾暖流和沿岸流交汇锋面处洄游更加明显,并逐渐向更远处台湾暖流暖水舌前端洄游,偏东产卵场受黑潮影响较大,明显看出绝大部分向黑潮锋面处洄游,只有小部分鲐鱼在台湾暖流锋面处集群;5 月份偏西产卵位置绝大部分鲐鱼沿台湾暖流锋面聚集分布,所呈长带比正常产卵位置更加细长,暖水舌前端和高产量更加吻合,偏东产卵位置中鲐鱼聚集分布范围比正常产卵位置广,在东海暖水与黑潮表层水交汇处的大量聚集和捕捞产量吻合的比较好;6 月份,偏西产卵位置鲐鱼沿台湾暖流暖水一侧的聚集密度更加增大,带状更加细长,在暖水舌的前端鲐鱼聚集数量比正常产卵位置增多,偏东产卵位置中呈现更多的鲐鱼聚集斑块,但在沿台湾暖流和沿岸流交汇锋面的聚集数量比正常和偏西要少很多。7 月份,偏西的产卵位置鲐鱼大部分洄游到达台湾暖流暖水舌的前端,并在此高密度集群,导致台湾东北部彭佳屿海域的鲐鱼数量较少,没有与该渔场的高产量很好地吻合。偏东产卵位置在东海暖水与黑潮表层水交汇处鲐鱼集群量增多,与彭佳屿渔场的高产量更加吻合。

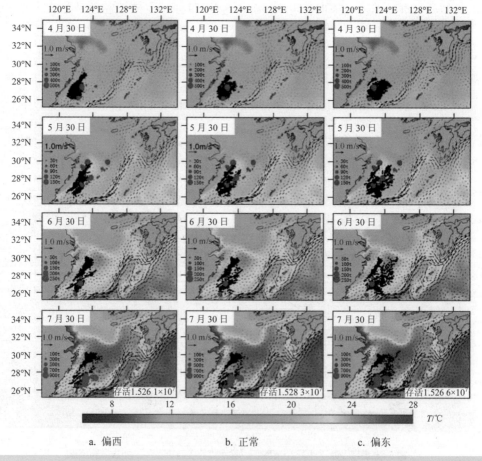

a. 偏西   b. 正常   c. 偏东

图 4-15 4—7 月不同产卵位置鲐鱼洄游分布对比

偏西产卵场由于受台湾暖流影响较大，会使鲐鱼大量聚集在台湾暖流和沿岸水的锋面附近，并使暖水舌前端鲐鱼集群密度增大；而偏东的产卵受黑潮影响较大，会使鲐鱼在黑潮形成的锋面附近的鲐鱼聚集数量增多，使台湾暖流水舌前端的集群数量减少。所以鲐鱼所处位置的不同，会影响其集群和渔场的位置，进而影响生长和生存，该研究中用数值模拟的方法验证了物理环境会对鲐鱼的洄游、集群以及资源补充量产生的影响。

由于鲐鱼渔场的形成受海洋环境要素的时空分布动态演化影响，忽略渔场形成的这种特点，会对鲐鱼与海洋环境关系的研究造成影响。因此，采用基于个体模型方法来研究鲐鱼鱼群的分布、探讨鲐鱼洄游生态特点和对环境的响应关系具有可行性。

4.5　小结

本章针对生态水力学模型的理论、主要架构以及相关案例进行了简略的介绍。主要以DHI 开发的 ABM 模型为例，介绍这种水生态系统中以个体本位为中心的个体行为模拟方法的基础原则，并阐述了生态水力学与传统的水环境模拟方法的不同以及基于个体模型在该领域的技术发展和实例，初步展示了生态水力学模型在环境影响评价中对水生态环境、水生生物保护等方面的应用价值。

参考文献

[1] 陈求稳，程仲尼，蔡德所，等.2009. 基于个体模型模拟的鱼类对上游水库运行的生态响应分析[J]. 水利学报，40（8）：897-903.

[2] 陈新军，李曰嵩.2012. 基于个体生态模型在渔业生态中应用研究进展[J]. 水产学报，36（4）：629-640.

[3] 董哲仁，孙东亚，王俊娜，等.2009. 河流生态学相关交叉学科进展[J]. 水利水电技术，40（8）：36-43.

[4] 李曰嵩，潘灵芝，严利平，等．2014. 基于个体模型的东海鲐鱼渔场形成机制研究[J]. 海洋学报，36（6）：67-74.

[5] 李曰嵩，陈新军，杨红．2012. 基于个体东海鲐鱼生长初期生态模型的构建[J]. 应用生态学报，23（6）：1695-1703.

[6] 李向心.2007. 基于个体发育的黄渤海鳀鱼种群动态模型研究[D]. 青岛：中国海洋大学.

[7] 苗振清.2003. 东海北部鲐鲹中心渔场形成机制的统计学[J]. 水产学报，27（2）：143-150.

[8] 苏奋振，周成虎，刘宝银，等．2002. 基于海洋要素时空配置的渔场形成机制发现模型和应用[J]. 海洋学报，24（5）：46-56.

[9] Abbott M B，Amdisen L K，Babovic V，et al. 1994. Modelling Ecosystems with Intelligent Agents[C]. Verwey A，Minns A W，Babovic V，et al. Proceedings of the first international Conference on Hydroinformatics，Delft，The Netherlands：179-186.

[10] Allain G，Petitgas P，Grellier P，et al. 2003. The selection process from larval to juvenile stages of anchovy

（Engraulis encrasicolus） in the Bay of Biscay investigated by Lagrangian simulations and comparative otolith growth[M]. Akademisk forlag：407-418.

[11] Babovic V. 1996b. Some experiences with individual-based approaches to ecological modelling[C] // Proceedings of the Ecological Summit，Copenhagen，Denmark.

[12] Babovic V. 1997. Intelligent Agent Based Models as Answer to Challenges of Ecological Modelling[C]. 27th JAHR Congress，San Francisco，Calif.，USA：10-15.

[13] Minns，Anthony，Babovic A，et al. Hydroinformatics：Balancing the Aquatic Equation[J]. Euro Holland Trade，2（15）：28-31.

[14] Babovic V. 1996a. Emergence，Evolution，Intelligence；Hydroinformatics，alkema Publications，Rotterdam.

[15] Babovic V，Baretta J. 1996. Individual-based modelling of aquatic populations[A]//Muller A. Proceedings of the Second International Conference on Hydroinformatics[C]. Balkema Publishers：771-778.

[16] Baretta J W，W Ebenhoh，P Ruardij. 1995. The European Regional Seas Ecosystem Model，a complex marine ecosystem model[J]. Neth. J. Sea Res.，33（3/4）：233-246.

[17] Deangelis D L，Godbout L，Shuter B J. 1991. An individual-based approach to predicting density-dependent dynamics in smallmouth bass populations[J]. Ecological Modelling，57（1-2）：91-115.

[18] Metz J A，Diekmann O. 1986.The dynamics of physiologically structured populations [R]. Lecture notes in biomathematics，Berlin：Springer-Verlag，68.

[19] Miller A J，Schneider N. 2000. Interdecadal climate regime dynamics in the North Pacific Ocean：theories，observations and ecosystem impacts[J]. Progress in Oceanography，47（2-4）：355-379.

[20] Nestler M，Goodwin，Smith，et al. 2008. Amathematical and conceptual framework for ecohydraulics [A]//Wood P J，Hannah D M，Sadler J P，et al. Hydroecology and ecohydrology：past，present and future [C].England：John Wiley ＆ Sons，Ltd.

[21] Rice J A，Miller T J，Rose K A，et al. 1993. Growth Rate Variation and Larval Survival：Inferences from an Individu[J]. Canadian Journal of Fisheries & Aquatic Sciences，50（1）：133-142.

[22] Rose K，Cowanjr J. 1993. Individual-Based Model of Young-of-the-Year Striped Bass Population Dynamics. I. Model Description and Baseline Simulations[J]. Transactions of the American Fisheries Society，122（3）：415-438.

[23] V Grimm，S F RAILSBACK. 2005. Individual-based Modelling and Ecology[M]. Priceton：Princeton University Press.

模型验证案例

  自 1925 年出现了第一个河流水质模型 S-P 模型以来，水环境模型朝着更复杂、更精细（如平均流动分析发展到紊流分析，单组分到多组分，线性到非线性，水质模拟到生态系统模拟，一维到三维，河流到流域）的方向发展，出现了大量的商用、通用模型和软件系统，加深了人们对于水质变化机理的理解，但随着应用问题的复杂化，数学模型规模增大、结构更加复杂，使得模型的开发效率降低、运行速度变慢，使用受到很大限制，由此带来模型不确定性大大增加。在普通软件领域发生的软件危机（软件规模的不断扩大造成开发效率和质量的降低）正在逐步向数学模型领域逼近。同时，环境质量模型在用于编制具有法律效力文件（如环境保护规划、环境影响评价、容量总量控制、防洪评价及洪水风险图编制等）时，需要模型具备可靠性和实用性等特性。模型的发展一般经历过程公式、模型编码、核查和验证四个过程，其中，模型验证是校正数学公式，数值技术和程序编码结果反馈的过程。因此，要保证水质数学模型质量，必然依托于反映自然客观规律的监测数据，也就是高质量验证数据库，这是模型软件测试标准的依据，也是模型软件研发的基础条件。

  为了保证读者能够开展具体的实际应用，本章筛选出 3 大类 17 个案例，在此基础上简要介绍模型验证常用的判定依据、标准和比较方案。三大类案例分别是解析解（理论解）案例、室内试验案例和工程试验案例。解析解案例问题简单，结果精确，是检验数学模型数值方法准确性及精度的重要工具，特别适用于模型开发及代码测试阶段。室内试验案例是基础科学研究的主要手段，也因为数据可控性高，是检验模型开发及使用的重要数据依据，其对模型测试的标准要求低于解析解案例，可以用来检验模型计算结果的可靠性及准确性。工程试验案例因为完全取自于自然界，更贴合实际应用情况，但复杂程度高，可控性低，代表性差，特殊性强，成本较高，数据质量较难保证，其对模型测试标准要求低于室内试验案例，除了检验模型可靠性和准确性外，还可以检验出模型在解决复杂问题时的稳定性和实用性。详细案例见表 5-1。

表 5-1　模型验证案例库简要说明

案例类型	名称	来源	检验内容
解析解	稳态案例：单点源连续排放稳态河流DO 消耗过程	文献	模拟浓度准确性及精度
	非稳态案例：单点源瞬时排放和连续排放污染物浓度变化	文献	模拟浓度准确性及精度
	二维保守物质案例	文献	模拟浓度准确性及精度
	三维保守物质案例	文献	模拟浓度准确性及精度
室内试验	单一弯道水槽	报告	弯道水流运动的模拟能力（二维/三维）
	连续弯道水槽	文献	弯道水流运动的模拟能力（二维/三维）
	溃坝流动案例	文献	水跃以及建筑物后尾流区域
	物质输运水槽	论文	保守污染物质对流扩散输运的模拟
	恒定横流环境下温排水扩散模拟能力测试案例	报告	检验模型水温模拟能力
	潮流环境中垂直浮力射流浓度场模拟能力测试案例	报告	检验模型模拟近区浓度场的模拟能力
工程试验	间断水流模拟	报告	间断水体或具有干湿变化水流流动
	洪泛凹陷区淹没	报告	复杂地形低流速洪水淹没范围和深度
	动量守恒能力测试	报告	出现障碍物时水体的动量守恒能力
	洪水波模拟	报告	洪水波传播速度及洪水行进中其前端的瞬时速度和水深
	河谷洪水模拟	报告	洪水淹没及风险预估
	河流与洪泛区耦合模拟	报告	中洪水越过河堤上滩地现象
	城区降雨和点源地表径流模拟	报告	模拟高分辨率下由点源及直接施加在网格上的降雨产生的浅水淹没的能力

5.1　解析解案例

水体水质模型都涉及对流扩散方程，对流扩散方程描述了污染物在给定初始和边界条件后的时空变化特征。常用的简化的控制方程是常参数控制方程，通过稳定均匀流和空间常数参数获得，其方程的解析解也很容易获得。

常参数对流扩散方程主要考虑两种负荷输入情景：①有限的质量瞬间排放在模型系统上游边界；②污染负荷在模型上游边界持续排放。第二种情景包括示踪剂确定河流水力特性，曝气系数确定，下水道溢流分析，水生除草剂衰减机理评价等。假定以下解析解案例中污染物浓度在横向和垂向上均匀分布，如图 5-1（b）所示。

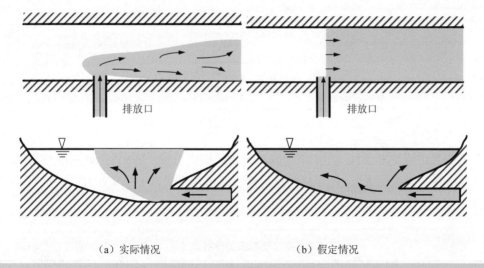

（a）实际情况　　　　　　　　（b）假定情况

图 5-1　污染物排放河流假定

5.1.1　稳态衰减物质案例

　　假定位于顺直均匀河道的上游有一个连续排放的污染负荷 CBOD（碳质生物需氧量）点源。河流内的一维流是具有定常流速与扩散系数的稳态流。河流里的 DO 在污染源附近耗尽，然后通过大气复氧进行恢复。控制方程为式（5-1）和式（5-2），用以求解河流内的 DO 纵断面浓度。

$$-U\frac{\mathrm{d}C}{\mathrm{d}x}+D\frac{\mathrm{d}^2C}{\mathrm{d}x^2}-K_dL(x)+K_a(c_s-C)=0 \tag{5-1}$$

$$-U\frac{\mathrm{d}L}{\mathrm{d}x}+D\frac{\mathrm{d}^2L}{\mathrm{d}x^2}-K_rL(x)=0 \tag{5-2}$$

　　式中，U 是净速率，m/s；D 是扩散系数，m^2/s；C 是 DO 浓度，mg/L；$L(x)$ 是 CBOD 负荷，mg/L；K_d 是 CBOD 耗氧系数，d^{-1}；K_r 是 CBOD 衰减率，d^{-1}；K_a 是复氧速率，d^{-1}；c_s 是饱和 DO 浓度，mg/L。

　　Thomann 和 Mueller（1987）通过假定河道内的 CBOD 沿程指数衰减，给出了解析解。

$$L=L_0\exp\left[\frac{U}{2D}(1-\alpha_r)x\right],x\geqslant0 \tag{5-3}$$

$$c=c_s-\frac{K_d}{K_a-K_r}\frac{W}{Q}\left\{\frac{\exp\left[\left(\frac{U}{2D}\right)(1-\alpha_r)x\right]}{\alpha_r}-\frac{\exp\left[\left(\frac{U}{2D}\right)(1-\alpha_a)x\right]}{\alpha_a}\right\},x\geqslant0 \tag{5-4}$$

　　式中，

$$L_0 = \frac{W}{Q\alpha_r} \tag{5-5}$$

$$\alpha_r = \sqrt{1 + \frac{4K_r D}{U^2}} \tag{5-6}$$

$$\alpha_a = \sqrt{1 + \frac{4K_a D}{U^2}} \tag{5-7}$$

各参数假定值见表 5-2，表中 W 为瞬时排放污染物总量，kg/s；Q 为河水流量，m³/s；解析解的结果分布见图 5-2，图中横坐标为沿程距离，纵坐标 L 为 CBOD 浓度，C 为 DO 浓度。

表 5-2   稳态案例参数取值

U/（m/s）	D/（m²/s）	K_a/（/day）	K_r/（/day）	K_d/（/day）	c_s/（mg/L）	W/（kg/s）	Q/（m³/s）
0.0138	149.82	0.211	0.25	0.25	7.85	2.5	100.0

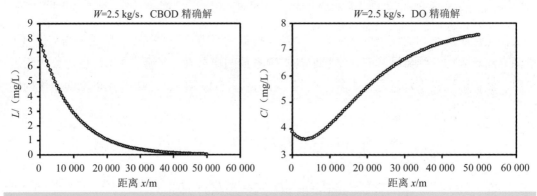

图 5-2   CBOD 和 DO 浓度损耗的解析解

5.1.2   非稳态衰减物质案例

该案例模拟河流持续污染物泄漏情景，污染负荷为常数。污染物在水体中不降解或一阶降解表达综合反应过程。假定一维河流为稳定均匀流场，即横向和垂向认为混合均匀，污染物只在河流方向存在较大梯度变化。流量流速和扩散系数采用常数（Runkel and Bencala，1995）：

$$\frac{\partial C}{\partial t} = -U\frac{\partial C}{\partial x} + D\frac{\partial^2 C}{\partial x^2} - kC \tag{5-8}$$

式中，C 为污染物浓度，mg/L；t 为时间，s；U 为流速，m/s；x 为距离排放口长度，m；D 为扩散系数，m²/s；k 为一阶降解系数，s^{-1}。

守恒物质瞬时排放：

$$c(x,t) = \frac{M}{2\sqrt{\pi Dt}} \exp\left(-\frac{(x-Ut)^2}{4Dt}\right) \tag{5-9}$$

非守恒物质瞬时排放：

$$c(x,t) = \frac{M}{2\sqrt{\pi Dt}} \exp\left(-\frac{(x-Ut)^2}{4Dt}\right) \exp(-kt) \tag{5-10}$$

式中，M 为单位面积污染物瞬时排放量，g/m^2。

参数取值如下：

M=10 g/m^2，U=0.1 m/s，D=5 m^2/s，k=0.000 1 s^{-1}，保守物质瞬时排放同时刻随距离变化和同距离随时间变化的浓度解析解分布如图 5-3 所示。非保守物质瞬时排放同时刻随距离变化和同距离随时间变化浓度解析解分布如图 5-4 所示。

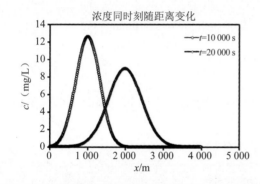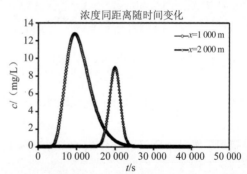

图 5-3　保守物质瞬时排放浓度解析解

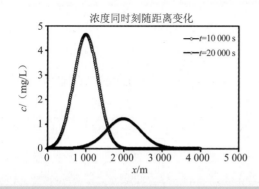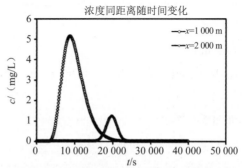

图 5-4　非保守物质瞬时排放浓度解析解

守恒物质连续排放：

$$c(x,t) = \frac{c_0}{2}\left[\text{erfc}\left(\frac{x-Ut}{2\sqrt{Dt}}\right) + \exp\left(\frac{Ux}{D}\right)\text{erfc}\left(\frac{x+Ut}{2\sqrt{Dt}}\right)\right] \tag{5-11}$$

非守恒物质连续排放：

$t \leqslant \tau$ 时，

$$c(x,t) = \frac{c_0}{2}\left[\exp\left(\frac{Ux}{2D}(1-\Gamma)\right)\text{erfc}\left(\frac{x-Ut\Gamma}{2\sqrt{Dt}}\right) + \exp\left(\frac{Ux}{2D}(1+\Gamma)\right)\text{erfc}\left(\frac{x+Ut\Gamma}{2\sqrt{Dt}}\right)\right] \tag{5-12}$$

$t > \tau$ 时，

$$c(x,t) = \frac{c_0}{2}\left\{ \begin{array}{l} \exp\left(\frac{Ux}{2D}(1-\Gamma)\right)\left[\text{erfc}\left(\frac{x-Ut\Gamma}{2\sqrt{Dt}}\right) - \text{erfc}\left(\frac{x-U(t-\tau)\Gamma}{2\sqrt{D(t-\tau)}}\right)\right] \\ + \exp\left(\frac{Ux}{2D}(1+\Gamma)\right)\left[\text{erfc}\left(\frac{x+Ut\Gamma}{2\sqrt{Dt}}\right) - \text{erfc}\left(\frac{x+U(t-\tau)\Gamma}{2\sqrt{D(t-\tau)}}\right)\right] \end{array} \right\} \tag{5-13}$$

$$\Gamma = \sqrt{1+4\eta}, \quad \eta = kD/U^2, \quad \text{erfc}(x) = 1 - \text{erf}(x) = \frac{2}{\sqrt{\pi}}\int_x^\infty e^{-\xi^2}\,d\xi \tag{5-14}$$

假设 τ 为污染物排放持续时间，初始和边界条件如下：

$$\begin{cases} c(x,0) = 0, & x \geqslant 0 \\ c(0,t) = c_0, & 0 \leqslant t \leqslant \tau \\ c(0,t) = 0, & t > \tau \\ c(\infty,t) = 0, & t \geqslant 0 \end{cases} \tag{5-15}$$

参数取值如下：

$c_0 = 100$ mg/L，$U = 0.1$ m/s，$D = 5$ m^2/s，$k = 0.000\ 1$ s^{-1}，保守物质连续排放同距离随时间变化的浓度解析解分布如图 5-5 所示。非保守物质连续排放同距离随时间变化浓度解析解分布如图 5-6 所示。

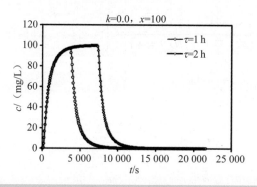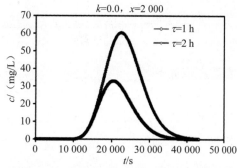

图 5-5 保守物质连续排放浓度解析解

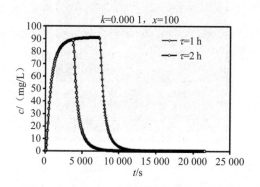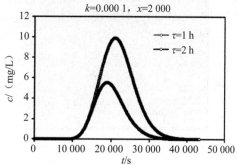

图 5-6 非保守物质连续排放浓度解析解

5.1.3 二维保守物质案例

二维对流扩散方程形式为：

$$\frac{\partial C}{\partial t} + u\frac{\partial C}{\partial x} + v\frac{\partial C}{\partial y} = \frac{\partial}{\partial x}\left(D_x\frac{\partial C}{\partial x}\right) + \frac{\partial}{\partial y}\left(D_y\frac{\partial C}{\partial y}\right) + s_\phi \tag{5-16}$$

式中，C 为污染物浓度；u 和 v 分别是 x 和 y 方向的速度；D_x 和 D_y 为 x 和 y 方向上的混合系数；s_ϕ 为源、汇项；t 为时间。

以单位高斯脉冲在方形平面内的对流扩散为研究对象，初始条件为

$$C(x,y,0) = \exp\left[-\frac{(x-0.5)^2}{D_x} - \frac{(y-0.5)^2}{D_y}\right] \tag{5-17}$$

解析解为：

$$C(x,y,t)=\frac{1}{4t+1}\exp\left[-\frac{(x-0.5-ut)^2}{D_x(4t+1)}-\frac{(y-0.5-vt)^2}{D_y(4t+1)}\right] \tag{5-18}$$

参数取值如下：

$D_x=D_y=0.01$ m²/s；$u=v=0.8$ m/s。计算域取为 0 m≤x≤2 m，0 m≤y≤2 m。二维保守物质对流扩散方程初始浓度场和 $t=1$ s 时浓度场解析解分别如图 5-7（a）和图 5-7（b）所示，绘图网格为 201×201。

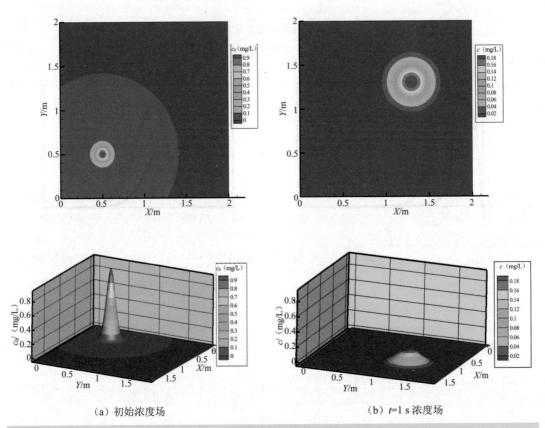

（a）初始浓度场　　　　　　　　　（b）$t=1$ s 浓度场

图 5-7　二维保守物质案例浓度解析解

5.1.4　三维保守物质案例

三维对流扩散方程形式为：

$$\frac{\partial C}{\partial t}+u\frac{\partial C}{\partial x}+v\frac{\partial C}{\partial y}+\omega\frac{\partial C}{\partial z}=\frac{\partial}{\partial x}\left(D_x\frac{\partial C}{\partial x}\right)+\frac{\partial}{\partial y}\left(D_y\frac{\partial C}{\partial y}\right)+\frac{\partial}{\partial z}\left(D_z\frac{\partial C}{\partial z}\right)+s_\phi \tag{5-19}$$

式中，C 为污染物浓度；u、v 和 ω 分别是 x、y 和 z 方向的速度；D_x、D_y 和 D_z 分别是 x、y 和 z 方向的扩散系数；s_ϕ 为源、汇项；t 为时间。

以单位高斯脉冲在方形平面内的对流扩散为研究对象，初始条件为

$$C(x,y,0) = \exp\left[-\frac{(x-0.5)^2}{D_x} - \frac{(y-0.5)^2}{D_y} - \frac{(z-0.5)^2}{D_z} \right] \qquad (5\text{-}20)$$

解析解为

$$C(x,y,t) = \frac{1}{\sqrt[3]{4t+1}} \exp\left[-\frac{(x-0.5-ut)^2}{D_x(4t+1)} - \frac{(y-0.5-vt)^2}{D_y(4t+1)} - \frac{(z-0.5-\omega t)^2}{D_z(4t+1)} \right] \qquad (5\text{-}21)$$

参数取值如下：

$D_x=D_y=D_z=0.01$ m^2/s；$u=v=0.8$ m/s，$\omega=0.1$ m/s。计算域取为 0 m≤x≤2 m，0 m≤y≤2 m，0 m≤z≤2 m。三维保守物质对流扩散方程初始浓度场（图 5-8 中左球）和 $t=1$ s 时浓度场解析解（图 5-8 中右球）如图 5-8 所示。

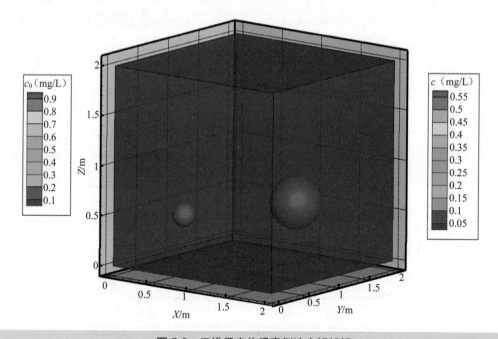

图 5-8　三维保守物质案例浓度解析解

5.2 室内试验案例

弯道水流结构比顺直水流更加复杂，主要在于水流做曲线运动时，有一定的向心力，使水面产生横比降，从而造成了横断面上的环流与纵向水流结合成为螺旋流，即二次流。由于弯道二次流的存在，使水流凹岸流速增大，横断面上泥沙向凸岸输移，造成凹岸冲刷、凸岸淤积，污染物的输移掺混更加复杂。

5.2.1 单一弯道水槽

本试验（De Veriend，1979）描述了浅水平底矩形断面的 U 形水槽中的恒定紊流。试验测量得到了三维网格下的流速及水位，并分析了主流及二次流的特性。

5.2.1.1 试验布置

试验布置如图 5-9 所示，试验水槽长 12 m，宽 1.7 m，矩形断面，180°弯道的进口和出口分别由长 6 m 的直段连接，弯道中心线曲率半径为 4.25 m。上游入口直线段有一个消力池，垂直木材板之后由 1 m 长的塑料瓦楞板组成的一系列流管大大削落了涡流的能量，3 m 长的人工粗糙床面（粒径逐渐减小的砾石，固定在砂浆层中）。通过 1.2 m 长的水面上的泡沫塑料板进一步削落很小的表面波。为了冲积河床试验，下游直道段铺设了 5 m 长的沉淀池，该段底部比水槽底高低 0.3 m。水流的水深通过沉淀池的挡板进行控制。

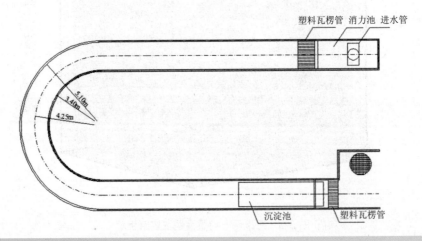

图 5-9 试验布置

断面位置及垂线布置见图 5-10。

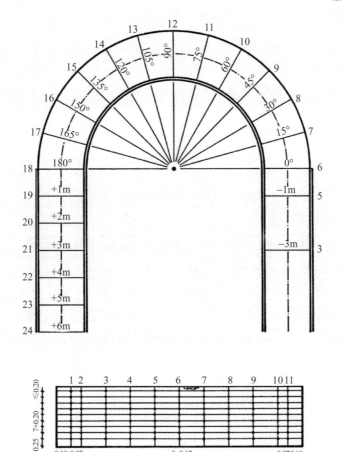

图 5-10　断面位置及垂线布置

　　测量网格由 21 个横断面组成,每个横断面由 11 条垂线组成,每条垂线上有 9 个测点。横断面的布置从距水槽入口处 3 m 的地方开始,第二个断面在距入口处 5 m 处,第三个断面从弯道开始,间隔 15°布置一个断面,至水槽出口处,共 21 个横断面。其中,断面上的垂线布置由左岸起,间隔 0.17 m 分布,垂线上的测点由距平均水底高度 0.025 m 处起,沿垂线以 0.020 m 为间隔向水面方向分布。如果垂线上最高测点距离水面非常近,则取测点刚没过水面位置。测量网格布置见图 5-10。

5.2.1.2　试验参数

　　试验进口流量为 0.19 m^3/s,上游断面平均水深 0.201 9 m,下游断面平均水深 0.187 6 m,平均水深 0.195 3 m,平均流速为 0.57 m/s,水力比降为 0.000 64,水流摩阻流速 U^* 为 0.32 m/s,谢才值 C 为 57 m$^{1/2}$/s,n 为 0.013。

5.2.1.3 试验结果

（1）水位分布

表 5-3 为试验量测的各断面左边界、中轴线、右边界的实际水深，图 5-11 为试验量测的实际水深沿程分布。

表 5-3　试验量测的纵向各断面水深　　　　　　单位：m

断面编号	3	5	6	7	8	9	10	11	12	13	14
垂线 1	0.202 7	0.201 4	0.197 4	0.194	0.193 4	0.192 9	0.192 4	0.191 5	0.190 9	0.190 3	0.189 4
垂线 6	0.202 3	0.201 5	0.200 9	0.200 9	0.200 5	0.199 7	0.199 1	0.197 6	0.197 3	0.196 8	0.195 9
垂线 11	0.202 8	0.201 9	0.204	0.205 7	0.205 7	0.205 5	0.205 3	0.205	0.204 7	0.203 4	0.202 9
断面编号	15	16	17	18	19	20	21	22	23	24	
垂线 1	0.188 4	0.187 5	0.186 8	0.188 5	0.190 5	0.190 3	0.19	0.189 2	0.188 7	0.188 1	
垂线 6	0.194 6	0.193 7	0.192 8	0.191 7	0.190 3	0.190 1	0.189 9	0.189	0.188 3	0.187 8	
垂线 11	0.201 7	0.201 1	0.2	0.195 8	0.191 9	0.190 5	0.189 9	0.189 4	0.188 7	0.188 2	

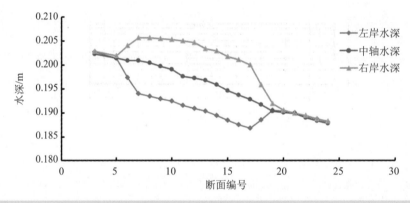

图 5-11　试验量测断面水深

表 5-4　试验量测的横向各断面水深　　　　　　单位：m

断面编号	垂线水深											平均水深
	1	2	3	4	5	6	7	8	9	10	11	
3	0.202 0	0.201 9	0.202 0	0.201 9	0.201 9	0.201 9	0.202 0	0.201 9	0.202 0	0.202 0	0.201 9	0.201 9
5	0.200 5	0.200 5	0.200 6	0.200 8	0.200 8	0.200 9	0.201 0	0.201 0	0.201 0	0.201 0	0.200 9	0.200 8
6	0.197 7	0.198 0	0.198 6	0.199 5	0.200 2	0.200 9	0.201 5	0.202 1	0.202 4	0.202 4	0.203 0	0.200 6
7	0.194 0	0.194 5	0.196 4	0.198 2	0.199 7	0.201 0	0.202 2	0.203 1	0.204 0	0.204 0	0.205 3	0.200 4
8	0.192 7	0.193 7	0.195 4	0.197 0	0.198 5	0.200 3	0.201 4	0.202 6	0.203 7	0.203 7	0.205 0	0.199 6
9	0.192 2	0.193 1	0.194 8	0.196 5	0.198 0	0.199 6	0.201 0	0.202 2	0.203 5	0.203 5	0.204 6	0.199 1
10	0.191 9	0.192 6	0.194 2	0.196 1	0.197 4	0.199 0	0.200 4	0.201 9	0.203 4	0.203 4	0.205 0	0.198 8

断面编号	垂线水深											平均水深
	1	2	3	4	5	6	7	8	9	10	11	
11	0.190 9	0.191 8	0.193 2	0.194 8	0.196 4	0.198 0	0.199 8	0.201 3	0.202 6	0.202 6	0.204 4	0.197 9
12	0.190 5	0.191 2	0.192 6	0.194 1	0.195 8	0.197 6	0.199 2	0.200 8	0.202 2	0.202 2	0.203 6	0.197 4
13	0.190 2	0.190 6	0.192 1	0.193 7	0.195 3	0.197 0	0.198 7	0.200 3	0.201 6	0.201 6	0.202 9	0.196 8
14	0.189 4	0.190 1	0.191 4	0.192 9	0.194 2	0.196 0	0.197 6	0.199 5	0.200 8	0.200 8	0.202 6	0.196 0
15	0.188 6	0.189 2	0.190 7	0.192 1	0.193 6	0.195 3	0.196 8	0.198 6	0.199 6	0.199 6	0.201 6	0.195 2
16	0.187 3	0.188 1	0.189 8	0.191 2	0.192 9	0.194 6	0.196 2	0.197 6	0.199 1	0.199 1	0.201 0	0.194 4
17	0.187 0	0.187 5	0.189 1	0.190 6	0.192 0	0.193 5	0.194 9	0.196 7	0.198 0	0.198 0	0.199 8	0.193 5
18	0.188 9	0.189 4	0.190 1	0.190 8	0.191 6	0.192 0	0.192 3	0.193 2	0.194 5	0.194 5	0.195 6	0.192 1
19	0.190 0	0.190 3	0.190 3	0.190 5	0.190 8	0.191 2	0.191 5	0.192 0	0.192 2	0.192 2	0.192 8	0.191 3
20	0.190 4	0.190 3	0.190 3	0.190 3	0.190 4	0.190 5	0.190 5	0.190 5	0.190 5	0.190 5	0.190 5	0.190 4
21	0.190 3	0.190 2	0.190 1	0.190 0	0.190 0	0.190 0	0.190 0	0.190 1	0.190 3	0.190 3	0.190 6	0.190 2
22	0.188 9	0.188 9	0.189 0	0.189 0	0.189 1	0.189 1	0.189 5	0.189 4	0.189 4	0.189 4	0.189 2	0.189 2
23	0.188 6	0.188 7	0.188 6	0.188 6	0.188 6	0.188 6	0.188 9	0.188 9	0.189 0	0.189 0	0.189 1	0.188 8
24	0.187 4	0.187 4	0.187 6	0.187 7	0.187 8	0.187 8	0.187 6	0.187 7	0.187 7	0.187 7	0.187 7	0.187 6

（2）流速分布

纵向水深平均流速是弯道水流三个方向水深平均流速中最主要的部分，与其他两个方向相比，大一个量级或者以上，因此，纵向水深平均流速对弯道的过流能力有最大的影响。该试验只测量了各垂向监测点位的水平流速分量（见图 5-12），所以主要用于二维模型验证计算，也可以用于三维模型二次流强度的垂向分布验证比较，有关二次流强度详细数据参考相关研究报告（De Vriend，1979）。

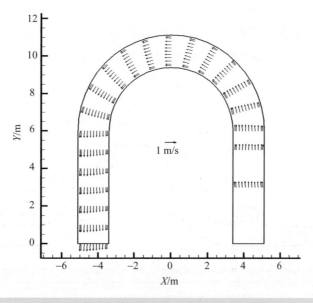

图 5-12 试验量测横断面水深平均流速分布

5.2.1.4 输出要求

（1）指出所采用软件的版本型号以及相应的数值方案。

（2）指出承担本模拟计算的硬件性能：处理器类型和内存等。

（3）指出所采用的时间间隔、网格精度（或模拟区域的网格节点数）以及总的计算消耗时间（针对指定的模拟时间长度）。

（4）指出模型的计算精度：主要包括沿程水面高程（水深）和各测量横断面水深平均流速大小及方向，主流速的垂线分布和二次流强度的垂向分布等。

5.2.1.5 数据集内容

表 5-5   De Vriend 试验数据集

描述	文件名
各垂线水深及平均流速（Tecplot 格式）	De Vriend-2DVH.dat
纵横向水深、水深平均及测点流速（Excel 格式）	De Vriend-23DVH.xlsx
水槽形状数据（Tecplot 格式）	De Vriend-Grid.dat

5.2.2 连续弯道水槽

5.2.2.1 试验布置

弯道由 4 个等尺度 90°弯段组合连接而成，由厚 0.6 cm 的透明有机玻璃制成，总长 7 m。上游入口直线段长 2.0 m，其中前 1.0 m 用于放置消波设施，下游出口直线段长 1.0 m。弯段内半径 0.8 m，外半径 1.2 m，矩形断面，宽度为 0.4 m，高度为 0.2 m。弯道底坡为 0.000 3。该模型的布置及水循环系统如图 5-13 所示。

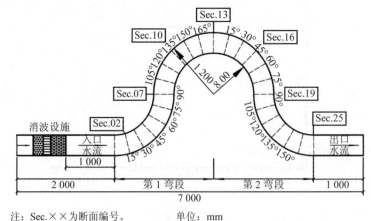

注：Sec.××为断面编号。   单位：mm

图 5-13   试验布置

模型弯道上每隔 15°设置 1 个测量断面，编号断面 1 至断面 25，除了入口处断面 1 和断面 12 由于场地位置限制不便于安放测量仪器外，每个断面均进行了流速的全断面量测。每个断面的测点布置如图 5-14 所示。

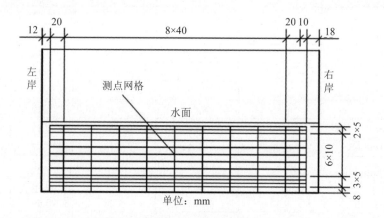

图 5-14　断面测点布置

断面测点在横向上从左岸到右岸共布置 12 条垂直测线。每条垂直测线上测点从下到上共布置 12 个点，最下面一层测点距离渠底 8 mm，其上 3 层和邻近水面的两层同样是考虑边界影响而加密布置。测点编号遵从"从下到上、从左至右"的原则，如编号 4-5 即代表从下开始计算的第 4 层、从左岸开始计算的第 5 条垂直测线。

5.2.2.2　试验参数

试验进口流量为 0.012 66 m³/s，上游断面平均水深 0.097 9 m，下游断面平均水深 0.097 6 m，入口断面平均流速为 0.323 2 m/s，出口断面平均流速为 0.324 2 m/s，入口断面水力半径为 0.065 7 m，水槽底坡为 0.000 3，水流摩阻流速 U^* 为 1.39 m/s，谢才值 C 为 72.9 m$^{1/2}$/s，糙率 n 为 0.008 7。

5.2.2.3　试验结果

（1）水位分布

弯道水流中，由于弯道向心力的影响，水面线将发生弯曲、扭曲现象，具体表现在水深上来看就是各处水深不同（底坡很小的情况下，水深变化即近似于水面线的变化），因此，本试验中用各处水深的不同来近似代表水面线的变化。

表 5-6 为试验量测的各断面左边界、中轴线、右边界的实际水深、各断面的超高（超高等于凹岸水深减去凸岸水深）及横比降（超高除以断面宽）；图 5-15 为左、中、右边界的水深示意图。

表 5-6　试验量测的各断面水深　　　　　　　　　　单位：cm

断面编号	左边界	中轴线	右边界	超高	横比降/%
Sec.1	9.53	9.79	9.69	0.16	0.40
Sec.2	9.49	10.00	9.85	0.36	0.90
Sec.3	9.55	9.99	9.98	0.43	1.08
Sec.4	9.50	9.71	9.82	0.32	0.80
Sec.5	9.46	9.66	9.91	0.45	1.13
Sec.6	9.52	9.84	9.95	0.43	1.08
Sec.7	9.60	9.52	9.73	0.13	0.33
Sec.8	9.59	9.56	9.40	0.19	0.47
Sec.9	9.69	9.61	9.34	0.35	0.87
Sec.10	9.90	9.69	9.48	0.42	1.05
Sec.11	9.87	9.78	9.47	0.40	1.00
Sec.12	9.82	9.68	9.38	0.44	1.10
Sec.13	9.77	9.57	9.28	0.49	1.23
Sec.14	9.80	9.93	9.43	0.37	0.93
Sec.15	9.69	9.60	9.38	0.31	0.77
Sec.16	9.62	9.51	9.29	0.33	0.83
Sec.17	9.86	9.74	9.34	0.52	1.30
Sec.18	9.87	9.80	9.57	0.30	0.75
Sec.19	9.41	9.38	9.51	0.10	0.25
Sec.20	9.29	9.42	9.81	0.52	1.30
Sec.21	9.27	9.68	9.96	0.69	1.73
Sec.22	9.25	9.59	9.95	0.70	1.75
Sec.23	9.27	9.66	9.77	0.50	1.25
Sec.24	9.19	9.53	9.70	0.51	1.28
Sec.25	9.25	9.45	9.60	0.35	0.87
Sec.26（出口）	9.31	9.76	9.51	0.20	0.50

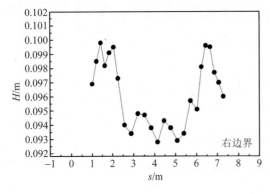

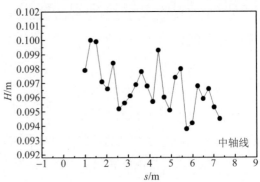

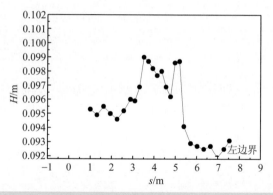

图 5-15 试验水深

（2）流速分布

纵向水深平均流速是弯道水流三个方向水深平均流速中最主要的部分，与其他两个方向相比，大一个量级或者以上，因此，纵向水深平均流速对弯道的过流能力有最大的影响。主要用于二维模型验证计算。试验水深平均流速如图 5-16 所示。

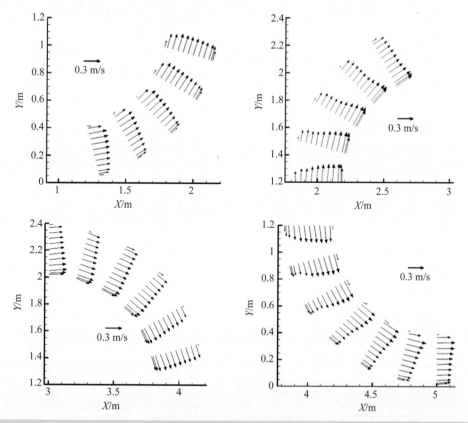

图 5-16 试验水深平均流速

5.2.2.4　输出要求

（1）指出所采用软件的版本型号以及相应的数值方案。

（2）指出承担本模拟计算的硬件性能：处理器类型和内存等。

（3）指出所采用的时间间隔、网格精度（或模拟区域的网格节点数）以及总的计算消耗时间（针对指定的模拟时间长度）。

（4）指出模型的计算精度：主要包括沿程水面高程（水深）和各测量横断面水深平均速度大小及方向，纵向和垂向流速的垂线分布和二次流强度等。

5.2.2.5　数据集内容

表 5-7　Hejianbo 试验数据集

描述	文件名
各垂线水深平均流速	Hejianbo-2DV.dat
各垂线测点流速	Hejianbo-3DV.dat
沿程水深	Hejianbo-H.xlsx
主流线位置	Hejianbo-Mslineloc.dat
各断面流速	Hejianbo-Section.dat
水槽形状数据	Hejianbo-Grid.txt

5.2.3　溃坝流动案例

5.2.3.1　试验布置

本案例用于测试软件包使用高精度算法正确模拟水跃以及模拟在水跃作用下建筑物后面产生的尾流区域的能力。

本溃坝案例由一个原始的标准溃坝案例改编而得到。该原始的标准溃坝案例是由 IMPACT（2004）项目资助的（Soares-Frazao and Zech, 2002），且由比利时鲁汶大学（UCL）土木工程试验室开展的模型试验测量得到。

案例（A）：Soares-Frazao 和 Zech 在 2002 年开展的原始的标准溃坝案例。在该案例中，模型尺度即为试验室内的物理模型尺度，本案例只涉及一个简单的地形，一个只有 1 m 宽溃口的坝体以及在坝体下游的一个单个建筑的简单概化（见图 5-17）。初始条件为：在坝体上游有统一的水深值-0.4 m；在坝体下游有统一的水深值-0.02 m；在本模型的所有边界处流动由垂直的壁面控制。

案例（B）：其在原始的标准溃坝案例的基础上，将所有的空间尺度扩大 20 倍，目的是更好地反映在实际应用中所遇到的洪水淹没模型的长度尺度。

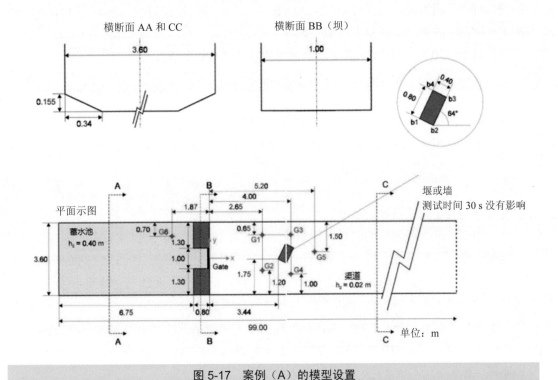

图 5-17 案例（A）的模型设置

5.2.3.2 边界和初始条件

因为流动被垂直的壁面所封闭，所以没有指定其余边界条件。

初始条件：

案例（A）：坝体上游水深为 0.4 m（$X < 0$）；坝体下游水深为 0.02 m（$X > 0$）。

案例（B）：坝体上游水深为 8 m（$X < 0$）；坝体下游水深为 0.4 m（$X > 0$）。

5.2.3.3 试验参数

没有特定的涡黏性系数值被指定。

案例（A）：

曼宁系数（n）：0.01（均匀），正如 Soares-Frazao 与 Zech 在 2002 年所指定的那样。

网格精度：0.1 m（即在垂直墙体所包围的区域内包括 36 000 个节点）。

模拟时间：模拟的时间长度为 $T = 2$ min（如果采取的模拟时间长度不为 2 min，则当在 $T = 2$ min 的时刻需要输出模拟结果）。

案例（B）：

曼宁系数（n）：0.05（均匀）。

网格精度：2 m（即在垂直墙体所包围的区域内包括 36 000 个节点）。

模拟时间：模拟的时间长度为 $T = 30$ min（如果采取的模拟时间长度不为 30 min，则当在 $T = 30$ min 的时刻需要输出模拟结果）。

网格精度：50 m（即在 19.02 km^2 的区域内包括 7 600 个节点）。

5.2.3.4　输出要求

（1）指出所采用软件的版本型号以及相应的数值方案。

（2）指出承担本模拟计算的硬件性能：处理器类型和内存等。

（3）指出承担本模拟计算所需的最低硬件配置。

（4）指出所采用的时间间隔、网格精度（或模拟区域的网格节点数）以及总的计算消耗时间（针对指定的模拟时间长度）。

（5）指出计算时所采用的涡黏性系数值。

案例（A）：

输出图 5-17 中 G1 至 G6 六个输出点处的"水位-时间"过程线与"速度-时间"过程线（建议的输出频率为 0.1 s），相应的坐标值也作为数据集的一部分。

指出模型的计算精度：主要包括在整个模拟过程中所达到的水面高程峰值，速度峰值，1 s、2 s、3 s、4 s、5 s、10 s、15 s、20 s、25 s 与 30 s 时的水面高程值等。

案例（B）：

输出图 5-17 中 G1 至 G6 六个输出点处的"水位-时间"过程线与"速度-时间"过程线（建议的输出频率为 0.1 s），相应的坐标值也作为数据集的一部分。

指出模型的计算精度：主要包括在整个模拟过程中所达到的水面高程峰值，速度峰值，1 s、2 s、3 s、4 s、5 s、10 s、15 s 与 20 s 时的水面高程值等。

5.2.3.5　数据集内容

表 5-8　Dambreak 试验数据集

描述	文件名
案例（A）地理参考栅格 ASCII DEM（精度为 0.05 m）	DambreakA-DEM.asc
案例（B）地理参考栅格 ASCII DEM（精度为 1 m）	DambreakB-DEM.asc
案例（A）的输出点位置	DambreakA-output.csv
案例（B）的输出点位置	DambreakB-output.csv

5.2.3.6　附加说明

（1）测试人至少要提供上述指定网格精度情况下的模拟结果。

（2）可提供其余网格精度情况下的模拟结果。

（3）测试人应该说明使用或不使用其余网格精度的原因。

5.2.4　物质输运水槽

5.2.4.1　试验布置

弯道上物质输运的空间分布具有明显的三维性。本案例主要检验二维、三维模型弯曲河道螺旋流作用下的保守污染物质对流扩散输运的模拟能力。主要考察物质输运方程的离散、边界条件的给定和相应编程是否合理。

水槽由两个弧度为 90° 的弯道组成,弯道半径为 8.53 m,两弯道的连接过渡段为 4.27 m 的直水槽,弯道的进出口由长为 2.13 m 的直段过渡,弯道的横断面为矩形断面,断面宽为 2.34 m。共布置了 13 个断面,依次编号为 S0、S1、S2、S3、C110、π/16、π/8、3π/16、π/4、5π/16、3π/8、7π/16、π/2,对应图 5-18 中断面 1—13。

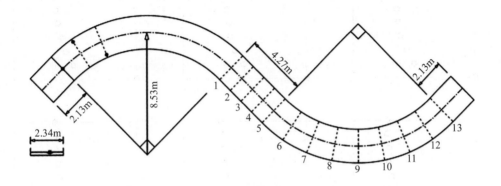

图 5-18　Chang 试验布置

5.2.4.2　试验参数

试验进口流量 0.098 5 m³/s,平均流速为 0.366 m/s,平均水深为 0.115 m,水面的比降为 0.000 35,弯道光滑,水流摩阻流速 U^* 为 0.018 9 m/s,摩擦系数为 f=0.021 5,谢才值 60.5 m$^{1/2}$/s,粗糙 n 为 0.012。试验的流速和中性物质浓度的量测位置为图中虚线所示。甲醛和盐的混合物(中性物质)的排放点分别为第一个弯道进口断面的中部、左岸和右岸,排放的形式为连续排放。

5.2.4.3　试验结果

(1)流速分布

试验中,顺流向方向依次布置观测断面 13 个,分别命名为 S0、S1、S2、S3、C110、π/16、π/8、3π/16、π/4、5π/16、3π/8、7π/16、π/2。在各断面上,沿断面横向以水深方向顺次布置速度测点 12×9 个。观测得到π/4 断面主流速及二次流分布见图 5-19 及图 5-20。

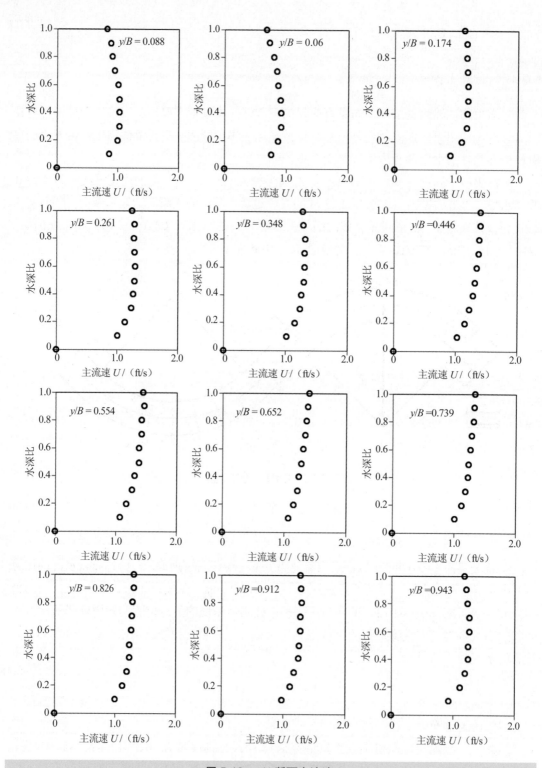

图 5-19 π/4 断面主流速

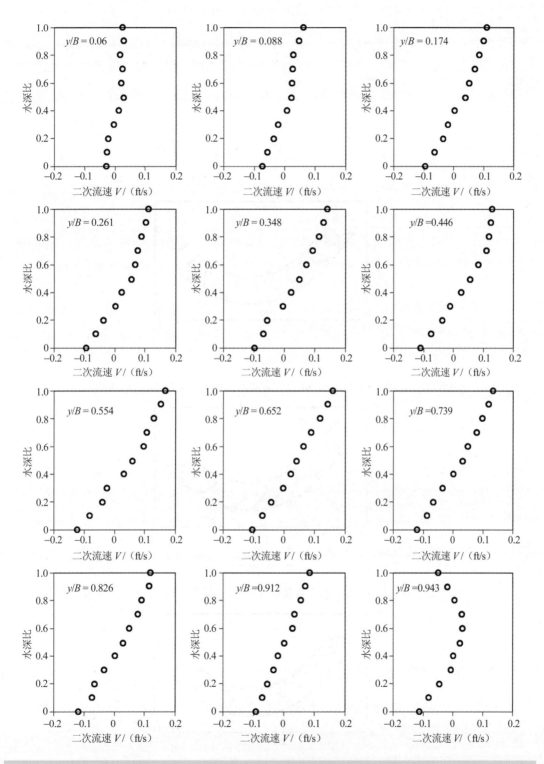

图 5-20　π/4 断面二次流速

（2）浓度分布

图 5-21 至图 5-23 为试验弯道中、左、右岸物质排放情况下垂线平均浓度与断面平均浓度之比横向分布；图 5-24 为不同横断面归一化浓度云图；图 5-25 为各断面浓度试验数据示意。

浓度归一化方程：

$$\bar{C} = \frac{d}{Q}\int_{B/2}^{B/2}\bar{C}^d\bar{u}^d\,\mathrm{d}z = \frac{d}{Q}\sum_{j=1}^{N}\bar{C}_j^d\bar{u}_j^d\Delta z \qquad (5\text{-}22)$$

式中，$\bar{C}^d$ 为深度平均浓度；Q 为总流量；d 为水深；B 为槽宽；N 为 40。

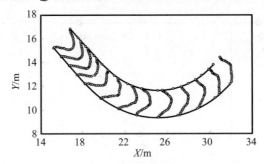

Run 316（试验编号）

图 5-21 弯道中部投放工况下垂线平均浓度与断面平均浓度之比横向分布

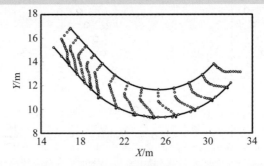

Run 317（试验编号）

图 5-22 弯道右岸投放工况下垂线平均浓度与断面平均浓度之比横向分布

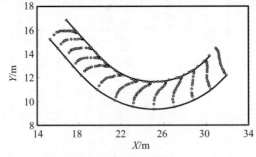

Run 318（试验编号）

图 5-23 弯道左岸投放工况下垂线平均浓度与断面平均浓度之比横向分布

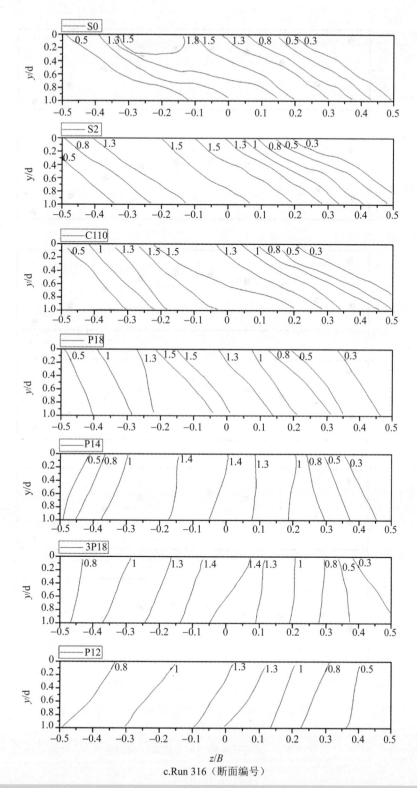

c.Run 316（断面编号）

图 5-24 不同横断面归一化浓度云图（横坐标为断面相对宽度，纵坐标为垂向相对水深）

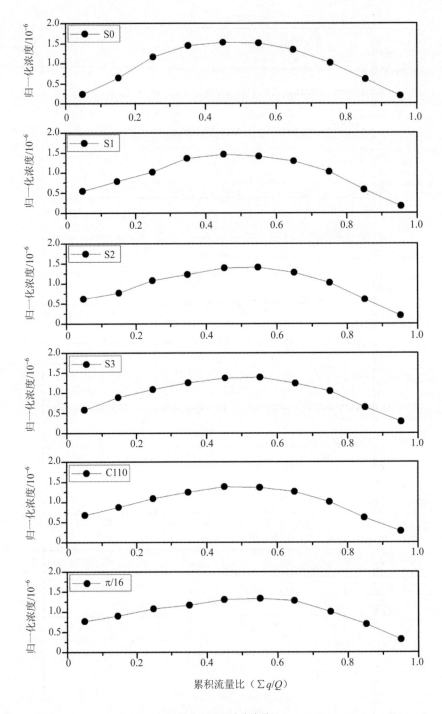

e. Run 316（试验编号）

图 5-25　各断面物质归一化浓度试验数据

5.2.4.4 输出要求

（1）指出所采用软件的版本型号以及相应的数值方案。

（2）指出承担本模拟计算的硬件性能：处理器类型和内存等。

（3）指出所采用的时间间隔、网格精度（或模拟区域的网格节点数）以及总的计算消耗时间（针对指定的模拟时间长度）。

（4）指出模型的计算精度：主要包括沿程水面高程（水深）和各测量横断面水深平均速度大小及方向，纵向和垂向流速的垂线分布（3D），水深平均浓度分布，横断面浓度分布。

5.2.4.5 数据集内容

表 5-9　Chang 试验数据集

描述	文件名
各垂线水深平均流速	Chang- 2DV.txt
各垂线测点流速	Chang-23DV.xlsx
水深平均浓度	Chang -aveC.xlsx
断面平均浓度	Chang –secC（*）.txt
水槽形状数据	Chang-Grid.dat

5.2.5　横流中温排水扩散

温排水通常以一定速度排入环境水体，并且排水温度高于环境水体，表现为温差浮力射流。从环境水力学角度，温排水在环境水体中的运动过程依据其水力、热力特性可分为近区与远区。近区是指紧邻排水口出流段的局部区域，是水力、热力特性急剧变化的区域。环境低温水与温排水发生强烈的卷吸、掺混，同时温排水在浮力作用下向水体表层运动。水温分布表现为：垂向上具有明显的温度梯度；水温沿程急剧下降，具有较大的温降梯度。近区范围一般都比较小，是热污染控制的重点区域。近区之后的广阔区域属于远区，在该区域内水力、热力特性变化趋于平缓。温排水的射流初始动量与浮力效应消失殆尽；垂向层与层之间热量交换大为削弱；热水层厚度由于水体下掺沿程渐渐变薄，温度趋于环境水温；温排水的运动受控于环境水体，对流扩散作用以及水面散热成为影响水温分布的主要因素；温排水携带的热量最终主要依靠水面的蒸发、对流作用散发到大气中。近区与远区之间的区域为过渡区，该区域水力、热力特性介于近区与远区之间，但更接近于近区，很多学者将其划入近区一起考虑。温排水模型属于水质模型，温排水随流输移扩散与一般污染物并无太大差异，主要差别在于：温排水与环境水体之间的温度差产生浮力作用；热量的散失依靠水气交换。

本案例用于测试数学模型在模拟恒定横流环境条件下温排水随流输运过程水力、热力特性的能力。试验测量了流速分布及温升分布。

5.2.5.1　实验布置

水槽试验在可控温湿度实验室完成。如图 5-26 所示，矩形水槽长 15.6 m、宽 6 m，由进水段、工作段以及退水段三部分组成，其中工作段长 13 m。水槽底坡为 0，为避免底部糙率的影响，底板用水泥抹平、压光。取水口与排水口布置在同岸侧，与岸线齐平，平面间距 4.5 m，均采用开敞式过流，宽度为 0.07 m。取水、排水口之间设置顺岸长度 1.5 m、离岸宽度 1.0 m 的弧形堤。环境水从取水口抽吸进入循环水管道，经加热系统加温后再从排水口排出。

水体表层流场测量采用流场实时测量系统（VDSM），该系统运用数字摄像与粒子跟踪测速技术（PTV）实现表面流场的大范围同步测速，测量误差小于 5%。温度测量采用多通道温度采集系统，温度传感器测量精度为±0.1℃。如图 5-26 所示，试验时在水体表层布设 96 个温度探头以获取表层温升分布。与此同时，还在取排水附近水域 6 个位置沿着水深方向布设温度探头，以了解垂向温升分布。每个位置在垂向布设 4 个探头，距离水面分别为 1 cm、2 cm、3 cm、3.5 cm。

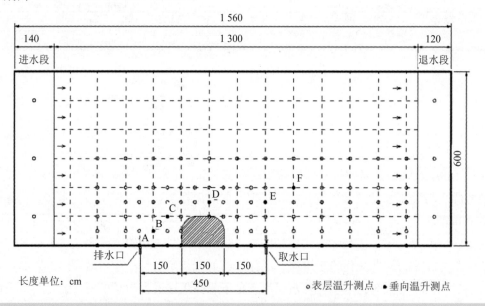

图 5-26　水槽平面布置及温度测点布置

5.2.5.2　边界条件

（1）环境流上游边界：来流量 Q_u=12 L/s，水温 T_∞=14.85℃；

（2）环境流下游边界：水位 H=4 cm，水温为零梯度边界条件；

（3）水槽底部与壁面：流速采用无滑移边界条件，温度采用零梯度边界条件；

（4）排水口：排水流量 Q_o=0.4 L/s、排水温度 T_o 与取水温度 T_{in} 关联，T_o=T_{in}+ΔT_o；

（5）取水口：取水流量 Q_{in}=0.4 L/s、取水温度 T_{in} 由计算结果给定。

5.2.5.3 实验参数

循环水流量为 Q_o=400 cm³/s、取排水温差 ΔT_o =8℃、排水方向垂直于环境来流方向。环境来流为恒定均匀流，水深 H=4 cm、流速 V_∞=5 cm/s，水温 T_∞=14.85℃。气温 T_a=26.5℃，相对湿度为 59.2%，依据《冷却水工程水力、热力模拟技术规程》（SL 160—2012）推荐采用的水面综合散热系数计算公式，可得到试验条件下水体表面综合散热系数 K=6.154 W/（m²·℃）。

5.2.5.4 实验结果

（1）表层流速分布

水体表层流速分布见图 5-27。结果表明：取排水对环境流场有一定影响。排水口前缘呈现"射流"特性，取水前缘呈现"汇流"特性。受弧形障碍物影响，障碍物上游、下游均出现顺时针旋转回流区。上游回流区长度约 150 cm、宽度约 70 cm；下游回流区长度约 110 cm、宽度约 65 cm。

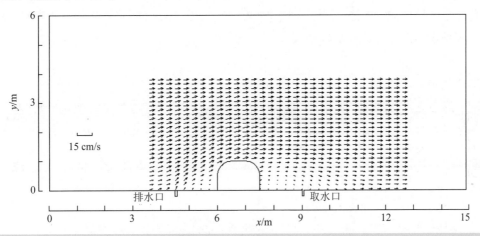

图 5-27　表面流速分布

（2）表层温升分布

定义温升ΔT=T-T_e，T 为任意点水温，T_e 为环境水温。水体表层温升等值线见图 5-28，可以发现：在环境横流作用下，温排水随流偏转，温升分布呈顺岸窄带型分布。随着远离排水口，热水带宽度沿程扩展。弧形障碍物对温排水具有阻碍与挑流作用。4℃以上高温升热水局限在障碍物上游，3℃温升线在挑流影响下具有离岸分布趋势，2℃温升线在障碍物下游脱离岸侧，形成近岸低温区，低温区范围与回流区范围比较接近。

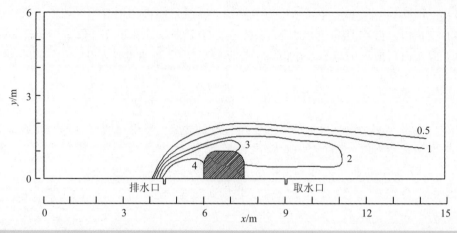

图 5-28　表面温升分布（单位：℃）

（3）定点垂向温升分布

图 5-29 给出温排水流路上沿程 6 个位置的垂向温升分布。试验结果显示，排水近区存在明显的表底温差，随着温排水与环境水流沿程掺混并向下游输移扩散，热水层厚度减小，温度分层效应减弱。A 紧邻排口，温升值最大，表层温升约 9.5℃，由于温排水在水深方向全断面出流，该断面垂向温升差异较小。排口附近水域温降较快，从 A 到 B 表层温升降幅可达 5℃左右。C 处表底温差较大，约 2.3℃。温排水绕经弧形障碍物后，表底水温差异进一步缩小，F 处表底温差约 0.2℃。

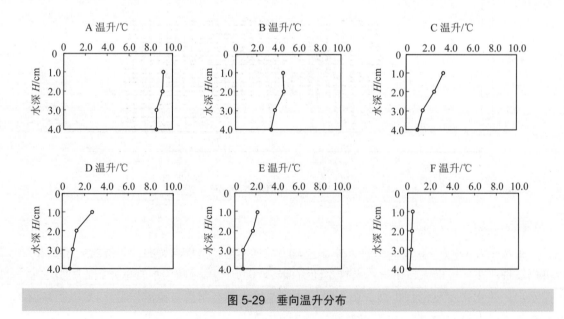

图 5-29　垂向温升分布

5.2.5.5　输出要求

（1）采用的软件名称及版本。

（2）模型基本参数：网格尺度、时间步长、稳定时间、糙率系数、涡黏系数、扩散系数、表面综合散热系数等。

（3）模拟结果：流场、温升分布（平面与垂向）。

5.2.5.6　数据集内容

表 5-10　恒流温排水数据集

描述	文件名
水槽平面布置及温度测点布置	Layout.dwg
表面流速场	Velocity.txt
水体表层温升分布	T-s.dwg
定点垂线温升分布	T-h.txt

5.2.6　潮流浮力射流浓度模拟

沿海地区工业废水与电厂温排水往往从排放口以一定速度排入海域，并且通常排水密度小于环境水体，表现为浮射流的运动形式。潮流是河口与海洋水流最为普遍的运动形式，也是物质输运的主要载体，对污染物的稀释扩散具有重要作用。垂直浮力射流是潮汐水域污水、热水排放的典型方式。本案例针对潮汐水槽内垂直浮力射流，采用大范围、高帧频 PIV-PLIF 同步测量技术研究了完整潮周过程中射流流场与浓度场的随潮演变过程与掺混稀释规律，给出了射流对称面的浓度轴线公式，可用于测试数学模型模拟射流近区流场与浓度场的能力。

5.2.6.1　实验布置

玻璃水槽全长 20 m、宽 0.6 m、底坡为 0。通过开边界流量控制、监测水位的控潮方式实现往复潮流的模拟与控制。采用高精度光栅水位仪进行潮位测量，仪器误差为 ±0.01 cm。采用三维超声波流速仪（ADV）进行环境流速的随潮连续测量，测点位于水槽中心 1/2 平均水深处，采样频率 200 Hz、精度为测量值的 ±5%。原液箱配好均匀浓度的荧光素钠溶液，进入射流供水管路，经过加热后以浮射流形式从圆形喷口垂直向上排入潮流。采用大范围、高帧频 PIV-PLIF 同步测量技术进行射流流场与浓度场的测量。入射激光波长 488 nm，可以激发荧光素钠溶液产生 512 nm 的荧光。激光片光从水面沿纵轴面垂直向下入射水体，片光为矩形片光，宽度 40 cm，测量面积可以覆盖潮流变化过程中浮射流的主要影响区。试验系统布置如图 5-30 所示。

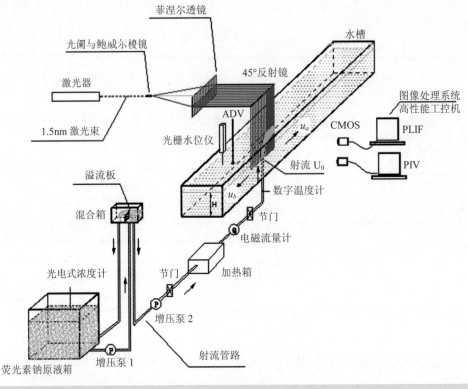

图 5-30   实验系统布置示意

5.2.6.2   实验参数

（1）环境潮流

环境潮流的潮位及流速变化过程曲线见图 5-31。实验潮型为潮周期 T=720 s、水位 H 随时间正弦变化的曲线，平均潮位 H_o 为 40 cm，潮差ΔH=4 cm，斯特劳哈尔数 St =1.1×10^{-3}，任一潮时 t 时刻的水位 $H(t)=H_o+\dfrac{\Delta H}{2}\cdot\sin\left(\dfrac{2\pi t}{720}\right)$。

（2）浮射流

射流喷口为圆形喷口，中心位于水槽底部纵轴线中心，离槽底 10 mm，内径 D=15 mm。浮射流垂直向上排入环境潮流，出口流速 u_o=0.33 m/s。环境水温 26.1℃，射流温度 T_o=35.9℃，高于环境水温 9.8℃。射流雷诺数 R_{eo}=6 903，属于紊动射流；射流密度弗汝德数 Fr_o=15.6，属于实际工程深水浮射流排放的数值范围内。射流源浓度为 0.05 mg/L，可保证荧光素钠溶液浓度在荧光光强线性变化范围内。

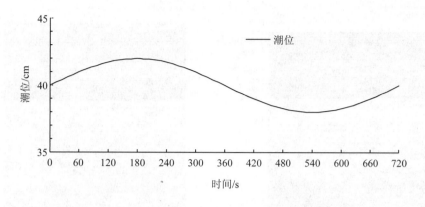

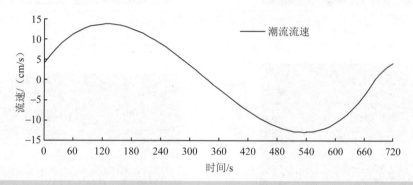

图 5-31　潮位及流速变化过程

5.2.6.3　实验结果

采用 PIV-PLIF 技术以 50 Hz 帧频连续同步测量了 4 个完整潮周垂直浮射流的瞬时流场与浓度场。整个实验过程共记录浓度场图像各 144 000 张，产生的数据量非常庞大，近 1.2 TB。试验发现第三个潮周的射流浓度场随潮变化过程已经达到稳定。选择最后一个潮周过程的射流流场与浓度场进行分析。

（1）浮射流对称面流场与浓度场随潮变化规律

纵轴面是反映射流随潮演变的主要特征断面。为便于分析，将潮周起始时刻规定为 0 时刻，并采用无量纲时间 $t^*=t/T$。采用非恒定紊流常用的移动平均法计算时均流场与时均浓度场。图 5-32 给出潮流变化过程中上述 12 个时刻的时均浮射流浓度场。定义射流出流流速为 u_o、潮流流速为 u_a，流速比 $R=|u_o/u_a|$。试验结果表明：射流流速与浓度分布随潮周期摆动，流速比是影响射流掺混稀释特性的主要因素。流速比增大，射流影响区域从槽底向水体表层转移；涨潮与落潮过程中，射流弯曲程度随流速比增大而减小；憩流时段，射流在水体表层形成浓度云团；转潮时，射流浓度场受到憩流时表层浓度云团的叠加影响。

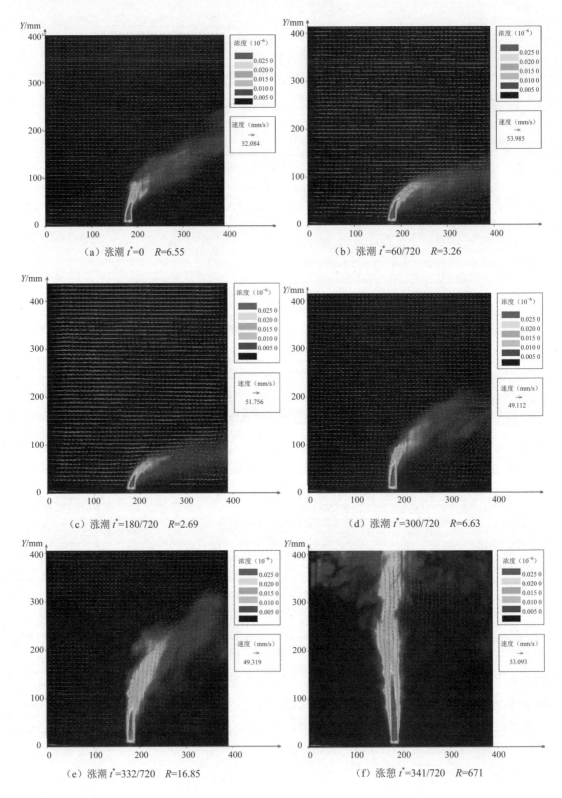

（a）涨潮 $t^*=0$　$R=6.55$

（b）涨潮 $t^*=60/720$　$R=3.26$

（c）涨潮 $t^*=180/720$　$R=2.69$

（d）涨潮 $t^*=300/720$　$R=6.63$

（e）涨潮 $t^*=332/720$　$R=16.85$

（f）涨憩 $t^*=341/720$　$R=671$

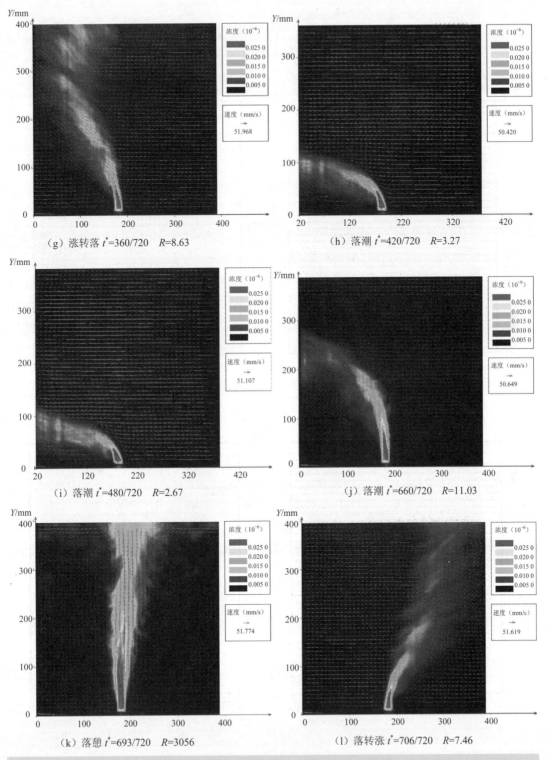

图 5-32　射流时均流场与浓度场随潮变化过程

（2）特征潮时射流对称面流场与浓度场

为便于进行流场与浓度场验证，图 5-33、图 5-34 给出了四个特征潮时浮射流在纵轴面上的流场与浓度等值线分布。纵轴面为浮射流的对称面。图中横坐标为纵轴上矩形片光与槽底的交界线，纵坐标为水深。

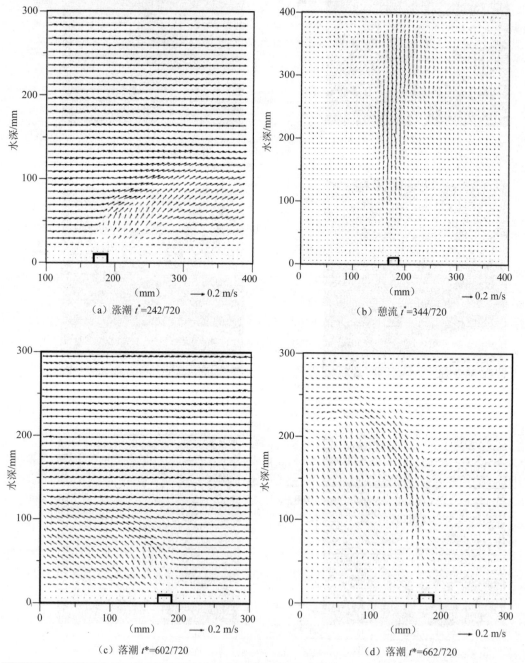

（a）涨潮 t^*=242/720

（b）憩流 t^*=344/720

（c）落潮 t^*=602/720

（d）落潮 t^*=662/720

图 5-33　特征潮时浮射流纵轴面流速分布

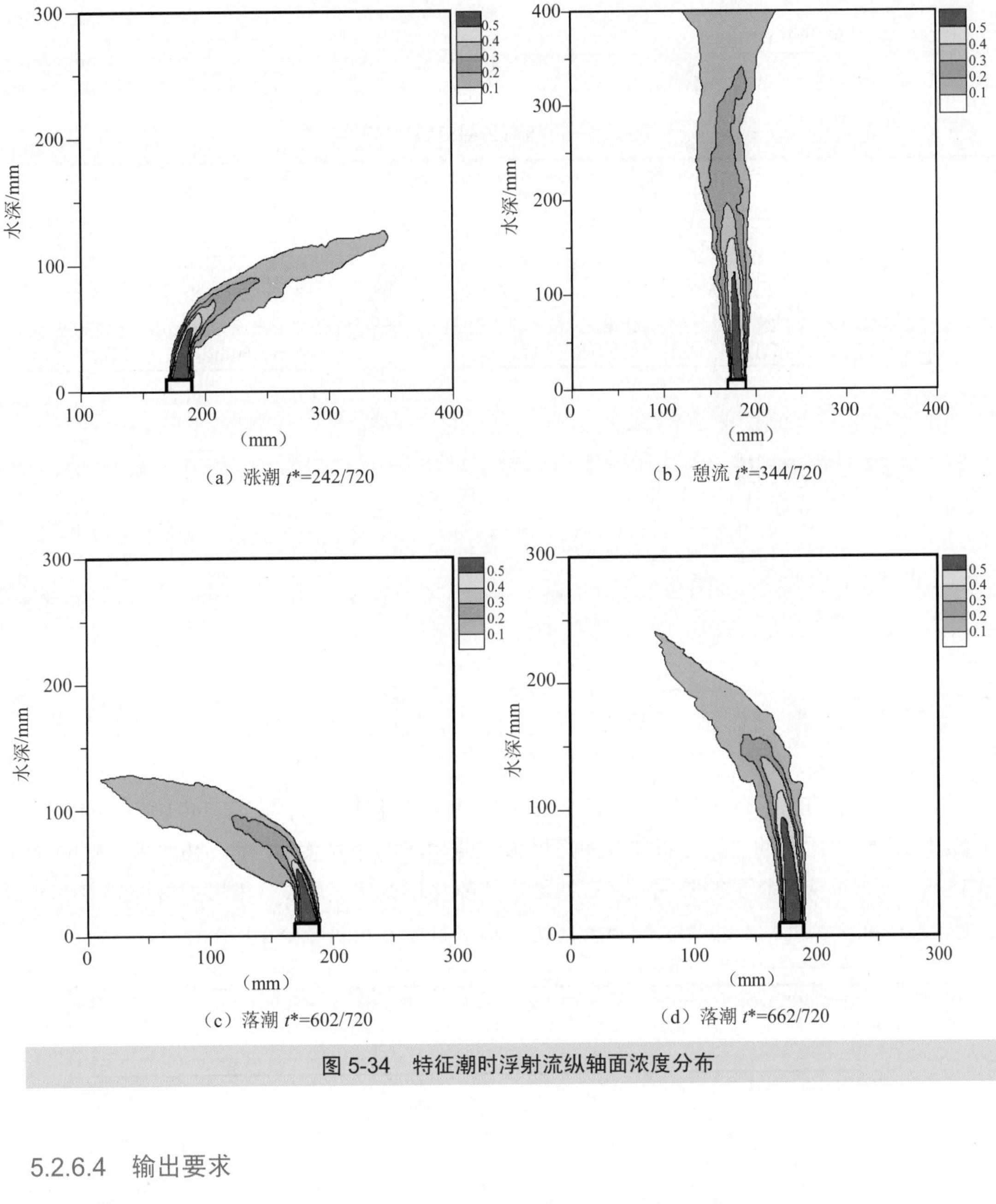

（a）涨潮 t^*=242/720

（b）憩流 t^*=344/720

（c）落潮 t^*=602/720

（d）落潮 t^*=662/720

图 5-34 特征潮时浮射流纵轴面浓度分布

5.2.6.4 输出要求

（1）采用的软件名称及版本。

（2）模型基本参数：网格尺度、时间步长、稳定时间。

（3）模拟结果：潮位过程线、流速随潮变化过程、特征潮时的射流流场与浓度场。

5.2.6.5　数据集内容

表 5-11　潮流浮力射流数据集

描述	文件名
试验布置	Layout.dwg
潮位及潮流流速	Tidal flow.txt
特征潮时流场	v-242.dat，v-344.dat，v-602.dat，v-662.dat
特征潮时浓度场	c-242.dat，c-344.dat，c-602.dat，c-662.dat
采用 Realizable k-ε 模型验证本算例的情况简介	result.docx

5.3　工程试验案例

5.3.1　间断水流模拟

5.3.1.1　试验布置

本测试目的在于评估程序在模拟间断水体流动或具有干湿变化的河道漫滩水流流动时的能力。

该测试使用的地形存在凹陷区域，如图 5-35 所示，模拟范围为 700 m×100 m 的矩形区域。以图 5-36 所示的水位过程作为矩形区域左侧边界的边界条件，驱动边界处水位升至 10.35 m。该水位应持续足够长的时间，使得水体能够填充凹陷处，且模拟区域内的水面处于同一水平面上。此后，边界水位降至其初始状态，池中水面降至 10.25 m 处。

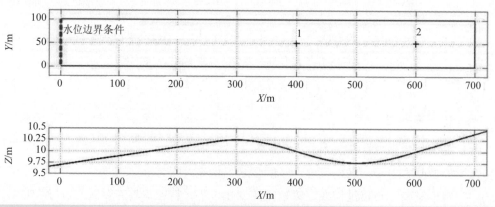

图 5-35　测试 1 所用的 DEM 分布方案

注：模拟范围如图所示是一个矩形区域，横坐标由 X=0 m 到 X=700 m；纵坐标由 Y=0 m 到 Y=100 m。

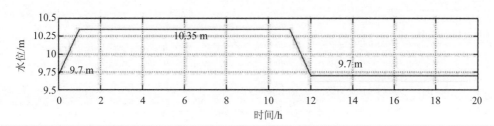

图 5-36 水位过程边界条件

5.3.1.2 边界和初始条件

在图 5-35 中的红色虚线处设置入流边界条件，提供的表格作为数据的一部分。所有的其余边界均设置为封闭边界。初始条件：水位高程为 9.7 m。

5.3.1.3 试验参数

（1）曼宁系数（n）：0.03（全区域）。
（2）模型网格分辨率：10 m（或模拟区域内设置 700 个网格节点）。
（3）模拟时间：模型运行至 $t=20$ h。

5.3.1.4 输出要求

（1）所用软件程序：版本及数值格式。
（2）开展模拟工作的硬件详情：处理器型号和速度、随机存储器型号。
（3）开展模拟所需的最低硬件配置详情。
（4）指出所采用的时间步长、网格尺寸（或模拟区域内的节点数），以及总的计算消耗时间（针对指定的模拟时间长度）。
（5）图 5-35 中 2 个输出点处的"水位-时间"过程线（建议的输出频率为 60 s），并作为数据集的一部分。

5.3.1.5 数据集内容

表 5-12 间断水流数据集

描述	文件名
2 m 分辨率的 DEM 数据	EngTest1_DEM.asc
上游边界条件表格（水位 VS 时间）	EngTest1_BC.csv
输出点位置	EngTest1_Output.csv

5.3.1.6 附加说明

（1）测试人至少要提供上述指定网格精度情况下的模拟结果。
（2）可以提供其余网格精度情况下的模拟结果。
（3）测试人应该说明使用或不使用其余网格精度的原因。
（4）模拟结束时漫滩区域内水的体积。

5.3.2 洪泛凹陷区淹没

5.3.2.1 试验布置

本测试被用来评估程序在复杂地形低流速流动条件下确定洪水淹没范围和淹没深度的能力。如图 5-37 所示，模拟范围为一个 2 000 m×2 000 m 的正方形区域，其间分布有 4×4 矩阵形式排列的，深度达 0.5 m 的凹陷区域，各凹陷区之间地形平滑过渡。数字地形是通过由北到南及由西到东方向上乘以正弦函数获得；凹陷区形状均相同。在由北向南方向上，地形平均坡降为 1∶1 500，由西到东的平均坡降为 1∶3 000，且从西北到东南对角线上，高程降低 2 m。

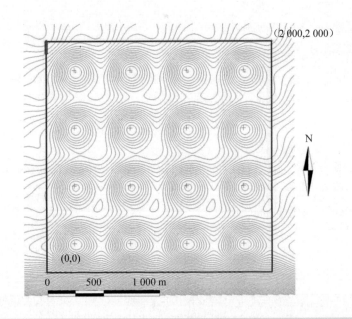

图 5-37 模拟区域 DEM 图

注：展示了上游边界条件设置位置（红虚线），地面高程等值线（间距为 0.05 m），以及输出点位置（所示位置）。

如图 5-37 所示，在模拟区域西北角由北到南长达 100 m 的边界处，给定入流边界条件，时长为 85 min，峰值流量为 20 m³/s 的入流洪水过程线（见图 5-38）。为获得洪水的最终状态，模拟时间取为 2 d（48 h）。

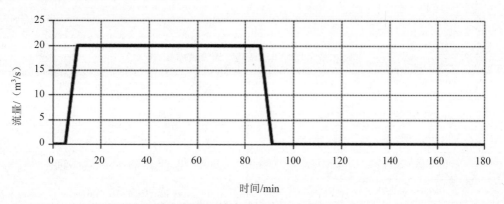

图 5-38　测试 2 上游边界处洪水过程线

5.3.2.2　边界和初始条件

（1）入流边界布置在图 5-37 中的红线位置处。

（2）其他边界均为封闭边界。

（3）初始条件：无水干底。

5.3.2.3　试验参数

（1）曼宁系数（n）：0.03（均匀）。

（2）模型网格分辨率：20 m（或模拟区域内设置 10 000 个网格节点）。

（3）结束时间：模型运行至 t=48 h。

5.3.2.4　输出要求

（1）所用软件程序：版本及数值格式。

（2）开展模拟工作的硬件详情：处理器型号和速度、随机存储器型号。

（3）开展模拟所要求的最低硬件配置详情。

（4）采用的时间步长、网格尺寸（或模拟区域内的节点数）及达到指定模拟时间的运行时间。

（5）模拟结束时，漫滩区上的总水体积。

（6）每个凹陷中心处（坐标已给出）水位随时间变化过程。

（7）输出结果时间频率：600 s。

5.3.2.5 数据集内容

表 5-13 洪泛凹陷区淹没数据集

描述	文件名
2 m 分辨率的 DEM 数据	EngTest2_DEM.asc
上游边界条件（入流 VS 时间）	EngTest2_BC.csv
模拟区域形状、轮廓（形文件）	EngTest2_ActiveArea_region
上游边界条件位置（形文件）	EngTest2_BC_polyline
输出点位置	EngTest2_Output.csv

5.3.2.6 附加说明

（1）当内插入流值时，应使用线性插值。

（2）测试人至少要提供上述指定网格精度情况下的模拟结果。

（3）可以提供其余网格精度情况下的模拟结果。

（4）测试人应该说明使用或不使用其余网格精度的原因。

5.3.3 动量守恒能力测试

5.3.3.1 试验布置

本测试目的在于程序评估地形中出现障碍物时水体的动量守恒能力。该能力在模拟下水道以及城镇化漫滩区的雨季洪水时非常重要。在水槽流动中通过设置障碍物来区别未考虑惯性项和考虑了惯性项的二维水动力程序的性能表现。在惯性项的作用下，部分洪水会越过障碍物。

测试地形中两个凹陷区被一个障碍分隔开（见图 5-39）。模拟范围为 300 m×100 m 的区域。在模拟区域左侧施加一个随时间变化的入流流量（见图 5-40）作为上游边界条件，驱动着洪水波沿着坡降为 1∶200 的水槽下行。当总水量可充满 150 m 处的左侧凹陷时，部分水体会由于动量守恒而越过障碍物到达并停留在 250 m 处的右侧凹陷处。

该模型被模拟的时间长度应达到 $T=900$ s（15 min）。

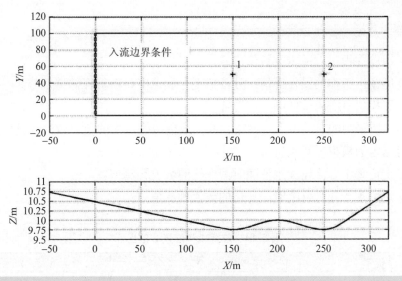

图 5-39　测试 3 所用的 DEM 分布方案

注：模拟范围如图所示是一个矩形区域，横坐标由 $X=0$ m 到 $X=300$ m；纵坐标由 $Y=0$ m 到 $Y=100$ m。

5.3.3.2　边界和初始条件

在图 5-39 中的红色虚线处设置入流边界条件，提供的表格作为数据的一部分。所有的其余边界均设置为封闭边界。

初始条件：干河床条件。

5.3.3.3　试验参数

（1）曼宁系数（n）：0.01（均匀）。

（2）模型网格分辨率：5 m（或模拟区域内 1 200 个节点）。

（3）结束时间：模型运行至 $t=15$ min。

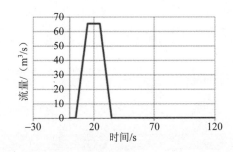

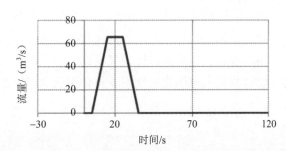

图 5-40　边界条件处的入流过程线

5.3.3.4 输出要求

（1）所用软件程序：版本及数值格式。

（2）开展模拟工作的硬件详情：处理器型号和速度、随机存储器型号。

（3）开展模拟所需的最低硬件配置详情。

（4）指出所采用的时间步长、网格尺寸（或模拟区域内的节点数）以及总的计算消耗时间（针对指定的模拟时间长度）。

（5）指定位置 1 处流速和水位随时间变化的数值预测值。

（6）指定位置 2 处水位随时间变化的数值预测值。

表 5-14　位置 1 和位置 2 的坐标

位置	X	Y
1	150	50
2	250	50

5.3.3.5 数据集内容

表 5-15　动量守恒能力测试数据集

描述	文件名
2 m 分辨率的 DEM 数据	EngTest3_DEM.asc
上游边界条件（流量随时间变化过程）	EngTest3_BC.csv

5.3.3.6 附加说明

（1）当内插入流值时，应采用线性插值。

（2）需指出的是，如果模拟区域宽度不是准确的 100 m，则会对模拟结果产生显著影响。测试者应确保宽度为 100 m（如果宽度非 100 m，则需要用一个系数来修正入流值）。

（3）测试人员需至少提供前述指定分辨率网格条件下的模型结果。

（4）可以提供其余网格精度情况下的模拟结果。

（5）测试人应该说明使用或不使用其余网格精度的原因。

5.3.4 洪水波模拟

5.3.4.1 试验布置

本测试目的在于评估程序在模拟洪水波传播速度及预测洪水行进中其前端的瞬时速

度和水深时的性能表现。该过程反映的是因堤坝受损而产生的河道或海岸带洪水情况。

该测试旨在模拟堤防损毁情况下洪水波在 1 000 m×2 000 m 范围漫滩区内（见图 5-41）的传播速率。漫滩区域是水平的，且其高程为 0 m。边界条件设定为：峰值流量 20 m³/s，时长 5 h，用以模拟堤坝损毁或水流漫过时的情形。边界条件施加在漫滩区西侧中部 20 m 长的区域。

该模型模拟的时间长度 T=900 s（15 min）。

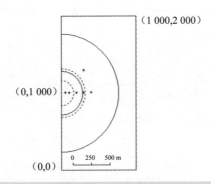

图 5-41　模拟区域

注：图中展示了 20 m 长的入流位置、6 个输出点，以及在 1 h（虚线）和 3 h（实线）时可能出现的 10 cm 和 20 cm 等值线。

5.3.4.2　边界和初始条件

入流边界条件如图 5-42 所示；其他边界为封闭边界。

初始条件：干河床条件。

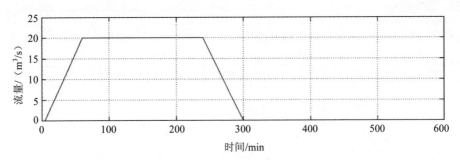

图 5-42　边界条件处的入流过程线

5.3.4.3　试验参数

（1）曼宁系数（n）：0.05（均匀）。

（2）模型网格分辨率：5 m（或模拟区域内 80 000 个节点）。

（3）模拟时间：模拟的时间长度为 T = 5 h（如果采取的模拟时间长度为其他值，则应

输出 $T = 5\,\text{h}$ 的模拟结果）。

5.3.4.4 输出要求

（1）所用软件程序：版本及数值格式。

（2）开展模拟工作的硬件详情：处理器型号和速度、随机存储器型号。

（3）开展模拟所需的最低硬件配置详情。

（4）指出所采用的时间步长、网格尺寸（或模拟区域内的节点数）以及总的计算消耗时间（针对指定的模拟时间长度）。

（5）30 min、1 h、2 h、3 h、4 h 时的水深和流速值。

（6）画出图 5-41 中所示 6 个点位置处流速和水位随时间的变化过程（建议每 20 s 输出一次）。

5.3.4.5 数据集内容

表 5-16 洪水波模拟数据集

描述	文件名
上游边界条件（流量随时间变化过程）	EngTest4_BC.csv
需输出相关信息的节点位置	EngTest4_Output.csv

模型形状尺寸在第 2 部分指定，未提供 DEM 数据的区域高程统一为 0。

5.3.4.6 附加说明

（1）当内插入流值时，应使用线性插值。

（2）测试人至少要提供上述指定网格精度情况下的模拟结果。

（3）可以提供其余网格精度情况下的模拟结果。

（4）测试人应该说明使用或不使用其余网格精度的原因。

5.3.5 河谷洪水模拟

5.3.5.1 试验布置

本案例用于测试软件包模拟洪水淹没的能力，以及对溃坝导致的洪水风险的预估能力（主要包括对峰值水位、速度、传播时间等方面的预测）。

本案例被设计用于模拟由溃坝导致的沿河谷的洪水波传播。本河谷动力效应模型水平尺度为 0.8 km×17 km，河谷坡降从 0.01（上游区域）下降到 0.001（下游区域）。将上游入流断面的中部（宽度为 260 m）的入流过程线设置为入流边界条件，该入流边界条件（见

图 5-43）表征了小型土石坝的溃坝过程，且能够确保在下游流场的不同区域内急流或缓流均有可能发生。

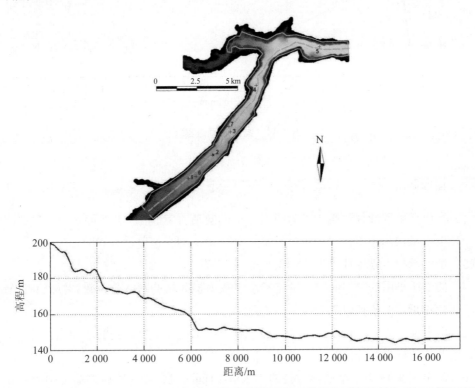

图 5-43   动力效应模型

注：沿着中心线的横截面和数据输出点位置，红线表示边界条件位置，蓝色多边形表示模拟区域。

该模型被模拟的时间长度应达到 $T = 30\,h$，以确保洪水的主要水体最后时刻位于河谷的下游区域。

5.3.5.2   边界和初始条件

在图 5-43 中的红色虚线处设置入流边界条件，提供的表格作为数据的一部分。所有的其余边界均设置为封闭边界。入流流量过程线见图 5-44。

初始条件：干河床条件。

5.3.5.3   试验参数

（1）曼宁系数（n）：0.04（均匀）。

（2）网格精度：50 m（即在 19.02 km^2 的区域内包括 7 600 个节点）。

（3）模拟时间：模拟的时间长度为 $T = 30\,h$（如果采取的模拟时间长度不为 30 h，则当在 $T = 30\,h$ 的时刻需要输出模拟结果）。

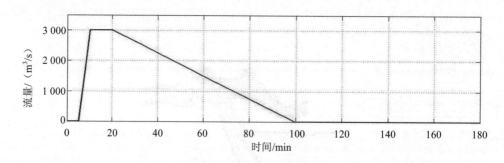

图 5-44　案例入流过程线

5.3.5.4　输出要求

（1）指出所采用软件的版本型号以及相应的数值方案。

（2）指出承担本模拟计算的硬件性能：处理器类型、速度、内存等。

（3）指出承担本模拟计算所需的最低硬件配置。

（4）指出所采用的时间间隔、网格精度（或模拟区域的网格节点数）以及总的计算消耗时间（针对指定的模拟时间长度）。

（5）指出模型的计算精度：主要包括在整个模拟过程中所达到的水面高程峰值、水深峰值、速度（或标量）峰值等。

（6）输出图 5-43 中 7 个输出点处的"水位-时间"过程线（建议的输出频率为 60 s），并作为数据集的一部分。

（7）输出图 5-43 中 7 个输出点处的"速度-时间"过程线（建议的输出频率为 60 s），并作为数据集的一部分。

5.3.5.5　数据集内容

表 5-17　河谷洪水模拟数据集

描述	文件名
地理参考栅格 ASCII DEM（精度为 10 m）	EngTest5_DEM.asc
上游边界条件表格（入流 VS 时间）	EngTest5_BC.csv
模拟区域的轮廓（形文件）	EngTest5_ActiveArea_region
上游边界条件的位置（形文件）	EngTest5_BC_polyline
上游边界条件的位置（备份文本文件）	EngTest5_BC_backup.txt
输出点位置	EngTest5_Output.csv

5.3.5.6　附加说明

（1）当内插入流值时，应使用线性插值。

（2）测试人至少要提供上述指定网格精度情况下的模拟结果。

（3）可以提供其余网格精度情况下的模拟结果。

（4）测试人应该说明使用或不使用其余网格精度的原因。

5.3.6　河流与洪泛区耦合模拟

5.3.6.1　试验布置

本测试目的在于评估程序在模拟较大河流中洪水越过河堤上滩地这一现象的能力。也将测试模型以下性能：①程序在连接河流模型与漫滩模型时的性能，以及反映水体漫堤、通过涵洞或其他通道时流量变化的能力；②使用一维横断面建立河流模型的能力；③把漫滩区地形特征作为三维折断线以补充 DEM 的处理能力。

模拟范围为 7 km×(0.75～1.75)km 的区域(见图 5-45)，其包含了英国 Upton-upon-Severn 村子附近三个漫滩区（见图 5-46 至图 5-48）。边界条件是一个假想的 Severn 河入流水文工况（一个有上升和下降过程的洪水过程，并引起河流在初始和最终的水位均在满槽水位以下，以及下游相应的变化曲线）。这是一个相对较难的测试，模型需确定并模拟出洪水在漫滩区域上的流动路径，并正确预报洪水漫过岸堤的流量。

该区域遭受过多次不同情况的洪灾。本测试不是重现一个已有的洪水案例，因此边界条件应设计成一个合适的、具有代表性的工况。

（1）河道形状

河道形状由 txt 文本文件提供，其中断面标记由 M013 到 M054（单独的一个 csv 文件提供了断面的位置及间距信息）。全河道内使用一个统一的粗糙度值。忽略因平面形状而产生的水头损失。河道与滩地通过断面的一侧或两侧相连接。三维折断线用来定义：①河道与二维模拟区域的边界；②前述边界的高程（其值与 DEM 的高程相一致），这些高程在预报漫堤时使用。河道无漫滩现象出现的区域内（超过河堤总长的 50%），如果水位超过堤岸高程，则要使用"玻璃墙"的方法限制其流动状态（即水位即使超过堤岸高程，水体并不从一维模拟区域内溢出）。

由于缺乏数据，忽略掉 Upton 北端的大桥（位于断面 M033 和 M034 之间）。河道模拟范围内无其他可影响河流流动状态的建筑物。

（2）漫滩区

三个要模拟的漫滩区范围如下（见图 5-46 至图 5-48）：

漫滩区 1：位于河流西侧，由上游 M024 断面起至 M030 断面（2 号漫滩折断线）；

漫滩区 2：位于河流东侧，由上游 M029 起至 M036 断面；

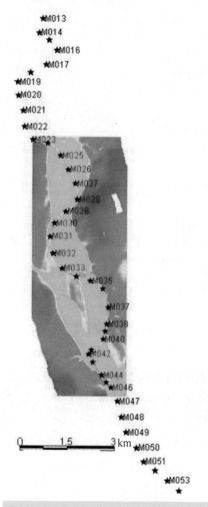

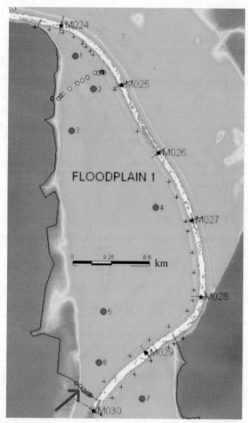

注：蓝箭头：堤岸上的开口（闸）；十字：河岸折断线顶点；
圆圈：漫滩区折断线顶点；粉色点：输出点位置；
黑线：模型最外围边界。

图 5-45　Upton-upon-Severn 附近待模拟的　　　　图 5-46　漫滩区 1 地图
　　　　河流及漫滩区（河流由北向南流动）

　　漫滩区 3：位于河流西侧，由断面 M031 和断面 M032 中部至断面 M043 和断面 M044 中部。该漫滩区包含了 Upton 村子所在的岛屿。

　　漫滩区以河岸折断线为边界线，见上文"河道形状"部分的内容。远离河流的区域，考虑到模型的一致性，建议二维模型边界大概沿 16 m 等高线来确定。

　　漫滩区 3 在 Upton 村西北处有一个沿 Pool Brook 河，且高程低于 16 m 的开口边界。模型应包含这一区域（模型中该开口边界被强制封闭，即无入流）。

　　注意断面 M030 和 M031 附近河流西岸的带状漫滩区无须用二维模型模拟。M030 和 M031 两断面已尽可能延伸至西侧的边坡上。

　　漫滩区外部边界数据在形状文件中提供。

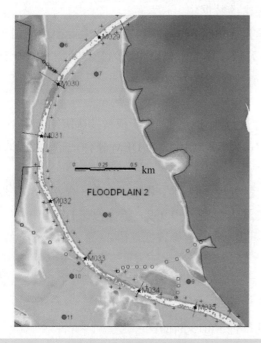

图 5-47　漫滩区 2 地图　　　　　　　　图 5-48　漫滩区 3 地图

注：十字：河岸折断线顶点；　　　　　　　注：十字：河岸折断线顶点；

圆圈：漫滩区折断线顶点；粉色点：输出点位置；　　圆圈：漫滩区折断线顶点；粉色点：输出点位置；

黑线：模型最外围边界。　　　　　　　　黑线：模型最外围边界。

漫滩区中一系列可能会对结果产生较大影响的特征需在模型中反映，这些特征包括：

①堤防和高架路，三维折断线作为数据的一部分被用于在计算网格中调整节点高程。这些数据应当与之前提到过的河道/漫滩区边界折断线相区别。

②Upton 村正西侧的高架堤（A4104 公路）下有一组总宽约 40 m 的低桥。模拟中可视为 A4104 公路上一段 40 m 长的开口（高程数据提供于漫滩区 7 号折断线中）。该测试提供包含了各种参数（包括坐标、尺寸）的图片及数字文档的数据集。

模拟的洪水预计对道路及建成区的淹没程度不会太显著。因此，模拟过程中漫滩区统一使用一个给定的粗糙度值。漫滩区土地主要用作牧场，少量用于耕种作物。所有建筑物的影响均忽略（如在 Upton 岛屿上的建筑物）。前文漫滩区未提及的任何其他特征均不予考虑。漫滩区 1 北端和漫滩区 2 南端的 2 个游艇码头在模拟中视为陆地，高程数据见相应的 DEM。

（3）一维—二维模型间的流量转化

在对河流/漫滩区流量转变的预测中，除由折断线指定的高程外未指定任何其他参数和模拟方法。

实际情况中，河道与漫滩区之间也会通过带泄洪洞发生流量交换，模拟中忽略该现象。Upton 村子上游处的砌筑涵洞（见图 5-48）在模拟时视其断面为圆形。测试提供包含了各种参数（包括坐标、尺寸）的图片及电子表格的数据集。

位于漫滩区 1 南端堤岸上的开口（坐标为 X=384 606，Y=242 489，实际中由闸门阻挡见图 5-46），在洪水模拟过程中假定为一直开放。模拟中该口可认为是在断面 M030 处的一个由漫滩区 1 与河流相连的宽 10 m 的通道（底高程为 10 m）。

（4）其他

所使用的 DEM 是分辨率为 1 m 的激光雷达数字地形模型（无植被及建筑物）。由于 1 m 分辨率的 DEM 文件格式太大，因而还提供有分辨率为 10 m 的 DEM 文件，需要强调的是，后者无法提供河堤河岸及其他特征的正确高程。

对原始的激光雷达 DEM 数据进行了少量处理，包括在模拟的漫滩区合并砖体区域、填补缺失数据等。前述二维模拟区域之外的缺失数据（-9 999）仍保留在 DEM 中。

模型运行至 T=72 h，使得洪水可到达模拟区域中地势较低地段。

5.3.6.2 边界和初始条件

（1）河道

上游：入流随时间变化过程应用于最北端的 M013 断面；

下游：流量随水位的变化曲线施加在最南端的 M054 断面；

初始条件：全场水位 9.8 m。

（2）漫滩区

沿已有的河岸折断线与河道相连接，其间经过漫滩区 3 的涵洞及漫滩区 1 南端的开口闸门。

其他边界均为封闭式边界，无流量作用；

初始条件：统一 9.8 m 水位；

Pool Brook 涵洞初始水位 9.8 m。

5.3.6.3 试验参数

（1）曼宁系数（n）：河道统一为 0.028。

（2）漫滩区统一为 0.04。

（3）模型网格分辨率：20 m（或前述的模拟区域内设置约 16 700 个节点）。

（4）结束时间：模型运行至 t=72 h。

5.3.6.4 输出要求

（1）所用软件程序：版本及数值格式。

（2）开展模拟工作的硬件详情：处理器型号和速度、随机存储器型号。

（3）开展模拟所需的最低硬件配置详情。

（4）指出所采用的时间步长、网格尺寸（或模拟区域内的节点数）以及总的计算消耗时间（针对指定的模拟时间长度）。

（5）漫滩区内：①水位高程峰值；②水深峰值；③流速峰值；④T=72 h 时的水位高程；⑤T=72 h 时的水深。

（6）地图上 2、3、4 位置（坐标已提供）处水位高程和流速随时间变化过程（每 60 s 输出一次）。以下河流断面处的水位高程和流速随时间变化过程（每 60 s 输出一次）：M015，M025，M035，M045。

5.3.6.5 数据集内容

表 5-18   河流与洪泛区耦合模拟数据集

描述	文件名
1 m 分辨率的 DEM 数据	EngTest6_DEM.asc
10 m 分辨率的 DEM 数据	EngTest6_DEM_10 m.asc
一维模型断面	EngTest6_1DXS.txt
一维模型断面位置及尺寸规格	EngTest6_1DLoc-Spacing.csv
输出点位置	EngTest6_Output.csv
河岸折断线	EngTest6_bank-bklines.csv
漫滩区折断线	EngTest6_FP-bklines.csv
Pool Brook 涵洞图片	EngTest6_PoolBrookCulvert.jpg
Pool Brook 涵洞参数	EngTest6_PoolBrookCulvert.xls
A4104 桥图片	EngTest6_A4104bridge.jpg
A4104 桥参数	EngTest6_A4104bridge.xls
下游流量与水位关系变化曲线	EngTest6_DSRatingCurve.csv
上游入流与时间关系曲线	EngTest6_USInflow.csv

注：文件 EngTest6_1DXS.txt 包含了一个对应于所有断面的 6 列表格，只有前两列可用。第一列为里程（m），第二列为高程（m）。断面位置和尺寸形状在文件 EngTest6_1DLoc-Spacing.csv 中给出。

所有坐标均以英国坐标系为参照基础。

5.3.6.6 附加说明

（1）该测试的模型说明已尽可能清楚地给出。测试者可联系何瑞瓦特大学以获取更详尽的说明。鼓励建模者主动地处理说明中未涉及的相关内容。

（2）入流值插值时应采用线性插值。

（3）测试人员需至少提供前述指定分辨率网格条件下的模型结果。

（4）可以提供其余网格精度情况下的模拟结果。

（5）测试人应该说明使用或不使用其余网格精度的原因。

5.3.7 城区降雨和点源地表径流模拟

5.3.7.1 试验布置

本案例用于测试程序在较高分辨率条件下模拟由于点源及直接施加在网格上的降雨而产生的浅水淹没的能力。

模拟区域大约为 0.4 km×0.96 km，完全覆盖了给定的 DEM 范围（见图 5-49）。地面高程变化范围为 21～37 m。

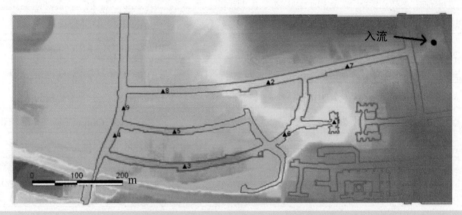

图 5-49　使用的 DEM 示点源位置

注：粉线：公路和人行道的轮廓；三角形：输出点位置。

洪水产生源自于两处：

（1）雨量分布图 5-50 所示的在模拟区域上均匀分布的降雨事件（相应流域上其他区域降雨忽略）。

（2）图 5-49 所示的点源，该处入流随时间变化过程线如图 5-51 所示（可认为该点源是一个排放涵洞）。

DEM 数据是经雷达采集于 2009 年 8 月 13 日的数字地形模型（无植被及建筑物），其分辨率为 0.5 m。

测试者需忽略区域内的所有建筑物（英国 Glasgow 市 Cockenzie 及周边街道），使用所提供的裸地 DEM 数据。

粗糙度值的设置与地面状况有关，分为两类：①公路和人行道；②其余状况。

该模型被模拟的时间长度应达到 $T=5$ h，使得洪水行进到模拟区域中地势较低的地方。

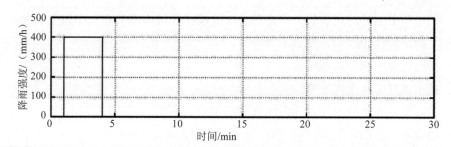

图 5-50　测试所用的雨量过程

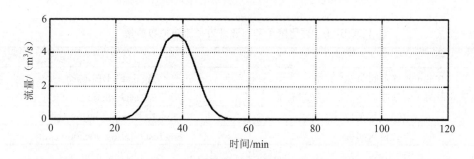

图 5-51　点源入流流量过程

5.3.7.2　边界和初始条件

（1）降雨如前文所述。雨量分布见所提供的数据集。

（2）点源如前文所述。坐标和其变化过程见数据集。

（3）模拟区域中所有边界均闭合（无流量）。

（4）初始条件：无水干底。

5.3.7.3　试验参数

（1）曼宁系数（n）：公路及人行道为 0.02。

（2）其余区域为 0.05。

（3）模型网格分辨率：2 m（或在 0.388 km^2 的模拟区域内设置约 97 000 个节点）。

（4）模拟时间：模拟的时间长度为至少 $T = 5$ h（如果模拟时间长度不为 5 h，则当 $T = 5$ h 的时刻需要输出模拟结果）。

5.3.7.4　输出要求

（1）所用软件程序：版本及数值格式。

（2）开展模拟工作的硬件详情：处理器型号和速度、随机存储器型号。

（3）开展模拟所需的最低硬件配置详情。

（4）指出所采用的时间步长、网格尺寸（或模拟区域内的节点数）以及总的计算消耗时间（针对指定的模拟时间长度）。

（5）指出模拟中水位高程峰值。

（6）指出模拟中的水深峰值。

（7）指定位置处水位和流速随时间变化的数值预测值（每 30 s 输出一次）。

（8）通过输出点的流量随时间变化过程（每 30 s 输出一次）。

5.3.7.5　数据集内容

表 5-19　城区降雨和点源地表径流模拟数据集

描述	文件名
0.5 m 分辨率的 DEM 数据	EngTest7_DEM.asc
雨量分布图（降雨强度随时间变化过程）	EngTest7_rainfall.csv
点源边界条件	EngTest7_point-inflow.csv
点源位置坐标	EngTest7_inflow-location.csv
需输出数据位置	EngTest7_Output.csv
公路及人行道轮廓（shapfile）	EngTest7_Road_Pavement_polyg_region
公路及人行道轮廓（ASCII 文件）	EngTest7_RoadPavement.asc

5.3.7.6　附加说明

（1）模拟区位于英国 Glasgow 市 Cockenzie 及周边街道。前文描述的涵洞水道信息是对实际情况的简化，仅适用于该测试工作。

（2）当内插入流值时，应使用线性插值。

（3）测试人至少要提供上述指定网格精度情况下的模拟结果。

（4）可以提供其余网格精度情况下的模拟结果。

（5）测试人应该说明使用或不使用其余网格精度的原因。

5.4　小结

模型质量是一个只有在某个特定的模型应用中才有意义的属性，也就是说，一个模型不可能解决所有环境问题，而只能应用于解决特定的一个或多个问题。为了模型开发、测试和评估，本章筛选出解析解、室内试验和工程试验 3 大类 17 个案例，涉及弯道水流和洪水水流、恒定流和非恒定流、污染源瞬时排放和连续排放、保守物质和非保守物质模拟、温排水等水力环境问题，从试验布置、试验参数、试验结果及验证需求等方面详细介绍案例，以达到用户实际开发模型和测试模型的应用目的。

参考文献

[1]   何建波. 2009. 弯道水流结构及其紊流特性的试验研究[D]. 北京：清华大学.

[2]   王博. 2008. 连续弯道水流及床面变形的试验研究[D]. 北京：清华大学.

[3]   王虹，王连接，邵学军，等. 2013. 连续弯道水流紊动特性试验研究[J]. 力学学报，45（4）：525-533.

[4]   S Néelz，G Pender. Benchmarking the latest generation of 2D hydraulic modelling packages. Report-SC120002[R]. Environment Agency，Horison House，Deanery Road，Bristol，BS1 9AH，ISBN：978-1-84911-306 -9，2013.

[5]   Booij R，Tukker J. 1996. 3-Dimensional laser-Doppler measurements in a curved flume[M]. Springer：98-114.

[6]   Chang Y C. 1971. Lateral mixing in meandering channels [D]. USA：University of Iowa.

[7]   De Vriend H J. 1979. Flow measurements in a curved rectangular channel [D]. The Netherlands：TU Delft.

[8]   Ervine D A，Willetts B B，Sellin R，et al. 1993. Factors affecting conveyance in meandering compound flows[J]. Journal of Hydraulic Engineering，119（12）：1383-1399.

[9]   Ghanmi A. 1999. Modeling of flows between two consecutive reverse curves[J]. Journal of Hydraulic Research，37（1）：121-135.

[10] Han S S，Ramamurthy A S，Biron P M. 2011. Characteristics of flow around open channel 90 bends with vanes[J]. Journal of Irrigation and Drainage Engineering，137（10）：668-676.

[11] H J de Vriend. 1979. Flow measurements in a curved rectangular channel. Internal report No. 7-79. Laboratory of fluid mechanics，Department of civil engineering，Delft university of technology.

[12] IMPACT，2005. Investigation of Extreme Flood Processes and Uncertainty. Final Technical Report.

[13] Karaa S，Zhang J. 2004. High order ADI method for solving unsteady convection-diffusion problems[M]. Academic Press Professional.Inc，198（1）：1-9.

[14] Loveless J H，Sellin R，Bryant T B，et al. 2000. The effect of over bank flow in a meandering river on its conveyance and the transport of graded sediments[J]. Water and Environment Journal，14（6）：447-455.

[15] Muto Y. 1997. Turbulent flow in two-stage meandering channels [D]. UK：University of Bradford.

[16] O'Loughlin E M，Bowmer K H. 1975. Dilution and decay of aquatic herbicides in flowing channels[J]. Journal of Hydrology，26（3）：217-235.

[17] Robert L Runkel. 1996. Solution of the advection-dispersion equation continuous load of finite duration[J]. Journal of Environmental Engineering，122（9）：830-832.

[18] Rozovskiĭ I L. 1957. Flow of water in bends of open channels [D]. Academy of Sciences of the Ukrainian SSR.

[19] S Fukuoka. 1971. Longitudinal dispersion in sinous channels [D]. USA：University of Iowa.

[20] Shukry. 1950. Flow around Bends in an Open Flume. Transactions ASCE，115-751.

[21] S Sankaranarayanan，N J Shankar，H F Cheong. 1998. Three-dimensional finite difference model for transport of conservative pollutants[J]. Ocean Engineering，25（6）：425-442.

[22] SOARES-FRAZAO S，ZECH Y. 2002. Dam-break flow experiment：The isolated building test case.

[23] Steffler P M. 1984. Turbulent flow in a curved rectangular channel [D]. Canada：University of Alberta.

[24] Stoesser T，Ruether N，Olsen N R B. 2010. Calculation of primary and secondary flow and boundary shear stresses in a meandering channel[J]. Advances in Water Resources，33（2）：158-170.

[25] Sudo K，Sumida M，Hibara H. 1998. Experimental investigation on turbulent flow in a circular-sectioned 90-degree bend[J]. Experiments in Fluids，25（1）：42-49.

[26] Sudo K，Sumida M，Hibara H. 2000. Experimental investigation on turbulent flow through a circular-sectioned 180 bend[J]. Experiments in Fluids，28（1）：51-57.

[27] Sudo K，Sumida M，Hibara H. 2001. Experimental investigation on turbulent flow in a square-sectioned 90-degree bend[J]. Experiments in Fluids，30（3）：246-252.

[28] Thomann R V，Mueller J A. 1987. Principles of Surface Water Quality Modeling and Control[M]. New York：Harper Collins Publishers Inc..

[29] Tingting Zhu，Yafei Jia，Sam S Y Wang. 2008. CCHE2D Water Quality and Chemical Model Capabilities and Applications[C]. World Environmental and Water Resources Congress 2008 Ahupua'a.

[30] USEPA CREM. 2009. Guidance on the Development，Evaluation，and Application of Environmental Models[R]. EPA/100/K-09/003，March 2009.

[31] Wang Bo，Jia Dongdong，Zhou Gang，et al. 2009. An experimental investigation on flow structure in channel with consecutive bends[J]. Advances in Water Resources and Hydraulic Engineering：1811-1816.

[32] Wang H，Wang L，Shao X，et al. 2013. Turbulence characteristics in consecutive bends[J]. Chinese Journal of Theoretical & Applied Mechanics，45（4）：525-533.

[33] Weiming W U，Sam S Y WANG. 2004. Depth-averaged 2-D calculation of flow and sediment transport in curved channels[J]. International Journal of Sediment Research，19（4）：241-257.

[34] Yen B C. 1965. Characteristics of subcritical flow in a meandering channel [D]. USA：University of Iowa.

国外常用数值模型介绍及应用案例

第 1.6 节简要介绍了 18 个国际上广泛应用的数值模型软件。本章重点针对在环境影响评价报告书编制中常用的国外受纳水体模型软件 EFDC、Delft3D、MIKE 等 5 个软件进行详细介绍。各模型软件分别从发展的历史背景、功能及架构、建模步骤及基础数据要求等方面给出了详细的使用说明。

6.1 EFDC 模型

6.1.1 模型简介

EFDC（Environmental Fluid Dynamic Code，EFDC）是由弗吉尼亚海洋研究所（Virginia Institute of Marine Science，VIMS）的 John Hamrick 等根据多个数学模型集成开发研制的综合模型，被用于模拟水系统一维、二维和三维流场、物质输运（包括温度、盐度和泥沙的输运）、生态过程以及淡水入流等，适用于河流、湖泊、水库、河口、海洋和湿地等地表水生态系统水动力、水质及泥沙的数值模拟。20 世纪 90 年代，该模型在北美 Chesapeake 海湾、York River 河口、佛罗里达 Indian 河都得到成功运用，目前国内密云水库、洱海、太湖、长江及长江口等也有运用。EFDC 模型具有公开的源代码，目前被广泛使用的为由美国国家环保局资助开发的 EFDC-EPA 和由美国 DSI 公司资助开发的 EFDC-DSI 的两个版本。另外，美国 DSI 公司基于开源的 EFDC-DSI 模型开发了环境流体动力学前后处理软件 EFDC-EXPLORER。

EFDC 模型的水动力模块对各类水环境都有很强的适应性。在河口海岸区域主要用于盐度入侵和潮沙模拟，在湖库和河流等水体中主要用于流速场、温度及示踪剂模拟。目前 EFDC 的三维模型大都采用水位或者二维流速进行水动力校核，模拟三维水动力场的关键在于是否有足够的实测三维水文数据来进行模型的校核和验证，从文献来看，三维的水动力模型的验证实例较少，其主要原因是三维数据难以获取。EFDC 模型水质模块在营养盐、藻类、有毒物质模拟预测方面都得到了广泛应用。此外，在氮、磷模拟计算时对底部水体加入了沉积物扩散项，对三维模拟和沉积物模拟具有重要意义。

6.1.2 模型架构

　　EFDC 可用于模拟水体一维、二维和三维流场、物质输运（包括温度、盐度和泥沙的输运）、生态过程以及淡水入流等，适用于河流、湖泊、水库、河口、海洋和湿地等地表水生态系统水动力、水质及泥沙的数值模拟。EFDC 模型主要由四个模块组成：水动力、水质、有毒物质和泥沙运输。EFDC 水动力学模块包括水流、湍流混合、盐度、温度、近岸羽流和漂浮物；水质模块能够从空间和时间的分布上模拟水质参数，其中包括溶解氧、悬浮藻类、碳的各种组成、氮、磷、硅循环以及大肠杆菌等；泥沙模块可根据物理或经验模型模拟泥沙的沉降、沉积、冲刷及再悬浮等过程。有毒污染物模块可以模拟各类型污染物在水体中的迁移转化过程；底质模块则可模拟沉积物与水体之间的物质交换过程。EFDC 模型结构见图 6-1，各子模块功能相互作用的关系见图 6-2。

　　下面具体介绍EFDC 水动力和水质模块以及将底泥沉降与水质耦合的沉积成岩模块的基本构架。

6.1.2.1 水动力模块基本构架

　　水动力传输和混合是水质模拟的基础。一般应用在河流、湖泊、河口和沿海的水动力模型常具有如下特点：①三维空间和时间的相关性；②热动力过程；③垂向湍流混合；④有自由面。

　　EFDC 水动力模块（见图 6-3）符合上述特点，具体包括水动力（水深、3D 流场和混合过程）模拟、示踪剂模拟、水龄、水温、盐度、近场羽射流模拟和漂浮物轨迹模拟等。

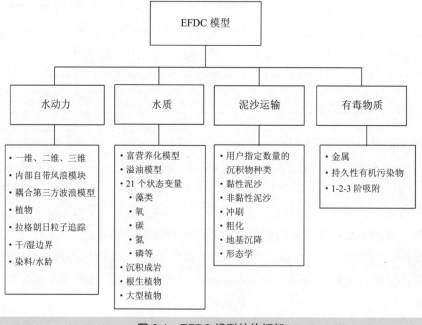

图 6-1　EFDC 模型结构框架

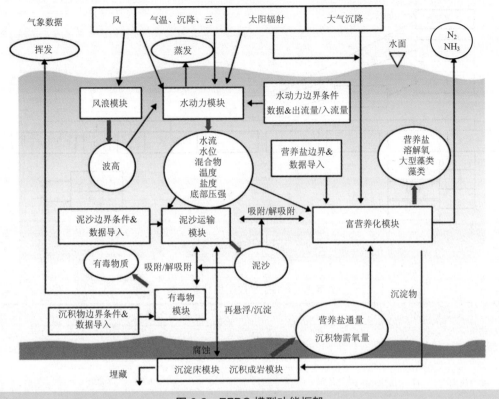

图 6-2 EFDC 模型功能框架

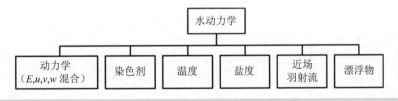

图 6-3 EFDC 水动力模块框架

6.1.2.2 水质模块基本构架

EFDC 水质模型直接和水动力、泥沙及沉水植物模块耦合，具体见图 6-4。水质模块中有 22 个状态变量（见表 6-1）。图 6-5 给出了 22 个状态变量之间关系的示意，其中 TSS 来自水动力模块。

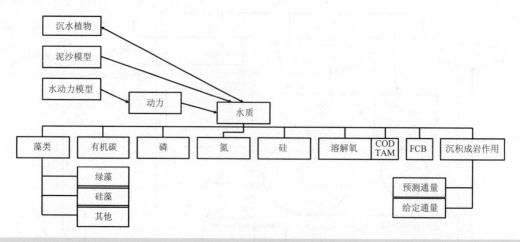

图 6-4 EFDC 水质模块框架

表 6-1 EFDC 水质模块状态变量

水质变量组	数量和名称
藻类	（1）蓝藻（蓝-绿藻）（B_c）
	（2）硅藻（B_d）
	（3）绿藻（B_g）
	（22）大型藻类（B_m）
有机碳	（4）难溶颗粒有机碳（RPOC）
	（5）活性颗粒有机碳（LPOC）
	（6）溶解有机碳（DOC）
磷	（7）难溶颗粒有机磷（RPOP）
	（8）活性颗粒有机磷（LPOP）
	（9）溶解有机磷（DOP）
	（10）总磷酸盐（PO_4t）
氮	（11）难溶颗粒有机氮（RPON）
	（12）活性颗粒有机氮（LPON）
	（13）溶解有机氮（DON）
	（14）氨氮（NH_4^+）
	（15）硝酸盐（NO_3^-）
硅	（16）颗粒生物硅（SU）
	（17）可用硅（SA）
其他	（18）化学需氧量（COD）
	（19）溶解氧（DO）
	（20）总活性金属（TAM）
	（21）粪大肠菌群（FCB）

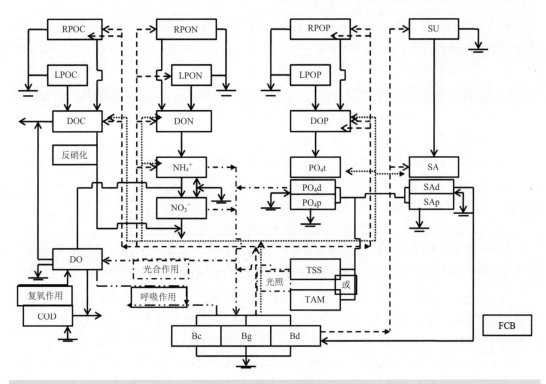

图 6-5　EFDC 水质模型示意

这些水质状态变量的特征为：

（1）藻类：在 EFDC 模型中，藻类被描述为 4 个状态变量：蓝藻、绿藻、硅藻和大型藻类。这种分组基于每种藻类的不同特性，同时基于其在生态系统中扮演的重要角色。纳入水质模型的大型藻类主要为固着于床底的水生植物。

（2）有机碳：共有 3 种有机碳状态变量：溶解性、活性颗粒和难溶颗粒。活性和难溶的区别在于分解的时间尺度。活性有机碳分解的时间尺度为几天到几个星期，而难溶有机碳则需要更长的时间。活性有机碳在水柱或沉积物中迅速分解。难溶性有机碳主要存在于沉积物中，其分解缓慢，而且沉积后数年内仍会对沉积耗氧量有贡献。

（3）氮：氮首先分为有机和无机两部分。有机氮的状态变量为：溶解性有机氮、活性颗粒有机氮和难溶颗粒有机氮。无机氮有两个形态——铵和硝酸盐，这两个都是藻类生长必需的，铵可以被硝化细菌氧化为硝酸盐，这种氧化作用是水体和沉积床中重要的氧汇。亚硝酸盐浓度通常要比硝酸盐的浓度低得多，而且为了描述方便，在模型中与硝酸盐一起来考虑。因此，硝酸盐状态变量实际上是亚硝酸盐加上硝酸盐的总和。

（4）磷：与碳和氮一样，有机磷分为 3 个状态：溶解性、活性颗粒态、难溶颗粒态。在模型中，只考虑一种无机形态——总磷酸盐。用分配系数来划分总磷酸盐中的溶解性磷酸盐和颗粒磷酸盐。

（5）硅：分为可用硅和颗粒生物硅。可用硅首先被溶解然后被硅藻所利用。颗粒生物硅不能被利用。在模型中，颗粒生物硅通过硅藻死亡产生。颗粒生物硅可分解为可用硅或者沉降到底沉积物中。

（6）化学需氧量：在 EFDC 水质模型中，COD 为通过无机方法可被氧化的物质减少的浓度。在咸水中，COD 的主要组成为从沉积物中释放的硫化物。硫化物氧化成硫酸盐可以消耗水体中大量的溶解氧。在淡水中主要的 COD 为甲烷（CH_4）。

（7）溶解氧：溶解氧是水质模型中的主要成分。

（8）总活性金属：磷酸盐和溶解性硅吸附在无机物固体上，特别是铁和锰。吸附和沉降是从水柱体中移除磷酸盐和硅的一个途径。因此，铁和锰在模型运输过程中被描述为 TAM。其通过氧依赖性分配系数区别颗粒态和溶解态。

（9）粪大肠菌群：粪大肠菌群用于指示水体中的病原体。

（10）温度：温度是生化反应速率重要的决定因素。反应速率的增加是温度的函数，极端温度条件会导致生物体的死亡。温度在水动力模型中计算。

（11）盐度：盐度是一个守恒示踪物，提供模型中输运量的验证，并有助于检验物质守恒。盐度影响溶解氧的饱和溶解度，而且可以用作确定盐水和淡水中不同的动力学常数。盐度同样可以影响特定种类藻的死亡率。盐度在水动力模型中模拟。

（12）总悬浮固体：当模拟沉积过程时，颗粒磷酸盐和颗粒硅被认为吸附在总悬浮固体（TSS）上（或悬浮黏性沉积物上），并被水流输运到 TSS 周围。因此，在水质模拟中不用总活性金属的状态变量。相对于 TAM，使用 TSS 对于颗粒营养物质的模拟更为适合，因为 TSS 观测数据更容易获得，而且使用沉积模型模拟沉积过程更为可靠。

6.1.2.3 沉积通量模型架构

沉积成岩模块描述控制沉积物中营养物质迁移的沉淀过程。沉积成岩模块在评估沉积对外界营养物质负荷改变的响应及预报穿过泥水界面的营养物质通量方面非常有用。由于沉积物通量能够显著影响上覆水体的水质过程，因此有必要将沉积成岩模块耦合到水质模块，特别是对长期（多季或多年）模拟。

如同水质模型，沉积成岩模块也基于质量守恒原理。底部沉积物接收来自水体的颗粒有机碳、颗粒有机氮、颗粒有机磷、颗粒硅和藻类通量。当藻类和有机碎屑沉降到底部时，底部沉积物中的颗粒有机物含量增加；当有机物分解时，含量减少。沉积物经历的衰变过程和水体中是一样的，只是衰变产物进入间隙水而不是上覆水体中。这些衰变产物能在有氧和厌氧层中发生反应。间隙水中的营养物质能够扩散到上覆水体中，扩散速率取决于间隙水和上覆水体的营养物质浓度差。模型还包括营养物质向更深沉积层的埋藏，这将营养物质彻底从水生系统中移除。

沉积成岩模型主要特征如下：

（1）三类通量：模型描述颗粒物质从水柱向底床的沉降通量、底床颗粒物质的成岩作用（衰变）通量及溶解营养物质从底床返回上覆水体的沉积通量。

（2）两层结构的底床：上层较薄且通常是有氧的，下层则始终是厌氧的。

（3）三类底部沉积物：颗粒有机物依据衰变速率分为三类。

在 EFDC 模型中，沉积成岩模块包含 27 个状态变量/通量。颗粒有机物包括颗粒有机碳、颗粒有机氮和颗粒有机磷。

6.1.3　模型前处理及数据要求

6.1.3.1　模型前处理

模型前处理主要包括模型边界文件处理、模型网格处理、模型边界条件处理、模型初始条件处理及模型参数的设置。美国 DSI 公司基于 EFDC-DSI 开发了前后处理界面软件 EFDC-EXPLORER，其主界面如图 6-6 所示。

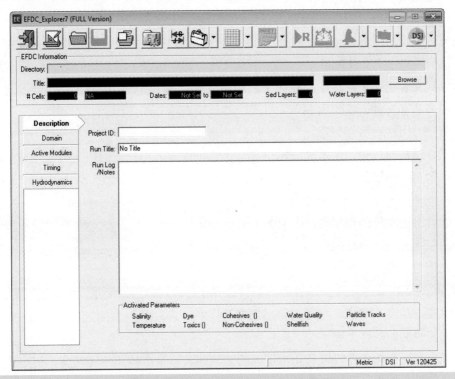

图 6-6　EFDC-EXPLORER 运行主界面

下面具体介绍各条件处理过程。

（1）模型边界文件处理

模拟区域的边界地形文件，选择包含多边形的文件，以此来制订模型计算区域（可选）。在该文件中的第一个多边形需是模型计算区域的外轮廓线，若计算区域还存在岛屿或障碍物，模型岸线边界文件还应包括岛屿或障碍物的边界数据。

（2）模型网格处理

部分模拟区域计算网格，可以用正方形、矩形、曲线正交网格。对岸线复杂的水域最好用曲线正交网格。当模拟区域边界较复杂，正方形或矩形网格无法达到模拟精度要求时，可以用 CVLGrid、GEFDC，也可以用其他的工具如 Delft RGFGrid、Seagrid 等第三方软件生成的网格。

EFDC 模型网格主要包括笛卡尔网格、河流曲线网格和导入网格三种类型。

①笛卡尔网格

笛卡尔网格的生成有两种选择：均匀网格间距和可变网格间距。如果在地形文件中使用坐标系统，那么边界多边形的坐标系统与设定坐标参数的坐标系统必须一致。如果用户需要模拟具有漫滩或洪泛区的河流系统，则用户可能需要提供一个"河道多边形"（Channel Polygon）文件，为 P2D 或者 DX 文件。大多数情况下均选择笛卡尔均匀网格。如模拟区域为狭长型地形，则考虑采用其他类型网格。

②河流曲线网格

河流曲线网格还另需输入文件，包括：三个网格定义文件、地形数据文件和 EFDC.INP 文件。三个网格定义文件包括一个截面/断面文件，其中包含了一系列的断面位置。中心线/河道深泓线文件定义了网格中心线曲率和相邻截面的流动路径。最后，用户需指定一个模型域边界多边形文件，以此限制单元格沿中心线横向增长的范围。

③第三方网格

第三方网格即从另一个水动力模型导入，也可以导入第三方网格生成器生成的网格。可导入的第三方网格类型是：Delft RGFGrid（Delft 2006）；Grid95；SEAGRID（Signell，2007）。

可兼容网格文件的模型有：GEFDC（Hamrick，2007）；CH3D（WES 的版本和佛罗里达大学的版本）；ECOMSED。

（3）模型边界条件处理

EFDC 对各模块进行模拟时可考虑多种边界条件，其中包括流量、水工建筑物、染料、风场、温度、盐度、水位、有毒物质、大气等。

（4）模型初始条件处理

一般来说，初始条件设置初始水深、初始流速、初始水体和床体温度。初始水深基于模拟对象的地形数据。这些初始条件的设置和水体类型（河流、湖泊、海洋）、模型维数、预测因子等相关，应根据不同对象要求、目标确定。

初始条件设定的一个很重要目的是让模型平稳启动，所以原则上初始水位和流量的设定应尽可能与模拟开始时刻的实际河网水动力条件一致。实践中，初始流速往往可以给个接近于 0 的值，而初始水位的设定必须不能高于或低于河床，但必须高于平底高程，否则可能导致模型不能顺利起算，但山区性河道往往坡降很大，初始水位有时很难设定，缩小时间步长是一个行之有效的方法。对于模拟时段内短时间有大量流量进出，而其他时期比较平稳的情形，选择可变时间步长比较合适，可大大缩短计算耗时。

（5）参数的设置

模型水动力参数有 10 个，但许多都不需要调整。模型的参数值来源一般有：

①直接测量；

②从其他测量值得到的估计值；

③文献资料；

④模型校准。

在确定重要参数时，模型校准非常重要，而不必考虑所选的初始值。实测数据，特别是站点观测值对参数设置非常关键。通常还需要调整的水动力参数包括：确定水底摩擦的参数，如水底糙度；水平动量耗散系数。

模型校准过程中，调整模型参数，可以优化模型结果，使之尽量与实测数据相匹配。模型参数的调整过程包括水动力参数，是一个回归过程。可以先根据参考文献和（或）以前模型的研究结果，预估一个比较合理的参数，然后再调整该参数，使模型运行结果与实测数据相比较，尽量吻合，比较方法可以通过作图或统计方法实现。理论上，参数值的范围是由实验室观测或实际测量得到。

EFDC 水质模块有 6 组，130 多个模型参数。1 组代表沉积成岩模型参数，其余 5 组分别表示：藻类、有机碳、磷、氮和水柱中的氧气循环。这些参数的确定是水质模型校准的重要一步。

众多水质参数所造成的主要后果是需要大量的精力来调试参数和校准水质模型。例如，净藻类生产量，取决于藻类生长、新陈代谢、捕食、沉降和外源。获取水质参数的实际测量值是有重要意义的。然而，实际上许多参数的确定通常是通过模型校准，这也是有必要的，因为参数随环境条件而变，如温度、光照和营养物质浓度，所有这些都随时间连续变化。由于水质过程是相关联的，一个参数的调整可能调整多个过程，所包含过程之间相互作用的复杂性需要具有足够的专业知识才能调整水质模型中的参数。为了很好地模拟一个系统，理解所模拟的过程及系统的控制因素至关重要。

水质参数的确定是一个反复的过程。文献值用于建立合理的参数范围。通常参数的初始值设置来源于文献，随后进行修改以便提高模型结果和实测数据的一致性。最终选择使模型结果和实测数据一致性达到最优的参数。理想情况下，可能值的范围由测量数据来确定。然而一些参数没有可用的观测值，因此可行范围由类似模型所采用的参数值或模拟者的判断来定。

当对一个特定水体进行模拟研究时，关于水质参数的更多信息通常来源于：

①关于模型参数的技术报告和文章；

②研究中所用模型的手册和报告；

③关于水体的研究技术报告和文章。

6.1.3.2　模型数据要求

（1）水动力模型数据

水动力模型，特别是与 3D、时间相关的模型，要求有足够的数据用于建模、校准和验证。实测数据用于：

①确定模型类型（空间维数、时间相关、状态变量等）；

②模型输入（如地形、风速、外部负荷、流入和开边界条件等）；

③提供校准模型参数（模型校准）的依据；

④评估模型是否能充分描述水体特点（模型验证）。

模型需要的数据应尽量准确。模型使用的数据很少，那么运行的结果可能就很不确定。数据的局限性会限制模型的应用。

建立 EFDC 水动力模型需要下列数据：水下地形和水体岸线坐标；流入和流出流量；气象条件；开边界的数据。

模型研究往往期望有准确的出流和入流信息，尤其对那些驻留时间较短或换水频率较高的水体。它包括上游边界的所有支流、地下水或者径流的侧流、分水口等。如果污水排放量在流量中占明显比例，那么也应该考虑。明显的出流如电厂取用的冷却水，也应该考虑。要估计水量损失，水力模型应确定风暴潮时的入流。蒸发可能是最重要的水量流失，特别对面积大、地处亚热带地区的湖泊。对于浅的溪水流入，当水温不好测量时，大气温度常作为入流温度。

气象数据包括：风速和风向；大气温度；太阳辐射；降雨；云层；湿度；气压。

理论上讲，模拟水体的逐日或逐月变化，气象数据应该逐时或更短。例如，水库水体的混合主要由风应力和水气界面的热交换驱动。风速做日均后，其值较时均的风速值可能小很多，导致实际风力带入能量少很多。温度值做日均后，也会消除白天和黑夜的温差变化，抑制了水体的温差。气象数据一般来自气象站。当气象站距离研究区域较远时，气象取值将面临困难。解决的办法可以选用其他站点的数据、取附近几个站点数据做平均或将研究区域分区，分别用各自最近的站点数据。

模型采用图形和定量的方法真实地再现实测情况。率定数据用于评估模型的性能。验证数据是另一套实测数据，用于进行独立的模型检验。常用于模型校准和验证的状态参量包括水位、流速、温度、盐度。

这些变量除了在区域内部需要进行校准和验证外，在开边界处也有数据要求。

基于获得的模型区域内或开边界处的数据，需要确定作为校准的时间段和验证的时间段。理想的时间段是：

①开边界的连续观测数据；

②模型研究区域内的好的观测数据，可以用作与模型值进行比较；

③不同环境条件，如旱季作为校准，雨季作为验证；

④完整的气象数据。

这里提到的水动力数据是水动力模型研究需要的数据。实际上，能获得的数据往往很少。理论和经验方法经常用于弥补数据的欠缺。

（2）水质模型数据要求

数值模型只是量化物理、化学和生物过程的工具。充足的数据是模型建立、校准和验证的关键。模型结果的可靠性，在很大程度上是通过比较模拟和观测数据的一致性来判定的。可靠的初始和时间变化边界条件对水质模型非常重要。如果对营养物质内外源负荷的描述不充分，水质模型就不能精确地再现富营养化过程。这些点源和非点源数据常由观测数据、流域模型或回归分析来确定。例如，回归分析可用来解决大强度降雨事件，因为这些事件通常给水体带来最大负荷。通常在观测入流量和营养物质负荷间建立回归关系。

相关文献有助于对水体系统过程有初步理解，并获得基础数据信息，还可能有助于了解影响该水体水质过程的关键因素，并由此可能会减少数据需求。例如，文献数据可能指出某些支流不太可能对营养物质收支有很大的贡献，因此可以去除此支流的取样并赋予文献值。

水质数据需求的类型、数量和质量取决于一些因素，如何使用何种状态变量及包含什么样的水质过程。在决定数据需求时应考虑水体研究的物理、化学和生物特征。

6.1.3.3 模型所需输入文件

根据上述模型前处理及数据要求（见图 6-7），总结出 EFDC 模型需要输入的 9 大类文件。

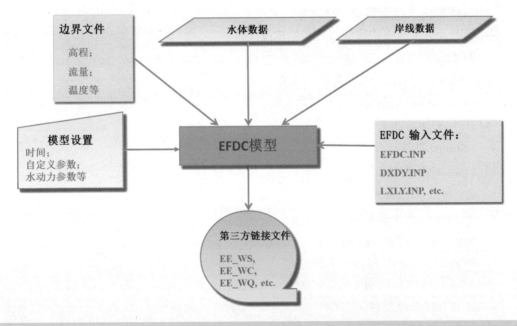

图 6-7 EFDC 输入文件流程

（1）运行控制文件

➢ efdc.inp–主控文件

–wq3dwc.inp–水质模块输入文件

–wq3dsd.inp–沉积成岩输入文件

–wqrpem.inp –根生植物和大型植物设置文件

➢ 自定义热启动文件

–restart.inp–水动力热启动文件

–rstwd.inp–干/湿边界文件

–temp.rst–底床温度热启动文件

–wqwcrst.inp–水质模块热启动文件

–wqsdrst.inp–沉积成岩模块热启动文件

–wqrpemrst.inp –根生植物和大型植物模块热启动文件

（2）水动力岸线边界输入文件

➢ cell.inp–网格类型文件

➢ celllt.inp –补充网格类型文件

➢ dxdy.inp–平面网格、水深、底高程、糙率、植物种类文件

➢ lxly.inp –网格坐标文件

➢ corners.inp –网格节点文件

（3）水质模块初始条件文件

➢ 水体文件

–wqwcrst.inp–水质模块热启动文件

–wqsdici.inp–水质模块底泥沉降初始浓度文件

➢ 沉积成岩文件

–wqsdrst.inp-沉积成岩模块热启动文件

–wqrpem.inp –根生植物和大型植物设置文件

（4）其他初始条件文件

➢ salt.inp –盐度文件

➢ temp.inp –温度文件

➢ dye.inp –染料文件

➢ sfl.inp –贝类生物文件

➢ toxw.inp –水体有毒物质文件

➢ toxb.inp –底泥有毒物质文件

（5）水质边界时间序列文件

➢ 特点范围浓度文件

➢ 流量和开边界范围文件

➢ wqpslc.inp–点源负荷时间序列文件

（6）其他边界时间序列文件

➢ aser.inp –气象数据文件

➢ wser.inp –风场数据文件

➢ qser.inp –流量数据文件

➢ sser.inp –盐度数据文件

➢ tser.inp –温度数据文件

➢ dser.inp –染料数据文件

➢ txser.inp –有毒物质数据文件

（7）水质空间分区文件

➢ wqwcmap.inp –水质动力参数分区文件

➢ wqsdmap.inp–底泥释放空间分区文件

➢ algaegro.inp–影响藻类生长率因子的时空变化文件

➢ algaeset.inp –影响藻类、有机颗粒物沉降速率、复氧因子的时空变化文件

（8）其他空间文件

➢ mask.inp –自定义障碍物边界文件

➢ mappgns.inp –指定从南至北的一段网格或者从北至南的间断（J方向）文件

➢ moddxdy.inp –修正原本定义在 dxdy 文件中的网格尺寸的文件

➢ atmmap.inp – NASER＞1 时的大气文件

➢ wndmap.inp – NWSER＞1 时的风向文件

➢ pshade.inp – 随空间变化的太阳辐射遮蔽文件

（9）模型过程文件

➢ qctl.inp – 水工建筑物文件

➢ gwater.inp – 地下水交换文件

➢ vege.inp – 植被阻力定义文件

➢ wavebl.inp – 波流边界分层文件

➢ wavesx.inp – 波流文件

6.1.4　模型输出及后处理

EFDC 模型可根据网格输出每个网格范围内各模拟状态量（如流量、水位、营养盐浓度）随时间步长变化的模拟结果，并生成可兼容第三方软件（如 Tecplot、Surfer、EFDC_Explorer 等）的数据文件。第三方软件可根据 EFDC 数据文件生成各模拟结果的二维平面图、模型率定所需的时间序列对比图、模型计算数据和实测数据相关性图、垂直剖面图等。

下面列举出 EFDC 的主要输出文件：

➤ efdc.out 这是与 efdc.inp 对应的输出文件

➤ cell9.out 包含网格单元的映射信息输入文件

➤ drifter.out 拉格朗日例子输出文件

➤ restran.out 剩余运输输出文件

➤ restart.out 模型运行结束或 NTC 间期重启输出文件

➤ waspp.out WASP 模型水平位置和分层信息输出文件

➤ waspb.out WASP 模型 B 组数据

➤ waspc.out WASP 模型 C 组数据

➤ waspd.out WASP 模型 D 组数据

➤ waspdhd.out WASP 水动力诊断文件（ASCII 格式）

➤ waspdh.out WASP 外部水动力文件

➤ waspdhu.out WASP 外部水动力文件（无格式的二进制）

常用的水环境数学模型后处理界面如图 6-8 所示。

图 6-8　水环境数学模型后处理界面

6.1.5　模型使用要点

EFDC 模型在使用时应注意如下要点：

（1）检查生成网格的合理性和正交性；

（2）对研究区域典型设计水文条件应注意典型设计水文条件的选取；

（3）气候条件，如风力、大气温度、太阳辐射和降雨等，都应该注意使用正确的单位；

（4）点源、非点源和开边界条件都应在合适的网格单元中指定；

（5）水动力模型中，确定底部粗糙高度取值；

（6）为保证计算的稳定性，应采用足够小的时间步长；

（7）模型的水深不能太小，除非采用干湿点法，否则，大风、蒸发或潮汐，可能会导致干的格点；负水深会导致计算不稳定性；

（8）采用 Sigma 坐标时，水平格点的分辨率应该足够高，否则，Sigma 坐标将会给模型带入附加误差；

（9）Sigma 坐标下，水面波动，垂向分层的深度会随时间变化。应注意，在沿海区域，在用模型与实测数据对比时，每个 Sigma 层的厚度随时间会发生相当大的变化；

（10）当外源对象的浓度或者流量对模拟对象影响较大时，应注意外源对象的设置，不能忽略。

模型输出结果合理性分析要点：模型计算结果可分为时间序列结果和空间序列结果。判读模型模拟结果合理性一般可从水位、流场、水质状态变量等时间序列结果进行判断。或者若模拟对象在实际情况下，具有季节性特征或者在某一时间段，具有一定变化趋势则也可选择该时间段的模拟结果，根据该时间段的空间变化趋势分析模拟结果的合理性。下面主要介绍时间序列结果。

（1）水位时间序列结果

正常情况下，模拟区域内的水位时间序列应是上下起伏，具有一定波动的。若出现水位一直下降或水位一直上升的结果，应考虑模型设置是否合理。

（2）流场时间序列结果

流场的时间序列结果需要注意流速的大小和方向。有流速实测资料的地点，应关注该点流速模拟结果与实测值是否一致；对有出/入流的边界，应注意流场方向是否与实际出/入流方向一致。

（3）污染负荷时间序列结果

污染负荷有实测资料的地方，模型模拟出的污染负荷变化趋势应与实测资料趋势一致。

6.1.6 引江济太调水工程和入湖污染负荷削减对太湖水环境影响评估

6.1.6.1 项目背景与研究目标

随着环太湖圈经济的发展，过量营养盐不断输入太湖，导致太湖面临严重的湖泊富营养化问题。为改善太湖水体水质和流域河网的水环境，保证流域供水安全，提高水资源和水环境的承载能力，2002 年 1 月以来，太湖流域实施了引江济太调水试验工程，该工程依据"以动治静、以清释污、以丰补枯、改善水质"的原则，依托望虞河、太浦河两项骨干工程，将长江水引入黄浦江上下游、杭嘉湖地区及沿太湖周边地区。本节以引江济太工程和对太湖入湖污染负荷削减评估为案例，应用 EFDC-DSI 模型来模拟太湖水位、流量、水龄及水质的响应关系。水龄定义为颗粒物从入口传输到指定点的时间（往往入口的水龄设为零）。即水龄越大，说明水体运动得越慢，水体被交换程度越弱，反之亦然。水龄计算公式见相关参考文献（Li et al.，2010）。本节利用水龄的概念来描述通过望虞河入湖水与太湖水体的交换快慢与交换程度，从而分析引江济太工程对太湖水动力过程的改善情况，也可用来描述可溶解性污染物在入湖后的迁移特征。同时对 2004—2005 年太湖水质状况进行了模型率定验证，并在 2005 年的基础上对营养盐负荷削减方案进行了模拟应用。

6.1.6.2 研究区域概况

太湖是我国第三大淡水湖泊，具有蓄洪、供水、灌溉、航运、旅游等多方面功能，是流域的重要供水水源地，不仅担负着无锡、苏州、锡山、吴县、吴江、长兴、宜兴、武进市的城乡供水，还通过太浦河向上海供水并改善黄浦江上游的水质，其供水服务范围超过 2 000 万人，占太湖流域总人口的 55%以上。太湖环湖进出河道约有 219 条，受潮汐影响，大部分为吞吐流，然而相对于太湖 2 338 km^2 的面积、4.48×10^9 m^3 的蓄水量，环湖吞吐流对太湖整体湖流运动的影响比较小，太湖湖流运动主要受风的影响，太湖独特的地形地貌条件在不同的风向下即形成不同的湖流环流运动。太湖北部的直湖港（图 6-9 中第 9 条河）和南部的鼓楼港（第 20 条河）为太湖流域的上游和下游。太湖水体流向是自西向东、自北向南。上游主要入湖河流有从西苕溪水系流入的陈东港（河 2）、太滆运河（河 7）和长兜港，占太湖入湖流量的 80%。下游的主要出湖河流有位于东南部的太浦河（河 15）和胥江（河 18）。每年通过望虞河直接向太湖调入的总水量为 0.8 亿 m^3（相当于太湖总水量的 1/6），平均调水流量在 20~240 m^3/s。太湖流域夏天的主导风向是东南风，平均风速为 3.5~5.0 m/s。

引江济太工程在本章研究范围内发挥作用的骨干工程包括望虞河常熟水利枢纽工程、望亭水利枢纽工程以及太浦闸工程。

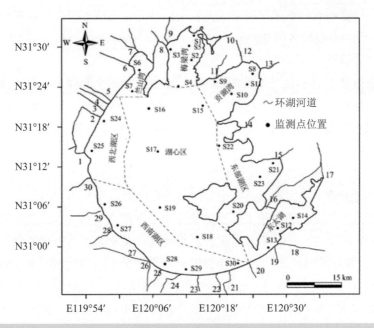

图 6-9 研究区域概况

6.1.6.3 模型构建

（1）模型选择

EFDC-DSI 模型主要用来进行漫滩数值模拟、水动力模拟、温盐模拟以及沉积物悬浮模拟等。对本次研究的太湖湖泊模型，EFDC-DSI 模型可用模型中的水动力、水质、水龄、拉格朗日粒子等功能模块对"引江济太"调水工程改善效果和入湖污染负荷削减对水环境改善效果方面进行模拟研究。目前，国内（外）验证案例与多个验证案例都反映出 EFDC-DSI 模型具有很好的吻合度，能很好地反映污染浓度变化趋势和水动力特征。另外，太湖具有明显的风生流特征，太湖表面流场与风向一致，而底层流场与表面流场的方向完全相反，表现为明显的补偿流，而且在风场作用下可产生垂直环流系统，所以使用简单的二维模型来研究太湖水动力是不够精确的，应当采用垂向分层的三维数学模型来模拟太湖水体的水动力情况。因为水质与水动力情况相同，因此水质也采用三维模型。

（2）模拟范围

本节主要研究内容为引江济太调水工程和入湖污染负荷削减对太湖的水环境影响，由于常熟水利站从长江引水量在调水过程中已供给周边地区，最终入太湖水量所占比例对模型影响不大，故本次研究模拟范围主要为太湖湖体。

（3）网格划分

由于矩形网格所占计算时间较短，故本次模型采用矩形网格进行模拟计算，将太湖划分为 4 464 个矩形正交网格，$\Delta x = \Delta y = 750$ m。为了较好地模拟湖底地形，垂直方向采用 σ 坐标分为 3 层。用湖底和表层水体厚度来定义垂向网格的总高度。每个网格初始的平均水深从岸边的 0.5 m 到湖中心地区的 2.5 m。

（4）边界条件设置

太湖水动力模型考虑了大气作用、环湖河道以及底泥的交互作用。大气边界包括大气压、地面气温、相对湿度、降水、蒸发、太阳辐射以及云层系数。气象数据来自太湖周边的气象站。每日一次的风场数据来自中国科学院太湖生态系统研究实验室的气象站（S2点附近，如图 6-9 所示）。

出入湖河流边界条件为 30 条概化的主要河流（见图 6-9），将剩余的小河就近并入邻近主河道。日降雨量数据是太湖附近 8 个监测站获取的数据平均值。每日风速风向数据从中国科学院南京地理与湖泊研究所太湖站的气象中心获得（见图 6-9）流量和水质边界值采用 2004—2005 年每月一次的流量和水质监测数据。农业面源离散到了周边入湖河道。此外，太湖大气沉降采用均值，沉降系数的设置则参考文献 Luo 等（2007）和 Zhai 等（2009）。模型考虑了底泥成岩作用，并假设底泥成岩作用时空分布不均匀。不同湖区的底泥通量（如 PO_4^{3-}，NH_4^+，NO_2^--NO_3^- 和 SOD）取值则根据相关参考文献（Hu et al.，2006；Li et al.，2004；Luo et al.，2006；Mao et al.，2008；Qin et al.，2008；Trolle et al.，2009）。模型中考虑了底泥成岩作用。假设底泥成岩作用时空分布不均匀。不同湖区的底泥通量（如 PO_4^{3-}、NH_4^+、NO_2^--NO_3^- 和 SOD）取值则根据太湖野外试验和参考文献选取。

（5）初始条件设置

初始条件设置了水位、流量、水龄、水面高程、流场、水温和各种水质指标初始浓度。在假设湖面水平条件下，初始水位设置为模拟时段第一天的平均值。水深是根据水位和湖底高程得出的，并且设置初始流速 0 m/s。在入湖河流入口处连续释放的示踪剂在任意单元格浓度设为单位 1。水龄主要取决于调入的净水量和湖面的风场。初始水温和水质指标浓度（DO、TP、PO_4^{3-}、TN、NH_4^+、NO_3^-、COD、BOD_5、Chl-a）根据 2004 年 1 月 30 个监测点的实测值进行空间内插而得。水质采样每月进行一次，采样点覆盖了太湖各个湖区，其中梅梁湾 5 个（S1—S5），竺山湾 2 个（S6—S7），贡湖 4 个（S8—S11），东太湖 3 个（S12—S14），中心湖区 5 个（S15—S19），太湖东部 4 个（S20—S23），西北湖区 2 个（S24—S25），西南湖区 5 个（S26—S30）。由于缺少碳、氮、磷各组分的实测数据，根据室内试验和前人研究成果，难溶性的、可溶性的、有机溶解性的氮、磷组分则根据 COD、BOD_5、TP、PO_4^{3-}、TN、NH_4^+ 以及 NO_3^- 的浓度估算而得。由于蓝藻，尤其在夏季，是太湖优势藻种，因此，模型中所有藻类归并为一种——蓝藻进行模拟计算。

（6）时间步长设置

水动力模块计算采用动态时间步长 10～100 s，而水质模块计算采用固定时间步长 100 s。为了适应水位波动，尤其是浅水区域，模型设置了临界干水深 0.05 m。

6.1.6.4 模型率定验证

（1）水动力

对于数值模型，通过对模型进行灵敏性分析来阐明模型参数取值对模型结果的影响十分重要。由于水流运动的物理特性已经十分成熟，在 EFDC 模型的应用中，模型中大部分物理参数都未作改变。例如，Mellor-Yamada 紊流模型中有关的参数与其他水力模型如普林斯顿海洋模型与河口海岸海洋模型中所设置的参数是一致的。类似的，Smagorinsky 公式（Smagorinsky，1968）中的量纲黏度系数是恒定的，取值为 0.2。

在水位率定过程中，经常需要调整的参数是底部粗糙高度 Z_0，该系数一般取 0.02 m。本模型中该参数的默认值也设置为 0.02 m。研究表明，粗糙高度的明显变化对模型运行结果中的水深和流速所造成的影响很小。2005 年模型水位验证（大浦口、夹浦、小梅口和西山）见图 6-10。通过实测值与模拟值的比较可知，大浦口水位平均误差、平均绝对相对误差以及平均相对误差为 0.001 m、0.09 m 和 2.9%；在夹浦水位站点分别为 −0.079 m、0.11 m 和 3.46%；在小梅口水位站点分别为 −0.073 m、0.11 m 和 3.49%；西山水位站点分别为 −0.023 m、0.06 m 和 1.86%，具体见表 6-2。结果表明，模拟水位与太湖 4 个监测站（大浦口、夹浦、小梅口和西山）的实测值吻合较好。通过实测流场与模拟流场的比较（2005 年 3 月 12—14 日和 8 月 15—19 日），结果表明，实测值与模拟值有相同形状的环流，环流的大小和方向与实测结果比较一致，两者流速大小也比较接近（见图 6-11）。

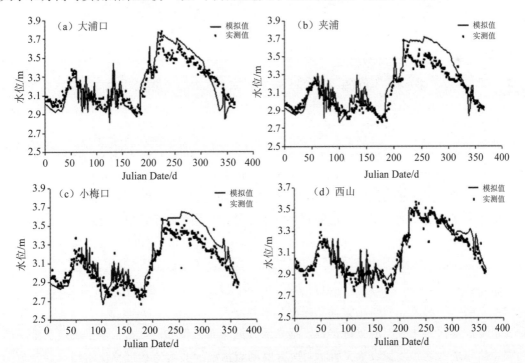

图 6-10　大浦口、夹浦、小梅口和西山水位率定结果

表 6-2　太湖水位分析统计

湖区（监测站点）	水位		
	平均误差	平均绝对误差	平均相对误差/%
大浦港	0.001	0.09	2.9
夹浦	−0.079	0.11	3.49
小梅口	−0.073	0.11	3.46
西山	−0.023	0.06	1.86

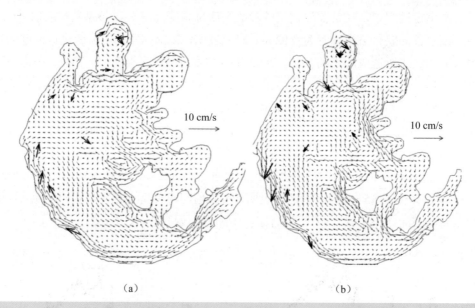

（a）　　　　　　　　　　　　　　　（b）

图 6-11　2005 年 3 月（a）和 2005 年 8 月（b）太湖模拟流场

（2）水质

模型率定验证了主要的水质变量（包括水温、DO、TP、TN、NH_4^+、Chl-a），实测值采用 2004 年 1 月至 2005 年 12 月的 30 个采样点的表层水样监测值。2004 年 1—12 月的实测值用来模型率定，然后采用 2005 年 1—12 月的实测值进行模型参数验证。

根据本次率定验证结果、之前的野外试验以及太湖相关模型研究（Hu et al.，2006；Li et al.，2004；Luo et al.，2006；Mao et al.，2008；Qin et al.，2008）和其他水域的研究（Lin et al.，2008；Park et al.，1995；Tetra Tech，2007；Wan et al.，2012）调整了部分参数的取值。水温的和水质变量的模拟值与 2005 年 30 个监测点的实测值的时空变化规律一致。太湖 8 个湖区各监测点的率定验证结果汇总见表 6-3。

水温是富营养化模型的关键参数，绝大部分的营养盐传输过程都依赖于温度。水温影响营养盐转变的速率。如表 6-3 所示，所有监测点水温的实测值和模拟值的相对误差范围为 8.61%（竺山湾 S6—S7 点）至 25.74%（东太湖 S12—S14 点）。比如，在 S2 点水温的模拟值和监测值变化趋势吻合较好，平均绝对误差为 0.43℃。模型精确地模拟了太湖水温的时空分布，表明模型能够合理地计算热交换过程，为水质模型的建立提供了基础。

溶解氧是水生态系统是否健康的标准，是水质模型的关键变量。30 个监测点的 DO 浓度的相对误差范围为 6.42%～23.58%，表明模型模拟结果很好。夏季 DO 浓度较低，与水温的变化趋势正好相反。比如，S2 点的 DO 浓度平均绝对误差约为 0.30 mg/L。

对于营养盐（总氮、总磷、氨氮）来说，由于过程更为复杂，因此模拟值与实测值之间的相对误差比水温和 DO 浓度的相对误差要大。例如，西南湖区 S27 点和中心湖区 S17 点的 TP 浓度相对误差分别为 88.3% 和 15.56%。所有监测点总氮、总磷、氨氮浓度的年均相对误差约分别为 36.3%、33.7% 和 54.40%，结果在可接受范围之内。总体上，模型模拟结果与实测值吻合较好。Chl-a 浓度是富营养化的初始反应变量之一。Chl-a 统计数据表明，不同湖区 Chl-a 浓度的相对误差在 10.2%～52.3%，呈空间多样化。以 S2 为例，模拟结果还呈现出了春夏季的蓝藻暴发现象，尽管 S2 点 7 月份的藻类浓度模拟值偏低了 37.57%。

6.1.6.5　引江济太调水工程和入湖污染负荷削减对太湖水环境影响评估

（1）模型参数设置

水质模块的重要参数的取值见表 6-3。

表 6-3　主要水质参数取值

模型参数	变量含义	本研究中取值
PM_c	蓝藻最大生长速率（1/d）	2.0
BM_c	蓝藻基本代谢速率（1/d）	0.04
PRR_c	蓝藻被捕食速率（1/d）	0.01
KHN_c	蓝藻半饱和氮值（mg/L）	0.01
KHP_c	蓝藻半饱和磷值（mg/L）	0.001
$CChl_c$	碳/蓝藻叶绿素比	0.065
WS_c	蓝藻沉降速率（m/d）	0.1
Ke_b	背景消光系数（1/m）	0.1
Ke_{TSS}	TSS 消光系数 $[m^{-1}\cdot(mg/L)^{-1}]$	0.05
Ke_{Chl}	叶绿素消光系数 $[m^{-1}\cdot(mg/L)^{-1}]$	0.03
$DOPT_c$	蓝藻最佳生长水深（m）	1
$TMlow_c$	蓝藻生长最低温度（℃）	25
$TMupp_c$	蓝藻生长最高温度（℃）	35
KTG1c	蓝藻生长最优温度效应系数	0.005
KTG2c	蓝藻生长次优温度效应系数	0.004
TRc	蓝藻代谢参考温度（℃）	20
KTBc	蓝藻代谢温度效应系数	0.069
K_{RC}	稳定 POC 最小溶解速率（1/d）	0.005
K_{LC}	不稳定 POC 最小溶解速率（1/d）	0.075
K_{DC}	DOC 最小溶解速率（1/d）	0.01

模型参数	变量含义	本研究中取值
AANOX	反硝化速率与有毒物质 DOC 呼吸速率比值	0.5
KHDN$_N$	反硝化半饱和常数	0.1
K$_{RP}$	RPOP 最低水解率（1/d）	0.005
K$_{LP}$	LPOP 最低水解率（1/d）	0.075
K$_{DP}$	DOP 最低水解率（1/d）	0.1
K$_{RN}$	RPON 最低水解率（1/d）	0.005
K$_{LN}$	LPON 最低水解率（1/d）	0.075
K$_{DN}$	DON 最低水解率（1/d）	0.02
Nit$_m$	最大硝化作用速率 [g N/（m³·d）]	0.07
KHNit$_{DO}$	硝化作用的氧半饱和数	0.5
KHNit$_N$	硝化作用的 NH$_4^+$ 半饱和数	0.5
TNit	硝化作用参考温度（℃）	27
K$_{RO}$	复氧作用速率常数	3.0
K$_{CD}$	COD 衰减系数（每天）	0.3
K$_{HCOD}$	COD 衰减氧半饱和常数（mg/L O$_2$）	1
FPO$_4$	底栖生物磷酸盐产生速率 [mgP/（m²·d）]	1～10
FNH$_4$	底栖生物氨氮产生速率 [mgN/（m²·d）]	10～180
FNO$_2$-NO$_3$	底栖生物硝酸盐和亚硝酸盐氮产生速率 [mgN/（m²·d）]	2～10
SOD	沉积物耗氧率 [mgO/（m²·d）]（SOD<0 代表来自水体的溶解氧）	−57～−1 030

（2）模拟工况设计

①引江济太调水工况设计

为了确定调水量对水龄的影响，本书设计了一系列方案（15 个，见表 6-4）进行计算。方案 1 是对 2005 年水体流速和风场的分析；方案 2 依然采用 2005 年数据并假设没有调水的情况；方案 3 至方案 6 研究了望虞河在没有其他出入湖河流的理想状态；根据 2005 年观测值，流速 50 m³/s、100 m³/s、150 m³/s 和 200 m³/s 分别代表了望虞河低、中、高和极高流量；方案 7 至方案 14 通过设置 8 个不同方向来模拟风向对湖体水龄的影响；方案 8 至方案 15 计算了在夏季主导风向——东南风情况下风速对水龄的影响。所有方案所采用的模型及参数都是一致的，时间步长取为 100 s，共计算 365 天。

表 6-4　模型计算工况

方案	流量/（m³/s）			风场
	望虞河	太浦河	其他支流	
1	2005 年观测值	2005 年观测值	2005 年观测值	2005 年观测值
2	2005 年观测值	2005 年观测值	2005 年观测值	无风
3	50	50	无流	无风
4	100	100	无流	无风
5	150	150	无流	无风
6	200	200	无流	无风
7—14	100	100	无流	风速 5 m/s，风向 E、SE、S、SW、W、NW、N、NE
15	100	100	无流	SE 2.5 m/s

②入湖河道污染负荷削减工况设计

本节主要对太湖西北部入湖河道营养的负荷进行了削减模拟（图 6-9 所示 13 号、30 号河道）。削减方案见表 6-5。方案 1（低削减方案），主要削减河道的水质目标为 V 类水（TN 2 mg/L；TP 0.4 mg/L），入湖支流水质 P 基本都小于 0.4 mg/L，所以在此削减方案中，TN 的削减比例为 1.3%～68.79%，TP 不削减。方案 2（高削减方案），主要削减河道的水质目标为Ⅲ类水（TN 1 mg/L；TP 0.2 mg/L），在此削减方案中，N 的削减比例为 50.65%～84.4%，TP 削减比例为 0～48.2%，不削减主要为其他模型参数与条件都保持不变。

表 6-5 支流入湖河流削减工况

方案	水质目标	削减比例
方案 1（低削减方案）	V 类水 TN 2 mg/L；TP 0.4 mg/L	只有 N 削减，P 现状已达到要求 TN 1.3%～68.79%；TP 不削减
方案 2（高削减方案）	Ⅲ类水 TN 1 mg/L；TP 0.2 mg/L	N 和 P 同时削减 TN 50.65%～84.4%；TP 0～48.2%

（3）计算结果及讨论

①引江济太调水工程对太湖水体交换的效果分析

引江济太调水工程对太湖的影响，可有效地通过水龄的时空分布来评估。总体来说，风场和环湖河道对太湖水龄的时空分布产生重要的影响，水龄分布具有很强的空间异质性。下面就入湖河流流量和风场对太湖水龄分布的影响进行分析。

环湖河道对太湖水龄影响：为了研究环湖河道对水龄的影响，模型假设风速为 0，其他条件与方案 1 相同的情况下进行模拟。第 219 天和第 365 天的水龄用作代表夏天大流速和冬天小流速的情况。冬季和夏季的结果都表明，西北湖区、竺山湾、梅梁湾和贡湖湾等水龄较小。这些湖区都与主要入流河流相连接，并且水龄从入口到湖心依次增大。湖心区、东部湖区和东太湖湾的部分区域的水龄较大。最小的水龄小于 10 d，最大的水龄超过了 350 d，表明入流支流对水龄分布具有很大的影响，尤其是在河道的入湖口处。另外也说明湖体水龄存在着很大的时空分异性，不同湖区的水龄存在很大的差别。这种差别主要与入湖河道的位置以及风场等因素密切相关。

引江济太工程对太湖水龄影响：为了评估引江济太工程对太湖水动力改善的作用，结合目前的实际操作流量，本书考虑了望虞河以四种不同流量入湖的情况：50 m³/s、100 m³/s、150 m³/s 和 200 m³/s（方案 3 至方案 6，见表 6-4），并假定没有风场的影响，假定除了望虞河和太浦河外没有其他支流影响。为保持湖泊水位变化幅度不大，各方案中太浦河的流量与望虞河保持一致。模型除了表 6-4 所示的驱动条件不同之外，其他条件和参数设置与方案 1 相同，模拟时长均为 365 d。

第 365 天的结果（模型模拟的最后一天）表明（见图 6-12），分别对应望虞河流量为 50 m³/s、100 m³/s、150 m³/s 和 200 m³/s 的情况，湖区水龄平均值小于 360 d 所占的百分比分别为 26%、53%、71%、78%。该比例随着望虞河引水流量的增加而升高，说明水量越大，交换越快。然而，比例变化的幅度在不同的方案下不尽相同。从图 6-12 可以看出，当望虞河入湖流量从 50 m³/s 到 200 m³/s，以 50 m³/s 的幅度增加时，水龄小于 360 d 的区域所占比例分别增加了 27%、18% 和 7%。可见，当望虞河引水量从 50 m³/s 增加到 100 m³/s 时获得了最大的变化率，而从 150 m³/s 增加到 200 m³/s 时变化率最小。结果表明，考虑到投入产出比，引水工程对改善湖体水动力及水循环效果最佳的流量为 100 m³/s。另外，从水龄的空间分布来看，水龄较小的区域从贡湖蔓延到附近的区域（<30 d），再到整个湖心区（直至 360 d）。然而，梅梁湾、竺山湾和西南湖区仍然保持不变（最大的为 365 d）。说明引江济太工程对于改善贡湖、湖心区及东部湖区的水循环有很大的促进作用。然而，对于改善梅梁湖、竺山湖及太湖西岸的帮助不大，而这几个湖区刚好是太湖水体的重污染区。从而可知，引江济太工程能够改善太湖部分湖区的水动力特征，而不是整个太湖。

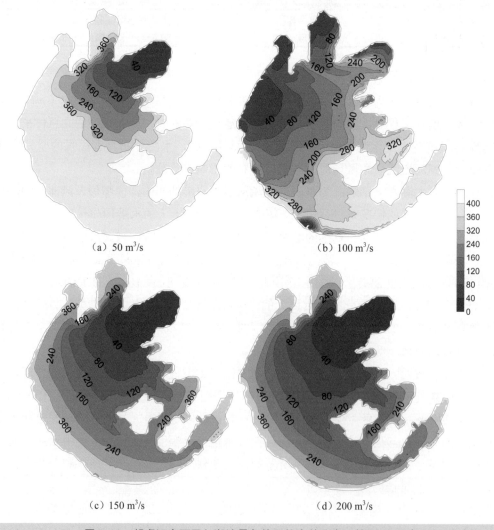

（a）50 m³/s   （b）100 m³/s

（c）150 m³/s   （d）200 m³/s

图 6-12　望虞河在不同入湖流量条件下的水龄分布（第 365 天时）

　　风场对太湖湖体水龄的影响：由于太湖是典型的风生流湖泊，故评估风场对水龄的影响是十分重要的。本书模拟了在恒定风速 5 m/s 时，8 个不同风向下（表 6-5 中方案 7 至方案 14）太湖湖体水龄的分布情况。位于梅梁湾内的站点 C 和位于湖心区的站点 B（位置见图 6-9）分别用来代表半封闭湖区和开放湖区。结果表明（见图 6-13）：在相同风速，不同风向下两站点的水龄差别较大。如对于站点 B，水龄最大达到 335 d（西北风）和 305 d（东南风），最小为 207 d（西南风）和 254 d（西北风）。同样，对于站点 C，最大的水龄为 305 d（东北风）和 300 d（西南风），最小为 169 d（西北风）和 174 d（东南风）。对于同一站点由于风向引起的水龄的差别超过了 100 d，而在空间分布上，不同站点的水龄变化超过了 150 d。因此，风向对水龄的时间和空间分布均具有重要的影响。由于在太湖东部湖区有 7 个水厂取水口，故本书研究了风场对该饮用水水源区域水龄的影响。结果显示，西北风和东南风有助于梅梁湾的水体交换。在东南风时，梅梁湾、竺山湾和湖心区北部的区域水龄较小（小于 200 d），西北湖区、西南湖区和东部湖区的水龄较大（250～365 d）。西北风时，东南湖区的水龄较小（小于 220 d），西南湖区的水龄较大（365 d）。湖区水龄较小的区域都接近 7 座水厂的取水口，表明西北风是引水工程对饮水水质改善最有效的风向。

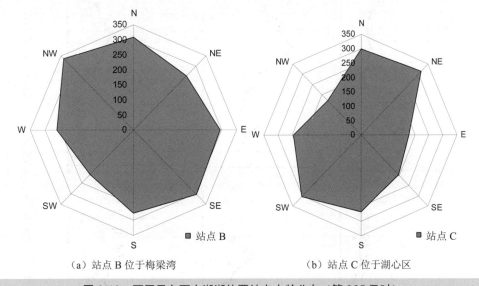

（a）站点 B 位于梅梁湾　　　　　　　　　（b）站点 C 位于湖心区

图 6-13　不同风向下太湖湖体两站点水龄分布（第 365 天时）

　　②入湖污染负荷削减对太湖水环境影响评估

　　太湖北部与西部湖区是重污染湖区，直接承受着入湖河道带来的大量营养物质。选取梅梁湾、竺山湾、西北湖区进行结果分析，评估该重污染湖区对外源输入负荷削减的响应关系（见图 6-14）。结果表明，外源的减少有助于降低湖区内营养盐的浓度，但是若要达到有效控制藻类生长的目的是比较困难的，需要营养盐负荷的大量减少。例如，在表 6-5 方案 1 中（低削减方案，只削减 N），TN 浓度在梅梁湾（S2）、竺山湾（S7）和西北湖区（S25）分别减少 24%、26% 和 22%（见图 6-14 a—c）。在方案 2 中（高削减方案，同时削

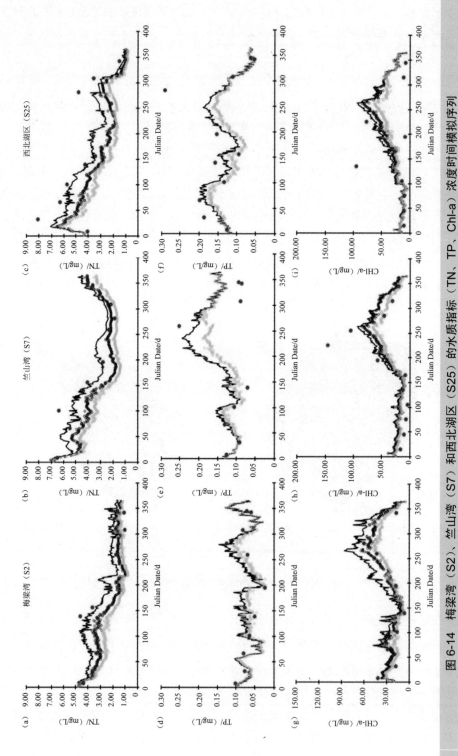

图 6-14　梅梁湾（S2）、竺山湾（S7）和西北湖区（S25）的水质指标（TN、TP、Chl-a）浓度时间模拟序列

注：红点—观测值；黑线—2005 年模拟值；紫色圆圈—削减方案 1 模拟值；浅色圆圈—削减方案 2 模拟值。

减 N 和 P），TN 浓度在梅梁湾（S2）、竺山湾（S7）和西北湖区（S25）分别减少 38%、39% 和 37%；TP 浓度分别相应地减少 17%、14%和 13%（见图 6-14 a—f）。Chl-a 浓度在三个湖区对营养盐削减方案的响应程度各不相同（见图 6-14 g—i）。在表 6-5 方案 1 中（低削减方案，只削减 N），Chl-a 浓度在梅梁湾降低了 23%，尤其是夏秋季节，Chl-a 浓度降低最为明显。在表 6-5 方案 2 中（高削减方案，同时削减 N 和 P），Chl-a 浓度在梅梁湾（S2）、竺山湾（S7）和西北湖区（S25）分别减少 38%、26%和 24%。这有可能说明在梅梁湾区域藻类生长是 N 和 P 同时限制，然而，西北湖区是 P 限制区域。

在本案例中，也同时模拟了内源的释放。根据前人的文献和野外监测，底泥营养盐（如 PO_4^{3-}、NH_4^+、NO_2^--NO_3^- 和 SOD）的释放率在不同的湖区设置了不同的数值（Hu et al.，2006；Jiang et al.，2008；Luo et al.，2006；Trolle et al.，2009）。结果表明，虽然支流外源的减少对湖泊富营养化状态的变化起着十分重要的作用，但是仅仅依靠对外源支流负荷的减少仍然不能十分有效地控制藻类的生长。内源和大气沉降对水质恶化和水华的发生同样起着重要作用。根据测算，内源负荷几乎是外源负荷的 3～10 倍，特别是对于 P 而言（Qin et al.，2006），大气沉降大约占了流域负荷的 20%（Zhai et al.，2009）。因此，对于 15 条河流的入湖负荷削减的工作需要加快进程，同时，在太湖流域，也需长期实施综合的污染管理（包括底泥释放和大气沉降）。

（4）研究案例内容总结

本小节以引江济太工程和对太湖入湖污染负荷削减评估为案例，应用 EFDC 来模拟水位、流量、水龄及水质。从而分析引江济太工程对太湖水动力过程的改善情况并在 2005 年的基础上对营养盐负荷削减方案进行了模拟应用。结果表明：引江济太调水工程对太湖的影响可有效地通过水龄的时空分布来反映。总体来说，风场和环湖河道对太湖水龄的时空分布产生重要的影响，水龄在时空分布上具有很强的异质性；外源的减少有助于降低湖区内营养盐的浓度，但是若要达到有效控制藻类生长的目的是比较困难的，需要营养盐负荷的大量减少。

6.1.6.6 案例小结

本研究提供了一个太湖三维水动力水质模型。利用 2 年的大量点位的观测数据，校准验证水动力水质模型中水位、流场、主要水质变量，为研究引江济太调水工程和入湖污染负荷的削减对太湖水环境的影响提供了基础。此个例研究的主要成果包括：

（1）基于 EFDC-DSI 模型，合理地模拟了湖泊中水动力和水质主要动态变化过程。

（2）太湖大而浅的特性，表明其水动力过程主要受风场驱动。本案例中用于驱动太湖模型的气象数据直接在湖上测得并提供真实的强迫条件，大型浅水湖泊风场数据精度对于水动力过程的模拟有很大影响。数值模拟前，前期开展的大量研究工作，揭示湖泊的一般特征，这对于本模拟工作非常重要。

（3）然而没有足够的沉积成岩通量数据来进行模拟，对水质模型造成了一定的误差。水柱和沉积床之间内部净通量是：颗粒态营养物质沉降、水柱和沉积床之间的扩散、沉积固体再悬浮和沉降的结果。这一内部净通量是 3 个分量的残差并远小于每一分量。观测数据不足通常是水质模拟的一个挑战。对这些复杂的内部交换需要进行进一步的分析和诊断。

6.1.7　小结

EFDC 可用于模拟水系统一维、二维和三维流场，物质运输（包括温度、盐度和泥沙的输运），生态过程以及淡水入流等，适用于河流、湖泊、河口、海洋和湿地等地表水生态系统水动力、水质及泥沙的数值模拟。EFDC 模型主要由四个模块组成：水动力、水质、有毒物质和泥沙运输，各个模块对各类水环境都有很强的适应性。本小节主要介绍了模型前处理、数据要求、模型输出、模型后处理等基本知识，并给出模型使用中的注意点，最后运用实例"引江济太调水工程和入湖污染物负荷削减对太湖水环境影响评估"综合介绍模型构建、模型率定验证、参数选取等模型模拟过程，有助于读者加深理解。

6.2　Delft3D 模型

6.2.1　模型简介

Delft3D 是荷兰三角洲研究院（Deltares，原 WL|Delft Hydraulics）历时 30 多年开发完善的一套功能强大的软件包，主要应用于自由表面地表水、泥沙、地貌及环境，生态模拟和预测（见图 6-15）。该软件具有灵活的框架，功能完整，可用来模拟二维（水平面或竖直面）和三维的水流、波浪、水质、生态、泥沙输移及床底地貌，及各个过程之间的相互作用。

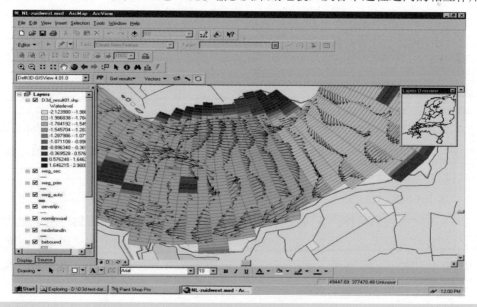

图 6-15　Delft3D 用户界面

Delft3D 软件包的主要特征为：

①能直接集成应用当前最新的水力学，流体力学及数学研究开发成果；

②由于大量采用的最新数值技术及边界处理技术，计算内核极其稳定；

③友好的图形用户界面和完整的技术文档、操作手册；

④所有程序功能模块化，都具有高度的整合性、互操作性和扩展性；

⑤所有程序源代码开放或即将开放（代码及相关文档可以在 http://www.oss.deltares.nl 下载）。

6.2.2　模型架构

自然现象具有空间性，其变化可以沿水平的两个方向和垂直轴向发生。同样，自然过程就需要用三维来描述，随时间变化，很多情况下相互联系。例如，当地水动力条件决定当地的输沙率，而输沙率的梯度决定水下地形，反过来又影响输沙过程的水动力过程。鉴于自然界的复杂性，Delftres 特别深入研究了这种物理、化学及生物的相互作用。

Delft3D 能具体模拟六大主要领域的时间、空间变化以及其相互联系。该软件包原则上广泛适用于多种情况，运用最为普遍的是海岸、河流以及河口地区。Delft3D 由一系列经过全面测试和验证的模块组成，是相互联系的有机整体。

6.2.2.1　水动力模块（Delft3D-FLOW）

该模块主要用于浅水非恒定流模拟。综合考虑了潮汐、风、气压、密度差（由盐度和温度引起）、波浪、紊流（从常数模型到 k-ε 模型、k-ω 模型）以及潮滩的干湿交替。本模块集成了热量及物质传输方程求解，并在 Deltares 有关分层水动力学（包括随体 δ 分层或 z-layer 分层）等前沿理论研究基础上开发而成。Delft3D 的其他模块均可采用该模块的输出结果。

6.2.2.2　波浪模块（Delft3D-WAVE）

波浪模块主要计算短波在非平整床底上的非稳定传播，考虑风力、底部摩阻力造成的能量消散、波浪破碎、波浪折射（由于床底地形、水位及流场）、浅水变形及方向分布。目前，第二代的准静态 HISWA 模型正逐步被第三代的波谱模型 SWAN 取代。这两个模型都是由 Delft 理工大学开发的。Delft 理工大学与 Deltares 在许多领域里紧密合作，被同行称为 Delft 学派。数十年来，Delft 学派在波浪建模及相关理论领域占据着世界领先地位。

6.2.2.3　水质模块（Delft3D-WAQ）

该模块通过考虑一系列泥沙输移和水质过程来模拟远-中水域的水质及泥沙。该模块包含了若干对流扩散方程求解工具和一个庞大的标准化生物，化学反应及生态过程库，其方程组对应用户所选择的物质类型。借助此模块，Deltares 得以向专业用户提供水质领域尖端的技术支持。目前被 Telemac 和其他一些水动力模块采用，作为共用的水质模块。

6.2.2.4 颗粒跟踪模块（Delft3D-PART）

颗粒跟踪模块为短期的、邻近水域水质模块，通过即时跟踪个体颗粒轨迹来估算其动态、空间（子网格尺度下）密度分布。污染物可以是难降解的，也可以遵循简单的一阶或高阶降解过程。该模块也可用于海岸水域疏浚/危险物质、油污泄漏等灾害事件模拟。

6.2.2.5 生态模块（Delft3D-ECO）

Delft3D 系统采用了不同的藻类生长和营养动力学模块。例如，研究富营养化现象时，过程库里嵌入了基本控制过程模块，描述生物及非生物生态系统及其相互作用。除 Delft3D-WAQ 模块里所有和藻类相关的水质变化过程之外，生态模块还包括一些更为细化的水质过程。

6.2.2.6 泥沙输移模块（Delft3D-SED）

该子模块用来模拟黏性或非黏性、有机或无机、悬移质或推移质泥沙的输移、侵蚀和沉降过程。该模块包括若干标准运动方程，单独考虑不同的泥沙粒径。由于忽略床底地貌变化的影响，该模块仅适用于评估短期的泥沙输移过程。鉴于泥沙是水质及生态研究的主导因素之一，该模块吸收了 Deltares 在泥沙淤积和泥沙搬运过程的领先技术，是开展各类科学研究的重要基础工具。

6.2.2.7 动力地貌模块（Delft3D-MOR）

该模块用于计算床底地形的变化，其结果取决于泥沙输移梯度以及用户定义的、与时间有关的边界条件。模块中包含风和波浪驱动力，以及一系列的运输方程。该模块的突出特点是与 Delft3D-FLOW 和 WAVE 模块的即时动态回馈。由此，水流和波浪能够根据当地水下地形自行调整，可以给出任意时间范围的预报成果。30 多年以来，Deltares 始终处于此类地貌演变耦合模拟技术的前沿。Delft3D 是一体化的软件包，其整体性能优于单个模块的累加性能。在模拟一个水系统时，依赖于内部相关的模块，可以综合考虑水流、地形和水质，得到各个现象之间持续不断的回馈，逼近自然界实际发生的过程。然而，过于简化的信息容易产生误导，而过量的信息也可能令人迷惑。为了避免这种误会，特地引进了一个专门的图形用户界面。

6.2.3 模型前处理及数据要求

Delft3D 为所有功能模块提供相近的图形用户界面。该图形用户界面便于帮助用户以有序、可预测和有效的方式获取所需成果，不受使用模块数量的限制。图形用户界面的数据输入和管理简便，实现了模型数据的可视化，模型的运算控制方便灵活。图形用户界面的附加特性包括：轻松实现多次模拟计算和多重情景模拟，便捷的数据导入和导出，以及逼真的模型计算结果的图形显示。

以下主要以 Delft3D 水动力模块（Delft3D-FLOW）为例简要介绍一下模型的图形用户界面，其他模块略有不同，详见相关模块的手册。

6.2.3.1 确定模型范围

确定模型范围即确定网格范围，确定河道起止断面、河堤位置等，另外可将桥梁位置、工程布置、测流点等予以标注。坐标的提取，可利用 CAD-EXCEL 插件的提取多段线坐标功能。确定模型边界时，力求准确，缩小范围，减少后期处理数据量（网格数量）。

6.2.3.2 网格地形

GRID 模块的 RGFGRID 可用于调整整个网格的正交化。

从 CAD 中分图层导出水深点、曲线、陆地高程点等，转为 DXF 文件，之后利用小程序等将地形点保存为*.xyz 文件。

提取地形点之前，把模型范围外的地形点删掉，减小提取数据的数量，便于插值。注意：地形点 Z 坐标跟现实是反向的，即 0 m 以下为正、以上为负。从 CAD 中提取后，在 Excel 里修改。GRID 模块的 QUICKIN 提供了地形插值功能（见图 6-16）。

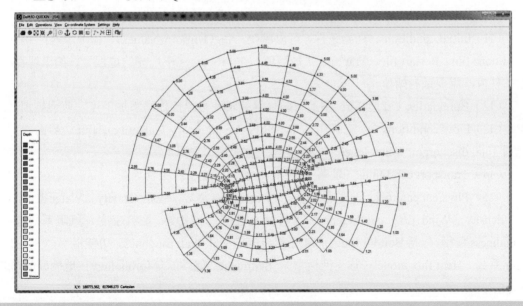

图 6-16　水下地形赋值

6.2.3.3 计算参数

FLOW 模块的 Flow input 主要参数如下（见图 6-17）：

（1）Description：简要描述该计算模型。

（2）Domain：定义域，即打开网格文件与地形文件，添加干点和薄坝。

（3）Grid parameters：打开网格文件。

（4）Latitude：填写工程区的纬度。

（5）Number of layers：分层，用于三维水流计算。二维即为 1。

（6）Bathymetry：地形文件。

（7）Dry points：添加干点。

（8）Thin dams：添加薄坝。

（9）Time frame：时间范围，确定模型计算起止时间、步长。Reference date：模型计算模拟的大约时间点。Simulation start time：模型计算开始时间点。Simulation end time：模型计算结束时间点。Time step：时间步长。

（10）Processes：物理过程：

Constituents：成分，即参与计算的计算量，包括 Salinity、Temperature、Pollutants and tracers、Sediments，即盐度、温度、污染物、泥沙。

Physical：物理量，即参与计算的外力，包括 Wind、Secondary flow、Wave，即风、二次流、波浪。

Man-made：Dredging and dumping，人工，即疏浚和填槽等。

选择以上过程量后，会在之后的初始条件等选项中出现相应的设置选项。

（11）Initial conditions：初始条件，可以赋统一值（Uniform values），也可以通过 Initial conditions file、Restart file、Map file 文件赋值。在 Processes 中选择的过程量，都出现在初始条件内，需要赋初始值。

（12）Boundaries（开边界）：添加、删除等编辑开边界操作与添加干点、薄坝等相似。

（13）Flow conditions（水流条件）：Type of open boundary（quantity）即开边界的类型，包括 Total discharge、Water level，即总流量、水位等。

（14）Transport conditions（输移条件）：泥沙、温度、污染物等。

（15）Physical parameters（物理参数）：Constants 常数，包括 Gravity、Water density、Air density、Wind drag coefficients，即重力加速度、水密度、空气密度、风阻系数等。Roughness 糙率，包括 Bottom roughness 底部河床糙率和 Wall roughness 边壁糙率。Viscosity 涡黏系数。Heat flux model（热交换模型）、Sediment（泥沙）、Morphology（地貌）、Wind（风）等。

（16）Numerical parameters（数值参数）：包括插值方法，动量方程的解法等。

（17）源汇项设置：设置源汇项的时序变化数据。

（18）观测点和观测断面设置：设置观测点和观测断面。

（19）附加参数：包括多种附加功能，如植物对水流影响、泥沙底质分层、水下沙波影响等多种功能。

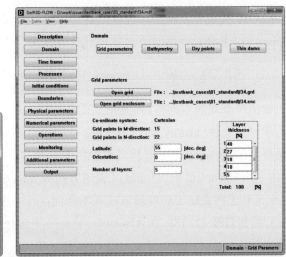

图 6-17　主程序及参数设置界面

6.2.4　模型输出及后处理

　　FLOW 模块中可以设置输出的时间间隔和多种输出格式（见图 6-18）。由于采用了先进的二进制编码格式，输出文件的大小没有限制。输出格式可以是 Nefis（Deltares 自定义的二进制格式），也可以是国际通用的标准 NETCDF 格式。Delft3D 程序包里也提供这两种格式的 matlab 存取函数。

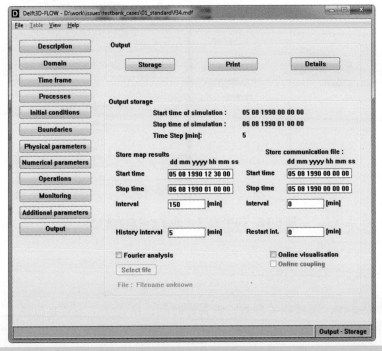

图 6-18　模型输出界面

FLOW 模块有多种工具进行后处理。如 Delft3D 程序包里提供的 GPP、QuickPLOT 和 Muppet。以下简要介绍一下这三种后处理模块。

6.2.4.1 通用后处理模块（General Post Processing tool，GPP）

输出单个观测点的值：在弹出的文件选择对话框中，Model/Filetypes 下选择 Delft3D 水动力学时序文件（history file），在 Files 下选择结果文件 trih-*.dat，单击 OK。回到 Add dataset 对话框，在 Parameters 下选择需要输出的参数，如 water level（水位）、current mag.（horiz）（流速大小）、current dir.（horiz）（流速方向）、momentary flow（瞬时流量），在右侧的 Select location 下选择要输出的观测点或观测断面，点击 Create。选择所有要输出的参数后，点击 Close。回到 GPP 对话框。在 Available datasets 下选择要导出的参数（见图 6-19）。点击 Export，在弹出的 Export Datasets 下，单击 Give File Name，输入输出文件的名称。在 Export methods 下选择 Write Timeseries to Text File，单击 Export。

输出时刻整个计算区域的图形：在弹出的文件选择对话框中，Model/Filetypes 下选择 Delft3D 水动力 map file，在 Parameters 下选择需要输出的参数，如 water level（水位）、current mag.（horiz）（流速大小）、current dir.（horiz）（流速方向）、momentary flow（瞬时流量），在右侧 Select time 下选择输出的时间即可生成相应的图形。

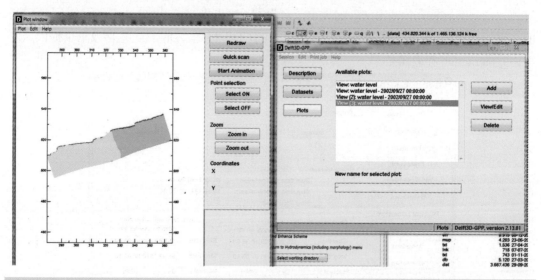

图 6-19　GPP 选择输出特定时刻的水位

6.2.4.2 QuickPLOT 后处理模块

先打开结果文件，选择相关参数，设置好时刻，格式（单点还是流场）、颜色等（见图 6-20），点击预览（Quick view）按钮，即可显示流矢（见图 6-21）和水位等物理参数平面分布及时序数据。

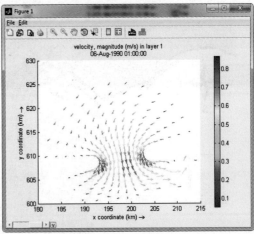

图 6-20 QuickPLOT 主界面   图 6-21 流矢分布

6.2.4.3 Muppet 后处理模块

Muppet 的使用更加简单直观。图 6-22 显示了主界面，图 6-23 为一个流场速度矢量图。

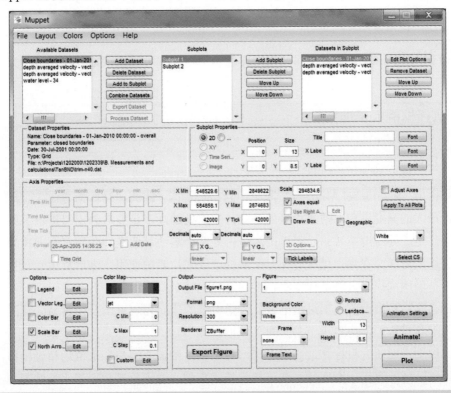

图 6-22 Muppet 主界面

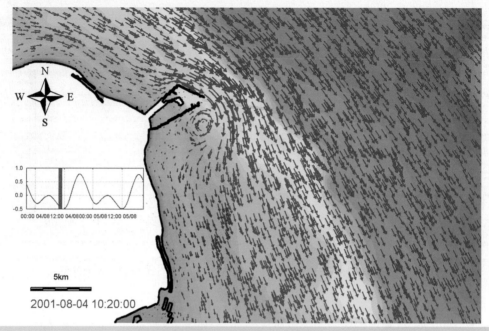

图 6-23 流场速度矢量图

6.2.4.4 用户自定义后处理模块

Delft3D 程序包还提供有访问结果文件的函数，用户可以直接通过编程进行自定义的后处理。

6.2.5 迪拜棕榈人工岛案例

6.2.5.1 项目背景与研究目标

阿里山港（Palm Jebel Ali），位于阿里山自由贸易区，距离迪拜西南方向 35 海里左右，是阿拉伯最大的商业港口。阿里山港的建立，为此处的众多企业对外出口提供了强有力的运载输送，是一处海湾中转站。阿里山港分内外两个港池，两港池分别东西向排列并向东北方向延伸至海洋。在港口处配有 67 个泊位可供来往船舶使用，港口货运吞吐量达到千吨左右，是当地规模最大的港口中心，港口运输包括杂货、散货、石油等码头，还有各种货物存储仓库，是最大的人工进出港口。阿里山港的建立为阿里山自由贸易区经济发展提供有力的配备设施，促进自由贸易区对外发展。

本案例的主要研究目标是通过数学模型对工程区潮流、波浪和水位场精确模拟，为工程区及毗邻区域的海岸或海底冲淤变化提供技术支撑，并评价工程区的水质情况。

6.2.5.2 模型构建

（1）模型选择

采用 Delft3D 软件包，包括二维水流计算、水质计算（DELWAQ），该软件中的水动力计算程序可包括风、波的影响，可模拟水温、盐度等。

（2）模拟范围

水动力模拟范围包括迪拜近海水域，考虑已建及规划的港口开发工程，整个模型长 120 km、宽 40 km。水质模拟范围较小，主要为以研究区域为重点的局部水域。

（3）网格划分

采用正交曲线网格，水动力模型（见图6-24），外海正交曲线网格最大边长约为 2 500 m，阿里山港口区附近网格边长约为 250 m，整个模型网格数约为 83 000 个。水质模型（见图 6-25）阿里山港口内部网格尺度约为 16 m，港口外部网格较粗。

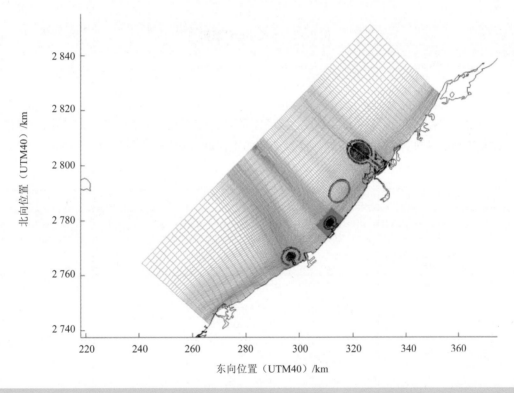

图 6-24　水动力模型计算网格

（4）边界条件设置

模型外海边界采用潮位控制，潮位过程由阿拉伯海湾整体模型提供。

（5）时间步长设置

本案例时间步长取 12 s。

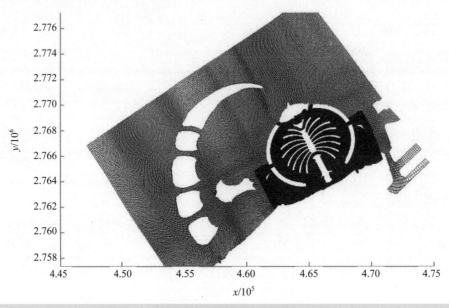

图 6-25　水质模型计算网格

6.2.5.3　模型验证

模型验证采用 2004 年半月实测水文资料，验证点位置见图 6-26，图 6-27 为潮位验证，图 6-28 为潮流验证，图 6-29 为数学模型计算的涨落潮流场图。

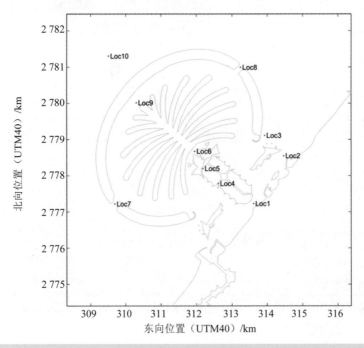

图 6-26　验证点位置

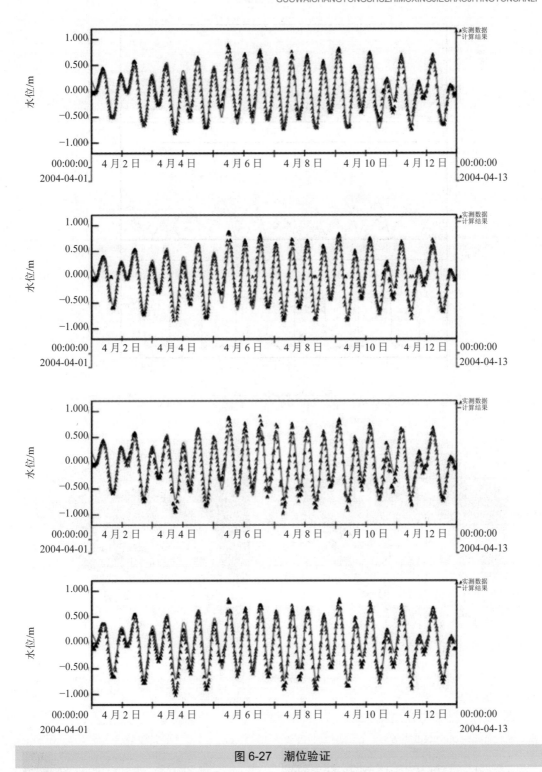

图 6-27 潮位验证

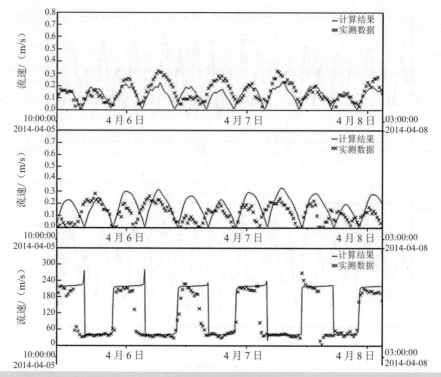

图 6-28 潮流验证

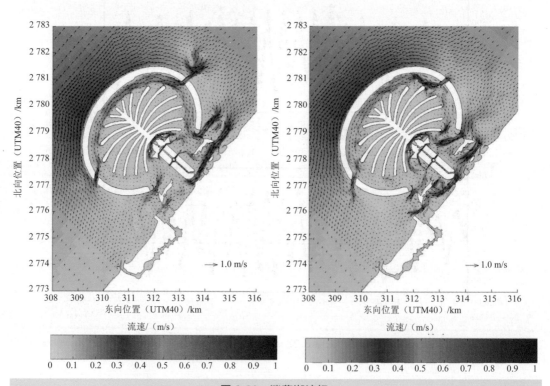

图 6-29 涨落潮流场

6.2.5.4 水质模型参数

模型中水质因子考虑了悬浮物、藻类、矿化、无机营养物、氧、大肠杆菌等，具体参数见表 6-6。

表 6-6 水质模拟模型参数

参数	描述	值	单位
VSedDetC	岩屑沉降速度	1	m/d
VSedAlga	藻类沉降速度	0～1.0	m/d
TauCSDetC	岩屑沉降临界剪应力	0.1	N/m^2
TauCSAlga	藻类沉降临界剪应力	0.1	N/m^2
ZResDM	零阶再悬浮率	500	g/（m^2·d）
TauCRSl	再悬浮临界剪应力	0.2	N/m^2
ExtVlAlga	藻类对可见光的消光系数	0.025～0.25	m^2/gC
ExtVlDetC	岩屑对可见光的消光系数	0.15	m^2/gC
ExtVlBak	本底可见光消光系数	0.15	1/m
SecchiExtl	Poole Atkins 常数	1.7	
PPMax	0℃时藻类最大生长量	0.001～0.09	1/d
TcGro	藻类生长过程的温度系数	1.07～1.08	
MResp	0℃时藻类呼吸作用维持度	0.01～0.06	1/d
Mort0	0℃时藻类死亡率	0.05～0.075	1/d
TcDec	藻类死亡率的温度系数	1.07～1.08	
NCRat	藻类的氮-碳比例	0.033～0.255	gN/gC
PCRat	藻类的磷-碳比例	0.003 3～0.032	gP/gC
SiRat	藻类的二氧化硅-碳比例	0～0.45	gSi/gC
Ditochl	藻类的叶绿素-碳比例	0.000 1～0.053	gChl/gC
DMCF	藻类的碳干重比例	2.5～3.3	gDM/gC
RcDetC	20℃时 detC 的一级矿化度	0.12	1/d
RcDetN	20℃时 detN 的一级矿化度	0.12	1/d
RcDetP	20℃时 detP 的一级矿化度	0.08	1/d
RcDetSi	20℃时 detSi 的一级矿化度	0.01	1/d
TcMinDet	岩屑矿化的温度系数	1.05	
TcDisSi	bSi 溶解的温度系数	1.05	
RcDetCSl	20℃时沉降中 detC 的一级矿化度	0.03	1/d
RcDetNSl	20℃时沉降中 detN 的一级矿化度	0.03	1/d
RcDetPSl	20℃时沉降中 detP 的一级矿化度	0.03	1/d
RcDetSiSl	20℃时沉降中 detSi 的一级矿化度	0.015	1/d
TcBMinDet	沉降中岩屑矿化的温度系数	1.09	
TcBDisSi	沉降中 bSi 溶解的温度系数	1.09	
ZDenSed	20℃时零阶反硝化度	0	g/（m^2·d）
RcDenSed	20℃时一阶反硝化度	0.1	M/d
TcDenSed	反硝化的温度系数	1.12	
RcNit	20℃时一阶硝化系数	0.1	1/d
TcNit	硝化作用的温度系数	1.07	

6.2.5.5　水质模拟结果分析

（1）营养物浓度

图 6-30 与图 6-31 分别为计算得到的总氮和总磷浓度。蓝色和绿色表示低于临界值，黄色、橙色和红色表示高于临界值。由图 6-30 可知，总氮浓度在叶状泄湖的尾部达到最大值。在所有的泄湖中，总氮浓度均低于临界值 0.15 mg/L。由图 6-31 可知，除了 FG 和 JK 泄湖，其他叶状泄湖中总磷浓度值都超过了临界值（黄色和橙色），另外，受影响最大的泄湖是 AB，OP 和 EF，KL，这些地区磷浓度高达 0.03 mg/L。

由于叶状泄湖水体交换能力弱，在叶状泄湖的尾部营养物浓度更高。氮浓度相对于其临界值要低于磷浓度。氮对于藻类生长是限制元素，氮的分布代表了赤潮发生的风险，当总氮浓度低于临界值时，赤潮发生的风险较小。

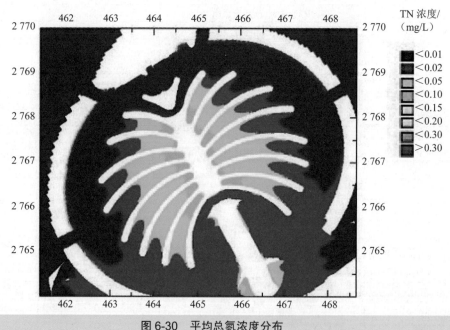

图 6-30　平均总氮浓度分布

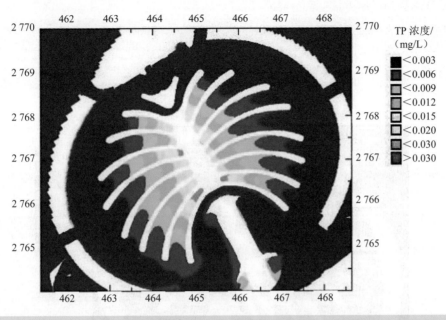

图 6-31   平均总磷浓度分布

（2）溶解氧

图 6-32 为夏季平均条件下的溶解氧最小浓度。通常氧浓度要高于本底氧浓度，因为氧是由藻类生长产生的。氧的产生量要大于死亡藻类的分解和藻类呼吸所需要的氧。我们期望通过低营养浓度来阻止大规模藻类的生长，由于大量藻类死亡而导致氧浓度降低是不现实的。

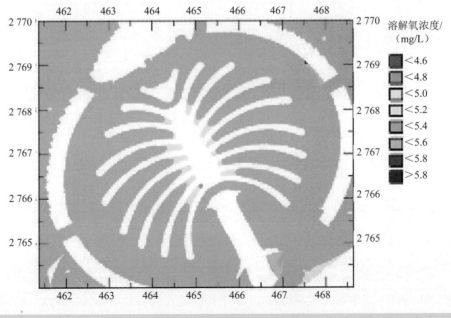

图 6-32   溶解氧的最小浓度

（3）悬浮物和透明度

图 6-33 为平均透明度（secchi depth），是在夏季平均条件下表征表层水透明度或浑浊度的一种方法。结果显示，相对于本底，透明度下降，尤其是在叶状之间，这是由浮游植物的增加造成的。

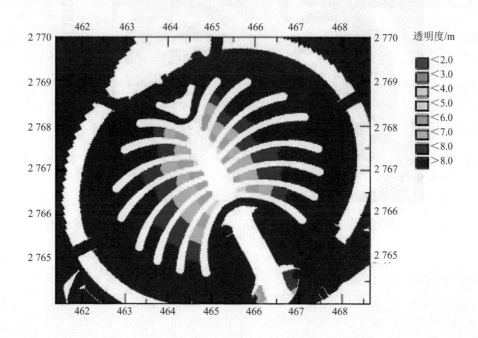

图 6-33　平均透明度

6.2.5.6　案例小结

阿里山港口主要的营养物来源（氮和磷）是过量肥料从未围垦地区渗流到地下水，最后进入海岸水域。基于得到的灌溉数据，数学模型预测，在叶状泄湖由于肥料导致的总氮浓度低于设置的临界值 0.15 mg/L，叶状泄湖暴发赤潮的可能性很小。在叶状泄湖 AB、OP、EF 和 KL 处总氮浓度最大。

大多数叶状泄湖中总磷浓度超过了临界值 0.015 mg/L，但是没有超过 0.03 mg/L。在早期的水质评价中，最靠近脊柱状的叶状港湾浅水处是最易受营养物影响的区域。这表明水质问题仅会在局部区域发生，但并不严重，这些水质问题也包括由水藻或浮游植物引起的浑浊问题。

6.2.6　小结

Delft3D 是荷兰三角洲研究院历时 30 多年开发完善的一套功能强大的软件包，主要应用于自由表面地表水、沙、地貌及环境、生态模拟和预测，可用来模拟二维（水平面或竖直面）和三维的水流、波浪、水质、生态、泥沙输移及床底地貌，及各个过程之间的相互作用。

6.2.6.1 严格的测试

对于像 Delft3D 这样的综合性能的软件包，要特别强调模型的验证。即使系统的各个部分分别通过了全面测试之后，对整个体系的整体操作仍需进行进一步校准和验证。为此，Deltares 有一个测试部门，这个测试部门收集 Deltares 80 多年来在世界各地的实际工作案例，从中挑选出有代表性的数千个案例，对于每个版本的 Delft3D 源代码，专门反复运行和测试这些案例最常见情况的各种组合，如果发现缺陷，会及时修改并更新源代码。如果这个版本的 Delft3D 通过测试之后，再经过为期六个月的内部测试和应用，Deltares 才会向用户发布新版本。依靠这种严格的测试步骤，Deltares 能确保向用户提供极其稳定可靠及高效的产品。

6.2.6.2 Deltares 对用户的支持和服务

Delft3D 的用户支持和帮助可以随时为用户提供有关软件的咨询。大部分问题都可以直接由维护管理人员本人回复，或负责联系其他 Delft3D 工作组成员及时答复。所有当前或今后软件性能方面的咨询都记录在帮助请求系统（ARS）和功能跟踪系统（bug and function tracking system）里。这对于改进软件功能、修订用户手册和设计培训课程，是一项重要的措施。

Delft3D 软件每年会为有效维护期内的用户推送一次最新版本，在有效维护期内，用户可以无限次数要求 Deltares 提供即时最新的稳定版本。

6.2.6.3 最新开发动向

以下为 Delft3D 系统正在研发的动向。如需更多信息，请参考 Deltares 的开源代码网站 oss.deltares.nl。

集成性，Delft3D 可与 Telemac、POM、ROMS、EFDC 等系统无缝对接。WAQ 模块可以直接被 Telemac 调用，大大扩展了 Delft3D 和其他系统的使用范围。

近年来，Deltares 集中了大量研究在高性能计算及云计算技术上，提出了多个不同尺度的方案。例如：Domain decomposition 技术（单物理节点，多线程多 CPU），如图 6-34 所示；OpenMP 技术（单物理节点，多线程多 CPU）；跨多个机器的 MPI 技术（多物理节点，多线程多 CPU）。利用 500～1 000 个 CPU，计算效率线性增速至 500～1 000 倍，如图 6-35、图 6-36 所示。

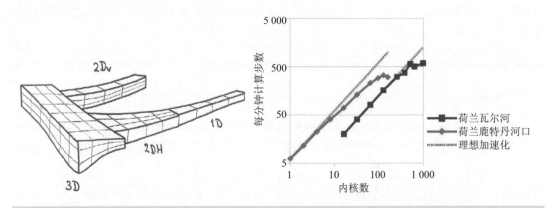

图 6-34　计算域分解并行技术　　　　图 6-35　MPI 并行 Delft3D 水动力模型

图 6-36　3Di 系统中解析的地表模型（可以使地表洪水演进计算效率提高至实时预报级别）

同时，Deltares 正在开发下一代基于非结构网格的计算核心，能在一个模型中解析一维、二维、三维空间（见图 6-37）。

对于越来越复杂的模型，其率定工作同样变得越来越复杂；同时随着技术的发展，模型工作者将有越来越多的测量数据可供使用。Deltares 的开源 OpenDA 系统提供了包含数据同化及自动率定技术，以帮助使用者开展模型率定工作。

图 6-37   印度尼西亚 Mahakam 河口（潮沟一维，海域二维，河口三维）

6.3   River2D 模型

6.3.1   模型简介

River2D 模型是加拿大 Alberta 大学研制开发的水力和鱼类栖息地模拟的应用软件模型，其水力模式基于深度平均的质量守恒方程和 x、y 方向的动量方程组成的二维方程组。

River2D 相对于传统一维模型，能得到平面二维空间上的水深、流速分布，对水体流场的模拟更为详细和准确，同时 River2D 具有完善的生物栖息地适应性分析模块，在水力计算成果的基础上，可以方便地进行生物有效栖息地统计分析。

River2D 模型软件可以从加拿大 Alberta 大学（University of Alberta）River 2D 网站上下载获得（http://www.river2d.ualberta.ca/download.htm）。

6.3.2   模型架构

River2D 软件包由 R2D_Bed、R2D_Mesh、R2D_Ice 和 River2D 四个软件模块构成。每个软件模块的功能如下：

（1）R2D_Bed：主要功能是编辑河床地形文件。它用来编辑河床地形点的 x、y 坐标，高程和河床粗糙度或河道指数；定义和编辑计算边界；输出文件后缀名为（*.bed）的河床地形文件。

（2）R2D_Mesh：主要功能是为二维深度平均有限元水动力学模型（River2D）提供有

259

限元网格。它用来读取河床地形文件；定义入流和出流边界；在边界线上和计算区域内生成单元节点，最后生成三角形有限元网格；它可以输出有限元网格文件（*.msh）或直接生成水动力学计算的输入文件（*.cdg）。

（3）R2D_Ice：主要功能是编辑和定义冰凌覆盖层的信息文件。River2D 可以由其提供的信息来计算冰凌覆盖层对水深、流速的影响。

（4）River2D：是整个软件包的核心部分，主要功能是进行水动力学计算、生境栖息地分析、结果显示和输出。它可以根据以上几个模块生成的文件来模拟稳态和瞬时状态下的流速、水深分布；计算鱼类栖息地的加权可利用面积（Weighted Usable Area，WUA）；可以输出任意点的流速、水深、地形高程、河道指数、WUA 等的数据文件；生成各参数的彩色等值线图等各种计算图。

6.3.3 模型前处理及数据要求

6.3.3.1 河床地形文件建立

River2D 利用测量的河道地形散点 x、y 坐标和高程数据等来建立地形文件，地形文件以“.bed”为文件后缀。River2D 利用 R2D_Bed 软件模块来建立计算模型的地形文件，基本步骤如下。

（1）将测量的河道地形文件按格式整理成文本文件

河道地形需要水下地形及相邻的岸上地形数据。文本文件中地形散点的信息数据格式见图 6-38。文件第 1 列为点的编号；第 2、第 3、第 4 列为点相应的 x、y 坐标和高程；第 5 列为反映点所在处河道粗糙系数的河床有效粗糙高度 k_s，k_s 可以先根据河道的糙率及平均水深情况预赋一个值，后面通过水面校验再进行调整；第 6 列为点的标记文字，也可以没有内容。地形离散点数据要以带有“.”的文字表示地形散点数据结束，如在最后加上这样一句“No more nodes.”，表示散点数据信息结束。

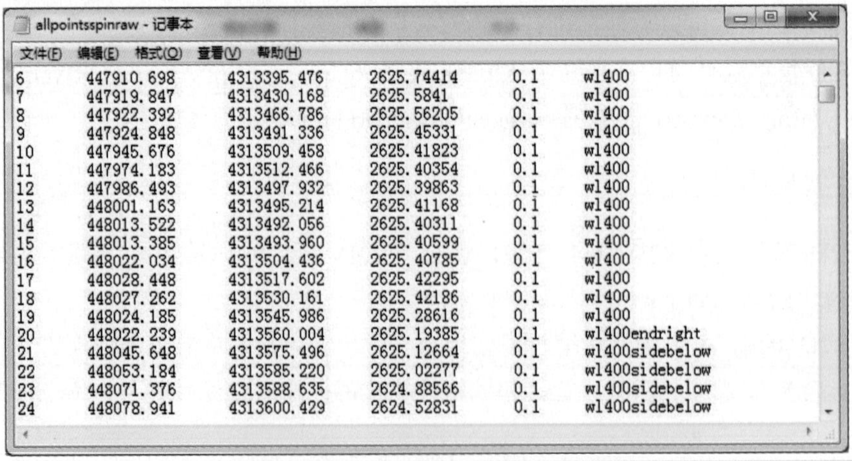

6	447910.698	4313395.476	2625.74414	0.1	wl400
7	447919.847	4313430.168	2625.5841	0.1	wl400
8	447922.392	4313466.786	2625.56205	0.1	wl400
9	447924.848	4313491.336	2625.45331	0.1	wl400
10	447945.676	4313509.458	2625.41823	0.1	wl400
11	447974.183	4313512.466	2625.40354	0.1	wl400
12	447986.493	4313497.932	2625.39863	0.1	wl400
13	448001.163	4313495.214	2625.41168	0.1	wl400
14	448013.522	4313492.056	2625.40311	0.1	wl400
15	448013.385	4313493.960	2625.40599	0.1	wl400
16	448022.034	4313504.436	2625.40785	0.1	wl400
17	448028.448	4313517.602	2625.42295	0.1	wl400
18	448027.262	4313530.161	2625.42186	0.1	wl400
19	448024.185	4313545.986	2625.28616	0.1	wl400
20	448022.239	4313560.004	2625.19385	0.1	wl400endright
21	448045.648	4313575.496	2625.12664	0.1	wl400sidebelow
22	448053.184	4313585.220	2625.02277	0.1	wl400sidebelow
23	448071.376	4313588.635	2624.88566	0.1	wl400sidebelow
24	448078.941	4313600.429	2624.52831	0.1	wl400sidebelow

图 6-38 河道地形离散点数据输入文件格式

River2D 中使用河床有效粗糙高度 k_s 来代替一维河道计算中使用的河道糙率 n。在水深 H 下，糙率 n 与 k_s 的关系为：

$$k_s = \frac{12H}{\mathrm{e}^m}, \quad m = \frac{H^{1/6}}{2.5n\sqrt{g}} \tag{6-1}$$

式中，g 为重力加速度。

（2）将河道地形文件导入 R2D_Bed

运行 R2D_Bed 程序，通过 Flie-> Import 命令可以将文本文件中的数据信息导入。数据导入后，在窗口内可看到导入的各高程点，如图 6-39 所示。

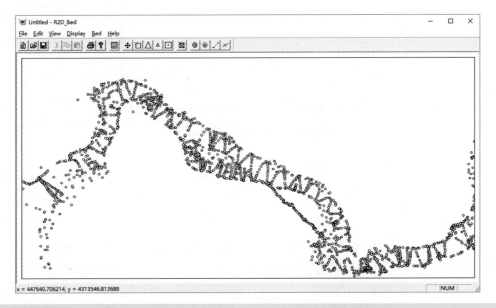

图 6-39　River_Bed 程序模块显示导入的河道地形散点

（3）建立地形隔断线

河床地形隔断线（Breakline）主要用于定义河道地形高程不连续变化的地方，如河岸岸顶线、河岸的底脚线等，以使节点地形高程插值时，能正确地反映地形变化。Bed -> Define New Breakline 命令可以用来定义地形隔断线。

（4）定义边界线

River2D 的计算边界由入流边界、出流边界和无横向流动边界组成（见图 6-40）。

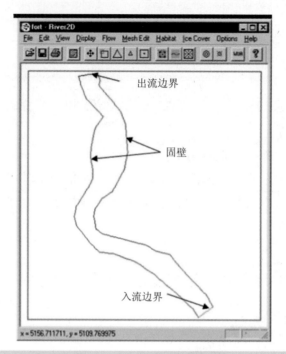

图 6-40　River2D 边界类型

River2D 程序只对计算边界构成的封闭区域进行计算，因此无横向流动边界线要画在计算工况可能出现的最高水位以上的区域。利用 R2D_Bed 软件 Bed -> Define Exterior Boundary Loop（ccw）命令定义计算区域的边界，即外部边界。点选河道计算边界上的点进行外部边界的定义，按逆时针方向选点，并形成闭合，即可生成外部边界线。入流边界和出流边界需在 R2D_Mesh 软件模块下定义。

对于河道中岛屿地面高程较高的不过水区域或桥墩等，可使用 Bed -> Define Interior Boundary Loop（cw）命令沿顺时针方向定义内部边界线，内部边界也属于不过水边界。

（5）保存地形文件

保存文件，文件将以*.bed 格式保存。

6.3.3.2　网格划分

River2D 采用三角形网格单元，利用 R2D_Mesh 软件模块生成计算网格，基本流程如下：

（1）定义入流边界和出流边界

运行 R2D_Mesh 软件模块，打开地形文件（*.bed），利用边界（Boundary）菜单下的定义入流（Set Inflow）和定义出流（Set Outflow）命令定义入流边界和出流边界，点选相应位置处的边界线即可进行定义。如果入流边界或出流边界由多段边界线段组成，可采用框选的方式来定义，即使用命令 Boundary->Set Inflow by Area 或命令 Boundary->Set

Outflow by Area。入流边界需要给定的参数为入流流量，单位为 m³/s，定义完成后入流边界会变为绿色。出流边界通常需要给定的参数为水位高程，单位为 m，一般可根据水文观测数据内插得到或根据河道一维水面线计算结果确定，定义完成后出流边界会变为蓝色。

（2）生成单元节点

划分单元网格，需要先生成单元节点。第一步，先生成边界线上的单元节点。在 Mesh 软件下，使用 Generate-> Boundary Nodes 命令，给出边界线上节点的间距，即可自动形成边界节点。软件默认的节点间距是 1 000 m，长度低于 1 000 m 的边界，自动会在转折点上设置节点。边界上节点的间距可根据拟采用的网格尺寸大小，自行设定。

第二步，生成计算区域内的单元节点。采用均匀填充（Generate-> Uniform Fill）的命令，可以均匀地在计算区域生成网格节点，此时须给出节点间距和节点排布走向。节点间距的大小决定着网格的密度，应在过水断面上保证有 8～10 个的网格单元。

（3）生成网格单元

边界节点和计算区域内节点生产完毕，即可进行网格划分。利用 Generate->Triangulate 命令或工具栏上的 Triangulate 按钮进行网格划分。网格划分结束后，窗口下方的状态条上，可以看到节点数和网格质量指数 QI。QI 在 0～1.0，0 表示网格质量最低，1 表示网格质量最高。利用 Generate->Smooth 命令或工具栏上的 Smooth 按钮对网格进行平滑优化，可以提升网格质量指数，通常 QI 值在 0.15～0.5 时认为是可以接受的。

（4）局部网格加密

对于断面不宽的分汊河道旁流，可以通过加密的方式细化单元划分，来保证水力模拟计算精度。对于入流边界和出流边界横向上应有 20 个以上的单元。这些区域可以通过局部加密网格的方式来处理，采用命令 Generate->Region Refine 来局部加密网格。

（5）文件保存

网格质量达到可以接受的程度后，可以将当前的网格划分保存成网格文件（*.msh），或者存为 River2D 水力计算模块的输入格式的文件（*.cdg），此时程序会要求输入上游断面的水面高程，这个高程只要是个合理的估计值就行。

6.3.3.3 水力计算

（1）River2D 的水动力计算模型方程组

River2D 水动力学计算采用的是深度平均的二维水动力学模型，其基本假定：沿水深方向，压力符合静水压力分布；水深方向上的水平流速为常数；忽略科氏应力和风应力。

River2D 的模型方程组为：

①连续性方程

$$\frac{\partial H}{\partial t} + \frac{\partial q_x}{\partial x} + \frac{\partial q_y}{\partial y} = 0 \tag{6-2}$$

②动量方程

X 方向动量方程：

$$\frac{\partial q_x}{\partial t}+\frac{\partial}{\partial x}(Uq_x)+\frac{\partial}{\partial y}(Vq_x)+\frac{g}{2}\frac{\partial}{\partial x}H^2=gH(S_{0x}-S_{fx})+\frac{1}{\rho}\left[\frac{\partial}{\partial x}(H\tau_{xx})\right]+\frac{1}{\rho}\left[\frac{\partial}{\partial y}(H\tau_{xy})\right] \quad（6-3）$$

Y 方向动量方程：

$$\frac{\partial q_y}{\partial t}+\frac{\partial}{\partial x}(Uq_y)+\frac{\partial}{\partial y}(Vq_y)+\frac{g}{2}\frac{\partial}{\partial y}H^2=gH(S_{0y}-S_{fy})+\frac{1}{\rho}\left[\frac{\partial}{\partial x}(H\tau_{yx})\right]+\frac{1}{\rho}\left[\frac{\partial}{\partial y}(H\tau_{yy})\right] \quad（6-4）$$

式中，H 是水深；U、V 分别是在 x、y 方向水深的平均速度；g 是重力加速度；ρ 是水体密度；S_{0x}、S_{0y} 是河床在 x、y 方向的坡度；S_{fx}、S_{fy} 是相应的摩阻坡度；τ_{xx}、τ_{xy}、τ_{yx}、τ_{yy} 是水平方向湍流应力张量的分量；q_x、q_y 是 x、y 方向的单宽流量，按下式计算：

$$q_x =HU \qquad （6-5）$$

$$q_y =HV \qquad （6-6）$$

（2）水力计算过程

River2D 中由 River_2D 软件模块来进行水力计算。River2D 可以进行恒定流和非恒定流过程水力计算。进行生境栖息地面积分析时，常采用恒定流模型。使用 Flow->Run Steady 命令进行河道的恒定流水力计算，界面如图 6-41 所示。

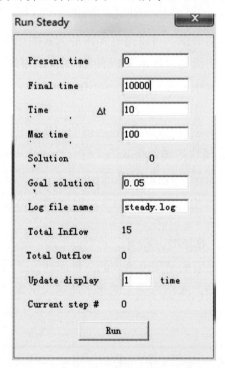

图 6-41　恒定流计算状态及计算参数窗口

恒定流求解实际是一个拟瞬态迭代求解逐渐收敛到恒定流状态的过程，时间步长（Time Δt）和结束时间（Final time）控制着迭代过程进展。求解开始计算时取一个较小的时间步长，这主要是由于给定的初始条件状态和求解目标的恒定流状态水力参数差距较大，随着计算过程的进展，时间步长会自动逐渐调大。Present time 默认为 0，Final time 表示计算结束时间，可根据计算任务的复杂程度进行定义，默认为 10 000。根据 River2D 手册提供的参考，计算达到恒定流状态的合理估计时间为流体流经整个河长时间的 2～3 倍。点击"Run"进行水力计算，在未达到计算的最终时间之前，随时可点击"Stop"暂停计算过程。

计算收敛的标准主要从以下几方面来判定：①总入流流量（Total Inflow）、总出流流量（Total Outflow）接近一致；②全局解（Solution）较小，通常可以参考小于 1×10^{-5}。计算收敛最基本的判据还是第一条。

6.3.3.4 物理栖息地分析

（1）物理栖息地模型

River2D 是面向河道内流量增加法（IFIM）来分析物种栖息地分布的。河道内流量增加法由美国鱼类和野生动物服务中心于 20 世纪 70 年代提出，该方法通过结合水力学模型和生物信息模型，建立不同流态和特征物种的有效栖息地之间的关系，来为径流调节提供依据。加权可利用栖息地面积（WUA）是 IFIM 方法中有关栖息地评价的核心内容，目标物种加权可利用适宜栖息地面积由下式表示：

$$\text{WUA} = \sum_{i=1}^{n} \text{CSI}_i \cdot A_i \qquad (6\text{-}7)$$

$$\text{CSI}_i = f(V_i, D_i, C_i) \qquad (6\text{-}8)$$

式中，A_i 为计算单元的面积；CSI_i 为计算单元的栖息地综合适宜度指数，CSI_i 由 V_i、D_i、C_i，即流速、水深、河道指数（包括底质和覆盖物状况）适宜度值组合而成，这三者是表征河流物理栖息地最具代表性的变量。

栖息地组合适宜度值确定有三种公式：

$$\text{CSF}_i = V_i \times D_i \times C_i \qquad (6\text{-}9)$$

$$\text{CSF}_i = (V_i \times D_i \times C_i)^{1/3} \qquad (6\text{-}10)$$

$$\text{CSF}_i = \text{MIN}(V_i \times D_i \times C_i) \qquad (6\text{-}11)$$

式（6-9）将影响因子的适宜度相乘，体现了影响因子综合作用结果；式（6-10）考虑当某一影响因子较为不利时，组成栖息地影响因子之间的补偿影响；式（6-11）将最不适于鱼种生存的影响因子适宜度值作为组合适宜度。

（2）物理栖息地分析流程

河道水力计算收敛后，即可进行目标物种物理栖息地的分析。在进行栖息地的分析之前，需要加载反映河道底质或覆盖物状况的河道指数文件（*.chi）和目标物种某生命期的生境参数喜好度文件（*.prf）。

河道指数文件与河道地形文件（*.bed）格式相同，通常也利用河道地形文件（*.bed）来编制河道底质文件（*.chi）。河道指数文件（*.chi）格式如图 6-42 所示。

1	447868.342000	4313375.529000	2625.730790	8.000000	w1400
2	447898.158000	4313387.964000	2625.726570	8.000000	w1400
3	447913.127000	4313379.212000	2625.703120	8.000000	w1400
4	447910.698000	4313395.476000	2625.744140	8.000000	w1400
5	447919.847000	4313430.168000	2625.584100	8.000000	w1400
6	447922.392000	4313466.786000	2625.562050	8.000000	w1400
7	447924.848000	4313491.336000	2625.453310	8.000000	w1400
8	447945.676000	4313509.458000	2625.418230	8.000000	w1400
9	447974.183000	4313512.466000	2625.403540	8.000000	w1400
10	447986.493000	4313497.932000	2625.398630	8.000000	w1400
11	448001.163000	4313495.214000	2625.411680	8.000000	w1400
12	448013.522000	4313492.056000	2625.403110	8.000000	w1400
13	448013.385000	4313493.960000	2625.405990	8.000000	w1400
14	448022.034000	4313504.436000	2625.407850	8.000000	w1400

图 6-42　河道指数文件（*.chi）示例

第一列为点序号；第 2、第 3、第 4 列分别为 *x*、*y* 坐标及高程，第 5 列为河道底质或覆盖物状况类型编号，最后一列为点的注释标记文字。河道底质类型可以自己建立系列，如后面所附的案例中，按底质粒径的大小，分别编为：1 代表淤泥（Silt），2 代表细砂（Sand），3 代表小沙砾（Small Gr.），4 代表砾石（Lg. Gravel），5 代表卵石（Cobble），6 代表二类卵石（Cobble 2），7 代表块石（Boulder），8 代表二类块石（Boulder 2），9 代表河床岩石（Bed Rock），10 代表植被河岸（Vegitated overbank）。河道指数文件上的点是分散的，计算单元的河道指数值会通过插值得到。

目标物种的生境喜好度文件（*.prf）的文件格式如图 6-43 所示。

```
Habitat Suitability Criteria - River2D Workshop
Kananaskis / Synthesized by Waddle 2002
Brown   Trout   -       Spawning

Velocity
(
        1       0       0.1
        2       0.048768        0.17
        3       0.149352        0.5
        4       0.249936        1
        5       0.649224        1
        6       0.771144        0.36
        7       1.24968 0
        8       100     0
)
Depth
(
        1       0       0
        2       0.0762  0
        3       0.1524  1
        4       0.39624 1
        5       0.6096  0.5
        6       1.2192  0.05
        7       1.8288  0
        8       100     0
)
Channel Index   SUBSTRATE
(
        1       1       0.0
        2       1.5     0.0
        3       2       0.0
        4       2.5     0.0
        5       3       0.4
        6       3.5     0.7
        7       4       0.85
        8       4.5     1
        9       5       0.7
        10      5.5     0.1
        11      6       0
        12      100     0
)
```

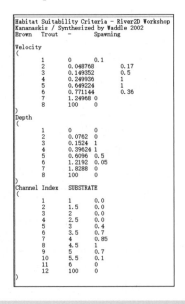

图 6-43　目标物种的生境喜好度文件（*.prf）示例

前面三行文字为注释部分，说明该生境喜好度是针对褐鳟鱼产卵期建立的。喜好度分为流速喜好度、水深喜好度和河道指数喜好度三个部分，每部分用小括号分段，第一列为序号，第二列为参数值，第三列为喜好度。

加载了河道指数文件（*.chi）和生境参数喜好度文件（*.prf）后，即可进行 WUA 计算，命令 Habitat->Weighted Usable Area，可得到目标物种的加权可利用栖息地面积。

6.3.4　计算选项设置

在 River2D 环境下，用户可以对一些参数选项进行设置，包括：流动计算选项、网格编辑修改选项、生境分析计算选型等。下面介绍生境分析计算选型设置。

生境分析计算选型设置命令：Options –> Habitat Options。生境分析计算选型设置窗口如图 6-44 所示。

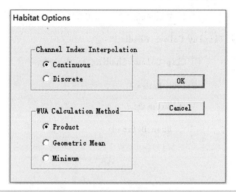

图 6-44　生境分析计算选型设置窗口

第一部分 Channel Index Interpolation 是关于河道指数插值方法的选项，在对单元的河道指数插值时，Continuous 选项表示按河道指数是连续的量进行插值，Discrete 选项表示按河道指数为间断的量进行插值。第二部分 WUA Calculation Method 是关于加权可利用栖息地面积计算方法的选项，Product 选项表示综合适宜度采用各影响因子适宜度的乘积得到，即 $CSF_i = V_i \times D_i \times C_i$；Geometric Mean 选项表示综合适宜度采用各影响因子适宜度的几何平均值，即 $CSF_i = (V_i \times D_i \times C_i)^{1/3}$；Minimum 选项表示采用综合适宜度采用各影响因子中的最低的适宜度，即 $CSF_i = \min(V_i \times D_i \times C_i)$。

6.3.5　模型输出及后处理

River2D 计算程序是单窗口程序，各类显示均在当前窗口下进行。River2D 计算程序具有多种显示选项，如显示网格、显示节点编号、显示水边线、显示等值线、显示流场速度矢量等。以下就等值线结果显示和流场速度矢量图显示做一介绍。

6.3.5.1 等值线结果显示

River2D 程序下 Display->Contour/Color 命令用来显示各种变量的等值线图或彩色填充图，命令弹出的窗口如图 6-45 所示。例如，显示项目选择河床高程变量，等高线间距为 0.5 m，显示某案例的河床高程等值线彩色填充图如图 6-46 所示。图 6-46 中的图例可以通过 Display->Annotation Options 命令，勾选相应选项来显示。

图 6-45　Contour/Color 命令弹出的窗口

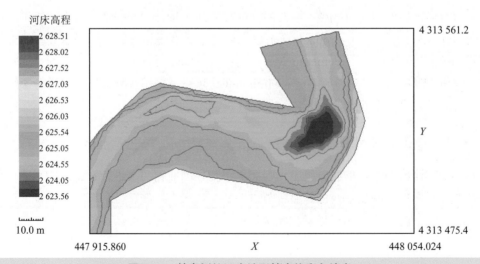

图 6-46　某案例的河床地形等高线彩色填充

6.3.5.2　矢量图显示

River2D 程序下 Display->Vector 命令用来显示流速的矢量图，可以设置矢量线的位置（节点或单元上）、矢量线的大小、显示矢量线网格的间隔以及显示区域的最小水深（见图 6-47）。某河段的流速矢量图如图 6-48 所示。

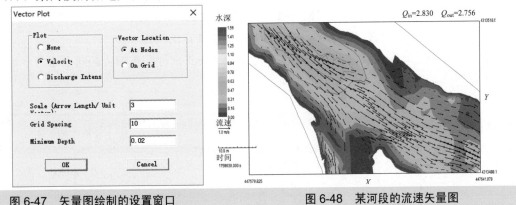

图 6-47　矢量图绘制的设置窗口	图 6-48　某河段的流速矢量图

6.3.5.3　数据输出

River2D 可以将模型计算结果以一定的格式输出，保存为*.csv 文件格式，用户可以利用工作表 Excel 软件或地理信息系统软件进一步处理和展示。River2D 数据输出一次只能输出一种参数，要输出某种参数时，需用等值线显示选项先将该参数显示出来。

River2D 提供了四种方式将结果输出到 csv 文件。

（1）批量导出节点数据到 csv 文件

命令：Display ->　Dump nodal csv file

该命令可以将计算区域内所有节点的参数批量导出到 csv 文件。

（2）批量导出网格点数据到 csv 文件

命令：Display ->　Dump grid csv file

该命令可以将一个矩形区域内按给定的网格尺寸批量导出所有网格点的参数到 csv 文件，该命令执行时，需提供矩形区域的两个对角点的坐标和点间距（见图 6-49）。

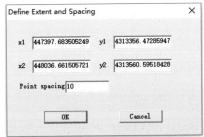

图 6-49　批量导出网格点数据到 csv 文件命令窗口

（3）提取特定点的数据到 csv 文件

命令：Display -> Extract points to csv file

该命令执行时，需要提供拟提取点的 x、y 坐标文件，文件需是 csv 文件格式。

（4）提取特定断面的数据到 csv 文件

命令：Display -> Extract section to csv file

该命令可以将一个由两点定义的断面上间隔一定的距离批量提取点的参数到 csv 文件，该命令执行时，需提供断面两个端点的坐标和取样点的间距。

某工程采用提取断面数据到 csv 文件，然后用 Excel 软件制作形成的断面水力参数及生境适宜度分布（见图 6-50）。

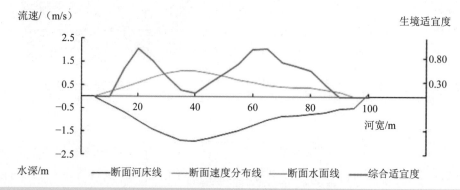

图 6-50　断面水力参数及生境适宜度分布

6.3.6　某河段鱼类生境栖息地分析案例

6.3.6.1　项目背景与研究目标

以 River 2D 网站提供的 Exercise 基础资料为例说明建模及应用过程。该案例河段长约 900 m，河段中分布有三个小岛，河道宽度 20～40 m，河流平均坡降约为 0.23%，河道较为曲折。

研究目标为通过对河道流场进行二维水力模拟，结合鱼类的生境要求，分析目标鱼类的生境栖息地随河道流量变化的情况，本例主要研究褐鳟（Brown Trout）产卵期的加权栖息地面积。

6.3.6.2　模型构建

计算采用的软件包：

河床地形处理采用 R2D_Bed（1.24 版）；网格划分采用 R2D_Mesh（2.02 版）；水力计算和栖息地分析采用 River2D（0.90 版）。

（1）利用 R2D_Bed 软件模块进行的工作

①河床地形数据的导入

将河道地形数据录入文本文件内，基础数据包括测量得到的河岸及河床地形点的坐标、高程，粗糙度各点均先采用 0.10。

利用 R2D_Bed 软件 File->Import 命令将河道地形数据的文本导入，导入后河段地形的数据点如图 6-51 所示，共有 4 735 个离散点。

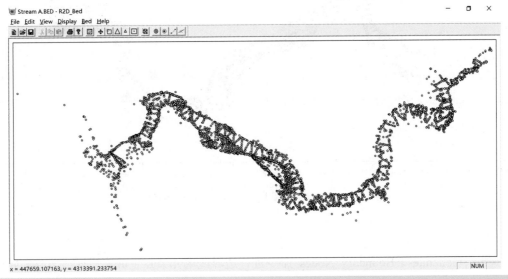

图 6-51 模拟河段地形测量点

②河道地形隔断线（Breakline）处理

利用 R2D_Bed 软件 Bed->Define New Breakline 命令可以定义地形隔断线，主要根据河道地形特征，将地形高程变化的转折点连接起来，根据需要可以设置多处隔断线。

③河道计算边界的划定

利用 R2D_Bed 软件 Bed->Define Exterior Boundary Loop（ccw）命令定义计算区域的边界。逆时针方向点选河道外侧的点进行计算边界的定义，应使计算区域的范围高于可能出现的最高水位以上，图 6-52 所示红色虚线即为定义完成的计算边界。本案例无内部不过流区域，不需进行内部边界定义。边界定义结束后将文件保存为*.bed 格式。

（2）利用 R2D_Mesh 软件模块进行的工作

①定义入流边界及出流边界

打开 R2D_Mesh，打开刚刚保存的*.bed 文件。

首先定义入流边界以及入流流量。利用 Boundary->Set Inflow 命令，点选入流边界，本案例中河道西端边界为入流边界。先分析流量为 11.3 m^3/s 的情况，入流流量输入 11.3，单位是 m^3/s，输入完成后入流边界会变为绿色。然后定义出流边界，出流边界条件为断面水位高程,根据在出口断面附近以前观测得到的水位流量数据,插值得出在流量为 11.3 m^3/s 时,水位高程为 2 625.18 m。

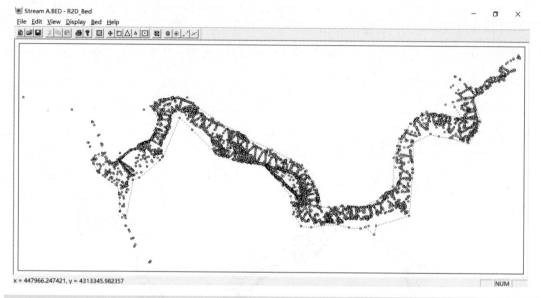

图 6-52　模拟河段计算区域边界(图中红色虚线)

②网格划分

利用 Generate->Boundary Nodes 命令进行边界线单元节点生成,边界线节点间距取 20,单位为 m。利用 Generate->Uniform fill 命令生成计算区域中间的单元节点,节点间距取 2,单位 m,节点分布的角度采用默认值 0°,共生成了 9 549 个节点。

节点生成完毕,即可进行网格划分。利用 Generate->Triangulate 命令或工具栏上 Triangulate 按钮进行网格划分。网格划分后,窗口下部的菜单条上显示有节点数和网格质量指数 QI。另外,由于小岛的存在,河道局部区域被分成两个过水通道,有的过水通道断面较窄,为保证模拟的准确性,需对这类区域的网格进行加密(见图 6-53 和图 6-54),加密区域需要采用逆时针方向点选。Triangulate 命令直接划分出的网格质量指数往往较低,利用 Generate->Smooth 命令或工具栏中 Smooth 按钮对网格进行平滑优化,可以提升网格质量指数,通常 QI 值为 0.15~0.5 都是可以接受的。本案例网格平滑化后,网格指数 QI=0.33。

网格划分结束后,利用 File->Save as River2D Input File 命令存为 River2D 水动力计算输入文件,文件格式为*.cdg,入流断面初始水位估计为 2 627.20 m。

(3)利用 River2D 软件模块进行的工作

①模型水力计算

打开 River2D 软件模块(见图 6-55),载入刚刚保存的*.cdg 文件,进行恒定流水力计算,计算终止时间取 10 000 s。计算终止后,可以看到总入流量(Total Inflow)和总出流量(Total Outflow)基本平衡,全局解(Solution)较小,可以认为计算已收敛。

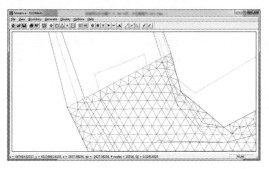 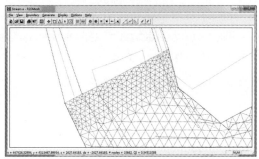

（1）均布网格   （2）网格加密后

图 6-53   入流和出流边界段网格加密对比

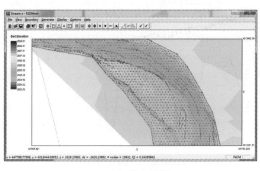 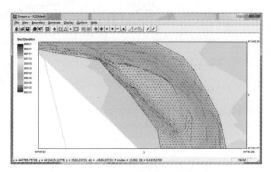

（1）均布网格   （2）网格加密后

图 6-54   旁流过水渠道网格加密对比

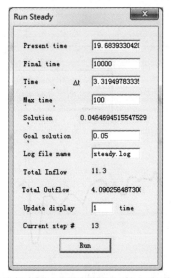 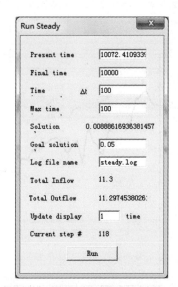

（1）t=20 s   （2）t=10 000 s

图 6-55   恒定流计算状态及计算参数窗口

②河床有效粗糙高度率定

提取河道两侧水边线点处的水面高程与实测高程对比，左、右岸水边线观测水位与计算水位对比见图 6-56 和图 6-57。可以看到部分河段计算水位明显高于实测水位，根据对左右岸 178 个水边点的计算水位与实测水位差值的统计分析，计算高程与实测水面高程的差值在−0.122～+0.146 m，平均差值为 0.027 m。

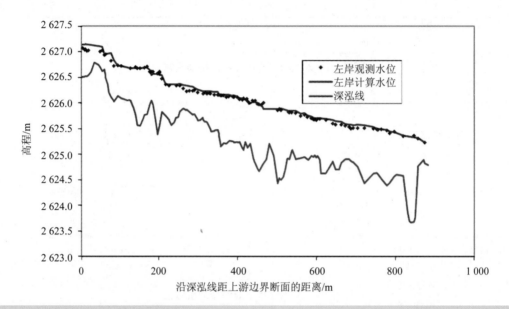

图 6-56　左岸水边线观测水位与计算水位对比（河床有效粗糙高度调整前）

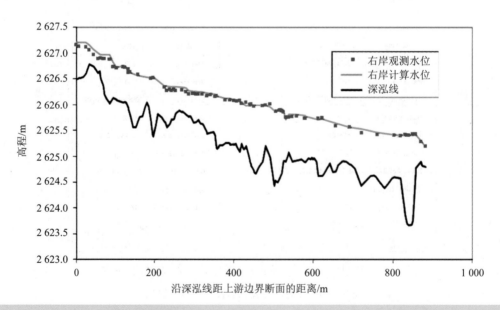

图 6-57　右岸水边线观测水位与计算水位对比（河床有效粗糙高度调整前）

　　根据计算水面线和实测水面线的差异，对河段的有效粗糙高度进行分段调整，调整后计算水面线和实测水面线的对比如图 6-58 和图 6-59 所示。对左右岸共 178 个水边点的实测水面高程和计算高程进行了对比，计算高程与实测水面高程的差值在−0.127～+0.121 m，平均差值为 0.006 m。河段的有效粗糙高度采用此调整值。

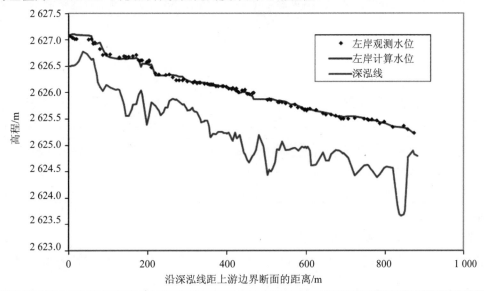

图 6-58　左岸水边线观测水位与计算水位对比（河床有效粗糙高度调整后）

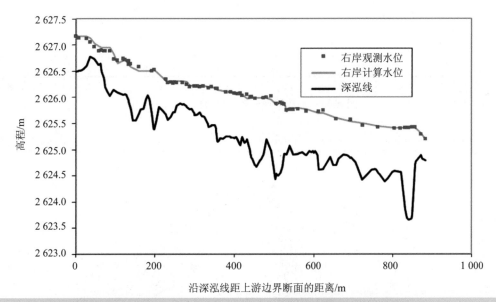

图 6-59　右岸水边线观测水位与计算水位对比（河床有效粗糙高度调整后）

　　在流量 11.3 m³/s 下，河段的水深、流速两个水力参数分布情况见图 6-60、图 6-61，局部弯道河段流场矢量图见图 6-62。

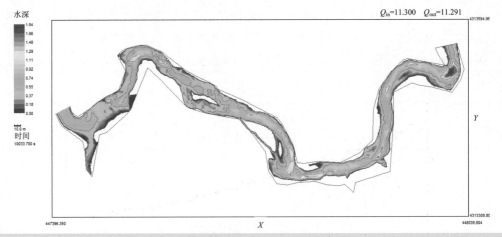

图 6-60　河段水深分布（Q=11.3 m³/s）

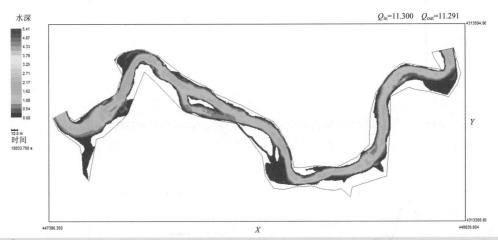

图 6-61　河段流速分布（Q=11.3 m³/s）

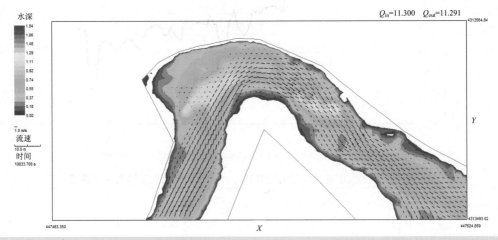

图 6-62　局部弯道河段流场矢量（Q=11.3 m³/s）

③河道鱼类生境分析

河道鱼类生境因素考虑水深、流速以及河道指数三个要素。

本案例研究的目标鱼类为褐鳟。褐鳟又名棕鲑，身体为褐色，并有黑色及红色的斑点。小河中，褐鳟的体重小于 454 g，在大面积的水域中则可超过 13.6 kg。一般来说，褐鳟栖息在寒冷的淡水中，尤其喜欢多山地区的溪流，最适水温 10~16℃，摄食浮游生物、小鱼等。根据提供的资料，褐鳟产卵期对水深、流速以及河道指数的喜好度如图 6-63 所示。

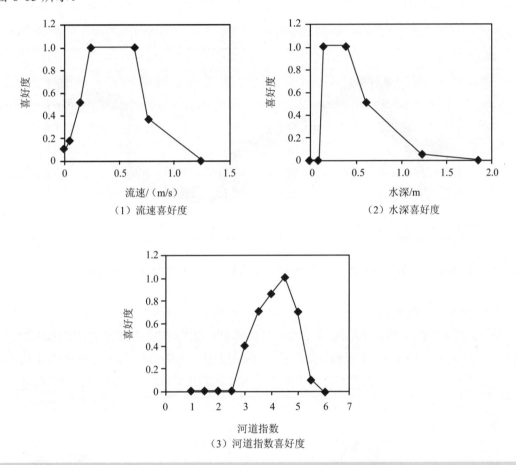

（1）流速喜好度

（2）水深喜好度

（3）河道指数喜好度

图 6-63 褐鳟产卵期对流速、水深、河道指数的喜好度

在进行鱼类加权可利用栖息地模拟之前，需要载入鱼类的生境喜好度文件（*.prf）和河道指数文件（*.chi）。文件载入完毕后，用 Habitat->Weighted Usable Area 命令进行模拟计算，WUA 计算结果如图 6-64 所示。使用 Display ->Contour/Colour 命令，可以查看 WUA 在河段上的分布情况（见图 6-65）。

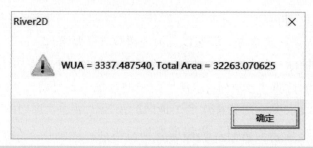

图 6-64   WUA 计算结果显示窗口

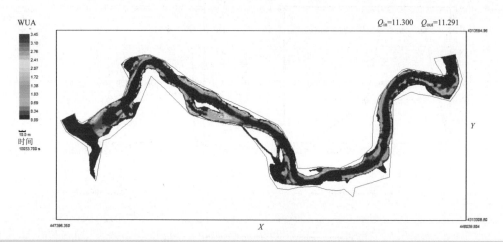

图 6-65   褐鳟产卵期加权可利用栖息地面积（WUA）的分布情况（Q=11.3 m³/s）

④其他流量工况计算

利用 Flow->Edit Flow Boundary 命令可以编辑和修改入流边界和出流边界的相关参数，进行其他流量工况的分析。本案例共分析了河道流量范围在 0.7～28.3 m³/s 的多种流量工况，流量为 0.7 m³/s 工况下的褐鳟产卵期加权可利用栖息地面积（WUA）的分布情况见图 6-66。

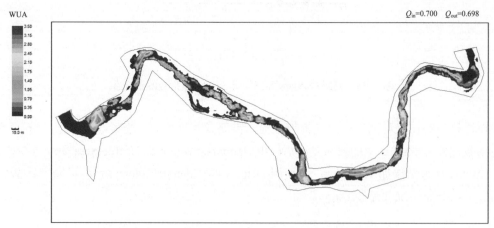

图 6-66   流量为 0.7 m³/s 工况下褐鳟产卵期加权可利用栖息地面积（WUA）的分布情况

6.3.6.3　生境模拟结果分析

根据对河道流量在 0.7～28.3 m³/s 的 11 种流量工况下褐鳟产卵期的 WUA 的模拟分析结果，绘制 WUA-Q 的关系曲线（见图 6-67）。可以看出，在流量 0.7～2.8 m³/s，WUA 随着流量的增加而增加，褐鳟产卵期的 WUA 在流量为 2.8 m³/s 时，取得最大值 5 063 m²；在流量 2.8～14.2 m³/s，WUA 随着流量的增加而减少；之后随着流量的增加，WUA 有缓慢增加的趋势，分析其原因，主要是在流量较高时，河中的小岛边缘区域被水淹没，从而形成具有一定生境适宜度的栖息地面积；流量大于 22.7 m³/s 以后，WUA 随着流量的增加又呈缓慢降低的趋势。

表 6-7　褐鳟产卵期的加权可利用栖息地面积（WUA）与流量的关系

序号	流量/（m³/s）	WUA/m²	水面面积/m²
1	0.7	2 299	12 363
2	1.1	2 856	13 605
3	1.4	3 070	14 444
4	2.2	4 969	16 175
5	2.8	5 063	16 969
6	5.7	4 261	19 447
7	8.5	3 659	20 916
8	11.3	3 224	22 308
9	14.2	2 993	24 095
10	22.7	3 602	28 571
11	28.3	3 410	29 488

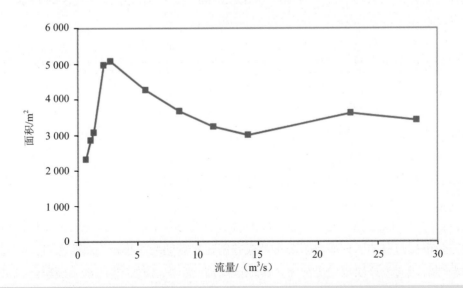

图 6-67　褐鳟产卵期的加权可利用栖息地面积（WUA）与流量的关系

6.3.6.4　案例小结

本案例展示了利用 River2D 进行河道水力计算建模和面向目标物种生命期的栖息地分析的全过程，计算结果可面向河道生态需水量分析或生态调度应用。根据测量的河道地形和水位数据可以方便地利用 River2D 进行二维深度平均水力计算建模。River2D 具有综合水深、流速、河道指数（底质和覆盖物情况）生境适宜度的生境分析模块，采用加权可利用面积（WUA）综合表征栖息地的状况。水力计算和生境分析结果可以直观方便地显示，还可以将地形等基础数据资料及计算结果数据导出到 csv 文件，利用其他软件进一步处理。

6.3.7　小结

River2D 采用深度平均的二维水力计算方程进行水力计算，可以快速高效地模拟河流的流场分布。River2D 带有符合 IFIM 方式的生境栖息地分析模块，可以方便地对河流生境栖息地进行模拟分析计算。River2D 在河道生态修复、鱼类栖息地评价、鱼道设计、生态需水分析等方面，都具有很高的应用价值。

6.4　MIKE 模型

6.4.1　模型简介

MIKE 系列软件以模拟水体对象进行分类，分为内陆水软件、河口海岸软件以及城市水软件。也就是说，MIKE 软件产品适用于所有与水相关的领域，从河流到海洋，从饮用水供水到污水排放等均可以用 MIKE 系列模型软件中的相关模块进行模拟。在地表水水环境影响评价中常用的软件模块包括 MIKE 11、MIKE 21 和 MIKE 3，分别用于一维、二维和三维各种情况下的水动力学、水环境的数值模拟。

MIKE 11 系列软件是模拟河流、水库的水力水环境的动态一维模型软件，能为河流水动力和环境模拟提供功能强大的和全面的数值模拟，经过世界各国众多的应用验证并已成为多个国家的标准工具。MIKE 21 和 MIKE 3 系列软件是动态二维和三维模型软件，已成为用于湖泊水库和近海水动力、水环境、波浪和泥沙输运的高级模拟的行业标准。

MIKE 系列软件中不同维度的模型软件有着通用的水环境模拟模块 ECO Lab。ECO Lab 是一个完备的、用于生态模拟的数值实验室，它提供了从简单到复杂的解决方案。而且，ECO Lab 提供了一系列的预定义模板，覆盖了不同水体中的日常水质、溢油、富营养化、重金属、外来化合物和高级生物等不同的模拟对象，用户可根据自己的具体应用选择使用模板。同时，ECO Lab 还是一个开放的模拟编辑平台，客户可以在预定义模板的基础上或者完全根据自己的研究成果来编写公式并创建自己的应用模板，从而为科学研究节省了大量编程的时间。该模块用于河流、湿地、湖泊、水库、海洋等的水质模拟，预报生态系统的响应、简单到复杂的水质研究工作、水环境影响评价及水环境修复研究、水环境规划和许可研究、水质预报。

MIKE 系列模型软件有以下几个特点。

①经过验证：世界上有着成千上万的成功应用。已成为许多国家的标准，并且经过政府组织和机构的验证。

②扩充性：多种模块选择，可用于各种类型的水体模拟。

③有效性：大多数计算模块包括一些用于自动率定、灵敏度分析和不确定性分析。

④多种价位：各种模块设计可满足不同用户的应用需求。

⑤界面友好：结构、流程合理，易于学习、使用及结果演示。

⑥结果呈现：提供有效演示工具及多种结果呈现形式，易于生成简单易懂的结果呈现形式。

⑦MIKE 系列软件都附带强大的数据前处理和结果后处理工具，能够满足大多数种类的数据格式转换。

随着计算机硬件和软件技术的飞速发展，MIKE 系列软件不断地开发新的计算引擎，不但能够满足操作系统软件的版本更新要求，还能够提供多核并行计算和 GPU 计算，大大提高计算的效率，缩短计算时间。

6.4.2　模型架构

6.4.2.1　MIKE 11 系列模型

MIKE 11 系列软件中与地表水水环境影响评价相关的模块包括：MIKE 11 HD 水动力模块、MIKE 11 SO 水工构筑物操作模拟模块、MIKE 11 ST 非黏性泥沙输运模块、MIKE 11 AD 对流扩散模块和 ECO Lab 水质模块。

（1）HD 水动力模块

➢　求解明渠流完全非线性 St.Venant 方程

➢　包括扩散波和动力波简化方程

➢　包含一个准稳态程序用于长期模拟的快速计算

➢　包含 Muskingum 和 Muskingum-Cunge 方法用于简化的河道演算

➢　自动匹配次临界流和超临界流计算

（2）SO 结构物操作模块

根据用户定义的操作规则来模拟水工结构物的运行，包括闸、堰、箱涵、桥梁、抽水泵、水库和自定义建筑物等水工结构物。

（3）ST 非黏性泥沙输运模块

➢　包括 Engelund-Hansen、Ackers-White、Engelund-Fredse、Van Rijn 和其他模型

➢　将床阻力和断面改变反馈给水动力模拟

➢　输出传输率、床面高度变化、阻力值和沙丘尺寸

➢ 计算分级泥沙输运分布和颗粒尺寸分布

（4）AD 对流扩散模块

➢ 求解溶解物或悬浮物的一维对流扩散方程

➢ 能精确计算较大浓度梯度

➢ 模拟黏性泥沙的侵蚀和沉积（视其为源/汇项）

（5）MIKE 11 ECO Lab 水质模块

在 MIKE 11 中可以调用 ECO Lab 的一维河流水质、重金属、富营养化的预定义模板。

➢ 一维河流水质模板

— 有机物-溶解氧关系（模型复杂程度分七级）

— N 和 P 输运（硝化、反硝化、吸附）等

— 湿地中 N 和 P 的持留（植物吸收、反硝化、泥炭中积聚等）

— 大肠杆菌（粪及总大肠杆菌）

➢ 富营养化模板：

— 富营养化（12 个模型组分的营养盐循环）

— 浮游植物和生物动力学（叶绿素 a、碳、氮和磷）

— 着床植物和碎屑

— 氧平衡

➢ 重金属模板：

— 重金属追踪

— 水相浓度（溶解态和悬浮态）

— 沉积物中金属（空隙水浓度、沉积物吸收和富集）

— 生物体内累积

MIKE 11 HD（一维水动力模块）是其他 AD、ECO Lab 模块的计算基础，在此对 MIKE 11 HD 的模型结构以及基本理论进行简单的阐述。

MIKE 11 HD 建模需要 6 个文件，以及一个计算获得的结果文件，具体明细见表 6-8，模型结构见图 6-68。

表 6-8　水动力模型文件说明

文件名称	文件后缀名	存储数据	备注
河网文件	.nwk11	河道数据	河道名称、长度，建筑物所在位置及调度规则等
断面文件	.xns11	断面数据	断面所在位置、断面形状等
边界文件	.bnd11	边界数据	边界数据的类型等
参数文件	.hd11	模拟参数	模型所需的一些基本参数，如糙率、初始条件等
模拟文件	.sim11		模拟起止时间、时间步长等
时间序列文件	.dfs0		存储与时间相关的数据，如流量、水位等
结果文件	.res11		用于查看计算结果以及后处理等

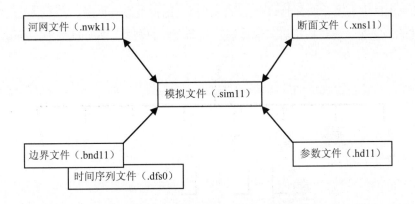

图 6-68　MIKE 11 水动力模型文件结构

图 6-68　MIKE 11 水动力模型文件结构

Mike11 水动力计算模型是基于垂向积分的物质和动量守恒方程，即一维非恒定流 Saint-Venant 方程组来模拟河流或河口的水流状态。

$$\frac{\partial A}{\partial t} + \frac{\partial Q}{\partial x} = q \tag{6-12}$$

$$\frac{\partial Q}{\partial t} + \frac{\partial \left(\alpha \dfrac{Q^2}{A} \right)}{\partial x} g + gA\frac{\partial h}{\partial x} + \frac{gn^2 Q|Q|}{AR^{4/3}} = 0 \tag{6-13}$$

式中，x、t 分别为计算点空间和时间的坐标；A 为过水断面面积；Q 为过流流量；h 为水位；q 为旁侧入流流量；C 为谢才系数；R 为水力半径；α 为动量校正系数；g 为重力加速度。

方程组利用 Abbott-Ionescu 六点隐式有限差分格式求解（见图 6-69）。该格式在每一个网格点不同时计算水位和流量，而是按顺序交替计算水位或流量，分别称为 h 点和 Q 点。Abbott-Ionescu 格式具有稳定性好、计算精度高的特点。离散后的线形方程组用追赶法求解。

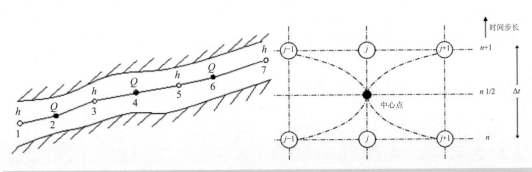

图 6-69　Abbott 格式水位点、流量点交替布置

MIKE 11 HD 中有多个文件且每个文件的图标又比较类似（见图 6-70），建议在系统设置中显示文件的后缀名，通过后缀名来快速识别各个文件的类型，如.nwk11 代表河网文件。

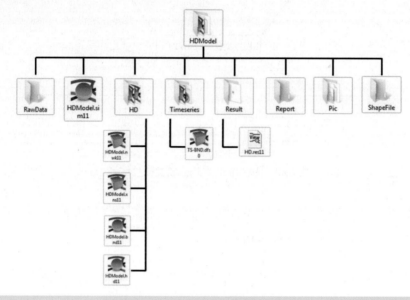

图 6-70　水动力模型文件存放示意

MIKE 11 对流扩散模块（AD）用于模拟可溶性物质和悬浮性物质在水体中的对流扩散过程，也可以设定一个恒定的衰减常数模拟非保守物质，因而可将 MIKE 11 AD 作为简单的水质模型进行使用。当然，真正的水质模型和生态模型是 ECO Lab。由于 AD 模块并不包含对大气复氧过程和热量辐射的描述，因此该模块一般无法获得合理的水体溶解氧和温度模拟结果。

MIKE 11 AD 采用的一维河流水质模型基本方程为：

$$\frac{\partial C}{\partial t} + u\frac{\partial C}{\partial x} = \frac{\partial}{\partial x}\left(E_x \frac{\partial C}{\partial x} \right) - KC \tag{6-14}$$

式中，C 为模拟物质的浓度；u 为河流平均流速；E_x 为对流扩散系数；K 为模拟物质的一级衰减系数；x 为空间坐标；t 为时间坐标。

MIKE 11 AD 是在 MIKE 11 HD 基础上建立的，需要定义 AD 参数文件和水质边界文件。

6.4.2.2　MIKE 21 系列模型

MIKE 21 系列软件包含了结构网格和非结构网格两种网格生成模式，本节以 MIKE 21 FM 非结构网格系列软件为例进行介绍。

MIKE 21 FM 作为一款可以解决带自由表面的二维水流流动问题的通用数值模型，是专门作为海洋、河口、海湾以及内陆的河流、湖泊等区域相关课题的模型研究工作而开发的，它包括水动力、波浪、泥沙和水质水生态等模块。

（1）HD 水动力模块

MIKE 21 FM 模型在笛卡尔坐标系或球面坐标系采用基于非结构网格的有限体积计算方法，该法具有计算速度快及复杂地形拟合较好等优点，并且能够保证物质通量守恒。MIKE 21 FM 水动力模块不仅可以计算各网格点不同时刻的水位及流速值，还可以通过求解温度的输运方程来得到各网格点不同时刻的温度值。

二维水动力模型的控制方程为二维浅水方程，包括连续性方程和动量方程。

$$\frac{\partial h}{\partial t} + \frac{\partial h\overline{u}}{\partial x} + \frac{\partial h\overline{v}}{\partial y} = hS \tag{6-15}$$

$$\begin{aligned}
\frac{\partial h\overline{u}}{\partial t} + \frac{\partial h\overline{u}^2}{\partial x} + \frac{\partial h\overline{vu}}{\partial y} &= f\overline{v}h - gh\frac{\partial \eta}{\partial x} - \frac{h}{\rho_0}\frac{\partial p_a}{\partial x} - \\
&\quad \frac{gh^2}{2\rho_0}\frac{\partial \rho}{\partial x} + \frac{\tau_{sx}}{\rho_0} - \frac{\tau_{bx}}{\rho_0} - \frac{1}{\rho}\left(\frac{\partial s_{xx}}{\partial x} + \frac{\partial s_{xy}}{\partial x}\right) \\
&\quad + \frac{\partial}{\partial x}\left(hT_{xx}\right) + \frac{\partial}{\partial x}\left(hT_{xy}\right) + hu_s S
\end{aligned} \tag{6-16}$$

$$\begin{aligned}
\frac{\partial h\overline{v}}{\partial t} + \frac{\partial h\overline{uv}}{\partial x} + \frac{\partial h\overline{v}^2}{\partial y} &= -f\overline{u}h - gh\frac{\partial \eta}{\partial y} - \frac{h}{\rho_0}\frac{\partial p_a}{\partial y} - \\
&\quad \frac{gh^2}{2\rho_0}\frac{\partial \rho}{\partial y} + \frac{\tau_{sy}}{\rho_0} - \frac{\tau_{by}}{\rho_0} - \frac{1}{\rho_0}\left(\frac{\partial s_{yx}}{\partial y} + \frac{\partial s_{yy}}{\partial x}\right) \\
&\quad + \frac{\partial}{\partial x}\left(hT_{xy}\right) + \frac{\partial}{\partial y}\left(hT_{yy}\right) + hv_s S
\end{aligned} \tag{6-17}$$

底部应力 $\overrightarrow{\tau_b} = (\tau_{bx}, \tau_{by})$ 遵循二次摩擦定律，见式（6-18）：

$$\frac{\overrightarrow{\tau_b}}{\rho_0} = c_f \overrightarrow{u_b} \left|\overrightarrow{u_b}\right| \tag{6-18}$$

式中，c_f 是阻力系数；$\overrightarrow{u_b} = (u_b, v_b)$ 是近底部的流速。底部应力的计算公式见式（6-19）：

$$U_{\tau b} = \sqrt{c_f \left|u_b\right|^2} \tag{6-19}$$

对于平面二维模型而言，$\overrightarrow{u_b}$ 是关于水深的平均速度，阻力系数 c_f 可以由谢才数 C 或者曼宁数 M 计算得到：

$$c_f = \frac{g}{c^2} \tag{6-20}$$

$$c_f = \frac{g}{\left(Mh^{1/6}\right)^2} \tag{6-21}$$

曼宁数可以由底床糙率长度得到：

$$M = \frac{25.4}{k_s^{1/6}} \tag{6-22}$$

对计算区域内滩地干湿过程，采用水位判别法处理，即当某点水深小于浅水深 ε_{dry}（如 0.005 m）时，令该处流速为零，滩地干出，当该处水深大于 ε_{flood}（如 0.1 m）时，参与连续性方程和动量方程计算。

（2）AD 对流扩散模块

MIKE 21 FM Transport 可以模拟水环境中溶解性或悬浮性物质在流体输送和扩散过程中的散布和最终归宿。其模拟对象可以是守恒或非守恒物质，无机或有机物质。非守恒物质可以通过衰减方式消失。颗粒物质对示踪剂的吸收可以作为非守恒物质线性衰减的粒子。

MIKE 21 FM AD 模块与水动力模块是动态连接的。模拟系统是基于 Boussinesq 和静压假定的二维不可压缩雷诺平均 Navier-Stokes 方程的数值算法。因此，模型包括了连续、动量、温度、盐度和密度方程。密度与气压无关，仅取决于温度和盐度。

MIKE 21 FM 传输模块的主要特点如下：

➤ 保守物质

➤ 线性衰减

➤ 源汇项（质量和动量）

传输模块可以用于水动力和相关现象的广泛领域。模型主要用于海岸、海运工程相关的流场和传输现象等一般问题的研究。在描述研究对象时可充分利用非结构网格的可适应性和连续性优点。

该模块的典型应用领域包括冲刷研究、示踪剂模拟和简单的水质研究。在点源污染研究中，通过选择合适的衰减系数传输模块可以实现对大肠杆菌传输扩散过程的保守近似。

对流扩散模型的控制方程如下：

$$\frac{\partial C}{\partial t} + u\frac{\partial C}{\partial x_i} + v\frac{\partial C}{\partial y_i} = D_x\frac{\partial^2 C}{\partial x^2} + D_y\frac{\partial^2 C}{\partial y^2} \tag{6-23}$$

式中，C 为浓度；D_x、D_y 分别为 x 和 y 方向上的扩散系数；$u\frac{\partial C}{\partial x_i} + v\frac{\partial C}{\partial y_i}$ 为对流项；

$D_x\frac{\partial^2 C}{\partial x^2} + D_y\frac{\partial^2 C}{\partial y^2}$ 为扩散项。

6.4.2.3 MIKE 3 系列模型

MIKE 31 系列软件同样包含了结构网格和非结构网格两种网格生成模式，本节以 MIKE 31 FM 非结构网格系列软件为例进行介绍。

MIKE 3 是三维自由水面流的专业工程软件包，可以用于模拟河流、湖泊、水库、河口和外海的水流、水质及泥沙传输问题等。MIKE 3 能够模拟垂向密度不同的非恒定流，同时考虑外部作用力（如气象、潮汐、流场）和其他水力条件的影响。MIKE 3 FM 模型建立在基于 Boussinesq 和流体静压假定的三维不可压雷诺平均 N-S 方程的解决方案的基础之上。其基本原理如下：

（1）HD 水动力模块

浅水控制方程如下：

局部连续方程：

$$\frac{\partial u}{\partial x}+\frac{\partial v}{\partial y}+\frac{\partial w}{\partial z}=S \tag{6-24}$$

x 方向和 y 方向上的水平动量方程分别为：

$$\frac{\partial u}{\partial t}+\frac{\partial u^2}{\partial x}+\frac{\partial vu}{\partial y}+\frac{\partial wu}{\partial z}=fv-g\frac{\partial \eta}{\partial x}-\frac{1}{\rho_0}\frac{\partial p_a}{\partial x}-\frac{g}{\rho_0}\int_z^\eta \frac{\partial \rho}{\partial x}dz-$$
$$\frac{1}{\rho_0 h}\left(\frac{\partial s_{xx}}{\partial x}+\frac{\partial s_{xy}}{\partial y}\right)+F_u+\frac{\partial}{\partial z}\left(v_t\frac{\partial u}{\partial z}\right)+u_s S \tag{6-25}$$

$$\frac{\partial v}{\partial t}+\frac{\partial v^2}{\partial y}+\frac{\partial uv}{\partial x}+\frac{\partial wv}{\partial z}=-fu-g\frac{\partial \eta}{\partial y}-\frac{1}{\rho_0}\frac{\partial p_a}{\partial y}-\frac{g}{\rho_0}\int_z^\eta \frac{\partial \rho}{\partial y}dz-$$
$$\frac{1}{\rho_0 h}\left(\frac{\partial s_{yx}}{\partial x}+\frac{\partial s_{yy}}{\partial y}\right)+F_v+\frac{\partial}{\partial z}\left(v_t\frac{\partial v}{\partial z}\right)+v_s S \tag{6-26}$$

式中，t 是时间；x、y 和 z 是笛卡尔坐标系；η 是水面高度；d 是静水深；$h=\eta+d$ 是总水深；u、v 和 w 是 x、y 和 z 方向上的速度分量；$f=2\Omega\sin\phi$ 是科里奥利参数（Ω 是旋转角速度，ϕ 是纬度）；g 是重力加速度；ρ 是水的密度；s_{xx}、s_{xy}、s_{yx} 和 s_{yy} 是辐射应力张量的分量；v_t 是垂向湍流黏度（或涡黏）；p_a 是大气压强；ρ_0 是水的参考密度。S 是点源的流量大小，u_s、v_s 是流入周围环境的水的速度大小。水平应力项用压力梯度相关来描述，简化为：

$$F_u=\frac{\partial}{\partial x}\left(2A\frac{\partial u}{\partial x}\right)+\frac{\partial}{\partial y}\left(A\left(\frac{\partial u}{\partial y}+\frac{\partial v}{\partial x}\right)\right) \tag{6-27}$$

$$F_v=\frac{\partial}{\partial x}\left(A\left(\frac{\partial u}{\partial y}+\frac{\partial v}{\partial x}\right)\right)+\frac{\partial}{\partial y}\left(2A\frac{\partial v}{\partial y}\right) \tag{6-28}$$

式中，A 是水平方向上的涡黏值。

关于 u、v 和 w 的表面及底部边界条件为：

在 $z=\eta$ 处：

$$\frac{\partial \eta}{\partial t}+u\frac{\partial \eta}{\partial x}+v\frac{\partial \eta}{\partial y}-w=0 \tag{6-29}$$

$$\left(\frac{\partial u}{\partial z}, \frac{\partial v}{\partial z}\right) = \frac{1}{\rho_0 v_t}(\tau_{sx}, \tau_{sy}) \tag{6-30}$$

在 $z = -d$ 处：

$$u\frac{\partial d}{\partial x} + v\frac{\partial d}{\partial y} + w = 0 \tag{6-31}$$

$$\left(\frac{\partial u}{\partial z}, \frac{\partial v}{\partial z}\right) = \frac{1}{\rho_0 v_t}(\tau_{bx}, \tau_{by}) \tag{6-32}$$

其中 (τ_{sx}, τ_{sy}) 和 (τ_{bx}, τ_{by}) 分别表示表面风应力和底部摩擦应力在 x 及 y 方向上的分量。

通过解动量方程和连续性方程得到速度场，然后结合运动边界条件可以得到总水深 h。通过对局部连续性方程在竖直方向上的积分可以得到如下方程：

$$\frac{\partial h}{\partial t} + \frac{\partial h\bar{u}}{\partial x} + \frac{\partial h\bar{v}}{\partial y} = hS + P - E \tag{6-33}$$

式中，P 和 E 分别是降水速度和蒸发速度；$\bar{u}$ 和 $\bar{v}$ 分别是不同水深上 x、y 方向的平均速度。

$$h\bar{u} = \int_{-d}^{\eta} u\,\mathrm{d}z \ , \quad h\bar{v} = \int_{-d}^{\eta} v\,\mathrm{d}z \tag{6-34}$$

这里，假定流体是不可压缩的。密度 ρ 的变化不取决于压强，而仅仅取决于温度 T 和盐度 s，相应的方程可表达为：

$$\rho = \rho(T, s) \tag{6-35}$$

（2）AD 对流扩散模块

在三维水动力模型的基础上，利用对流扩散模型计算物质组分排放后降解、扩散后的浓度场。对流扩散方程的形式如下：

$$\frac{\partial C}{\partial t} + \frac{\partial uC}{\partial x} + \frac{\partial vC}{\partial y} + \frac{\partial wC}{\partial z} = F_C + \frac{\partial}{\partial z}\left(D_v \frac{\partial C}{\partial z}\right) - k_p C + C_s S \tag{6-36}$$

$$F_C = \left[\frac{\partial}{\partial x}\left(D_h \frac{\partial}{\partial x}\right) + \frac{\partial}{\partial y}\left(D_h \frac{\partial}{\partial y}\right)\right]C \tag{6-37}$$

式中：C —— 组分浓度；

k_p —— 降解系数；

C_s —— 排放源浓度；

D_v —— 垂向扩散系数；

F_c —— 水平扩散系项；

D_h —— 水平扩散系数。

（3）ECO Lab 模块

ECO Lab 是由 DHI 开发的生态数值模拟软件。该软件具有开放性和通用性的特点，用户可以根据自己的需要定制一个水生生态系统模型，如水质、富营养化、重金属和生态模型等。ECO Lab 是 MIKE 系列模拟软件中的一个功能模块。该模块用于描述化学变量和生态系统状态变量之间的转化过程和相互作用，同时也可用于描述各状态变量的沉降、悬浮等物理过程。该模块需要与 MIKE 水动力模型中的对流扩散模块耦合运行，以便将对流扩散模传输机制整合到 ECO Lab 模拟之中。生态系统中的状态变量值随着不同的转化过程和相互作用而发生变化。ECO Lab 通常用一系列相互关联的常微分方程组来描述这些状态变量的变化率。ECO Lab 模块中所有有关状态变量、过程以及相互间作用等的信息都存储在 ECO Lab 通用模板中。

ECO Lab 中的计算是通过 ECO Lab COM 组件来完成的。该组件具有通用性，可以和多个不同的 MIKE 水力模型系统联用。ECO Lab COM 由一个编译器构成，在求解 ECO Lab 模板中的表达式时，编译器会将表达式转换成一系列指令。在模拟中，模型系统首先根据水动力学原理模拟对流状态变量的传输扩散，并在单位时间步长内进行积分。然后 ECO Lab COM 组件加载初始浓度或更新后的浓度、相关参数或常量以及作用力函数，求解各表达式的值，对每个时间步长进行积分，并将更新的浓度值返回水动力模型系统，继而开始下一个时间步长的计算。数据流程如图 6-71 所示。

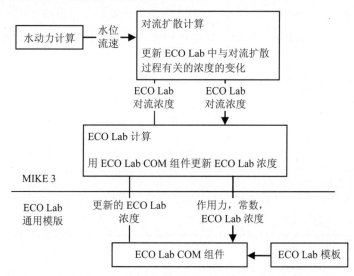

图 6-71 水动力和水质模型中的数据流程（以 MIKE 3 和 ECO Lab 为例）

一般情况下，每个状态变量均有对应的常微分方程。

常微分方程包括所涉及状态变量的所有过程。如果某一过程影响多个状态变量，或者状态变量之间互相影响，则需要对微分方程进行耦合求解。过程是对物质变化率的描述，由一系列包含数字、常数、作用力和状态变量等自变量的数学表达式组成。其中常数在时间上是不变的，而作用力可以随着时间变化。

$$P_c = \frac{\mathrm{d}c}{\mathrm{d}t} = \sum_{i=1}^{n} \mathrm{process}_i \qquad (6\text{-}38)$$

式中，c 是 ECO Lab 状态变量的浓度；n 是涉及具体状态变量的过程数。

P_c 变化率的单位有三种：g/（m²·d），mg/（L·d），用户自定义。

模板中，与时间有关的变量单位多为 "d⁻¹"。

ECO Lab 模板定义了两种类型的过程：转化过程和沉降过程。转化过程主要是降解和生成。此类型在原地转化物质，但不能移动或传输物质。沉降过程则是描述状态变量沿水体向下运移。另外，在计算水体透光性时，需要对光照强度进行特殊处理，ECO Lab 设定了一些内置函数来解决这个问题。ECO Lab 也可以处理一些在水体中特定位置发生的过程。例如，大气复氧过程（和大气的交换作用）仅发生在水体表面，在水体的其他位置不会发生。

像水温这样的外界自然条件可以通过不同的方式指定。可以将它定义为作用力或常数，由用户指定为常数、时间序列、图序列或体积序列，也可以由水动力模型中的温度模块计算得到。在模型对话框中包含一个内置常数和内置作用力的清单，它们的值可以从水动力模型设置或计算结果中返回。内置作用力包括温度、流速、盐度和风速等；内置常数包括经度、纬度和时间步长等。常数和作用力可以在 ECO Lab 表达式（即过程表达式）中用作自变量。

有些过程仅在水体的特定层发生。这类过程仅在特定层进行计算，其他层均设为零。例如，大气复氧。

以氰化物为例，假定其只受与温度相关的降解过程影响。

$$\frac{dc_{\text{cyanide}}}{dt} = -\text{decay} \tag{6-39}$$

$$\text{decay} = K \cdot \theta^{(T-20)} \cdot c_{\text{cyanide}} \tag{6-40}$$

式中，K 是降解系数，d⁻¹；θ 是 Arrhenius 温度系数；T 是水温，℃。

ECO Lab 对流状态变量（参与对流扩散的状态变量）的动力学关系可通过一系列方程表示，其非守恒式如下：

$$\frac{\partial c}{\partial t} + u\frac{\partial c}{\partial x} + v\frac{\partial c}{\partial y} + w\frac{\partial c}{\partial z} = D_x\frac{\partial^2 c}{\partial z^2} + D_y\frac{\partial^2 c}{\partial z^2} + D_z\frac{\partial^2 c}{\partial z^2} + S_c + P_c \tag{6-41}$$

式中，c 是状态变量的浓度；u、v、w 是流速；D_x、D_y、D_z 是扩散系数；S_c 是源汇项；P_c 是 ECO Lab 过程。

各状态变量间通过过程项 P_c 进行线性或非线性耦合。

传输方程可改写为：

$$\frac{\partial c}{\partial t} = \text{AD}_c + P_c \tag{6-42}$$

式中，AD_c 表示由对流扩散作用（包括源汇项）引起的浓度变化率。

ECO Lab 数值方程求解器通过对传输方程在上一时间步长内物质浓度的显性积分得

到下一时间步长的浓度值。在每个时间步长内，假设对流扩散项 AD_c 为常数，可以求得浓度的近似解。

ECO Lab 提供的耦合常微分方程组求解器需要根据对流扩散作用和 ECO Lab 中的反应过程共同引起的变化率进行积分求解。

$$c(t+\Delta t) = \int_{t}^{t+\Delta t} \left[P_c(t) + AD_c + \partial t \right] \qquad （6-43）$$

对流扩散作用的贡献量近似为：

$$AD_c = \frac{c*+(t+\Delta t) - c^n(t)}{\Delta t} \qquad （6-44）$$

式中，$c*$ 是假设状态变量为保守物质的前提下，利用 AD 模块计算 Δt 时段内的传输过程而得到的瞬时浓度值。

这种方法的最大优点在于利用显式差分解决了由 ECO Lab 复杂过程项 P_c 引起的耦合和非线性问题，从而可对 ECO Lab 和对流扩散部分进行分别处理。目前，ECO Lab 尚未能利用隐式差分求解传输方程。

ECO Lab 中可选用欧拉法、四阶龙格库塔法或五阶龙格库塔质量控制法进行积分。

6.4.3 模型前处理及数据要求

不同维度的三款 MIKE 系列模型的前处理及数据要求如下。

6.4.3.1 MIKE 11 系列软件

（1）水动力模块

①建模所需资料

➢ 流域描述

— 河网形状，流域水系地图，水系名称、走向和连接信息等。

— 水工建筑物和水文气象站等的相对地理位置。

♦ 河道和滩区地形

— 河床断面，包括断面形状、里程、水力半径和位置，断面间距视研究目标有所不同，但原则上应能反映沿程断面变化。

— 滩区地形资料（滩区的水位－蓄水量关系曲线），主要用于模拟滩区行洪。

➢ 模型边界文件

— 外部边界，最好设在有实测水文站测量数据处，需要水位或流量、水质浓度等数据。

— 内部边界，包括降雨径流的入流、工厂排水、自来水厂取水等。

➢ 用于模型率定和验证的实测水文气象数据

➢ 水工建筑物设计参数及调度运行规则

— 水工建筑物设计参数包括：相对位置、基本参数（建筑物个数、局部水头损失系数、闸门宽度、底板高程、闸门最大开度、泵站抽水量等）。

— 调度运行规则、防洪调度规则、排涝调度规则设置等；具体就是在一定条件下，闸门开启度设置、泵站抽水设置等。

②建模所需文件

➤ 模拟文件（.sim11）

➤ 河网文件（.nwk11）

➤ 断面文件（.xns11）

➤ 边界条件（.bnd11）

➤ 参数文件（.hd11）

➤ 时间序列文件（.dfs0）

➤ 结果文件（.res11）

河网文件是 MIKE 11 所有文件中最复杂的一个文件。河网文件建立方法分为导入地图手工绘制和 Shapefile 文件直接导入生成河网。

断面文件生成时，一般收集到的原始断面数据文件为文本格式或 Excel 格式，里面保存了各个断面起始距与河床高程的 x、z 数据。可以根据 MIKE11 所要求的格式，用 FORTRAN、BASIC、EXCEL VBA 等自编小程序，很容易地将原始数据格式转换成符合 MIKE 11 输入要求格式的文本文件。

边界文件中的时间序列软件有 MIKE 固定的.dfs0 格式要求，用户需要按照使用指南将已有数据按照不同类型进行生成转化。所有外部边界条件和内部边界条件都在边界文件编辑器里设置。所谓外部边界就是模型中那些不与其他河段相连的河段端点（即自由端点）物质流出此处即意味着流出模型区域，流入也必然是从模型外部流入，这些地方必须给定某种水文条件（如流量、水位值），否则模型无法计算。所谓内部边界是指从模型内部河段某点或某段流入或流出的地方，典型的例子包括降雨径流的入流、工厂排水、自来水厂取水，内部边界条件应根据实际情况设定，是否设定这些边界条件通常不会影响模型的运行，但显然会影响模拟结果的可靠性。

水动力模型中参数文件中主要是定义模拟的初始条件和河床糙率。

模拟文件编辑器的作用是集成以上所生成的所有文件的信息，让它们成为一个整体；同时定义模拟时间步长、结果输出文件名等。

（2）SO 可控水工构筑物模块

在 MIKE 11 模型中水工建筑物的设置非常直观，大多直接输入设计参数即可。水工建筑物类型包含堰、涵洞、桥梁、水泵等，还能计算用户自定义的其他各种水工建筑物。可控水工建筑物是指模拟过程中按照各种预设的调度规则，模型可自动判断调整运行方式（如闸门开启度、过闸流量等）的一类建筑物，包括水闸、橡胶坝、水泵等。该功能极大地丰富和提高了 MIKE 11 对各类实际工程情况的模拟能力。

（3）对流扩散模块

AD 模型主要需要定义参数文件和边界文件。参数文件中需要定义模拟的水质组分、扩散系数、初始条件、衰减系数和附加输出结果。水质边界只要在已建立的水动力边界文件基础上添加水质边界条件即可。

（4）MIKE 11 ECO Lab 模块

通过生成 MIKE 11 ECO Lab（.ecolab11）文件可以调用不同的预定义或者自定义 ECO Lab 模板，并且选择不同的积分计算方式，针对水动力模拟时间步长的水质模拟频率，以及不同生化反应过程中的参数取值。

6.4.3.2 MIKE 21&3 系列软件

（1）网格生成器

MIKE 21 FM 网格生成器（Mesh generator）为制作非结构化网格提供了工作平台。网格的生成包括选择适当的模拟范围，确定地形网格的分辨率，考虑流场、风场和波浪场的影响，为开边界和陆地边界确定边界代码。此外，在考虑稳定性的前提下，确定地理空间的分辨率。Mesh generator 生成的网格文件是一个 ASCII 文件（扩展名*.mesh），其中包括地理位置信息和在网格中每一个节点的水深。文件还包括三角形的节点连通性信息。所有关于生成网格文件的配置信息都在网格定义文件（扩展名*.mdf）中，文件可以被修改和再利用。Mesh generator 的功能包括从不同的外部信息源（例如：XYZ 水深点，XYZ 等值线，MIKE 21 矩形网格地形，MIKE C-MAP，CAD 等数据）输入原始数据，或是用内置的制图工具手动创建地形数据。用户可以在网格生成器中导入背景图片，如地图，在数据编辑时使用它们，或用来提高图形的后处理效果。在 Mesh generator 可以实现光滑处理、地形插值、节点密度控制、四边形和三角形网格相结合、网格分析及改进等多种网格修改调整功能。

（2）水动力模块

MIKE 21&3 FM 水动力部分的输入数据可以分成以下几个部分：

➢ 计算域和相关时间参数，包括网格地形及时间设置；对于三维，含垂向分层的划分；

➢ 校准要素，包括底床阻力、涡黏系数和风摩擦阻力系数；对于三维，是底床粗糙高度、含垂向涡黏系数制订；

➢ 初始条件，如水面高程、水深和流速流向；

➢ 边界条件，包括开边界条件和闭边界条件；

➢ 其他驱动力，包括风速风向、源汇项和波浪辐射应力等。

（3）对流扩散模块

AD 模型主要需要定义参数文件和边界文件。参数文件中需要定义模拟的水质组分、扩散系数、初始条件、衰减系数和附加输出结果。针对三维模型，扩散系数可以指定三维垂向扩散系数。水质边界只要在已建立的水动力边界文件基础上添加水质边界条件即可。

典型的应用领域包括冲刷研究、示踪剂模拟和简单的水质研究。在点源污染的研究中，通过选择合适的衰减系数传输模块可以实现对大肠杆菌传输扩散过程的保守近似。

（4）MIKE 21&3 ECO Lab 模块

通过生成 MIKE 21&3 FM ECO Lab（.ECO Lab）文件可以调用不同的预定义或者自定义 ECO Lab 模板，并且选择不同的积分方式，针对水动力模拟时间步长的水质模拟频率，以及不同生化反应过程中的参数取值，作用力及参数取值可根据立面物理量给定不同的数值。

6.4.4　模型输出及后处理

6.4.4.1　MIKE 11 系列软件

MIKE 11 系列软件的水动力和水质计算结果输出可以使用 MIKE VIEW 直接进行查看和提取。MIKE VIEW 主窗口包括菜单栏、工具栏及平面视窗（见图 6-72）。平面视窗显示结果文件中的所有计算水位点和计算流量点。MIKE VIEW 不但可以直接绘制计算结果图和生成实测数据对比图（见图 6-73、图 6-74），而且可以实现河道的平面动态展示和剖面动态展示（见图 6-75、图 6-76），并且通过叠加底图的形式可以得到更好的效果图（见图 6-77）。

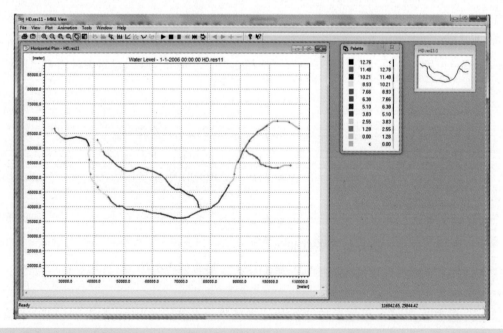

图 6-72　MIKE View 主窗口

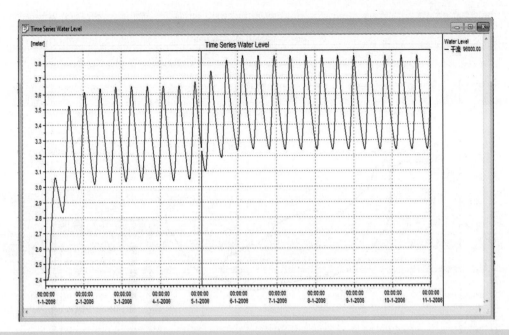

图 6-73　某水位点的计算结果

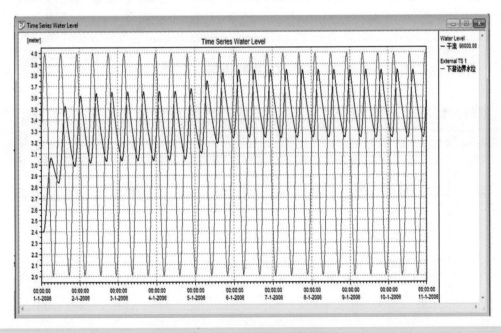

图 6-74　模拟结果和实测数据对比

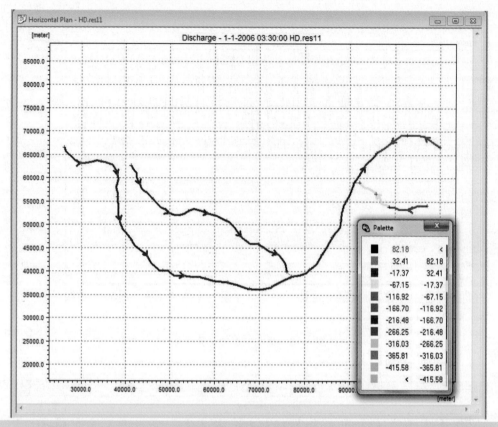

图 6-75　平面动态演示

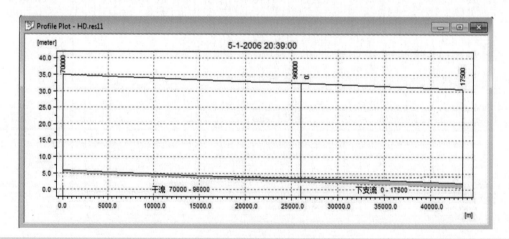

图 6-76　剖面动态演示窗口

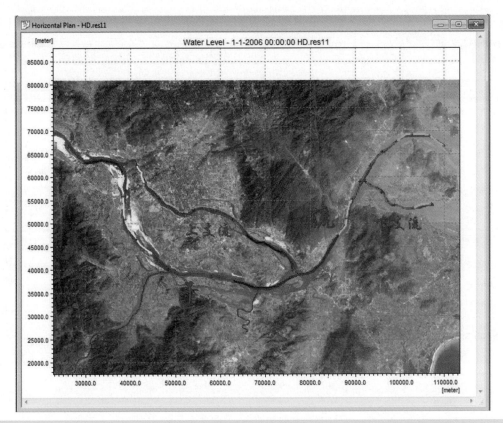

图 6-77　效果图

MIKE 11 的计算结果不提供直接转换成其他数据格式的功能，数据提取可以通过 MIKE VIEW 直接复制出来，粘贴到 Excel 或者其他文本格式上。

6.4.4.2　MIKE 21 系列软件

MIKE 21 系列软件的水动力和水质计算结果输出同样采用 DATA VIEW 或者 DATA MANAGER 直接进行查看和提取。其主窗口包括菜单栏、工具栏及平面视窗。平面视窗显示结果文件中的所有计算水位点和计算流量点。不但可以直接绘制计算结果图和生成实测数据对比图（见图 6-78、图 6-79），而且可以实现二维的平面动态展示，并且通过叠加底图的形式可以得到更好的效果图（见图 6-80）。

6.4.4.3　MIKE 3 系列软件

MIKE 3 系列软件的水动力和水质计算结果输出与 MIKE 21 系列类似，采用 DATA VIEW 或者 DATA MANAGER 直接进行查看和提取。其主窗口包括菜单栏、工具栏及平面视窗。平面视窗显示结果文件中的所有计算水位点和计算流量点。不但可以直接绘制计算结果图和生成实测数据对比图，而且可以实现二维的平面动态展示，三维的话，可对其进行剖面动态展示，并且通过叠加底图的形式可以得到更好的效果图（见图 6-81）。

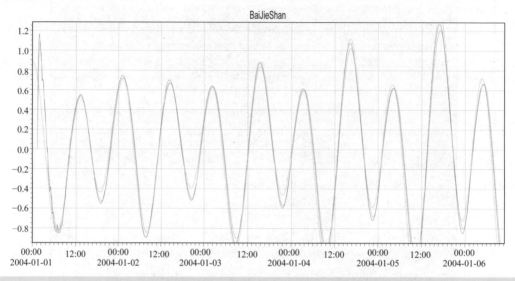

图 6-78　某率定点水位过程线

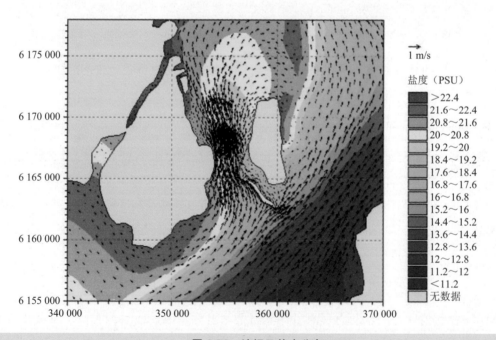

图 6-79　流场及盐度分布

图 6-80 效果图

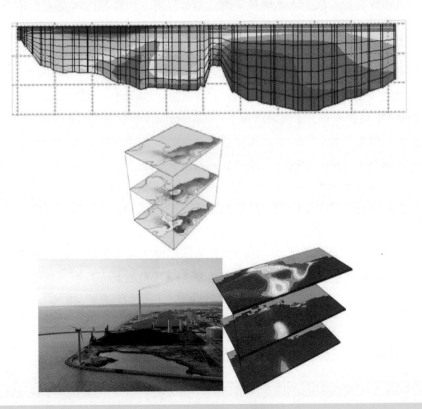

图 6-81 三维分层效果

6.4.5 淀山湖蓝藻水华预警模式和泥沙模型研究

6.4.5.1 项目背景与研究目标

在淀山湖蓝藻水华预警模式研发和悬浮物模型的研究中，DHI 开展了风浪作用下淀山湖蓝藻水华预警模式和泥沙模型的研究。

该研究的主要任务包括：针对淀山湖弱感潮浅水湖泊的水文和流场特征，考虑下游潮位、上游来水、风场和波浪等因素的影响，建立淀山湖湖区波浪模型和三维流场模型；进行典型季节和设计水文气象（尤其是风浪作用）条件下，淀山湖泥沙（悬浮物）场数值模拟和时空分布特征分析；考虑温度、光照、营养盐对藻类生长的影响，在已有富营养化模板基础上，利用 ECO Lab 研发能描述浅水湖泊藻类生长和蓝藻空间迁移（水平漂移和垂直迁移）规律的生态动力学模块，进行典型季节、水文气象条件下淀山湖主要富营养化指标的动态预测和评价，提出淀山湖富营养化防治对策和建议。

6.4.5.2 研究区域概况

淀山湖又名薛淀湖，位于太湖流域下游，地处江苏、浙江和上海两省一市交界处，地理位置 31°04′—31°12′N、120°53′—121°17′E，水域面积 62 km^2，分属江苏昆山市和上海青浦区管辖。它是太湖流域重要的下泄通道，也是上海市境内最大的湖泊，具有交通运输、农田灌溉和调蓄洪涝等功能，更是上海市重要水源地之一。

淀山湖属亚热带季风气候，四季分明，日光充足，年日照时数 2 071.1 h，气候温和，年均气温 15.5℃，雨量充沛，年均降水量 1 037.7 mm，全年无霜期达 235 d。淀山湖自 1985 年首次暴发大面积的"水华"以后，每年均有不同程度的"水华"现象出现。这不仅严重地影响其作为城市水源地的功能，还威胁到周边居民的生产和生活。

1984—1994 年淀山湖整体水质状况呈下降趋势，其稀释自净功能也呈衰退状态。虽然通过一系列的环境整治和水资源保护措施的实施，整体水质有所好转，但仍会发生不同程度的蓝藻水华。

根据上海市环境监测中心对 2001—2007 年淀山湖水质监测结果进行的分析和评价结果，淀山湖的水质均未达到 II 类水标准，主要超标项目为氨氮、总氮、总磷、石油类、化学需氧量（高锰酸钾）、化学需氧量（重铬酸钾）和五日生化需氧量，综合营养状态指数为 60.79～63.57，均处于中度富营养状态。

6.4.5.3 模型构建

该项目构建了淀山湖三维水动力模型研究、三维生态动力学模型研究以及波浪和泥沙模型研究等，共同组成水华预警模型技术示范平台。本节就淀山湖三维水动力模型和生态动力学模型研究进行简要说明。

（1）模型选择

根据收集到的淀山湖水文数据对淀山湖的水文环境进行了分析，搭建了淀山湖三维水动力模型，并用实测数据对水动力模型进行了率定。

收集了国内外蓝藻水华研究和淀山湖富营养化问题研究的相关资料，建立了具有识别不同藻类生长的 ECO Lab 模板；结合收集到的淀山湖相关资料，建立了基于该模板的淀山湖三维生态动力学模型，利用实测数据对模型模拟结果进行率定和验证。运用生态动力学模型对淀山湖主要藻类年际生长演替规律和蓝藻在夏秋季节时空分布规律进行了模拟研究；对淀山湖实际工程上的应用进行了方案分析。

（2）淀山湖的水动力特征及模拟范围

淀山湖属太湖流域，呈东北—西南走向，南宽北窄，形似葫芦，湖区南北轴向长度为 14.5 km，东西轴向最大宽度为 8.5 km，岸线总长 78 km，水域面积约为 59.76 km^2。如图 6-82 所示，淀山湖属典型宽浅湖泊，湖区整体床面极为平整，一般平均高程仅 0.42 m（吴淞基面），相对水深较深处一般位于人工开挖的商榻至急水港和淀浦河航道内，平均湖床分别为-2 m 和-0.2 m（吴淞基面），最深处位于最北侧岛屿右侧的狭窄水道内，最低湖床高程为-6.41 m（吴淞基面）。

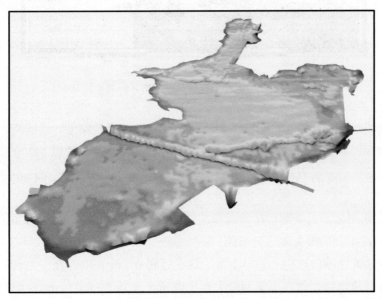

图 6-82　淀山湖水下地形

如图 6-83 所示，拦路港、淀浦河、西旺港和石塘港等四个口门为淀山湖的主要出流通道，落潮时出流，涨潮时入流。其中拦路港流量最大，平均涨潮流量为 202.6 m^3/s，平均落潮流量为 243.2 m^3/s，平均净出流流量达 119.7 m^3/s，占四口门总出流量的 84.0%；淀浦河其次，平均涨潮流量为 7.6 m^3/s，平均落潮流量为 17.9 m^3/s，平均净出湖流量为 17.0 m^3/s，占四口门总出流量的 12.0%；石塘港、西旺港两口门出入水量均较少，两者过流量大致相当，平均涨潮流量分别为 3.0 m³/s 和 4.6 m³/s，平均落潮流量分别为 4.4 m³/s 和 6.6 m³/s，平均净出湖流量分别为 2.4 m³/s 和 3.5 m³/s，两者分别占四口门总出流量的 1.7%和 2.5%。但是必须指出的是，淀山湖水域出流、入流口门甚多，其余部分口门的过流量对于湖区的水量平衡来说是不可忽略的。

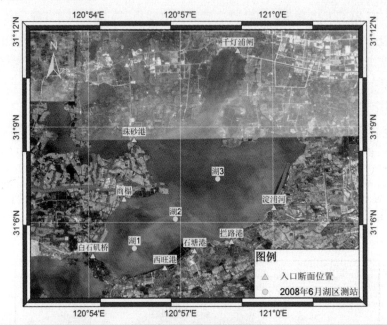

图 6-83　淀山湖湖区地貌及野外水文监测站位置

淀山湖水域感潮特征显著，潮波主要沿黄浦江上溯，经拦路港、淀浦河、石塘港、西旺港传播入湖区，并进而由湖区传播至其他入口河道。该水域潮汐以 M2 分潮（太阴主要半日分潮）为主，湖区的 $\dfrac{H_{O_1}+H_{K_1}}{H_{M_2}}$（$O_1$ 为太阳主要全日分潮，K_1 为太阴-太阳赤纬全日分潮，M_2 为太阴主要半日分潮，H 为调和常数振幅）数值为 0.7～1.0，为非正规半日潮类型。图 6-84 为淀山湖的最大潮差分布图。

湖区各测站流速垂向结构上差异不大，均在近底 0.5 m 左右存在一显著的、流速相对较大的底部旋转流水层，垂向上实测最大水平流速在 0.062～0.073 m/s，但湖区最大水平流速垂向位置分布存在空间差异，商榻至拦路港航道以南水域出现在表层，而其以北水域则出现在近底水层，这与湖区出入流口门流量差异所引起的旋转流性质存在空间差异以及风生流引起的底部补偿流有关。湖区水流表现出明显的潮流特征，商榻至拦路港航道以南水域，潮流往复流特征显著，存在极为明显的主流向，涨潮流向在251°～286°，落潮主流向在 91°～104°，基本与各入流口门和主要出流口门——拦路港构成的轴线一致；而对于商榻至拦路港航道以北水域，因受大珠砂和商榻两个主要入流量相当的口门以及拦路港和淀浦河两个主要出流口门空间格局控制，该水域的潮流流向表现出较为显著的旋转流性质，涨潮主流向相对较为分散。

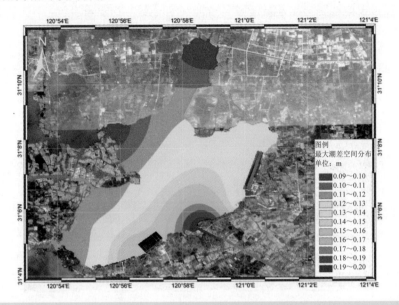

图 6-84　淀山湖最大潮差空间分布

本次搭建的淀山湖湖区水动力数学模型计算范围为不包括出入流口门河道的全部淀山湖湖区。

（3）水动力模型率定所用模型设置

限于所收集到的实测水文资料，淀山湖湖区水动力数学模型率定所选择的模拟时间段分别为 2008 年 6 月 14 日 15:00 至 6 月 22 日 5:00 和 2008 年 9 月 24 日 0:00 至 10 月 1 日 14:00。

由于淀山湖湖区岸线曲折复杂，这里采用三角和曲线混合网格技术构建模型网格，具体计算范围和网格配置见图 6-85，网格节点数为 7 464 个，网格数为 14 315 个，网格尺度在 60～117 m。本次搭建的淀山湖湖区水动力数学模型地形采用近期实测地形数据，高程基准面采用吴淞零点。模型糙率取值为 0.01～0.03 $s \cdot m^{-\frac{1}{3}}$，其中湖区北侧糙率略低于南侧糙率。垂向涡黏系数采用 Smagorinsky 公式估算，相应 Smagorinsky 系数取值为 0.28 m^2/s，水平涡黏系数则采用对数公式估算，取值为 1.8×10^{-6}～0.4 m^2/s。

如图 6-86 所示，除 8 个主要口门外其他口门的过流量对计算湖区水量平衡也同样是不可忽略的。因此，2008 年 6 月的淀山湖水动力模型计算中的开边界选择了淀浦河、拦路港、石塘港、西旺港、白石矶桥、窑厂桥、商榻、珠砂港和千灯浦闸等 9 处，其中窑厂桥缺乏实测水文数据，采用调试后的估算流量，以弥补部分口门缺测而引起的湖区水量不平衡问题。2008 年 9 月模拟时段内，开边界设置与 6 月相同。但因该时段内仅有商榻、珠砂港、淀浦河和拦路港等 4 个主要口门的实测水文数据，部分口门缺测引起的湖区水量不平衡问题更为突出。为解决上述问题，并尽量合理地维持各口门流量以利于后续水质模型的计算，这里采用相邻相同性质口门类比的方法估算出上述四个缺乏实测资料的口门流量。此外，窑厂桥边界处仍采用调试后的估算流量，以保持湖区的水量平衡。

图 6-85　淀山湖潮流数值计算模型网格配置

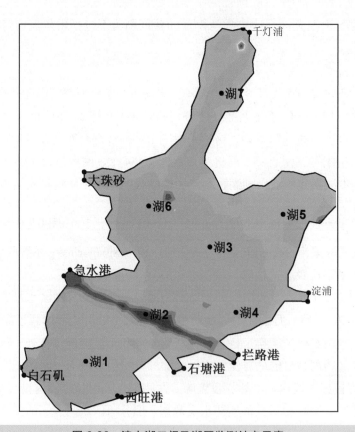

图 6-86　淀山湖口门及湖区监测站点示意

　　另外，淀山湖湖区水动力数学模型中采用了非恒定均匀风场作为边界条件。数值上等于基于式（6-45）换算至水面以上 10 m 处的湖 2 测站位置的实测风速风向资料。

$$V_{10m} = V_z \left(\frac{10}{z} \right)^{\alpha} \tag{6-45}$$

式中，z 为实测风速高度，这里取为 2 m；V_z 为 z 高度处风速；α 为经验系数，因淀山湖水域下垫面较为平坦，经验取值为 0.15。

　　为了尽可能真实地反映淀山湖湖流水动力过程，模型计算中以淀山湖实际的水流情况为准，采用湖区内各监测站点实测数据的计算平均值作为整个湖区的初始值。

　　（4）淀山湖的污染源分布和水质特征

　　淀山湖周边及上游地区经济非常发达，工厂企业众多，这些工业产生的污（废）水进入上游河流最后汇入淀山湖中；湖区周边地区的农业发展，化肥、农药的施用也会随地表径流进入淀山湖；同时淀山湖湖区开发了众多旅游项目，沿湖的饭店、湖内网箱养鱼、行船排放的污染物直接进入淀山湖中，这些都是淀山湖潜在的污染来源。通过对淀山湖各种污染源的分析发现，污染物的主要入湖形式包括：主要入湖河道输入；沿岸地表径流流入；湖面降水输入；沿湖工厂、饭店排放；网箱养鱼输入；行船排放；大观园景区游客排放。其中，从入湖河道输入的氮、磷量分别占氮、磷总输入量的 95% 和 85.6%。氮、磷从淀山湖的输出也以河道输出为主，其输出的氮、磷量分别为 4 260 t/a 和 179 t/a。通过对八大主要口门水质监测数据的分析发现，八个监测断面的各项水质指标在时间跨度上没有表现出明显的规律性。千灯浦、大珠砂、急水港来水氮磷负荷较高，这三个口门的来水是淀山湖营养盐的主要来源。

　　从湖区的水质情况来看，赵田湖区（湖区 7 号监测点）水质最差，各项指标的最高值基本都出现在这一区域，湖南区（湖区 1 号监测点）的氨氮、硝氮、总氮浓度也比较高。进水口门和出水口门相比，出水口门的蓝藻数量相对偏多，可以看出出水口门处的环境条件适宜藻类的增殖和聚集，在四个出水口门中拦路港监测到的蓝藻数量最大，说明湖区内生长的蓝藻主要向这一口门聚集。另外，在潮汐作用下出水口门会有一定量流出的藻类回流。

　　（5）富营养化模型的建立

　　为了能够再现淀山湖蓝藻水华的真实情况，反映淀山湖多种藻类的年际交替演变过程，模拟蓝藻水华的时空分布，建立了一个描述淀山湖四种主要藻类（蓝藻、硅藻、绿藻和隐藻）随着水温、光照以及营养盐变动条件下时空变化过程的 MIKE ECO Lab 模板，用于模拟四种藻类生物量的时空变化，并且设立了水体、碎屑物和沉积物三个营养盐库，反映了营养盐在这三个营养盐库之间的迁移转化过程。除此之外，新模板还引入了四种藻类对营养盐摄取以及浮游动物对四种藻类牧食的竞争机制，并细致地描述了蓝藻固氮及蓝藻在光照强度变化条件下的上浮和下沉过程。图 6-87 为模型结构图。

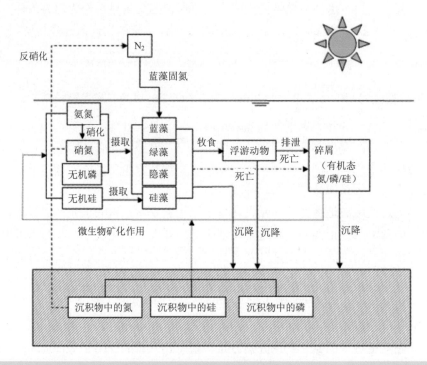

图 6-87　富营养化模型结构示意

（6）富营养化模型率定所用模型设置

在淀山湖主要藻种年际生长演替规律的模拟中，为了尽可能真实地反映淀山湖主要藻种的演替过程，要以淀山湖实际的水质情况为基础，对于可监测的指标可以采用湖区内各监测站点的实测数据计算平均值作为整个湖区的初始值，对于缺少监测数据或存在监测难度的指标可采用模型中各状态变量的默认值作为模拟的初始值。淀山湖富营养化模型的水动力边界及水质浓度边界均采用 2007 年全年实测数据。各富营养化模型状态变量的初始值设定如表 6-9 所示。

表 6-9　状态变量及初始值设置

状态变量	变量名称	初始值	单位
BAC/DMC/GAC/CRC	蓝藻/硅藻/绿藻/隐藻碳含量	0.1	g C/m³
BAN/DMN/GAN/CRN	蓝藻/硅藻/绿藻/隐藻氮含量	0.014	g N/m³
BAP/DMP/GAP/CRP	蓝藻/硅藻/绿藻/隐藻磷含量	0.002	g P/m³
BACH/DMCH/GACHCRCH	蓝藻/硅藻/绿藻/隐藻叶绿素	0.001	g CH/m³
Diatoms Si	硅藻硅含量	0.01	g Si/m³
Zooplankton C	浮游动物生物量	0.003	g C/m³
Detritus C	碎屑碳含量	0.5	g C/m³

状态变量	变量名称	初始值	单位
Detritus N	碎屑氮含量	0.3	g N/m^3
Detritus P	碎屑磷含量	0.02	g P/m^3
Detritus Si	碎屑硅含量	0.1	g Si/m^3
Dissolved oxygen	溶解氧	11.05	g DO/m^3
Ammonium	氨氮	4.05	g N/m^3
Nitrate	硝氮	1.6	g N/m^3
Phosphate	磷酸盐	0.1	g P/m^3
Silicate	硅酸盐	0.1	g Si/m^3

　　模型中考虑了对水质状态变量有影响的外部作用力，包括水温、光照强度、盐度、固体悬浮物浓度、水深、水平方向流速、垂向水体分层厚度和风速。其中，水温、水深、水平方向流速和风速为内置作用力，水温通过温盐模块进行计算，在水质模型中直接调用计算结果（计算结果见图6-88）；水深、水平方向流速和风速则直接从水动力模型中读取相应数据。

　　太阳辐射强度根据从中国气象科学数据共享服务网获得的上海地区总辐射强度进行计算，数值如图6-89所示。固体悬浮物浓度取湖区平均值，如图6-90所示。

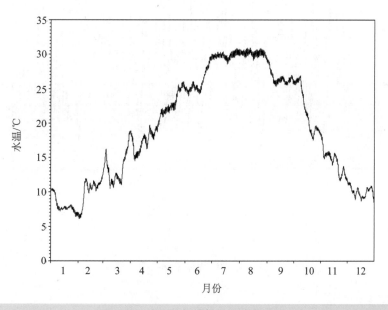

图 6-88　2007 年模拟水温变化曲线

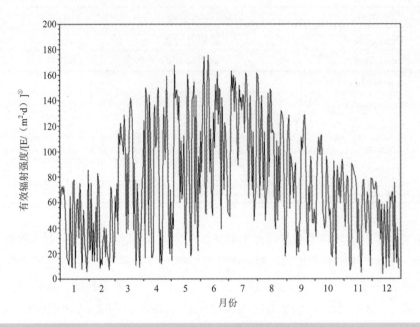

图 6-89　2007 年光合作用有效辐射强度变化曲线

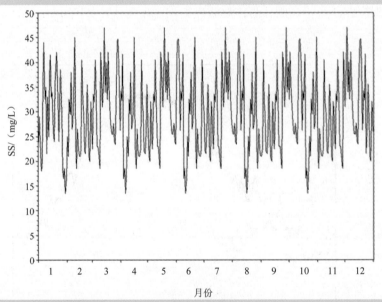

图 6-90　2007 年湖区固体悬浮物平均值变化曲线

6.4.5.4　模型率定验证

（1）水动力模型的率定结果

图 6-91 为 2008 年 6 月模拟时段内，窑厂桥口门处添加与不添加估算流量两种工况下

---

① 1 E/（m²·d）=1 000 000/86 400 μmol/（m²·s）。

的湖 2 测站的水位计算结果。可见,当仅采用八个实测口门流量开边界时,湖内水位计算结果呈持续下降趋势,量级与统计结果一致,约为 17 cm,而添加估算流量后的计算结果与实测水位吻合较好。

由图 6-92、图 6-93 可见,加入风场计算工况下,湖区各测点计算与实测流速、流向均较为吻合,较为准确地反演了湖区水动力情况。

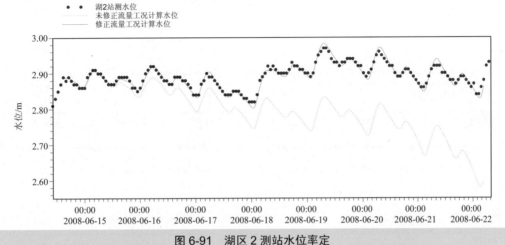

图 6-91　湖区 2 测站水位率定

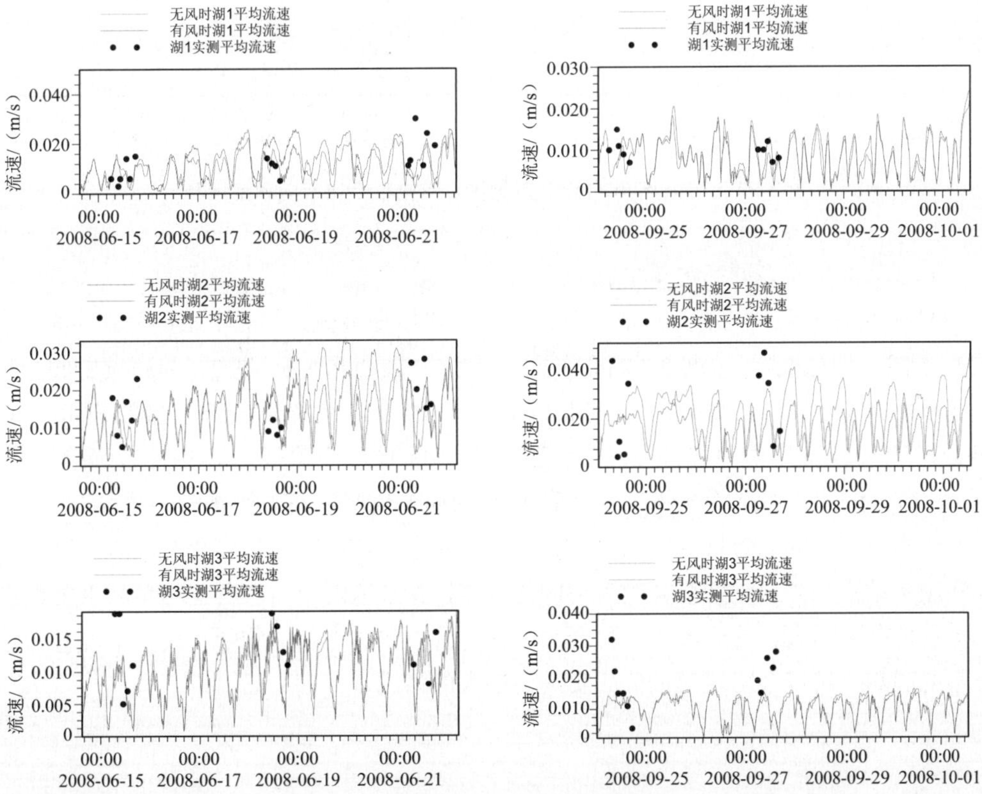

图 6-92　2008 年 6 月和 9 月湖区测点垂线平均流速率定情况

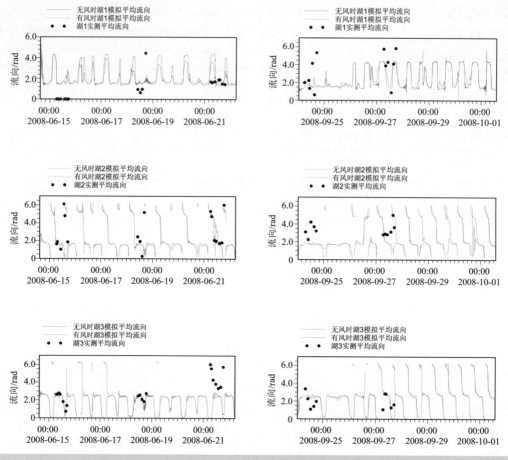

图 6-93　2008 年 6 月和 9 月湖区测点垂线平均流向率定情况

（2）富营养化模型的率定结果

2007 年共有 5 个站点的水质数据可以用于率定模型参数，这五个站点分别为湖 1（湖南区）、湖 2（四号航标）、湖 5（湖心东区）、湖 6（湖心北区）、湖 7（赵田湖中心）。

各项水质指标率定结果如图 6-94 和图 6-95 所示，溶解氧与营养盐的模拟效果基本吻合，能够较为准确地描述 2007 年淀山湖年际水质变化规律。相比较而言，叶绿素 a 浓度在 5—9 月模拟值较高，8 月和 9 月的模拟值明显高于实测值，并且湖 1、湖 2 和湖 6 三个站点处的吻合程度较高，湖 5 和湖 7 两个站点的吻合程度相对较差，这是因为湖 5 和湖 7 站点都处在湖区水体较为封闭的区域，并且这两个站点所在的湖区水生植物较多，特别是在夏季大量的沉水植物和挺水植物会吸收水体中的氮和磷，模型中没有考虑水生植物的影响，所以会出现模拟值比实测值偏大的情况。

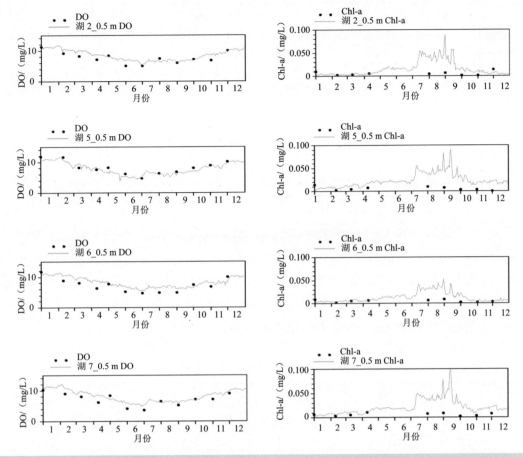

图 6-94　2007 年溶解氧和叶绿素 a 浓度的率定结果

图 6-94　2007 年溶解氧和叶绿素 a 浓度的率定结果

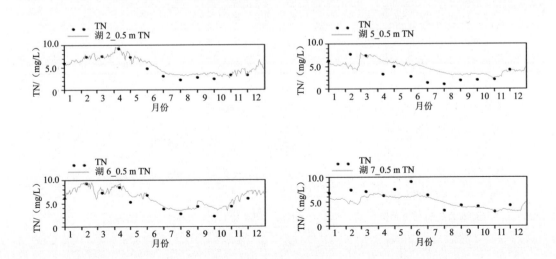

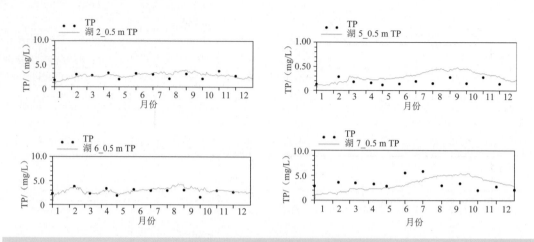

图 6-95　2007 年总氮和总磷浓度的率定结果

　　富营养化模型中涉及的参数众多，大部分参数的取值是通过相关文献及实验室内监测得出的相关的参数范围，并结合参数灵敏度分析结果来反复试算，进而得到一组较好的参数取值。模型中与藻类相关的参数及取值见表 6-10。

表 6-10　模型主要参数率定结果

参数中文名称	模型中的取值				单位
	蓝藻	硅藻	绿藻	隐藻	
蓝藻生长速率	1.2	1.8	1.2	1.2	d^{-1}
藻类最适生长温度的限制因子	1	1.05	1.05	1.01	—
藻类最适生长温度	32	13	25	5	℃
藻类生长的最佳光照强度	8	7	9	10	$E/(m^2 \cdot d)$
蓝藻沉降零倍的光照强度	2	—	—	—	$E/(m^2 \cdot d)$
蓝藻沉降一倍的光照强度	15	—	—	—	$E/(m^2 \cdot d)$
蓝藻沉降三倍的光照强度	20	—	—	—	$E/(m^2 \cdot d)$
藻类饱和光照强度的温度限制系数	1.04	1.04	1.04	1.04	—
藻类细胞内部的最大氮含量	0.25	0.17	0.25	0.18	g N/g C
藻类细胞内部的最小氮含量	0.08	0.08	0.08	0.08	g N/g C
藻类细胞内部的最小磷含量	0.005	0.005	0.005	0.005	g P/g C
藻类细胞内部的最大磷含量	0.05	0.025	0.03	0.025	g P/g C
藻类细胞内部的半饱和磷含量	0.008	0.008	0.008	0.008	g P/g C
藻类呼吸速率	0.1	0.1	0.1	0.1	d^{-1}
藻类死亡速率	0.06	0.03	0.04	0.02	d^{-1}
藻类摄取氨氮的半饱和浓度	0.05	0.065	0.045	0.05	g N/m^3

参数中文名称	模型中的取值				单位
	蓝藻	硅藻	绿藻	隐藻	
藻类摄取硝氮的半饱和浓度	0.1	0.1	0.1	0.1	g N/m³
藻类摄取磷的半饱和浓度	0.02	0.01	0.02	0.02	g P/m³
硅藻摄取硅的半饱和浓度	—	0.2	—	—	g Si/m³
叶绿素最小产量系数	0.04	0.02	0.02	0.02	1/ [E/ (m²·d)]
叶绿素最大产量系数	1.2	0.5	0.2	0.7	1/ [E/ (m²·d)]
藻类被牧食比例	0.1	0.9	0.7	1	—
藻类摄取氨氮的最大速率	0.2	0.16	0.2	0.16	g N/ (gC·d)
藻类摄取硝氮的最大速率	2	1.2	2	1.2	g N/ (gC·d)
藻类摄取磷酸盐的最大速率	0.2	0.12	0.2	0.12	g P/ (gC·d)
硅藻摄取硅酸盐的最大速率	—	0.35	—	—	g Si/ (gC·d)
死亡硅藻溶解过程中的限制因子1	—	−5	—	—	—
死亡硅藻溶解过程中的限制因子2	—	0.083 3	—	—	—
硅藻细胞内的最小硅含量	—	0.1	—	—	g Si/g C
硅藻细胞内的最大硅含量	—	0.4	—	—	g Si/g C
藻类产氧量比值	3	1.5	1.5	1	g DO/g C
水深>2 m 时的藻类沉积速率	0.4	0.3	0.25	0.2	m/d
水深<2 m 时的藻类沉积速率	0.25				d⁻¹

为了验证该富营养化模型对藻华暴发风险的预警能力，在搭建的 2007 年富营养化模型基础上用 2008 年龙华气象站、青浦气象站和 2009 年上海宝山气象站和青浦气象站的风场数据、气温数据、相对湿度及日照时长数据对淀山湖 2007—2009 年三年内夏秋季节的蓝藻水华情况进行模拟，模拟结果与 2007—2009 年三年内现场勘查结果进行对比分析，从而分析得出蓝藻水华在水平方向上的时空分布规律。另外，由于缺少 2008 年及 2009 年的水文水动力数据，用 2007 年的水文水动力数据替代。

如图 6-96 所示，将全区分为 12 个小区，并把叶绿素 a 浓度超过 35 μg/L 作为水华发生的判断条件。统计结果表明：2007 年湖区勘查到的 3 次水华中模拟出 2 次，12 个分区合计出现的 14 次水华中模拟结果与勘查结果一致的有 7 次；2008 年湖区勘查到的 6 次水华中模拟出 3 次，12 个分区合计出现的 22 次水华中模拟结果与勘查结果一致的有 4 次；2009 年湖区勘查到的 10 次水华中模拟出 6 次，12 个分区合计出现的 28 次水华中模拟结果与勘查结果一致的有 11 次。由此可见，虽然 2008 年和 2009 年由于缺乏实测水文水动力数据导致预警能力有所下降，但总体而言，该富营养化模型对淀山湖藻华暴发风险的预警能够起到一定的技术支持。图 6-97 为 2007 年夏季湖区叶绿素 a 浓度分布图。

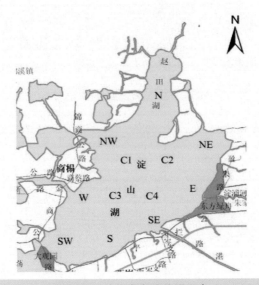

图 6-96　淀山湖湖区分区示意

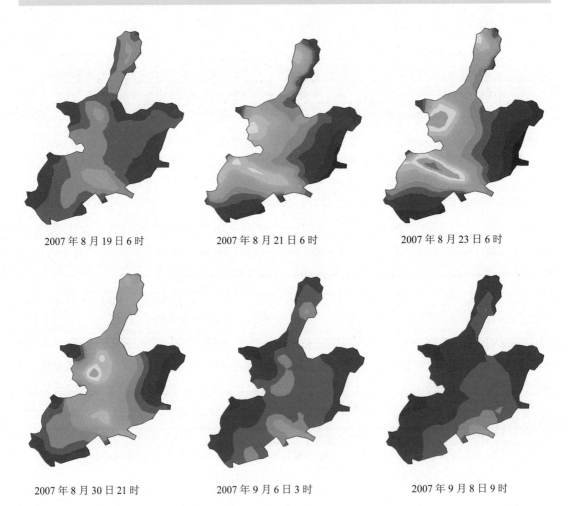

2007 年 8 月 19 日 6 时　　　　2007 年 8 月 21 日 6 时　　　　2007 年 8 月 23 日 6 时

2007 年 8 月 30 日 21 时　　　　2007 年 9 月 6 日 3 时　　　　2007 年 9 月 8 日 9 时

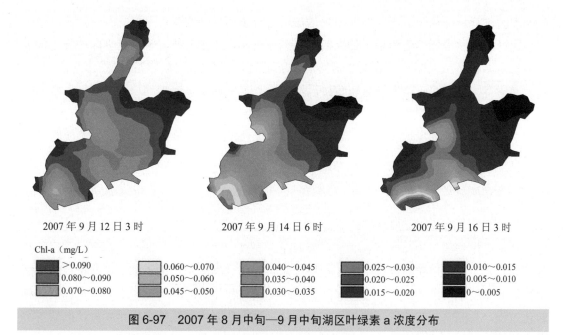

2007 年 9 月 12 日 3 时   2007 年 9 月 14 日 6 时   2007 年 9 月 16 日 3 时

Chl-a（mg/L）

>0.090	0.060～0.070	0.040～0.045	0.025～0.030	0.010～0.015
0.080～0.090	0.050～0.060	0.035～0.040	0.020～0.025	0.005～0.010
0.070～0.080	0.045～0.050	0.030～0.035	0.015～0.020	0～0.005

图 6-97　2007 年 8 月中旬—9 月中旬湖区叶绿素 a 浓度分布

6.4.5.5　淀山湖富营养化模型的延展性研究

（1）淀山湖主要藻类年际生长演替规律的研究

在淀山湖富营养化模型模拟结果的基础上，结合淀山湖相关现场勘测的文献资料对淀山湖主要藻种的年际生长演替规律进行分析研究。

研究结果表明，蓝藻、硅藻、绿藻、隐藻表现出明显的年际生长演替规律。在 1 月和 2 月，隐藻和硅藻出现在水体中，但隐藻相对占优势；进入 3 月、4 月后硅藻成为水体中的优势藻种，生物量在此期间达到峰值；从 5 月开始，绿藻增殖速度加快，大量出现在水体中；在 7—10 月，随着水温、光照强度等都达到一年中的最高值，蓝藻成为水体中的优势藻种，生物量达到最大值；此后，随着水温逐渐降低，11 月、12 月硅藻数量增多。另外，不同湖区的藻类生长速度以及能够达到的最大生物量存在较大差异，部分湖区水体流动性差、停留时间长，有利于藻类的异样增殖。

（2）淀山湖湖区蓝藻昼夜垂向迁移过程的研究

蓝藻（特别是微囊藻）的一个显著生态特征就是当环境中的物理条件（如光照、水温和水体扰动）和化学条件（如营养盐、pH、溶解氧）改变时，它会在水体中上浮或下沉直到新环境中的物理条件和化学条件满足其需要。蓝藻上浮密度以白天有光照为基础围绕周围水体密度上下波动，从而导致垂向运移的特征振荡。蓝藻的这一生态特征给蓝藻在水中生存提供竞争优势。在一个稳态水体中，群落聚集生活的蓝藻（如微囊藻）表现出每日垂向迁移的生存方式，这是由于蓝藻细胞的密度会随细胞内碳水化合物量的变化而变化，在白天，蓝藻细胞可进行光合作用积累碳水化合物，蓝藻的细胞密度随之增加，到了晚上，蓝藻细胞进行新陈代谢消耗掉白天积累的碳水化合物而使细胞密度降低。

通过淀山湖富营养化模型中建立的蓝藻悬浮机制，对淀山湖蓝藻昼夜垂向迁移过程进行了反演。模型结果显示，蓝藻在垂向上表现出明显的昼夜迁移规律：在日出前的 0—6时，湖体不同深度的蓝藻生物量比较接近，表层蓝藻生物量呈增加趋势，表层以下水层中的蓝藻生物量呈减少趋势；日出后的 6—12 时，表层水体中蓝藻生物量开始减少，表层以下的水体中蓝藻生物量迅速增加；到 15 时表层生物量减少至最低值，表层以下生物量增加至最高值。

6.4.5.6　案例总结

通过使用 MIKE 3 模型软件建立淀山湖三维水动力模型和富营养化模型，对淀山湖主要藻类年际生长演替规律及夏秋季节蓝藻时空分布规律进行了分析研究。在充分利用已有数据的基础上，所搭建的模型基本上把握了影响淀山湖湖区水体的流场、水质指标和藻类生物量分布的主要因子，能够较为准确地反映淀山湖水体的流动情况和水环境指标的迁移转化过程，为淀山湖的藻华预警提供技术支持，为将来淀山湖蓝藻水华预警系统的研发奠定了技术基础。

6.4.6　小结

从降雨径流到给水排水、从河流湖库到河口海洋，从地表水到地下水，DHI 所开发的 MIKE系列水与环境数学模型软件中包含了几乎所有水与环境相关的领域。多年来，MIKE 系列软件以其优秀的稳定性、准确性和强大的前后处理软件平台功能，在国内外的应用得到了不断地推广和发展，已经成为全球应用地区和应用范围最为广泛的水与环境数学模型软件。

本节中所介绍的 MIKE 11、MIKE 21 以及 MIKE 3 这三款软件分别用于一维、二维和三维各种情况下的水动力学、水环境的数值模拟，是地表水水环境影响评价中所常用的软件模块。DHI 强大的技术研发团队保证了 MIKE 系列软件的持续稳定与不断创新，其全球化的专家团队与当地化的技术支持也使得使用者能够获得最好的技术解决方案。

6.5　Flow-3D 模型

6.5.1　模型简介

Flow-3D 是一套综合性强，用途广泛的全模块完整分析的计算流体力学软件，包括前处理器、全模块的计算解法器及后处理器。1980 年，由 Dr. C. W. Hirt 创立的 Flow Science在美国新墨西哥州（New Mexico）的 Los Alamos 成立，其目标是提供一套计算精确的计算流体力学（CFD）软件。1985 年，Flow-3D 商业版正式发行，其特有的 VOF（volume of fluid）计算技术，能够提供极为真实且详尽的自由液面（free surface）流场信息，在产品

开发上可作为非常重要且可靠的参考依据。20 多年来，由于其精确且稳定的特性，Flow-3D
已受到如美国火箭实验室、海军、英国水利局、利物浦大学和通用汽车等许多重要研究单
位与国际知名公司的肯定。公司于 2008 年在中国上海成立 Flow-3D 中国分公司，对中国
地区的广大用户提供即时的技术支持。该数值模拟软件可广泛应用于各种流体流动以及热
传导问题，包括水利工程、城市污水处理、水面污染物扩散、海岸工程、波浪冲击等。如
水利工程的水力发电厂设计、冲刷效应（桥梁和桥墩）、沉降池、洪水与侵蚀控制、鱼梯
设计、河流生态修复、堰体设计、水跃现象、涵闸工程以及环境工程的海水养殖、环境污
染与扩散、潮汐和河口效应、轻水池设计、沉积物处理分析、沉淀池和淤泥池等。

技术特点：

（1）Flow-3D 划分网格采用多区块网格（最好不能超过 5 个），包括连接网格和嵌套网
格，能够在不影响整体网格数量的前提下对网格局部进行加密，大幅度减少网格数量，加
快运算的收敛性、精确性和稳定性。

（2）Flow-3D 具有完整的技术支持资料，包含各类方程式以及设定项目，并且离散完
整的 Navier-Stokes 方程。

（3）Flow-3D 操作界面友好，步骤简单，分为以下几步：①导入几何模型；②划分网
格；③设定初始条件和边界条件；④设定数值模拟参数；⑤计算并查看结果。导入的几何
模型可以由 CAD 或散点通过 Flow-3D 转化成三维模型，比如地形图等。计算结果查看较
为方便，可以根据需要直接查看或导出一维、二维和三维的数据或图档。

（4）Flow-3D 具有强大的物理模型仿真能力，在 FAVORTM 与 Multi-Block 网格建立
的技术下能够完成自由液面的高精确度仿真。FAVOR 方法是在网格内部定义障碍物或者
构件，并计算出障碍物或构件所占有的面积分数和体积分数，使曲面造型的模型也能够顺
利地以矩形网格加以描述，使分析模型不会失真。因此，它可以利用简单的六面体网格描
述任意复杂的几何形状。FAVOR 仅需三个网格就可以描述得很精确，但是传统的 FDM 技
术必须以较多的网格数量才能够达到相同的要求。对模拟进行网格划分以后，可以用
FAVOR 检查网格的稀疏，同时查看网格是否能够反映整个模型和细小构件。

（5）Flow-3D 以 VOF 法追踪自由液面，对自由液面的追踪比较精确。即软件计算核心
采用真实流体体积法（TruVOF）技术进行流场的自由液面追踪，能够精确模拟液气接触
面每一尖端细部流体的流动现象细节。VOF 法对自由水面追踪是采用几何重建格式，根据
网格采用分段折线的方法近似描述光滑的自由水面线。在每一个网格里，水气交界面是一
段线段，并用一段段的线段，构成一个折线水气分界面。然后根据每个网格的体积分数，
就可以计算出线性的水气交界面的位置。只需要一个关于流体体积函数 F 的方程就可以计
算出自由液面的位置。自由液面的光滑度和表层网格数有关，如果网格足够细密，光滑曲
线就可以用许多段折线来近似代替，根据精度的要求划分网格。

（6）Flow-3D 的边界条件包括多种选择，还可以用 Fortran 客制化需要的边界条件，用
户可自行定义适合模拟的材料库，模拟结果包含多个参数，这都为数值模拟的可靠性提供

了强有力的技术保障。

（7）Flow-3D 可以对计算自动调节和优化，如果出现不收敛情况，Flow-3D 会自动减小时间步长，使其收敛，如果超过规定最大循环次数仍不收敛，则会停止计算并通知用户需要修改模型设定，自动调整时间步长和松弛收敛水平以满足精度和稳定性，也可以手动设置，一般只需要设定最小时间步长即可。

6.5.2 模型架构

Flow-3D 中，水利工程常用的物理模型有重力模型（Gravity）、传热模型（Heat Transfer）、表面张力模型（Surface Tension）、多相流模型（Multiphase Flows）、气泡模型（Bubble Models）、黏度与紊流模型（Viscosity and Turbulence）、卷气模型（Air Entrainment）、物体运动模型（Moving and Deforming Objects）、粒子动力模型（Particles Dynamics）、空化模型（Cavitation）和多孔介质模型（Porous Media）。

水动力学方程中的连续性方程和动量方程中均含有一种特殊的变量：体积分数和面积分数，采用 FAVOR 技术来描述流体占每个网格的比例，具体表达式如下：

6.5.2.1 水动力模块

（1）连续性方程

$$\frac{\partial \rho}{\partial t} + \frac{\partial}{\partial x}\left(\rho u A_x\right) + \frac{\partial}{\partial x}\left(\rho v A_y\right) + \frac{\partial}{\partial x}\left(\rho w A_z\right) = 0 \tag{6-46}$$

式中，ρ 为流体的密度，kg/m³；$\left(A_x, A_y, A_z\right)$ 代表 x、y、z 三个方向可流动的面积分数；$\left(u, v, w\right)$ 为对应 x、y、z 三个方向的速度，m/s。

（2）动量方程

$$\frac{\partial \rho u}{\partial t} + \frac{1}{V_F}\left(u A_x \frac{\partial \rho u}{\partial x} + v A_y \frac{\partial \rho u}{\partial y} + w A_z \frac{\partial \rho u}{\partial z}\right) = -\frac{1}{\rho}\frac{\partial p}{\partial x} + G_x + f_x$$

$$\frac{\partial \rho v}{\partial t} + \frac{1}{V_F}\left(u A_x \frac{\partial \rho v}{\partial x} + v A_y \frac{\partial \rho v}{\partial y} + w A_z \frac{\partial \rho v}{\partial z}\right) = -\frac{1}{\rho}\frac{\partial p}{\partial y} + G_y + f_y \tag{6-47}$$

$$\frac{\partial \rho w}{\partial t} + \frac{1}{V_F}\left(u A_x \frac{\partial \rho w}{\partial x} + v A_y \frac{\partial \rho w}{\partial y} + w A_z \frac{\partial \rho w}{\partial z}\right) = -\frac{1}{\rho}\frac{\partial p}{\partial z} + G_z + f_z$$

式中，V_F 是可流动的体积分数；ρ 为流体密度，kg/m³；p 为压强，N/m²；$\left(G_x, G_y, G_z\right)$ 表示重力加速度，m/s²；$\left(f_x, f_y, f_z\right)$ 表示黏滞力加速度，kg·m/s²。即

$$\rho V_F f_x = -\left\{\frac{\partial}{\partial x}\left(A_x \tau_{xx}\right) + \frac{\partial}{\partial y}\left(A_y \tau_{xy}\right) + \frac{\partial}{\partial z}\left(A_z \tau_{xz}\right)\right\}$$

$$\rho V_F f_y = -\left\{\frac{\partial}{\partial x}\left(A_x \tau_{xy}\right) + \frac{\partial}{\partial y}\left(A_y \tau_{yy}\right) + \frac{\partial}{\partial z}\left(A_z \tau_{yz}\right)\right\} \quad (6\text{-}48)$$

$$\rho V_F f_z = -\left\{\frac{\partial}{\partial x}\left(A_x \tau_{xz}\right) + \frac{\partial}{\partial y}\left(A_y \tau_{yz}\right) + \frac{\partial}{\partial z}\left(A_z \tau_{zz}\right)\right\}$$

式中，τ_{ij} 为液体剪应力，N/m^2；i 为作用面；j 为作用方向。τ_{ij} 的表达式如下：

$$\tau_{xx} = -2\mu\left\{\frac{\partial u}{\partial x} - \frac{1}{3}\left(\frac{\partial u}{\partial x} + \frac{\partial v}{\partial y} + \frac{\partial w}{\partial z}\right)\right\}$$

$$\tau_{yy} = -2\mu\left\{\frac{\partial v}{\partial y} - \frac{1}{3}\left(\frac{\partial u}{\partial x} + \frac{\partial v}{\partial y} + \frac{\partial w}{\partial z}\right)\right\}$$

$$\tau_{xy} = \tau_{yx} = -\mu\left(\frac{\partial v}{\partial x} + \frac{\partial u}{\partial y}\right) \quad (6\text{-}49)$$

$$\tau_{xz} = \tau_{zx} = -\mu\left(\frac{\partial u}{\partial z} + \frac{\partial w}{\partial x}\right)$$

$$\tau_{yz} = \tau_{zy} = -\mu\left(\frac{\partial v}{\partial z} + \frac{\partial w}{\partial y}\right)$$

式中，μ 为动力黏滞系数，$N\cdot s/m^2$。

（3）能量方程

$$V_F \frac{\partial}{\partial t}(\rho I) + \frac{\partial}{\partial x}(\rho I u A_x) + \frac{\partial}{\partial y}(\rho I v A_y) + \frac{\partial}{\partial z}(\rho I w A_z) =$$

$$-\rho\left(\frac{\partial u A_x}{\partial x} + \frac{\partial v A_y}{\partial y} + \frac{\partial w A_z}{\partial z}\right) + \frac{\partial}{\partial x}\left(\Gamma_{\text{eff}}\frac{\partial T}{\partial x}\right) + \frac{\partial}{\partial y}\left(\Gamma_{\text{eff}}\frac{\partial T}{\partial y}\right) + \frac{\partial}{\partial z}\left(\Gamma_{\text{eff}}\frac{\partial T}{\partial z}\right) \quad (6\text{-}50)$$

式中，u、v、w 为各方向速度；ρ 为流体密度；V_F 为水相体积分数；A_x、A_y、A_z 为水相面积分数；G_x、G_y、G_z 表示重力加速度；f_x、f_y、f_z 表示黏滞力加速度；I 为能量；T 为水温；Γ_{eff} 为流体有效热传导系数。

（4）紊流方程

Flow-3D 一共有 6 种紊流模型，它们分别是零方程模型、单方程模型、标准 k-ε 双方程模型、RNG k-ε 双方程模型、k-ω 双方程模型以及大涡模拟。RNG k-ε 模型修正湍动黏度，能够更好地模拟温度分层的热传递和浮力流动。RNG k-ε 模型控制方程 k 方程和 ε 方程表达式如下：

$$\frac{\partial(\rho k)}{\partial t} + \frac{1}{V_F}\left(u A_x \frac{\partial \rho k}{\partial x} + v A_y \frac{\partial \rho k}{\partial y} + w A_z \frac{\partial \rho k}{\partial z}\right) = P_T + G_T + \text{Diff}_k - \rho\varepsilon \quad (6\text{-}51)$$

$$\frac{\partial(\rho\varepsilon)}{\partial t} + \frac{1}{V_F}\left(uA_x\frac{\partial\rho\varepsilon}{\partial x} + vA_y\frac{\partial\rho\varepsilon}{\partial y} + wA_z\frac{\partial\rho\varepsilon}{\partial z}\right) = C_{\varepsilon1}\frac{\varepsilon}{k}\left(P_T + C_{\varepsilon3}G_T\right) + \text{Diff}_k - C_{\varepsilon2}\rho\frac{\varepsilon^2}{k} \quad (6\text{-}52)$$

式中，k 为流体紊流动能；ε 为流体紊动动能耗散率；$C_{\varepsilon1}$、$C_{\varepsilon2}$、$C_{\varepsilon3}$ 是经验常数。P_T 表示速度梯度引起的紊动动能 k 的产生项，其表达式如下：

$$P_T = \frac{\mu}{\rho V_F}\left\{\begin{array}{l} 2A_x\left(\dfrac{\partial u}{\partial x}\right)^2 + 2A_y\left(\dfrac{\partial v}{\partial y}\right)^2 + 2A_z\left(\dfrac{\partial w}{\partial z}\right)^2 \\[2mm] + \left(\dfrac{\partial v}{\partial x} + \dfrac{\partial u}{\partial y}\right)\left(A_x\dfrac{\partial v}{\partial x} + A_y\dfrac{\partial u}{\partial y}\right) \\[2mm] + \left(\dfrac{\partial w}{\partial x} + \dfrac{\partial u}{\partial z}\right)\left(A_x\dfrac{\partial w}{\partial x} + A_z\dfrac{\partial u}{\partial z}\right) \\[2mm] + \left(\dfrac{\partial v}{\partial z} + \dfrac{\partial w}{\partial y}\right)\left(A_z\dfrac{\partial v}{\partial z} + A_y\dfrac{\partial w}{\partial y}\right) \end{array}\right\} \quad (6\text{-}53)$$

G_T 为由于浮力引起的紊动动能产生项，表达式为：

$$G_T = -C_k\left(\frac{\mu}{\rho^3}\right)\left(\frac{\partial\rho}{\partial x}\frac{\partial p}{\partial x} + \frac{\partial\rho}{\partial y}\frac{\partial p}{\partial y} + \frac{\partial\rho}{\partial z}\frac{\partial p}{\partial z}\right) \quad (6\text{-}54)$$

式中，C_k 为湍浮力流的一个参数，默认值为 0，热力湍浮力流问题则选取近似值 2.5。

扩散项的表达式如下：

$$\begin{aligned} \text{Diff}_k &= \frac{1}{V_F}\left\{\frac{\partial}{\partial x}\left(v_k A_x\frac{\partial k}{\partial x}\right) + \frac{\partial}{\partial y}\left(v_k A_y\frac{\partial k}{\partial y}\right) + \frac{\partial}{\partial z}\left(v_k A_z\frac{\partial k}{\partial z}\right)\right\} \\[2mm] \text{Diff}_\varepsilon &= \frac{1}{V_F}\left\{\frac{\partial}{\partial x}\left(v_\varepsilon A_x\frac{\partial\varepsilon}{\partial x}\right) + \frac{\partial}{\partial y}\left(v_\varepsilon A_y\frac{\partial\varepsilon}{\partial y}\right) + \frac{\partial}{\partial z}\left(v_\varepsilon A_z\frac{\partial\varepsilon}{\partial z}\right)\right\} \end{aligned} \quad (6\text{-}55)$$

式中，v_k、v_ε 分别表示 k、ε 的有效扩散系数，表达式是：

$$\begin{aligned} v_k &= \alpha_k\left(\mu + \mu_t\right) \\ v_\varepsilon &= \alpha_\varepsilon\left(\mu + \mu_t\right) \end{aligned} \quad (6\text{-}56)$$

式中，μ 表示流体的动力黏度；α_k、α_ε 分别为紊动动能和紊动动能耗散率所对应的乘数；μ_t 为紊动的运动黏滞系数，其表达式为：

$$\mu_t = \rho C_\mu\frac{k^2}{\varepsilon} \quad (6\text{-}57)$$

式中，C_μ 为经验常数。

6.5.2.2　水温模块

对于热力湍浮力流问题，流体内部温度方程为：

$$\frac{\partial(\rho I)}{\partial t} + \frac{\partial}{\partial x}(\rho IuA_x) + \frac{\partial}{\partial y}(\rho IvA_y) + \frac{\partial}{\partial z}(\rho IwA_z) =$$
$$-\rho\left(\frac{\partial uA_x}{\partial x} + \frac{\partial vA_y}{\partial y} + \frac{\partial wA_z}{\partial z}\right) + \mathrm{RI_{DIF}} + T_{\mathrm{DIF}} + \mathrm{RI_{SOR}} \tag{6-58}$$

式中，I 为宏观内能（J/kg），与温度成线性关系：$I = C_p T$，其中 T 为流体温度（℃），C_p 为水的比热容 [J/（kg·℃）]，$\mathrm{RI_{SOR}}$ 是热源项，$\mathrm{RI_{DIF}}$ 是湍流扩散项，T_{DIF} 是热传导项，表达式是：

$$\mathrm{RI_{DIF}} = \frac{\partial}{\partial x}\left(D_T A_x \frac{\partial\rho I}{\partial x}\right) + \frac{\partial}{\partial y}\left(D_T A_y \frac{\partial\rho I}{\partial y}\right) + \frac{\partial}{\partial z}\left(D_T A_z \frac{\partial\rho I}{\partial z}\right)$$
$$T_{\mathrm{DIF}} = \frac{\partial}{\partial x}\left(\lambda A_x \frac{\partial T}{\partial x}\right) + \frac{\partial}{\partial y}\left(\lambda A_y \frac{\partial T}{\partial y}\right) + \frac{\partial}{\partial z}\left(\lambda A_z \frac{\partial T}{\partial z}\right) \tag{6-59}$$
$$D_T = \frac{\alpha_T(\mu + \mu_t)}{\rho}$$

式中，D_T 为扩散系数，$\mathrm{m^2/s}$；α_T 为湍流扩散对应的普朗特数的倒数；λ 为温度传导系数，W/（m·℃）。

模型参数均是经验常数，取值见表 6-11。

表 6-11　模型系数取值

系数	C_μ	C_k	α_k	α_ε	α_T	$C_{\varepsilon1}$	$C_{\varepsilon2}$	$C_{\varepsilon3}$	λ	C_p
取值	0.09	2.5	1.39	1.39	1.42	1.44	1.92	0.2	0.597	4 200

6.5.2.3　浓度输移模块

浓度输移扩散方程：

$$V_F\frac{\partial\phi_{\mathrm{sal}}}{\partial t} + \frac{\partial}{\partial x}(A_x\phi_{\mathrm{sal}}u) + \frac{\partial}{\partial y}(A_y\phi_{\mathrm{sal}}v) + \frac{\partial}{\partial z}(A_y\phi_{\mathrm{sal}}w) =$$
$$\frac{\partial}{\partial x}\left(\Gamma_{\mathrm{sal}}\frac{1}{\sigma}\frac{\partial\phi_{\mathrm{sal}}}{\partial x}\right) + \frac{\partial}{\partial y}\left(\Gamma_{\mathrm{sal}}\frac{1}{\sigma}\frac{\partial\phi_{\mathrm{sal}}}{\partial y}\right) + \frac{\partial}{\partial z}\left(\Gamma_{\mathrm{sal}}\frac{1}{\sigma}\frac{\partial\phi_{\mathrm{sal}}}{\partial z}\right) \tag{6-60}$$

式中，ϕ_{sal} 为盐度值；σ 为普朗特数；Γ_{sal} 为浓度扩散湍流附加系数。状态方程：

$$\rho = \rho(T) + \Delta\rho_{\mathrm{sal}} + \Delta\rho_{\mathrm{ss}} \tag{6-61}$$

式中，

$$\rho(T) = 999.845\,259 + 6.793\,952\times10^{-2}T -$$
$$9.095\,290\times10^{-3}T^2 + 1.001\,685\times10^{-4}T^3 - \tag{6-62}$$
$$1.120\,083\times10^{-6}T^4 + 6.536\,332\times10^{-9}T^5$$

6.5.2.4　泥沙模块

$$\frac{\partial C_{s,i}}{\partial t} + \left(\frac{\partial}{\partial x} \bar{u} C_{s,i} + \frac{\partial}{\partial y} \bar{u} C_{s,i} + \frac{\partial}{\partial z} \bar{u} C_{s,i} \right) = 0 \tag{6-63}$$

$$\bar{u} = \left(1 - \sum_{i=1}^{N} f_{s,i} \right) u_f + \sum_{i=1}^{N} f_{s,i} u_{s,i} \tag{6-64}$$

$$\frac{\partial u_{s,i}}{\partial t} + \bar{u} \left(\frac{\partial u_{s,i}}{\partial x} + \frac{\partial u_{s,i}}{\partial y} + \frac{\partial u_{s,i}}{\partial z} \right) =$$
$$-\frac{1}{\rho_{s,i}} \left(\frac{\partial p}{\partial x} + \frac{\partial p}{\partial y} + \frac{\partial p}{\partial z} \right) + F - \frac{k_i}{f_{s,i}\rho_{s,i}} u_{r,i} \tag{6-65}$$

$$\frac{\partial \bar{u}}{\partial t} + \bar{u} \left(\frac{\partial \bar{u}}{\partial x} + \frac{\partial \bar{u}}{\partial y} + \frac{\partial \bar{u}}{\partial z} \right) = -\frac{1}{\bar{\rho}} \left(\frac{\partial p}{\partial x} + \frac{\partial p}{\partial y} + \frac{\partial p}{\partial z} \right) + F \tag{6-66}$$

$$k_i = \frac{3}{4} \frac{f_{s,i}}{d_{s,i}} \left(C_{D,i} \| u_{r,i} \| + 24 \frac{\mu_f}{\rho_f d_{s,i}} \right) \tag{6-67}$$

$$u_{r,i} = \frac{1}{\bar{\rho} K_i} \left(\frac{\partial p}{\partial x} + \frac{\partial p}{\partial y} + \frac{\partial p}{\partial z} \right) (\rho_{s,i} - \rho_f) f_{s,i} \tag{6-68}$$

式中，$C_{s,i}$ 为悬沙浓度；$\bar{u}$ 为悬沙和流体的平均速度；u_f 为流体速度；$u_{s,i}$ 为泥沙速度；$u_{r,i}$ 为相对速度；$\rho_{s,i}$ 为泥沙密度；ρ_f 为液体密度；$\bar{\rho}$ 为平均密度；F 为体积力和黏性力；k_i 为拖曳方程；μ_f 为液体黏度；$d_{s,i}$ 为泥沙粒径；$C_{D,i}$ 为拖曳系数，取值为 0.5。

6.5.3　模型前处理及数据要求

在数值模拟过程中，第一步需要完全了解所要分析的问题。用流体力学知识，分析工程中参数的重要性，该如何简化，计算过程中可能遇到的问题以及期望得到的效果。确定液体流动特性，如黏性、表面张力及能量作用大小的常用方法是计算雷诺数（Reynold's Number）、邦德数（Bond Number）、韦伯数（Weber Number）等无量纲参数。用 Flow-3D 分析模拟的流程为：研究对象图档导入建立网格（Meshing&Geometry），选择单位系统（General）、选择物理模型（Physics）、选择流体材料（Fluids）、建立边界条件给定初始条件（Meshing&Geometry），预处理（Preprocess Simulation）、计算（Run Simulation）、查看结果（Analyze and Display）。

Flow-3D 的前处理主要包括模型建立、网格划分、初始条件和边界条件的设置、控制参数选择等。

6.5.3.1　总体参数设置

打开 Flow-3D，点击"Model Setup"表中的"General"表，确定整个问题的参数，如结束时间（finish time）、结束条件（number of cycles）、界面追踪（interface tracking）、流

体模式（flow mode）、液体数量（number of fluids）、单位（units）及运行版本（version options）。

6.5.3.2 模型建立

模型可通过 CAD、PROE、SOLDWORK、UG、RHINO、CATIA 等三维建模软件建立模型元件，单击 Flow-3D 软件中的 Model Setup-Meshing&Geometry 工具条 STL 图标即可将建立好的模型元件导入工作空间。另外，也可通过 Flow-3D 工具栏中的 Utilities 导入地形散点（X、Y、Z 坐标）。大部分的 CAD 都支持 STL 格式输出。STL 格式转出时，实体图形是以三角面完全包覆，转出格式则包含三角面的三个顶点坐标，以及三角面法线方向。其均采用笛卡尔坐标系（Cartesian coordinate system）。Flow-3D 没有限制 STL 档的数量，如果需要加入多个 STL 档，可以重复加入。另外，软件本身也提供五种常见的几何类型（球、圆柱、锥、长方体、环），可以通过界面快捷方式或通过菜单来选择。

6.5.3.3 选择单位系统

Flow-3D 单位系统包括 SI 制、CGS 制、Engineering 制和 Custom，导入几何时建议将单位转换至 CGS 制。

6.5.3.4 网格划分

在进行任何模拟时，最重要的工作之一是考虑如何定义计算网格。网格单元的数量，取决于定义边界的尺寸。并且，网格单元的数量极大地影响计算结果、运行时间和计算精度。

网格划分时，建议采用均匀网格（Uniform Meshes），如果局部几何为薄壁时，为了减少网格数量常采用非均匀网格（Non-Uniform Meshes）。网格的长宽比（Aspect Ratios）尽量趋近于 1（正立方体），最好不超过 3，如果是采用非均匀网格格式，相邻的网格尺寸比例建议不要超过 1.25。在流场越紊乱（压力梯度变化较大）的区域，尽量采用非均匀网格。

计算时，需要确定模型的计算范围，确定 x、y、z 方向的最大、最小尺寸，对于局部加密的网格部分，需要确定局部加密的位置和尺寸大小。已保存的输入文件 prepin.inp 中包含一个默认网格，它可在树结构下查看到笛卡尔坐标系。

6.5.3.5 边界条件

打开"Model Setup"表中的"Meshing&Geometry"表，点击网格文件设置表"Mesh-Cartesian"中的边界条件"Boundaries"，设置各个边的边界条件。

模型提供了多种边界条件包括：对称边界、压力边界、连续边界、流量边界、流速边界、波浪边界、固壁边界、周期边界、自由出流边界、网格重叠边界。这些边界也可以自定义，根据实际情况选择合适的边界。

计算范围的所有边界都需要边界条件。在缺省情况下，Flow-3D 将所有边界设为对称，即边界没有不稳定的特性和剪切。典型的水力边界主要有水库静水压边界、上游水位曲线边界、下游尾水边界和预估未知上游水深。

6.5.3.6　初始条件

打开"Model Setup"表中的"Meshing&Geometry"表，点击建模下的初始条件"Initial"，在初始压力域（Initial Pressure Field），选择 z 方向静水压力按钮。这将初始化网格中所有液体初始条件为静水压力，同时也指示垂直压力边界为静水压力边界。然后在网格中创建初始流体。点击添加（Add），弹出编辑范围（Edit Region）对话框，在对话框中设置流体参数。

6.5.3.7　选择物理模型

打开"Model Setup"表中的"Physics"表，选择物理模型，勾选黏度与紊流模型（Viscosity and turbulence）、变密度模型（Density evaluation）和重力模型（Gravity and non-inertial reference frame），并设置相关的参数。

6.5.3.8　流体属性设定

打开"Model Setup"表中的"Fluid"表，指定密度及黏性等特性，可以直接在树形特性表中输入，也可在流体数据库中加载。

6.5.3.9　数据输出设定

打开"Model Setup"表中的"Output"表，选择输出参数，设置输出时间间隔。在 Restart data 中指定所有物理资料输出间隔。在 Selected data 中自定义所需要输出的物理资料并指定输出间隔。

6.5.3.10　数值方法设定

打开"Model Setup"表中的"Numerics"表，设置初始时间步长（Initial time step）和最小时间步长（Minimum time step）。选择压力求解方法（Pressure Solvers）、显隐式求解选项（Explicit/Implicit Solvers）、分子对流选项（Momentum Advection）。

6.5.3.11　预处理

右击"Simulation Manager"表中设置好的案例，选择"Preprocess Simulation"，对案例进行预处理。这将把液体嵌入网格，并且产生可视的初步结果。

6.5.3.12　计算

右击"Simulation Manager"表中设置好的案例，选择"Run Simulation"。如果在计算

中出现数值问题，可参考 Mentor 的建议和提示。其中"Error&Warning Messages"中记录所有的错误及警告信息。"Runtime Options"可针对仿真过程中的数值求解进行调整，以便提高收敛性。

6.5.4 模型输出及后处理

当模拟运行结束，点击分析（Aanlyze）表，选择左下角打开结果文件按钮（Open results file），同时选择用户按钮，选择文件 flsgrf.dat，并点击"ok"。选择所要分析的数据类型、时间节点、位置范围，点击"Render"，即可在"Display"中查看结果。也可通过"Text Output"导出数据文件，在后处理软件 Tecplot 里进行分析。也可通过 11.0 版本的 Flow-3D 自带后处理软件 FlowSight 来对结果进行分析。

6.5.5 模型使用要点

Flow-3D 输入或模拟文件格式为 prepin."ext"，其中"ext"表示文件名称（仅能用英文字母或数字表示）。其类型为.dat 文件，可以用"记事本或文本编辑器"打开。Flow-3D 结果文件格式为 flsgrf."ext"，其中"ext"表示文件名称（与 prepin."ext"名称是一一对应的）。其类型为 ASCⅡ形式，可以用"记事本或文本"工具打开。

仿真前，建议把几何图形（*.stl）以及模拟文件（Prepin.*）放置在同一路径下。Flow-3D 的分析及模拟文件必须放置在以英文字母或数字建立的路径下。结果文件可能相当大，请先确定硬盘空间是否足够。

计算网格数量与内存大小有关，请先确定内存足够（建议采用 8 GB 以上的内存容量，最小不要低于 2 GB）。

Flow-3D 使用过程中，三个常见的错误和警告消息如下：

（1）Convective flux exceeded stability limit（对流流量超过稳定极限）

➤ 意义：CFL 使用条件超出当前 Dt；

➤ 求解方案：Flow-3D 重新计算较小的 Dt 当前时间步长；

➤ 分析的解决方案：不会损失精度。

（2）Pressure iteration did not converge in ITMAX iterations（压力迭代没在 ITMAX 收敛）

➤ 意义：残差仍大于 ITMAX 收敛后的 EPSI；

➤ 求解方案：用目前速度场继续执行下一个时间步长；

➤ 分析的解决方案：有可能损失精度。

（3）Time step less than DTMIN（时间步长比 DTMIN 少）

➤ 意义：当前时间步长低于允许的（DTMIN）；

➤ 求解方案：解决方案终止；

➤ 分析的解决方案：解决方案已经停止，要找出原因。

6.5.6 Flow-3D 模型验证案例

6.5.6.1 模型验证 1——浮力流的流场和温度场验证

采用 Johnson 在美国陆军工程兵团水道试验站水库模型上进行的重力下潜流试验资料对近坝区三维浮力流数学模型进行验证。

（1）验证工况说明

模型水库全长 24.39 m，模型分为两部分，总体深度在入口处为 0.3 m，在坝址处变为 0.91 m。第一部分长 6.1 m，高度 0.3 m，保持不变，底部水平，宽度方向从 0.3 m 线性变化至 0.91 m。第二部分与第一部分连接，宽度方向与第一部分最大值相同，且保持不变，为 0.91 m，长度为 18.29 m，深度从 0.3 m 线性变化至 0.91 m。

为了模拟由于冷水进入热水产生密度流，导致水温分层现象，首先在水库模型内充满水体，水温保持在 21.44℃，入口断面 0.15 m 以上为挡板，然后将 16.67℃的冷水从挡板以下的孔口引入水库模型，出口位于坝址底部上 0.15 m 处，保持水位不变，入流量和出流量相同，均为 0.000 63 m³/s。

（2）计算网格划分

图 6-98 和图 6-99 分别为计算网格的立面图和平面图，采用六面体网格对水库模型进行划分，长度方向网格大小为 0.08～0.16 m，网格数为 145，两端加密，中间尺寸较大。宽度方向网格大小为 0.043 m，垂向均匀分为 23 层，网格大小为 0.04 m。

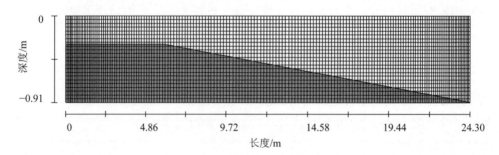

图 6-98　计算网格立面图

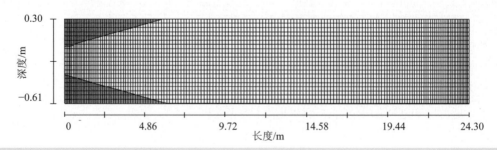

图 6-99　计算网格平面图

（3）边界条件和初始条件

上游入流边界设流量边界，入流设定流速为 0.000 63 m³/s，入流温度为 16.67℃，水位设定为 0；下游出流边界设定为纵向流速梯度为 0。表面采用自由液面。初始条件：设定库区内初始流速为零，库区内水温为 21.44℃。

（4）结果分析

图 6-100 为计算的不同时刻立面温度分布，模拟结果可以清晰地显示出冷水行进时温度分层的情况。在紊动扩散和热传导的作用下，温度不同的水相互混掺，形成明显的温度分层。冷水层在推进过程中的流动形态类似于层流，一直保持较高的速度，可达到 0.015 m/s，而在垂向上保持很大的速度梯度，这是由于该冷水层与上层水体的温度差，形成的温跃层，抑制了动量在垂向上的传递。同时也抑制了热量在垂向的扩散和传递，使底层温度梯度一直很大，潜流层外的水体温度一直保持在 21.44℃，几乎没有受到影响。

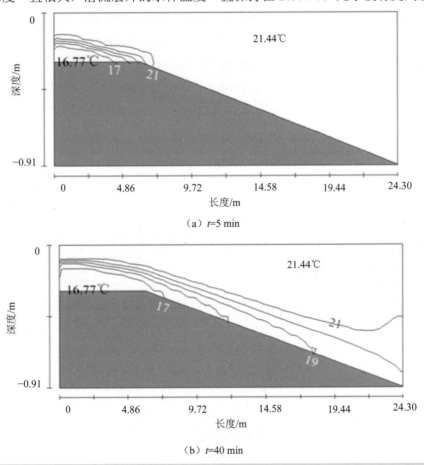

（a）t=5 min

（b）t=40 min

图 6-100　不同时刻立面温度分布

图 6-101 为模拟 11 min 时水库纵剖面的流场分布图。从图中可以看出，冷水层进入水库后沿底部向前运动，在 11 min 时向前推进了 12.21 m，流速梯度较大。冷水向前运动时，

受到热水的阻挡，使得冷水前部流速向上偏转，上层水体在剪切力的作用下，导致上层水体反向运动，形成立面环流。

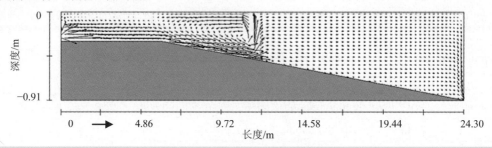

图 6-101　在 11 min 时纵剖面流场

　　图 6-102 为下泄水温的模拟值和实测值随时间的变化，从图中可以看出，下泄水温模拟值与实测水温下降趋势一致，模拟值是在 20 min 冷水层到达坝前，下泄水温开始下降，而实测值大约是在 17 min 开始下降，模拟值的水温开始下降时间稍晚于实测值。图 6-103 为在 11 min 时距水库入口 11.43 m 处流速的模拟值和实测值的对比。从图中可以看出，上层水体流速小于零，且变化非常小，这是由于上层水体水温一致，持续保持在 21.44℃，水体的紊动基本没有受到温度的影响，且为逆向流速，流速变化很小；下层水体从 16.77℃迅速变化到 21℃，存在很大的温差，水体沿库底向前推进，因此流速较大，且变化也很大。表明该模型可以较好地模拟温度场与流场耦合的特点。

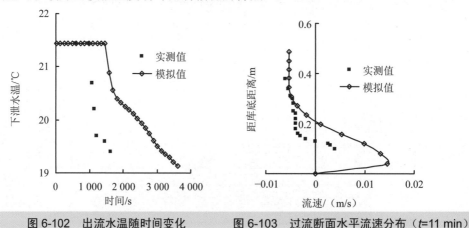

图 6-102　出流水温随时间变化　　　　图 6-103　过流断面水平流速分布（t=11 min）

6.5.6.2　模型验证 2——温差浮力流的温度场验证

（1）验证工况说明

　　采用 Balasubramanian 等于 1978 年模型试验结果进行验证。实验为水池内一定深度上高温水进入低温环境水体形成的水平圆形浮力射流的三维流动。试验水池尺寸为 21 m×11.6 m×0.1 m，射流出口流速为 0.287 m/s。验证工况如表 6-12 所示。

表6-12 验证工况参数取值

射流孔口直径/mm	射流流速/（m/s）	射流水温/℃	环境水温/℃	射流与环境水温差/℃	水面中心最大温降率/%
14.4	0.287	38.52	21.87	16.65	13.9

（2）模型参数的确定

体积热膨胀系数取为 0.000 18 m/K。

（3）验证结果

图 6-104 和图 6-105 分别为 Balasubramanian 等的试验结果和本书模型数值模拟得到的管道中心断面的温度降低率（温降率）等值线图。如图 6-104 和图 6-105 及表 6-12 所示，表层水面中心（温度最小值处）的温降率试验结果与数值模拟结果分别为 13.9% 和 19.3%，两者相对误差为 28.1%，表明计算值与实验值是比较符合，从而证明上述数学模型可用于水平圆形浮力射流温度场的数值模拟。

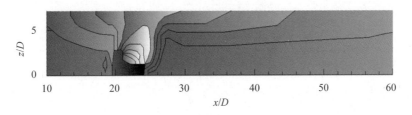

图 6-104　Balasubramanian 等浮力射流中心垂面水温分布实验结果

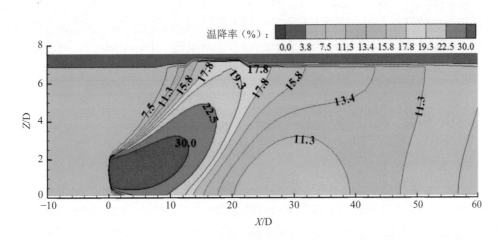

图 6-105　浮力射流中心垂面水温分布的数值模拟结果

6.5.6.3　模型验证3——浮力流的盐度场验证

（1）验证工况说明

如图6-106所示，盐度场模型试验在长宽高分别为1.2 m×0.5 m×0.7 m的有机玻璃水箱中进行。射流孔口中心距底板高度为0.37 m，孔口直径为2 cm。实验开始前水箱中充满高度为0.6 m的均质高浓度盐水，实验开始后，通过水泵向水箱内持续注入同温度的清水。利用针筒对水面射流轴线上进行定点采样，测量水样电导率，并根据电导率与盐度的经验公式得到盐度。

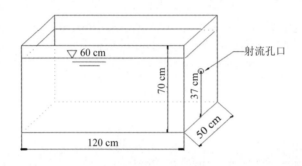

图 6-106　射流装置示意

试验工况如表6-13所示。

表6-13　盐度场验证工况的计算参数

工况	射流直径 d/mm	射流流速 u/（m/s）	水温/℃	初始水位/cm	环境盐度/（mg/L）	射流盐度/（mg/L）
1	20	0.209	9.1	60	1 044	0
2	20	0.230	9.1	60	977	0

（2）选取模型参数

经参数率定，Γ_{sal}取值0.2。

（3）验证结果

图6-107至图6-112分别为上述两种试验工况下数值模拟结果与实验结果的对比图。其中图6-111、图6-112为两工况水面中心轴线上数值模拟结果与实验结果的相对误差值。如图所示，两者符合程度较高，工况1和工况2的相对误差最大值分别出现在距射流出口30 cm的60 s时刻和40 cm的150 s时刻，分别为12.4%和15.9%；70%的其余时刻和取值点的相对误差小于10%，沿X方向射流中心附近的相对误差小于射流上游和射流下游。随模拟时间增加，沿X方向射流中心下游，实验值和模拟值的相对误差逐渐减小。

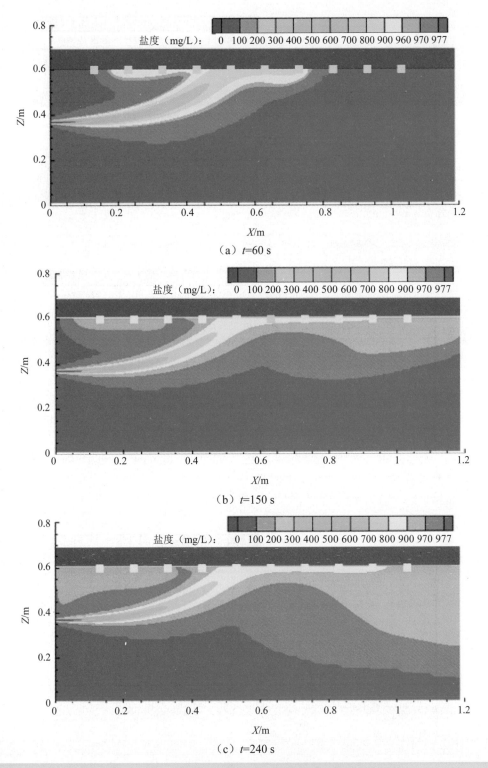

（a）t=60 s

（b）t=150 s

（c）t=240 s

图 6-107　工况 1 盐度模拟结果与实测结果比较（散点为实测值）

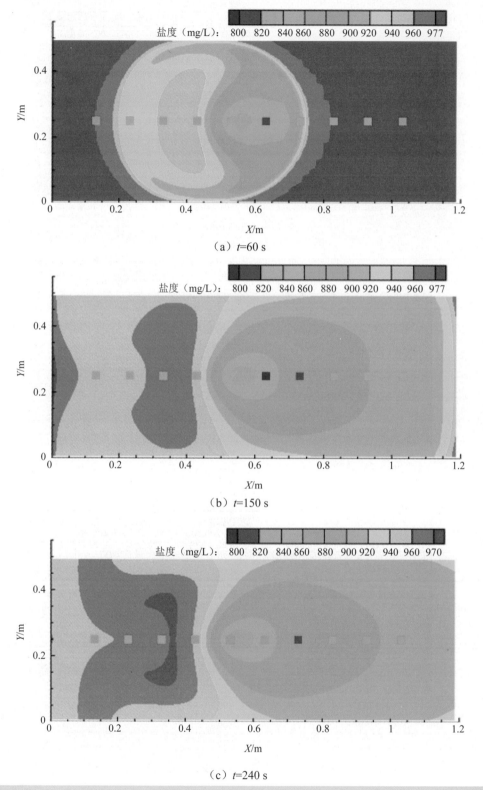

（a）t=60 s

（b）t=150 s

（c）t=240 s

图 6-108　工况 1 盐度模拟结果与实测结果平面比较（散点为实测值）

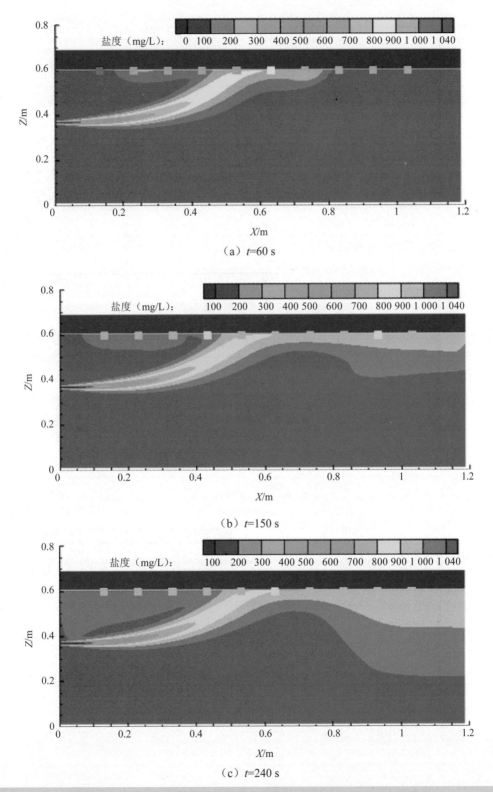

（a）t=60 s

（b）t=150 s

（c）t=240 s

图 6-109　工况 2 盐度模拟结果与实测结果立面比较（散点为实测值）

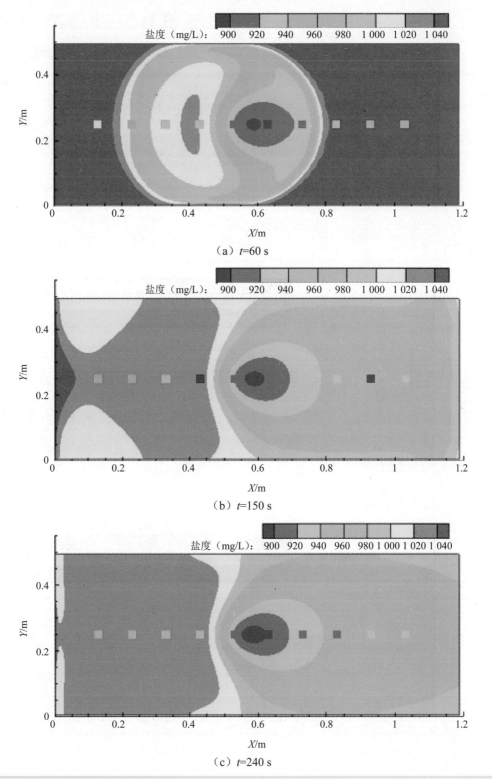

（a）t=60 s

（b）t=150 s

（c）t=240 s

图 6-110　工况 2 盐度模拟结果与实测结果平面比较（散点为实测值）

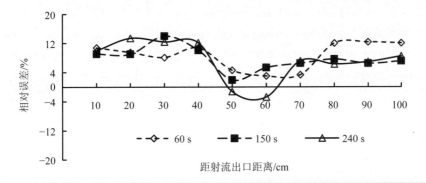

图 6-111   工况 1 射流中心轴线盐度模拟结果与实测结果相对误差

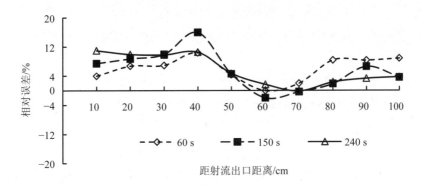

图 6-112   工况 2 射流中心轴线盐度模拟结果与实测结果相对误差

6.5.7   小结

Flow-3D 是一套全功能的软件,其功能包括导入几何模型、生成网格、定义边界条件、计算求解和计算结果后处理。完全整合的图像式使用界面让使用者可以快速完成从仿真专案设定到结果输出的过程。Flow-3D 提供的多网格区块建立技术,使得在不影响其他计算区域网格数量的前提下对计算区域的局部网格加密。采用 FAVOR^{TM} 技术,使得矩形网格也能描述复杂的几何外形,从而可以高效率并且精确地定义几何外形。TruVOF 技术能够精确地模拟具有自由界面的流动问题。应用领域广泛,包括航天工业、船舶、铸造工业、民生用品、喷墨和水力与环境工程。

水力学中关于泥沙的冲刷淤积内容是河流动力学的基础,如何将泥沙冲刷淤积形象地表达出来是 Flow-3D 的一个强项;河流中推移质的运动规律复杂多变,利用 Flow-3D 可以轻松地将推移质运动的规律展现出来;在水利工程中,水电站进水口都要设置减压井,而减压井最常见的问题是卷气现象。由于气体肉眼看不见,比较抽象,所以利用 Flow-3D 可以将卷气现象利用云图的形式模拟出来,可以使结果直观形象;海啸是一种危害非常大的自然灾害。如何正确预报海啸冲击波范围和水深也是水力研究中的一个热门方向。Flow-3D

软件提供了强大的计算能力，可以轻松地模拟出海啸波的扩散范围和水深，为海啸的预测提供了强大可靠的工具。另外，Flow-3D 的技术特点对近坝区三维浮力流的水温分布和流场模拟起到很好的支撑作用，其中网格与图档不关联可以自动生成网格，然后根据需要自行调节，能够更精准地模拟近坝区地形情况和出水口细小的部件，可以更加真实地反映近坝区流场情况。非均匀多网格可以根据需要让局部网格加密，计算水温时，垂向上可以在温跃层加密，更加精确地描述温度分层。利用 Fortran 自定义边界，可以使入流边界条件温度分层情况更好地与库区保持一致。

参考文献

[1] 曹祖德，王运洪. 1994. 水动力泥沙数值模拟[M]. 天津：天津大学出版社.

[2] 陈水勇，吴振明，俞伟波，等. 1999. 水体富营养化的形成、危害和防治[J]. 环境科学与技术，6（2）：12-16.

[3] 陈异晖. 2005. 基于 EFDC 模型的滇池水质模拟[J]. 云南环境科学，24（4）：28-30，46.

[4] 崔玲，陈余道，蒋亚萍. 2007. River2D 模型及其在漓江桂林市区段的初步应用[J]. 广西水利水电，117（3）：6-9，13.

[5] 戴春胜. 2003. 河道三维流场数值模拟计算[J]. 黑龙江水利科技，（4）：1-3.

[6] 高学平，井书光，贾来飞. 2014. 溢洪道弯道水流影响因素研究[J]. 水力发电学报，33（4）：132-138.

[7] 龚春生，姚琪，赵棣华，等. 2006. 浅水湖泊平面二维水流－水质－底泥污染模型研究[J]. 水科学进展，17（4）：496-501.

[8] 龚文平，李昌宇，林国尧，等. 2012. DELFT 3D 在离岸人工岛建设中的应用——以海南岛万宁日月湾人工岛为例[J]. 海洋工程，30（3）：35-44.

[9] 胡溪. 2010. 珠江口磨刀门水道咸潮入侵数值模拟研究[D]. 北京：清华大学.

[10] 姜恒志，沈永明，汪守东. 2009. 瓯江口三维潮流和盐度数值模拟研究[J]. 水动力学研究与进展：A 辑，24（1）：63-70.

[11] 贾鹏，王庆改，张帝，等. 2015. EFDC 模型在水环境管理信息系统集成开发过程中的关键技术研究[J]. 环境工程，33（7）：131-134.

[12] 季振刚. 2012. 水动力学和水质[M]. 北京：海洋出版社.

[13] 赖锡军，姜加虎，黄群，等. 2011. 鄱阳湖二维水动力和水质耦合数值模拟[J]. 湖泊科学，23（6）：893-902.

[14] 李鉴初，杨景芳. 1995. 水力学教程[M]. 北京：高等教育出版社.

[15] 李一平，邱利，唐春燕，等. 2014. 湖泊水动力模型外部输入条件不确定性和敏感性分析[J]. 中国环境科学，34（2）：410-416.

[16] 李一平，逄勇，彭进平. 2003. 湖泊水动力特征与数值实验模拟研究综述[J]. 水资源保护，（3）：1-4，61.

[17] 马福喜，王金瑞. 1996. 三维水流数值模拟[J]. 水利学报，（8）：39-44.

[18] 末祖华，凌娟，母应锋，等. 2011. COD 与 TOC 测定方法的比较[J]. 环境监测管理与技术，23（6）：53-54.

[19] 逄勇，濮培民，高光，等. 1994. 非均匀风场作用下太湖风成流风涌水的数值模拟及验证[J]. 海洋湖沼通报，（4）：9-15.

[20] 孙卫红. 2001. 太湖风生流及污染带模拟研究[D]. 南京：河海大学.

[21] 王领元. 2007. 应用MIKE对河流一、二维的数值模拟[D]. 大连：大连理工大学：33-40.

[22] 王谦谦，姜加虎，濮培民. 1992. 太湖和太浦河口风成流、风涌水的数值模拟及单站验证[J]. 湖泊科学，4（4）：1-7.

[23] 王万战，董利瑾. 2007. 渤海流场基本特性的MIKE21 模拟研究[J]. 人民黄河，29（10）：32-33.

[24] 王志东. 2004. 三维自由面湍流场数值模拟及其在水利工程中的应用[D]. 南京：河海大学.

[25] 吴华莉，陈翠霞，金中武，等. 2013. 基于 Fluent 的连续弯道水流三维数值模拟[J]. 武汉大学学报：工学版，46（5）：599 -603.

[26] 吴欢强. 2009. 溃坝生命损失风险评价的关键技术研究[D]. 南昌：南昌大学.

[27] 吴坚. 1993. 太湖水动力学数值模拟[D]. 南京：中国科学院南京地理与湖泊研究所.

[28] 谢瑞，吴德安. 2010. EFDC 模型在长江口及相邻海域三维水流模拟中的开发应用[J]. 水动力学研究与进展：A 辑，25（2）：165-174.

[29] 张大伟. 2008. 堤坝溃决水流数学模型及其应用研究[D]. 北京：清华大学.

[30] 张利民，濮培民，大西行雄. 1996. 一个三维斜压水动力模型的建立及其在日本琵琶湖中的应用[J]. 湖泊科学，8（1）：1-7.

[31] 张台凡，宋进喜，杨小刚，等. 2015. 渭河陕西段沉化物中总磷、总氮时空分布特征及其影响因素研究[J]. 环境科学学报，35（5）：1394-1399.

[32] BEREJIKIAN B A，TEZAK E P，SCHRODER S L. 2001. Reproductive behavior and breeding success of captively reared Chinook salmon [J] .North American Journal of Fisheries Management，21（1）：255-260 .

[33] Blumberg A F，Mellor G L. 1987. A Description of a Three-Dimensional Coastal Ocean Circulation Model [M]. Washington DC：AGU：1-16.

[34] COWAN W L. 1956. Estimating hydraulic roughness coefficients [J] .Agricultural Engineering，37（7）：473-475.

[35] Danish Hydraulic Institute（DHI）.2005. MIKE11：A Modeling System for Rivers and Channels Reference Manual，DHI.

[36] Danish Hydraulic Institute（DHI）.2005. MIKE11：A Modeling System for Rivers and Channels User-Guide Manual，DHI.

[37] Danish Hydraulic Institute. MIKE11 Reference Manual.

[38] Danish Hydraulic Institute. M IKE11 User Manual.

[39] Delft3D-flow user's manual [M]. WL l Delft hydraulics，2001，version 3.06.

[40] Delft3D-FLOW_User_Manual. 2014. WL| Delft Hydraulics.

[41] Delft3D-QUICKPLOT_User_Manual. 2004. WL| Delft Hydraulics.

[42] Delft3D-QUICKIN_User_Manual. 2014. WL| Delft Hydraulics.

[43] Delft3D-RGFGRID_User_Manual. 2014. WL| Delft Hydraulics.

[44] DHI. 1999. User Guide and Reference Manual of MIKE21.

[45] DHI water and environment. 2003. MIKE21 user' manner[M].

[46] EPA Center for Exposure Assessment Modeling. http: //www2. epa. gov / exposure-assessment-models /efdc.

[47] Hamrick J M. 1992. Analysis of currents in the vicinity of the proposed New Carrier Pier at Newport News Shipbuilding: A report to Lockwood Greene engineers [J]. The College of William and Mary, Virginia Institute of Marine Science, Gloucester Point, VA.

[48] Hamrick J M. 1991. Analysis of mixing and dilution of process water discharged into the Pamunkey River: A report to the Chesapeake Corp [J]. The College of William and Mary, Virginia Institute of Marine Science, Gloucester Point, VA.

[49] Hamrick J M. 1994. Application of the EFDC, Environmental fluid dynamics computer code to SFWMD water conservation area 2A: A report to South Florida water management district. JMH-SFWMD-94-01[J]. Williamsburg VA.

[50] Hamrick J M. 1992. A Three-Dimensional Environmental Fluid Dynamics Computer Code: Theoretical and Computational Aspects[M]. Williamsburg: Virginia Institute of Marine Science, College of William and Mary.

[51] Hamrick J M. 1993. Preliminary analysis of mixing and dilution of discharges into the York River: A report to the Amoco Oil Co[J]. The College of William and Mary, Virginia Institute of Marine Science, Gloucester Point, VA.

[52] Hamrick J M. 1996. User's manual for the environmental fluid dynamic computer code[J]. The College of William and Mary, Virginia Institute of Marine Science, Special Report.

[53] James D Dykes, Y Larry Hsu and James M. 2003. APPLICATION OF DELFT3D IN THE NEARSHORE ZONE [R]. Kaihatu Naval Research Laboratory, Stennis Space Center, Mississippi.

[54] Julia Blackburn, Peter Steffler. 2002. River2D Two-Dimensional Depth Averaged Model of River Hydrodynamics and Fish Habitat: River2D Tutorial-Fish Habitat Tools[R]. Canada: University of Alberta.

[55] KATOPODIS C. 2003. Case studies of instream flow modelling for fish habitat in canadian prairie rivers[J] .CanadianWater Resources Journal, 28（2）: 199-200.

[56] Kong Qingrong . 2009. Sediment transportation and bed morphology reshaping in Yellow River Delta[J]. Science in China Series E. Technological Sciences, 52（11）: 3382-3390.

[57] LACEY R W J, MILLAR R G. 2004. Reach scale hydraulic assessment of instream salmonid habitat restoration[J]. Journal of the American Water Resources Association, 40（6）: 1631-1644.

[58] Li Xi, Wang Y G, Zhang S X. 2009. Numerical simulation of water quality in Yangtze Estuary[J]. Water

Science and Engineering，2（4）：40-51.

[59] Li Y P，Acharya K，Yu Z B. 2011. Modeling impacts of Yangtze River water transfer on water ages in Lake Taihu，China [J]. Ecological Engineering，37（2）：325-334.

[60] MESA M G.1991. Variation in feeding，aggression，and position choice between hatchery and wild cutthroat trout in an artificial stream[J].Transactions of the American Fisheries Society，120（6）：723-727.

[61] Peter Steffler，Julia Blackburn. 2002.Two-Dimen-sional Depth Averaged Model of River Hydrodynamics [R]. Canada：University of Alberta.

[62] P Moin. 1997. Progress in large eddy simulation of turbulence flows. AIAA paper：97-157.

[63] Qian Z，Garboczi E J，Ye G，et al. 2016. Anm：a geometrical model for the composite structures of motar and concrete using real-shape particles [J]. Materials & Structures，49（1-2）：1-10.

[64] SHIRVELL C S. 1990. Role of instream rootwads as juvenile coho salmon and steelhead trout cover habitat under varying stream flows[J]. Canadian Journal of Fisheries and Aquatic Sciences，47（1）：852-861 .

[65] Steffler P，Blackburn J. 2002. Bed topography file editor user's manual. University of Alberta.

[66] Steffler P，Blackburn J. 2002. Introduction to depth averaged modeling and user's manual. University of Alberta.

[67] Wu T S，Hamrick J M，Mc Cutechon S C，et al. 1997. Benchmarking the EFDC / HEM3D surface water hydrodymamic and eutrophication models：Next generation environmental models and computational methods[J]. Society of Industrial and Applied Mathematics，Philadelphia.

[68] Wang Y，Wang H，Bi N，et al. 2011. Numerical modeling of hyperpycnal flows in an idealized river mouth[J]. Estuarine，Coastal and Shelf Science，93（3）：228-238.

[69] Zhao X，Shen Z Y，Xiong M，et al. 2011. Key uncertainty sources analysis of water quality model using the first order error method[J]. International Journal of Environmental Science and Technology，8（1）：137-148.

 国内常用数值模型介绍及应用案例

本章重点针对国内大学及科研机构编制开发的本土水环境数值模型软件进行详细介绍，从发展的历史背景、功能及架构、建模步骤及基础数据要求等方面对各软件模型给出了详细的使用说明。

7.1 CJK3D 模型

7.1.1 模型简介

南京水利科学研究院自主研发的 CJK3D 水环境数值模拟系统，适用于江河湖泊、河口海岸等涉水工程中的水动力、泥沙、水质、温排、溢油模拟预测研究。该模拟系统于 2012 年取得了国家软件著作权登记，2013 年通过中国工程建设标准化协会水运专业委员会组织的软件鉴定，并纳入"水运工程计算机软件登记"。

CJK3D 数值模拟系统先后成功应用于长江口深水航道治理工程的一期、二期、三期及减淤工程、广州港南沙港区、广州港出海航道整治、港珠澳大桥、深圳港大铲湾港区、崖门出海航道整治、丹东港大东港区、沧州港综合港区、盐城港大丰港区等大型港口航道工程的多个阶段研究，研究成果均可成功应用于工程设计和施工管理中。

7.1.2 模型架构

完整的数值模拟系统应该是包括建模、计算和演示三部分的有机整体。其中，建模是准备数据资料的过程，然后通过计算获得所需的数据信息并保存，最后将计算结果通过演示表达出来。应该说所有的数学模型都能够通过不同的方法来完成上述的三个步骤，但是有一个问题通常会被忽略，即计算过程中的可视化，而这正是数学模型不足于物理模型之处。那么如何将这三者集成为一个有机的系统，并能够实现计算过程中的动态演示正是关键之所在。

为便于功能升级和开发的连续性，该系统将建模、计算和演示封装成独立的对象，各自提供通用的接口函数，然后通过系统应用程序将各个对象有机地连接，根据不同的需要来调用相应的对象。CJK3D 模拟系统的构架参见图 7-1。

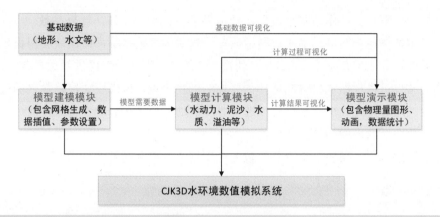

图 7-1　CJK3D 系统架构

图 7-2 为 CJK3D 数值模拟系统界面，界面是通过人机对话来实现各项功能的中介，用户可以通过菜单项、工具条、按钮、输入框及快捷键等方法来实现不同的功能。该界面由以下几部分组成：上方为标题栏、菜单和工具条；中部左侧边栏为建模及验证工具；中部右侧为客户区，主要用来演示；下部为计算及演示工具。

CJK3D 的所有功能（包括建模、计算、演示等）均在此界面下完成，具有良好的集成性能。

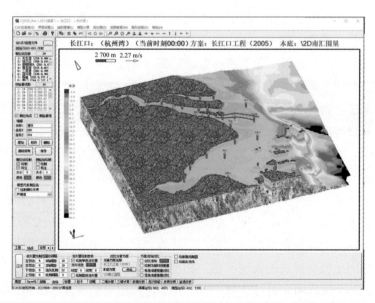

图 7-2　CJK3D 模拟系统界面

7.1.2.1　建模模块

建模的主要功能是输入原始数据并按照计算所需的要求整理数据。根据计算所需要的数据可以分为以下几类：模型基本数据，开边界条件及初始条件，计算参数。

模型基本数据包括网格、水深、测站位置、测站实测数据等，该模块会根据坐标调整网格，按基面关系对水深进行修正，并自动搜索开边界，为下一步提供开边界条件做准备。

开边界条件可以根据资料情况选择需要控制的物理量，该模块会根据输入的边界条件分配到对应的边界单元。初始条件可以选择"冷启动"或"热启动"方式，前一种方式会按照计算参数中所给出的初始常数赋值，后一种方式则按照提供的初始场赋给各个单元。

计算参数输入后，模块会检查各参数的合理性，并提示用户进行调整。

7.1.2.2 计算模块

由于计算模块充分应用了面向对象程序的设计思想，并采用了 VC++的指针、动态数组等技术，因而计算效率高。在关闭绘图消耗的运行条件下，计算速度比 Fortran 编写的数学模型程序快。

计算有二维和三维两种模式，该模块会根据选择调用对应的计算模式。在计算前须选择是否计算盐度、是否开启动边界处理、是否快速计算。计算过程中可以查询任意单元当前的各物理量、计算步数及计算时间等。计算结束后可以保存初始场、验证点及采样点信息、按需要的时间间隔保存所有场的信息。

盐度、水质、温排等计算的循环较多、时间较长，常规的做法是等到计算结束后才可查看计算结果，这就产生在计算过程中发生既无法即时获取计算的合理程度信息，也无法确定何时能够达到计算稳定状态。如在水质计算中，一般需要模拟到稳定状态，通常需要数天甚至数十天的时间，如果按照以前的做法，在计算过程中只能在屏幕上输出指定单元的信息，而无法看到全场的信息，只有等到模拟结束后，才能够查看结果，而且由于计算信息量很大，无法看到详细的中间过程，给调试工作造成了很大的障碍。为此，在该系统中引进了"计算过程可视化"的思想。

在该系统中，如果关闭快速计算，则可在计算过程中观察测验站的验证情况、模型的流场、水位场或盐度场的情况，以便及时对计算过程中的合理性做出判断，这样就可以随时暂停或者终止计算，进行参数调整，避免造成时间上的浪费。在计算的同时，绘制该时刻的水位场、含盐度场、水质浓度场，必然会影响计算的总时间。测试发现，追踪等值线并绘制出该时刻场的图像所花费的时间接近于计算的时间。如何能够实时地绘制计算结果且不占用计算时间是需要解决的关键问题。利用 VC 的多线程技术可以在计算开始时开设两个同步进程，一个进程用来进行计算，而另一个进程用来处理前一时刻的计算结果并绘图，测试结果表明，总时间只增加了 10%。

7.1.2.3 演示模块

模型演示包括四种表达方式：曲线、模型图、剖面图及模型动画。

曲线主要用来显示潮位、流速流向及含盐度、含沙量、水质等验证情况。

模型图则包括地形、水位场、潮流场、盐度场以及各种标量场。地形可以有等深线、网格线及深度渲染等表现形式，而水位场和盐度场只有两种表现形式，即等值线或者色域填充。流场通常通过流矢量来表示，也可以将基于欧拉法的流速场转换为基于拉格朗日跟踪质点的显示模式。模型是全三维的，支持从任意角度、任意方位去查看模型，视方位角范围为 0°～360°，视倾角范围 0°～90°，并提供漫游、镜头缩进拉出等效果。同时，这四者还可以互相组合叠加进行三维显示。

剖面图是为了解各剖面的三维计算结果，可以通过设置断面号来显示对应的横向、纵向及水平剖面流场和盐度场。

动画则是将上述各种图形按时间序列来连续播放。

7.1.3　模型前处理及数据要求

CJK3D 前处理包括模型范围的选取、计算网格的划分、地形的插值、边界条件的设置、关键计算参数的选择以及必要的计算可视化准备。

7.1.3.1　模型数据结构定义

从整个系统流程来看，数据是联系各个模块的纽带。建模是处理数据，计算是获得数据，演示则是表达数据。那么如何建立严谨的数据结构对于演示至关重要。在 CJK3D 模型中，变量主要有两类，即标量和矢量，二者皆可以是多维的物理变量。该系统借鉴了气象学上的五维数据集的概念，五维的概念结构见图 7-3，按照定义，五维数据集用于描述物理过程的多个物理变量的空间分布和时间变化。其中与四维数据集的不同之处是内含多个物理变量，因此五维数据的表达除了四维数据表达方法外，还需要表达物理变量之间的关系。如所有时间步的整个模拟区域的盐度场，而此时由于采用相对分层，各垂向层面的实际深度还与水位场有关，这样就可以快速正确地演示盐度场与水位场的叠加。

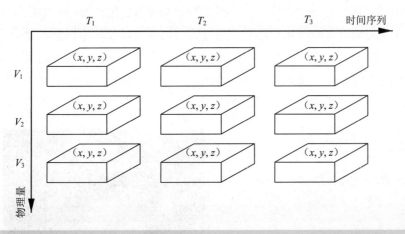

图 7-3　五维数据集概念结构（每个小立方块代表一个二维和三维网格）

7.1.3.2　地形数据处理

在水动力数值模拟中，地形数据的准备是必需的前处理工作之一。一般仅关心水下的地形数据，而在中上游河道的洪水数值模拟中，还需要给出洪泛区的陆地高程数据。地形数据的来源途径很多，CJK3D 具有各种地形数据的相互转换方法，同时给出了针对不同网格的地形插值及等值线追踪方法。

随着计算机的高速发展，数值模拟的应用越来越广泛，可获得地形数据的渠道越来越多，大致可以分为以下几大类：

（1）商业数值模拟软件自定义的地形数据文件，如国际上知名的 Delft3D、MIKE21、SMS、Fluent 等数值模拟软件均有自定义的地形数据文件格式；

（2）开源数值模拟代码自定义的程序可识别地形数据文件，如 POM（普林斯顿海洋模型）、Ecom-Sed、EFDC 等；

（3）水下地形图，包括航保部、海事局、航道局等部门出版的海图以及工程单位自行测量的水下地形图。这一类数据的提供方式有多种，一般以纸质图纸和 AutoCAD 电子图为主；

（4）数字高程模型数据，最常见的就是 DEM 地形数据；

（5）各类绘图软件的地形数据文件，如 Surfer、Tecplot 等软件均可以处理散点和格点地形数据文件，并输出到其自定义的文件中。

CJK3D 建模模块中已经集成了常见模型的地形导入功能，以及常见地形数据的导入和转换接口，如 DEM、AutoCAD 交换文件、XYZ 等地形数据格式，该功能还在进一步补充完善中。

从地形表达来说，主要分为二维表达和三维表达两个层次，地形自身就是一个三维信息。图 7-4 给出了二维地形可视化的模式，分别采用等深线模式和色域填充两种模式。其中的等深线模式可以根据需要自定义等深线的数目和水深，用户根据等深线取值进行相关设置，做到了良好的计算机与用户交互。通过该对话框可以设置出任意组合的等深线模式地形图。图 7-5 给出了三维的深度渲染模式和网格线模式，这两种模式均能够反映出真实逼真的三维地形效果。在三维地形可视化方面，考虑了三维地形的真实消隐和边界的纹理贴图等技术。

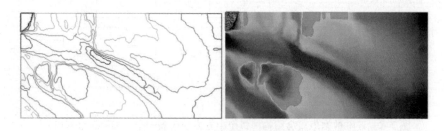

图 7-4　二维地形表达模式

（a）深度渲染模式　　　　　　　（b）网格线模式

图 7-5　三维地形表达模式

7.1.3.3　网格生成模块

在水动力数值模拟中，常见的网格形式有很多，如矩形网格、正交曲线网格、三角形网格以及三角形和四边形混合网格等。不同网格的模型需要采用不同的算法，一般在设计算法之前，需要先确定网格形式。

目前，CJK3D 提供两个版本——矩形网格和三角形网格，其中矩形网格是最简单的网格形式，其剖分相对简单，计算区域和计算网格单元均为矩形。

网格生成模块提供了三角形网格和正交曲线网格的自动剖分，对于混合网格可以按照不同区域采取不同形式进行划分，最后重新进行单元节点编号，CJK3D 模型集成了三角形网格生成模块（见图 7-6），也可通过导入功能直接导入 SMS、MIKE21、FVCOM 等常见三角形网格文件进行转换。

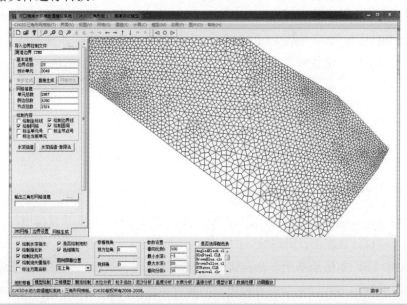

图 7-6　CJK3D 网格生成模块

7.1.3.4 开边界控制条件

开边界控制条件主要提供了水动力、泥沙、盐度、水质等控制条件。其中水动力控制条件提供了水位过程、流量过程以及水位流速组合过程三种情况供用户选择。

CJK3D 系统提供了编辑开边界条件的模块，参见图 7-7。

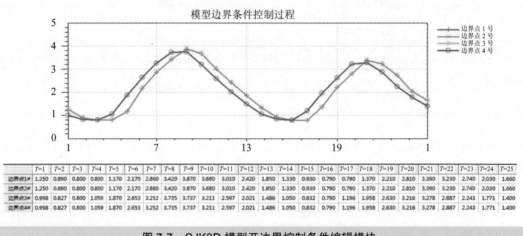

模型边界条件控制过程

	T=1	T=2	T=3	T=4	T=5	T=6	T=7	T=8	T=9	T=10	T=11	T=12	T=13	T=14	T=15	T=16	T=17	T=18	T=19	T=20	T=21	T=22	T=23	T=24	T=25
边界点1#	1.250	0.890	0.800	0.800	1.170	2.170	2.860	3.420	3.870	3.680	3.010	2.420	1.850	1.330	0.930	0.790	0.790	1.370	2.210	2.810	3.390	3.230	2.740	2.030	1.660
边界点2#	1.250	0.890	0.800	0.800	1.170	2.170	2.860	3.420	3.870	3.680	3.010	2.420	1.850	1.330	0.930	0.790	0.790	1.370	2.210	2.810	3.390	3.230	2.740	2.030	1.660
边界点3#	0.998	0.827	0.800	1.059	1.870	2.653	3.252	3.735	3.737	3.211	2.597	2.021	1.486	1.050	0.832	0.790	1.196	1.958	2.630	3.216	3.278	2.887	2.243	1.771	1.400
边界点4#	0.998	0.827	0.800	1.059	1.870	2.653	3.252	3.735	3.737	3.211	2.597	2.021	1.486	1.050	0.832	0.790	1.196	1.958	2.630	3.216	3.278	2.887	2.243	1.771	1.400

图 7-7　CJK3D 模型开边界控制条件编辑模块

7.1.3.5 模型计算参数向导

关键计算参数在模型控制界面输入后自动生成。

主要计算参数包括：水流参数（*.PRMB），糙率参数（*.PRMR），紊流参数（*.PRMW），风浪参数（*.PRMF），盐度参数（*.PRMA），泥沙参数（*.PRMS），水质参数（*.PRMH），温排参数（*.PRMT），溢油参数（*.PRMY）。用户可根据计算模型的选择，设定相应的计算参数。

向导式计算参数设置界面见图 7-8。

7.1.4　模型计算模块

7.1.4.1 水动力模块

水动力模块是其他模块的基础，是模型最基本的组成部分，在实际建模中都需要使用该模块。可用于模拟计算河流及海岸地区的水位变化和受各种动力作用而产生的水流变化。

在 CJK3D 中，本模块基于非结构化网格对三维空间离散，用有限体积法对包括水流连续方程、动量守恒方程等一系列方程进行高精度求解，从而模拟出计算区域内河流以及海岸地区在各种外力作用下的水位、水流变化。

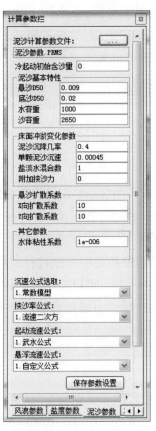

图 7-8 CJK3D 模型计算参数设置

在建模过程中，用户可以根据系统提示，结合自身需要选择一些模型的类型，如糙率选取提供了常数、经验公式、糙率场文件等多种模式，紊流模型有常数模型、k-ε 模型等各种常用模型，在计算过程中也可以选择显式/隐式算法、低阶/高阶精度等不同的计算类型。

其他的建模都是根据本模块的计算结果进行模拟的，相对应的，有的计算结果会通过密度梯度产生的浮力项反馈至水动力的计算中，如水温、水质模块等。

7.1.4.2　泥沙输运模块

泥沙输运模块是计算水体中泥沙的运动情况，在该模块中，用户可以根据工程实际需要以及实测资料等来选择合适的参数与经验公式，计算得出模型中的冲淤变化、水沙运移情况。

本模块提供的可选择泥沙基本参数主要有沙粒径、沙的容重、沙干容重、颗泥沙静水沉速、淡水混合系数、沙的沉降率等，可以在系统提供的参数窗口进行输入或者调整。计算过程中从沉速到起动、源项、挟沙力等都可以选择不同的经验公式，充分满足各种需要。

7.1.4.3　盐度模块

在盐度模块中，将根据用户确定的水平以及垂向盐度扩散系数，基于一组独立的扩散方程并且结合水动力模块的计算结果进行建模，以求解水体中盐度在所求模型中的分布情况，一般模拟河口海岸地区盐水运动以及河口地区盐水上溯问题。

7.1.4.4　水质模块

在水质模型中，系统将根据用户自己定义的排污口（个数、地点、源强、流量等）与对应的扩散、降解系数进行建模，一般用来模拟河流以及海岸地区的水质问题，也可以模拟点源排放的扩散输移情况。

在结果计算过程中，本模块所采用的方法与泥沙模块类似，仅仅是参数与经验公式的选择略为不同。

7.1.4.5　温排模块

如果在建模区域内有温排水情况，需要用到此模块。结合用户定义的各方向扩散系数、环境水温、取水口以及排水口参数（位置、温升、流量）等信息，系统可以计算出相对应的水体温度变化情况。

一般用以模拟河流及海岸地区电厂的温排水问题，因为温度是水体富营养化的重要因素，所以计算结果对工程的指导意义较大。

7.1.4.6 溢油模块

在溢油模块中，采用的是"粒子追踪"的办法：用小粒子的大量集合来描述污染物，即把溢油分成许多离散的小油滴，代替连续的油体，并通过物理-化学过程影响每个小油滴的运动。

物理过程是指由于平流运动和紊流波动引起的粒子运动。平流运动指每个粒子在特定的流场条件下发生的平移，适宜用拉格朗日法模拟，紊流波动是指由于剪流和湍流引起的扩散运动，可以用随机游动法模拟。湍流可视为随机流场，而每个模型粒子在湍流场中的运动则类似于流体分子的布朗运动。由于每个粒子的随机运动而导致整个云团在水体中的扩散过程。这种方法实际上是确定性方法和随机方法的结合，即采用确定性方法模拟平流运动，采用随机性方法模拟扩散过程。

油场的运动还包括动力学过程（平流过程和扩散过程）与非动力学过程（蒸发、溶解等）。在模型中，这些过程的影响都会被体现出来，与用户所选择的参数（环境状态、油的物理特性、扩散系数等）还有预测条件（溢油地点、强度等）相结合，计算得出溢油风险。

7.1.5 模型输出及后处理

模型提供了采样点数据提取分析功能（见图 7-9）。

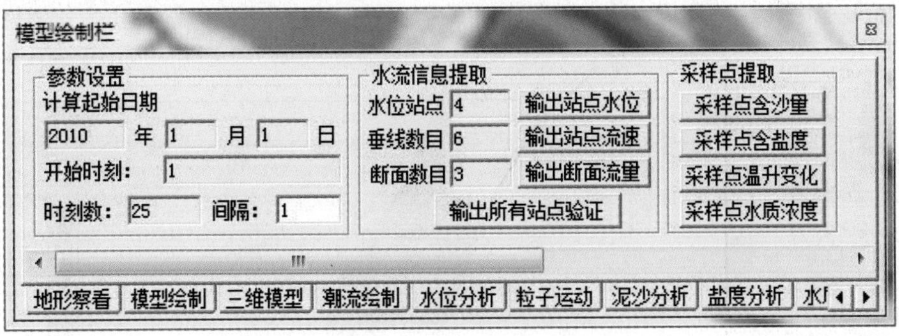

图 7-9　CJK3D 采样点数据提取分析设置

CJK3D 计算结果，通过水流参数（*.PRMB）中"保存间隔"的设定，输出计算结果。包括：水动力计算结果（*.ZUV）（见图 7-10），温排计算结果（*.DWP）（见图 7-11），泥沙计算结果（*.DNS）（见图 7-12），盐度计算结果（*.DSA），水质计算结果（*.DND），溢油计算结果（*.DYY）（见图 7-13）。

CJK3D 后处理功能，包括各计算结果场的绘制，采样点变量的提取，采样断面流量的提取，流速玫瑰图，流速断面图，水质点的欧拉/拉格朗日运动及动画输出（见图 7-14）。

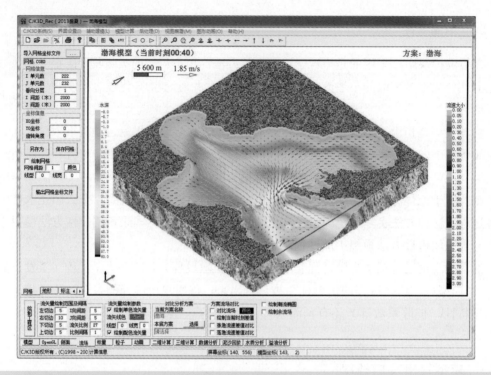

图 7-10　流场图

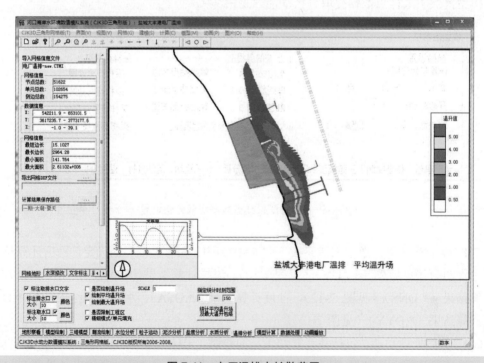

图 7-11　电厂温排水扩散范围

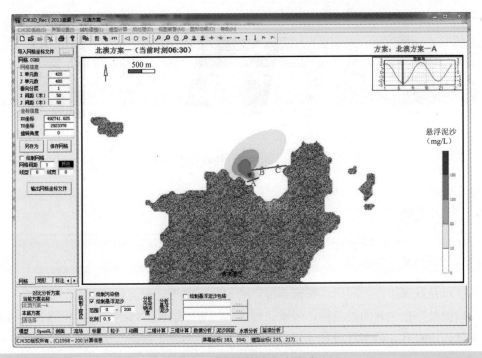

图 7-12 施工期悬浮泥沙扩散

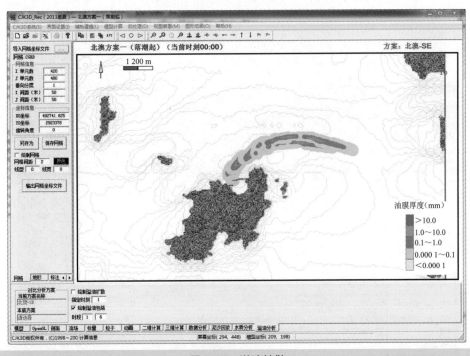

图 7-13 溢油扩散

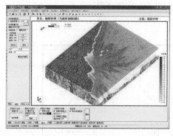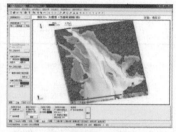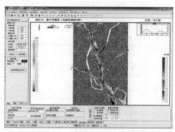

图 7-14　水质点拉格朗日运动

7.1.6　应用实例

7.1.6.1　项目背景与研究目标

长江口是我国第一大河口，径流丰沛，潮汐强度中等。受河口自身水动力条件影响，长江口口门处存在大片的拦门沙，碍航问题突出。为打通长江口拦门沙，保障长三角地区经济发展，1997 年，国务院批准实施长江口深水航道治理工程，自工程实施以来，北槽丁坝群坝田淤积明显，主槽水深逐步增大，北槽河床形态由"宽浅"型向"窄深"型发展（见图 7-15）。北槽河床形态的变化，不仅改变了北槽原有的水沙结构，而且对潮波传播也有影响。

图 7-15　长江口河势

本案例以长江口深水航道治理工程二期工程为研究背景,讨论:①长江口深水航道治理工程对北槽潮波传播影响机制;②长江口深水航道治理工程对北槽水流运动的影响;③长江口深水航道治理工程对北槽及周边泥沙的影响。

7.1.6.2 研究区域概况

1998 年以来,随着我国经济的高速发展,对河口地区的开发强度加大,长江口水域实施了大量涉水工程,河道岸线边界条件的人工控制作用越来越强。如图 7-16 所示,已建涉水工程主要包括长江口深水航道治理工程、新浏河沙护滩及南沙头通道潜堤工程、中央沙圈围及青草沙水库工程、促淤圈围与吹填工程、港口码头工程、桥梁工程、人工采砂活动等。其中,促淤圈围工程包括:徐六泾河段北岸围垦工程、东风西沙圈围工程、常熟边滩圈围工程、横沙东滩促淤圈围工程、南汇嘴人工半岛圈围工程、长兴岛北沿滩涂促淤圈围工程、浦东机场外侧促淤圈围工程。人工采砂包括瑞丰沙采砂及白茆沙采砂等。这些人类活动对河口河势及水沙变化等均产生了明显影响。

以上诸多涉水工程,北槽的长江口深水航道治理工程规模及对河势影响最大,北槽水域也是本案例研究的重点水域。长江口深水航道治理工程分三期实施,一期工程航道设计通航水深 8.5 m,航道底宽 300 m;二期工程航道水深增深至 10 m,航道底宽 350～400 m;三期工程增深至 12.5 m,航道底宽 350～400 m。

图 7-16 近期长江口主要涉水工程布置示意

7.1.6.3　模型构建

（1）模型选择

根据研究目标，主要研究长江口深水航道治理工程引起的北槽水动力及泥沙问题，数学模型可选择 CJK3D 的水动力模块和泥沙模块。

（2）模拟范围

通过长期观测，一般认为长江的潮区界位于安徽大通，为本案例数学模型的上边界；绿华山外侧潮波不受径流影响，为本案例数学模型下边界，模型总长 700 km 左右。北边界位于江苏吕四港南侧，南边界位于浙江金山嘴附近（见图 7-17）。

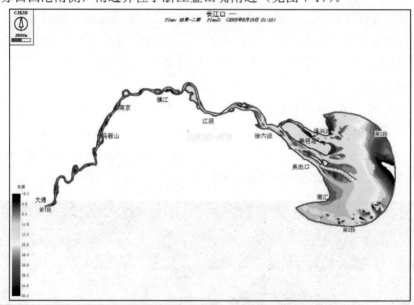

图 7-17　长江口整体模型网格示意

（3）网格划分

模型采用三角形网格（工程区网格参见图 7-18），共计划分单元 114 489 个，节点总数 60 309，网格边长平均 250 m 左右，北槽水域网格局部加密，最小网格约 100 m。

（4）边界条件设置

长江潮区界位于安徽省大通镇，大通以上水域水位不受潮汐影响，大通河段的流量即为径流量。模型上边界（第 1 段）采用流量控制，外海边界（第 2 段、第 3 段）采用潮位控制。

（5）初始条件设置

初始条件分为"冷启动"和"热启动"。数学模型计算之初，全模型潮位、潮流、含沙量给予恒定值，即"冷启动"，待计算若干个周期后，模型内的潮位、潮流、泥沙达到相对稳定后，将此时的计算结果看作模型的初始条件，进行方案比选计算，即"热启动"。

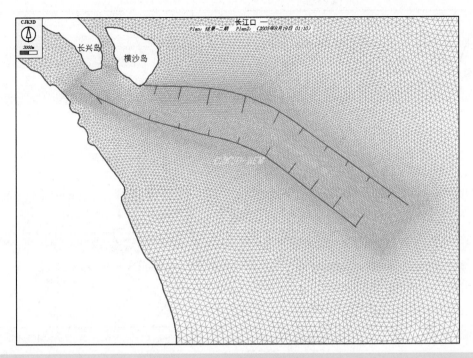

图 7-18 长江口模型局部网格示意

（6）时间步长设置

时间步长的选取通过 Courant 数（$\frac{\Delta t}{2} \leq \frac{\alpha \Delta s}{gh_{max}}$）确定，CJK3D-WEM 中，$\alpha$ 取值可以达到 120～150。本案例时间步长取 30 s。

7.1.6.4 模型率定验证

（1）模型率定

采用 2005 年 8 月 18—25 日各水文测点的同步潮位、潮流和含沙量率定，水文测点及潮位站见图 7-19，图 7-20 和图 7-21 为潮位、潮流、含沙量率定图，表 7-1 至表 7-3 为率定误差统计。

由图 7-20 及表 7-1 可知，潮位高低潮位率定误差基本在 0.10 m 之内，高低潮位相位偏差在 10 min 内，率定良好。由图 7-21 及表 7-2 可知，潮流平均流速误差基本在 10% 之内，流向偏差基本小于 10°，满足规程要求。由图 7-22 及表 7-3 可知，CS1、CSW 点含沙量偏差较小，CS3 点偏差较大，主要是因为本案例未考虑盐度及水温等对悬沙的作用。

总体来说，数学模型率定误差基本满足《河口海岸潮流泥沙模拟规程》要求。

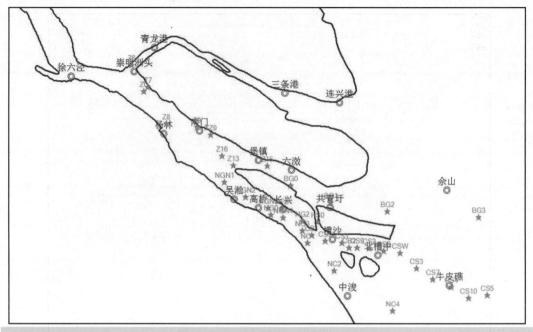

图 7-19　长江口潮位站及验证点位

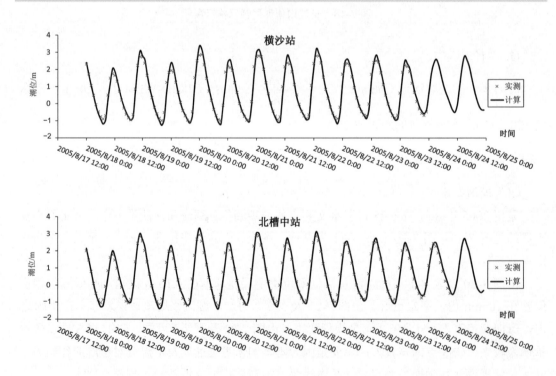

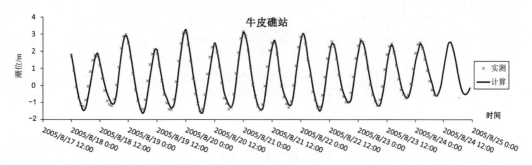

图 7-20 潮位率定

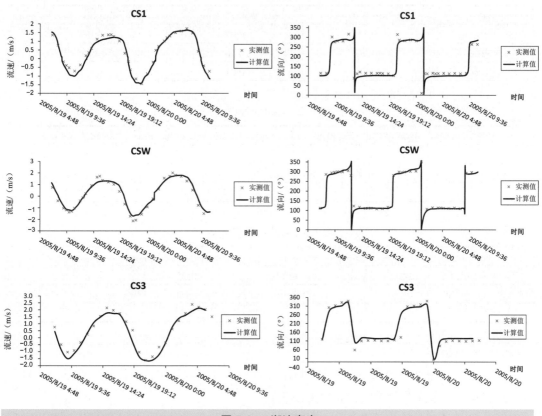

图 7-21 潮流率定

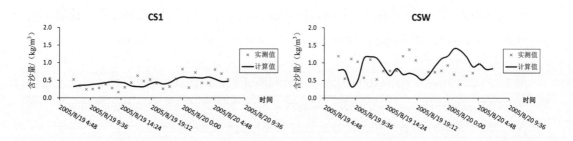

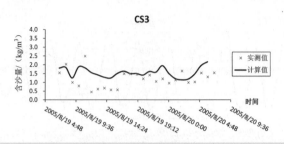

图 7-22　含沙量率定

表 7-1　潮位误差统计（平均值）

名称	低潮位误差/m	高潮位误差/m	高低潮位相位误差/min
横沙	−0.11	0.07	5
北槽中	−0.06	0.06	10
牛皮礁	0.00	0.01	5

表 7-2　潮流误差统计

名称	落潮平均流速误差/%	涨潮平均流速误差/%	平均流向/（°）
CS1	8.87	11.01	2.45
CSW	−1.47	−9.63	−9.44
CS3	−10.89	3.33	0.72

表 7-3　含沙量误差统计

名称	平均含沙量误差/%
CS1	0.75
CSW	−6.50
CS3	29.61

（2）模型验证

模型验证采用 2011 年 8 月 14—18 日水文资料，分别验证水位、潮流、含沙量过程，具体潮位站点及水文测验垂线位置参见图 7-19。

图 7-23 及表 7-4 给出了各潮位站的潮位过程验证与误差统计。各站模型计算潮位过程与实测值吻合较好，高低潮位误差基本控制在 10 cm 以内，相位误差也均小于 30 min。

图 7-24 及表 7-5 给出了各垂线的流速流向过程验证与误差统计。涨潮平均流速误差偏大，可能与北槽地区网格较粗造成的局部地形偏差有关。总体来说，涨落急流速峰值和相位过程均得到了较好的模拟。

图 7-25 及表 7-6 给出了各测点的含沙量过程验证与误差统计。CS1、CSW 点含沙量偏差较小，CS3 点偏差较大，主要是因为本案例未考虑盐度及水温等对悬沙的作用。

图 7-26 至图 7-29 为数学模型计算的长江口不同时刻流场图。

　　综上所述，本案例数学模型潮流泥沙率定验证良好，基本满足《河口海岸潮流泥沙模拟规程》要求，数学模型能够反映长江口潮流泥沙运动特征，可作为后续工作的模拟工具。

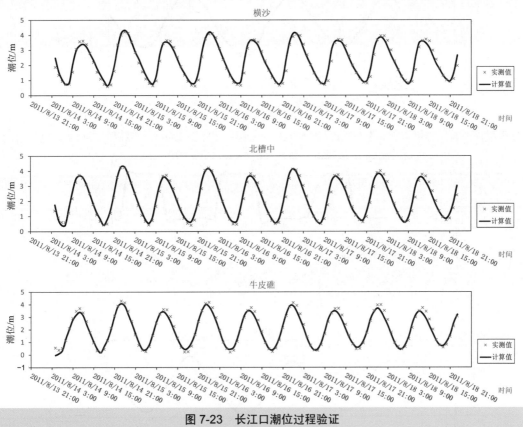

图 7-23　长江口潮位过程验证

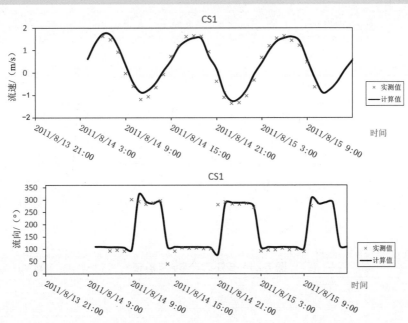

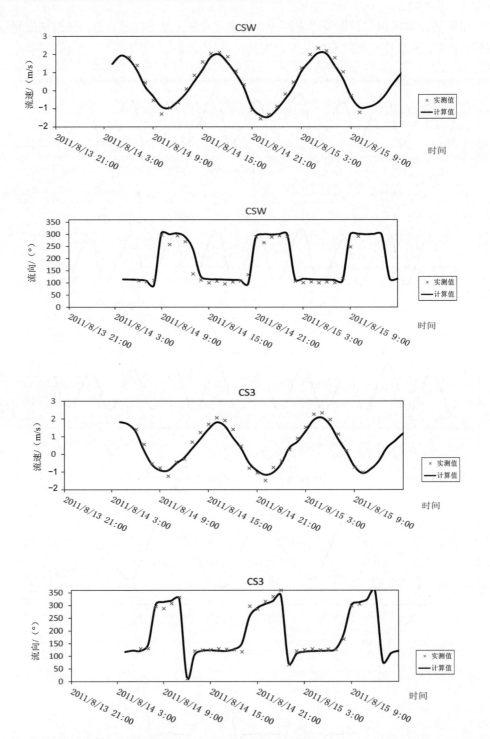

图 7-24　长江口流速流向验证

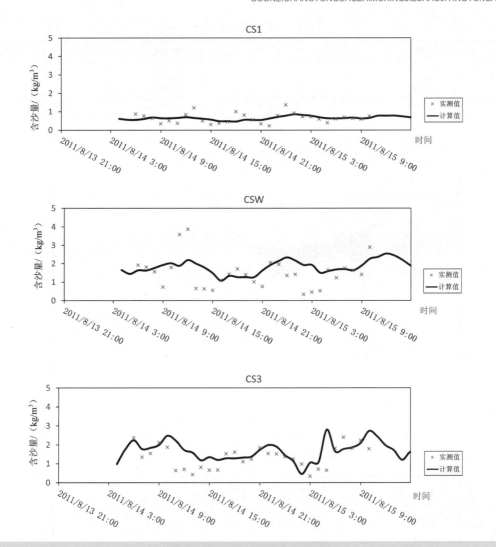

图 7-25 长江口含沙量过程验证

表 7-4 潮位误差统计（平均值）

名称	低潮位误差/m	高潮位误差/m	高低潮位相位误差/min
横沙	−0.02	0.08	20
北槽中	−0.10	0.09	15
牛皮礁	−0.11	0.10	15

表 7-5 潮流误差统计

名称	落潮平均流速误差/%	涨潮平均流速误差/%	平均流向误差/（°）
CS1	−12.01	−5.33	14.92
CSW	−8.49	−9.87	6.85
CS3	−11.30	−7.26	−1.72

表 7-6　含沙量误差统计

名称	平均含沙量误差/%
CS1	−2.17
CSW	19.68
CS3	27.16

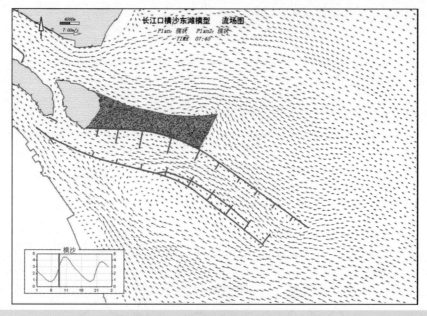

图 7-26　长江口潮流场（涨急）

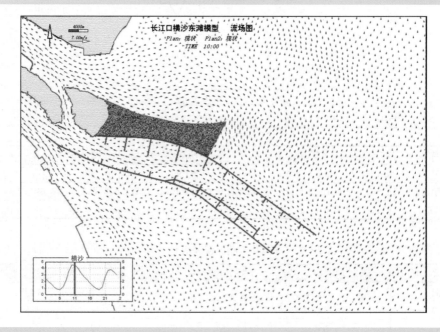

图 7-27　长江口潮流场（涨憩）

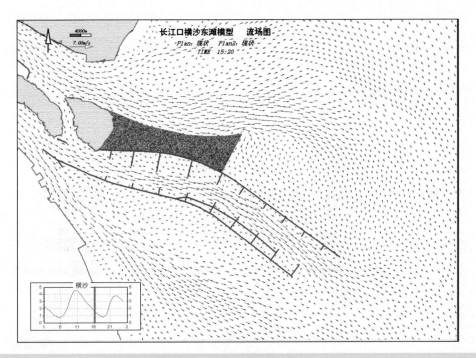

图 7-28　长江口潮流场（落急）

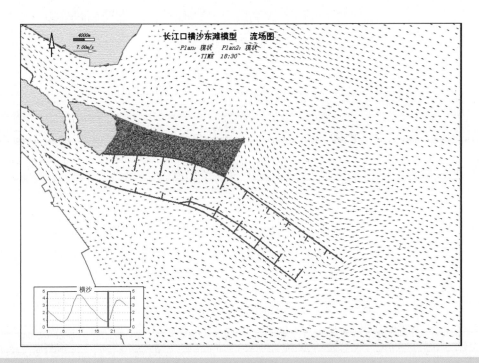

图 7-29　长江口潮流场（落憩）

7.1.6.5 长江口深水航道治理工程研究应用

（1）模型参数设置

经率定和验证，模型参数选取见图7-30。

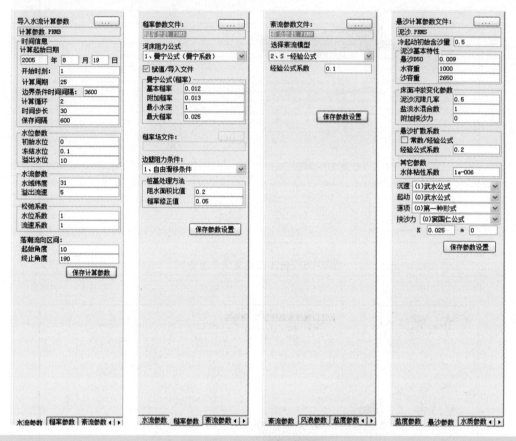

图7-30 数学模型参数选取

（2）工况设计

本案例主要研究长江口深水航道治理工程对北槽水沙运动的影响机制，计算方案分为三组，见表7-7、图7-31至图7-33，地形采用2005年长江口大范围实测地形图，计算潮型选用长江口大潮潮型（牛皮礁站潮差约为4 m）。

表7-7 计算方案

名称	北槽涉水工程布置	工程高程（吴淞高程系统）
方案a	无工程	无
方案b	南导堤与北导堤	+2.0 m
方案c	长江口深水航道治理工程二期工程	导堤：+2.0 m，丁坝：坝头±0 m，坝根+1.5 m

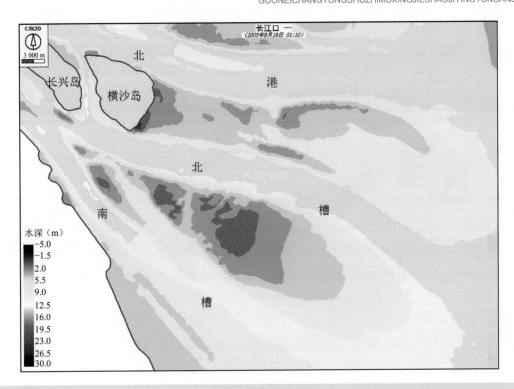

图 7-31 方案 a 示意

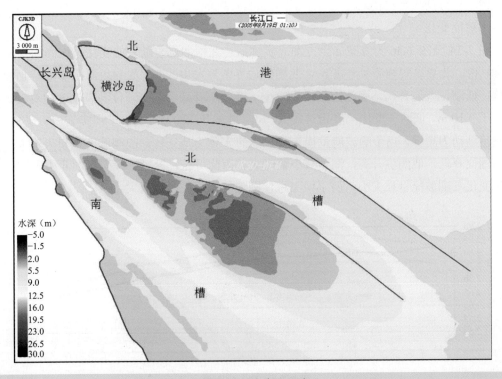

图 7-32 方案 b 示意

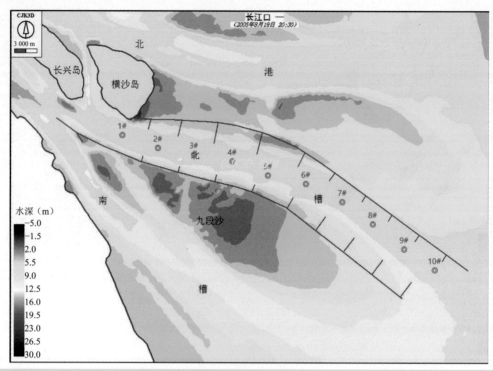

图 7-33　方案 c 示意

（3）计算结果及结论

①潮位变化

图 7-34 至图 7-36 为方案 a 至方案 c 实施后，北槽潮位与潮差的变化。由高潮位变化可知，南、北导堤实施后（方案 b），北槽的边界条件发生改变，受导堤阻水影响，北槽高潮位、低潮位普遍升高，潮波能量损失较少，潮差略有减小；高潮位升高幅度相对较小，均小于 0.10 m，低潮位变化幅度相对较大，6# 点最大升高约 0.20 m。丁坝实施后（方案 c），北槽落潮动力增强，由于潮波能量损失与流速的 N 次方成正比，故潮波能量损失增大，导致高潮位降低，低潮位升高，潮差减小幅度大。由此可见，导堤工程引起的北槽潮波传播发生变化，潮波能量损失小，而丁坝工程使潮波能量损失明显增大。

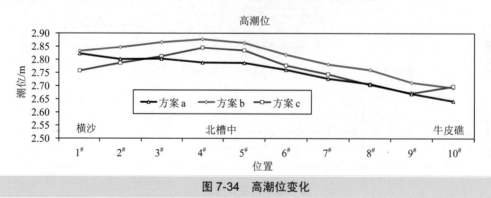

图 7-34　高潮位变化

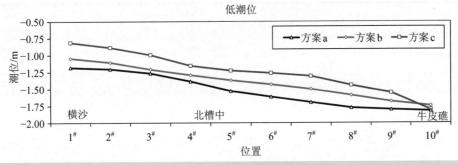

图7-35 低潮位变化

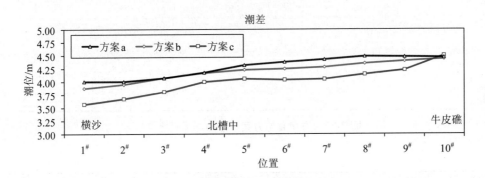

图7-36 潮差变化

②流场变化

图7-37至图7-40为方案a至方案c的涨落急流场对比情况。方案a,北槽无整治工程,涨潮时,水流东南方向直接进入北槽,流态平顺;落潮时,水流向东南方向运动。方案b实施后,涨潮时,北槽口门处形成一定的回流区,流速减缓,北槽中部流速略有增大;落潮时,受导堤的导流作用,北槽出口处,流速增幅较大。方案c实施后,在丁坝的作用下,涨潮时,坝田区流速大幅度减缓,主槽流速呈增大趋势;落潮时,坝田流速减缓,主槽流速增大,与涨潮相似。

③北槽含沙量变化

图7-41至图7-42为方案a至方案c的含沙量场的变化情况。方案b与方案a相比,南北导堤实施后,北槽中部含沙量有所降低,降低幅度约为 0.10 kg/m³,北槽出口处含沙量增大,北导堤头部增幅超过 0.30 kg/m³,北导堤北侧横沙东滩含沙量降低,降低幅度为 0.10~0.20 kg/m³。方案c与方案b相比,北槽丁坝群坝田含沙量普遍降低,北槽下段含沙量增高,最大增幅达 0.20 kg/m³ 左右,其他水域含沙量变化相对较小。

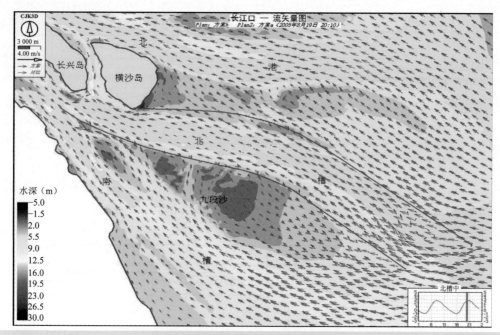

图 7-37　方案 a 与方案 b 涨急流场对比

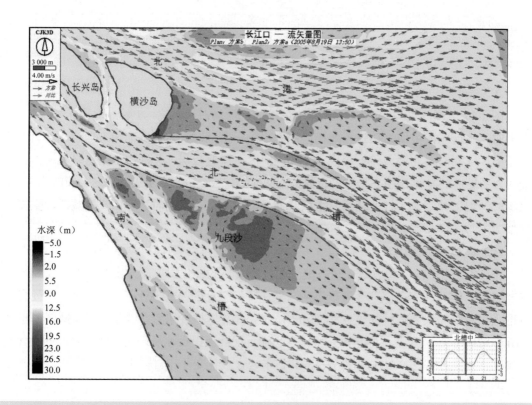

图 7-38　方案 a 与方案 b 落急流场对比

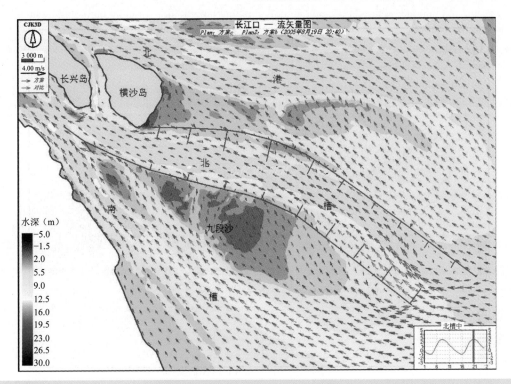

图 7-39　方案 b 与方案 c 涨急流场对比

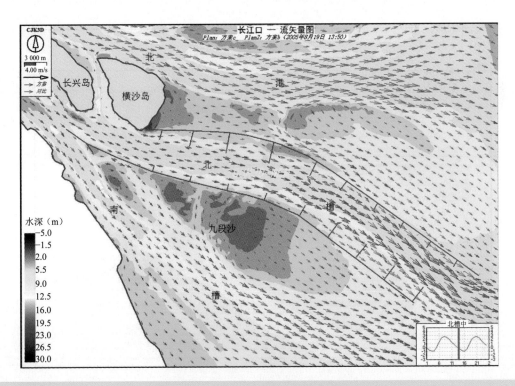

图 7-40　方案 b 与方案 c 落急流场对比

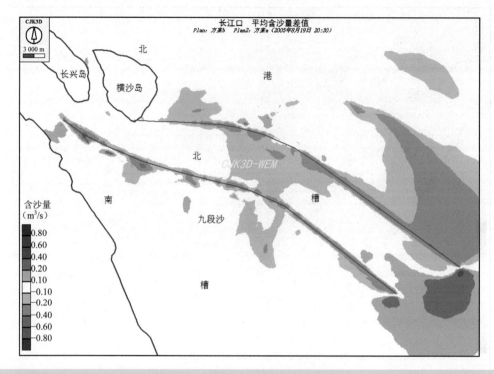

图 7-41　方案 a 与方案 b 含沙量变化

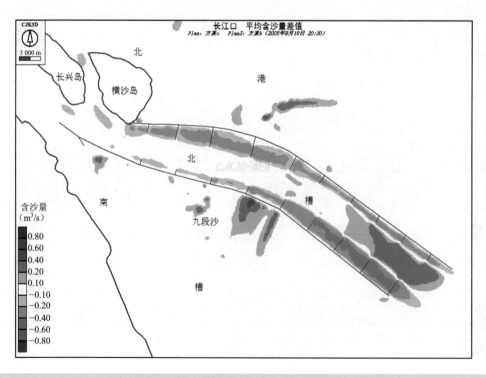

图 7-42　方案 b 与方案 c 含沙量变化

7.1.6.6 案例总结

本案例研究采用 CJK3D-WEM 模型,利用实测水文资料对建立的长江口模型进行了多次率定和验证,计算结果基本满足相关规程要求。在此基础上,以长江口深水航道治理工程二期工程为研究背景,分析研究了工程对北槽水流泥沙运动的影响。

(1)方案 b 南、北导堤工程实施后,北槽高潮位、低潮位普遍升高,潮差略有减小。方案 c 导堤丁坝工程实施后,北槽高潮位继续降低,低潮位升高,潮差减小幅度大。

(2)方案 b 实施后,涨潮时,北槽口门处形成一定的回流区,流速减缓,北槽中部流速略有增大;落潮时,受导堤的导流作用,北槽出口处,流速增幅较大。方案 c 实施后,在丁坝的作用下,涨潮时,坝田区流速大幅度减缓,主槽流速呈增大趋势;落潮时,坝田流速减缓,主槽流速增大,与涨潮相似。

(3)方案 b 与方案 a 相比,南北导堤实施后,北槽中部含沙量有所降低,北槽出口处含沙量增大,横沙东滩含沙量降低。方案 c 与方案 b 相比,北槽丁坝群坝田含沙量普遍降低,北槽下段含沙量增高。

7.1.7 小结

CJK3D 水环境数值模拟系统采用可视化编程思路,选用成熟计算方法,编制出完整的可视化系统,该系统具有下述主要特点:

(1)系统集成性好:系统将建模、计算与后处理有机地集成,用户可在一个界面下完成所有的数学模型工作,系统中集成了平面二维、三维水流、盐度、泥沙、水质、温排、溢油等模块。

(2)系统操作界面友好:整个系统采用 Windows 操作界面,提供了友好的人机交互界面,用户可以利用菜单、按钮、输入框等辅助工具轻松完成数值模拟。

(3)系统可视化程度高:系统实现了从建模、计算到后处理的全程可视化。建模采用了交互性较好的向导式界面,协助用户轻松完成模型的建立;计算过程实现数据可视化,用户可自如地控制计算过程;后处理实现了所有矢量场和标量场的可视化。

(4)系统算法稳定:系统中的各模块均采用国内外较成熟的算法,计算过程极其稳定。

(5)系统适用范围广:在系统的编制过程中,收集了国内外若干模型的参数和公式,参数实现了标准化定制,并给出一定的选取范围,公式更多地选用了国内经验公式,更适合国内工程咨询研究。

7.2 HYDROINFO 模型

7.2.1 模型简介

HYDROINFO 水力信息系统，可应用于流域系统的洪水、溃堤与淹没、泥沙与河道演变分析、潮流与波浪数值模拟等流动与输运问题（见图 7-43）。该系统由计算分析、信息查询、可视化演示等模块构成。计算模块将库群、河网、泄水建筑物、堤坝、蓄滞洪区与淹没区等作为大系统统一处理，根据实际问题的特点及空间分辨率要求，可以采用分区动态耦合算法分别采用水量平衡关系，一维、二维与三维流动微分方程组作为控制方程。利用系统的分解-协调算法，不仅有利于分析子系统的耦合影响与相互作用，而且能够建立基于网络计算的实时预报与决策系统。利用数据库技术、可视化技术与虚拟现实技术，并结合现有的程序开发平台如 SQL、OpenGL 与 GIS 系统等，为决策提供可靠、高效、可视化的科学依据。HYDROINFO 水力信息系统的建模界面如图 7-44 所示。

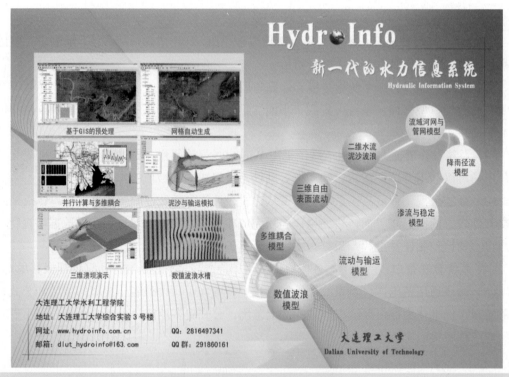

图 7-43 HYDROINFO 计算模型

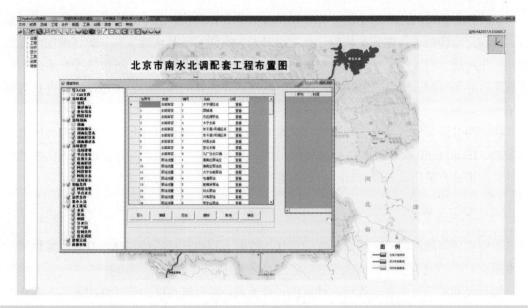

图 7-44   建模界面

7.2.2   模型架构

7.2.2.1   控制方程

事物以及物理量，一般都是随时间与空间而变化的。HYDROINFO 的环境水流模型也采用空间分类的方法，划分为一维、二维、三维及多维耦合模型。此外，与环境水流运动相伴的其他物理量，如泥沙、温度、对流扩散输运量、水面波动，及多孔介质中的渗流等，也是环境水流数学模型关心的问题。

流动与输运过程由描述质量、动量、能量守恒的积分或微分方程组控制。这些基本方程是通用的，对于不同的实际问题，只是相对应的初边值有所不同。因此，采用数值模拟技术对工程问题中的流动与输运过程进行计算分析，是一种十分经济有效的通用手段。诸如洪水、航道、泥沙、波浪、环境污染评价这些工程问题的物理现象有很大差异，但是当采用数值模拟时，这些属于不同专业的工程问题之间的距离就缩小了，因为描述这些千差万别的物理现象的控制方程是相似的，在本质上都属于流动与输运过程。

水流的运动规律满足以下通用的守恒方程：

$$\frac{\mathrm{d}}{\mathrm{d}t}\int_{\mathrm{vol}}\rho\Phi\mathrm{d}v = \frac{\partial}{\partial t}\int_{\mathrm{vol}}\rho\Phi\mathrm{d}v + \int_{s}\rho\Phi(\vec{V}-\vec{V_g})\cdot\mathrm{d}\vec{S} = \int_{\mathrm{vol}}\rho\vec{f_\Phi}\mathrm{d}v + \int_{s}\sigma_\Phi\cdot\mathrm{d}\vec{S} + S_\Phi \qquad (7-1)$$

式中，$\Phi = [1,u,v,w,T,\phi_i,\cdots]^T$，可以代表质量、动量、能量及其他对流-扩散输运变量。

多维耦合的目的是用较小的计算量取得较高的计算精度,对于重点关心的区域可以采用二维或三维模型进行细致的模拟计算;而对于大空间尺度且基础资料(如详细的河道地形图)相对缺乏的区域,可以采用河网一维模型计算。当重点关心的区域缺少合适的水位或流量边界条件时,采用多维耦合可以较好地将远外边界的实际边界信息反映到重点关心的工程区。

传统的分区计算方法多是静态的,较难考虑多区域的强相互作用,且常引起分区迭代的发散。HydroInfo 利用子结构叠加概念,对一维河道与平面二维河口的匹配连接中的水位与含沙量计算采用动态耦合算法,以增强分区匹配耦合的计算稳定性。

7.2.2.2 本构关系

根据具体问题的特点,对描述流动的基本控制方程进行适当的简化,有利于发现问题的本质。

实际流动常常是不稳定或动态稳定的,如紊流。对紊流尺度的非线性相关引入各种紊流模型,按照连续介质力学的观点,可以认为某种形式的本构关系。其他的本构关系包括:

- ➢ 按照谢才公式根据糙率计算底部与边壁的剪应力;
- ➢ 按照量纲分析与模型试验确定的半理论公式与半经验系数计算闸堰、阀门、泵站等;
- ➢ 按照挟沙力公式计算床底的悬沙交换;
- ➢ 按照推移质泥沙率公式计算底床变形;
- ➢ 按照 Boussinesq 假设计算异重流输运与温度场自由对流;
- ➢ 按照水文气象条件计算降雨、蒸发、入渗及表面热通量等;
- ➢ 按照生化反应方程计算环境输运量的源项,以表达环境输运参数的生长、衰减与转化。

7.2.2.3 网格与离散方法

HydroInfo 采用非结构化有限体积离散。由于有限体积法就是对守恒方程在计算域中的一系列控制体积上直接离散,因此初期的有限体积法也称为控制体积法。按加权余量法的观点,有限体积法属于子域法;初期的有限体积法大多采用结构化网格(见图 7-45),按差分的观点,有限体积法属于守恒型差分离散。近期的有限体积法大多采用非结构化网格(见图 7-46);如果按插值函数的连续性观点来看,有限体积法也可以看作是 C-1 型(分片连续的间断函数)有限元法。

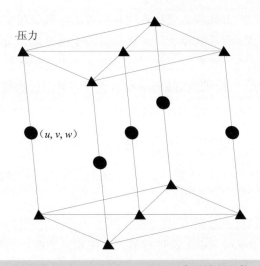

图 7-45 HYDROINFO 三维分层有限体积网格

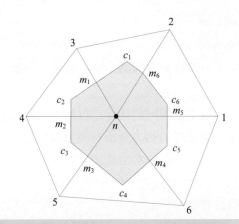

图 7-46 HYDROINFO 平面非结构化网格

经空间半离散后，式（7-1）可写成常微分方程组形式：

$$M \frac{\mathrm{d}\varphi_i}{\mathrm{d}t} = \sum_i c_{ij}\varphi_j + b_i \tag{7-2}$$

式中，M 为集中质量阵；c 为影响系数；b 为源项；j 为围绕节点 i 的邻近节点个数。

可以证明，当邻近节点的影响系数为非负时，$c_{ij} \geq 0$，$i \neq j$，则格式满足最大值不增，最小值不减的 TVD 性质。为保证这种单调性质，可以在格式中加入 Laplace 形式的人工耗散。对于离散形式，人工耗散 D 可写成：

$$D = \sum_{j \neq i} \alpha_{ij}(\varphi_j - \varphi_i) \tag{7-3}$$

正定性条件要求 $|\alpha_{ij}| \geq |c_{ij}|$，然而以上的人工耗散只具有一阶精度。高分辨率格式可被

理解为仅加入尽可能小的人工耗散，使格式既具有较高的离散精度又保证解的不振荡。

一阶精度计算格式因数值耗散较大，计算的激波变得平坦。为了获得空间二阶精度，Van Leer 提出 MUSCL 途径。基本方法是：采用插值方法确定单元界面两侧的变量值，作为求解黎曼问题的初始值，用一阶 Godunov 型格式计算界面处的数值通量。插值后，离散的精度可达二阶。经 MUSCL 重构后的半离散方程（7-2）可改写成紧致的形式：

$$M\frac{\mathrm{d}\varphi_i}{\mathrm{d}t} = \sum_i \overline{c_{ij}}\varphi_j + b_i \qquad (7\text{-}4)$$

可以证明，当限制因子 $\varphi(r) \geq 0$ 时，$\overline{c_{ij}} \geq 0$，从而保证格式的高离散精度与解的不振荡性质。

经有限元空间半离散后的对流-扩散方程（7-2）为常微分方程，可采用多种方法求解。对于非恒定流，可采用 Runge-Kutta 法进行显式时间积分求解。为增强稳定性也可采用隐式格式求解，如高斯-赛得尔迭代或广义共轭梯度方法（GMRS）。

7.2.2.4 功能模块

（1）流域河网与管网模型

①流域河网模型：适用于流域复杂河网的水流泥沙运动的高效计算。流域模型可包括库群、河网、闸堰、分布入流与集中入流。

②管网模型：适用于有压与无压管网的计算。包括了水击及明满流过渡的模拟、供水排水管网的水动力学模拟及供暖管网的热力分析与模拟调度等。

③水面线计算：适用于恒定流问题的水面线计算。结合了遗传算法可以对河道糙率进行自动率定。

（2）二维水流泥沙波浪模型

①平面二维水流泥沙：适用于河流、湖泊、河口与海岸的水流、泥沙与污染物扩散的计算模拟。采用非结构化网格下的有限体积离散，包括显式与隐式时间推进，亚格子与代数紊流模型。结合了高分辨率重构，可模拟溃坝、淹没与露滩等复杂流动问题。

②波浪缓坡模型：采用缓坡方程计算波浪的传播变形与绕射反射。

③波能输运模型：适用大范围的风浪传播模拟，计算分析折射与绕射导致的风浪波高波向的变化。

（3）三维自由水面流动模型

①三维自由水面模拟：采用分层 Euler-Lagrangian 计算模式建立了平面上非结构化网格，垂向分层动网格的三维自由水面模型。模型包括静水压强与动水压强两种计算模式，其中三维动水压强模型可模拟黏性流体下的波浪传播与变形。

②潮流波浪模拟：采用潮流场与波浪场相互作用模型，适用于大尺度问题。

（4）多维耦合问题

河网与平面二维浅水耦合：河网与二维浅水连接计算模型可以提高大尺度流动的计算

效率。对于资料缺乏流域可采用一维河网模型，而对地形资料详细且比较关心的区域可采用二维模型。河网与二维浅水连接的分配耦合模型可提高河口及溃堤等复杂水流泥沙问题的计算模拟效率。

多维模型耦合：多维模型耦合方式的目的是在保证计算分析的精度与空间分辨率的前提下，提高计算效率。当采用河网与平面二维浅水及三维自由水面模拟耦合时，重点关心的区域或流态复杂区域采用三维模拟，次要区域在水深方向只采用一个分层退化为平面二维问题。

（5）泥沙与输运问题

水流泥沙问题在水库泥沙淤积、河道演变、河口海岸演变等方面具有重要意义。泥沙模型可考虑推移质、悬移质或全沙模型。由于泥沙冲淤导致地形的改变，因此泥沙模型与水流模型是耦合的。

与水流相关或同水流一同运动输运过程可能包括：温度场、盐度场或 COD 与 BOD 等环境水流污染物。

其他与环境水流相关的专业模块，如溢油污染问题、冰情演变预报等。

（6）波浪传播问题

近岸波浪传播过程中折射、绕射、反射对港口等沿岸工程具有重大影响。波从深海传入沿岸地区，波浪在传播过程中，波浪要素以及波浪与潮流场及海工建筑物的相互作用常常是设计中首先需要考虑的问题。

本系统主要包含两个波浪模型，一个是缓坡方程（Mild Slope）模型，另一个是波能输运模型。其中波能输运模型可以高效地应用于大区域波浪的计算分析。

（7）流动与输运模型

①流动与自由表面问题（VOF）：包括二维与三维，恒定流与非恒定流，可压流与不可压流。可以应用 VOF 方法模拟自由水面问题，并包含了传热与自然对流、相变（结冰与融化）等问题。

②流动与传热问题：处理传热、相变与多相流问题。

③可压缩流：考虑高速运动气体的压缩性。

（8）渗流与稳定模型

①渗流分析：分析地下水的水头分布与浸润线。

②滑弧稳定分析：分析坝体的稳定性，计算安全系数。

③静力有限元分析：分析坝体内的应力与应变分布，计算坝体的剪应力水平，判断坝的稳定性及可能的失稳面，为动力分析中的动模量的计算提供基本数据。

④动力反应分析：分析坝体的地震动力反应，计算在输入地震波作用下，坝体的应力、变形、加速度放大因子及可能的液化区。

（9）降雨径流模型

①水文-水力学模型：该模型适用于简单的水文分析，采用水文模型或神经网络分析预

报径流过程。

②多维耦合降雨径流模型：该模型可应用于城市雨洪模拟分析，采用平面二维水动力模型模拟坡面径流，一维水动力学模型模拟排水管网及流域河流，耦合降雨及地下非饱和渗流场。

7.2.3　模型前处理及数据要求

7.2.3.1　数据源

HydroInfo 包含与如下几类数据源的接口：

（1）Google 数据

在联网的情况下，利用 Google Earth 驱动引擎，下载 Google 卫星图片、地形数据等。同时记录图片的位置（世界坐标），并且通过定义坐标变换（世界坐标转化为自定义的直角坐标），将 Google 上的图片显示到新的坐标系下。如果图片的分辨率不够，还可以根据屏幕上的坐标范围从 Google 上下载新的图片以满足分辨率提高的要求（见图 7-47）。

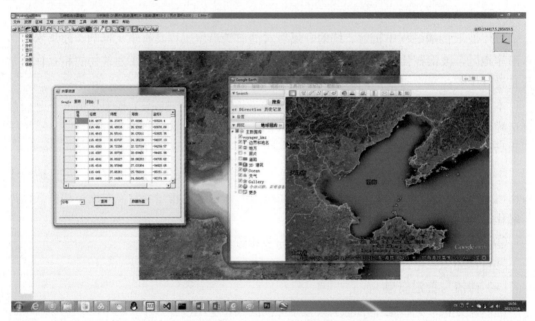

图 7-47　下载的 Google 卫星图片、地形数据

（2）GIS 数据接口

包含导入 GIS 数据的前处理软件 HydroGIS。可以方便地导入 ArcGIS 文件与数据，从而自动完成复杂水动力模拟的建模（见图 7-48）。

图 7-48　GIS 数据接口与前处理

（3）CAD 数据接口

土木、水利、环境工程中广泛使用 CAD 软件，因此，建立导入与导出 CAD 数据文件能较大地简化数据准备与几何建模（见图 7-49）。

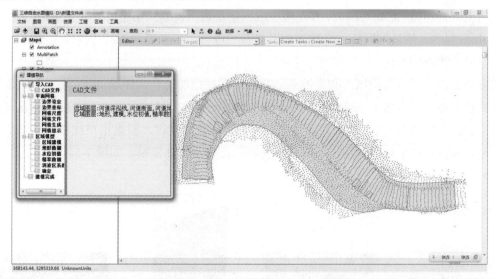

图 7-49　与 CAD 的数据接口与前处理

（4）Excel 数据接口

利用剪贴板，可以将 Excel 数据表直接粘贴到需要输入的数据表（见图 7-50）。

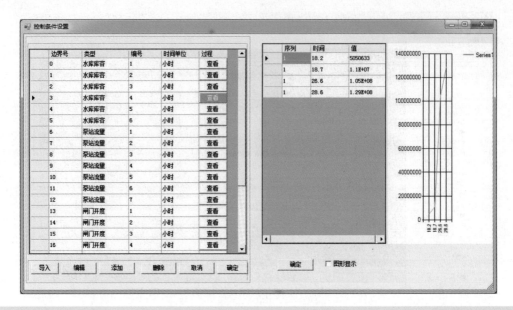

图 7-50　输入数据表与 Excel 兼容

7.2.3.2　网格自动生成

离散计算的本质就是将物理量在空间的连续分布变化转化为物理量在离散的空间网格上的值来描述，因此如何高效、方便地生成网格是数学模型应用中首先需要考虑的问题。HydroInfo 包含一维流网网格、二维平面网格及三维自由表面流动的网格自动生成。

（1）一维流网网格

复杂给排水管网与河网的数据准备通常是一项烦琐的工作，HydroInfo 采用一维流网自动网格生成可提高效率，减少出错率。基本管网与河网数据按图层（流域）、多段线（流网）、典型剖面（管径或大断面）及其坐标位置进行数据管理，根据用户按流网指定的一维网格尺度，系统进行自动网格生成、网格断面插值及自动建模，如图 7-51 所示。

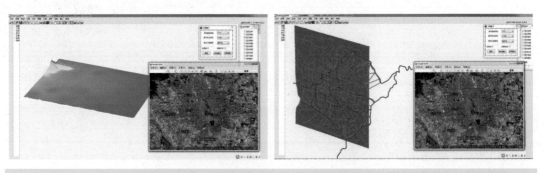

图 7-51　地表河网与地下管网的一维流网自动网格生成

（2）平面二维非结构化网格

采用 Delaunay 三角化方法生成三角网格（见图 7-52），超限映射插值方法（transfinite）生成四边形网格，结合平面分区可以生成混合网格。

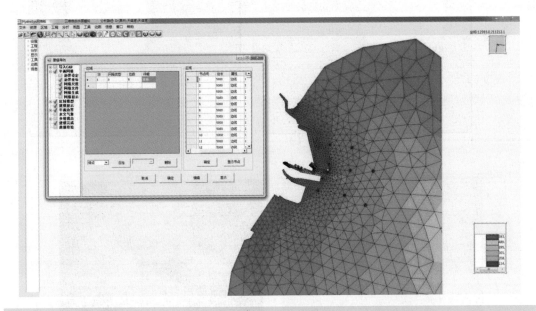

图 7-52　网格生成界面

（3）三维网格与动网格

由于采用 ALE 格式，三维垂向网格根据自由表面计算由系统自动生成。对于用户指定的动边界，动网格按 Laplace 光滑算法自动产生弹性动网格（见图 7-53）。

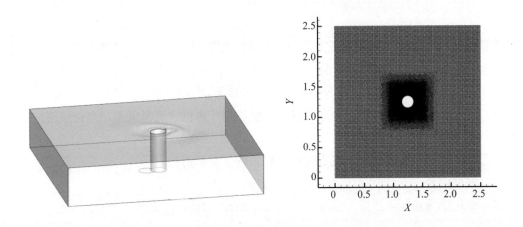

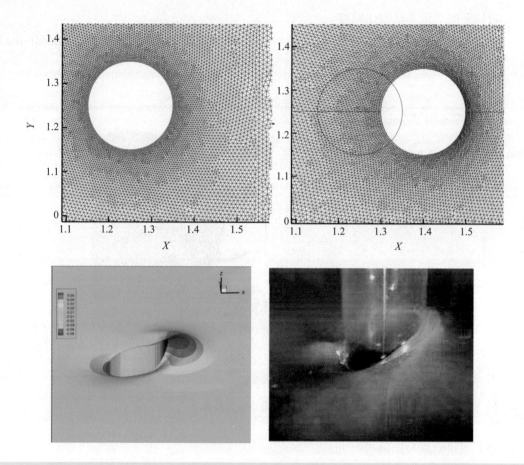

图 7-53   三维网格与动网格

7.2.3.3   边界条件

边界条件不仅反映了外界对计算域的作用与信息交换，而且是物理解存在且唯一的适定性要求。HydroInfo 的默认边界条件为二维与三维固壁或一维封闭端，用户指定的边界条件划分为以下四类。HydroInfo 的边界条件设置界面如图 7-54 所示。

（1）水流边界：流速过程，单宽流量，流量过程，水位—流量关系，自由溢流，孔口边界；

（2）水位边界：水位过程，两点潮位过程，四点潮位过程；

（3）波浪边界：入射波浪边界，无反射边界；

（4）输运量边界：含沙量，温度，含盐度，COD，BOD，用户指定的其他输运量。

7.2.3.4   水文气象条件

当用户未指定水文气象数据，则系统默认为不考虑水文气象因素对环境水流的影响。

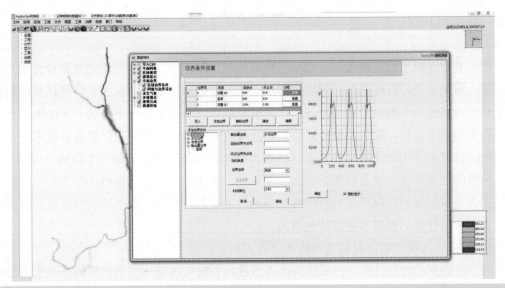

图 7-54　边界条件界面

用户可通过特定界面（见图 7-55）指定水文气象数据，可设置的气象条件包括：

（1）降雨过程：降雨站点分布坐标，雨量站降雨过程；

（2）大气温度：环境大气的温度过程；

（3）风场：风场与气压场的分布与变化过程；

（4）下垫面：土层渗透系数，土层饱和度，城市地表排水系数；

（5）地下水：地下渗透系数，不透水层高程，地下水位；

（6）点源：点源流量与用户指定的输运量浓度。

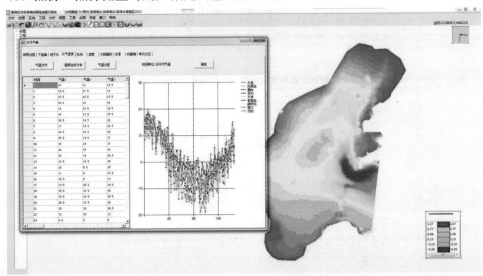

图 7-55　水文气象界面

7.2.4 模型输出及后处理

伴随着数学模型的不断发展，对水流模拟的越来越细致，计算结果的数据量也越来越大，随之而来的是计算结果分析难度的增加。因此，迫切需要新的技术手段将计算的数据结果转化为其他易于理解分析的形式。计算机多媒体技术的不断发展为这一方面的工作提供了有力的技术支持，数学模型计算数据转换成直观图形图像的可视化后处理技术正在逐步发展。计算结果的图像化动态显示已经成为流体计算结果后处理的一个新的组成部分。

传统的处理方法主要是以数据报表或图表的方式予以体现，这使得决策者和一般的工程技术人员较难深刻把握成果的合理性和准确性。因此，直观、准确地表现流场的流态情况是当前数值计算后处理的主要研究方向。

HydroInfo 的模型输出及后处理按如下方式展示：

（1）点数据的时间过程：在系统界面点击鼠标右键可以输出该点位置的全部水力要素及环境输运要素的时间过程，包括 Excel 表单数据与曲线图。

（2）剖线与剖面分布：按用户指定的剖线与剖面输出全部水力要素及环境输运要素的分布，也可以输出要素的分布的时间变化，包括 Excel 表单数据与曲线图。

（3）平面分布数据：展示速度矢量场及水力要素与环境输运要素的云图分布，也可以输出要素的分布的时间变化。

（4）图层管理：根据用户指定，按图层方式展示数据（见图 7-56），展示可以按平面场景与三维场景选择（见图 7-57）。

（5）输出数据接口：根据用户指定，按 TecPlot 或 CAD 数据格式输出文件（见图 7-58 及图 7-59）。

模型还提供了将计算结果图像化并动态显示的功能，如图 7-60 所示。

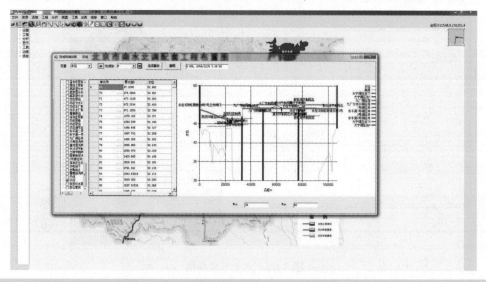

图 7-56　按图层与分区输出水力与环境要素

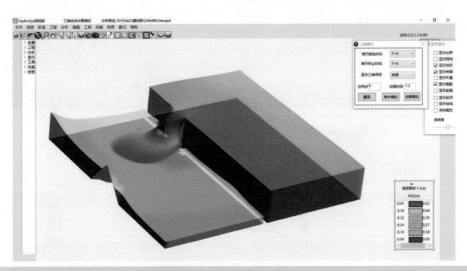

图 7-57 溃坝问题三维展示

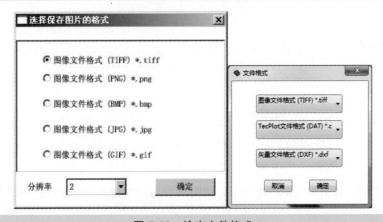

图 7-58 输出文件格式

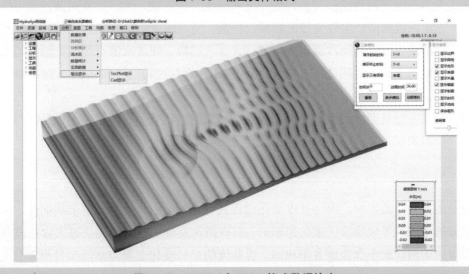

图 7-59 TecPlot 与 CAD 格式数据输出

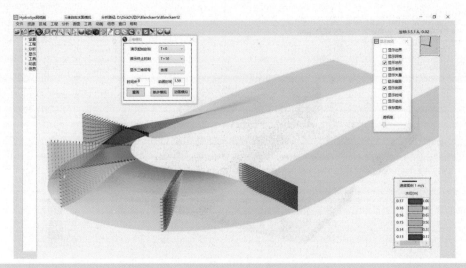

图 7-60　动态显示泥沙导致的地形冲淤

7.2.5　应用实例

7.2.5.1　项目背景与研究目标

珠江三角洲位于广东省中南部，为西江、北江和东江下游冲积平原，包括西江、北江思贤滘以下的西江、北江三角洲和东江石龙以下的东江三角洲。珠江流域各江进入珠江三角洲后，经八个口门入海，其中虎门、蕉门、洪奇沥、横门称东四口门，其径流注入伶仃洋湾；其余称为西四口门，其中磨刀门、鸡啼门径流单独入海，虎跳门、崖门径流注入黄茅海。

珠江三角洲地区河道纵横交错，受径流和潮流共同影响，水流往复回荡，水力联系复杂。珠江三角洲咸潮活动主要受径流和潮流控制，当南海大陆架高盐水团随着海洋潮汐涨潮流沿着珠江河口的主要潮汐通道向上推进，盐水扩散、咸淡水混合造成上游河道水体变咸，即形成咸潮上溯（或称盐水入侵）。当河道水体含盐度超过 250 mg/L，就不能满足供水水质标准，影响城镇和工业供水。

河口盐水入侵是河口最主要动力过程之一，是河口特有的自然现象，也是河口区的本质属性。一般来说，含盐度的最大值出现在涨憩附近，最小值出现在落憩附近。

7.2.5.2　研究区域概况

因受潮流和径流影响，河区盐度变化过程具有明显的日、半月、季节周期性。由于本区内显著的日潮不等现象等因素的影响，一日内两次高潮所对应的两次最大含盐度及两次低潮所对应的两次最小含盐度各不相同。含盐度的半月变化主要与潮流半月周期有关，一般朔望大潮氯度较大，上下弦氯度较小。季节变化取决于雨汛开始与结束的迟早、上游来水量的大小和台风等因素。汛期 4—9 月雨量多，上游来量大，咸界被压下移，大部分地区咸潮消失。

珠江三角洲的咸潮一般出现在 10 月至次年 4 月。一般年份，南海大陆架高盐水团侵至伶仃洋内伶仃岛附近，磨刀门及鸡啼门外海区，黄茅海湾口，盐度 2‰咸水入侵至虎门大虎，蕉门南汊，洪奇门及横门口，磨刀门大涌口，鸡啼门黄金；0.5‰咸潮线在虎门东江北干流出口，磨刀门水道灯笼山，横门水道小隐涌口。

咸潮入侵主要受淡水径流及潮汐动力作用影响，其他还有河口形状、河道水深、风力风向、海平面变化等因素影响。其中潮汐动力影响最稳定且具有一定周期性。受太阳及月球引力的影响，周期性表现在日周期及半月周期。珠江三角洲为不规则半日潮，每日均有两次潮涨潮落过程，在每月的朔、望两日，涨潮过程中潮水位将达最大值。河口形状对咸潮上溯也有重要影响。根据有关文献研究，伶仃洋—狮子洋、黄茅海—银洲湖其断面宽度均呈指数规律递减，这种河口形状非常利于潮波传播，因此这两处也是潮优型河口。河道水深加深，有利于盐水楔的活动，咸潮上溯距离将增加。风对本区咸潮影响是非常大的。风力和风向直接影响咸潮的推进速度，若风向与海潮的方向一致，则可以加快其推进速度，加大其影响范围。

7.2.5.3 模型构建

（1）模型选择

根据问题的特性，选择流域多维耦合模型分析珠江流域咸潮，其中三角洲河网采用一维模型，河口海域采用三维模型。分析的输运物质包括含沙量与盐度，为了考虑盐水楔的影响，盐度场按异重流模拟。模型选择界面见图 7-61。

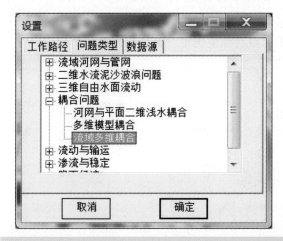 

图 7-61　模型选择界面

（2）模拟范围

模拟范围为珠江三角洲河网与河口地区，如图 7-62 所示，平面范围约为 204 km×212 km。

图 7-62　珠江三角洲模拟范围

（3）网格划分

导入 CAD（见图 7-63、图 7-64），其中 polyline 描述的河段共计 347 条，河道剖面点 1 869 个。河道网格长度按 1 000 m 控制自动生成河网网格。生成 1 953 个节点，2 052 个单元河段。单元河段的断面形状根据原始剖面自动插值确定，典型断面如图 7-65 所示。

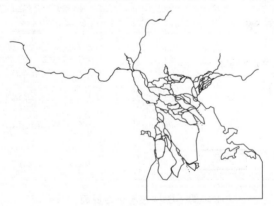

图 7-63　河网与海域的 CAD 几何建模数据

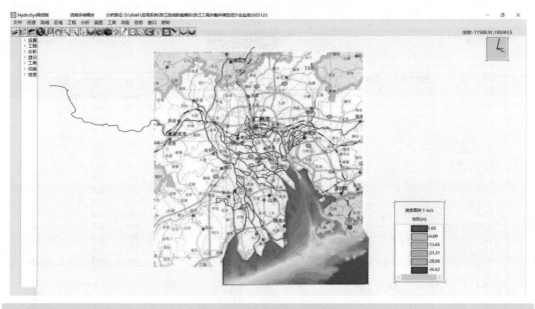

图 7-64 河网与海域的建模

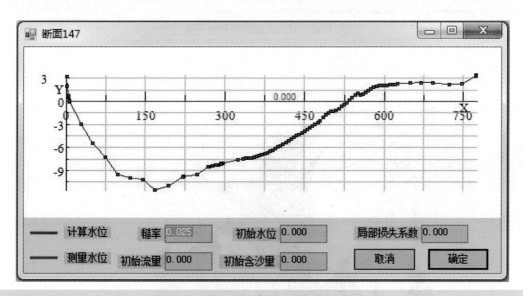

图 7-65 典型河段断面

平面区域采用三角形网格，网格边长按 200～3 000 m 控制，共计 26 857 个计算节点，51 796 网格单元（见图 7-66 至图 7-68）。

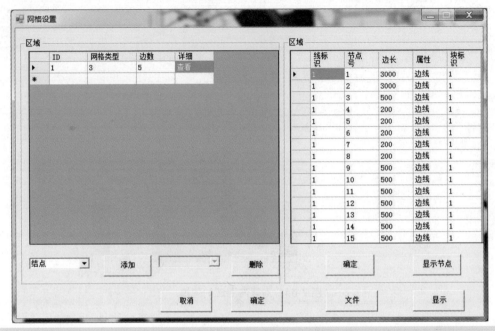

图 7-66　河口海域平面网格设置

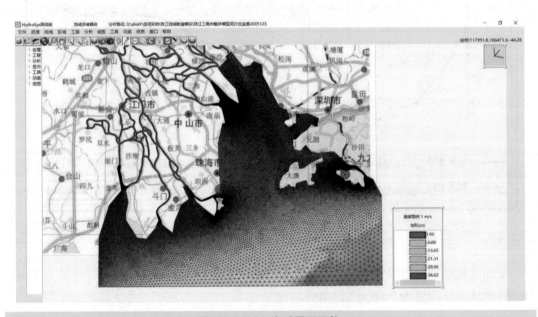

图 7-67　河口海域平面网格

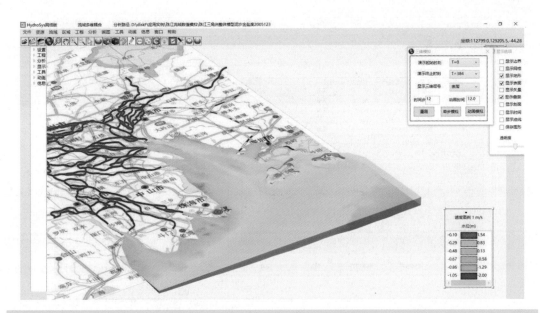

图 7-68　流域多维耦合模型的三维界面

（4）边界条件设置

河网入流边界共 23 个，给定流量、含沙量、盐度（见图 7-69）。河口海域区给定海域边界的潮位、含沙量、盐度（见图 7-70），同时应给出多维耦合的匹配连接关系（见图 7-71）。

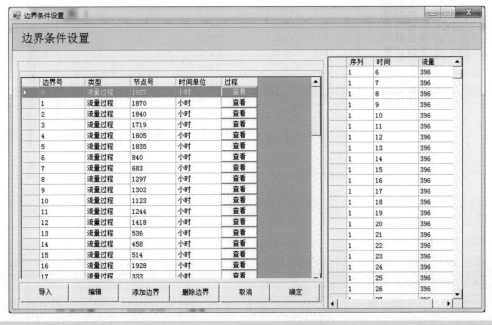

图 7-69　流域河网区边界条件设置

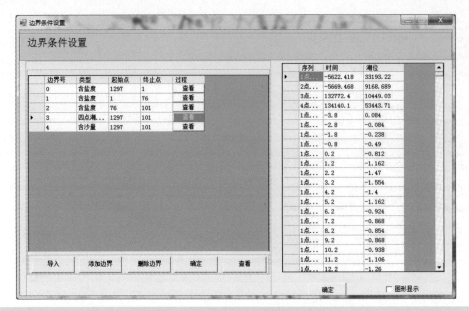

图 7-70　河口海域区边界条件设置

图 7-71　多维耦合的匹配连接关系

（5）初始条件设置

水位取常数 0，流速、流量、含沙量取为 0，河网含盐度 0 mg/L，海域含盐度 30 000 mg/L。

（6）时间步长设置

本模型中，计算时间步长统一取为 0.02 h（见图 7-72）。由于采用隐式强耦合格式，克朗数可达 45，显示计算具有很好的稳定性。

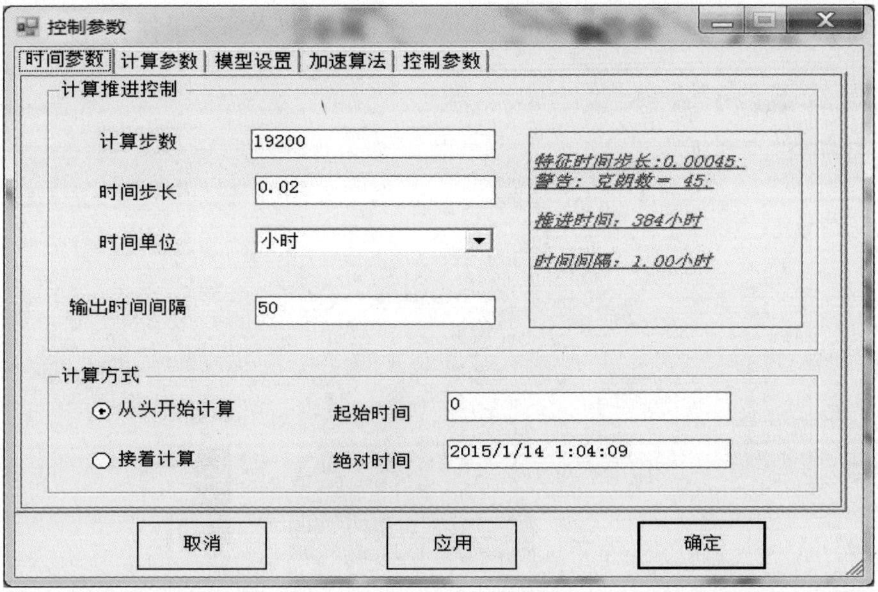

图 7-72 时间步长设置

7.2.5.4 模型率定验证

（1）模型率定

断面地形根据 2006 年实测地形图取定。计算边界条件为：三角洲上游边界条件给定流量过程，图 7-73 给出了梧州流量过程。

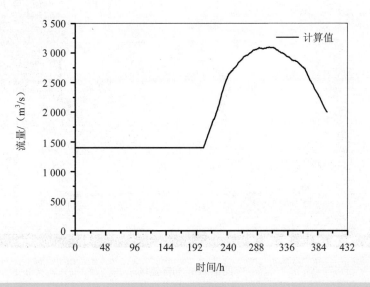

图 7-73 梧州流量过程

图 7-74 至图 7-77 分别为模拟所得的水位、流场、盐度及含沙量分布场。

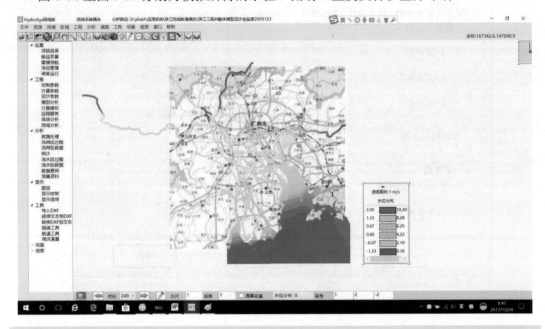

图 7-74　多维耦合水位分布

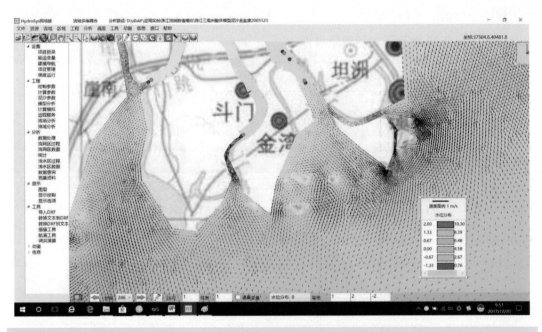

图 7-75　局部流场

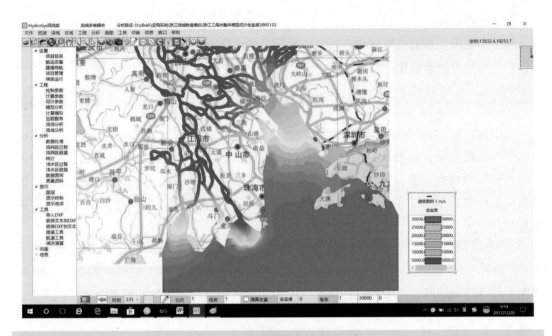

图 7-76 多维耦合含盐度场分布

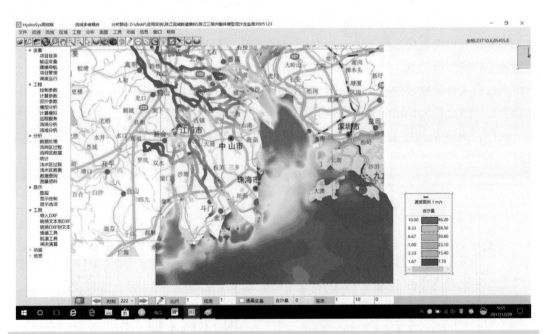

图 7-77 多维耦合含沙量场分布

（2）模型验证

对于含氯度的对流扩散问题，确定扩散系数是进行可靠的数值预报的关键。通常情况下，扩散系数可按紊流比拟概念计算：

$$D = v_t / \text{Sch} \tag{7-5}$$

其中，D、v_t、Sch 分别为扩散系数、紊流涡黏系数、Schimit 数。可以采用 Smagorinsky 亚格子大涡模拟紊流模型计算紊流涡黏系数。目前尚没有较可靠的适用于风、浪、潮条件下的河口盐度混合紊流模型，计算分析与资料分析表明，采用常用的紊流模型计算的扩散系数比资料显示的扩散系数至少小一个量级。本书根据量纲分析建议如下的紊流扩散模型：

$$D = (v_{ts} + v_a) / \text{Sch} \tag{7-6}$$

式中，v_{ts} 为 Smagorinsky 紊流涡黏系数；v_a 为由于潮流与风浪引起的附加紊流扩散系数。

$$v_a = C_w \sqrt{gH} H \tag{7-7}$$

式中，H 为潮差；g 为重力加速度；C_w 为风浪影响因子，由实测含氯度计算标定。

建立上述紊流扩散模型的依据是：靠近口门处的含氯度在每月两次的大潮期间增大。图 7-78 给出了挂定角站对应时刻的潮位变化过程，图 7-79 给出了平岗泵站 2005 年 1 月 18 日—2 月 6 日含氯度连续 466 个小时的变化过程。从中可以看出，平岗泵站含氯度随挂定角潮差的增大而增大，但时间相位并不重合，如挂定角最大潮差发生在 1 月 26 日，而平岗泵站最大含氯度发生在 1 月 21 日。模型中引入的 C_w 风浪影响因子，就是为了考虑这种相位不一致处作为风浪的影响效应。

水位、流量及盐度的验证见图 7-78 和图 7-79，结果显示计算结果与实测情况吻合良好。

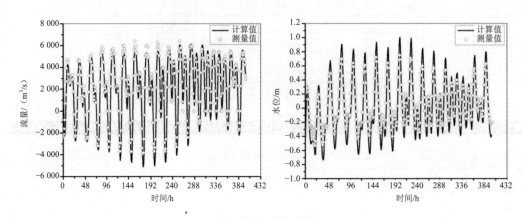

马口流量、水位过程

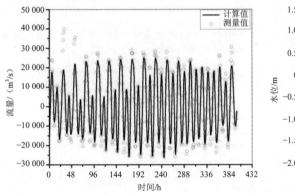 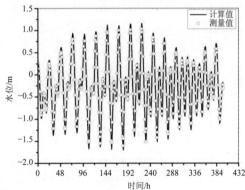

虎门流量、水位过程

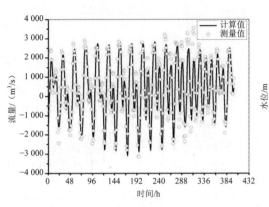 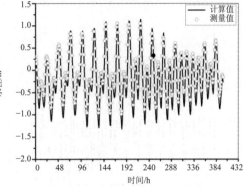

横门流量、水位过程

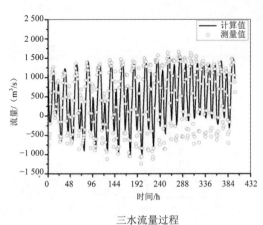 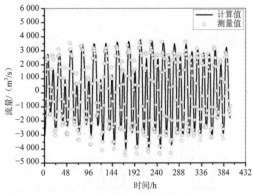

三水流量过程　　　　　　　　　　　　黄埔流量过程

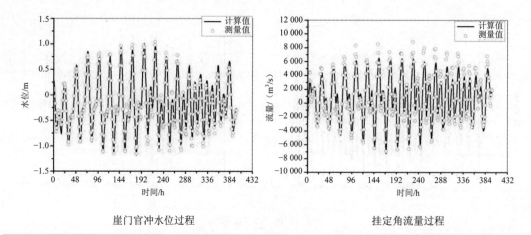

崖门官冲水位过程   挂定角流量过程

图 7-78　流量水位验证

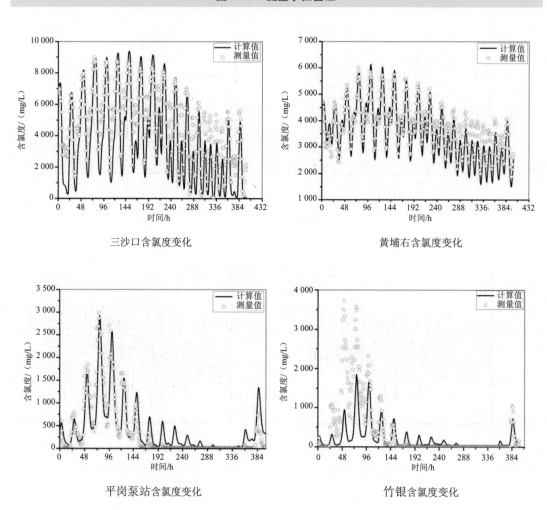

三沙口含氯度变化   黄埔右含氯度变化

平岗泵站含氯度变化   竹银含氯度变化

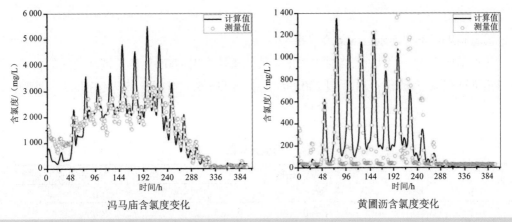

冯马庙含氯度变化　　　　　黄圃沥含氯度变化

图 7-79　含盐度验证

7.2.5.5　珠江三角洲咸潮多维耦合分析

（1）模型参数设置

模型的水动力及泥沙参数设置界面如图 7-80 所示。

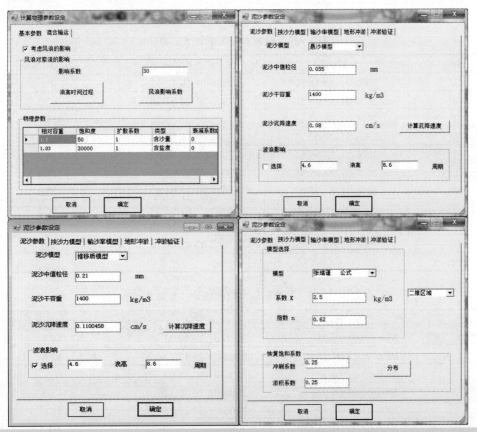

图 7-80　模型水动力及泥沙参数设置

（2）工况设计

①现状地形不同流量级含氯度预报

计算了如表 7-8 所示径流条件的方案，其他条件采用 2005 年应急调水期间的资料，入海口潮位过程取与验证时段相同［2005 年 1 月 18 日—2 月 3 日（15 天包括一次大潮）］的条件。图 7-79 给出了主要站位的含氯度过程。

表 7-8　模型计算径流条件

方案	梧州＋古榄/（m³/s）	石角＋石狗/（m³/s）
1	800	150
2	1 200	200
3	2 000	300
4	3 000	600
5	4 000	800

方案 1 平岗站无法取水，方案 5 无论大小潮平岗站可连续取水，表 7-9、表 7-10、表 7-11 分别给出了方案 2、方案 3、方案 4 平岗站取水时间统计。表 7-12 给出了现状地形主要站位不同流量的取水时间比较。

表 7-9　平岗站取水时间统计（方案 2）

时段	起始时间	终止时间	取水时间/h
1	2006-01-19 11:27	2006-01-19 15:31	4.1
2	2006-01-25 09:21	2006-01-25 21:30	12.2
3	2006-01-26 07:42	2006-01-26 23:26	15.7
4	2006-01-27 07:35	2006-01-28 00:44	17.2
5	2006-01-28 06:44	2006-01-29 02:59	20.2
6	2006-01-29 05:51	2006-01-30 03:46	21.9
7	2006-01-30 06:01	2006-01-31 04:02	22.0
8	2006-01-31 07:26	2006-02-01 03:53	20.5
9	2006-02-01 07:57	2006-02-01 16:15	8.3
10	2006-02-01 23:05	2006-02-02 01:24	2.3
合计			144.3

表 7-10　平岗站取水时间统计（方案 3）

时段	起始时间	终止时间	取水时间/h
1	2006-01-18 23:23	2006-01-20 19:31	44.1
2	2006-01-21 04:38	2006-01-21 17:13	12.6
3	2006-01-22 14:34	2006-01-22 16:03	1.5
4	2006-01-23 08:07	2006-01-23 20:32	12.4
5	2006-01-24 05:52	2006-01-24 22:25	16.6
6	2006-01-25 04:55	2006-02-02 16:20	203.4
合计			290.6

表 7-11　平岗站取水时间统计（方案 4）

时段	起始时间	终止时间	取水时间/h
1	2006-01-18 19:00	2006-01-21 20:25	73.4
2	2006-01-22 04:31	2006-01-22 20:42	16.2
3	2006-01-23 04:19	2006-02-02 18:00	253.7
合计			343.3

表 7-12　现状地形不同流量的取水时间比较　　　　　　　　单位：h

流量	800 m³/s	1 200 m³/s	2 000 m³/s	3 000 m³/s	4 000 m³/s
挂定角	0	0	0	2.4	36.8
广昌	0	0	0	50.5	118.5
联石湾	0	0	99.1	225.7	291.3
平岗	0	144.3	290.6	343.3	360
竹洲头	184.3	314.3	352.1	360	360
全禄	321.8	360	360	360	360
大丰	74.3	251.2	344.1	360	360
沙湾	0	70.1	301.4	358.3	360

②2 000 m³/s 时不同地形含氯度预报

计算了现状地形及 1985 年地形、1999 年地形的含氯度。表 7-13 给出了马口及三水 1985 年、1999 年和 2006 年的分流比。表 7-14 计算了挂定角、平岗涨潮最大流量。图 7-81、图 7-82 给出了 2 000 m³/s 流量下平岗泵站、挂定角的 1985 年、1999 年、2006 年地形涨落潮流量过程，由于挖沙及冲刷，河道过流面积增大，导致纳潮量增大。图 7-83 给出了磨刀门水道主要站位的含氯度过程。

表 7-13　马口及三水分流比

年份	马口/（m³/s）	三水/（m³/s）	马口百分比/%	三水百分比/%	分水比/%
1985	2242	238	90	10	9.4
1999	1986	523	79	21	3.8
2006	2090	425	83	17	4.9

表 7-14　挂定角、平岗涨潮最大流量

位置	1985 年	1999 年	2006 年
挂定角/（m³/s）	5 920	6 514	6 616
平岗/（m³/s）	4 098	5 063	5 511

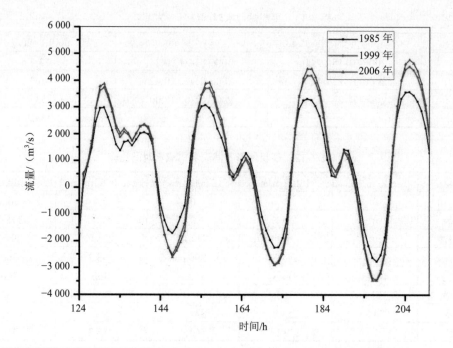

图 7-81　2 000 m³/s 流量下平岗泵站 1985 年、1999 年、2006 年地形纳潮结果

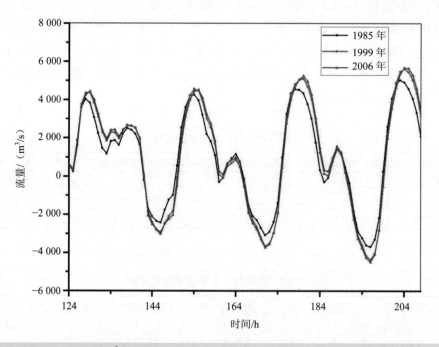

图 7-82　2 000 m³/s 流量下挂定角 1985 年、1999 年、2006 年地形纳潮结果

③2 000 m³/s 时不同方案含氯度预报

计算条件为流量 2 000 m³/s。采用五种不同方案：方案 1：岗银建闸；方案 2：南华建闸；方案 3：睦州口、螺洲溪建闸；方案 4：平均海平面上升 0.05 m；方案 5：平均海平面上升 0.20 m。方案 1、方案 2、方案 3 是为了保证大部分淡水流经磨刀门水道，达到压咸目的。方案 4、方案 5 则考虑未来海平面上升对含氯度的影响。表 7-15 给出了建闸方案与现状的净流量比较结果。表 7-16 给出海平面上升与现状的含氯度与取水时间比较。图 7-84 给出了主要站位的含氯度变化过程。

表 7-15　建闸方案与现状的净流量比较　　　　　　　　单位：m³/s

位置	现状	思贤滘建闸	南华建闸	睦州口和螺洲溪建闸
马口	2 090.41	2 174.80	1 941.17	2 086.42
三水	425.27	341.50	574.69	428.81
天河	1 171.95	1 187.21	1 941.19	1 102.44
南华	913.53	984.69	0.00	983.11
挂定角	801.73	811.41	1 240.80	1 104.25

表 7-16　海平面上升与现状的含氯度与取水时间比较

位置	峰值/（mg/L）			取水时间/h		
	现状	海平面上升 0.05 m	海平面上升 0.20 m	现状	海平面上升 0.05 m	海平面上升 0.20 m
挂定角	9 071	9 138	9 193	0	0	0
广昌	7 578	7 664	7 731	0	0	0
联石湾	3 792	3 890	4 013	99.1	95.9	88.7
平岗	1 089	1 142	1 233	290.6	287.1	277.7
竹洲头	320.6	343.5	386.4	352.1	351.1	349.4
全禄	60.8	64.5	76.1	360	360	360
大丰	562.2	572.9	611.2	344.1	343.8	342.2
沙湾	1 230	1 268	1 388	301.4	299.8	293

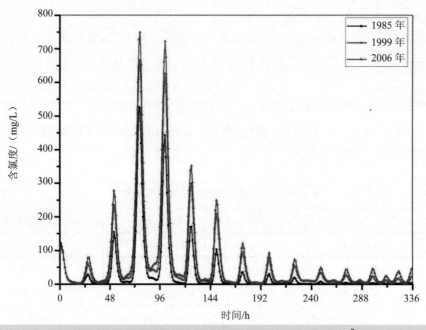

图 7-83　地形变化对竹银含氯度变化过程（梧州 2 000 m³/s）

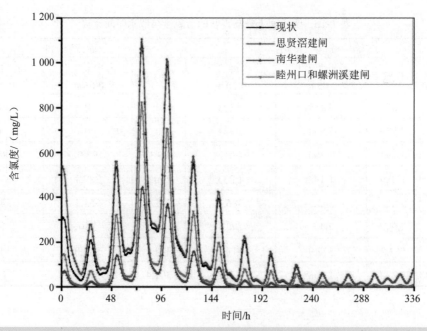

图 7-84　不同建闸方案下平岗含氯度变化过程（梧州 2 000 m³/s）

（3）计算结果及结论

本研究采用库群-河网系统流动分析通用程序HydroInfo对珠江流域河网在径流与潮流联合作用下的咸潮进行分析模拟计算，主要成果包括：

①采用2005年1月18日—2月6日实测资料，对包括51个测量站位的三角洲河网水位、流量、含氯度进行了验证计算，图7-78及图7-79给出了验证计算比较情况。计算与实测数据吻合良好，说明本模型是可靠的，所选用参数合理，可以用于方案分析与预报。

②采用现状地形，计算了不同径流条件下主要取水口的含氯度变化过程（见图7-79）。随着径流量增大，咸界下移，可取水时间增长。表7-9至表7-11给出了主要取水口的可取水时段及15天半月潮周期内累计可取水时间。

③计算了现状地形及1985年地形、1999年地形的含氯度。表7-13给出马口及三水的分流比变化。由于挖沙及冲刷，河道过流面积增大，导致纳潮量增大。图7-83给出了磨刀门水道主要站位的含氯度过程对比。

④采用五种不同方案：方案1：思贤滘建闸；方案2：南华建闸；方案3：睦州口、螺洲溪建闸；方案4：平均海平面上升0.05 m；方案5：平均海平面上升0.20 m，预报了水资源配置方案及未来潮位趋势变化对咸潮演变的影响。表7-15给出了建闸方案与现状的净流量比较结果。表7-16给出海平面上升与现状的含氯度与取水时间比较。图7-84给出了主要站位的含氯度变化过程。南华建闸方案对磨刀门水道含氯度的影响最大；睦州口、螺洲溪建闸方案影响其次；思贤滘建闸方案对磨刀门水道含氯度的影响不大。未来平均海平面上升将导致三角洲含氯度增大。

7.2.6　案例总结

本模型研究通过HYDROINFO水力信息系统建立了多维耦合模型水动力模型，对珠江三角洲咸潮问题进行了有效的分析模拟验证，并取得了吻合较好的分析结果。

7.2.7　小结

HYDROINFO水力信息系统软件能够真实准确地模拟环境水流的多种形态——从河流海洋的一维、二维、三维近似，到非恒定的水流、波浪、泥沙与输运等各相关领域。

7.3　ZIHE-2DS 模型

7.3.1　模型简介

ZIHE-2DS水环境模型为浙江省水利河口研究院潘存鸿等自主开发的水环境二维数值模拟软件，其于2005年开始研制，2010年水流计算部分获得国家计算机软件著作权，以后扩展了盐度、水质计算功能，盐度计算软件于2012年获得国家计算机软件著作权。模型采用 OpenMP 并行编程技术对基于多核处理器的计算程序实现了并行计算。

  控制方程采用二维浅水方程和对流扩散方程，水流计算采用有限体积-KFVS（Kinetic Flux Vector Splitting）格式（潘存鸿等，2006），水质、泥沙计算采用有限体积-Godunov 格式（潘存鸿等，2011，2014），模型采用干底 Riemann 解求解干湿边界问题（潘存鸿等，2004，2009）。计算为显格式，时间步长需满足 CFL 稳定条件。水流模型中考虑了风应力、柯氏力、取排水流量以及盐度、含沙量平面分布不均引起的斜压项。模型采用无结构三角形网格，具有计算稳定、守恒、动边界处理能力强等优点，可模拟水深平均的二维水流和水质，适用于可以忽略分层作用的湖泊、水库、河流、河口、海洋等水域，还适用于间断流动的模拟，如涌潮、水跃、溃坝波、海啸等。泥沙模块用来计算悬沙输移和河床变形，水质模块可以模拟保守物质、一阶衰减物质，主要的水质因子包括盐度、COD、BOD、氮、磷等。图 7-85 为 ZIHE-2DS 软件界面。

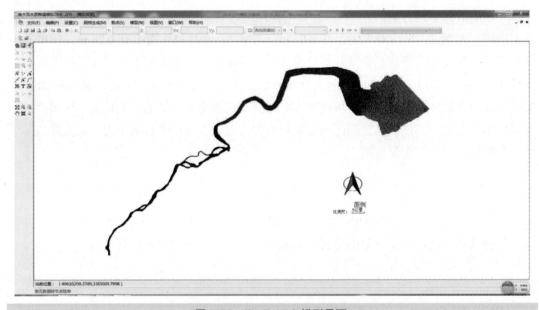

图 7-85 ZIHE-2DS 模型界面

7.3.2 模型架构

  模型由计算前处理、计算和后处理三大部分组成。

  模型计算部分由主程序、计算条件输入、数据处理、计算处理、计算结果输出五部分组成，其中水流条件输入部分又分为水流数据输入模块、泥沙数据输入模块、水质数据输入模块，数据处理部分分为网格模块、边界模块和初始化模块，计算处理部分分为水边界处理模块、水流计算模块、泥沙计算模块、水质计算模块，计算结果输出部分分为水流数据输出模块、水质数据输出模块、泥沙数据输出模块。基本架构见图 7-86。

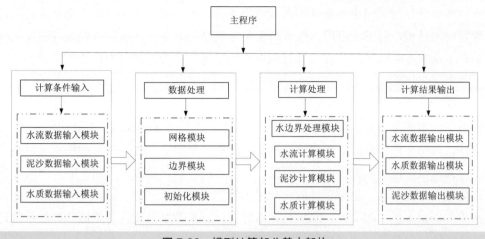

图 7-86　模型计算部分基本架构

（1）水流计算模块：水流连续性方程和动量方程采用有限体积法求解，界面通量采用 KFVS 格式计算。采用无结构三角形网格，计算物理量水位、流速均定义在单元中心。

（2）泥沙计算模块：泥沙输移对流扩散方程和河床变形方程采用有限体积法求解，界面通量采用基于准确 Riemann 解计算，含沙量和河床变形量均定义在单元中心。目前仅能计算悬沙，源项可选用剪切应力公式计算，或者选用挟沙能力公式计算，挟沙能力公式有多种公式可以选用，包括波浪对挟沙能力的作用。

（3）水质计算模块：计算方法同泥沙计算模块，用来计算盐度、水质，水质变量定义在单元中心。源项考虑了保守物质和一阶衰减物质，以及取排水流量和浓度的作用。

7.3.3　模型前处理及数据要求

7.3.3.1　模型前处理

确定计算范围后，采用三角形网格剖分计算域。模型自带网格生成软件，也可采用其他网格生成软件（如 SMS 模型中的网格生成软件）生成的网格数据。

模型能显示计算网格图和地形等值线（或渲染）图，并具有放大、缩小功能，可选显示单元号、节点号等。同时，模型还能编辑计算网格图，包括移动节点、加密网格、修改节点高程、加密网格、编辑文字等功能。

地形数据定义在三角形节点上，采用节点 X、Y 坐标和底高程 Z_0 的形式输入。

初始条件包括初始水位、初始流速（X 和 Y 方向流速分量）和水质初始浓度。初始水位可根据开始模拟时刻计算域的水流情况给定，如给定常水位或分区域给定常水位；初始流速一般可给定为零；水质初始浓度可采用水域的背景值或者零启动。若初始条件给定得比较符合计算初始时刻的流场和水质场，则能缩短流场和水质的相对动态稳定时间，从而节省机时。

水边界条件包括水流边界条件和水质边界条件。水流边界条件可以给定水位时间过程或者流量时间过程，对于流出边界也可给定充分发展边界条件；水质边界条件在流入计算域时给定水质浓度时间过程，流出计算域时采用不考虑扩散项的纯对流方程计算。

7.3.3.2　数据要求

数据文件水流部分有水流主控文件、网格文件、水边界条件文件、水流初始条件文件、糙率文件、风场文件等组成。糙率数据涨潮、落潮分别给定，涨（落）潮糙率可以整个计算域给定为常数，也可以随平面位置而变。风场数据可以是常数（不随平面和时间而变），可以是随平面位置而变，也可以随时间和平面位置而变。

水质部分由水质主控文件、水质初始条件文件、扩散系数文件等组成。扩散系数可以整个计算域给定为常数，也可以随平面位置而变。

水流主控文件数据格式：

（1）计算开始和结束时间；

（2）计算时间步长、干湿临界水深、是否计算水质；

（3）指定网格文件名、水边界文件名、水流初始条件文件名、糙率文件名、风场文件名（可选）、输出文件名。

水质主控文件数据格式：

（1）水质计算时间步长；

（2）指定水质初始条件文件名、输出文件名。

7.3.4　模型输出及后处理

7.3.4.1　水流模型输出

（1）面输出文件：指定输出时间间隔、输出开始和结束时间等。

（2）点输出文件：指定输出时间间隔、输出开始和结束时间、需输出的计算单元号或坐标、输出内容等。

（3）线（断面）输出文件：指定输出时间间隔、输出开始和结束时间、需输出的线（断面）两端的计算单元号或坐标等。

7.3.4.2　水质模型输出

（1）面输出文件：指定输出时间间隔、输出开始和结束时间等。

（2）点输出文件：指定输出时间间隔、输出开始和结束时间、需输出的计算单元号或坐标等。

（3）线（断面）输出文件：参数设置同水流。

7.3.4.3   后处理

模型具有流场、等值线（或渲染）图静态和动态显示功能，还可绘制指定点位的变量（水位、流速、污染物浓度）过程线图。

模型输出面文件可直接用 TECPLOT 软件调用、绘图及分析，其二进制形式输出的面文件可直接用 SMS 软件调用、绘图及分析。

7.3.5   应用实例

7.3.5.1   项目背景与研究目标

宁波杭州湾新区位于慈溪市域北部，杭州湾跨海大桥南岸，陆域面积 235 km²，海域面积 350 km²。随着 2008 年杭州湾跨海大桥通车，杭州湾新区位于杭州湾大桥桥头地区的区位交通优势愈加凸显，展现出良好的发展势头，经济发展迅速，用水量激增，现有的污水处理能力已经无法满足今后城市发展的需求，因此，杭州湾新区规划近期新建北部污水处理厂 1 座，一期污水处理规模 6 万 t/d，尾水执行城镇污水处理厂一级 A 排放标准，拟通过排海管排入杭州湾。

为配合杭州湾新区北部污水处理厂一期工程的环评、可研等报批工作，需构建杭州湾二维潮流水质数学模型，在实测资料验证的基础上，通过数学模型计算，预测分析北部污水处理厂 6 万 t/d 尾水排放后对杭州湾水质的环境影响。

7.3.5.2   研究区域概况

杭州湾位于浙江省东北部，是一个喇叭形海湾，主要受外海潮流动力作用，北侧芦潮港紧邻长江口，南侧镇海与甬江口相接，湾口宽约 100 km，自口外向口内渐狭，至澉浦断面宽度为 16.5 km。杭州湾海底地形平坦，低潮位时水深大多 8～10 m，乍浦断面以西渐抬升，至澉浦断面水深约 5 m。

杭州湾新区排污口位于杭州湾南岸的庵东边滩水域（图 7-87）。岸滩断面地形分带明显，由潮间带滩地（−2 m 以上）、水下斜坡（−2～−8 m）和海床（−8 m 以下）三部分组成，沿岸等深线基本与岸线平行。排放口位于水下斜坡区域，现状海床高程−5 m。

（1）潮汐

工程区潮汐为非正规半日浅海潮，水位每日两涨两落。东海潮波传入杭州湾后，向上游潮差逐渐增大，同时，涨潮历时缩短，落潮历时延长。南岸发育大片滩地，无长期潮位站。北岸芦潮港、金山、乍浦、澉浦站平均潮差分别为 3.29 m、4.33 m、4.75 m、5.66 m，其中澉浦站实测最大潮差达 9.0 m，南岸潮差相对较小，湾口镇海站平均潮差为 2.02 m。

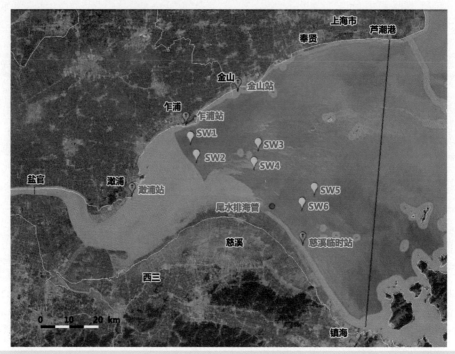

图 7-87　杭州湾平面图

（2）潮流

杭州湾为强潮海湾，潮强流急。根据 2011 年 10 月实测水文资料，工程区域实测最大涨潮流速可达 2.58 m/s，最大落潮流速达 2.17 m/s，可见该区涨潮流速大于落潮流速，涨潮流历时通常小于落潮流历时。工程水域潮流由于受地形变化影响，流向大致沿岸线而行，涨潮流基本呈偏西北向，落潮流基本呈偏东南向。

7.3.5.3　模型构建

（1）模型选择

杭州湾水域开阔，水深浅，垂向流速、水质浓度等分布较为均匀，可采用平面二维模型模拟。杭州湾南岸发育大面积的滩地，在涨潮时被淹没、落潮时露滩，因此模型必须具有较强的干湿点处理能力；杭州湾动力强，流速大，模型必须能够模拟大流速的运动；杭州湾岸线曲折复杂，湾口宽 100 km，湾顶澉浦仅 16.5 km，放宽率很大，同时为能准确反映排放口近区的污染带面貌，需保证在排放口附近水域的网格尺寸较小，因此模型还必须具有较强的岸线拟合能力和网格加密功能。而 ZIHE-2DS 模型采用无结构三角形网格剖分，具有处理复杂边界和网格局部加密的能力，在处理干湿边界和强水动力水流方面极具特色，经多次实践应用，适用性较好。因此，选择 ZIHE-2DS 二维模型进行该项目的模拟计算。

（2）模拟范围

计算范围的选取主要考虑两个因素，一是计算水边界应取在容易给定边界条件的地方；二是计算水边界应离工程区域足够远，以避免工程实施对边界条件的影响。根据上述原则，本次计算范围取为：上边界取至盐官断面，下边界取至芦潮港—镇海断面，模型计算区域见图 7-87。

（3）网格划分

为较好地反映模型区域内地形变化情况，对床底坡度变化较大的区域进行加密；同时为能准确反映排放口近区的污染带面貌，在杭州湾新区排放口附近水域也进行网格加密。模型区域采用三角形网格进行划分，整个模型共布设 25 180 个计算节点，49 436 个计算单元，最小网格步长不足 20 m。数学模型所采用网格及其加密情况见图 7-88。

（4）边界条件设置

流场计算中陆地边界采用可滑不可入条件。模型上边界由盐官站实测潮位控制，下边界芦潮港—镇海一线采用芦潮港、镇海实测潮位过程，下边界其他点潮位由芦潮港、镇海的潮位线性插值获得。

水质边界条件：流入时水边界条件取浓度为零，流出时采用纯对流方程计算得到。

（5）初始条件设置

初始水位根据模拟开始时刻上、下水边界的实测潮位给定常水位，初始流速为零，初始水质浓度为零。

（6）时间步长设置

水流模块和水质模块的时间步长均需满足 CFL 条件，二者可分别设置，本次计算水流模块、水质模块的时间步长均设置为 0.5 s。

7.3.5.4 模型率定验证

（1）模型率定

根据工程海域 2011 年 10 月水文测验成果，结合同一时期地形资料，上下游均采用逐时潮位边界，对模型中的一系列参数进行率定。水文站点布设见图 7-87，潮位率定结果见图 7-89，潮流率定结果见图 7-90，工程海域涨、落潮流场见图 7-91、图 7-92。由图可见：

①ZIHE-2DS 所建立的模型"预热"时间短，潮位及潮流均能在 1/2 个潮周期（约 6.5 h）后得到较好的准确度。

②计算结果无论是相位还是数值大小均与实测结果相吻合，有较高的精度。

③涨潮、落潮潮流场图表明工程海域流向大致沿岸线而行，涨潮流基本呈偏西北向，落潮流基本呈偏东南向，该流态与实测情况一致。

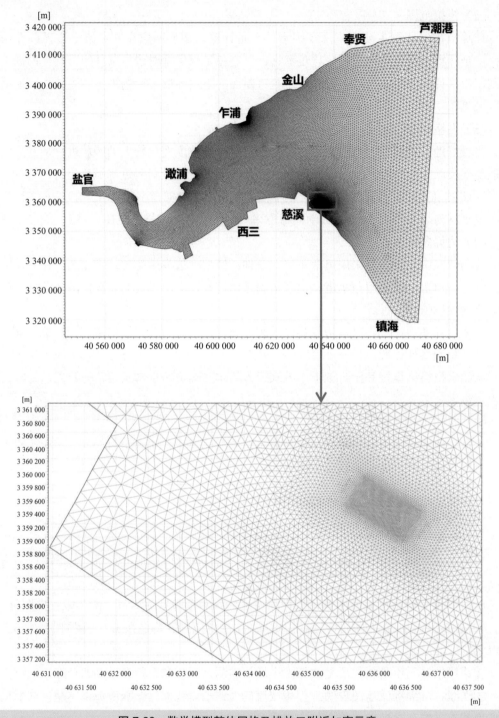

图 7-88　数学模型整体网格及排放口附近加密示意

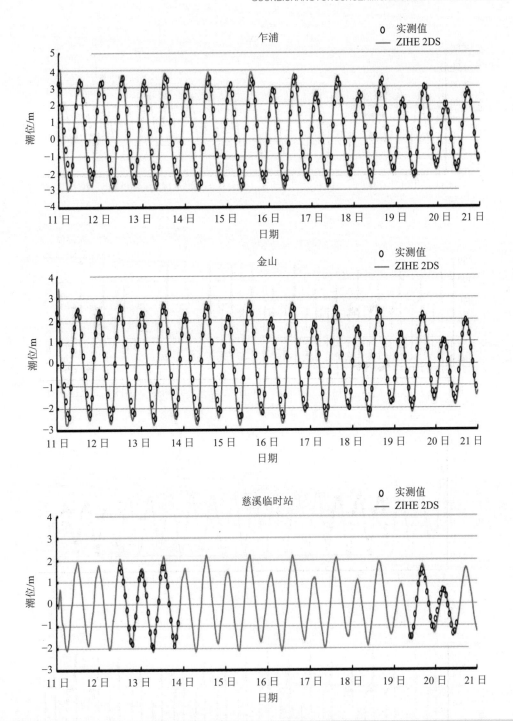

图 7-89　2011 年 10 月潮位过程验证

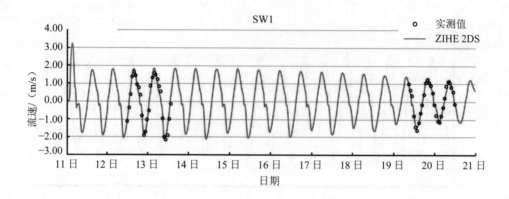

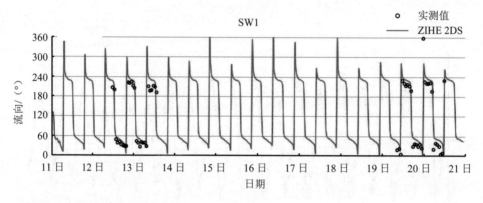

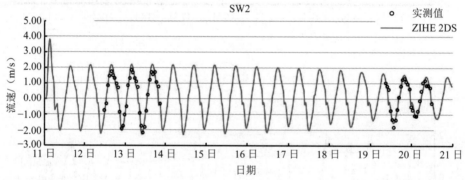

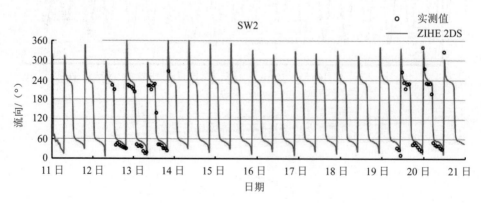

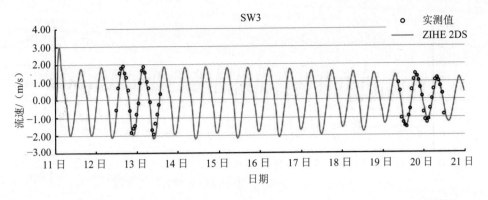

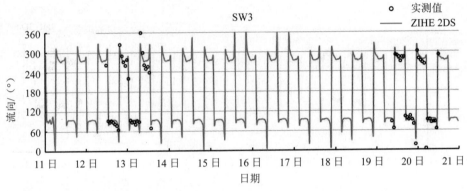

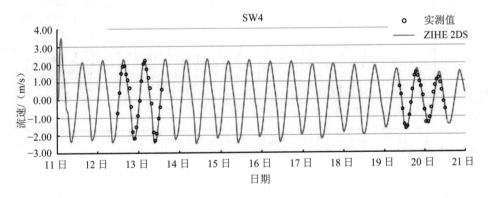

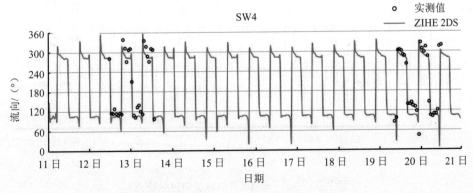

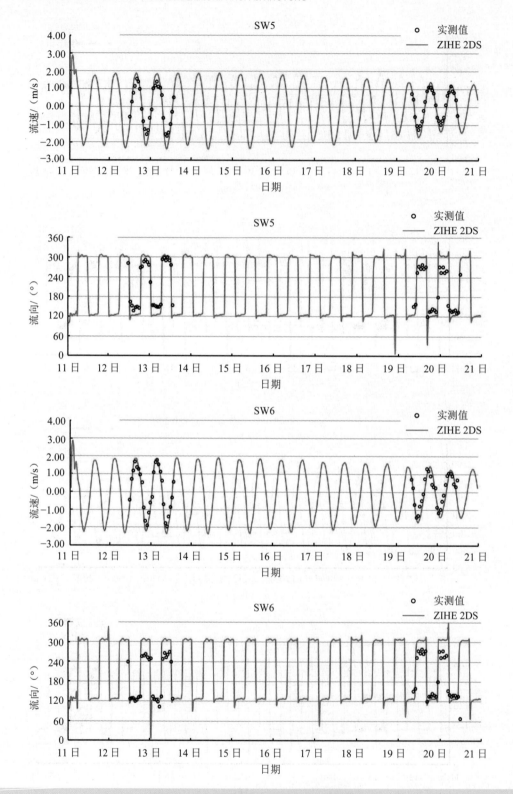

图 7-90　2011 年 10 月流速流向过程验证

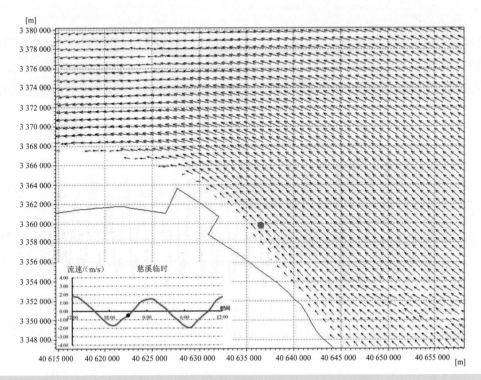

图 7-91 工程海域涨潮流场（红点为排海口位置）

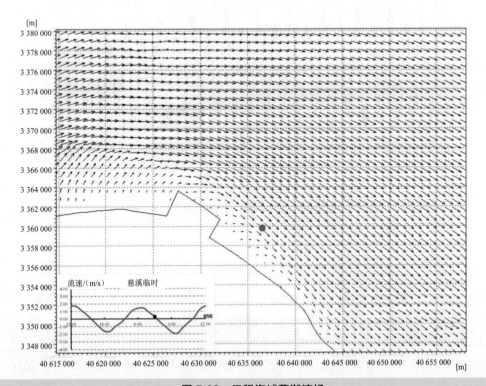

图 7-92 工程海域落潮流场

（2）模型验证

采用上面模型率定的参数，将边界条件替换为 2013 年 11 月的潮位资料，对模型区域内的澉浦、乍浦站进行验证，如图 7-93 所示。由图可见，虽然率定和验证的时间差了 2 年，但 2013 年的验证结果仍然较好，表明该模型在杭州湾潮动力模拟中有较好的适用性。

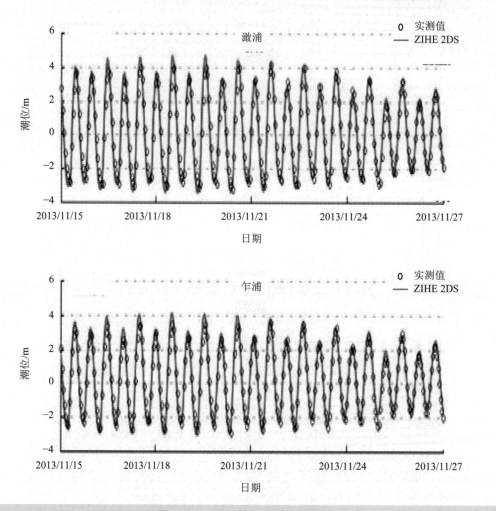

图 7-93　2013 年 11 月潮位验证

7.3.5.5　杭州湾新区北部污水处理厂尾水排放的水环境影响

杭州湾新建北部污水处理厂一期工程排入杭州湾的尾水总量为 6 万 t/d，根据污水成分、杭州湾水质现状，确定评价污染因子为 COD_{Mn}、$NH_3\text{-}N$ 和 TP。

（1）模型参数设置

①地形：采用本区域内较新实测地形成果，即澉浦—西三断面以东地形采用 2010 年 10 月地形测量成果，澉浦—西三断面以西采用 2013 年 11 月地形测量成果，以期能更加真

实地反映排放口附近的岸线及地形情况。

②糙率系数：糙率系数取值范围为 0.005～0.01，率定及验证结果均表明所采用的系数能够较好地反映模拟区域流场的时空分布情况。

③扩散系数：污染物输运数值模拟时扩散系数是重要的参数，但杭州湾潮流强劲，污染物输运以对流为主，扩散输运所占比重较小，且因缺少水质实测资料，故本次数学模型主要对水动力进行验证，水质模型中扩散系数参照杭州湾其他相似区域排污工程的数学模型设定，根据杭州湾其他工程的经验，当网格步长小于 20 m 时，扩散系数取 2 m²/s，可较好地模拟紊动扩散和离散现象。

④衰减系数：为严格起见，COD_{Mn}、$NH_3\text{-}N$、TP 均以保守物质考虑，不考虑降解，即降解系数为 0。

⑤水动力边界条件：采用潮位过程控制，上游盐官断面及下游芦潮港—镇海断面均采用 2013 年 11 月实测逐时潮位过程，包含大潮、中潮、小潮三种潮型。

⑥水质边界条件：仅计算污水排放增量对水环境的影响，不考虑水质的本底浓度，即取本底值为零。因此，流入时水边界条件取浓度为零，流出时采用纯对流方程计算得到。

（2）方案设计

该北部污水处理厂一期工程尾水排放总量为 6 万 t/d，主要污染因子为 COD_{Mn}、$NH_3\text{-}N$ 和 TP。因此，围绕上述 3 种污染物对工程海域的水环境进行评价，因附近没有其他大型污染源，本项目预测分析该污水处理工程单独排放情况下的污染物浓度增量分布情况，讨论特定水文条件下污染带形态，表 7-17 为方案计算汇总。

表 7-17 方案计算汇总

方案	污水量/（10⁴t/d）	污染物	
		因子	浓度/（mg/L）
A01	6	COD_{Cr}	50
A02	6	$NH_3\text{-}N$	5
A03	6	TP	0.5

注：因污水处理厂尾水水质指标为 COD_{Cr}，海水水质指标为 COD_{Mn}，需进行变换，本次采用 $COD_{Cr}/COD_{Mn}=2.5$ 进行变换。

（3）计算结果及结论

① COD_{Mn} 的增量影响

杭州湾新区北部污水处理厂单独排放 6 万 t/d 尾水时，潮汐典型时刻即涨急、涨憩、落急、落憩时 COD_{Mn} 增量浓度等值线见图 7-94 至图 7-97，$COD_{Mn}>0.02$ mg/L 的包络带面积统计见表 7-18，COD_{Mn} 增量全潮最大浓度包络等值线见图 7-98。

表 7-18　潮汐典型时刻时 COD$_{Mn}$ 包络带面积统计　　　　　　单位：km^2

浓度标准	落憩	涨憩	落急	涨急
COD$_{Mn}$>0.02 mg/L	0.474	0.065	0.022	0.024
NH$_3$-N>0.006 mg/L	0.834	0.120	0.055	0.084
TP>0.000 6 mg/L	0.849	0.119	0.057	0.082

结合图和表可知：

a. 涨潮时污染物被带往上游，污染带位于排放口上游侧；落潮时污染物被带往下游，污染带位于排放口下游侧。

b. 涨急、落急时刻，流速大，水动力条件好，污染物扩散作用强，污染物浓度低且包络带面积小。如图 7-94、图 7-96 所示，排放口附近未出现高浓度的 COD$_{Mn}$，COD$_{Mn}$>0.02 mg/L 的包络带面积也在 0.024 km^2 以内。

c. 落憩时刻，水深小，流速接近于 0，水动力条件差，污染物稀释扩散作用弱，易出现高浓度的污染带，如图 7-97 所示，COD$_{Mn}$>0.02 mg/L 的面积达到 0.474 km^2。涨憩时刻，虽然流速也接近于 0，但水深大，稀释能力强，污染带面积相对于落憩时刻小，为 0.065 km^2，但因对流能力弱，污染带面积较涨急、落急时大。

d. 全潮最大浓度包络图（见图 7-98）中各等值线所围面积要远大于上述四个特征时刻的对应等值线所围面积。

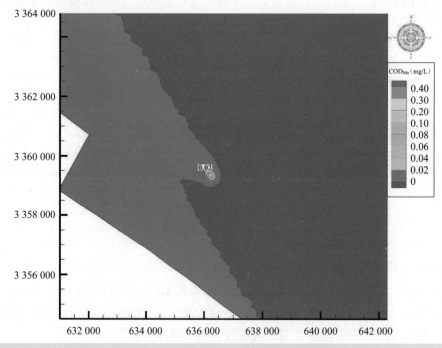

图 7-94　涨急时刻 COD$_{Mn}$ 增量浓度等值线

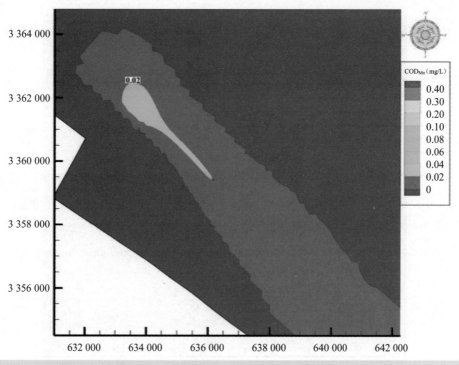

图 7-95　涨憩时刻 COD$_{Mn}$ 增量浓度等值线

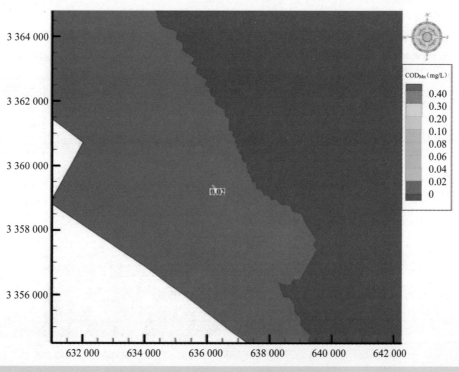

图 7-96　落急时刻 COD$_{Mn}$ 增量浓度等值线

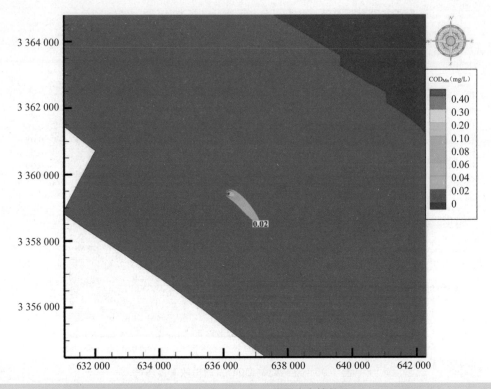

图 7-97　落憩时刻 COD$_{Mn}$ 增量浓度等值线

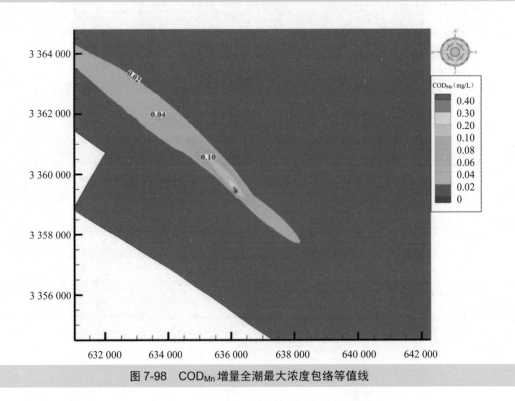

图 7-98　COD$_{Mn}$ 增量全潮最大浓度包络等值线

② NH₃-N 和 TP 的增量影响

杭州湾新区北部污水处理厂单独排放 6 万 t/d 尾水时，NH₃-N 和 TP 增量全潮最大浓度包络等值线见图 7-99 和图 7-100。

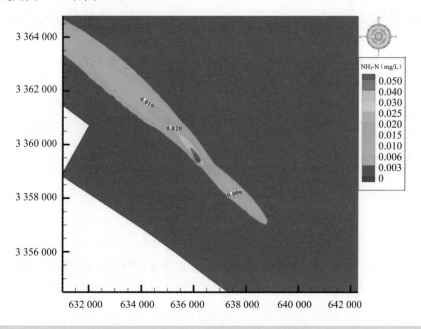

图 7-99　NH₃-N 增量全潮最大浓度包络等值线

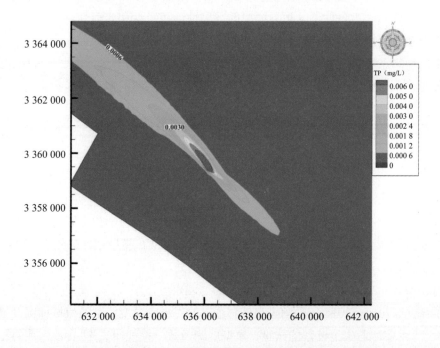

图 7-100　TP 增量全潮最大浓度包络等值线

7.3.5.6 案例模拟小结

（1）通过潮位、流速、流向、流态等实测资料的验证，表明该模型能够较好地模拟强潮水域的潮流运动，具有较强的干湿点处理能力，稳定性好。该模型验证精度高，可应用于工程项目的水流水质预测计算。

（2）计算结果表明，杭州湾新区北部污水处理厂一期工程 6 万 t/d 尾水单独正常排放时，落憩时刻污染物浓度高、污染带范围大，涨憩时刻次之，落急、涨急时刻污染带范围较小，其中落憩时刻化学需氧量（高锰酸钾）增量大于 0.02 mg/L 的包络面积仅为 0.474 km^2，氨氮、总磷因排放量小，污染带范围更小，落憩时刻氨氮增量大于 0.006 mg/L 的包络面积仅为 0.834 km^2，总磷增量大于 0.000 6 mg/L 的包络面积仅为 0.849 km^2。

7.3.6 小结

ZIHE-2DS 水环境二维数值模拟系统已广泛应用于涌潮、溃坝波、风暴潮、泥沙输移、河床冲淤、盐水入侵、污染物输移等实际问题，其主要特点如下：

（1）计算稳定。采用先进的基于 Boltzmann 方程的 KFVS 格式求解界面通量，经多个典型和实际算例计算表明，模型能较好地模拟缓流、急流、混合流以及缓流、急流的相互转化。特别适合于地形变化复杂、强水动力条件的模拟。由于计算格式具有水深正性特点，只要满足 CFL 条件，水深始终能保持非负。

（2）干湿边界处理能力强、计算守恒。采用基于改进的干底 Riemann 解处理干湿边界问题，保证了强水动力条件下动边界模拟的准确性、稳定性和守恒性。

（3）模型采用微机多核并行计算技术，特别适合在微机上运行。

（4）模型集水流、泥沙、盐度、水质于一体，考虑了风场和风应力、盐度引起的斜压，以及风暴潮作用下的水环境问题，特别适合于河口海岸水域的水环境模拟。

7.4 WWL 模型

7.4.1 模型简介

WestWater-Lateral（WWL）立面二维水温分析系统为水力学与山区河流开发保护国家重点实验室（四川大学）自主研发的数值模拟软件。WWL 模型由邓云始于 1998 年开发，应用于溪洛渡水温影响预测；在 2000 年利用美国陆军工程兵团水库物理模型试验结果对模型进行了验证；2000—2009 年开展了长期的二滩水库原型观测，模型参数得到了水库实测水温的率定。2010—2014 年受国家自然科学基金"水库温度模型及流域梯级开发的水温影响研究""水库冰盖生消过程的试验、原型观测及数学模型研究""含沙水流对稳定分层型水库水温结构影响的研究"等项目资助，梁瑞峰、脱友才等拓展了水质、泥沙、冰模块，采用紫坪铺、丰满、小湾等多个不同类型水库水温结构的实测数据对模型进行了验证。模型于 2013 年首次公开发表并取得了软件著作权。

WWL 立面二维水温分析系统计入了地形、入流、发电泄流、防洪泄流、水位、太阳辐射、大气长波辐射、水体返回长波辐射、水面蒸发、传导、泄流孔口位置及尺寸等因素对水库纵垂向水温的影响,通过计算连续方程、动量方程、能量方程、紊流模式方程来模拟水库水温时空变化过程。模拟计算的过程、结果可自动输出到第三方软件如 Tecplot、Excel 等进行动态显示,并自动生成统计表格和图形。

技术特点:

(1)自由表面采用浮动平面假定。通过浮动平面加快计算速度,同时这种假定又不影响水面变动带来的热量、水量平衡,避免了刚盖假定的出入流量差异引起的热平衡误差。

(2)采用完整的垂向动量方程。可更准确地模拟库区二次环流及垂向对流。

(3)并行求解。针对非线性微分方程的系数矩阵所做的简化处理,以及将系数矩阵建立与微分方程求解并行处理,对此类方程的求解有普遍意义。

(4)采用 k-ε 双方程紊流模式。涡黏系数可由实时计算的 k、ε 确定,可充分反映紊动扩散对流场、温度场的扰动,以及温度分层对紊动的抑制作用。

7.4.2 模型架构

WWL 模型主要包括立面二维水动力、水温、冰、水质、泥沙等模块。

7.4.2.1 水动力模块

水动力模块用以模拟水库出入流不平衡带来的水位变化和库区受温度影响下的紊动及流速分布。模型采用矩形网格,在水位变动区采用动网格自适应水位消落,以交错网格基础上的有限体积法求解水流连续方程、动量方程以及紊流模型的 k-ε 方程。

由于河宽变化对水面热量交换和热量向水下的传递都具有一定的影响,因此采用宽度平均的控制方程。在笛卡尔直角坐标系下水动力学方程和紊流模型方程分别为:

$$\frac{\partial Bu}{\partial x} + \frac{\partial Bw}{\partial z} = 0 \tag{7-8}$$

$$\begin{aligned}
\frac{\partial Bu}{\partial t} + u\frac{\partial Bu}{\partial x} + w\frac{\partial Bu}{\partial z} &= \frac{\partial}{\partial x}\left(Bv_e\frac{\partial u}{\partial x}\right) + \frac{\partial}{\partial z}\left(Bv_e\frac{\partial u}{\partial z}\right) \\
&- \frac{B}{\rho}\frac{\partial p}{\partial x} + \frac{\partial}{\partial x}\left(Bv_t\frac{\partial u}{\partial x}\right) + \frac{\partial}{\partial z}\left(Bv_t\frac{\partial w}{\partial x}\right)
\end{aligned} \tag{7-9}$$

$$\begin{aligned}
\frac{\partial Bw}{\partial t} + u\frac{\partial Bw}{\partial x} + w\frac{\partial Bw}{\partial x} &= \frac{\partial}{\partial x}\left(Bv_e\frac{\partial w}{\partial x}\right) + \frac{\partial}{\partial z}\left(Bv_e\frac{\partial w}{\partial z}\right) - \frac{1}{\rho}\frac{\partial Bp}{\partial z} \\
&+ \frac{\partial}{\partial x}\left(Bv_t\frac{\partial u}{\partial z}\right) + \frac{\partial}{\partial z}\left(Bv_t\frac{\partial w}{\partial z}\right) + \beta B\Delta Tg
\end{aligned} \tag{7-10}$$

$$\frac{\partial Bk}{\partial t} + u\frac{\partial Bk}{\partial x} + w\frac{\partial Bk}{\partial z} = \frac{\partial}{\partial x}\left[B\left(\frac{v_t}{\sigma_k}+v\right)\frac{\partial k}{\partial x}\right] + \frac{\partial}{\partial z}\left[B\left(\frac{v_t}{\sigma_k}+v\right)\frac{\partial k}{\partial z}\right] + B\left(G_k + G_b - \varepsilon\right) \quad (7\text{-}11)$$

$$\begin{aligned}\frac{\partial B\varepsilon}{\partial t} + u\frac{\partial B\varepsilon}{\partial x} + w\frac{\partial B\varepsilon}{\partial z} &= \frac{\partial}{\partial x}\left[B\left(\frac{v_t}{\sigma_\varepsilon}+v\right)\frac{\partial \varepsilon}{\partial x}\right] + \frac{\partial}{\partial z}\left[B\left(\frac{v_t}{\sigma_\varepsilon}+v\right)\frac{\partial \varepsilon}{\partial z}\right] \\ &\quad + BC_{\varepsilon1}\frac{\varepsilon}{k}\left(G_k + C_{\varepsilon3}G_b\right) - BC_{\varepsilon2}\frac{\varepsilon^2}{k}\end{aligned} \quad (7\text{-}12)$$

式中，$G_k = v_t\left[2\left(\dfrac{\partial u}{\partial x}\right)^2 + 2\left(\dfrac{\partial w}{\partial z}\right)^2 + \left(\dfrac{\partial u}{\partial z} + \dfrac{\partial w}{\partial x}\right)^2\right]$，为紊动动能生成项；$G_b = -\beta g\dfrac{v_t}{\sigma_T}\dfrac{\partial T}{\partial z}$，

为浮力生成项，该浮力项在稳定分层时可抑制紊动动能的生成，削弱热量向下的传递，是水库能保持稳定分层的重要因素。

$$v_t = \rho C_\mu \frac{k^2}{\varepsilon} \quad (7\text{-}13)$$

式中：v_e —— 分子黏性系数 v 与紊动涡黏系数 v_t 之和，$\mathrm{m^2/s}$；

u、w —— 纵向和垂向流速，$\mathrm{m/s}$；

p —— 压强，Pa；

B —— 水体宽度，为高程的函数，m；

K —— 紊动动能，$\mathrm{m^2/s^2}$；

ε —— 紊动动能耗散率，$\mathrm{m^2/s^3}$；

σ_k、σ_ε —— 分别为紊动动能和耗散率的普朗特数，一般取 1.0 和 1.3；

C_μ、$C_{\varepsilon1}$、$C_{\varepsilon2}$ —— 模型常数，取值分别为 0.09、1.44、1.92，水动力学模型方程组中的常数为通用常数，其取值由基本实验确定，不因具体问题而改变；

$C_{\varepsilon3}$ —— 铅垂方向速度 w 和水平方向速度 u 比值的函数，取值在 0～1。

7.4.2.2 水温模块

该模块用以计算水库库区水温的纵向、垂向时空变化，并通过设置与水库泄流孔口相匹配的下游边界得到水库的下泄水温。

水温与水动力方程中的紊动扩散系数采用求解紊流模型方程得到的 k、ε 计算，在 k 方程中计入了温度垂向梯度对紊动生成的影响。

宽度平均的温度方程为：

$$\frac{\partial BT}{\partial t} + u\frac{\partial BT}{\partial x} + w\frac{\partial BT}{\partial z} = \frac{\partial}{\partial x}\left[B\left(\frac{\lambda}{\rho C_p} + \frac{v_t}{\sigma_T}\right)\frac{\partial T}{\partial x}\right]$$
$$+ \frac{\partial}{\partial z}\left[B\left(\frac{\lambda}{\rho C_p} + \frac{v_t}{\sigma_T}\right)\frac{\partial T}{\partial z}\right] + \frac{1}{\rho C_p}\frac{\partial B\varphi_z}{\partial z} \tag{7-14}$$

水库表面的水-气界面热交换可计算长短波辐射、蒸发、传导对水库热量收支的影响，其中短波辐射根据不同水体中的衰减特性还将影响水下的热量平衡。通过水面进入水体的热通量为：

$$\phi_n = \phi_{sn} + \phi_{an} - \phi_{br} - \phi_e - \phi_c \tag{7-15}$$

水体表面净吸收的太阳短波辐射通量为：

$$\phi_{sn} = \beta_1\phi_s(1-\gamma) \tag{7-16}$$

式中，ϕ_s 是到达地面的总太阳辐射量（W/m²）；γ 是水面反射率，它与太阳角度和云层覆盖率相关；β_1 是太阳辐射的表面吸收系数。

大气长波辐射通量：

$$\phi_{an} = \sigma \cdot \varepsilon_a \cdot (273 + T_a)^4 \tag{7-17}$$

式中，σ 为 Stefan-Boltaman 常数；ε_a 为大气发射率；T_a 为水面上 2 m 处的气温。

水体长波的返回辐射：

$$\phi_{br} = \sigma \cdot \varepsilon_w \cdot (273 + T_s)^4 \tag{7-18}$$

式中，T_s 为水体表面温度，℃；ε_w 为水体的长波发射率。

水面蒸发热损失：

$$\phi_e = f(W)(e_s - e_a) \tag{7-19}$$

式中，$f(W)$是风函数，W/（m²·hPa）；e_s 是相应于水面温度T_s的紧靠水面的空气饱和蒸发压力，hPa；e_a 为水面上空气的蒸发压力，hPa。

热传导通量：

$$\phi_c = f(W)(T_s - T_a) \tag{7-20}$$

7.4.2.3 冰模块

该模块用以计算结冰水库库区冰的形成、发展以及消失的过程。

基于热力学原理，建立大气-冰-水三者的热交换关系，冰盖的生长和消融受冰盖内部以及冰盖上下表面的能量平衡方程来控制。在冰盖上表面的融化过程中，假定冰盖上表面融化成的水通过冰盖的缝隙直接进入冰盖下面的水体。冰盖的生长只发生在冰盖的下表面，而冰盖的融化可以发生在冰盖的上表面、下表面。

冰与气之间的热交换主要来自于大气，而冰水界面的热交换是通过水体的对流扩散来获得，在交界面上能量的损失转化为冰盖厚度的增减。

冰内的热传导方程：

$$\frac{\partial T}{\partial t} = \frac{k_i}{\rho_i C_i}\frac{\partial^2 T}{\partial z^2} + \frac{1}{\rho_i C_i}\frac{\partial[\phi_{sn}(1-\beta_i)e^{-\tau_i z}]}{\partial z} \tag{7-21}$$

式中，T 为冰温，℃；t 为时间，s；k_i 为冰的热传导系数，J/（s·m·℃）；C_i 为冰的比热，J/（kg·℃）；ρ_i 为冰的密度，kg/m³；τ_i 为衰减系数，m⁻¹；β_i 为冰盖表面吸收率；ϕ_{sn} 为到达冰面的净短波辐射，J/（s·m²）；h 为冰厚，m。

冰与水交界面的能量平衡方程：

$$q_i - q_{wi} = \rho_i L_i \frac{dh}{dt} \tag{7-22}$$

式中，q_{wi} 为从水到冰的热通量；q_i 为冰内热通量；L_i 为冰的溶解潜热，J/kg。

冰气界面的能量平衡方程：

$$k_i \frac{\partial T}{\partial z} = \sum \phi_{sn} - \rho_i L_i \frac{dh}{dt} \tag{7-23}$$

7.4.2.4 水质、泥沙模块

水质模块和悬沙模块是另外延伸功能模块，与水动力学、水温模块耦合，可求解水库库区的纵向、垂向水质、悬沙时空变化。

7.4.3 模型前处理及数据要求

WWL 的前处理主要包括地形修正、网格划分、支流、边界条件和初始除条件的设置、控制参数选择等。

7.4.3.1 地形修正

根据实际大断面得到的概化地形，与水库的水位-库容曲线、水位-面积曲线存在差异，软件通过修正大断面来保证计算地形与实际地形的一致性。图 7-101 为水库地形修正前后的库容曲线对比。

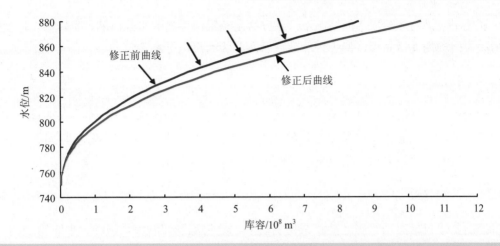

图 7-101　水库地形修正

7.4.3.2　网格划分

模型采用不等距矩形网格计算，在水库深泓线、断面间距、水平分界点、垂直分界点基础上进行网格划分。

（1）水库深泓线

水库深泓线由软件从地形文件中逐断面提取，用以控制网格的下边界。

（2）断面间距

断面间距用以定位地形文件大断面的具体位置。

（3）水平分界点

水平分界点用以确定网格点的水平位置，一般要求在坝前、河底坡度较陡处进行加密使用。

（4）垂直分界点

垂直分界点用以确定网格点的垂向位置，一般要求在水库泄流孔口及周边、死水位置至正常蓄水位之间、河底坡度较陡处进行加密使用。

7.4.3.3　支流

在有支流入汇的情况下，通过定义支流汇口的温度、流量分层文件，由主程序在对应的纵向、垂向网格处读入支流热源来计入支流影响。

7.4.3.4　边界条件

边界条件包括水库出、入库流量、水位、入流水温、气象条件等诸要素。各边界条件一般要求精确到逐日。

在使用叠梁门分层取水的情况下，还应给出叠梁门距离取水孔口的水平距离，以及采用的叠梁门顶的逐日高程，便于程序处理网格时为叠梁门分配计算网格。

7.4.3.5　初始条件

初始条件包括流场和温度场的初始化，可设置为已知的流场与温度场。缺省情况下，初始流场为静止状态，温度场采用初始的入流水温。初始条件也可以采用"restart"功能键，以已有的计算结果初始化流场与温度场。

7.4.3.6　控制参数

控制参数包括启动状态（静止或均温启动、给定流场和温度场启动、中断后启动）、初始松弛系数、事故松弛系数、常规松弛系数、初始时间步长、常规时间步长、相对误差、中间文件保存间隔。

此外，根据软件运行的服务器硬件配置，还可选择是否采用 CPU 指令集的高级优化、是否采用并行计算。

7.4.4　模型输出及后处理

软件计算结果在计算过程中根据中间文件的保存间隔设定，定时输出计算结果。结果文件主要包括水库下泄水温文件（OutTempr.txt）、流场和温度场文件（Uv-00*.Plt）、冰情文件（Ice-00*.txt）。

软件的后处理功能通过与 MS Office、Tecplot 等软件的接口实现，可输出水库下泄水温与现状水温的差异图表、垂向水温的变化趋势、垂向水温的特征分析、库区流场和温度场的绘制、流线绘制、沿程温度变化曲线。

7.4.5　模型使用要点

水库水温计算涉及地形、泄流孔口、气象、来流条件以及计算控制等多种影响因素，应注意以下要点：

（1）地形：概化后的地形以网格形式出现在模型中，过密的网格将带来不必要的计算成本，过稀的网格则容易损失局部地形特征，网格尺度纵向以 10～400 m 为宜，垂向以 0.5～3 m 为宜。水库坝前网格、泄流孔口附近网格应适当进行加密，不同尺度的网格之间采用渐变间距进行过渡。

（2）泄流孔口：发电、泄洪孔口为引流平顺，进口一般处理为喇叭口形式，网格划分时也应反映这种特征，模型出库边界应位于平顺段上下沿高程与喇叭口上下沿高程之间。

（3）气象：根据河谷地形以及局地气候特征，短波辐射、风速应充分考虑地形的遮蔽效应，选择适于当地蒸发特征的蒸发热损失计算方法。

（4）来流条件：来流包括温度与流速两方面因素，可对水库来流段地形作适当概化，避免来流入库后快速形成浮力流带来额外的计算成本。

（5）计算控制：水库温度场初值应与开始计算时刻的来流水温相近，避免需要进行多年循环消除初值设置的不合理。可采用较小的松弛系数消除计算的不稳定，待计算稳定收敛后再采用正常松弛系数。

7.4.6　应用实例

基于水库水环境模拟对垂向水温分布和下泄水温的现实需要，且目前观测到的窄深型水库的库区水温在宽度方向的变化一般可予忽略，选择宽度平均的立面二维数学模型来研究库区水温分布和下泄水温的变化规律。

7.4.6.1　研究概况与基础资料

（1）研究概况

二滩水电站为雅砻江水电梯级开发中的控制性电站之一，总装机容量 330 万 kW，是雅砻江已建梯级电站中装机容量最大的电站。二滩水库最大坝高 240 m，回水长度超过 140 km，是典型的峡谷式深水库。二滩水电站于 1998 年建成发电，是雅砻江干流上最先开发的梯级电站。四川大学分别于 2005 年 11 月、2006 年 2 月、2006 年 5 月和 2006 年 7 月进行了二滩水库全库区水温观测工作，并于 2006 年 3 月至 7 月对坝前垂向水温与下泄水温进行了连续观测。

已开展的观测表明，水库存在较为明显的垂向分层和双温跃层现象，表层与库底之间存在 4～15℃的温差，河宽方向无明显的温度变化，宽度平均的二维模型适于计算此类水温特征的库区及下泄水温。因此，拟利用其实测资料对该模型进行深入、系统的验证，并为模型参数取值的合理性论证提供依据。另外，通过对二滩水库水温分布实测数据的分析，尤其是坝前水温分布和下泄水体水温相关关系的分析，有助于对同类型水库水温预测结果的合理性分析提供类比佐证依据。

（2）基础资料

2005 年 11 月 14 日、2006 年 5 月 25 日、2006 年 7 月 30 日测量了二滩的全库区水温分布，可作为计算初始水温（见图 7-102）和验证对比水温。同步收集了库区附近气象站攀枝花、德昌、盐边等地气象资料，加权平均后作为库区气象条件（见表 7-19）。库尾打罗站逐日实测水温过程为入库水温边界条件（见图 7-103）。入库流量、出库流量和水位均采用月均或旬均值。

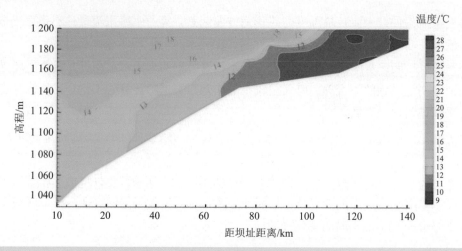

图 7-102   2005 年 11 月二滩主库区水温分布

表 7-19   二滩库区 2005 年 11 月—2006 年 7 月逐月平均气象条件

时间	太阳辐射/（W/m²）	气温/℃	云量/成	风速/（m/s）	相对湿度/%
2005 年 11 月	150.1	15.1	3.3	2.0	60.1
2005 年 12 月	122.9	12.1	3.3	1.9	73.6
2006 年 1 月	160.6	12.1	0.9	2.1	64.0
2006 年 2 月	177.1	15.8	3.4	2.7	58.6
2006 年 3 月	224.9	20.5	2.6	2.6	40.9
2006 年 4 月	243.3	23.5	4.6	2.9	40.1
2006 年 5 月	225.8	23.7	5.9	2.5	55.5
2006 年 6 月	204.5	24.2	8.0	2.2	73.2
2006 年 7 月	234.7	25.2	8.0	2.2	79.2

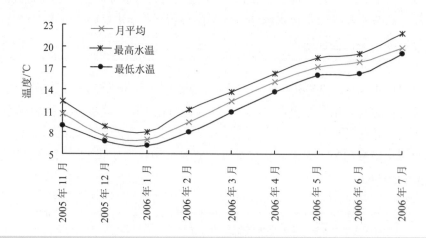

图 7-103   观测期内雅砻江打罗站水温过程

7.4.6.2　模型构建与验证

（1）网格划分与计算范围

库区被离散化为 394×67 个矩形网格，网格在主流方向上尺寸为 10～400 m，在水深方向上为 2～3 m（见图 7-104）。

计算时段为 2005 年 11 月 14 日至 2006 年 7 月 31 日。

计算范围为库区河段。

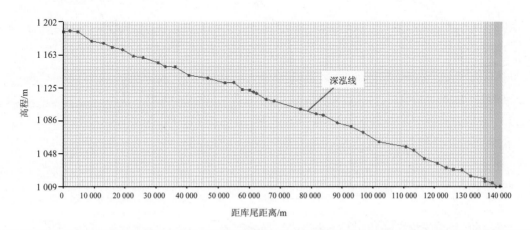

图 7-104　二滩水库的网格划分

（2）模型参数分析

模型中需要率定的参数只有热通量计算中的太阳辐射表面吸收系数 β 和太阳辐射在水体中的衰减系数 η，它们与水体的色度和浊度有关。一般 β 的取值范围为 0.4～0.7，η 为 0～1。经多次试算，β、η 的取值分别为 0.65 和 0.5。

为了分析参数对计算结果的影响程度即参数的灵敏度，我们做了几次数值计算试验。先取 β=0.5，然后分别取 η 为 0.1 和 1.0，假定当穿过水下某一断面的辐射通量小于总量的 5%，则认为该断面没有受到辐射，计算结果显示，当 η=0.1 时辐射可达水下 30 m，其中 80% 的辐射量被水面 16 m 的水体吸收，而 η=1.0 时辐射仅达水下 3 m，η=0.5 时辐射穿透了 6 m 水深。模拟二滩水库 2—7 月的水温分布显示，2—7 月的下泄水温在 η=0.1 比 η=1.0 时平均偏高 0.07℃，5 月偏高最多，达 0.18℃；坝前表层水温在 η=0.1 比 η=1.0 时平均偏低 0.86℃，5 月偏低最多，达 1.28℃。

取 η=0.5，分别取 β=0.4 和 0.7。2—7 月的下泄水温在 β=0.4 比 β=0.7 时平均偏高 0.01℃，4 月偏高最多，达 0.03℃；坝前表层水温在 η=0.4 比 η=0.7 时平均偏低 0.14℃，7 月偏低最多，达 0.23℃。

总的来说，参数 β 和 η 只对水面下 20 m 内的水温有一定的影响，而对于 100 m 以上的深水库总的温度结构影响较小，对下泄水温基本没有影响。

（3）验证结果分析

图 7-105 比较了坝址断面实测与计算的水温分布，计算值与实测值吻合良好，无论是表面斜温层的变化还是底部低温层都模拟得较好。6—7 月汛期有 1 个月时间的泄洪，出现了较明显的双温跃层结构，模型也较好地模拟出双斜温层的形成和发展。

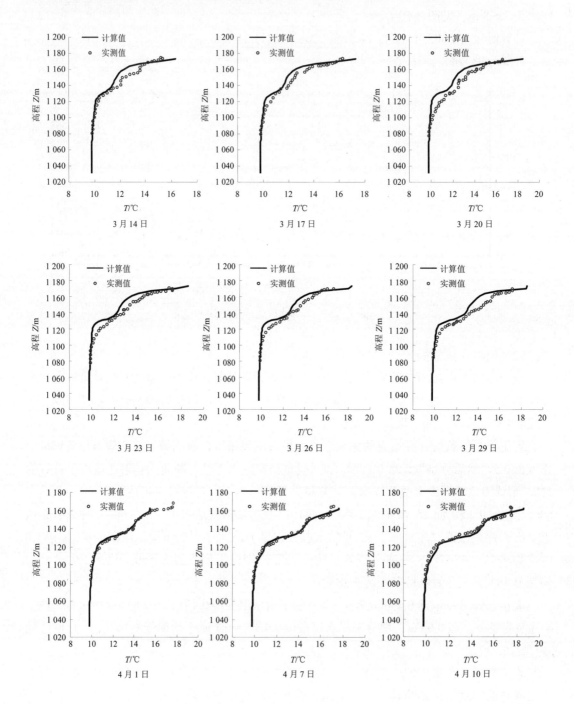

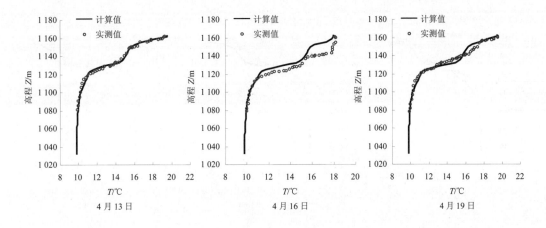

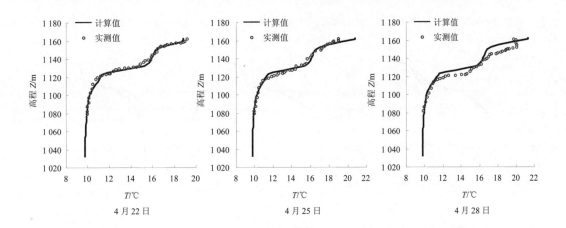

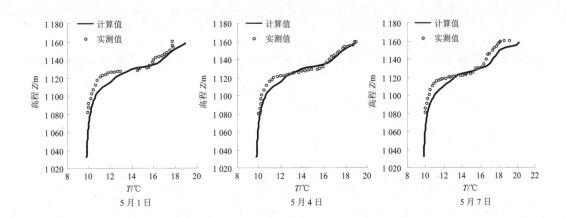

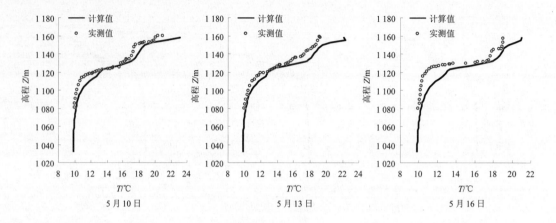

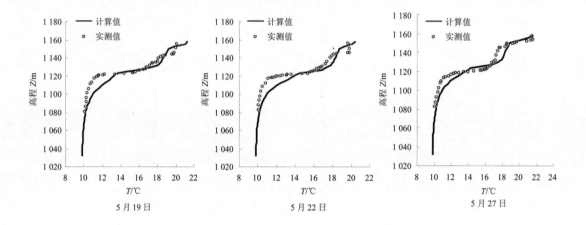

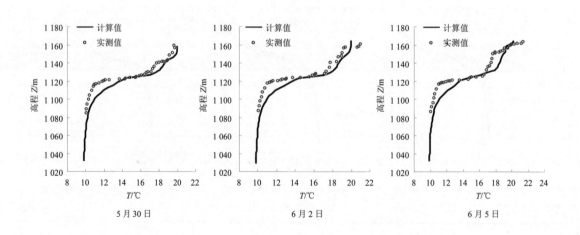

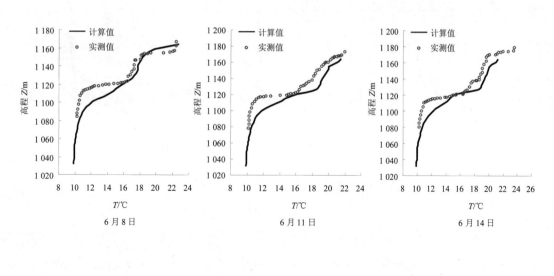

6月8日　　　　　　　　6月11日　　　　　　　　6月14日

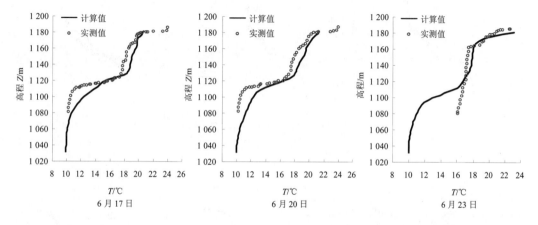

6月17日　　　　　　　　6月20日　　　　　　　　6月23日

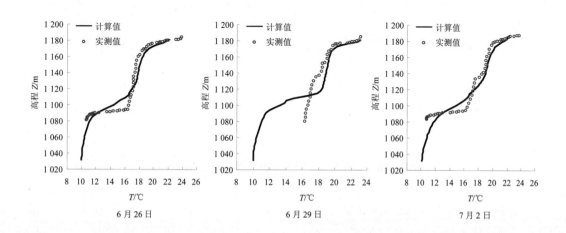

6月26日　　　　　　　　6月29日　　　　　　　　7月2日

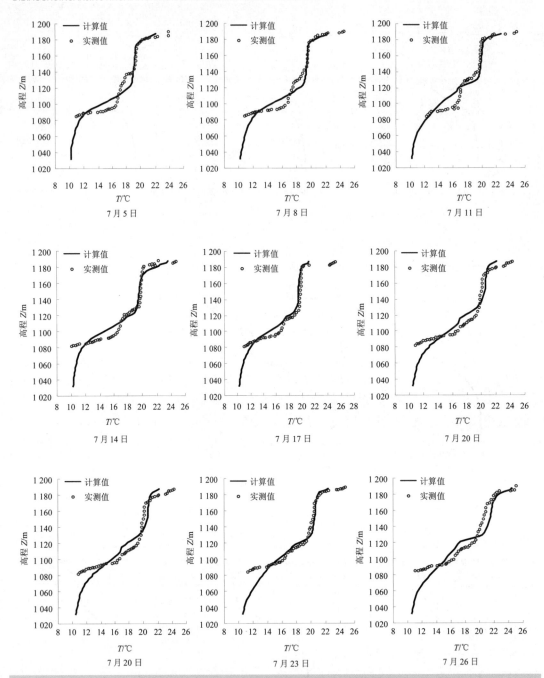

图 7-105　二滩电站坝前水温计算值与实测值的比较

图 7-106、图 7-107 比较了在 5 月 25 日和 7 月 30 日计算与实测的库区内沿程的水温分布，颜色代表温度值，相同位置处实测点与计算等温线颜色越一致则计算与实测值吻合得越好。3 月的计算值较实测值偏低，主要是实测的表层水体增温较明显，对比坝前水温分布也有类似的计算偏低情况，可能是由于 2 月至 3 月水位降低较快，而计算网格采用的

月均值，月初（末）水位与月均值差异较大而带来相对较大的误差，如 3 月 11 日后误差明显减小。5 月、7 月计算与实测值无论在垂向水温结构还是沿程变化趋势均很一致。模型较好地模拟出从库尾到坝址沿程均温水体到温度分层的形成、发展过程；模拟出在入流、出流和水气界面热交换影响下垂向斜温层的形成和发展，5 月下旬双温跃层结构已初步形成，7 月由于流量加大，斜温层温度梯度弱化，且逐渐向库底移动。虽然 6—7 月有近 1 个月的泄洪，但 7 月底仍在坝前区域测量出底部低温区（约 10℃），对照最新实测大断面，测点并未达到库底，因此模型预测的库底的低温层应是稳定存在的。

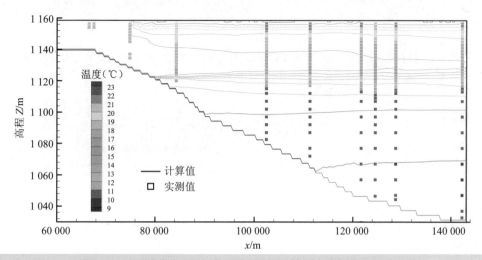

图 7-106　二滩库区 2006 年 5 月 25 日计算与实测的水温分布比较

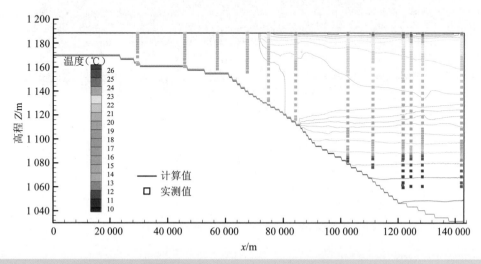

图 7-107　二滩库区 2006 年 7 月 30 日计算与实测的水温分布比较

图 7-108、图 7-109 从流场角度说明了二滩水库 5 月、7 月的水温分布与流动、水气界面热交换的关系。5 月来流主要沿表层流动，但水气界面热交换又使表层水温高于来流水温，主流动层的上边缘仍比水面低 10 m 左右，而在主流动层以下，水温出于较少扰动而较为稳定，温跃层与主流动层的下边缘基本重合。图 7-109 为经历了泄洪之后的 7 月流场，大流量对库区的扰动使流动层以下逐渐升温，导致斜温层温度梯度弱化。

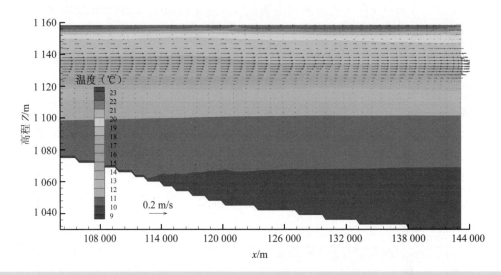

图 7-108　二滩库区 2006 年 5 月 25 日的计算流场

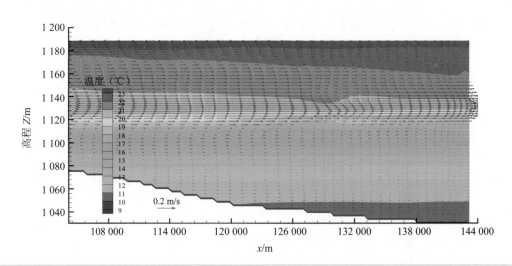

图 7-109　二滩库区 2006 年 7 月 30 日的计算流场

图 7-110 比较了水库出流水温和坝址下游实测水温过程。计算下泄水温过程与小得石水温过程总体吻合较好，整体略有偏低，在 3 月、4 月约偏低 1℃。对比实测坝前垂向进水口附近水温与小得石实测水温过程，可以看到小得石的水温较坝前进水口处的水温系统偏高 0.5～1℃，且可以看到 3 月、4 月坝前计算水温与实测水温吻合良好，计算成果除 3 月上旬略有偏低外，没有系统偏低的现象。这说明由于进水口附近三维流场效应导致上层温度较高的水被吸入进水口造成的下泄水温偏高，而 3—4 月进水口附近的温度梯度较大，三维效应相对明显。全库区的二维水温模型由于模型局限性和网格尺寸不能模拟出进水口局部的三维效应，因此计算下泄水温略低于下游实测水温。

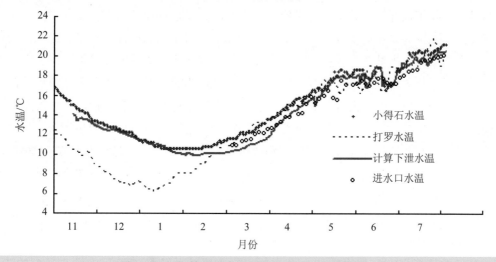

图 7-110　计算下泄水温与实测下游水温的比较

7.4.7　小结

WWL 立面二维水库水温分析系统采用 $k\text{-}\varepsilon$ 双方程紊流模式计算紊动扩散系数，采用连续方程、纵向和垂向动量方程、温度方程耦合求解库区流场、温度场和下泄水温，具有模拟水库温差异重流影响下的浮力占优流动的能力，国内多个不同类型水温结构的水库实测数据验证了模型参数具有较强的稳定性。

由于宽度平均的模型方程假定流场、温度场等物理量在宽度方向无变化，WWL 模型适用于窄深型水库的水温预测。而对于宽浅的湖泊等水体，建议采用三维模型计算。

此外，软件可灵活处理叠梁门分层取水、多孔口取水等复杂边界条件，近年来对冰模块的开发拓展了模型在模拟高寒地区结冰水库水温分布方面的能力。

7.5 分步杂交法平面二维模型

7.5.1 模型简介

20 世纪五六十年代，苏联学者 Yanenko 等提出了数值求解多变量问题的算子分裂法，并就线性问题算子分裂法的收敛性进行了证明。算子分裂法的核心思想是将原来较为复杂的数理问题的求解分解成若干个较为简单的问题的连续求解过程。基于该原理，我国学者于 20 世纪 80 年代开始将此算子分裂解法引入水动力及水环境数值模拟工作中来，取得了一些理论及应用成果。何少苓等采用显式破开算子法对杭州湾潮流进行了二维数值模拟，模拟结果与实测成果基本一致；此后，其又对隐式破开算子法及破开算子法在三维计算中的应用进行了相关研究；张青玉等采用该法对长江口潮流情况进行了二维模拟计算，得到了较为理想的结果；胡庆云等对破开算子法的分步误差进行了研究，指出分步误差可能会对模拟结果产生较大影响，在地形变化复杂、流场流态改变剧烈时，要慎用破开算子法，对破开算子法在二维流场计算中的应用和改进具有明确的指导意义；黄海等对于非定常二维对流扩散方程，将二次迎风插值方法与集中质量九节点等参元的有限单元法结合起来，发展了一种有效的高精度差分有限元破开算子法；詹杰民等将有限元法和边界拟合坐标差分法结合起来，发展了一种差分有限元破开算子法，与一维解析解的对比显示该计算模式具有良好的模拟结果。

针对数值模型在开展水流流场及水体污染物影响数值模拟过程中常会遇到的诸如：①对于对流占优的流动，对流项离散化后可能会产生伪振荡或者较为显著的数值耗散（伪扩散）；②污染物浓度易出现负值；③由于各单元上不完全满足质量守恒的条件，潮流流场计算中不易获得合理的水位值，特别是在有限元方法中等问题。基于算子分裂原理，吴江航提出了数值模拟水环境污染中求解对流扩散方程的分步杂交法，该方法的主要特点是基于不规则三角形计算网格，对对流项和扩散项利用分步的技巧，各自采用最适合它们的方法进行计算。分步杂交法是目前国内仍在应用且接受度相对较高的基于算子分裂理论的水动力及水环境模拟数值方法。

分步杂交法优良的稳定性及守恒性、对复杂边界极强的适应性使得其一经提出就被广泛应用于水力、热力、水环境模拟等应用研究中，是目前国内仍在应用且接受度相对较高的基于算子分裂理论的水动力及水环境模拟数值方法。中国水利水电科学研究院的陈凯麒、柳新之、刘兰芬等在 20 世纪 80 年代，针对二维流场及温度场计算需求，根据分步杂交法理论，采用 FORTRAN 语言先后开发、完善了一套完整的包含前、后处理功能的平面二维数学模型通用程序，随后在实际工程中得到了大量应用，迄今为止仍在发挥效用。但由于该通用程序为 FORTRAN 代码编写，对该数值模型通用程序的掌握和使用仅限于少数科研工作人员，不利于该优质算法及优质模型的普及和使用。为推动我国环境影响法规模型遴选工作的开展，同时发展、推广具有我国独立自主知识产权的水环境数值模型软件，国家环境保护环境影响评价数值模拟重点实验室组织人力、物力，基于.NET 技术进一步对该分步杂交 FORTRAN 通用程序进行了升级开发，形成了一款操作界面简洁友好、操作简便、模拟效果可靠的水环境影响预测模型 ACEE-HFMS（见图 7-111）。

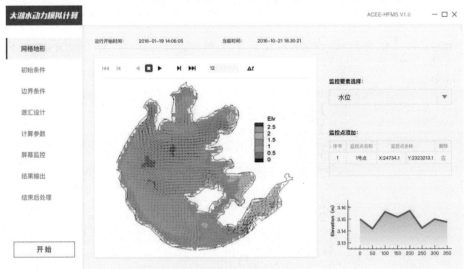

图 7-111　ACEE-HFMS 模型操作界面

7.5.2　模型理论

浅水流动及物质输运的平面二维控制方程如下：

连续方程：

$$\frac{\partial H}{\partial t}+\frac{\partial (Hu)}{\partial x}+\frac{\partial (Hv)}{\partial y}=0 \tag{7-24}$$

运动方程：

$$\frac{\partial u}{\partial t}+u\frac{\partial u}{\partial x}+v\frac{\partial u}{\partial y}+g\frac{\partial \varsigma}{\partial x}+\frac{gu}{C^2 H}\sqrt{u^2+v^2}-\frac{\tau_{sx}}{\rho H}-\frac{1}{H}\frac{\partial}{\partial x}\left(HE\frac{\partial u}{\partial x}\right)-\frac{1}{H}\frac{\partial}{\partial y}\left(HE\frac{\partial u}{\partial y}\right)-fv=0 \tag{7-25}$$

$$\frac{\partial v}{\partial t}+u\frac{\partial v}{\partial x}+v\frac{\partial v}{\partial y}+g\frac{\partial \varsigma}{\partial y}+\frac{gv}{C^2 H}\sqrt{u^2+v^2}-\frac{\tau_{sy}}{\rho H}-\frac{1}{H}\frac{\partial}{\partial x}\left(HE\frac{\partial v}{\partial x}\right)-\frac{1}{H}\frac{\partial}{\partial y}\left(HE\frac{\partial v}{\partial y}\right)+fu=0 \tag{7-26}$$

物质输运方程：

$$\frac{\partial C_i}{\partial t}+u\frac{\partial C_i}{\partial x}+v\frac{\partial C_i}{\partial y}=\frac{1}{H}\frac{\partial}{\partial x}\left(HD\frac{\partial C_i}{\partial x}\right)+\frac{1}{H}\frac{\partial}{\partial y}\left(HD\frac{\partial C_i}{\partial y}\right)-\lambda C_i \tag{7-27}$$

式（7-24）至式（7-27）中，t 为时间变量；H 为水深，$H=h_b+\zeta$，h_b 为基准面以下水深，

ζ 为相对基准面水位；u、v 分别为 x、y 方向垂向平均流速；C 为谢才系数，$C = H^{1/6}/n$，n 为糙率系数；E 为广义黏性系数；C_i 为污染物垂向平均浓度；D 为广义物质扩散系数；λ 为污染物衰减系数；ρ 为水体密度；g 为重力加速度；f 为柯氏力系数；τ_{sx}、τ_{sy} 为表面风应力 τ_s 在 x、y 方向的分量。

利用分步法，将对式（7-25）、式（7-26）、式（7-27）的求解分解为在前半个时间步长 $n\Delta t < t \leqslant \left(n+\dfrac{1}{2}\right)\Delta t$ 内对式（7-28）和后半个时间步长 $\left(n+\dfrac{1}{2}\right)\Delta t < t \leqslant (n+1)\Delta t$ 内对式（7-29）的求解：

$$
\begin{cases}
\dfrac{1}{2}\dfrac{\partial u^{(1)}}{\partial t} + u^{(1)}\dfrac{\partial u^{(1)}}{\partial x} + v^{(1)}\dfrac{\partial u^{(1)}}{\partial y} = 0 \\[2mm]
\dfrac{1}{2}\dfrac{\partial v^{(1)}}{\partial t} + u^{(1)}\dfrac{\partial v^{(1)}}{\partial x} + v^{(1)}\dfrac{\partial v^{(1)}}{\partial y} = 0 \\[2mm]
\dfrac{1}{2}\dfrac{\partial C_i^{(1)}}{\partial t} + u^{(1)}\dfrac{\partial C_i^{(1)}}{\partial x} + v^{(1)}\dfrac{\partial C_i^{(1)}}{\partial y} = 0 \\[2mm]
t \in \left[n\Delta t, \left(n+\dfrac{1}{2}\right)\Delta t \right]
\end{cases}
\tag{7-28}
$$

$$
\begin{cases}
\dfrac{1}{2}\dfrac{\partial u^{(2)}}{\partial t} = -g\dfrac{\partial \varsigma}{\partial x} + fv + \dfrac{\tau_{sx}}{\rho H} - \dfrac{g}{C^2}\left(\dfrac{\sqrt{u^2+v^2}}{H}\right)^{(2)} u^{(2)} + E\left(\dfrac{\partial^2 u^{(2)}}{\partial x^2} + \dfrac{\partial^2 v^{(2)}}{\partial y^2}\right) \\[2mm]
\dfrac{1}{2}\dfrac{\partial v^{(2)}}{\partial t} = -g\dfrac{\partial \varsigma}{\partial y} - fu + \dfrac{\tau_{sy}}{\rho H} - \dfrac{g}{C^2}\left(\dfrac{\sqrt{u^2+v^2}}{H}\right)^{(2)} v^{(2)} + E\left(\dfrac{\partial^2 v^{(2)}}{\partial x^2} + \dfrac{\partial^2 u^{(2)}}{\partial y^2}\right) \\[2mm]
\dfrac{1}{2}\dfrac{\partial C_i^{(2)}}{\partial t} = D\left(\dfrac{\partial^2 C_i^{(2)}}{\partial x^2} + \dfrac{\partial^2 C_i^{(2)}}{\partial y^2}\right) - \lambda C_i^{(2)} \\[2mm]
t \in \left[\left(n+\dfrac{1}{2}\right)\Delta t, (n+1)\Delta t \right]
\end{cases}
\tag{7-29}
$$

在前半步 $n\Delta t < t \leqslant \left(n+\dfrac{1}{2}\right)\Delta t$ 中应用改型特征线法，将式（7-28）离散为

$$
\begin{cases}
u_k^{n+\frac{1}{2}} = \tilde{L}_\alpha u_\alpha{}^n + \tilde{L}_{\alpha\beta} u_{\alpha\beta}{}^n + \tilde{L}_{\alpha\gamma} u_{\alpha\gamma}{}^n \\[2mm]
v_k^{n+\frac{1}{2}} = \tilde{L}_\alpha v_\alpha{}^n + \tilde{L}_{\alpha\beta} v_{\alpha\beta}{}^n + \tilde{L}_{\alpha\gamma} v_{\alpha\gamma}{}^n \\[2mm]
(C_i)_k^{n+\frac{1}{2}} = \tilde{L}_\alpha (C_i)_\alpha{}^n + \tilde{L}_{\alpha\beta} (C_i)_{\alpha\beta}{}^n + \tilde{L}_{\alpha\gamma} (C_i)_{\alpha\gamma}{}^n
\end{cases}
\tag{7-30}
$$

式中，$\tilde{L}_\alpha$、$\tilde{L}_{\alpha\beta}$、$\tilde{L}_{\alpha\gamma}$ 为对应三角形单元内待求点 k 的面积坐标；θ_α、$\theta_{\alpha\beta}$、$\theta_{\alpha\gamma}$ 分别为相应三角形三个角点处的变量值，θ 代表 u、v、C_i 等变量。

在后半步 $\left(n+\dfrac{1}{2}\right)\Delta t < t \leqslant (n+1)\Delta t$ 中先将式（7-29）表示为对时间的半隐式差分形式：

$$
\begin{cases}
\dfrac{u^{n+1}-u^{n+\frac{1}{2}}}{2\dfrac{\Delta t}{2}} = -g\dfrac{\partial \varsigma^{n+\frac{1}{2}}}{\partial x} + fv^{n+1} - g\left(\dfrac{\sqrt{u^2+v^2}}{C^2H}\right)^{n+\frac{1}{2}}u^{n+1} + \left(\dfrac{\tau_{sx}}{\rho H}\right)^{n+\frac{1}{2}} + E\,\nabla^2 u^{n+\frac{1}{2}} \\[4mm]
\dfrac{v^{n+1}-v^{n+\frac{1}{2}}}{2\dfrac{\Delta t}{2}} = -g\dfrac{\partial \varsigma^{n+\frac{1}{2}}}{\partial y} - fu^{n+1} - g\left(\dfrac{\sqrt{u^2+v^2}}{C^2H}\right)^{n+\frac{1}{2}}v^{n+1} + \left(\dfrac{\tau_{sy}}{\rho H}\right)^{n+\frac{1}{2}} + E\,\nabla^2 v^{n+\frac{1}{2}} \\[4mm]
(1+K_{Di}S_i)\dfrac{(C_i)^{n+1}-(C_i)^{n+\frac{1}{2}}}{2\dfrac{\Delta t}{2}} = D\nabla^2 (C_i)^{n+\frac{1}{2}} - \lambda_i(C_i)^{n+1}
\end{cases} \tag{7-31}
$$

再采用集中质量有限单元法将式（7-31）离散为

$$
\begin{cases}
a_{11}u_k^{n+1} + a_{12}v_k^{n+1} = u_k^{n+\frac{1}{2}} - \dfrac{E\Delta t}{A_k}\sum_{m=1}^{N} b_{km}u_m^{n+\frac{1}{2}} - g\dfrac{\Delta t}{A_k}\sum_{m=1}^{N} c_{km}\varsigma_m^{n+\frac{1}{2}} + \left(\dfrac{\tau_{sx}}{\rho H}\right)_k^{n+\frac{1}{2}}\Delta t \\[4mm]
a_{21}u_k^{n+1} + a_{22}v_k^{n+1} = v_k^{n+\frac{1}{2}} - \dfrac{E\Delta t}{A_k}\sum_{m=1}^{N} b_{km}v_m^{n+\frac{1}{2}} - g\dfrac{\Delta t}{A_k}\sum_{m=1}^{N} d_{km}\varsigma_m^{n+\frac{1}{2}} + \left(\dfrac{\tau_{sy}}{\rho H}\right)_k^{n+\frac{1}{2}}\Delta t \\[4mm]
[1+\lambda_i\Delta t](C_i)_k^{n+1} = (C_i)_k^{n+\frac{1}{2}} - \dfrac{D\Delta t}{A_k}\sum_{m=1}^{N} b_{km}(C_i)_m^{n+\frac{1}{2}}
\end{cases} \tag{7-32}
$$

式中，A_k 为对应节点 k 的集中质量单元面积；$a_{11}=1+\dfrac{g}{C^2}\left(\dfrac{\sqrt{u^2+v^2}}{H}\right)_k^{n+\frac{1}{2}}\Delta t$；$a_{12}=-f\Delta t$；

$a_{21}=f\Delta t$；$a_{22}=a_{11}$；$b_{km}=\displaystyle\int_{\Omega}\nabla N_k\cdot\nabla N_m\mathrm{d}\Omega$；$c_{km}=\displaystyle\int_{\Omega}N_k\dfrac{\partial N_m}{\partial x}\mathrm{d}\Omega$；$d_{km}=\displaystyle\int_{\Omega}N_k\dfrac{\partial N_m}{\partial y}\mathrm{d}\Omega$。

其中 N_k、N_m 分别为节点 k、m 的插值函数，Ω 为求解域。

对于式（7-24）连续方程，使用在一个时间步长上建立于集中质量单元的守恒格式来求解水位值，如式（7-33）。

$$
\dfrac{\varsigma_k^{n+\frac{1}{2}}-\varsigma_k^{n-\frac{1}{2}}}{\Delta t}A_k = \dfrac{H_k^{n+\frac{1}{2}}-H_k^{n-\frac{1}{2}}}{\Delta t}A_k = -\oint_{\Gamma_k}[(1-\beta)H^{n-\frac{1}{2}}+\beta H^{n+\frac{1}{2}}]\bar{v}^n\cdot\bar{n}\mathrm{d}\Gamma \tag{7-33}
$$

式中，A_k 同前；Γ_k 为对应节点 k 的集中质量单元边界；β 为加权因子，$0\leqslant\beta\leqslant1$。

吴江航对该方法的稳定性进行了详细的分析和证明，得出分步杂交法在满足

① $\Delta t\leqslant\min\left(\dfrac{2d}{V},\dfrac{d^2}{3K}\right)$，其中 d 是三角形网格中最短垂线的长度，V 和 K 分别为流场中的

最大速度和扩散系数；②所有三角形的内角 $\theta \leqslant \dfrac{\pi}{2}$ 两个条件的情况下能够严格保证计算的稳定性和物质的守恒性。

7.5.3 前后处理

由于模型采用 FORTRAN 代码编写，因此其前后处理均需借助第三方软件或自编写代码进行处理。如三角形计算网格的生成可借助 MIKE 等软件，但需要注意满足分步杂交法模型对网格内角的要求；后处理通过模型生成指定数据结构，借助 TECPLOT 等商业软件进行可视化处理。

7.5.4 应用实例

本节拟结合污染物岸边排放的平面二维稳态混合模式解析解表达式，就分步杂交法模型的应用效果进行验证。

污染物岸边排放的平面二维稳态混合模式解析解表达式见式（7-34）：

$$C(x,y) = c_h + \frac{c_p Q_p}{h\sqrt{\pi D_y x u}}\left\{\exp\left(-\frac{uy^2}{4D_y x}\right) + \exp\left[-\frac{u(2B-y)^2}{4D_y x}\right]\right\} \tag{7-34}$$

式中，c_p 为污染物排放浓度，mg/L；Q_p 为废水排放流量，m^3/s；h 为水深，m；c_h 为河流上游污染物浓度，mg/L；u 为河流纵向流速，m/s；B 为河流宽度，m；D_y 为横向污染物紊动扩散系数，m^2/s。

7.5.4.1 研究概况与基础资料

采用一个尺寸为 16 m×4.8 m，水深 4 cm，来流量 5 000 cm^3/s，平均流速 0.026 m/s 的平底恒定流水槽，在位置（1，0）处设置排污源（污染物在排污口全断面出流，且浓度均匀），在同一计算域网格划分（见图 7-112）下分别就分步杂交法模型及解析解模型的污染物分布结果进行比较，以掌握分步杂交法模型对污染物对流扩散模拟的可靠性，具体思路如下：

（1）结合解析式（7-34）依次采用 c_p=1 mg/L，Q_p=400 cm^3/s，h=0.04 m，c_h=0 mg/L，u=0.026 m/s，B=4.8 m，D_y=0.001 m^2/s 等参数就恒定状态下污染物的分布进行计算；

（2）应用分步杂交法数值模型对同一工况进行模拟计算，在此过程中采用污染物解析解分布结果对分步杂交法模型的参数（糙率、扩散系数等）进行率定；

（3）将第 1 步中 c_p、Q_p 分别改为 c_p=2 mg/L，Q_p=500 cm^3/s，其他参数不变，再次应用解析式对新的污染物分布进行计算；

（4）再次应用分步杂交法，采用第二步率定的水动力及污染物扩散系数等参数，结合第三步的其他计算参数对污染物的分布进行数值模拟；

（5）基于第3步的解析解结果，比较分析第四步中分步杂交法模型模拟结果的可靠性。

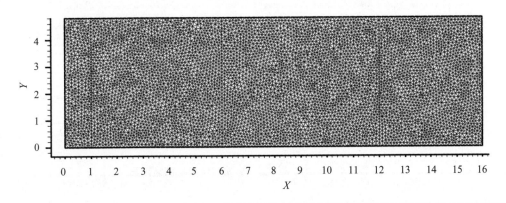

图 7-112　计算区域及网格划分示意

7.5.4.2　率定验证

上述第一步的污染物浓度解析解分布结果如图 7-113 所示。

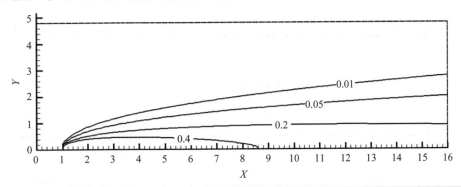

图 7-113　岸边排放污染物解析解分布情况

同样的工况设置条件下，经多次调试率定，在分步杂交法模型糙率取值 0.012，污染物扩散系数取值 0.000 45 的情况下，数值模拟结果同第一步的污染物解析解分布最为趋同，如图 7-114 所示。

按照第三步思路，改变污染物排放量及浓度，获得新的污染物解析解分布情况（见图 7-115）；在分步杂交法模型糙率取值 0.012，污染物扩散系数取值 0.000 45 的情况下，同样以第三步的工况设计进行污染物分布计算数值模拟，结果如图 7-116 所示。

图 7-115 与图 7-116 显示，在采用率定参数的情况下：纵向上，解析解及分步杂交法数值解的污染物浓度分布在远离污染源的下游区域形态趋向一致；在横向上，两者远离岸边的区域的浓度值分布较为趋同。

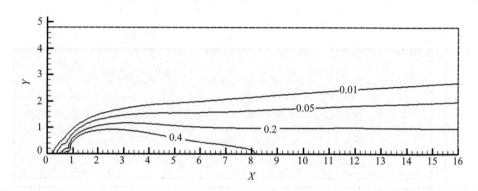

图 7-114　岸边排放污染物分布数值模拟率定结果

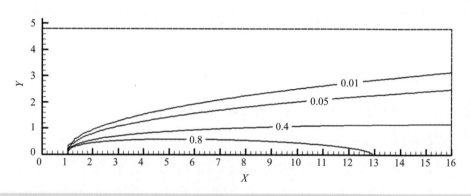

图 7-115　岸边排放污染物解析解分布情况（新的排放量及浓度）

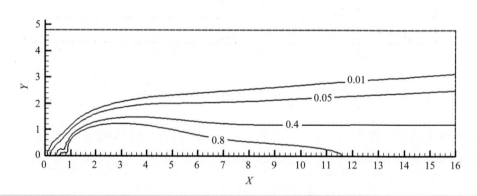

图 7-116　岸边排放污染物分布数值模拟验证结果

7.5.5　小结

　　本节就平面二维分步杂交法模型的发展脉络及基本理论进行了介绍，并结合解析解表达式在设计案例工况下就平面二维分步杂交法模型的模拟效果进行了检验。上述率定、验证过程及结果表明：平面二维分步杂交法数值模型对于污染物在排放远区的分布具有良好可靠的模拟能力，可作为相关研究的选用模型。

参考文献

[1] 陈凯麒.1994.潮流海域冷却水运动的模拟验证[J].水动力学研究与进展：A辑，9（1）：104-111.

[2] 陈凯麒，章本照.1996.沿岸凸体对污废水排放影响的数值模拟[J].水动力学研究与进展：A辑，11（3）：352-360.

[3] 陈奕俊.2012.推广的Leibniz法则，Abramov-Petkov（s）ek算法与一类含参变量积分的D'Alembert函数表示[J].华南师范大学学报：自然科学版，44（4）：31-34，39.

[4] 郝红升，李克锋，梁瑞峰，等.2006.支流影响下的水库水温预测模型[J].水利水电科技进展，26（5）：7-9，17.

[5] 郝红升，李克锋，庄春义.2005.关于河道一维非恒定流水温预测模型的研究[J].四川大学学报：自然科学版，42（6）：1189-1193.

[6] 何少苓，林秉南.1984.破开算子法在二维潮流计算中的应用[J].海洋学报：中文版，6（2）：260-271.

[7] 何少苓，龚振瀛，林秉南.1985.隐式破开算子法在二维潮流计算中的应用[J].海洋学报：中文版，7（2）：225-232.

[8] 胡庆云，王船海，李光炽，等.1993.破开算子法的误差研究[J].河海大学学报，21（1）：110-113.

[9] 金生，张华庆，沈华昆，等.2003.珠江三角洲水利信息系统[C]//全国水力学与水利信息学学术大会.

[10] 李冰冻，李克锋，李嘉，等.2007.水库温度分层流动的三维数值模拟[J].四川大学学报：工程科学版，39（1）：23-27.

[11] 李克锋，郝红升，庄春义，等.2006.利用气象因子估算天然河道水温的新公式[J].四川大学学报：工程科学版，38（1）：1-4.

[12] 李克锋，梁瑞峰，脱友才，等.2016.水库水温模拟预测中常见问题探讨[J].环境影响评价，38（3）：57-61.

[13] 李克锋，赵文谦.1994.环境水力学理论在河流、水库环境问题中的应用——新学科发展综述之三[J].四川水力发电，（3）：89-92.

[14] 李褆来，窦希萍，黄晋鹏.2000.长江口边界拟合坐标的三维潮流数学模型[J].水利水运科学研究，（3）：1-6.

[15] 吕彪.2009.基于非结构化网格的具有由表面水波流动数值模拟研究[D].大连：大连理工大学.

[16] 何少苓，陆吉康.1998.三维动边界破开算子法不恒定流模拟研究[J].水利学报，29（8）：9-14.

[17] 路川藤，陈志昌，罗小峰.2012.长江感潮河段二维潮流数值模拟[J].水运工程，（8）：11-15.

[18] 路川藤，陈志昌，罗小峰.2015.长江口北槽潮波传播变化特征研究[J].长江科学院院报，32（8）：9-14.

[19] 路川藤，陈志昌，罗小峰.2013.基于非结构网格的长江口二维三维嵌套潮流数值模拟[J].水利水运

工程学报，（4）：18-23.

[20]　路川藤，罗小峰，陈志昌. 2016. 江潮流界对径流、潮差变化的响应研究[J]. 武汉大学学报：工学版，49（2）：201-205.

[21]　路川藤，罗小峰，陈志昌. 2010. 长江口不同径流量对潮波传播的影响[J]. 人民长江，41（12）：45-48.

[22]　路川藤，罗小峰，韩玉芳. 2015. 长江口洪水期潮波变形数值模拟研究[J]. 海洋工程，33（1）：73-82.

[23]　路川藤，黄华聪，钱明霞. 2016. 长江口北槽丁坝坝田区潮流及污染物迁移扩散特征[J]. 河海大学学报：自然科学版，44（3）：265-271.

[24]　路川藤，罗小峰. 2015. 基于非结构网格的高分辨率隐式算法研究及应用[J]. 海洋通报，34（1）：59-64.

[25]　罗小峰，陈志昌. 2004. 长江口水流盐度数值模拟[J]. 水利水运工程学报，（2）：29-33.

[26]　罗小峰，陈志昌. 2005. 径流和潮汐对长江口盐水入侵影响数值模拟研究[J]. 海岸工程，24（3）：1-6.

[27]　罗小峰，王登婷. 2012. 河口海岸数值模拟可视化编程[M]. 北京：海军出版社.

[28]　罗小峰，辛文杰，陈志昌. 2005. 潮汐河口盐度紊动扩散系数探讨——以长江口盐度数学模型为例[C]. 全国水动力学研讨会.

[29]　潘存鸿，林炳尧，毛献忠. 2004. 浅水问题动边界数值模拟[J]. 水利水运工程学报，（4）：1-7.

[30]　潘存鸿，林炳尧，毛献忠. 2003. 求解二维浅水流动方程式的 Godunov 格式[J]. 水动力学研究与进展：A 辑，18（1）：16-23.

[31]　潘存鸿. 2007. 三角形网格下求解二维浅水方程的和谐 Godunov 格式[J]. 水科学进展，18（2）：204-209.

[32]　潘存鸿，徐昆. 2006. 三角形网格下求解二维浅水方程的 KFVS 格式[J]. 水利学报，37（7）：858-864.

[33]　潘存鸿，于普兵，鲁海燕. 2009. 浅水动边界的干底 Riemann 解模拟[J]. 水动力学研究与进展，24（3）：305-312.

[34]　潘存鸿，鲁海燕，曾剑. 2011. 考虑涌潮作用的钱塘江二维泥沙输移数值模拟[J]. 水利学报，42（7）：798-804.

[35]　潘存鸿，张舒羽，史英标，等. 2014. 涌潮对钱塘江河口盐水入侵影响研究[J]. 水利学报，45（11）：1301-1309.

[36]　蒲灵，李克锋，庄春义，等. 2006. 天然河流水温变化规律的原型观测研究[J]. 四川大学学报：自然科学版，43（3）：614-617.

[37]　钱明霞，路川藤，罗小峰，等. 2016. 长江口北槽潮波对地形变化的响应研究[J]. 水利水运工程学报，（5）：54-60.

[38]　石磊，奚盘根. 1995. 三维浅海流体动力学方程的分步杂交解法[J]. 青岛海洋大学学报，25（2）：162-172.

[39]　石磊. 1996. 一个关于河口及浅海的三维分步杂交模型[J]. 青岛海洋大学学报，（4）：10-18.

[40]　陶建峰，张长宽. 2007. 河口海岸三维水流数值模型中几种垂向坐标模式研究述评[J]. 海洋工程，25

（1）：133-142.

[41] 吴江航，陈凯麒，韩庆书. 1986. 核电站冷却水远区热、核污染数值计算的一种新方法[J]. 水利学报，
（10）：16-25.

[42] 吴江航. 1985. 数值模拟水环境污染的一种 L_∞ 稳定的分步杂交方法[J]. 水动力学研究与进展,（1）：
29-38.

[43] 吴江航，曾于. 1986. 对流传热问题的分步杂交解法[J]. 空气动力学学报，4（2）：202-211.

[44] 辛文杰，陈志昌，罗小峰. 2005. 河口海岸数值模拟可视化系统[C]. 中国海岸工程学术研讨会.

[45] 熊伟，李克锋，邓云，等. 2005. 一二维耦合温度模型在三峡水库水温中的应用研究[J]. 四川大学学
报工程科学版，37（2）：22-27.

[46] 姚令燕. 2011. 董家口港区水动力环境数值模拟研究[D]. 青岛：中国海洋大学.

[47] 尹则高. 2005. 输水工程复杂边界条件下二、三维水流数值模拟[D]. 杭州：浙江大学.

[48] 余斌. 2006. 河口海岸垂向及平面二维水流数值模拟及应用[D]. 青岛：青岛理工大学.

[49] 张健，方杰，范波芹. 2005. VOF 方法理论与应用综述[J]. 水利水电科技进展，25（2）：67-70.

[50] 张青玉，张廷芳. 1990. 二维潮流的一个改进算法及其在长江口的应用[J]. 大连理工大学学报，30
（4）：489-492.

[51] 张翼. 2010. 一、二维耦合水沙数学模型的研究与应用[D]. 大连：大连理工大学.

[52] 张兆顺，崔桂香. 2006. 流体力学[M]. 北京：清华大学出版社.

[53] Casulli V. 2015. Numerical simulation of three‐dimensional free surface flow in isopycnal
co-ordinates[J]. International Journal for Numerical Methods in Fluids，25（6）：645-658.

[54] C Lu，Y Han，X Luo. 2014. The study of high resolution implicit algorithm in unstructured grids and its
application[C]. Modeling and Computation in Engineering Ⅲ，Su Zhou.

[55] EF Toro. 1999. Riemann solvers and numerial methods for fluid dynamics[M]. Berlin：Springer.

[56] EF Toro. 2001. Shock-capturing methods for free-surface shallow flows[M]. Chichester：John Wiley
&Sons.

[57] Hui W H，Cun-Hong Pan. 2003. Water level-bottom topography for the shallow-water flow with application to
the tidal Bores on the Qiantang River[J] .Computational Fluid Dynamics Journal，12（3）：549-554.

[58] Zhou J G，Causon D M，Mingham C G，et al. 2001. The Surface Gradient Method for the Treatment of
Source Terms in the Shallow-Water Equations[J]. Journal of Computational Physics，168（1）：1-25.

[59] Pan Cunhong，Dai Shiqiang，Chen Senmei. 2006. Numerical simulation for 2D shallow water equations by
using Godunov -type scheme with unstructured mesh[J]. Journal of Hydrodynamics Ser .B，18（4）：475-480.

[60] Pan C，Lin B，Mao X. 2003. New development in the numerical simulation of the tidal bore[J].

[61] Yanenko N N. 1971. The Method of Fractional Steps. Springer —Verlag Berlin Heide lberg NewYork.

[62] Zhu L Y. 2000. Three dimensional nonlinear numberical model with inclined pressure for saltwater in
intrusion at the Yangtza River estuary[J]. Journal of Hydrodynamics Ser. B，12（1）：57-66.

地表水环境影响评价数值模拟发展前景

经过几十年的发展，特别是随着计算机技术的迅猛发展，地表水环境数学模型完成了从经验性模型向机理性模型，从一维空间向三维空间，从稳态模型向动态模型的跨越式飞跃，伴随着与其他相关理论、技术的不断融合，其功能不断扩大，模拟精度不断提高，在各个领域得到越来越广泛的应用。

8.1 研究方法与手段的综合应用

与其他自然科学类似，水环境影响预测分析的方法、手段十分丰富，主要有成因分析法、数理统计法、数学模型法、物理模型法和相似类比法。

8.1.1 成因分析法

采用物理、化学、生态学相关理论，研究水体水文特征、水环境质量随时间及空间的变化过程，揭示水环境质量与水文参数之间的相互关系，从机理上分析水环境与水文学及其他影响因素之间的内在本质联系，建立水环境要素与各个影响因子之间的定性或定量关系。例如，对于水体大气复氧能力，从物理学角度分析，得到其主要影响因子为水深、水温、流速等，并通过试验等手段获取实测数据，建立其间的定量函数关系；对于水体中有机物降解速率，可从物理、化学、生物等学科分析，获得降解系数与水温、流态、污染物性质等因素的关系。

8.1.2 数理统计法

由于某些水文、水环境现象的形成机理十分复杂，影响因子繁多，在目前很难通过成因分析的方法揭示水环境现象与水文特征及其他影响因子之间的内在联系，尤其是定量化关系的建立十分困难。因此，在认为水文、水环境现象具有不确定性的基础上，基于概率论、随机理论等数理统计方法，对水环境要素与主要水文影响要素之间进行统计意义上的相关性分析，获得水文、水环境现象的统计规律。如水质预测时采用的设计水文条件、某排放源强对特定水体的水质影响预测，都是建立在不确定随机理论基础上对可能出现的水质状况的统计特征值的预测。对水体富营养化以及因其诱发的蓝藻暴发的机制研究中，由于诸如水温、水文水动力、气温、光照、营养盐等诱发因子的形成机理难以通过物理平行实验进行系统的揭示性研究，迄今尚无普遍认可的关于蓝藻触发预警的定量预报方法，但基于系列观测资料进行统计分析后仍获得了若干关于蓝藻暴发与其中某些影响因子的统计学研究成果。

8.1.3 数学模型法

数学模型是数学理论与实际问题相结合的一门科学。它将现实问题归结为相应的数学问题，并在此基础上利用数学的概念、方法和理论进行深入的分析和研究，从而从定性或定量的角度来刻画实际问题，并为解决现实问题提供精确的数据支持及可靠的方案指导。

数学模型按照不同的分类方法可分为静态和动态模型、分布参数和集中参数模型、连续时间和离散时间模型、随机性和确定性模型、线性和非线性模型等。数学模型的应用通常经过以下流程：①模型准备：了解所研究问题的实际背景，明确建模目的，掌握研究对象的特征，搜集各种必需的信息。②模型假设：根据研究对象的特征和建模目的，对所研究的问题进行必要、合理的假设及简化。③模型构建：依据所作假设，基于研究对象的内在规律并结合数学工具构造各个量间的等式关系或其他数学结构。④模型求解：采用方程求解、图形求解、定理证明、逻辑运算、数值运算等各种传统及近代的数学方法，特别是计算机技术，求解数学模型。⑤模型分析：对模型模拟结果进行误差分析，数据稳定性分析。⑥模型检验：把通过数学方法分析的结果"翻译"回至现实问题，结合实际现象、数据检验模型的合理性和适用性。⑦模型应用：将所建数学模型应用于实际问题。

数学模型必须尽量真实、系统、完整、形象地反映客观现象；必须具有代表性；必须具有外推性，即能得到原型客体的信息，在模型的研究实验时，能得到关于原型客体的原因；必须反映完成基本任务所需要的各种参数，而且要与实际情况相符合。

在建模过程中，要把本质的东西及其关系反映进去，把非本质的、对反映客观真实程度影响不大的东西去掉，使模型在保证一定精确度的条件下，尽可能地简单和可操作，数据易于采集。随着有关条件的变化和人们认识的发展，通过相关变量及参数的调整，能很好地适应新情况。

8.1.4 物理模型法

以实体原型的功能和结构作为模型的组成元素，经放大或缩小制成的与实体原型具有物理相似性的物质模型。模型与原型之间各对应量服从于同一物理定律，如船舶模型、水坝模型、污染物扩散模型等。物理模型法是环境水文学研究的一个重要手段，如研究水动力对河湖沉积物中营养盐的释放规律、温排水口附近浮射流的基本特征、水生生物对水质的净化效果、人工岛建设对周围水域流场变化以及泥沙冲淤变化、污染物扩散器对水污染物分散效果及浓度场影响等。

8.1.5 相似类比法

相似类比是科学研究中的一种方法，是科学发现、创造和预测的一条途径。它是一种逻辑方法，但又与形象思维密切相关，并要求客观形象的相似性与大脑储存的相似信息和谐共鸣，才能产生新的联想、新的发现、新的认识。相似类比预测的基点是以不同研究对象间某些相似关系作对照，广延推断两事物的其他相似性，一为已知，一为未知，从而达到预测的目的。相似类比的创新就是要找出两事物的相似点与结合点。有些事物似乎是风马牛不相及，但有心人却能发现它们之间的相似点。例如，山脉与植物在一般人的眼里似乎没有相似点，但许靖华教授却能将植物的解剖用于山脉的比较解剖。相似类比法在环境水文学领域也有较多应用，比如河流大中型深水水库建设后库区水温结构的预测，可以通过类比同类自然地理特征、同样工程特性的已建水库实测水温数据，预测分析拟建水库建成后库区水温垂向分布、平面分布特征。

虽然各类方法互有差异，但对于大部分水环境现象，由于其形成规律十分复杂，经常同时采用上述全部或其中的几种方法，综合分析特定的研究问题。对于同一复杂问题的研究开展同步平行研究，应用大数据、云技术、无人机、遥感、精确数值模拟（数值水槽）等技术手段方法，进行互相对比验证。

8.2 水文情势与水环境容量研究

8.2.1 水环境容量研究现状

通常所说的环境容量只是一种简称，全称可简单理解为环境对某种污染物的可容纳量。日常所说的环境容量一般是针对特定环境要素、特定污染物而言的，如对于环境要素而言，大气有大气的环境容量，水有水的环境容量，声环境有声环境的环境容量。特别地，对于水体环境而言，不同污染物的环境容量也是不一样的，目前对于一般水体比较关注的是 COD、氨氮两种污染物，对于易于发生富营养化的湖泊、水库水体还需要关注 TN、TP等营养盐的环境容量，特别的，对于电厂冷却水排放口也有热环境容量的提法。水环境容量是环境水文学甚至环境科学的基本理论之一，是环境保护与规划的重要基础内容，也是环境管理的重要技术参数之一。水环境容量是总量技术体系的核心内容之一。随着我国水环境管理体系从浓度控制、目标总量控制、容量总量控制向以改善环境质量为核心的转变，水环境容量理论及计算方法在水环境管理中变得更为基础。

早在 20 世纪 70 年代后期，环境容量的概念从国外引入我国，并迅速得到我国环境保护管理、研究人员的高度关注，开始了对水环境容量的持续广泛的研究。经过对水环境容量基本概念的短时期的激烈争论，研究、关注重点从基本理论迅速转移到实际应用研究，从定性研究迅速转变到定量化计算，同时注重吸收欧美等国研究成果。随着研究的不断深入，特别是水环境数学模型应用及计算机技术的不断进步，逐渐形成了系统最优化法、公式法、概率统计法、模型试错法等主要计算方法。水环境容量计算所用的水环境数学模型从 Streeter-Phelps 简单模型发展到 WASP、Delft 3D 等大型综合模型软件，计算区域（水体类型）从河段或单一河流发展到河口、湖库、河网及流域，计算维数从一维发展到二维和三维，从稳态发展到动态，所针对的污染物类型从易降解有机物、部分重金属发展到营养盐等。

关于我国"水环境容量"概念的起源，一般认为是引自日本"环境容量"概念。从具体含义上看，欧美国家使用的同化容量（assimilative capacity）、最大日负荷总量（Total Maximum Daily Loads，TMDL）、环境容量（environmental capacity）与我国使用的水环境容量含义基本相当。我国台湾地区使用的"涵容能力"也有类似的含义。关于水环境容量的定义，一般认为，是指水体环境在规定的环境目标下所能容纳的污染物的最大数量，环境容量大小与水质目标（水质保护要求）、水体特征及污染物特性有关，同时还与污染物的排放方式即污染源位置、排放时间有密切关系。水环境容量从概念上讲，并不是一个独立提出的物理概念，只是一个数学命题。在研究环境容量的过程中，由于定量化计算的需要，将环境要素划分为大气、水体、土壤、声环境等组成部分，即将环境容量的概念分别应用于大气、水体和土壤等，于是自然有了大气环境容量、水环境容量、土壤环境容量的概念。实际上在 20 世纪 70 年代我国引入环境容量概念之初，水环境容量概念便衍生出来，学者即开始了对水环境容量的专门研究。

基于不同的分类标准，水环境容量计算方法可有不同的分类体系。例如，根据采用数学方法的不同，可以分为确定性数学方法和不确定性数学方法；根据计算水体类型的不同，可以分为河流水环境容量计算方法、湖库水环境容量计算方法、河口水环境容量计算方法、海洋水环境容量计算方法等。根据水质目标要求的水体达标范围的不同，可以分为水体总体达标法和控制断面达标法。根据污染源类型不同，可以分为点源污染计算法和非点源污染计算法。

8.2.1.1　水环境容量基本公式

环境容量定义为相对于某种环境标准，某环境单元所容许承纳的污染物的最大数量，由稀释环境容量和自净环境容量（同化容量）两部分组成。稀释环境容量指因环境水体入流污染物本底浓度值低于环境水体拟定的水质目标对应的污染物最大容许浓度，故具备一定的污染物稀释能力，即可容纳一定的污染物排放量，使背景值浓度上升至浓度限值，因此这一容量被称为稀释容量；自净环境容量指该环境水体单元由于水体本身自备的化学、生物降解能力衍生出的对污染物的自净能力。基于此，对于河流、吞吐流水量基本平衡的湖泊，按照此定义，水环境容量计算公式可直观地表示为：

$$R = Q(C_s - C_0) + KVC_s \tag{8-1}$$

式中，R 为环境容量，g/s；Q 为流量，m^3/s；C_S 为水质目标对应的污染物浓度限值，mg/L；C_0 为环境本底污染物浓度值，mg/L；K 为污染物降解系数，s^{-1}；V 为单元水体的水量，m^3。等式右端为稀释容量，第二项为自净容量。

8.2.1.2　水环境容量与水文特征的响应关系

影响环境容量大小的因子可以概括为三个方面，一是水体本身的水文特征；二是水体水质保护目标及水质保护要求；三是污染物的生化特征。

首先，水环境容量的大小与水体的水文水动力特征密切相关，具体通过两方面作用影响环境容量的大小。一方面，对于特定的水体如上游入流的污染物浓度小于水质目标对应的浓度限值，因而具备了稀释容量，显然在来水水质不变的前提下，入流流量越大，稀释容量越大；反之，入流流量越小，稀释容量越小，因此流量是影响环境容量大小的一个非常重要的水文因子；另一方面，水体蓄水量是影响环境容量的另一重要因子，显然蓄水量越大，水体在满足水质目标前提下污染物蓄积量越大，计算时段内蓄积的污染物自身的降解数量也越大，即自净容量越大。严格地说，在流量、蓄水量等其他水动力特征相同的情况下，水深、流速等也是影响水环境容量的物理因子，相关研究成果表明，污染物水流水深、紊动强度对自净速率即自净系数的大小有较强的效应，水深越浅，单位水体大气复氧效率越高，有利于污染物降解，水流流速越大，紊动越强，污染物自净效应越强，反之亦然。

其次，水质目标对应着水质保护要求，同样的水体水质保护要求越高，可容纳的污染物量越小，环境容量越小；水质保护要求越低，可容纳的污染物量越大，环境容量越大。

污染物的物理、化学、生物特性影响污染物自身的降解系数，间接地影响污染物的自净容量。

8.2.1.3　河流设计水文条件确定方法

地表水体水循环过程可以人为地分为产流、汇流两个过程，所谓产流过程简单地说就是从降水开始至降水到达地面后扣除植物截留、地面填洼、蒸散发等各种损耗后最终产生有效径流的过程；汇流过程指的是继产流过程形成有效径流后，水分沿地表、河网的汇集、演进的过程。由于影响产汇流过程的因子很多，基于确定性方法的水流过程的预报评估需要大量的技术参数，因此目前经常采用不确定理论的随机分析方法确定地表水体的流量、水位等水文参数的统计特征值，即用概率统计法，经过数理统计分析，确定不同频率下的设计流量、设计水位等重要水文参数。

不同的工程设计任务关注的水文参数各不相同，如基于城市防洪目标的水文分析计算，关注的是大洪水的洪峰流量，经常采用如百年一遇、五十年一遇设计频率的设计洪峰流量（即预期将来出现大于该设计流量的可能性为 1%、2%）、设计水位作为工程规划建设的水文参数；基于供水（生活、工业、农业等不同行业用水）水资源安全目标的水文分析计算，关注的是枯水期径流量、枯水水位，经常采用如 99%、97%、70%供水保证率对应的设计枯水流量（即预期出现小于该设计流量的频率为 1%、3%、30%）、设计枯水水位作为工程规划建设的水文参数。沿河建筑物选址设计需考虑洪水期某保证率下河道、湖泊的洪峰水位。

环境保护、环境预测设计水文条件保证率与频率有如下关系：

$$S(保证率) = 1 - P(频率) \qquad (8\text{-}2)$$

对于水环境质量的预测、水环境保护规划方案的制订，为安全保险起见，通常采用枯水期设计流量作为水质预测或环境容量分析的设计水文参数。但是，由于水文特征的复杂性，每年的枯水季节的流量也各不相同，到底采用多大的枯水期流量、水位作为设计水文条件，与水质保护规划的安全保证程度有关。显然，安全保障程度越高（如饮用水水源），就必须考虑极端枯水情况（如 99% 保证率，出现小于设计水量的预期可能性仅为 1%），对应的设计流量、设计水位的取值就越小；如工业用水水源，水质预测采用 90% 的保证率，经过预测分析可以得到各种水质参数（如 COD、氨氮）的浓度，如果不考虑预测误差，意味着将来该水体出现大于浓度预测值的可能性为 10%。反之，要求的安全保障程度偏低（如农业用水），就可以考虑一般枯水情况（如 70% 保证率），对应的设计流量、设计水位就相对较大。

河流中各种水文要素（如流量、水位、流速等）的变化具有一定的规律。研究河川水文现象的方法很多，数理统计法是求解设计流量及其相应水位的常用方法。随机变量的取值对应着一定的概率，这是随机变量所具有的特性。数理统计理论认为，水文现象都是复杂的随机事件，只能用频率近似的代替概率，通常用已有的实测系列水文资料组成一个样本，推求变量与频率之间的对应关系——用频率分布近似的代替概率分布。因此，频率分布能近似地显示随机变量的统计规律，可据此推断随机事件的客观规律。水文学对洪水特征值如洪峰流量的统计分布特征研究较为充分，认为满足 P-III 型分布，但对于环境预测关注的枯水期水文参数如水位、流量的统计学分布特征缺少研究，给环境容量计算造成困难。

8.2.2 水环境容量计算存在的问题及发展展望

水环境容量是环境管理的一个重要技术参数，水利部门也称之为纳污能力。环境容量被广泛应用于特定水体的污染物总量控制，但具体的定量计算，目前有很多计算方法，体系非常复杂，缺少规范的被统一认可的标准体系。今后应基于水体水文特征、水质保护要求、污染物迁移转化机理，由相关部门牵头协调，经过管理部门、专业学者的广泛协商，形成一套关于不同水体、不同管理的规范化的环境容量计算方法体系，有效避免目前容量计算的随意性、不确定性。

8.3 非点源污染模型研究

在发达国家，随着工业和生活污染源等点污染源的有效控制，非点源污染已成为水体污染的主要因素，如美国目前有 60%的河流和 50%的湖泊污染与非点源有关。在我国，非点源污染问题也日益严重。我国 20 多年来的研究表明，63.6%的河流、湖泊出现富营养化，在太湖、巢湖和滇池流域，由于人口密集，农业生产集约化程度高，流域总氮、总磷比 20 年前分别提高了 10 倍以上，其中 50%以上的污染负荷由农业贡献。面对农业非点源污染的严峻形势，评估和模拟农业非点源污染尤为重要。这种定量评估和模拟，在很大程度上依赖于计算机模型，通过试验手段或有限数量的田间测试来评估一些管理措施和污染效应是不可行的。迄今为止，已经出现了许多模型辅助研究农业非点源污染。非点源污染模型通过对整个流域系统及其内部发生的复杂过程进行定量描述，帮助我们分析非点源污染产生的时间和空间特征，识别其主要来源和迁移路径，预报污染产生的负荷及其对水体的影响，也可以评估土地利用变化以及不同管理与技术措施对非点源污染负荷和水质的影响，为流域水环境规划与管理提供决策依据。

8.3.1 非点源污染模型研究现状

完整的非点源污染模型系统一般由 4 个子模型构成，即降雨径流模型、侵蚀和泥沙输移模型、污染物转化模型、受纳水体水质模型。整个模型化过程从简单到复杂大致经历了三个阶段，即经验模型、机理模型和功能模型。

8.3.1.1 经验模型

经验模型是通过建立污染负荷与流域土地利用或径流量之间的经验关系，并通过该经验系数来识别土地利用或流域非点源污染负荷的模型。这类统计模型对数据的需求比较低，能够简便地计算出流域出口处的污染负荷，表现出较强的实用性和准确性，因而在非点源污染研究早期得到了较为广泛的应用。但是由于它们难以描述污染物迁移的路径与机理，使得这类模型的进一步应用受到了较大的限制。另外，该模型所包含的区域特征的经验性也限制了模型的可转移性。

8.3.1.2 机理模型

机理模型是通过反映非点源污染产生的过程（包括污染负荷的产生、变化及其环境影响），模拟非点源污染的一种模型。自 20 世纪 70 年代中后期以来，随着对非点源污染物理化学过程研究的深入和对非点源过程的广泛监测，机理模型逐渐成为非点源模型开发的主要方向，其中著名的有模拟城市暴雨径流污染的 SWMM、STORM 模型，模拟农业污染的 ARM 模型，以及流域模型 ANSWERS 和 HSP 等。通过参数的合理率定，模型的通用参数校准，机理模型能对流域不同节点及其流域出口处的流量和水质做出较为准确的预测。但这类模型所提供的额外精度是以大量的时间和资源为代价的。

8.3.1.3   功能模型

功能模型也是一种系统模型，是在经验模型和机理模型的基础上发展起来的，并有效协调了两种模型的优缺点，是对非点源污染的水文、侵蚀和污染物迁移过程进行系统综合模拟的一种模型。功能模型能评价非点源污染物质负荷不同季节或年际间的变化，并评价长期水质的变化趋势，而且描述实际流域内的土地使用类型和地形构造。美国农业部农业研究所开发的 CREAMS 模型就是一种功能模型。该模型的研发奠定了非点源模型发展的里程碑，它首次对非点源污染的水文、侵蚀和污染物迁移过程进行了系统的综合。随着 CREAMS 模型的推出，相应的不同功能性非点源污染模型在同一时期得到了大力发展，主要模型有 EPIC、GLEAMS、SWRRB、SWAT、AGNPS、WEPP 等。这些尺度和功能各异的模型极大地丰富了非点源污染模型的内涵。GIS 在非点源模型中的应用开始于 20 世纪 90 年代后期，随着计算机技术的飞速发展和"3S"（RS、GPS、GIS）技术在流域研究中的广泛应用，如何提高模型质量和模拟的精确度成为非点源研究的一个主要方向。GIS 技术在这方面体现了其巨大的优势。一些功能强大的超大型流域模型被开发出来。这些模型已经不再是单纯的数学运算程序，而是集空间信息处理、数据库技术、数学计算、可视化表达等功能于一身的大型专业软件。其中比较著名的有美国国家环保局开发的 BASINS 和美国农业部农业研究所开发的 AGNPS98（AGNPS98 网站）等。这期间模型的应用也得到广泛的推广。例如，运用 EPIC 模型评价和预测农业非点源污染，GIS 和 ANSWERS 相结合模拟农业非点源污染，Bhaskar 等与 Smith 等将 GIS 用于水文模型的数据预处理和参数估计，Hessling 等将水文模型 PHASE 与 GIS 相结合，将遥感数据用于模型区域参数的率定，应用于瑞典 Mediterranean 岛的 5 个流域，同时研究了水文过程与植被覆盖之间的动态反馈机制。我国自 20 世纪 80 年代以来，也逐渐认识到非点源污染的存在及其危害性，先后在云南滇池、武汉东湖、上海苏州河、北京密云水库等地点开始了非点源污染的控制研究。随着非点源污染的问题逐步得到重视，适合我国流域特点的非点源模型的研究也逐步繁荣起来。例如，李定强、王继增等分析了杨子坑小流域主要非点源污染物氮、磷随降雨径流过程的动态变化规律，建立了降雨量—径流量、径流量—污染物负荷输出量之间的数学统计模型，并用该模型对流域的非点源污染负荷总量进行了计算，得出了流域非点源污染物流失规律。李怀恩、沈晋等建立了用逆高斯分布瞬时单位线法计算流域汇流的非点源污染物迁移机理模型，较好地模拟了于桥水库及宝象河流域洪水、泥沙和多种污染物的产生和迁移。王宏等将改进的 QUAL-Ⅱ水质模型和非点源污染模型有机地结合，建立了用于流域化管理的综合水质模型，并采用曲线法计算径流，用统计模型计算污染物负荷。章北平通过建立黑箱模型模拟了武汉东湖农业区的径流污染，并求得了全流域农业区的 TN 和 TP 与 COD 输出负荷及其总量。在此期间国外非点源模型也开始应用于我国不同的区域，同时 GIS 等相关技术与非点源污染控制相结合的研究也逐步成为研究的主流。随着人们对非点源污染机制、过程的深入理解，非点源模型必将获得进一步完善和发展，为流域非点源的管理、控制提供更好的技术支持。

8.3.2　非点源污染模型研究存在的问题

目前国内外的非点源污染模型中研究型的多、应用型的少，经验型的多、机理型的少。从应用角度看，现有的模型过于复杂，参数太多，率定困难，而且实际应用效果也不理想。现有的模型大多带有明显的区域性，有较多的经验型参数，这就造成在模型推广应用时，由于不同区域水文、气象条件的差异，从而大大降低模拟的精度。非点源污染是一个十分复杂的自然过程，其模型是建立在大量的基本数据和基本信息之上，而现有基本数据库的缺乏、监测工作的薄弱、资金投入少，这给非点源的识别带来不确定性和模型模拟的巨大误差，我国的非点源污染模型也多为经验型或带有局地特点。在现有非点源污染模型中，具有坚实的水文学基础、考虑污染物地表迁移转化过程和大暴雨情况、可推广应用于资料少的大流域且融入"3S"技术的非点源污染规划、管理模型在国内外的研究明显不足。

8.3.3　非点源污染模型研究趋势

8.3.3.1　模型数据规范性研究

现代非点源污染模型是建立在大量的不同类型的数据之上，模型最终是对数据进行运算，所以数据的规范性将直接影响模型的模拟精度和模拟结果之间的可比性。一般非点源污染模型基本数据来源集中在三个方面，即地形地貌数据、土壤数据、水文气象数据。这些数据基本上与非点源发生过程紧密地联系在一起。如模型所需的高程数据（DEM）可直接识别径流方向，模型所需的土壤数据和水文气象数据直接决定了径流和产污过程。要解决目前模型的区域局限性的缺点，必须从数据的规范性入手，不同区域数据和不同模型的数据结构如果能够进行统一规范，就会大大增加模型之间或模拟结果之间的可比性，也便于模型的推广和应用。目前基本数据库较为完善的国家其模型的通用性也比较好。由于我国极度缺乏基础数据库，零星的研究结果也散布于不同部门的文献中，因此，在我国一些基本数据库的建设和相关数据的规范性研究显得尤为重要。

8.3.3.2　模型模拟的不确定性研究

非点源污染模型的主要目的是对非点源污染的过程进行模拟，并估算其产生的污染负荷。这种模型的模拟是建立在我们对非点源污染可认识的基础之上，认识越深刻则模拟越精确。但是由于人对系统的认识是有限的，所以任何数学模型的模拟结果都与真实系统之间存在着一定的误差，从而造成了模型的不确定性。因此，正确分析模型的不确定性，是完善非点源模型的一个重要手段，也是现有模型研究的一个重要趋势。从非点源模型的应用角度看，模型的不确定性主要取决于模型参数的不确定性。而参数的选择及其参数的取值范围直接取决于我们对非点源污染过程的认识深度以及模型所要反映的重点问题。参数不确定的判别只有基于大量的实验和野外观察的基础之上，模型才能切实反映这种非点源污染地表过程。

8.3.3.3 模型集成研究

由于非点源污染研究涉及物理、生物、化学等多种复杂过程，涉及多学科的综合研究。因此，非点源污染模型中不同要素、不同过程的集成是非点源污染模型逐步机理化和系统化的一大趋势。

随着 GIS（地理信息系统）技术的不断发展及其在非点源污染中的深入应用，势必要加强 GIS 和非点源污染模型的集成研究，充分发挥 GIS 在组织、管理处理空间和属性数据方面的优势，提高数据获取能力，并可视化模拟结果，从而加快模型模拟计算速度，提高模拟精度。由于 GIS 技术在数据处理中特有的优点，在非点源模型的发展中得到了广泛的应用。模型与 GIS 的集成方式有 4 种：一是将 GIS 嵌入模型中，GIS 只用作图形工具；二是将模型嵌入 GIS 中，这种集成能充分运用 GIS 的功能，但模型趋于简化；三是松散的耦合，即 GIS 单独用于模型输入文件的产生和输出文件的显示；四是紧密耦合，即通过 GIS 程序编写的用户界面将模型和 GIS 耦合，可通过下拉菜单实现各种功能。模型与 GIS 的紧密耦合方式是未来研究的趋势。

近年来，随着经济发展与生态环境保护等相互矛盾的问题日益凸显，流域作为一个管理单元，同时又是一个自然地理单元，其概念已逐步为决策和管理部门所重视。相应的经济与环境、人地和谐发展的大型流域管理模型已成为不同国家、诸多学者的一个研究热点和研究趋势。由于非点源污染是流域内影响水质的主要过程之一，因此流域非点源模型将成为这种大型模型的重要组成部分。美国国家环保局主持开发的 BASINS 模型标志着这类模型的出现，HSPF 模型就是它的重要组成部分之一。可以预见，随着流域集成管理概念的广泛接受和采用，包含了非点源模型的大型流域管理模型，将成为未来数年中流域模型开发的重点。

8.3.3.4 与 GIS 技术的融合

非点源污染模型发展至今已有较完备的模型体系和方法，已逐步从经验模型过渡到机理模型功能模型。现有的非点源污染模型普遍结合了较为新颖的、成熟的有关非点源污染物在土壤、水体等不同组分中运动和迁移的理论和方法。因此，一般状态下，运用模型模拟，即使不能精确得到非点源污染的状态，但足以满足管理的需要。而且模型模拟不仅可以有效地弥补了大尺度流域研究经验手段的不足，其模拟结果可以成为流域管理决策支持系统、专家系统等的基础。遥感、GIS 等技术的迅速发展为非点源污染模型研究奠定了坚实的基础。非点源污染研究需要综合描述、分析和显示各种空间信息，但以往的非点源模型在对环境过程空间特性的描述、对空间数据操作及对模拟结果的显示方面都比较困难。而空间分析和空间数据管理及多方式显示查询正是 GIS 的优势所在。两者在研究对象及功能上的相似性与互补性,使得它们相结合的应用研究成为近年来环境模型研究中新的生长点。现有非点源污染模型,由于流域特征的异质性,模型输入参数的繁多,精度的有限性,缺乏对资料有限的地区进行模拟计算等因素,几乎没有哪一种方法或模型可以说已具有广泛的实用性和通用性。因此,相关模型数据的规范性研究,模型的不确定性研究以及国家相关大型地理数据库的建立是今后模型研究的一个重要趋势,也是提高模型精度及其推广应用的关键。同时,模型要素的集成研究、模型与 GIS 技术的紧密耦合、模型与大型流域管理模型的结合都将进一步提高非点源污染模型研究的地位及其实用性。我国非点源污染模型研究正处于起步阶段,模型研究基本上以引用国外模型、进行验证和模拟应用为主。随着非点源污染问题的日益突出,有效管理和控制非点源污染将逐步得到重视,适合于我国不同区域特色和相应地理特点的非点源污染模型研究,也将逐渐走向深入、全面。

8.4 石油类污染物迁移运动数学模型研究

溢油模型是溢油应急反应专家系统的主要部分,根据溢油模型的数学计算理论不同,溢油模型主要有两个类型,即欧拉-拉格朗日理论模型和蒙特卡罗方法模型。蒙特卡罗方法模型在欧拉-拉格朗日理论模型基础上增加了溢油扩散随机数的计算,应用随机数来计算油膜三维扩展尺度。该模型是对欧拉-拉格朗日理论模型的补充和完善。研究表明,溢油运动和归宿大致包括以下 10 个方面:扩展、漂移、蒸发、溶解、分散、乳化、光解、沉降、岸上吸附、生物降解。其中,溢油扩展模型是模拟溢油进入水体后迁移扩展的关键数学模型。

溢油刚进入水体后,由于油膜很厚,会迅速向四周扩展,当油层变薄和破裂为碎片,可以认为机械扩展停止了。在溢油最初的数小时内,扩展是溢油动态行为的最主要过程。该过程的长短与油的种类、品质、黏性、温度等自身性质密切相关。对于溢油扩展模型的研究,主要成果包括 Fay 理论以及各种对 Fay 理论的改进和发展。这里主要总结以下几个模型。

8.4.1 Blokker 扩展模型

Blokker(1964)以自由平面上的油作为前提,在只考虑重力和溢油体积,忽略表面张力和黏性力的条件下得出了油膜扩展直径公式:

$$D = \left[D_0{}^3 \frac{24K_r}{\pi}(d_w - d_o)Vt \right]^{1/3} \tag{8-3}$$

式中,D_0 为初始时刻油膜直径;d_w、d_o 分别为水和油的比重;K_r 为 Blokker 常数;V 为溢油的总体积。Blokker 扩展模型着重反映了重力作用的惯性扩展阶段。

8.4.2 Fay 模型

对于难溶于水的物质，呈油膜状漂浮在水面上，可按 Fay 公式计算其扩展过程。Fay 模型将不溶于水的液体扩散过程分为惯性扩展、黏性扩展、表面张力扩展和扩展停止四个阶段。油膜扩展过程一方面扩大了污染范围，另一方面使油—气、油—水接触面积增大，使更多的油类通过挥发、溶解、乳化作用进入大气或水体中，从而加强了油类的混合及衰减过程。

8.4.2.1 惯性扩展阶段

惯性扩展阶段，油膜直径变化关系为：

$$D = K_1 (\beta g V)^{1/4} t^{1/2} \tag{8-4}$$

8.4.2.2 黏性扩展阶段

黏性扩展阶段，油膜直径变化关系为：

$$D = K_2 \left(\frac{\beta g V^2}{\gamma_{\mathrm{w}}^{1/2}} \right)^{1/6} t^{1/4} \tag{8-5}$$

8.4.2.3 表面张力扩展阶段

表面张力扩展阶段，油膜直径变化关系为：

$$D = K_3 \left(\frac{\sigma}{\rho_{\mathrm{w}} \gamma_{\mathrm{w}}^{1/2}} \right)^{1/2} t^{3/4} \tag{8-6}$$

8.4.2.4 扩散结束后阶段

扩散结束后阶段，油膜直径基本保持不变，为：

$$D = \left(\frac{\beta^2 V^3}{\rho_{\mathrm{w}}^2 \gamma_{\mathrm{w}}} \right)^{1/8} \tag{8-7}$$

式（8-4）至式（8-7）中，g 为重力加速度；V 为溢油的体积；t 为历时；ρ_{w}、ρ_{o} 分别为水体和溢油的密度；$\beta = \dfrac{\rho_{\mathrm{w}} - \rho_{\mathrm{o}}}{\rho_{\mathrm{w}}}$；$\sigma_{\mathrm{aw}}$、$\sigma_{\mathrm{oa}}$、$\sigma_{\mathrm{ow}}$ 分别为空气与水之间、油与空气之间、油与水之间的表面张力系数，$\sigma = \sigma_{\mathrm{aw}} - \sigma_{\mathrm{oa}} - \sigma_{\mathrm{ow}}$；$\gamma_w$ 为水的运动黏性系数，取 $1.01 \times 10^{-6} \mathrm{~m}^2/\mathrm{s}$；$K_1$、$K_2$、$K_3$ 分别为各扩展阶段的经验参数，一般分别取 2.28、2.90、3.2。上

述各阶段的临界时间可用两相邻阶段扩展直径相等来判断。

8.4.3　基于随机游走理论的油粒子模型

油粒子模型由 Johansen 及 Andunson（1982）提出，是对油扩展模型的一个重要的发展深化。油粒子模型的主要思路为，将溢油离散化为大量油粒子，每个油粒子代表一定的油量。油粒子模型通过综合考虑油粒子在 Δt 时间内的对流输运、风导漂移和随机游走过程，同时考虑油粒子在水中的风化过程，模拟溢油随时间迁移及其空间分布特征。在得到油粒子空间分布规律后，油膜厚度分布可通过一定海域面积内油粒子的个数、体积、质量来统计计算得到。

8.4.3.1　溢油粒子离散化处理

设溢油的离散后的油粒子总数为 n，其中，第 i 个油粒子相应的直径为 $d_i(i=1,2,\cdots,n)$，假定形状为球形，则其体积表示为：

$$V_i = \frac{\pi}{6}d_i^{\,3} \tag{8-8}$$

第 i 个油粒子所占总溢油体积的百分比为：

$$f_i = \frac{\dfrac{\pi}{6}d_i^{\,3}}{\displaystyle\sum_{k=1}^{n}\frac{\pi}{6}d_k^{\,3}} \tag{8-9}$$

由此定义每个油粒子的特征体积为：

$$V_i = f_i \cdot V \tag{8-10}$$

式中，V 为溢油的初始体积。这样，每个油粒子就代表溢油总体积中的一个部分。

由于模拟溢油形成的油膜的迁移特征时，需考虑油膜的分布范围和分布厚度，因此，油粒子的粒径谱应尽可能地反映真实情况。现场观测表明，油粒子粒径在 10～1 000 μm 变化，且水体中的油粒子粒径在此范围内服从对数正态分布。可用密度函数表示为：

$$\phi(x) = \frac{1}{\sqrt{2\pi}\sigma}e^{-\frac{(x-\mu)^2}{2\sigma^2}} \tag{8-11}$$

式中，$\phi(x)$ 为标准正态分布的密度函数；μ 为均值；σ 为标准差。部分研究成果建议入水油滴的平均直径取 250 μm，均方差取 75 μm。

8.4.3.2　油粒子水平方向对流过程

油粒子模型在 Δt 时间内将溢油运动过程人为分成三个组成部分，即对流过程、风导漂移和随机游走过程，得到单个油粒子运动方程为：

$$X_{n+1} = X_n + \Delta X_C + \Delta X_W + \Delta X_D \tag{8-12}$$

式中，X_{n+1} 为某粒子在 $(n+1)\Delta t$ 时刻的空间位置的列向量；X_n 为粒子在 $n\Delta t$ 时刻的空间位置的列向量；ΔX_C 为因表层水流对流运动而产生的油粒子空间位置变化的列向量；ΔX_W 为因风应力而产生的油粒子空间位置变化的列向量；ΔX_D 为因水体紊动扩散产生的油粒子空间位置变化的列向量（又叫随机游走距离）。

用确定性方法模拟溢油（粒子云团）的对流过程。Δt 时段后，因表层水流对流运动而产生的油粒子空间位移为：

$$\Delta X_C = (U^n + U^{n+1}) / 2 \cdot \Delta t \tag{8-13}$$

式中，U 为油粒子所在空间点对应的水流速度；n、$n+1$ 分别为计算离散时段排序数；Δt 表示时间步长。

8.4.3.3　溢油的风导（应力）漂移

风导漂移是风直接作用于油膜上的切应力使油膜产生的漂移。用确定性方法模拟溢油风应力（风导）漂移过程。Δt 时段后，因风应力而产生的油粒子空间位移为：

$$\Delta X_W = \alpha \cdot \boldsymbol{D} \cdot W_{10} \cdot \Delta t \tag{8-14}$$

式中，α 为风漂移因子，取值范围为 0.03～0.04；W_{10} 是水面以上 10 m 高处的风速向量；$\boldsymbol{D}$ 为考虑风向偏转角的转换矩阵，表示为：

$$\boldsymbol{D} = \begin{bmatrix} \cos\theta & \sin\theta \\ -\sin\theta & \cos\theta \end{bmatrix} \tag{8-15}$$

θ 的取值与风速 W_{10} 有关，其关系为：

$$\theta = \begin{cases} 40^{\circ} - 8\sqrt{|W_{10}|} & |W_{10}| \leqslant 25 \text{ m/s} \\ 0 & |W_{10}| > 25 \text{ m/s} \end{cases} \tag{8-16}$$

8.4.3.4　溢油的随机游走运动

溢油粒子的随机游走，导致油粒子云团的尺度和形状随时间变化。在水平方向上，油粒子随机走动的距离列向量可表示为：

$$\Delta X_D = \begin{pmatrix} a\sqrt{6K_x \Delta t} \\ b\sqrt{6K_y \Delta t} \end{pmatrix} \tag{8-17}$$

式中，$a = \dfrac{A}{\sqrt{A^2 + B^2 + C^2}}$；$b = \dfrac{B}{\sqrt{A^2 + B^2 + C^2}}$；$A$、$B$、$C$ 为位于（−0.5，0.5）区间的均匀分布的随机数；K_x、K_y 分别为 x、y 方向上的紊动扩散系数。

8.4.3.5　蒸发过程

蒸发率可由式（8-18）表示：

$$N_i^e = k_{ei} \cdot \frac{P_i^{SAT}}{RT} \cdot \frac{M_i}{\rho_i} \cdot X \tag{8-18}$$

式中，i 为石油各种油组分序号；N_i^e 为蒸发率，$m^3/(m^2 \cdot s)$；k_{ei} 为物质输移系数；P_i^{SAT} 为蒸气压；R 为气体常数；T 为温度，M_i 为分子量；ρ_t 为油组分的密度。系数 k_{ei} 由式（8-19）估算：

$$k_{ei} = k \cdot A_{oil}^{0.045} \cdot S_{C_i}^{-2/3} \cdot U_w^{0.78} \tag{8-19}$$

式中，k 为蒸发系数；$S_{C_i}^{-2/3}$ 为组分 i 的蒸气 Schmidts 数。

8.4.3.6　溶解过程

溢油在海水中的溶解量可表示为：

$$dN = -DS\frac{dn_v}{dz}dt \tag{8-20}$$

式中，D 为某烃类化合物在海水中的扩散系数；S 为油膜与海水的接触面积（以单位面积表示）；dn_v/dz 为海水中的油浓度梯度。

8.4.3.7　乳化过程

一般用含水率来表征乳化程度

$$Y_w = K_B^{-1} - e^{-K_A K_B (1+w)^2 t} / K_B \tag{8-21}$$

式中，Y_w 为乳化物的含水量，%；$K_A = 4.5 \times 10^{-6}$；w 为风速；$K_B = 1/Y_w^F$，其中 Y_w^F 为最终含水量，一般取 0.8；t 为时间。

8.4.3.8　沉降吸附过程

油粒子的沉降吸附过程受水体中悬浮物浓度的影响较大，因此，石油烃在水/悬浮颗粒界面上吸附速率方程可表示为：

$$F_{pHs} = (K_{sw-ss}C_{pHs} - K_{ss-sw}C_{pHs-ss})C_{ss} \tag{8-22}$$

式中，F_{pHs} 为石油烃吸附速率；K_{sw-ss} 为石油烃悬浮颗粒吸附速率常数；C_{pHs} 为水体中石油烃浓度；K_{ss-sw} 为石油烃悬浮颗粒解吸速率常数；C_{pHs-ss} 为水体中悬浮颗粒物中的石油烃浓度；C_{ss} 为水体中悬浮颗粒物的浓度。

石油烃吸附在悬浮颗粒物后，有部分随悬浮颗粒一起沉降到水底，其中随时间变化率方程可表示为：

$$dC_{pHs-ss}/dt = K_{sw-ss}C_{pHs} - K_{ss-sw}C_{pHs-ss} - F_{pHs-Bs} - F_{pHs-Ow} \tag{8-23}$$

式中，F_{pHs-Ow} 为石油烃悬浮物迁移出油膜的迁移速率；F_{pHs-Bs} 为石油烃悬浮物迁移到水底的沉降速率，$F_{pHs-Bs} = v_{ss-Bs}c_{ss}/H$；$v_{ss-Bs}$ 为悬浮颗粒沉降速率，一般取 0.05 m/d；H 为水深。

8.4.3.9　生物降解

一般认为海水中石油烃微生物降解速率与微生物密度有关，因此通常可采用一级动力学方程表示：

$$\frac{\partial c}{\partial t} = k_{bd}c \tag{8-24}$$

式中，k_{bd} 为石油烃微生物降解速率常数，一般为（$0.001\,3 \pm 0.000\,5$）h^{-1}；c 为海水中石油烃的浓度。

8.4.4　基于蒙特卡罗法的三维扩展模式

蒙特卡罗法，又称随机抽样技巧或统计实验法，海洋溢油的扩散过程实际上是一个湍流的弥散过程，具有随机性，所以可以用蒙特卡罗方法来研究。蒙特卡罗方法模型在欧拉-拉格朗日理论模型基础上增加了溢油扩散随机过程的计算，运用随机数来计算油膜三维扩展尺度。该扩展模式根据湍流强度、时间尺度，通过扩散随机数，求得粒子的扩展过程。

8.4.4.1 扩散随机数的产生

以二维空间为例，利用 FORTRAN 函数 RAN（）产生随机数，即由 RAN（）函数生成[0，1]区间上的均匀分布随机数 x_1、x_2；令 $V_1 = -2x_1 - 1$，$V_2 = 2x_2 - 1$，则 V_1、V_2 是[-1，1]上的均匀分布随机数；令 $r = V_1 + V_2$，若 $r \leqslant 1$，则得到两个独立的标准正态分布随机数。$R_x = V_1 [(-2\ln r)/r]^{1/2}$，$R_y = V_2 [(-2\ln r)/r]^{1/2}$；若 $r > 1$，则按上述过程重新生成[-1，1]区间上的均匀分布随机数 r_1、r_2。

8.4.4.2 扩散距离

假设 A、B、C 为属于（-0.5，0.5）之间的均匀随机数，粒子在三维方向上的扩散距离为粒子在三维方向上的扩散距离为：

$$l_x = A \cdot (6\Delta t \cdot K_x)^{\frac{1}{2}} \qquad (8\text{-}25)$$

$$l_y = B \cdot (6\Delta t \cdot K_y)^{\frac{1}{2}} \qquad (8\text{-}26)$$

$$l_z = C \cdot (6\Delta t \cdot K_z)^{\frac{1}{2}} \qquad (8\text{-}27)$$

假设：a、b、c 为（0，1）之间的正态随机数，粒子在三维方向上的扩散距离为：

$$l_x = a \cdot (2\Delta t \cdot K_x)^{\frac{1}{2}} \qquad (8\text{-}28)$$

$$l_y = b \cdot (2\Delta t \cdot K_y)^{\frac{1}{2}} \qquad (8\text{-}29)$$

$$l_z = c \cdot (2\Delta t \cdot K_z)^{\frac{1}{2}} \qquad (8\text{-}30)$$

采用上述公式，可计算不同时刻油粒子在三维空间的扩散分布情况。

8.4.5 漂浮性污染物迁移运动数学模型研究展望

海洋环境要素影响溢油的扩展过程，海洋环境动力要素对溢油的扩展有重要影响。溢油入水初期首先经历重力扩展阶段，水流和风在此阶段对油膜扩展的影响较小；重力扩展减弱、溢油厚度减小，油膜过渡到受水流及风影响显著的剪切扩展阶段，油膜底部与水、油膜上部与风之间的黏滞力成为油膜扩展的主要驱动力，水流流场、风场的变化起着重要作用；无风情况下，潮汐水流的周期性变化对油膜的扩展产生决定影响，涨潮时油膜常被压缩，落潮时油膜却常被拉伸；有风情况下，油膜的扩展除受水流和风场的影响，两者同向时油膜扩展减缓，但漂移速度加快，两者相反时，油膜扩展加剧但漂移速度减缓。随着剪切扩展的衰弱、油膜厚度的减小，油膜最终过渡到随流漂移阶段。然而，国内外大量研究主要考虑海洋流场，对于风环境要素采用简单的参数化方法计算，使得风场在时间（通常采用一常量或几小时一次）和空间（通常全场采用均一的数值）的分辨率不够，影响预测效果，特别是当溢油事故发生在恶劣的天气条件下，其预测效果更得不到保证，而且有必要加强海浪对溢油扩展的影响研究，以提高溢油预报精度。

石油类污染物在水体中的迁移转化可人为地分解为上述几个过程，关于各个过程都有相关的研究，但各个过程的综合协同研究不够，定量化研究实用性不强，距离环境影响评价分析的应用要求还存在相当大的差距。

8.5　沉降性污染物迁移运动数学模型研究

8.5.1　沉降性污染物迁移转化研究现状

随着化学工业及其相关产业的迅速发展，我国突发性事故的发生频率不断增大。化学品的事故排放不但造成严重的经济损失，而且对水环境造成严重污染、影响区域供水安全及社会稳定，造成严重的政治影响。如 2005 年 11 月中石油吉林石化公司双苯厂发生爆炸，约 100 t 苯类物质（苯、硝基苯、苯胺等）流入松花江，造成重大水环境污染事件，污染带在我国境内历时 42 天，沿岸几百万居民的生活受到影响。2012 年 12 月 31 日，位于山西长治的天脊煤化工集团股份有限公司发生事故，泄漏 38.7 t 苯胺（难溶于水，相对密度为 1.20），其中有 8.7 t 苯胺流入浊漳河，致使浊漳河出山西省界的王家庄监测断面苯胺浓度一度达到国家标准限值的 720 倍，污染物顺流而下流入河北、河南境内，对沿线数百万人口的饮水安全造成威胁，最终影响了下游邯郸等地的供水，引发各界广泛关注。除了危险化学品生产企业的事故排放，化学品运输过程如船舶运输、邻水公路运输等的化学品事故泄漏，也是造成水环境污染的重要潜在风险源。

污染事故发生后，进行突发风险的水质应急预警工作，即在短时间内对事故排放的污染物在天然水体中的空间分布特征及其时间演变过程进行实时预报，可为政府部门采取及时、快速、准确和有效的应对措施，提供重要的技术支撑。目前大多水质模拟预报技术主要针对可溶性污染物；而对于难溶于水的憎水型污染物，则又主要局限于密度小于水的漂浮性的石油类污染物，对密度大于水的憎水性有机物研究不足，致使相关技术规范缺少关于对该类污染物的环境影响预测评价方法。因此，开展密度大于水的憎水有机物在动水环境中的迁移扩散特征的物理试验及数值模拟研究，可以进一步完善不同类型污染物迁移扩散的基本理论、水环境影响预测技术方法，为开展该类污染物的水质预报及风险预警提供基础理论及技术参考。

沉降型憎水有机物是指"密度大于水、不溶或难溶于水的液态有机物"，具有高毒、持久、挥发、亲脂、憎水等特性，属于颇受环境领域关注的持久性有机污染物（POPs）的范畴，研究它们在突发水污染事故中的环境行为具有重要意义。目前，主要通过物理模型试验和数学模型模拟两种方法研究污染物进入水体后的迁移、转化规律。

事故泄漏产生的大量沉降型憎水有机物排入水体后，由于密度大于水，会在有效重力（扣除浮力）作用下发生沉降。在水体中的沉降时间、沉降位置及沉到水底时的分布面积与有机物本身的物化性质、水动力条件、水深、环境水体中悬浮颗粒物特性等因素密切相关，如一定数量的硝基苯瞬时排放进入静止水体后，会以黄绿色油状物沉入水底。相关文献研究船载难溶沉降型化学品在海洋中的沉降扩散行为，认为影响风险排放污染物的沉降过程的主要因素是化学品的初始容重以及粒径，此类化学品一般初始容重较小，入海后与周围海水发生大量掺混，形成所谓的云团。由于云团的沉降速度较凝聚块的沉降速度要慢，所以水深对液态模式云团的沉降过程影响较大。

也有研究认为，下沉过程中的部分有机物会被环境水体中的悬浮颗粒吸附，然后与较大的悬浮颗粒一起沉降，并且会边下沉边溶解，下沉的速度取决于它们的密度，一般为0.2 m/s。相关文献以海洋中沉降型微溶化学品泄漏事故作为研究对象，认为"液体颗粒入水后其主体在水中迅速下降，形成了充分成长的向下射流。由于化学品颗粒物粒径都比较小，容易形成絮凝，建立了由粒子动量方程、云团质量方程、云团动量方程构成的方程组，研究分析污染物自入水点至床面的吸附沉降过程，发现液滴沉降过程中与周围海水发生掺混，沉降射流的体积不断扩大，当水深达到 50 m 左右时，沉降射流触底时的体积可达到入水前体积的 50~100 倍"。学者王琛也认为液团自身的沉降是沉降型化学品在水体中的主要运动过程之一，"沉降过程完成后，大部分小液滴将堆积在碰撞点附近，也有一部分在底浪的作用下沉降在离碰撞点较远的区域"。

针对非事故排放的憎水有机物，学者郭宏伟认为其进入水体后主要吸附于悬浮颗粒物中，且大部分随颗粒物的下沉而分配到沉积物有机质中。

学者张连丰认为，沉降型憎水液体物，一旦泄漏入海水，在下沉过程中会受到湍流作用，类似油团的物质会逐渐分裂变碎，随着水流边漂移、边下沉。许多物质微团也可能在积聚中形成较大的物质团。下沉和漂移的最终地点可由水体的流速、沉降速度、水深粗略估算。

硝基苯属于持久性有毒物质，在水中具有极高的稳定性。由于其密度大于水，进入水体的硝基苯会沉入水底，长时间保持不变。松花江水污染事故发生后，高峰期水流带走的硝基苯数量约为44 t，还有50~100 t沉淀在松花江江底，后期不断随水流向下游迁移，或通过水流的紊动效应，再悬浮进入水体。学者宋晓旭认为污染物从水体中沉积到沉积物中，逐渐富集，在一定条件下，吸附到沉积物相的有机物又会发生各种转化，重新进入水中，通过反复的沉降—悬浮过程迁移到很远的地方。

学者于晓菲等以松花江硝基苯污染事故为例，应用非稳态多介质环境模型研究事故发生后硝基苯在大气、水、土壤和沉积物中的浓度变化和迁移量，结果表明，研究时段内事发河段"沉降于河底的硝基苯除向水中悬浮释放一定数量外，其余大部分随水流对流至下一断面"。

综合国内外研究现状,关于沉积物中有机物向水体释放规律的研究较为充分,而对突发事故后沉积于床面的污染物再悬浮特征研究很少。在水体环境中,沉积物-水界面的污染物迁移过程中,水动力作用是影响水体沉积物中污染物释放的重要因素。水流和风浪能够在沉积界面产生剪切力作用,大于临界值的剪切力将导致沉积物发生再悬浮。大量研究验证了行船密度和行船的速率对于沉积物的再悬浮都有着巨大的影响。学者 Garrad P. N. 和 Nedohin D. N. 先后监测、分析了机动船扰动下沉积物中污染物的释放,发现水体中的磷元素显著增加。研究发现,当太湖湖面风速达到 4 m/s 时,湖床表面达到 0.4 dyn[①]/cm^2 的剪切力强度时,太湖沉积物将发生颗粒物再悬浮,再悬浮量随风速增强而增大。对美国 Hudson 河沉积物 PCBs 释放模拟研究表明,在 2 dyn/cm^2 剪切力连续作用 3 d 后,沉积物 PCBs 释放通量可以百倍于静止状态下释放通量。在沉积物再悬浮研究中,诸如 Annular Flume 或 Shaker 等装置被用来模拟水体中较低剪切力作用下的表层底泥再悬浮,而 Sedflume 等试验装置则被用来模拟分析较高剪切力作用的底泥再悬浮。另外一类研究方法是针对污染物在大尺度时间及空间区域的归趋研究,1979 年,加拿大学者 Donald Mackay 首次提出了化学品多介质环境迁移的逸度方法。国内环境多介质归趋研究开始于 2001 年,研究区域涵盖海河、黄河、辽河、珠江、长江和松花江流域,但多集中于使用不具有空间分辨率的大尺度逸度模型,该类方法无法直接应用于河流沉积物与水环境的污染物交换,更无法应用于沉积在床面的污染物的再悬浮动态变化过程的定量化描述。

上覆水体中憎水有机物的迁移扩散过程包括水体中污染物与颗粒物间的相互作用、污染物随流扩散、水-气界面的挥发、沉积物-水界面的沉降及再悬浮、污染物降解等几个方面的内容。学者李杏茹等研究了黄河中下游小浪底—花园口—高村河段 10 种硝基苯类有机污染物的含量,结果表明,硝基苯类有机物在河水、沉积物和悬浮颗粒物中的大体分布趋势为悬浮颗粒物>沉积物>河水。学者 Yoshinori N. 和 Tameo O. 调查分析了国外某天然河流中硝基苯在河水、沉积物、鱼类中的分布。对于进入上覆水体中的憎水有机物的对流扩散,现有研究成果采用与可溶性污染物相同的数学方法,认为其迁移扩散满足对流扩散方程。对于憎水有机物在水体中的吸附与解吸,过去开展了广泛深入的研究,提出了各种理论、模型和经验公式来分析、模拟这一过程所表现的现象和规律,已基本达成共识。对于有机物—颗粒物之间相互作用的机理问题,人们主要在两个方面做了大量的工作:一是从有机污染物自身物理化学性质出发研究有机物在溶解态与吸附态间的分配系数与其在水中溶解度和辛醇-水分配系数之间的关系;二是从水体颗粒物的角度研究它们的组成与结构对吸附的影响。学者刘婷通过半动态实验考察了颗粒物对硝基苯的吸附特性,表明吸附符合一级动力学过程,吸附速率常数强烈依赖于搅拌强度。学者 K P Chao 等初步证明悬浮颗粒物对硝基苯的吸附能力比较强,在浊度比较高的河流中,硝基苯被悬沙所吸附并随着

---

① 1 dyn=10^{-5} N。

悬沙迁移，是硝基苯在此类河流中迁移转化的一个重要组成部分，而水面挥发相对比例较小。学者赵岚研究了长江口泥沙含量、水温、盐度、pH 值、吸附时间等因子对泥沙吸附微量硝基苯的影响，发现细颗粒泥沙对微量硝基苯的吸附等温线符合 Henry 公式和 Giles C 型吸附等温线模型。

学者迟杰、张玄利用稳态非平衡逸度模型计算了 pc-DDT 在海河干流沉积物-水界面间的迁移和分布，研究表明，生物降解速率常数、污染物在悬浮颗粒物-水间分配系数以及水体颗粒物沉降通量是影响 pc-DDT 在沉积物-水间迁移过程的主要因素。学者聂湘平等利用微宇宙模拟水生态系统对多氯联苯在水体环境中的行为，发现瞬时排放进入水体中的多氯联苯立即向底泥、悬浮颗粒物、水草等各介质分配，2 d 左右时间就达到平衡。学者陈刚等采用实验室模拟装置研究了温度、挥发和光照等环境因素对硝基苯在上覆水中的迁移转化的影响规律，结果表明，影响程度从大到小依次为温度、挥发和光照。目前，对于颗粒态沉降型憎水有机物的沉降规律的研究文献相对较少，学者李连峰针对事故排放污染物的沉降过程，采用"静水环境下粒子沉降公式"计算沉速，并据此计算沉降通量。

综合国内外研究现状，关于海洋、地表水中憎水沉降型有机物的迁移转化特征，目前开展了一系列相关研究。但总体上，针对事故排放后憎水沉降型污染物的迁移转化研究比较薄弱；且研究对象主要针对海洋水体，对河流等地表水体的事故排放沉降憎水有机物的迁移规律的研究深度、广度则明显不足。概括为以下几点：①沉降型憎水有机物自入水至沉降于床面的物理过程研究仅见于海洋水体，关于入水后的迁移过程及其在床面空间分布的定量化研究相对欠缺。同时，因地表水的水深及其他水动力特征与海洋的差异，现有研究成果无法应用于地表水体。②污染物沉底后沿床面的迁移扩展研究仅见于海洋水体，且多为定性研究或简单的定量模拟（如采用上覆水体流速，估算其空间位移）。③对沉降型憎水有机物从河床（或海床）沉积物向上覆水体的释放过程研究较多，但相关成果无法应用于事故发生后大量集中沉积在床面的污染物的再悬浮动态变化过程的定量化描述，有采用"扬起系数"计算再悬浮通量的研究报道，但该系数为经验系数，再悬浮速率应与有机物的密度、黏性及上覆水动力有关，经验系数法显然失之过粗。④对憎水有机物在水体中的吸附与解吸、生物降解、生物毒性、沉降特征，已提出了各种理论、经验公式，基本达成了共识，但突发事故水体中的沉降型憎水有机物具有高浓度的特征，其吸附-解吸特征不同于常态，且沉降速率与泥沙及其他悬浮物浓度有关，目前缺乏对高浓度下的吸附-解吸及考虑与泥沙等悬浮物运动特征耦合影响的有机物沉降规律研究；⑤事故后水体中污染物的迁移转化的数学模拟应该是自污染物入水后上述各个过程的综合的、系统的定量化模拟，由于目前对相关物理机理的研究不足，现有的数学模拟方法一方面缺乏对整个迁移转化过程的系统耦合，另一方面模拟方法对沉降型憎水有机物的密度、水溶性、泥沙三维分布特征导致的对污染物迁移、扩散、吸附-解吸、转化特征的影响研究不足。

8.5.2 沉降性污染物迁移转化研究展望

采用物理试验与数学模拟相结合的方法。以物理试验为基础，通过物理试验揭示突发事故污染物进入水体后各个阶段的迁移扩散的物理机制、基本原理，识别污染物迁移转化的主要影响因子，通过平行试验，分析污染物迁移转化特征与主要影响因子间的响应关系。依据物理试验相关成果，对各个过程进行数学概化，建立相应的数学模型，完善河流水系突发沉降型憎水有机物泄漏事故风险预测方法。

8.5.2.1 污染物自入水点至床面的沉降过程

通过物理试验，研究事故泄漏产生的沉降型憎水有机物排入水体后的沉降过程及基本特征。根据河流地表水的水文、水动力特性，建立物理模型，采用平行试验方法，分别研究分析污染物的密度、溶解度、环境水体水深、水体流速、悬浮物（或泥沙）含量，对有机物自入水点至床面的沉降过程的影响，在此基础上定量研究污染物在三维空间的迁移路径及其沉降至床面后的空间分布特征的数学求解方法，建立相应的数学模型。同时由于水流的紊动效应，部分污染物在沉降过程中，扩散进入环境水体，因此，通过物理试验，分析伴随污染物沉降过程的扩散效应，通过试验识别筛选影响扩散量的主要影响因子，定量分析扩散量与影响因子间的响应关系。

8.5.2.2 污染物沉底后沿床面的迁移扩展过程

憎水有机物沉降至床面后，由于是事故泄漏，将在床面形成占据一定面积和具有一定厚度的堆积物，这些液态堆积物在水下地形、上覆水流剪切应力等综合作用下，沿着床面迁移扩展。通过物理模型试验，分析床面堆积有机物运动规律及动力学特征，通过情景设计，分析不同类型污染物（初步确定为密度、黏性系数的差异），在不同水下地形、不同水动力环境中的迁移特征。同时，结合流体力学的多相流动力学理论，建立描述沉底有机物运动的数学物理方程，研究分析其迁移扩展特征。

8.5.2.3 沉底污染物向上覆水体的再悬浮释放过程

沉降于床面的污染物沿床面迁移的同时，由于上覆水体的紊动效应，不断地从沉底污染物表层再悬浮（扬起）进入上覆水体中，再悬浮强度（可定义为单位时间内从单位面积堆积物的表面扬起进入水体的污染物通量）与有机物的物理特征、水动力特征有关。通过物理模型（如环形水槽），研究沉降型憎水有机物的再悬浮特征，定量分析再悬浮强度与污染物密度、水溶性、黏性及上覆水流流速、切应力的响应关系。

8.5.2.4 地表水体中污染物的迁移过程

突发事故泄漏的沉降型憎水有机物自水面沉降至床面过程中，向水体扩散进入水体的有机物及沉底污染物向上覆水体的再悬浮释放的有机物，一起进入环境水体后，随水流一起向下游运动的同时，还伴随着污染物的扩散、自净、水面蒸发、光解转化，在高含沙河流中由于泥沙的吸附作用，还存在着泥沙与污染物间的吸附及解吸，同时泥沙的沉降还带来污染物的沉降。因此，在现有研究成果的基础上，通过试验，重点研究分析泥沙与有机物间的吸附-解吸关系、溶解态及吸附态污染物的垂向空间分布特征、与泥沙沉降运动耦合的吸附态污染物的沉降特征。

8.5.2.5 地表水体中污染物的迁移扩散转化过程的数值模拟

由于沉降型憎水有机物的比重大于水，同时由于泥沙浓度垂向分布的严重不均匀性，因此，考虑环境水体中污染物垂向分布的不均匀性，在河流三维水动力模型、沉底污染物向水体释放污染物源强模型、含沙河流三维泥沙输移模型、污染物吸附-解吸动力学模型等数学模型的基础上，考虑沉降型憎水污染物的垂向分布不均匀性，分别建立溶解态、吸附态污染物的三维对流扩散迁移数学模型，利用典型污染物的物理模型试验成果，对模型进行验证。利用典型案例，定量模拟事故下游沉降型憎水污染物的平面及垂向分布特征。

8.6 湖库水温数学模型研究

8.6.1 湖库水温数学模型研究现状

长期以来，水电资源作为可再生清洁能源而被大力开发利用，世界各国已修建了大批的水利工程。水库的建设对人类社会和经济的发展起到了重要的推动作用，在防洪、发电、航运、养殖、供水等方面发挥了巨大的综合效益，但与此同时也在水环境、库区移民、水文化等方面有着诸多负面影响，逐渐成为制约水电进一步发展的重要因素。水库对水环境的影响是多方面的，水温分层便是其中之一，水温分层是指水温在垂直方向上呈现一定的层化特征，从上到下分别为温变层、温跃层、滞温层。水温是水库生态系统中一个重要的水质参数。水温的分层会导致溶解氧、水生生物分层和深水层水质的恶化，影响水中溶解氧浓度、pH 值、化学需氧量等。同时，出现了水温分层的水库，下泄的低温水将使鱼类产卵季节推迟、降低鱼类的新陈代谢能力、对农作物产生"冷害"影响，水库水温分层问题已经引起了人们的广泛关注，因此研究水库水温结构及其演变规律，对水利工程的生态保护具有重要的现实意义。在研究过程中，有许多学者曾采用经验公式法来计算水库的水温分布，但经验公式法考虑的因素较少，物理机制不够健全。数学模型法能够将理论分析、实验研究的成果有机结合，在国内外已得到了广泛的应用，成为研究水温的主要手段。从简单的一维对流扩散模型发展到二维、三维模型，使得在复杂条件下水温演变的精细模拟过程成为可能。

8.6.1.1 一维数学模型

美国自 20 世纪 30 年代开始对水温数学模型进行研究，通过研究发现，尽管水库的形状、长度、宽度、气候条件有很大的差异，但等温线基本上是平直的，扩散模型就是基于这一原理，满足以下 3 个条件：①忽略温度在纵向、横向上的变化，仅考虑温度在垂向的变化；②入流的全部参量及要素在同一水平层相同；③计算出的水温分布为坝前或者最深处的垂向水温分布。1961 年 Raphael 首次提出了具有水动力学基础的水库热量平衡计算方法，这类计算不是以模型的形式提出的，采用手工计算且通用性较差，但它却为后来的许多数学模型打下了基础。20 世纪 60 年代末，美国水资源工程公司（WRE）的 Orlob 和 Selna 及麻省理工学院（MIT）的 Huber 和 Harleman 分别开发了垂向一维数学模型，即 WRE 模型和 MIT 模型，模型假设水库是由混合均匀的水平等温薄层组成，热量的传递只发生在相邻的水平薄层间，并假定上游来流量流入与之密度相对应的单元层内，对于表层单元，存在着水气界面的热交换，建立热量平衡方程。模型考虑了入流、出流及水库表面热交换对水温的影响，但对水库中的混合过程特别是表层风力混合描述不够充分。1975 年 Minnesota 大学的 Stefan 从总能量观点出发，提出了新的一维数学模型，该模型考虑了水面风力剪切的影响，通过此模型预测了两个温带型湖泊夏季的水温分布，取得了良好的效果。1978 年 澳大利亚 Western Australia 大学水研究中心的 Imberger 提出了一种更完善的基于 Lagrangian 分层格式的模型：YRESM（dynamic reservoir simulation model），该模型首次提出了混合层的概念，利用新的公式描述水库的动态出流、入流，可同时模拟盐度和温度的分布，适合于中小水库的水温计算，混合层模型增加了紊动动能的输移，初步解决了风力掺混的问题，但应用时需要事先确定许多参数，通用性差。我国水库水温观测工作起步较早，出现了许多关于水库水温预测的经验公式，其中最著名的是张大发法和朱伯芳法，但对于水温模型方面的研究起步较晚，从 20 世纪 80 年代开始了数学模型的研究与应用工作，引进了 MIT 模型，并根据我国实际情况对模型进行扩充和修改。

一维模型在水温模型的发展过程中起到了重要作用，使人们从本质上对水库的热力学效应有了初步的认识，由于其忽略了温度沿纵向和横向上的变化情况，适用于纵向尺度与横向尺度均较小的湖泊或湖泊型水库，但对于蓄水影响范围较长的水库并不适用；另外，垂向扩散系数 D_z 对一维模型的计算结果非常敏感，垂向扩散系数与当地的流速、温度分布有关，模型中系数采用经验公式法计算，与实际相差也较大。

8.6.1.2 二维数学模型

在一维模型发展的同时，国内外专家学者开始研究二维甚至三维模型，立面二维模型是对 N-S 方程的横向进行积分，沿纵向和垂向剖分水库而得到的。立面二维水流方程的求解基于 Boussinesq 假定，即在密度变化不大的流动问题中，只在重力项中考虑密度的变化，而在控制方程中的其他项不考虑浮力作用，水动力条件采用不可压缩的雷诺平均 N-S 方程

联合 k-ε 方程进行求解，热力学模型考虑了太阳辐射及水汽界面的热量交换。要准确模拟水库的温度场，首先必须要精确模拟浮力流流场和水流的紊动扩散。1975 年 Edinger 开发的 LARM（laterally averaged reservoir model）模型成为最早的立面二维水温模型，其他的一些研究者也提出了各自的二维水温模型。ChevreuilM 在垂向一维混合模型的基础上提出了横向平均的风力混合水库水温模型——LA-WATERS Reservoir Simulation；Farrell 尝试将 k-ε 模型应用于水库密度流的模拟，试验性地计算了一个 100 m 长水库的下潜流过程，结果认为 k-ε 模型能够模拟出水库密度流的下潜、垂向旋涡和温度分层的特征现象；Johnson 在已有水库模型上进行了重力下潜流的实验研究，采用了多重模型进行对比计算，最终推荐了二维 LARM 模型；美国陆军工程师团水道实验站在 LARM 模型的基础上增加了支流汇入和海湾的计算，并加入水质计算模块，于 1986 年推出了立面二维的水动力学和水质模型第一个版本——CE-QUAL-W2 Version 1 .0，随后，在计算垂向扩散系数及表面热交换上作了改进，不断推出了新版本。丹麦水力研究所于 1996 年推出了 MIKE21 模型，其中的水质模块也能很好地模拟立面二维的水温分布情况。国内立面二维水温模型的研究始于 20 世纪 90 年代，陈小红、雒文生将 k-ε 方程引入大水体研究中，耦合水动力方程与水温方程，考虑了水流运动与水温之间的关系；江春波在水库计算中考虑了自由水面的变化，采用全显式的有限体积法模拟了河道流动的水温及悬浮污染物质分布。邓云引入了湍浮力流对水温分布的影响，在溪洛渡、紫坪铺水库中得到了应用。立面二维模型能较好地模拟湍浮力流在纵垂向断面上的流动及温度分层的形成和发展过程，以及分层水库最重要特征的沿程变化，适用于水温在纵向和深度方向上变化明显，而在横向变化可忽略的情况下，国内外大量研究资料表明，一般情况下，应用立面二维模型可更好地模拟水库的流场及温度场。但当横向变化不能忽略时，采用二维模型就不能很好地反映水温沿横向的分布，许多研究者开始研究三维水温模型。

8.6.1.3 三维数学模型

三维数学模型能同时考虑温度在横向、纵向、垂向的变化。严格地讲，在实际水库流动过程中，特别是在大坝泄洪孔、电站引水口等附近区域，由于水流及水温具有明显的三维特征，有必要对这些区域进行三维模拟。三维水温计算的方法是以紊流模型为基础，将热量输运方程与紊流方程进行耦合求解，对于温差产生的浮力只在重力项中考虑。三维水温计算工作量巨大，但随着数值计算手段和计算机的发展，三维数值模拟成为可能，已有不少学者对湖泊或水库进行了三维的计算，如 Beletsky 采用静水压力和 Boussinesq 假定，对 Michigan 湖泊的水温结构的演变进行了三维计算，Politano 为了解低温水下泄对幼鱼的影响，需要对电站进水口的水温进行计算，摒弃了恒定流及静水压力的假定，基于雷诺平均的 N-S 方程，联合 k-ε 方程来求解坝前的水动力场，热力学模型考虑了太阳短波和长波辐射及自由表面的热量交换，计算坝前及水电站进口处的温度分布状况，马方凯基于三维不可压缩的 N-S 方程建立水温模型，采用大涡模拟计算紊动扩散系数，并考虑水面散热及太阳辐射对水温的影响，对三峡水库近坝区三维温度场进行了预测。

8.6.2 湖库水温数学模型研究展望

自 20 世纪 60 年代第一个基于对流扩散原理的水温数学模型建立以来，模型经历了近半个世纪的发展，从基本原理上讲，由最初的对流扩散模型发展到混合模型；从空间维数上讲，从一维、二维逐步发展到三维；为水库水温结构计算及水层结构演变的研究提供了有效手段，但由于水库本身水动力及热力学问题的复杂性，水温模型仍然存在着一定的不足，水库水温数学模型应向以下几个方向发展。

（1）由一维、二维向长系列非稳态发展。一维、二维数学模型虽然在一定程度上反映了当地流场、温度场的分布情况，在工程设计中起到了巨大的作用，但其模型本身的简化省掉了许多重要的物理现象，无法精确描述流场和温度场的相互作用。随着人们对水库热力学效应认识的深入、大型计算机的发展及数值方法的完善，应建立起反映水库水温随时间及空间真实变化的三维数学模型。

（2）从单纯的计算水温发展到求解多个水质参数。水库的热力学效应不仅与水流、气象条件、入流、出流有关，而且与水中物质的迁移如泥沙的输运有关，应统筹考虑影响水温变化的不可忽略因素，建立起多参数、多变量的耦合模型，从而使求解更符合实际情况。

（3）加强对模拟过程中不确定性因素的研究。湖库水域系统中存在很大的随机性，从而导致输出结果的不确定性。为了提高模拟精确度，必须对现有的水温模型进行修正，以保证结果的有效性。因此，如何克服不确定性对模拟预测带来的影响也是今后水温模型研究的重要内容之一。

（4）在对湖库水温层化机理充分认识和准确预测的基础上，研究切实可行的措施，来防止或消除水库的水温分层的状况，最大限度地减少水温分层对生态环境带来的不利影响。随着人们对水库水温结构演变过程和机理认识的加深，水温模型的研究将持续深入进行，水动力学模型及热力学模型与物理模型相结合的耦合模型的推广和应用，水温数学模型必将可以更好地解决工程实际问题，成为水库水温计算的切实、可行的手段，为水库的生态环境影响评价提供新的途径。

8.7 生态流量及水力学模型

8.7.1 生态水力学定义

近百年来，由于包括水利建设在内的人类活动规模不断扩大，对于自然生态系统所产生的胁迫和压力不断加大，在某些地区出现了严重的生态环境恶化的事例。概括起来，主要包括以下几方面的明显表现：①大规模的水坝建设使得水库对河川径流的调节能力日益加大，有些流域的水库调节库容接近或超过河川的多年平均径流量，造成水坝下游河流水量的减少，甚至干枯。这将造成下游河床的萎缩，对河流生态系统造成毁灭性的灾害。同时，水坝的建设造成水流连续性、河床连续性、生态连续性的破坏，并在上游造成大面积的淹没，大量移民又要造成许多新的环境问题；②河流的防洪标准不断提高，河流两岸的堤防越来越高，使得河流两岸的洪泛区域与河流的水循环分离，河流两岸的湿地消失，地下水得不到河流的补充，使得两岸广阔洪泛平原的生态状况日益恶化；③大量兴建的水资源开发工程造成流域水资源的过度开发利用，结果使流域地下水位下降、地表河流和湖泊萎缩，植被干枯，生态环境恶化。在近海地区由于地下水水位的降低，海水入侵地下水，造成地下水的污染。水资源问题不仅受到水文过程的影响，同时还受到水生态过程的影响，从水资源发展的本身来看，只有提高淡水生态系统抵御外界干扰的能力，并维护其本身的结构和功能才是实现淡水资源持续利用的基础。而要实现这个目标，就必须对淡水生态系统的功能与大尺度的水文过程进行综合研究，将流域、水和生物动力等要素综合到一个超有机体上，以期从整体出发来研究和解决水资源问题以及水生态恢复问题。

生态水力学作为一门独立的学科提出以来，目前还基本处于探索与融合的初级阶段。虽然国外学者专家从不同角度进行了多方面阐述，但到目前为止尚未形成一个大家公认的定义。其中较普遍认为它是集水力学、生态学、动物学、植物学和自然地理学于一体，并且彼此间相互影响渗透而形成的一门新型边缘交叉学科，研究主要内容为水动力学和水生态系统动力学之间的相互动态关系。生态水力学的前身一般认为是环境水力学，主要内容是应用近代流体力学的基本理论研究各种污染物质在不同纳污水域（河渠、水库、港湾及海洋）中的迁移、扩散和转化规律以及其浓度对生物生命的影响，但对生物及生态动力学过程较少涉及。而以前存在的一些水生态模型基本上也都局限在水生生物的生理特征研究和生境评价上，很少涉及动力学部分，属于静态模型。近年的一些研究发现，如果不结合水文和水力学过程，很多水生态修复工程难以取得预想的结果，同时很多生态问题也很难解释。水华是一个典型的生态恶化和生物多样性降低的例子。当水体的污染超过一定的临界值或者水体遭到较大的水力扰动如飓风时，为浮游植物的生长创造了有利条件，使某一种（或几种）藻类在竞争性生长中取得绝对优势。单一藻类的恶性生长既抑制了其他生物的生长，又可能打破了系统的食物链，从而使生态系统进入一个不健康的循环和平衡。此时系统几乎是不可能依靠自身的恢复力得到恢复的，人工修复成为必要手段。水华的产生既有生物生理的因素，更有水动力学的因素，因此生态水力学的出现为研究水华现象和进行水华预报提供了重要的方法。

8.7.2　基于生态水力学的生态需水量确定方法

国内外开展河流生态用水量研究已有60多年的历史。由于水生生态和河流水文情势之间关系的复杂性，以及各自研究的出发点不同，形成了多种河流生态用水量的分析方法。主要采用 Tennant 法、流量历时曲线法、湿周法以及 R2CROSS 法分析河流生态需水量。

8.7.2.1 Tennant 法

Tennant 法也叫蒙大拿（Montana）法，是在对美国东部、西部和中西部 11 条河流的生境和用途参数进行广泛现场调查的基础上于 1976 年提出的。

Tennant 法根据水文资料和现场调查数据，以年平均径流量百分数来描述河道内流量状态。该法认为河流水生生态环境状况与水体水量之间关系如下：

（1）河道内流量为多年平均流量的 60%（即 40%为河道外耗水），大多数水生生物在主要生长期具有优良至极好的栖息条件。在这种流量条件下，河宽、水深及流速将为水生生物提供优良的生长环境，大部分河道，包括许多急流浅滩区将被淹没，通常可输水的边槽也出现水流，大部分河岸滩地将成为鱼类所能游及的地带，也将成为野生动物安全的穴居区，大部分漩涡、急流和浅滩将没于水中，提供鱼类优良的繁殖和生长环境，岸边植物将有充裕的水量，在任何浅滩区，鱼类的洄游将不成问题。

（2）河道内流量为多年平均河道流量的 30%（即 70%为河道外耗水），这是保持大多数水生动物有良好的栖息条件所需要的水量。在这种流量条件下，除极宽浅滩外，大部分河道将没于水中，大部分边槽将有水流。许多河岸将成为鱼类的活动区，也可成为野生动物穴居的场所。许多流速快的河段和大部分漩涡区的深度将足以作为鱼类的活动场所。无脊椎动物将有所减少，但预计不会成为鱼类种群数量的控制因素。

（3）河道内流量为多年平均河道流量的 10%，是大多数水生生物生存所需的最小水量。在这种流量条件下，河宽、水深和流速将显著减少，水生生态环境质量下降，河道或正常湿周近一半露出水面，宽浅滩露出部分将会更多。边槽将大部分干涸，卵石、沙坝也基本干涸无水，作为鱼类及皮毛动物的岸边穴居场所将有所消失。部分浅水区水深更浅，以至鱼类不能在此活动而一般只能集中于主槽中，岸边植物将会缺水，体型较大的鱼遇到浅滩处将可能存在洄游困难。

Tennant 法建立了水生生物、河流景观及娱乐和河流流量之间的关系（见表 8-1）。保护目标为鱼、水鸟、长毛皮的动物、爬虫动物、两栖动物、软体动物、水生无脊椎动物和相关的所有与人类争水的生命形式。

Tennant 法对一般用水期和鱼类产卵期分别推荐了流量标准。因为 Tennant 法将多年平均流量的百分比和河流的保护目标对应起来，计算结果和水资源规划相结合，不需要野外调查测量，应用方便，更具有宏观的指导意义。

Tennant 法主要适用于北温带河流生态系统；适用于大的、常年性河流，作为河流进行最初目标管理、战略性管理方法使用。

从 Tennant 法的标准可以看出，河道内流量为多年平均流量的 10%时，是大多数水生生物生存所需的最小水量，此时水生状况处于"差"的状态。河道内流量为多年平均流量的 30%时，能保持大多数水生动物有良好的栖息条件，其中对于鱼类产卵期，河流水生状况处于"开始退化"情况，对于一般用水期，河流水生状况可以达到"非常好的状况"。

表8-1　鱼类、野生生物、娱乐及相关环境资源与河道内流量关系

栖息地等定性描述	流量占年平均流量百分比/%	
	一般用水期	鱼类产卵期
最大	200	200
最佳流量	60~100	60~100
极好	40	60
非常好	30	50
好	20	40
开始退化	10	30
差或最小	10	10
极差	<10	<10

一些学者在美国弗吉尼亚地区的河流中证实：年平均流量 10%的流量为"退化的"或"贫瘠的"栖息地条件；年平均流量 20%的流量达到了保护水生栖息地的适当水平。

8.7.2.2　流量历时曲线法

流量历时曲线法利用长系列历史流量资料，构建逐月流量时间变化过程线，作为统计样本，根据保护要求，选定设计频率或保证率，将某个累积频率（或保证率 $p=1-$设计频率）相应的流量（Q_p）作为生态流量。Q_p 的保证率 p 可取 90%或 95%，也可根据需要作适当调整。Q_{90} 为通常使用的枯水流量指数，是水生栖息地的最小流量，为警告水资源管理者的危险流量条件的临界值。Q_{95} 为通常使用的低流量指数或者极端低流量条件指标，为保护河流的最小流量。这种方法一般需要多年逐月长系列流量观测资料。

采用流量历时曲线法，河流生态需水流量估算结果见表8-2。

表8-2　生态需水量的流量历时曲线法

序号	设计条件	栖息地等生态适宜度描述
1	流量历时曲线法（90%保证率最枯设计月平均流量）	水生生物栖息地的最小流量
2	流量历时曲线法（95%保证率最枯月平均流量）	水生生物栖息地的极端低流量

8.7.2.3　湿周法

湿周法采用湿周（见图 8-1）作为栖息地的质量指标，通过绘制栖息地湿周与流量的关系曲线，将湿周-流量关系曲线（见图 8-2）中的增长变化转折处所对应的流量，作为推荐流量。

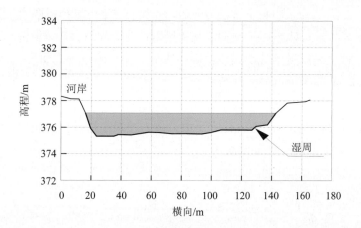

图 8-1　河道湿周示意

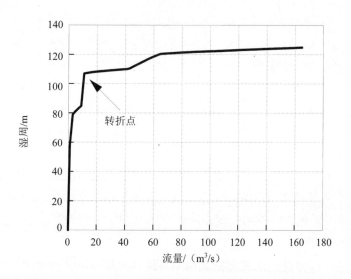

图 8-2　湿周-流量关系示意

采用湿周法分析时，湿周、流量可采用相对于多年平均流量下的相对值表示，即

$$相对流量=100×流量/多年平均流量 \tag{8-31}$$

$$相对湿周长=100×湿周长/多年平均流量对应湿周 \tag{8-32}$$

湿周法以断面湿周-流量关系曲线上的拐点对应的流量作为生态需水量建议值。但由于河流实际断面的湿周-流量曲线往往很少只有一个拐点，多数有多个拐点或者没有明显的拐点，人为确定拐点往往会有较大的偏差。Gippel 等（1998）对湿周法作了改进，采用数学方法来确定流量拐点并提出了两种方式来确定拐点：设定斜率对应点（斜率法）或最大曲

率对应点（曲率法），认为采用斜率法较为合适，一般情况下可选择斜率为 1 的点作为拐点。采用斜率法判定时，需先对湿周-流量曲线采用函数曲线方程拟合，一般情况下，湿周-流量相关关系曲线方程可采用幂函数形式或对数函数形式。幂函数形式如下：

$$y = ax^b \tag{8-33}$$

式中，y 为湿周；x 为流量；a、b 为待定系数，按方差最小通过拟合确定。

$$y' = abx^{b-1} \tag{8-34}$$

当 $y'=1$ 时，$x = (\frac{1}{ab})^{1/(b-1)}$，对数函数形式如下：

$$y = a\ln x + b \tag{8-35}$$

式中，a、b 为待定系数，按方差最小通过拟合确定。

$$y' = \frac{a}{x} \tag{8-36}$$

当 $y'=1$ 时，$x = a$。

湿周法受到河道形状的影响较大，比较适用于宽浅型和抛物线型河道，同时要求河床形状稳定。

8.7.2.4 R2CROSS 法

R2CROSS 法由美国科罗拉多州水务局开发。该法认为河流流量的主要生态功能是维持河流栖息地，尤其是浅滩栖息地。该方法采用河流宽度、平均水深、平均流速以及平滩湿周率（湿周长与平滩水位对应的湿周长的百分比）等指标来评估河流栖息地的保护水平，从而确定河流目标流量。

R2CROSS 法认为如能在浅滩类栖息地保持这些参数在足够的水平，将足以维护鱼类和水生无脊椎动物在深潭和正常河道处的水生生境。R2CROSS 法原始的水力参数标准适合冷水鱼类，主要用于中小型河流的分析，仅对河宽 30.5 m 以下的河流提出了水力参数标准，见表 8-3。由于河段平滩流量和平滩湿周长难以确定，国内通常采用多年平均流量下的湿周率来代替平滩湿周率。

表 8-3 R2CROSS 法确定最小流量的原始标准

河宽/m	平均水深/m	平滩湿周率/%	平均流速/（m/s）
0.3～6.3	0.06	50	0.3
6.3～12.3	0.06～0.12	50	0.3
12.3～18.3	0.12～0.18	50～60	0.3
18.3～30.5	0.18～0.3	≥70	0.3

对于大型河流，R2CROSS 法原始的水力参数标准不再适用，因此应根据具体河段不同时期（一般用水期与鱼类产卵期）水生生物需求特点，设置特定的水力参数标准。

8.7.3 生态水力学研究进展

生态水力学产生的主要目的在于提高人类理解河流、水域保护过程中与生态环境有关的现象，以便获取相应的知识和能力，预测人类的活动对自然生态的影响以及修复工作是否能达到所预想的状态，以寻求可行的途径来维持可接受的水体质量和良性河流湿地恢复工作。其研究的主要方向是通过对物理、化学、生态过程的观测、描述、统计分析及进一步的挖掘，定性、定量地描述自然系统的修复过程应达到何种程度，方能获取最大的生态效益。生态水力学的主要研究对象不仅是水流的力学特性，即流速、水位、压力、水力坡降等水力变量及其时间的变化过程，还包括水流条件与生态环境之间的相互影响关系。水流条件影响生态环境，反过来生态环境的变化又引起水力特性的改变。生态和水流二者相辅相成，存在紧密的联系，探索二者之间的关系，成为生态水力学的首要任务。生态水力学的研究内容主要包括水质污染、水生生物多样性、流域水土流失、生物防治、水生态系统保护等方面。

生态水力学研究的基本方程包括水域种群生态模型，即水域单种群模型、水域双种群模型、水域三种群模型、水域多种群模型和生命体运动方程，近年来生态水力学虽然还处于初期发展阶段，但在这一时期依然得到了长足的发展，取得了不少代表性的研究成果。

8.7.3.1 湖泊水生态系统修复研究

目前我国人口密集区的大多数湖泊出现了由于污染造成的湖泊富营养化现象，即由于磷、氮类营养盐大量进入湖泊造成湖泊内藻类的异常增殖，水质恶化。对湖泊的治理除控制污染之外，最有效而可行的措施就是修复湖泊的生态系统。在我国的洱海、滇池、太湖都在开展生态修复的试点工程，如湖滨带的生态修复、湖周湿地的生态修复等。目前类似的课题已经有很多。已有的三维富营养化模型，包括流场、温度、太阳辐射、光合作用、营养盐、浮游植物、浮游动物、大型水生动植物在内的诸多物理、化学和生态参数。

8.7.3.2 恢复河流自然特征的研究

传统水力学的研究，比较注重河流输水的经济性，结果造成河流断面的均一化、河流渠道化，河流自然特征逐渐消失，河流生物多样性减少。目前，在恢复河流自然特征的研究中，创造河床的滩—潭交互结构、近岸的回流结构、创造适合特种生物生存和繁殖的流场等方面的研究也方兴未艾，如对传统治河中常采用的裁弯取直措施，也需以生态水力学的角度认识。

8.7.3.3 以河流生态系统优化为目标的水利工程调度研究

以往的水利工程调度大多只考虑水资源优化、水能经济优化等目标，没有将下游的水环境和生态环境优化作为调度目标，结果往往是达到了经济优化的目标，却损坏了下游的生态环境。近年来，结合下游河流环境、生态需水量的研究，提出了以下游生态环境优化为目标的水库调度研究，增加了水库的生态环境调度功能。

8.7.3.4 洪水资源化的研究

传统水利认为洪水只是一种灾害，近年来逐渐认识到洪水不仅是灾害，还是一个生态过程，通过洪水泛滥还可达到补充地下水、恢复湿地、清洗河流、改良土壤等目的，不能完全消灭洪水。这方面的研究有：有控制的人工洪水调度、与溢流堰结合的堤防设计、利用洪水的地下水回灌等。

8.7.3.5 湿地修复技术研究

湿地的恢复需要适当的水流条件，不同的湿地植物群落，需要相应的水深、流速、水温等。在湿地恢复过程中要注意流场的控制，以满足湿地生态修复的要求。

8.7.3.6 植物群落对水中营养盐降解的机理研究

水中的营养盐在进入水生植物系统后，经过沉降、微生物分解、根系吸收等环节，使水体内营养盐的浓度降低，达到净化目的。上述过程，与流场关系密切，如水深、流速、水体滞留时间等。目前多是通过现场的实地实验确定各种参数，试图建立数学模型。

8.7.3.7 局部水域微流场的研究

各类水生动物的繁殖和栖息，往往要求极为严格的微流场环境，如流速缓慢的回流区、静水区、掺气充分的急流区等。为了解决鱼类洄游设立的鱼道也要满足特定鱼类的洄游特性，形成与保护鱼类相适应的流场环境。通过丁坝、布石、射流等工程措施满足鱼类对微流场的要求也是生态水力学的重要研究领域。典型研究成果有：

①瑞士 Marden 湖富营养化的流场控制技术。Madren 湖位于苏黎世西北约 40 km 处，面积约 2.3 km²，周围被牧场环抱。每年春天，冰雪消融，草场施肥，牛羊成群，由此产生的大量有机物流入湖中，臭气熏天，湖水由绿变墨，功能丧尽。苏黎世联邦理工大学（ETH）于 20 世纪 80 年代开始对 Madren 湖进行治理研究。研究结果表明，湖中营养物质主要来自草场施肥和牲畜粪便。他们还对湖中几十种藻类进行了大量分析研究，发现湖泊发生富营养化时，其优势种群主要为蓝藻，蓝藻水华致使水体复氧困难，使大量生物窒息死亡，水质恶化变臭。根据研究成果，主要采取了如下两方面控制措施：一是为了使水体掺气复氧，便在湖泊周围建造了许多喷水管；二是为稀释湖中营养物质，又把附近溪流引入湖泊。

从此，Madren 湖波光粼粼，清澈见底。

②哥伦比亚河上的鱼道技术。哥伦比亚河上的 7 座大坝阻断了蛙鱼洄游通道，特别是幼鱼无法返回大海，濒临灭绝。从 20 世纪 50 年代开始，人们尝试了各种办法，试图帮助蛙鱼通过大坝但都没有成功。20 世纪 70 年代初，Iowa 大学水力学研究所开始系统探讨鲤鱼鱼苗的生态水力学特性，找到了鲤鱼喜欢的流场条件和极力躲避的流场环境，在大坝中设计了一条适宜鲤鱼的通道——鱼道，并在鱼道进口周围制造了一种使鲤鱼鱼苗害怕的漩涡流场。鱼苗很自然地选择了鱼道进口，并顺利通过大坝，到达下游，成功挽救了这一濒危物种。

③螺生态水力学特性和无螺取水机理研究。血吸虫病流行于我国长江流域已有 2 000 多年历史。原武汉水利电力大学于 20 世纪 90 年代初，开始对钉螺的生态水力学特性进行系统的试验研究。研究者找出了划分水中钉螺 3 种行为状态的两组流场参数，并根据钉螺的生态水力学特性，设计了一种无螺取水装置，即在含螺水源的取水口，造出一种对钉螺生存不利，又不致使之失控的流场环境，利用钉螺的求生本能，使其从水流中爬出，从而达到无螺取水的目的。

8.7.4 生态水力学研究发展趋势

由于在学科的产生和发展的过程中，生态学和环境水力学及其他相关学科均是作为一门独立的学科，形成了各自的理论框架，具有为生态水力学学科研究服务的概念和研究尺度体系。作为交叉学科的生态水力学研究，首先要解决的关键问题就是，解决好生态学和环境水力学及其他各相关学科在水资源研究中的分歧。基础理论研究必须直接研究在生态学和环境水力学及其他各相关学科中河流系统的基本概念，以及怎样才能匹配，实现各学科间的"无缝整合"，这将为发展统一的概念奠定一致的理论基础。

在基础理论研究基本完成以后，生态水力学研究将进入生态水力学规律的更深层探求和应用上，这将是吸取环境水力学和生态学及其他各相关学科之长来发展生态水力学，生态水力学可望在这段时间内取得较快的发展。同时，结合遥感与地理信息系统及相关理论的发展，可望实现对流域生态水力过程的实时观测和记录，并进一步实现对水域生态过程的调控以及将各生态水力学原理更广泛地应用到实际数值模拟中，特别是精细化三维数值模拟，无疑是生态水力学研究发展的强力技术手段和推动力量，将会产生出丰富多彩的研究应用成果，解决众多的生态保护领域问题。

8.8 小结

根据目前地表水环境影响评价数值模拟发展方向，及当前在地表水环境影响评价中存在的热点问题，本章从水文情势、石油类污染物迁移、水温、生态需水等七方面系统分析总结了目前地表水环境影响评价数值模拟发展的现状、存在的问题、发展趋势及展望，提出了未来地表水环境影响评价数值模拟发展的方向及需要重点解决的问题。

参考文献

[1] 鲍全盛，王华东. 1996. 我国水环境非点源污染研究与展望[J]. 地理科学，16（1）：66-71.

[2] 蔡崇法，史志华. 2002. 基于 GIS 的江汉中下游农业面源氮磷负荷研究[J]. 环境科学学报，22（4）：473-477.

[3] 陈迪云，彭燕. 2001. 憎水有机物在水/土壤、沉积物体系中吸附与解吸[J]. 化工时刊，（4）：11-15.

[4] 陈刚，金相灿，姜霞，等. 2008. 水流模拟断面中硝基苯的迁移转化规律[J]. 环境科学研究，21（1）：78-84.

[5] 陈吉宁，胡雪涛，张天柱. 2002. 非点源污染模型研究[J]. 环境科学，23（3）：124-128.

[6] 陈景文，乔显亮，王震，等. 2006. 非稳态多介质环境模型在突发性环境污染事故环境影响预测中的应用——以松花江硝基苯污染事故为例[C]. 苏州：中国环境科学学会 2006 年学术年会，1643-1648.

[7] 陈协明. 2004. 沉降型化学品海上泄漏事故应急决策支持系统的研究[D]. 大连：大连海事大学.

[8] 迟杰，张玄. 2009. DDTs 在海河干流市区段沉积物-水间迁移行为研究[J]. 环境科学，30（8）：2376-2380.

[9] 戴国华，刘新会. 2001. 影响沉积物-水界面持久性有机污染物迁移行为的因素研究[J]. 环境化学，30（1）：224-228.

[10] 戴会超，戴凌全，王煜. 2010. 水库水温数学模型研究综述[J]. 三峡大学学报：自然科学版，32（4）：6-12.

[11] 秦伯强，胡维平，高光，罗敛葱，张金善. 2003. 太湖沉积物悬浮的动力机制及内源释放的概念性模式[J]. 科学通报，48（17）：1822-1831.

[12] 高平平，于苏俊. 2002. 基于 GIS 平台的农业非点源污染研究[J]. 西南交通大学学报，37（5）：593-596.

[13] 郭宏伟. 2009. 多氯联苯在水体中迁移转化研究进展[J]. 气象与环境学报，25（4）：48-53.

[14] 韩龙喜. 2014. 环境水文学[M]. 南京：河海大学出版社.

[15] 韩龙喜，颜芬芬. 2015. 水体中不可溶沉降型污染物迁移规律研究进展[J]. 水资源保护，31（03）：11-15，32.

[16] 何孟常，李杏茹，孙艳，等. 2006. 硝基苯类化合物在黄河小浪底至高村河段水体中的分布特征[J]. 环境科学，27（3）：513-518.

[17] 胡晓芳，宋晓旭，王祖伟. 2012. 多介质中持久性有机污染物研究进展[J]. 北方环境，24（4）：135-139.

[18] 黄小仁，贾晓珊，舒月红，等. 2009. PCBs 在沉积物上的吸附-解吸行为[J]. 地球化学，38（2）：153-158.

[19] 金相灿. 1995. 中国湖泊环境[M]. 北京：海洋出版社：67-73.

[20] 蓝崇钰，聂湘平，魏泰莉. 2004. 多氯联苯在模拟水生态系统中的分布、积累与迁移动态研究[J]. 水生生物学报，28（5）：478-483.

[21] 李定强，王继增. 1998. 广东省东江流域典型小流域非点源污染物流失规律研究[J]. 土壤侵蚀与水土

保持学报，4（3）：12-17.

[22] 李怀恩，沈晋. 1996. 非点源污染数学模型[M]. 西安：西北工业大学出版社.

[23] 李晶，张敏霞. 2008. 生态水力研究进展[C]. 中国环境科学学会学术年会优秀论文集：753-758.

[24] 李俊生，罗尊兰，罗建武，等. 2009. 硝基苯环境效应的研究综述[J]. 生态环境学报，18（1）：368-373.

[25] 李连峰. 2009. 船载散装难溶保守液体化学品泄漏扩散研究[D]. 大连：大连海事大学，33-34.

[26] 刘昌明，王中根. 2003. SWAT 模型的原理、结构及应用研究[J]. 地理科学进展，22（1）：81-86.

[27] 刘洪喜. 2009. 水污染事故频发的原因与对策[J]. 环境保护与循环经济，29（5）：55-57.

[28] 刘世杰，吕永龙，史雅娟. 2011. 持久性有机污染物环境多介质空间分异模型研究进展[J]. 生态毒理学报，6（2）：129-137.

[29] 刘婷. 2006. 硝基苯在河水中气-液-固相间迁移规律研究[D]. 哈尔滨：哈尔滨工业大学.

[30] 孟庆昱，储少岗，徐晓白. 2000. 多氯联苯的环境吸附行为研究进展[J]. 科学通报，15（45）：1572-1583.

[31] 彭虹，齐迪，张万顺. 2011. 河流环境中硝基苯的归趋模型研究[J]. 人民长江，42（24）：82-88.

[32] 阮晓红，宋世霞，张瑛. 2002. 非点源污染模型化方法的研究进展及其应用[J]. 人民黄河，24（11）：25-26.

[33] 王琛. 2009. 突发化学品排放事件在平原河网中的风险场预警模拟技术研究[D]. 上海：同济大学，

[34] 王宏，杨为瑞，高景华. 1995. 中小流域综合水质模型系列的建立[J]. 重庆环境科学，17（1）：45-48.

[35] 云南省环境科学研究所. 1992. 滇池富营养化调查研究[M]. 昆明：云南科学技术出版社.

[36] 章北平. 1996. 东湖农业区径流污染的黑箱模型[J]. 武汉城市建设学院学报，13（3）：1-5.

[37] 张娇，张龙军. 2008. 有机物在河口区迁移转化机理研究[J]. 中国海洋大学学报，38（3）：489-494.

[38] 张连丰. 2003. 散装液体化学品海上泄漏事故应急决策系统研究[D]. 大连：大连海事大学，23-25.

[39] 张书农. 1988. 环境水力学[M]. 南京：河海大学出版社.

[40] 赵岚. 2006. 硝基苯污染物在河污混合过程中的迁移转化行为研究[D]. 上海：华东师范大学.

[41] Chao K P，Ong S K，Protopapas A. 1998. Water-to-Air Mass Transfer of VOCs：Laboratory-Scale Air Sparging System[J]. Journal of Environmental Engineering，124（11）：1054-1060.

[42] Andy L Sandy，J G R J. 2013. Mass transfer coefficients for volatilization of polychlorinated biphenyls from the Hudson River，New York measured using micrometeorological approaches[J]. Chemosphere，90（5）：1637-1643.

[43] API，Fate of spilled oil in marine waters（American Petroleum Institute）. Publication Number 4691.1999.

[44] Schneider A R，Porter E T，Baker J E. 2007. Polychlorinated biphenyl release from resuspended Hudson River sediment[J]. Environmental Science & Technology，41（4）：1097-1103.

[45] Bhaskar N R，James W P，Devulapalli R S. 1992. Hydrologic Parameter Estimation Using Geographic Information System[J]. Journal of Water Resources Planning & Management，118（5）：492-512.

[46] Blanchard M，Chevreuil M，Teil M J，et al. 1998. Polychlorobiphenyl behavior in the water /sediment system of the Seine River，France[J]. Water Research，32（4）：1204-1212.

[47] Zepp R G，Braun A M，Hoigne J，et al. 1987. Photoproduction of hydrated electrons from natural organic

solutes in aquatic environments[J]. Environmental Science & Technology，21（5）：485-490.

[48] CAI Chongfa，SHI Zhihua. 2002. Research on nitrogen and phosphorus load of agricultural non-point sources in middle and lower reaches of Hanjiang River based on GIS[J]. Acta Scientiae Circumstantiae，22（4）：473-477.

[49] Dachs J，Del Vento，S. 2002. Prediction of uptake dynamics of persistent organic pollutants by bacteria and phytoplankton[J]. Environmental Toxicology and Chemistry，21（10）：2017-2099.

[50] Elefsiniotis P. 1997. The effects of motor boats on water quality in shallow lakes[J]. Toxicological & Environmental Chemistry Reviews，61（1-4）：127-133.

[51] GOODCHILD M F. 1996. GIS in Environmental Modeling[M]. Oxford：Oxford University Press，83-89.

[52] Roberts J，Jepsen R，Gotthard D，et al. 1998. Effects of Particle Size and Bulk Density on Erosion of Quartz Particles[J]. Journal of Hydraulic Engineering，124（12）：1261-1267.

[53] HAITH D A. 1976. Land Use and Water Quality in New York River[J]. Environ Eng Div，ASCE，102（1）：1-15.

[54] Garrad P N，Hey R D. 1987. Boat traffic，sediment resuspension and turbidity in a Broadland river[J]. Journal of Hydrology，95（3-4）：289-297.

[55] HESSLING M. 1999. Hydrological modeling and a pair basin study of Mediterranean catchments[J]. Physics and Chemistry of the Earth，Part B：Hydrology，Oceans and Atmosphere，24（1-2）：59-63.

[56] Whipple W，Hunter J V. 1977. Nonpoint Sources and Planning for Water Pollution Control[J]. 49（1）：15-23.

[57] Joao E M，Walsh S J. 1992. GIS implications for hydrologic modeling：Simulation of nonpoint pollution generated as a consequence of watershed development scenarios[J]. Computers Environment & Urban Systems，16（92）：43-63.

[58] Jurado E，et al. 2007. Fate of persistent organic pollutants in the water column：Does turbulent mixing matter？[J]. Marine Pollution Bulletin，54（4）：441-451.

[59] Steinberg L J，Reckhow K H，Wolpert R L. 1997. Characterization of parameters in mechanistic models：A case study of a PCB fate and transport model[J]. Ecological Modelling，97（1-2）：35-46.

[60] Liu R，Liu H，Wan D，et al. 2008. Characterization of the Songhua River sediments and evaluation of their adsorption behavior for nitrobenzene[J]. Journal of Environmental Sciences，20（7）：796-802.

[61] Lick W，Mcneil J. 2001. Effects of sediment bulk properties on erosion rates[J]. Science of the Total Environment，266（1-3）：41-48.

[62] Mcneil J，Taylor C，Lick W. 1996. Measurements of erosion of undisturbed bottom sediments with depth[J]. Journal of Hydraulic Engineering，122（6）：316-324.

[63] Mackay D. 1979. Finding fugacity feasible [J]. Environmental Science & Technology，13（10）：1218-1223.

[64] Priya M H，Madras G. 2006. Photocatalytic degradation of nitrobenzenes with combustion synthesized

nano-TiO$_2$[J]. Journal of Photochemistry & Photobiology A Chemistry，178（1）：1-7.

[65] PADMANABHAN G，YOON J. 1995. Multi-objective agricultural non-point source pollution management on water quality[R]. Proceedings in Soil Conservation and Water Quality Symposium，the Minnesota Academy of Science（MNAS）.

[66] Ran Yong，Rao P S C，Xing Baoshan. 2004. Importance of adsorption（hole-filling）mechanism for hydrophobic organic contaminants on an aquifer kerogen isolate[J]. Environ Sci Technol，38（16）：4340-4348.

[67] Smith M B，Vidmar A. 1994. Data set derivation for GIS-based urban hydrological modeling[J]. Photogrammetric Engineering & Remote Sensing，60（1）：67-76.

[68] Tameo O，Yoshinori N. 1995. Determination of nitrobenzenes in river water，sediment and fish samples by gas chromatography-mass spectrometry[J]. Analytica Chimica Acta，312（1）：45-55.

[69] Tumas R. 2000. Evaluation and prediction of nonpoint pollution in Lithuania[J]. Ecological Engineering，14（4）：443-451.

[70] USEPA. 1996. Non-point Pointers（EPA-841-F-96-004A）[M]. Washington，DC：U.S.Gov. Print. Office，110-115.

[71] Wang C，et al. 2012. A dynamic contaminant fate model of organic compound：A case study of Nitrobenzene pollution in Songhua River，China[J]. Chemosphere，88（1）：69-76.

[72] WHITTE MORE R C. 1998. The BASINS model[J]. Water Environ Technol，10（2）：57-61.

附表：国外常见水环境模型官方网站

模型	全称	官网
AGNPS	A Gricultural Non-Point Source Pollution Model	http: //go.usa.gov/KFO
AnnAGNPS	a Pollutant Loading Model	http: //www.nrcs.usda.gov/wps/portal/nrcs/detailfull/national/water/manage/hydrology/? cid=stelprdb1043529
AQUATOX	a simulation model for aquatic systems	http: //www2.epa.gov/exposure-assessment-models/ aquatox
BASINS	Better Assessment Science Integrating point & Non-point Sources	http: //www2.epa.gov/exposure-assessment-models/ basins
CAEDYM		http: //forums.cwr.uwa.edu.au/viewtopic.php? f=4&t=28
CCHE1D	Center Computational Hydroscience and Engineering	http: //www.ncche.olemiss.edu/cche1d
CE-QUAL-ICM/ TOXI	ICM：intergrated compartment	http: //el.erdc.usace.army.mil/elmodels/icminfo.html
CE-QUAL-R1		http: //www.cee.pdx.edu/w2/
CE-QUAL-RIV1		http: //www.cee.pdx.edu/w2/
CE-QUAL-W2	water quality and hydrodynamic mode	http: //www.cee.pdx.edu/w2/
CH3D-IMS	Curvilinear-grid Hydrodynamics 3D model-Integrated Modeling System	http: //aces.coastal.ufl.edu/CH3D/
CH3D-SED	Curvilinear-grid Hydrodynamics 3D model-Sedimentation	http: //gcmd.nasa.gov/records/CHL-CH3D-SED.html
DELFT3D	a world leading 3D modeling suite to investigate hydrodynamics，sediment transport and morphology and water quality for fluvial，estuarine and coastal environments	http: //oss.deltares.nl/web/delft3d
DIAS/IDLMAS		http: //www3.epa.gov/
DRAINMOD	a computer model simulates hydrology of poorly drained，high water table soils	http: //www.bae.ncsu.edu/soil_water/drainmod/
DWSM	Dynamic Watershed Simulation Model	http: //hydrologicmodels.tamu.edu/Adjusted_Apr_2010/2010/DWSM_2010.pdf
ECOMSED	three-dimensional hydrodynamic and sediment transport model	http: //www.hydroqual.com/ehst_ecomsed.html
EFDC	Environmental Fluid Dynamics Code	http: //www2.epa.gov/exposure-assessment-models/ efdc
EPIC	Environmental Policy Integrated Climate	http: //epicapex.tamu.edu/
GISPLM	A GIS-Based Phosphorus Loading Model	http: //www.wwwalker.net/gisplm/index.htm
GLEAMS	The Great Lakes Environmental & Molecular Sciences Center	http: //quickplace.mtri.org/LotusQuickr/gleams/Main.nsf/h_E8AA5D1C0E773CF485256D880040A13B/f58b8d600246470b85256f1700630e81/? OpenDocument

模型	全称	官网
GLLVHT	Generalized，Longitudinal-Lateral-Vertical Hydrodynamic and Transport	http：//www.gemss.com/
GSSHA	Gridded Surface Subsurface Hydrologic Analysis	http：//chl.erdc.usace.army.mil/gssha
GWLF	Generalized Watershed Loading Functions	http：//web.vims.edu/bio/vimsida/basinsim.html？svr=1
HEC-6	Scour And Deposition In Rivers And Reservoirs	http：//dodson-hydro.com/software/hydro-cd/programs/hec-6.htm
HEC-6T	Hydrologic Engineering Center-Sedimentation in Stream Networks	http：//mbh2o.com/hec6t.html
HEC-HMS	Hydrologic Engineering Center-Hydrologic Modeling System	http：//www.hec.usace.army.mil/software/hec-hms/
HEC-RAS	Hydrologic Engineering Center-River Analysis System	http：//www.hec.usace.army.mil/software/hec-ras/
HSCTM-2D	Hydrodynamic，Sediment，and Contaminant Transport Model	http：//www2.epa.gov/exposure-assessment-models/ hsctm2d
HSPF	Hydrological Simulation Program Fortran	http：//www2.epa.gov/exposure-assessment-models/ hspf
KINEROS2	Kinematic Runoff and Erosion model	http：//www.tucson.ars.ag.gov/kineros/
LSPC	Loading Simulation Program in C++	https：//wiki.epa.gov/watershed2/index.php/LSPC
Mercury Loading Model	Mercury Loading Model	http：//water.epa.gov/type/watersheds/datait/watershed central/upload/600r05149 mercury.pdf
MIKE 11		http：//www.dhigroup.com http：//www.dhichina.com
MIKE 21	a computer program that simulates flows，waves，sediments and ecology in rivers，lakes, estuaries，bays, coastal areas and seas in two dimensions	http：//www.dhigroup.com http：//www.dhichina.com
MIKE SHE	an integrated hydrological modelling system for building and simulating surface water flow and groundwater flow	http：//www.dhigroup.com http：//www.dhichina.com
MINTEQA2	a equilibrium speciation model	http：//www2.epa.gov/exposure-assessment-models/ minteqa2
MUSIC	Model for Urban Stormwater Improvement Conceptualization	http：//www.toolkit.net.au/music
P8-UCM	P8（Program for Predicting Polluting Particle Passagethru Pits，Puddles，& Ponds）Urban Catchment Model	http：//www.wwwalker.net/p8/
PCSWMM		http：//www.chiwater.com/Software/PCSWMM/index. asp
QUAL2K	One-dimensional river and stream water quality model	http：//qual2 k.com/
REMM	Riparian Ecosystem Management Model	http：//www.tifton.uga.edu/remmwww/
RMA-11	a finite element water quality model for simulation of three dimensional estuaries，bays，lakes，rivers and coastal regions	http：//ikingrma.iinet.net.au/RMA-11-1.html
SED2D		http：//chl.erdc.usace.army.mil/sed2d

模型	全称	官网
SED3D	a three-dimensional numerical model of hydrodynamics and sediment transport	http：//ecobas.org/www-server/rem/mdb/sed3d.html
SHETRAN	System Hydrologique Europen-TRANsport	http：//research.ncl.ac.uk/shetran/
SLAMM	Sea Level Affecting Marshes Model	http：//www.fws.gov/slamm/
SPARROW	a modeling tool for the regional interpretation of water-quality monitoring data	http：//water.usgs.gov/nawqa/sparrow/
SWAT	Soil and Water Assessment Tool	http：//www.brc.tamus.edu/swat
SWMM	Storm Water Management Model	http：//www2.epa.gov/water-research/storm-water-management-model-swmm#description
WARMF	Watershed Analysis Risk Management Framework	http：//warmf.com/Warmf_Home.html
WASP	Water Quality Analysis Simulation Program	https：//wiki.epa.gov/watershed2/index.php/WASP
WEPP		http：//ars.usda.gov/Research/docs.htm？docid=10621
WinHSPF	Hydrological Simulation Program Fortran in windows	http：//www2.epa.gov/exposure-assessment-models/ hspf
XP-SWMM	a fully dynamic hydraulic and hydrologic modelling software	http：//xpsolutions.com/Software/XPSWMM/